D1686644

Jürgen Hamel
Geschichte der Astronomie

Jürgen Hamel

GESCHICHTE DER ASTRONOMIE

In Texten von Hesiod bis Hubble

Magnus Verlag

2. überarbeitete und erweiterte Auflage
© 2004 Magnus Verlag, Essen
Alle Rechte vorbehalten
Umschlaggestaltung: H. J. Jungfleisch, Essen
Satz: Hans Winkens, Wegberg
ISBN 3-88400-421-2

INHALT

VORWORT 11

EINFÜHRUNG 13
   Literatur 71

HESIOD 77

DIE HEILIGE SCHRIFT 78

VORSOKRATISCHE GRIECHISCHE PHILOSOPHEN 79
   Anaximandros 79
   Anaximenes 80
   Petron von Himera 80
   Alkmaion von Kroton 81
   Xenophanes 81
   Herakleitos von Ephesos 81
   Empedokles 81
   Anaxagoras 82
   Leukippos 83
   Demokrit 83
   Philolaos von Kroton 83
   Hiketas von Syrakus 84
   Ekphantos 84

PLATON 85
   Timaios 85
   Der Staat 87

ARISTOTELES 90
   Über die Welt 90
   Über den Himmel 91
   Meteorologie 94

ARCHIMEDES 95
   Das heliozentrische System des Aristarch 95

INHALT

TITIUS LUCRETIUS CARUS 96
    Vom Wesen des Weltalls 96

CAIUS IULIUS HYGINUS 100
    Von den xii zaichen und xxxvj pildern des hymels 100

CAIUS PLINIUS SECUNDUS 106
    Naturkunde 106

CLAUDIUS PTOLEMÄUS 109
    Almagest 109
    Tetrabiblos, oder die Grundlehren der Astrologie 118

CENSORINUS 123
    Zur Geschichte des Julianischen Kalenders 123
    Die Welt als »Musikinstrument Gottes« 124

AURELIUS AUGUSTINUS 125
    Über den Gottesstaat 125

JOHANNES PHILOPONOS 127
    Über die Bewegung 127
    Über die Einheit der Physik des Himmels und der Erde 128
    Zur Kosmogonie des Moses über die Weltschöpfung 129

ALTCHINESISCHE ASTRONOMIE 131
    Neue Annalen der altchinesischen Tang-Dynastie 131
    Altchinesische Neun Kapitel aus mathematischen Büchern 134

JOHANNES DE SACROBOSCO 136
    Sphera materialis verdeutscht 136

THOMAS VON AQUINO 139
    Summa theologica. Das Werk der sechs Tage 139

DANTE ALIGHIERI 144
    Die Göttliche Komödie 144

KONRAD VON MEGENBERG 146
    Das Buch der Natur 146

HEINRICH CORNELIUS AGRIPPA VON NETTESHEIM 148
    Über die Fragwürdigkeit der Wissenschaften 148

PETER APIAN 149
    »Instrument Buch« für »spitzfündige köpffe« 149

INHALT

NICOLAUS COPERNICUS 153
    Entwurf seiner Grundgedanken. Commentariolus 153
    Über die Umschwünge der himmlischen Kugelschalen 153

ANDREAS OSIANDER 173
    Widmungsbrief zum Hauptwerk des Copernicus 173

MARTIN LUTHER 174
    Tischreden, über Nicolaus Copernicus 174

LAMBERT FLORIDUS PLIENINGER 174
    Kurtz Bedencken von der Emendation deß Jars –
    gegen die gregorianische Kalenderreform 174

GIORDANO BRUNO 177
    Von der Ursache, den Anfangsgründen und dem Einen 177
    Zwiegespräche vom unendlichen All und den Welten 179

TYCHO BRAHE 183
    Über den Ort und die Natur des Wundersterns von 1572 183
    Ein Loblied auf die himmlischen Wissenschaften 185
    Über die Kometen als Himmelskörper 190

HELISÄUS RÖSLIN 190
    Gegen die aristotelische Kometentheorie 190

CHRISTOPH ROTHMANN 191
    Über die Ungenauigkeit der alten Sternkataloge 191

JOHANNES KEPLER 193
    »Mysterium Cosmographicum«, das Weltgeheimnis 193
    Neue Astronomie, ursächlich begründet oder Physik des Himmels . 199
    Weltharmonik 204

SIMON MARIUS 211
    Die Entdeckung der Jupitermonde und des Andromedanebels 211

GALILEO GALILEI 212
    Sternenbotschaft 212
    Brief an Marcus Welser über die Sonnenflecke 217
    Brief an Benedetto Castelli über die Auslegung der Bibel 220
    Dialog über die beiden hauptsächlichsten Weltsysteme 222

PETER CRÜGER 228
    Wissenschaftliche Kritik am copernicanischen System 228

RENÉ DESCARTES 230
    Die Prinzipien der Philosophie 230

CHRISTIAAN HUYGENS 232
    Beobachtungen des Mondes des Saturns und seines Ringsystems 232

ROGER COTES 233
    Vorrede zu Newtons »Mathematische Prinzipien« 233

ISAAC NEWTON 237
    Mathematische Prinzipien der Naturlehre 237

EDMOND HALLEY 240
    Über die elliptische Bahnform der Kometen 240

IMMANUEL KANT 242
    Allgemeine Naturgeschichte und Theorie des Himmels 242

JOHANN HEINRICH LAMBERT 252
    Cosmologische Briefe 252

FRIEDRICH WILHELM HERSCHEL 256
    Bericht über einen Kometen – die Entdeckung des Uranus 256

JOHANN ELERT BODE 257
    Über einen im 1781sten Jahre entdeckten Stern 257
    Gedanken über die Natur der Sonne 258
    Teleologische Naturbetrachtung in der Astronomie 262

FRIEDRICH WILHELM HERSCHEL 264
    Nachricht von einigen Beobachtungen zum Bau des Himmels 264
    Über den Bau des Himmels 267
    Einige Bemerkungen über den Bau des Himmels 272

JOHANN HIERONYMUS SCHROETER 273
    Fragmente zur genauern Kenntniss der Mondfläche 273

HEINRICH WILHELM MATTHIAS OLBERS 277
    Abhandlung über die Methode, die Bahn eines Cometen zu berechnen 277

PIERRE SIMON DE LAPLACE 279
    Mechanik des Himmels 279
    Philosophischer Versuch über die Wahrscheinlichkeit 280

CARL FRIEDRICH GAUSS 281
    Theorie der Bewegung der Himmelskörper 281

INHALT

JOSEPH VON FRAUNHOFER 286
  Bestimmung des Brechungs- und Farbenzerstreuungs-Vermögens
  verschiedener Glasarten 286

FRIEDRICH WILHELM BESSEL 289
  Über die Aufgabenstellung der Astronomie 289
  Über die physische Beschaffenheit des Halley'schen Kometen 290
  Messung der Entfernung des 61. Sterns im Sternbildes des Schwans 294

HEINRICH SAMUEL SCHWABE 296
  Über die Periodizität der Sonnenflecke 296

ALEXANDER VON HUMBOLDT 297
  Kosmos. Entwurf einer physischen Weltbeschreibung 297

DIE ENTDECKUNG DES PLANETEN NEPTUN 300
  Johann Franz Encke, Pressemitteilung zur Entdeckung des Neptun 300
  Johann Gottfried Galle, Über die Auffindung des Planeten Neptun 301

GUSTAV ROBERT KIRCHHOFF 302
  Untersuchungen über das Sonnenspektrum und die Natur der Sonne 302

FRIEDRICH ZÖLLNER 305
  Über die physische Beschaffenheit der Himmelskörper 305

HERMANN VON HELMHOLTZ 311
  Der Ursprung der Sonnenenergie 311

ALBERT EINSTEIN 314
  Über die spezielle und allgemeine Relativitätstheorie 314

ARTHUR S. EDDINGTON 322
  Der innere Aufbau der Sterne 322

EDWIN HUBBLE 325
  Das Reich der Nebel 325

H. A. BETHE 330
  Energieerzeugung in Sternen durch Kernfusion 330

Stichwortregister 333

VORWORT

Der Fortschritt einer Wissenschaft hängt gleichermaßen von großen Ideen wie von fleißigen Detailstudien, der Sammlung von Beobachtungsdaten ab. Während die Produzenten großer Ideen dann mehr oder weniger rasch in Standardwerken und Lexika wiederzufinden sind, werden die emsigen Sammler rasch vergessen, nur noch dem Spezialisten bekannt. Freilich wird eine Wissenschaftsgeschichte, die sich nur den großen Persönlichkeiten als singulären Gestalten widmet, dem wirklichen historischen Geschehen nicht gerecht, vermag eigentlich gar nicht die Fragen nach der Genesis einer Entdeckung, ihrer Rezeption, Weiterführung und schließlich vielleicht nach mehr oder weniger langer Zeit ihrer Verdrängung durch eine neue Theorie zu erklären.

In diesem Sinne mag auch der Begriff »Quellentext« relativierbar sein. Denkt man dabei nur an die Großen der Weltgeschichte, bleibt ein beachtlicher Teil der historischen Prozesse im Dunkeln. In der vorliegenden Auswahl wurde versucht, dies zu berücksichtigen. Natürlich ist es das Recht des Lesers, Texte von Aristoteles, Ptolemäus, Copernicus, Kepler, Galilei, Bessel ... zu fordern; doch daneben sollte auch an das gedacht werden, was unterhalb dieser obersten Ebene der Forschung ablief. Da ist beispielsweise der Frage nachzugehen, welche Werke das bildungsbeflissene Publikum las, wie sich die Astronomie in die Gesamtschau der Wissenschaften einfügte, wie sich kleinere Beiträge zur Forschung darstellten, oder in welchem weltanschaulichen und überhaupt sozialgeschichtlichen Kontext die Astronomie rezipiert wurde. Schließlich auch, in welchem Maße Wissenschaft in ihrer historischen Entwicklung einen zutiefst »multikulturellen« Charakter hat.

Das Resultat dieses Versuchs liegt vor, der Leser möge sich sein Urteil bilden! Von vornherein sei darum gebeten, keine »Fehlliste« anzulegen – es ist richtig, so mancher Gelehrte hätte noch zu Wort kommen sollen (oder mancher auch nicht?) – eine jede Auswahl obliegt in gewissen Grenzen der subjektiven Beurteilung. Gegenüber der Textwiedergabe war von vorn herein die Einleitung knapp zu fassen, lediglich kurz auf Verbindungen zwischen Texten, auf Hintergründe und Wirkungen verweisend.

Die Sammlung umfaßt 96 Texte von 73 Autoren aus einem Zeitraum von zweieinhalb Jahrtausenden. Viele der hier im Auszug gegebenen Werke sind heute nur in größeren wissenschaftlichen Bibliotheken zu erhalten, die wenigsten im Buchhandel greifbar. Sie sollen hier in einer handhabbaren Gesamtschau geboten werden und helfen, wichtige Gedanken und Entwicklungen der Astronomiegeschichte nachzuvollziehen. Sorgfältig wurde auf eine originale Wiedergabe vor allem der älteren deutschsprachigen Werke geachtet, um nicht nur den Inhalt darzustellen, sondern auch die Sprache, in der der alte Autor zu seinen Lesern spricht, aufleben und wirken zu lassen; drohten bei den mittel- und frühneuhochdeutschen Texten Verständigungsschwierigkeiten, wurde ein kurzes Glossar eingefügt. Bei Werken, die in späteren Übersetzungen zitiert werden, schien es angebracht, nur sehr sparsam eine Modernisierung von Grammatik, Orthographie und Syntax auszuführen, etwa durch gelegentliche Kommasetzung, die Einfügung von Umlauten (statt ae, oe, ue) und die Ersetzung von -ss- durch ß.

Bei den Literaturhinweisen steht immer die verwendete Ausgabe an erster Stelle, ggf. gefolgt von späteren Drucken und Werkausgaben. Um dem Leser ein langes Suchen zu ersparen, gibt es stets Querverweise auf die betreffenden Stellen der Einleitung bzw. die zugehörigen Texte; ein Stichwortregister soll ebenfalls einer raschen Orientierung dienen.

Die erste Auflage ist bereits seit einiger Zeit vergriffen. Dem Magnus Verlag gebührt großer Dank, daß er eine zweite, neugestaltete und durchgesehene Auflage herausgibt und dabei auf manche Wünsche des Autors und der Leser mit großem Verständnis einging.

Jürgen Hamel
Berlin, im August 2004

Anschrift des Autors:

Archenhold-Sternwarte
Alt-Treptow 1
D-12435 Berlin
e-mail: jhamel@astw.de

EINLEITUNG

1
Himmelskundliches Wissen in mythischen Weltbildern

Das Bedürfnis der Menschen nach einer über das staunende Betrachten hinausgehenden Beobachtung des gestirnten Himmels war seit den ältesten, uns zugänglichen Epochen der Menschheitsgeschichte mit ganz praktischen Bedürfnissen des Lebens verbunden. Freilich waren dies andere praktische Bedürfnisse, als sie unser Tun heute bestimmen, genauso, wie unsere Alltagskultur nur wenig mit der des Menschen urgeschichtlicher Zeiten vergleichbar ist. Die religiöse Verehrung der Himmelskörper, der Gedanke der Bestimmung des irdischen Lebens durch himmlische Abläufe und die Möglichkeit, sich aus den so regelmäßigen Gestirnsbewegungen eine Zeiteinteilung, einen Kalender abzuleiten, waren die wichtigsten Motive dafür, den Blick aufmerksam nach oben zu richten. Diese Himmelsbeobachtungen waren in ein mythisches Weltbild integriert, in die Vorstellung einer Allbelebtheit der als organische Einheit gedachten Welt. Wenn allen Naturerscheinungen, Pflanzen, Tieren, Bäumen, Felsen ... ein inneres Leben zugesprochen wurde, dann selbstverständlich auch und in noch höherem Maße den Weltkörpern, deren ruhiger Lauf, deren erhabene Beständigkeit den Menschen bald auffielen. Der Mensch stand in diese Welt fest eingebunden, in enger Beziehung zur Umwelt gedacht, in einem besonderen Verhältnis zu den lebensspendenden und lebensbestimmenden Himmelskörpern.

Aus den Zeiten schriftloser Kulturen zeugen vielfältige archäologische Funde vom himmelskundlichen Wissen der frühen Menschen. Die Achsen oder die Zugänge zu ihren oft monumentalen Grabbauten waren nach markanten Punkten des jährlichen Sonnen- oder Mondlaufes ausgerichtet, die Toten wurden mit der »Blickrichtung« zum Sonnenauf- oder -untergang bestattet, die Grabbeigaben vielfach mit Sonnenmotiven verziert. Das »Leben nach dem Tode« stand schon hier in eigenartiger, uns in ihren Details verschlossener Beziehung zum Himmel. Grabbauten wurden zu Kultstätten, oder Kultstätten zu Grabbauten, nicht nur zur Verehrung der Ahnen, sondern auch zur Stätte magischer Beschwörung, der kultischen Verehrung von Gestirnsgöttern und auf einer höheren Kulturstufe zu »Observatorien« und Kalenderbauten.

Die Funktionskomplexität von Toten-, Gestirns- und Fruchtbarkeitskulten ist, wenn auch in sehr unterschiedlicher Ausprägung, ein übereinstimmendes Merkmal fast aller frühen Kulturstufen, gleich ob man die ägyptischen oder mesopotamischen

Stromtäler betrachtet, unsere steinzeitlichen, keltischen, frühgermanischen oder slawische Vorfahren, die Indianer Nord-, Mittel- und Südamerikas oder schließlich die Gedankenwelt gegenwärtiger Naturvölker. Die berühmte Anlage von Stonehenge aus der Zeit zwischen etwa 1900–1600 v. Chr. mit ihrer kalendarischen und kultischen Hauptvisur auf den Aufgangsort der Sonne zur Sommersonnenwende (Sommeranfang) ist nur ein Beispiel, wenn auch das wohl berühmteste. Aus neuerer Zeit ist vor allem der Überraschungsfund der etwa 3600 Jahre alten Sternscheibe von Nebra (Sachsen-Anhalt) zu nennen.

Bild 1 Stonehenge, Zeichnung aus dem Jahre 1586

Schon aus diesen spärlichen Andeutungen geht die für die Untersuchung der Astronomie grundsätzliche Schlußfolgerung hervor: Die Himmelskunde entstand in der Einheit von Gestirnsbeobachtung und kultischer Verehrung der Gestirne. Die frühe Himmelskunde repräsentiert nicht nur Aspekte der Entwicklung der Astronomie, sondern ebenso der Astrologie und der Kosmologie mit engen Bezügen zur Geschichte religiösen Denkens – eine höchst bedeutsame Mixtur aus rationalen und nichtrationalen Denkinhalten.

In diesen Zeiten und noch lange danach war das eigentliche Ziel des Erkenntnisstrebens nicht die Beobachtung des Himmels an sich, sondern das Motiv astronomischer Betätigung lag auf einer weit höheren Ebene. Aus der Bewegung der als bewußte, göttliche Wesenheiten gedachten Gestirne suchten die Menschen Orientierungen für das irdische Leben. Sobald die (weitgehend irrtümliche) Erkenntnis der Verursachung irdischer Erscheinungen von himmlischen Vorgängen entstanden war, stellte sich die Gestirnsbeobachtung geradezu als zwingende Notwendigkeit dar. In schriftlichen Aufzeichnungen wird dies erstmalig in der babylonischen Omenastrologie faßbar. Als 1847 in der Nähe der Stadt Ninive die älteste Bibliothek der Welt entdeckt wurde, fanden sich unter den etwa 25 000 Tontäfelchen der Sammlung Ašurbanipals, im 7. Jahrhundert v. Chr. König von Assyrien und Babylon, auch 7000 Gestirnsomina, deren Aufzeichnung bis in die Zeit um 2000 v. Chr. zurückweist.

»Wenn Venus in ihrem Feuerlicht die Brust des Skorpions beleuchtet, dessen Schwanz dunkel ist und dessen Hörner hell leuchten, so wird Regen und Hochflut das Land verwüsten. Heuschrecken werden kommen und das Land verwüsten. Ochsen und Großvieh wird dezimiert werden.« »Wenn Venus hoch steht, Glück der Begattung.« »Strahlt Mars in hellem Glanze auf, so wird das Vieh von Amurri [Syrien und Palästina] zugrunde gehen.« Diese Beispiele machen den Grundaufbau der Omina deutlich: Während im ersten Teil eine himmlische Situation beschrieben wird, folgt im zweiten die sich daraus ergebende Folge auf der Erde nach der einfachen Entsprechung »Wenn ..., dann ...«. »Ominös« war dem babylonischen »Priesterastronomen« das Außergewöhnliche, in dem sich der Willen der Götter offenbart, denn wenn alles Naturgeschehen regelmäßig verläuft, müssen Ausnahmen auffällig, ominös sein.

Die alten Babylonier prägten die Gestirnsgötter mit den Zuordnungen, die in der Astrologie bis heute grundsätzlich erhalten blieben. Der Mondgott Sin war Herr über das Pflanzenwachstum, der die Zeit und die Geschicke der Menschen lenkt. Die Sonne wurde als Gott Šamaš, Sohn des Mondgottes, Herr über das Leben, die Gerechtigkeit und Weissagung verehrt. Die dritte Hauptgottheit dieser vorchristlichen Trinität war Ištar, ebenfalls Tochter des Mondgottes, die sich als Liebesgöttin in der Venus personifiziert. Mars erscheint schon hier als Unglücksstern, als der unheilbringende Unterweltgott Nergal. Jupiter manifestierte sich im Schöpfergott Marduk, sein Sohn, der spätere Merkur, als Herr der Wissenschaften und der wahrsagenden Künste, während Saturn als die »müde gewordene Sonne« galt. Was uns hier entgegentritt, muß als Resultat einer langen Tradition gedacht werden, die vom hohen Kulturniveau der »Alten« zeugt.

2
Zwischen Mythos und Logos – Astronomie in den antiken Weltreichen

Mit der Weltschöpfungslehre Hesiods (vgl. S. 77) treten wir in einen ganz andersartigen Kulturkreis ein, doch sicher waren auch Hesiods Gedanken schon lange zuvor wenigstens in einzelnen Elementen vorgebildet und sein auf der Sichtbarkeit von Sternen und Sterngruppen beruhender Kalender für den Landmann und Seefahrer bedurfte der langen praktischen Erfahrung, der Beobachtung der Witterungserscheinungen und der Vegetation in Beziehung zum jahreszeitlichen Geschehen am Himmel. Die Gestirne als Zeitenteiler – Monate (»monde«), Tage und Jahre – als Zeitenregenten, treten uns auch in der Bibel (vgl. S. 78) entgegen. Die qualitative Bestimmung verschiedener Zeiten durch Gestirnspositionen, d.h. der eigentliche astrologische Gedanke der Zeitregentschaft besonders von Sonne und Mond, wurde als etwas völlig Selbstverständliches akzeptiert. Wenn auch die Ausbildung und Verbreitung einer monotheistischen Gottesvorstellung gegen die Vielzahl polytheistischer Kulte eine vornehmliche Aufgabe der Bücher des alten Testaments darstellte, konnte die tiefeingewurzelte und offenbar plausible Herrschaft der Gestirne über die Zeiten nicht angetastet werden. So sehr auch Verdammungsurteile gegen die Astrologie gesprochen wurden, ziehen sich doch Anklänge an diese Lehre durch die ganze Heilige Schrift, bis hin zum Geburtsbericht Christi mit dem »Stern der Magier« und der Mondfinsternis am Tage seiner Kreuzigung sowie der von Gott an den Himmel gestellten Wunderzeichen als Vorboten des Weltuntergangs am »Jüngsten Tag« (vgl. S. 79).

Bild 2 »Und es werden zeichen geschehen an der Sonnen und Mond und sternen und auff erden wird den leuten bange sein«; der »Jüngste Tag« des göttlichen Weltgerichtes kündigt sich mit Schreckenszeichen am Himmel an, Lukas 21.25f. [39].

Allerdings war dies keine sog. magische und somit verbotene Astrologie, sondern ein Wissen aus den Sternen im Sinne der Einwände beispielsweise des Kirchenvaters Augustinus (vgl. S. 125), oder wie es später hieß, daß der Himmel eine Schrift Gottes sei, mit der er den Menschen warnen und ihm künftige Ereignisse ankündigen will – den Ungläubigen in Furcht versetzend, den Christenmenschen im Vertrauen auf Gottes Allmacht und Weisheit bestärkend.

Auf einer anderen Ebene der Welterfassung bewegen sich die vorsokratischen Naturphilosophen, deren Ansichten leider nur aus verstreuten Erwähnungen späterer Autoren rekonstruierbar sind, wodurch sich einige Unsicherheit für ihre Bewertung ergibt. Sehr deutlich wird sofort, in welcher Weise sich bei ihnen erstaunlich weitsichtige Ahnungen viel späterer Erkenntnisse mit tiefer Befangenheit in roher Empirik vermischen. Beide Seiten gehören zu diesen alten Denkern, denen es vermutlich nicht um wissenschaftliche Forschung, sondern philosophische Spekulation ging, die freilich in manchen Fällen zu weitreichenden Ahnungen, wie der Unendlichkeit der Welt, vom Leben auf fernen Himmelskörpern oder zum Atomismus führte.

Philosophische Überlegungen vom unterschiedlichen Rang der Weltelemente, verbunden mit mathematischen Spekulationen ließen in der nach Art eines religiösen Geheimbundes organisierten Philosophenschule der Pythagoreer den Gedanken der Erdbewegung entstehen. Hiketas von Syrakus (vgl. S. 84), ein älterer Zeitgenosse des Aristoteles, lehrte die Drehung der Erde um die eigene Achse im Laufe eines Tages, während alle anderen Himmelskörper stillständen. Dadurch hob er die tägliche Drehung des Sternhimmels um die Erde auf. Philolaos (vgl. S. 83) nahm die Bewegung der Erde gemeinsam mit einer hypothetischen Gegenerde, der Sonne und aller Planeten um ein mythisches Zentralfeuer an. Die Gegenerde sei unsichtbar, weil der Erdkörper selbst den Blick auf sie versperre. Die Gründe für dieses »pyrozentrische« System sind nicht im Astronomischen zu suchen, sondern resultieren zum einen daraus, daß man die als heilig empfundene Zahl 10 für die Anzahl der Himmelskörper begründen wollte (5 Planeten, Sonne, Mond, Erde, Gegenerde, Sternsphäre), sowie auf diese Weise dem Feuer als edelstem Element die Mitte der Welt zuwies. Herakleides und Ekphantos (vgl. S. 84) sprachen von der Rotation der Erde um die eigene Achse, wobei unsicher ist, ob Herakleides die Sonne in die Weltmitte setzte oder um die leere Weltmitte kreisen ließ.

Der einzige wirkliche Astronom aus diesem Kreis war Aristarch von Samos (vgl. S. 95). Die Kenntnis seines Weltsystems verdanken wir zwei Erwähnungen, zunächst in der »Sandrechnung« des Archimedes sowie bei Plutarch, wo es heißt: »Klag nur mich nicht wegen Religionsfrevel an, mein Lieber, wie es einst Kleanthes vorgenommen hatte, als er ganz Griechenland zur Anklage gegen Aristarch von Samos aufrief, weil der Mann die Phänomene zu retten gesucht, indem er den Herd des Kosmos in Bewegung brachte, den Himmel aber ruhen und die Erde sich auf einem schiefen Kreise fortrollen und zugleich um ihre eigene Achse wirbeln ließ«. (zit. nach [72], S. 38). Unzweifelhaft geht daraus hervor, daß Aristarchs Kosmologie in Kreisen der Gebildeten seiner Zeit nicht nur bekannt war, sondern für einige weltanschaulich begründete Unruhe sorgte.

Es ist sehr zu bedauern, daß wir über die Gedankengänge des Aristarch keine weiteren authentischen Zeugnisse besitzen. Ob er eine astronomische Planetentheorie ausgebildet hatte, bleibt völlig im Dunkeln. Dennoch wird deutlich, daß er sich auf einige astronomische Tatsachen berufen konnte, z. B. die überragende Größe der Sonne gegenüber der Erde und den anderen Planeten. In Umkehrung des Arguments zugunsten des geozentrischen Planetensystems – es sei nicht annehmbar, daß die aus äußerst leichtem Stoff bestehenden Himmelskörper ruhten, während sich die schwere Erde bewegt – konnte Aristarch entgegnen: Es sei unannehmbar, daß sich die große Sonne bewege, während die kleine Erde ruht.

Doch Aristarchs System stand genauso wie die Lehren der anderen Pythagoreer nicht nur im Widerspruch zum unmittelbaren Augenschein der Gestirnsbewegung, sondern ebenso zu der sich bewährenden aristotelischen Physik. So muß

Aristarchs kosmologischer Gedankengang zwar als erstaunlich kühne Konzeption gewertet werden, die jedoch an der Entwicklung der Astronomie zunächst vorbeiging.

Im Gegensatz dazu wirkte die Lehre Platons (vgl. S. 85) von der göttlichen Weltschöpfung nach dem Bild von Kreis und Kugel weit über die Antike hinaus und war geeignet, die christliche Naturphilosophie des Mittelalters zu beeinflussen, bis die Aufnahme der Philosophie Platons in neuplatonischer Prägung, in der man die christliche Weltschöpfungsidee vorgebildet sah, im 12. Jahrhundert zu einer der bedeutendsten geistigen Strömungen des späten Mittelalters führte. In der Astronomie führte dies vor allem zur Konzeption einer lebendigen Weltseele, der kosmologischen Bedeutung des Lichtes, der Lichtmystik, der Lehre von den kosmischen Harmonien im Gefolge pythagoreischer Vorstellungen sowie der Wegbereitung einer breiten Rezeption der Astrologie. »Reine« Astronomie findet sich hingegen bei Platon kaum, hervorzuheben ist seine von der späteren Astronomie abweichende Anordnung der Planeten in geozentrischer Folge, indem er Merkur und Venus über die Sonne, in die 3. und 4. Weltsphäre setzte.

Wenig später entwickelte Aristoteles die geozentrische Physik, die für die folgenden fast zwei Jahrtausende den Rahmen und den Zusammenhalt der Naturforschung, speziell der Astronomie bot. Aristoteles (vgl. S. 90) teilte die Welt in zwei voneinander getrennte und physikalisch differierende Bereiche, den sublunaren der vier Elemente und den supralunaren des Äthers. Die vier Elemente teilte Aristoteles in die leichten Luft und Feuer sowie die schweren Wasser und Erde ein. Die schweren Elemente sinken aufgrund ihrer natürlichen Bewegung zum Weltmittelpunkt als ihrem natürlichen Ort, weshalb der Erdmittelpunkt zum Weltmittelpunkt wird. Die schweren Elemente haben das Bestreben, vermöge ihrer einfachen und geradlinigen Bewegung zum Weltmittelpunkt als ihrem natürlichen Ort zu gelangen. Dort bilden sie den schweren Erdkörper, dessen Mittelpunkt mit dem Weltmittelpunkt zusammenfällt. Die Erde ist notwendigerweise von sphärischer Form und ruht als Ganzes ohne jede Bewegung in der Weltmitte. Die elementische Region erstreckt sich bis unter die Mondsphäre, sie ist sublunarisch, von Werden und Vergehen, von Regellosigkeit und mangelnder Ordnung gekennzeichnet.

Von gänzlich anderer Natur ist die supralunare Welt des Äthers, der göttlichen, kugelförmigen Himmelskörper. Hier herrscht eine vollkommene Kreisbewegung um den Weltmittelpunkt als natürliche Bewegung des Äthers, eine ewige Konstanz, Harmonie und Unveränderlichkeit. Die natürliche Bewegung der himmlischen Sphären tritt durch das Erste Bewegte, das »Primum mobile« in die Welt.

Der von hier ausgehende Bewegungsantrieb versetzt zunächst den Fixsternhimmel in eine tägliche Bewegung um die Erde von Ost nach West, worauf sich die Bewegung nach innen hin fortpflanzt. Gegenüber der Bewegung des Fixsternhimmels bleiben die Planeten entsprechend ihres Abstandes vom Primum mobile mehr oder weniger stark zurück, weshalb sie relativ zu den Sternen eine Bewegung von West nach Ost durchlaufen – am geringsten Saturn (der am stärksten mitgerissen wird), am deutlichsten der Mond. Auf der Erde, in der elementischen Region, ist eine so große Entfernung vom Primum mobile erreicht, daß der Bewegungsantrieb nur noch unvollkommen, unregelmäßig, schwankend erfolgen kann und nicht mehr zur Schaffung von Stabilität und Vollkommenheit ausreicht.

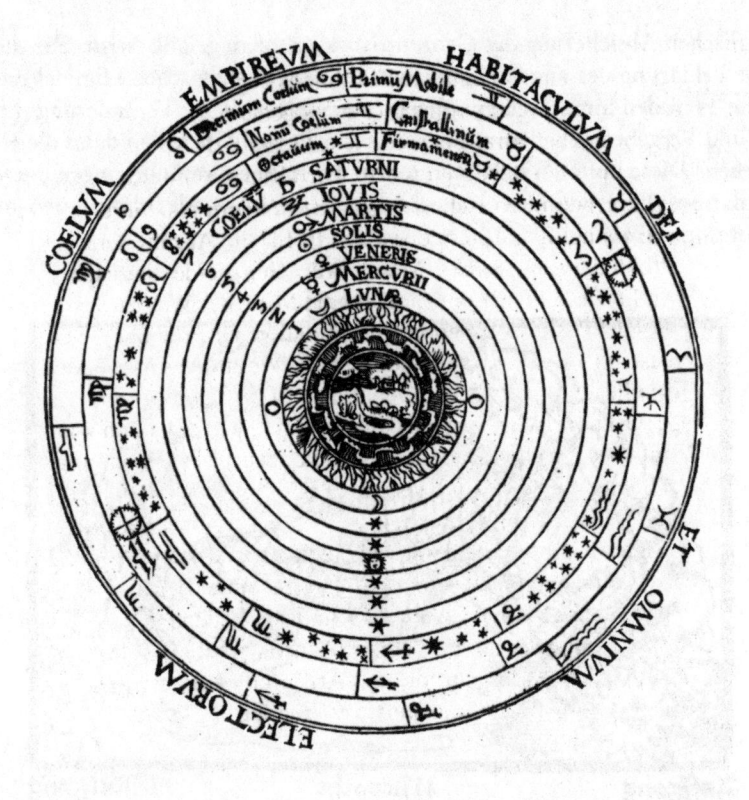

Bild 3 Im geozentrischen Weltbild liegt der Bewegungsantrieb »außen«, im »Primum mobile«, der Rang der Sphären nimmt nach innen zur Erde hin ab [3].

Im geozentrischen Weltsystem wirkt das Bewegungsprinzip von außen nach innen, im heliozentrischen dagegen von innen, vom Zentralkörper Sonne nach außen, weshalb hier die sonnennächsten Planeten als die raschesten angesehen werden (und tatsächlich sind), während sie im geozentrischen die langsamsten sind. Das Maß der Entfernung der Sphären wird im geozentrischen Weltbild zum Kriterium der Wertigkeit – das edelste sind die Himmelskörper in der Folge von Saturn zum Mond (der bereits erste Veränderungen seiner Gestalt erfährt), das niedrigste (im räumlichen und im wertenden Sinne) ist die Erde. In der christlichen Naturphilosophie wird daraus die Erde der Ort maximaler Gottesferne, das »irdische Jammertal«, der Erlösung bedürftig (und fähig!). Außerhalb der Fixsternsphäre, des Kristallhimmels und des Primum mobile, befindet sich der empyreische Himmel als Aufenthaltsort der erleuchteten Seelen.

Dieses physikalische Konzept war Resultat vielfältiger Naturbeobachtungen, denn tatsächlich bewegen sich alle schweren irdischen Körper auf den Erdmittelpunkt zu. Wird ein in die Höhe gehobener Stein, dessen Bewegung nicht künstlich beeinflußt wird, losgelassen, fällt er senkrecht zum Erdmittelpunkt, wird er geworfen, mischt sich sein natürliches Streben nach möglichster Nähe zum Weltmittelpunkt mit dem äußeren Zwang des Wurfs zu einer zusammengesetzten Bewegung. So erschien dieser Teil der aristotelischen Physik wohlbegründet und eignete sich zur physikalischen Absicherung des Geozentrismus. Zudem gelang Aristoteles die physikalische Erklärung des augenscheinlichen Gegensatzes zwischen Himmel und Erde.

Wenn es in den himmlischen, ätherischen Sphären keine Veränderung, kein Entstehen und Vergehen geben kann, welchen Ort in der Welt sollen dann die Kometen einnehmen? Diese konnten sich dann nur in der stetigen Veränderungen unterliegenden Erdatmosphäre befinden und so handelt sie Aristoteles dann auch in seiner »Meteorologie« ab.

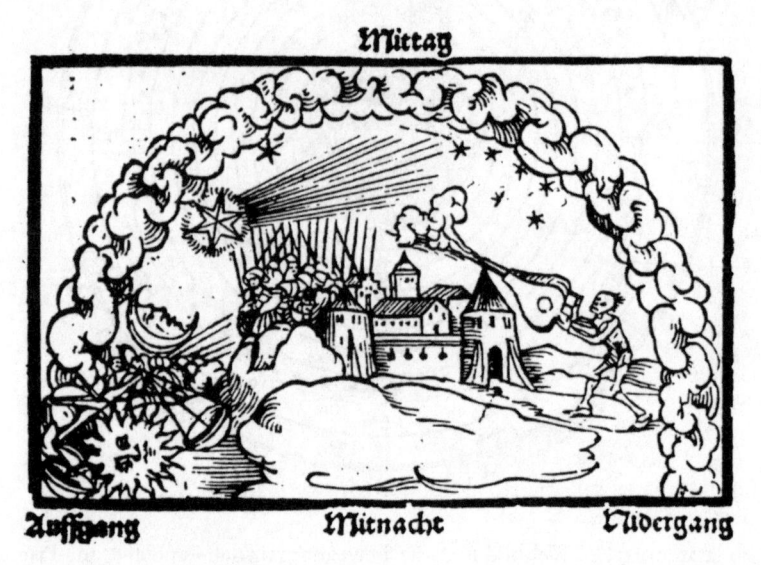

Bild 4 Kometen sind brennende Ausdünstungen in der Erdatmosphäre, die künftiges Unglück verursachen oder anzeigen [16].

Von der bunten Vielfalt des römischen Geisteslebens zeugt das Lehrgedicht des Lukrez »De rerum natura« (vgl. S. 96). Lukrez ist nicht schöpferisch, sondern besinnt sich in einer Epoche des Verfalls der Republik auf alte Lehren, um in der schwankenden Gegenwart einen Halt zu finden. Leistet ihm diese Orientierung vor allem Epikurs ethisches Ideal der Glückseligkeit und Gemütsruhe, so greift er in seiner Naturphilosophie (wie ebenfalls Epikur) den alten Atomismus auf und verwirft andererseits die aristotelische Physik. Dies führt ihn zu manchen Widersprüchen, die sich beispielsweise darin äußern, daß er zwar das Weltall kühn ins Unendliche ausbreitet, andererseits durch Ablehnung der Lehre von den Elementen den Maßstab für das »oben« und »unten« auf der Erde verliert und schließlich in fehlgehender Ironie die Existenz von Antipoden leugnet.

Ebenso wie Lukrez wendet sich auch Plinius, dieser jedoch vom Standpunkt eines Naturkundigen, an ein bildungsbeflissenes Publikum der Ober- und Mittelschichten. Seine monumentale Naturkunde ist eine »populäre«, enzyklopädische Zusammenschau des Wissens seiner Zeit aus allen Gebieten. Da dieses Werk glücklicherweise während des Zerfalls der römischen Kultur für das ganze Mittelalter erhalten blieb, wurde es in dieser Zeit eines der Standardwerke, immer wieder gelesen, exzerpiert und als Grundstock für eigene Traktate ausgeschrieben, für die (wenn auch eingeschränkte) Tradierung antiken Naturwissens im europäischen Mittelalter von höchster Bedeutung. Plinius' Loblied auf den Kosmos regte später Copernicus zu verwandten Metaphern an, und seine ausführliche Argumentation zur Kugelgestalt der Erde bildete den Grundstock für die mittelalterliche Erdbeschreibung.

Der »Almagest« von Claudius Ptolemäus (vgl. S. 109), das bedeutendste astronomische Werk des klassischen Altertums, entstand unter Rezeption verschiedener Ansätze der alten griechischen Astronomen sowie eines teilweise viel älteren Beobachtungsmaterials. Dieses Werk wurde die lange gültige, paradigmatische Zusammenfassung der geozentrischen Astronomie, unbedingtes Vorbild für Copernicus' Schöpfung des Heliozentrismus, noch heute ein Meisterwerk der Wissenschaften.

Ptolemäus entwickelte die geozentrisch erscheinenden, verwickelten Bewegungsverhältnisse der Planeten als System von Exzentern, Deferenten, Epizykeln und Ausgleichspunkten. Die Notwendigkeit der Einführung dieser geometrischen Konstruktionen ergab sich daraus, daß die Planeten bei ihrem Lauf um die als Mittelpunkt gedachte Erde am Himmel nicht in einfacher, kreisförmiger Bewegung zu sehen sind, sondern Erscheinungen zeigen, die als Ungleichheiten bezeichnet werden:

1. *Ungleichheit:* Die Planeten durchlaufen verschiedene Bahnstücke mit unterschiedlichen Geschwindigkeiten; z. B. benötigt die Sonne für den Abschnitt zwischen Frühlingsäquinoktium und Sommersolstitium 94,5 Tage, für den zwischen Sommersolstitium und Herbstäquinoktium nur 92,5 Tage.

2. *Ungleichheit:* Die Planeten vollführen Schleifenbewegungen, die mit zeitweisen Stillständen, Rückläufigkeiten und Helligkeitsunterschieden verbunden sind.

Grundlegend für die theoretische Beschreibung dieser Erscheinungen war das sog. Kreisbahndogma – eine bereits auf die Pythagoreer zurückgehende Konzeption, derzufolge die als göttlich gedachten Himmelskörper stets mit gleichförmiger Geschwindigkeit auf Kreisbahnen um die Erde laufen. So wurden die erscheinenden Planetenbahnen (einschl. Sonne und Mond) aus Kreiskombinationen zusammengesetzt.

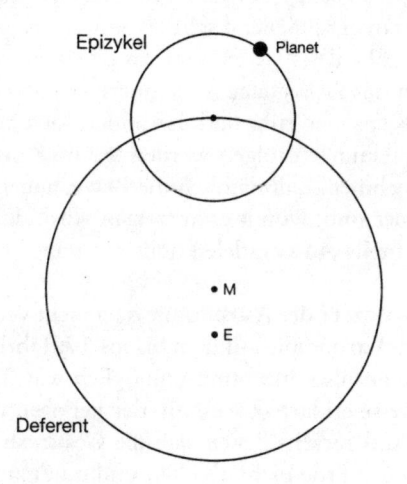

Bild 5 Das epizyklische Modell beschreibt die Bewegung eines Planeten auf einem Epizykel, der auf einem Deferenten geführt wird.

Im einzelnen war das System recht kompliziert. Um eine ausreichende Darstellungsgenauigkeit zu erreichen, mußten mehrfache Epizykel, also auf einem Epizykel laufende Epizykel, herangezogen werden. Zudem unterschied sich die geometrische Bewegungstheorie bei den einzelnen Planeten teilweise erheblich voneinander (z. B. innere und äußere Planeten, Sonne und Mond); weitere Einfügungen erforderten die Breitenbewegungen der Planeten.

Der ursprüngliche Grundgedanke der aristotelischen Physik spiegelte sich in dieser Darstellung der Planetenbewegung nur noch bedingt wider. Die Planeten ziehen nicht ihre kreisförmigen Bahnen mit gleichförmiger Geschwindigkeit um den Erdmittelpunkt. Da jedoch die physikalischen Prinzipien von Aristoteles sich insgesamt bewährt hatten und zur Zeit der Einführung der epizyklischen Bewegung durch Hipparch im 2. Jh. v. Chr. genügend tradiert waren, blieb nur ein Weg: die Astronomie nicht als physikalische Wissenschaft aufzufassen, sondern als Zweig der Mathematik, insbesondere als angewandte Geometrie. Die Astronomie hatte mittels beliebiger geometrischer Konstruktionen die »Phänomene zu retten«, wobei man unter den Phänomenen die Ungleichheiten der Planetenbewegung sowie Erscheinungen am Sternhimmel, wie die Präzession, verstand. Dementsprechend war es nicht Aufgabe der Astronomie, die Natur der Planetenbewegung selbst zu erforschen.

In diesem Sinne war man bereit, den Astronomen zuzugestehen, beliebige Theorien zur mathematischen Darstellung der Planetenbewegung zu ersinnen, wenn sie nur eine ausreichende Genauigkeit gewährleisteten. Im »Notfall« konnte dies sogar eine heliozentrische Theorie sein; stets unter dem Gesichtspunkt, daß Mathematik und Astronomie mit dem wirklichen Weltbau nichts zu tun haben, weil dieser durch die Physik des Aristoteles beschrieben werde. Gleich also, wie die mathematischen, d. h. astronomischen Hypothesen ausfallen (auch die ptolemäische Darstellung enthält Widersprüche gegenüber Aristoteles), das Weltzentrum wird vom Mittelpunkt der Erde eingenommen.

Bereits Aristoteles hatte in seiner »Physikvorlesung« dieses Problem aufgeworfen ([4], B 2, 193 b), und daran anschließend schrieb Simplicius (gest. 549): »Denn es ist überhaupt nicht die Aufgabe des Astronomen, zu erkennen, warum etwas von Natur ruht und welcher Art das Bewegliche ist, sondern er untersucht nur, indem er als Hypothese einführt, daß das eine ruht und das andere sich bewegt, welchen Hypothesen die Himmelserscheinungen folgen werden. Er muß allerdings die Prinzipien von dem Physiker übernehmen, daß nämlich die Bewegungen der Gestirne einfach, gleichförmig und geordnet sind, womit er aufzeigen wird, daß aller Gestirne Bewegung kreisförmig ist und teils auf parallelen, teils auf schiefen Kreisen erfolgt.« (zit. nach [79], S. 255)

Dieses Wissenschaftskonzept der Astronomie darf nicht verwundern, da eine Vereinigung von Physik und Astronomie auf dem bis ins 17. Jahrhundert hinein gegebenen Stand der Naturerkenntnis schlechthin unmöglich war. Denn der Weltbau war nur auf geozentrische Weise erklärbar, weshalb der heliozentrische Ansatz des Aristarch scheitern mußte. Andererseits ließen sich die Gestirnsbewegungen durch eine einfache Zentralstellung der Erde nicht ableiten und mußten mit dem physikalisch-philosophischen Prinzip der gleichförmigen Kreisbewegung der Planeten in Einklang gebracht werden. So blieb nur der Weg zu komplizierten geometrischen Konstruktionen, deren physikalische Realität nicht unbedingt verlangt wurde, weil diese nicht im Zuständigkeitsbereich der Astronomie lag.

Doch man wäre in der Würdigung der Leistung von Ptolemäus sehr einseitig, würde man nicht an sein zweites großes Werk erinnern, in dem er die Grundlehren der Astrologie entwickelte. Leider hat sich in der Literatur recht weitgehend die Verfahrensweise ausgebreitet, Ptolemäus' »Tetrabiblos« (vgl. S. 118) totzuschweigen, als müßte man sich dessen als für einen großen Gelehrten unwürdig schämen – ein völlig ahistorischer Standpunkt, der den tatsächlich indiskutablen Zustand heutiger Popularastrologie auf jegliche Astrologie überträgt.

Das erste Buch des »Vierbuchs« behandelt die Elemente der Astrologie, ihr Wesen, ihren Nutzen und ihre Aufgaben. Es folgen die astrologischen Eigenschaften der Planeten, Fixsterne und Tierkreiszeichen, die Häuser und die Aspekte. Im zweiten Buch legt Ptolemäus die allgemeinen Wirkungen der Planeten und Tierkreiszeichen auf Völker und Weltteile, die Wirkung auf Krankheiten, die Witterung, politische Vorgänge und Religionen, ferner die Rolle der Kometen, Finsternisse und Meteore dar. Das dritte und vierte Buch behandeln die Geburtsastrologie mit den Lehren von den Horoskophäusern und der Bedeutung des Aszendenten, astrologische Aussagen über die Entstehung von Zwillingen und Mißbildungen, über astrale Ursachen der Säuglingssterblichkeit und der Krankheiten sowie über die auf Planeteneinflüsse zurückgehenden menschlichen Eigenschaften. Für Ptolemäus war die Astrologie nichts Mystisches, sondern der praktische Teil der Astronomie, die Lehre von den Beziehungen des Menschen zu den Sternen, der physische Teil seines Weltbildes. Ihren Nutzen sah er, getreu der Lehre der Stoiker, in der Bewahrung der Seelenruhe des Menschen. In den Sternen lesen wir unser Schicksal und »wissen wir von dem, was uns bevorsteht, so gewöhnt dies unsere Seele vorher daran und mäßigt ihre Erregung, wodurch sie dem Kommenden gegenüber sich festigt, bis es Wirklichkeit geworden ist und uns in den Stand setzt, es in Frieden und gefaßt entgegenzunehmen.«

Das Allgemeine hatte für Ptolemäus stets den Vorrang gegenüber dem Speziellen, denn »ein kleines Geschick« unterliegt stets »größeren und mächtigen Einwirkungen«. Weil in der astrologischen Weltsicht Kriege, Überschwemmungen und Seuchen aus bestimmten Gestirnskonstellationen resultieren, sei es möglich, daß während dieser Ereignisse Menschen ganz unterschiedlicher astrologischer Bestimmung gleichzeitig den Tod finden. Das menschliche Schicksal setzt sich aus vielen einzelnen Gestirnseinwirkungen zusammen, ergänzt durch nichtastrologische, den Gestirnslauf korrigierende Faktoren, wie Vererbung, Erziehung und Umwelt.

Freilich blieb Ptolemäus, wie nicht anders zu erwarten, nicht frei von simplen Analogiebildungen und astrologischen Phantastereien. »Blindheit des rechten Auges«, meinte er, »wird verursacht, wenn der Mond bei der Geburt in einem Eckhause steht, entweder in Konjunktion oder Opposition, oder an irgendeiner Stelle, wo er mit der Sonne im Aspekt steht, und verbunden mit einem der Nebel-Sterne [Sternhaufen, Nebel, Galaxien] des Zodiak, wie des Krebses oder der Plejaden, oder dem Pfeil des Schützen, oder dem Stachel des Skorpions, oder dem Haar der Berenice oberhalb des Löwen, oder der Urne des Wassermann.«

Im Umfeld der stark astrologisch geprägten spätrömischen Kultur entstanden zahlreiche populäre astrologische Schriften zur Aufarbeitung der gelehrten Werke in einer dem großen Publikum verständlichen und handhabbaren Form. Sehr erfolgreich wurde das »Poeticon astrologicum« des Caius Iulius Hyginus (vgl. S. 100), das seit dem 15. Jahrhundert in zahllosen Drucken erschien, ins Frühneuhochdeutsche übersetzt und Vorbild für die besonders seit dem späten 15. Jahrhundert beliebten »Planetenbücher« wurde. Die Auseinandersetzung mit den immer stärker wuchernden östlichen Mysterienkulten war eine dringende Aufgabe der christlichen Kirchenväter zur Verbreitung ihres Glaubens, wie dies in prägnanter Weise bei Augustinus deutlich wird (vgl. S. 125).

Die aristotelische Physik hatte sich bald als einheitliches Prinzip der Naturerklärung durchgesetzt, da sie eine zwar nicht völlig widerspruchsfreie, aber doch weitgehend konsistente Naturlehre gewährleistete. Die Übereinstimmung mit den Resultaten empirischer Forschung war so weitgehend, daß eine davon abweichende methodische Grundlage außerhalb jeder Denkmöglichkeit zu liegen schien, weshalb die aristotelische Lehre im Laufe der Jahrhunderte zum Dogma erstarrte. Was ursprünglich eine fruchtbare Basis der Naturforschung darstellte, wurde zum strikten Glaubensartikel, den Fortschritt der Wissenschaften behindernd.

3
Wissenschaft im Mittelalter – Zeit des Verlustes, Zeit des Lernens

Von der alten griechischen und römischen Literatur sind nur wenige Fachabhandlungen auf uns gekommen – sehr vieles ging verloren in den vielen Kriegen der Jahrhunderte, die Städte und Länder verwüsteten, ging aus Unkenntnis, Sorglosigkeit, Ignoranz und weltanschaulicher Intoleranz unter. Während noch die frühchristlichen Gelehrten wie Ambrosius, Augustinus oder Gregor der Große im Geiste antiker Bildung erzogen waren, riß bald der Faden alter Tradition ab und ging in wirtschaftlicher Schwäche und nicht enden wollenden großen und kleinen Kriegen mit dem römischen Reich unter. Die eigenständige europäische Tradierung antiker Bildung beschränkte sich (für die Astronomie) auf die »Naturkunde« des Plinius und wenig mehr als die vornehmlich enzyklopädisch gestalteten Werke des Martianus Capella, Theodosius Macrobius und Marcus Manilius. Freilich lebte antikes Wissen in den Werken des Isidor von Sevilla, dem »christlichen Cicero«, Beda Venerabilis, dem »Ehrwürdigen«, Boetius, dem »Lehrmeister des frühen Mittelalters« oder Cassiodor, dem Gründer des berühmten Klosters Vivarium.

Das im Vergleich mit den alten Originalen viel geringere Niveau dieser Schriften gab mannigfachen Anlaß, den Kulturverfall, den Niedergang des Wissens, den Rückfall in die Barbarei zu bedauern. Auf den ersten Blick erscheinen diese Klagen berechtigt. Doch ist es nicht ein falsches Herangehen, den Maßstab für die Kultur des Mittelalters in der griechischen Antike zu suchen und damit die Selbständigkeit dieser Zeit zu mißachten? Niedergang des Wissens im alten griechischen und römischen Stammland ja, aber ein großartiger Aufschwung des Wissens bei den Völkern, die sich erst wenige Jahrhunderte zuvor aus urgesellschaftlichen Stammesverfassungen erhoben hatten, um altes Wissen aufzunehmen und sich ein dreiviertel Jahrtausend später anschickten, über ihre Lehrmeister hinauszugehen! Und wenn wir heute verständnislos vor manchen Diskussionen der mittelalterlichen Gelehrten stehen – muß das in jedem Fall an unseren Vorfahren liegen? Oder müssen wir uns nicht bemühen, in ihre Lebensbedingungen, ihre Möglichkeiten in einer vorwiegend auf autarker landwirtschaftlicher Produktion beruhenden Zeit, in die so eingeschränkten Bedürfnisse nach Wissenschaft einzudringen? Diese Zeitumstände boten wenig Ansatzpunkte für wissenschaftliche Betätigung, es sei denn, sie diente einem besseren Verständnis der Heiligen Schrift und dem Bedürfnis christlicher Liturgie. So einengend, wie sich diese Zweckbestimmung des Naturwissens zunächst anhören mag, war sie durchaus nicht. Auch wenn Exponenten der christlichen Kirche gelegentlich auf die Sinnlosigkeit des die Natur erforschenden Strebens, ja dessen Gefährlichkeit für das Seelenheil hinwiesen, waren die gesetzten Grenzen weit genug, um die Natur als Schöpfung Gottes nicht zu mißachten.

Während im europäischen Westen mit der zeitlichen Entfernung von der Antike die Kenntnis der griechischen Sprache fast erlosch und damit der Zugang zu den Quellen versperrt wurde (soweit diese überhaupt noch verfügbar waren), blieben in den islamischen Gelehrtenschulen wichtige Werke des Altertums präsent. Im 9. Jahrhundert wurde an der von dem wissenschaftlich interessierten Kalifen Al-Ma'mun geförderten Übersetzerschule in Bagdad der ptolemäische Almagest ins Arabische übertragen. Erst das 12. Jahrhundert führte in Spanien zur Begegnung der islamischen, lateinischen und jüdischen Gelehrsamkeit. Um 1150 und 1180 gelang in Toledo, das 1085 von den Christen zurückerobert worden war, aber weiterhin Sitz östlicher Wissenschaft blieb, durch Gerhard von Cremona die Rückübersetzung des »Almagest« ins Lateinische. Bald folgten weitere Übersetzungen, Werke von Platon, die Schriften des Aristoteles über die Physik, den Himmel und die Meteorologie, schließlich Werke arabischer Gelehrter selbst, die auf diesem Wege Eingang in die abendländische Wissenschaft fanden. Diese Übersetzungen waren eine kulturelle Leistung ersten Ranges. Daran ändert auch die Tatsache nichts, daß die entstandenen Texte vielfach fehlerhaft waren; manche Stelle wurde mißverstanden, Namen oder Zahlen falsch geschrieben, Rechnungen fehlerhaft wiedergegeben, manches mechanisch übersetzt, ohne Sinn für eine sachlich korrekte Übertragung. Heute ist es leicht, dies festzustellen – vor Gerhard von Cremona und seinen Nachfolgern türmten sich enorme Schwierigkeiten. Schöpften die mittelalterlichen Gelehrten ihre Kenntnisse bis dahin aus den verknappenden enzyklopädischen Schriften, lagen nun die Originalwerke vor ihnen, die noch heute ein intensives Studium erfordern. Probleme bereitete zudem die Eigenart des Arabischen, nur die Konsonanten zu schreiben, während die richtigen Vokale zur Übertragung ins Lateinische selbständig gefunden werden mußten.

Doch noch das Frühmittelalter hatte sich einen lebendigen Geist bewahrt und nahm die aristotelische Physik nicht zwangsweise hin. Johannes Philoponos (vgl. S. 127) untersuchte Anfang des 6. Jahrhunderts die aristotelische Bewegungslehre und kam zu abweichenden Ergebnissen, die aus historischer Sicht einer Neuorientierung der Naturforschung den Weg bahnte. Entgegen der Lehre des Neuplatonikers Dionysius, der die Himmelskörper von Engeln bewegt dachte, lehrte Johannes einen sich nicht selbst verbrauchenden Bewegungsantrieb, von Gott den Himmelskörpern bei Erschaffung der Welt eingepflanzt. Da dieser »Impetus« auch die natürliche Bewegung der schweren und leichten Elemente beherrscht, vermochte Johannes die irdischen und himmlischen Bewegungen in einer einheitlichen physikalischen Beschreibung zusammenzufassen; überzeugen konnte er damit nicht. Das monumentale Werk des Aristoteles bot Konkurrenten kaum eine Chance, und verspürte man überhaupt das Bedürfnis, den augenscheinlich so völlig unterschiedlichen Bereichen des Irdischen und Himmlischen eine einheitliche Physik zu unterlegen? Schien doch der Zusammenhang der Welt vom göttlichen Sechstagewerk her ausreichend begründet. Erst etwa 800 Jahre später erwies sich die Fruchtbarkeit des Ansatzes von Johannes Philoponos, als nämlich Wilhelm Ockham und seine Pariser Schule dessen antiaristotelische Konzepte aufnahm und in ihr Bild der Naturerklärung integrierte, das bis hin zu Galilei seine Wirksamkeit erweisen sollte.

Bild 6 Die Bewegung der Planeten sowie aller Himmelssphären um die Erde wird durch Engel bewirkt, naiv-sinnliche Darstellung [28].

Auf ein Einzelproblem sei noch hingewiesen: Wie auch Simplicius stellte Johannes fest, daß sich zwischen den astronomischen Theorien und der aristotelischen Physik tiefgreifende Widersprüche auftaten, sobald man die Bewegungen der Himmelskörper auf Deferenten, Epizykeln, Exzentern usw. als real durchlaufen annahm. Johannes hat recht, daß sich diese Bewegungsabläufe nicht um das Weltzentrum vollziehen und auch nicht einfach sind, weil sich hierbei Kreisbewegungen um die Weltmitte mit Bewegungen um die Mittelpunkte der Exzenter, Deferenten, Epizykel usw., d. h. mit Bewegungen zum Weltmittelpunkt hin, bzw. von diesem weggerichtet, vermischen. Beider Lösungsversuche führen in gegensätzliche Richtungen: Johannes verwirft die aristotelische Lehre der Elemente und der Bewegung, Simplicius dagegen spricht diesen, der aristotelischen Physik zuwiderlaufenden Bewegungen die Realität ab, wie oben bemerkt. Die somit vollzogene Trennung zwischen Physik und Astronomie hatte Bestand bis ins 17. Jahrhundert hinein und beeinflußte noch grundsätzlich die Diskussion um das copernicanische Weltsystem (vgl. u. a. A. Osiander, S. 173) – sie wurde schließlich erst nach der Vorbereitung durch Copernicus von Kepler endgültig aufgehoben.

Die von Johannes Philoponos diskutierte Frage der Beseeltheit der Himmelskörper erwies sich seit antiker Zeit und aus christlicher Sicht bei Augustinus (vgl. S. 125) als ein Dauerthema, das u. a. wieder Thomas von Aquino beschäftigte (vgl. S. 139). Dieser nimmt einen konsequent aristotelischen Standpunkt ein. In seiner großangelegten »Summa theologica« verbindet er die biblische Weltschöpfungslehre mit der aristotelischen Physik und leistet somit die Harmonisierung zwischen Theologie (Christentum) und Physik (Aristotelismus). Damit war, wenigstens theoretisch, der langwährende Streit um Aristoteles beigelegt, der allerdings erst 1277 mit dem Pariser Aristotelismus-Verbot des Bischofs Etienne Tempier seinen Höhepunkt erreicht hatte [5]. Doch die 219 Pariser Thesen trafen nicht so sehr Aristoteles selbst, sondern in erster Linie den Aristotelismus in der Prägung von Averroes und Avicenna, der die Allmacht Gottes als Schöpfer und Regierer der Welt bedrohte, wie dies in der Behauptung der Ewigkeit der Welt, der Leugnung eines »ersten Menschen« oder der Herrschaft der Gestirne über die menschliche Seele zum Ausdruck kommt.

Um die Mitte des 13. Jahrhunderts hatten sich die aristotelische Physik und das ptolemäische Weltbild an den Universitäten und Schulen längst durchgesetzt. An ihrer wirkungsvollen Verbreitung hatte die »Sphaera« des wohl aus dem Englischen stammenden Johannes de Sacrobosco, seit 1221 Professor in Paris, einen sehr bedeutenden Anteil. Johannes stellte aus dem »Almagest«, aber auch anderen Werken, von Plinius, Manilius, Macrobius sowie den Schriften des Arabers Alfraganus (gest. nach 861), ein elementares Lehrbuch der Astronomie zusammen, das den Bedürfnissen einführender Studien hervorragend entsprach. Besonders im Rahmen des astronomischen Kurses an den Artistenfakultäten – alle Studenten hatten an den mittelalterlichen Universitäten zunächst den »Grundkurs« der »Sieben freien Künste« zu absolvieren (Dialektik, Grammatik, Rhetorik, Geometrie, Logik, Musik und Astronomie), bevor die Spezialstudien, wie Medizin und Jurisprudenz begonnen werden konnten – wurde die »Sphaera« für Jahrhunderte das wichtigste Lehrbuch. Anfang des 16. Jahrhunderts entdeckte es Philipp Melanchthon für sein universitäres Bildungsprogramm, worauf es, versehen mit dessen Vorwort und der gleichfalls von Johannes stammenden kirchlichen Kalenderrechnung, unter dem Titel »Libellus de sphaera« (erstmals in Wittenberg 1538 gedruckt) zum Standardwerk an den Universitäten avancierte. Zudem wurde es zum Vorbild für ähnliche Elementarlehrbücher, unzähligemale kommentiert, nicht zuletzt von Christoph Clavius 1581–1607 in mehreren Auflagen [50]. Fast alle Astronomen des 13. bis 17. Jahrhunderts hatten ihre Studien mit diesem Buch begonnen, und noch Galileo Galilei hielt seine ersten

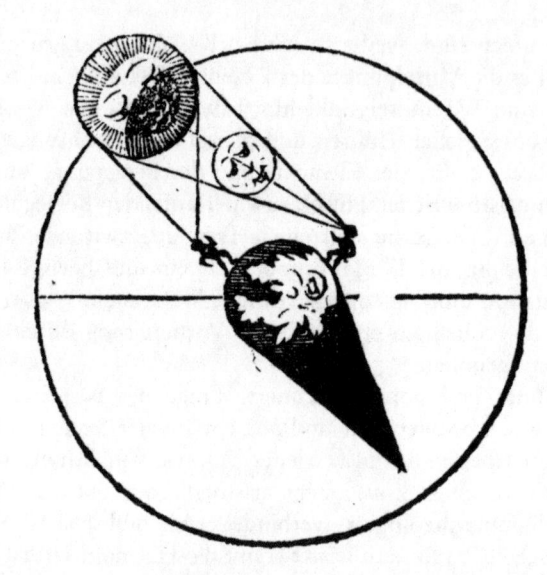

Bild 7 Wegen der Kugelgestalt der Erde ist eine Sonnenfinsternis nicht überall zur gleichen Zeit und in gleicher Weise sichtbar [69].

Universitätsvorlesungen zu diesem Werk. Die Zahl der Auflagen der »Sphaera«, erstmals 1472 in Ferrara gedruckt, dürfte sich nach neueren Untersuchungen auf etwa 250 belaufen.

Doch nicht nur für die Universitäten eignete sich das Buch des Johannes de Sacrobosco, sondern auch für die Bildung der nichtakademischen Mittel- und Oberschichten spielte es eine bedeutende Rolle, wie die Übersetzungen ins Altisländische, Italienische, Französische, Spanische, Englische, Hebräische und schließlich ins Deutsche bezeugen. Als älteste Übersetzung in die deutsche Sprache gilt die des Konrad von Megenberg um 1350, gefolgt von einem Anonymus mit dem »Puechlein von der Spera« [67] sowie 1516 von Konrad Heinfogel aus dem Nürnberger Dürer-Kreis, aus dessen Text hier ein sprachlich reizvoller Auszug gegeben wird (vgl. S. 136).

Neuere Forschungen haben gezeigt, daß von wenigen Ausnahmen abgesehen, auch im Mittelalter die Erde keinesfalls im rohen Bild einer Scheibe gedacht wurde. Sowohl in astronomischen, allgemein naturkundlichen oder enzyklopädischen Abhandlungen, in Kommentaren zur biblischen Genesis und vielen Gelegenheitsschriften wird die Erde als in der Weltmitte ruhender kugelförmiger Körper angesehen. Selbst die Existenz von Antipoden wurde immer wieder erörtert, allerdings in der Regel ablehnend. Die typische Argumentation zur christlichen Sicht auf dieses Thema entwickelte der Heilige Augustinus in seinem »Gottesstaat« (vgl. S. 125). Mit der Anerkennung der Kugelgestalt der Erde [45] hat er keine Probleme. Doch selbst diese vorausgesetzt, könne man nicht zwingend davon sprechen, daß auch die unteren Weltteile von Menschen bewohnt seien. Seine Argumentation ist zunächst naturkundlich: den unermeßlichen Ozean (spätere Autoren fügten die heiße, verbrannte Äquatorzone hinzu) könne niemand durchqueren. Darauf folgt eine theologische Schlußkette: Nach biblischem Zeugnis stammt das gesamte heutige Menschengeschlecht von den Söhnen Noahs ab, doch wie sollten diese die Gegenden der

Antipoden erreicht haben? Deshalb wären unsere Gegenwohner, damit ein Teil der Menschheit, vom Heilsgeschehen ausgeschlossen, wohingegen es doch bei Matthäus 28,19 heißt: »Darum gehet hin und lehret alle Völker und taufet sie im Namen des Vaters und des Sohnes und des heiligen Geistes; und lehret sie alles, was ich euch befohlen habe.« So geriet die Annahme von Antipoden zu einer Ketzerei, was beispielsweise der aus Irland stammende Salzburger Bischof Virgilius zu spüren bekam. Nach einer Anklage des Missionars Bonifazius bei Papst Zacharias im Jahre 748 wurde Virgilius ermahnt, von seiner Lehre abzulassen, es gäbe eine andere Welt und andere Menschen mit Sonne und Mond unter der Erde. Im Falle einer Weigerung drohten ihm die Aberkennung priesterlicher Würden und die Exkommunikation. Über den weiteren Verlauf dieser Angelegenheit schweigen die Quellen, zu schwerwiegenden Konsequenzen kam es jedoch offenbar nicht.

Gerade im alten Irland hat es schon im 6. Jahrhundert eine Tradition transozeanischer Antipodenwelten gegeben, und trotz aller theologischer Bedenken war die Antipodendiskussion nicht zu beenden. Von ihnen sprechen Johannes Scotus Eriugena, Heiricus und Remigius von Auxerre (alle 9. Jh.), Notker Labeo, Wolfhelm von Köln (11. Jh.), Rupert von Deutz, Lambert von St. Omer und Johannes von Anville (12. Jh.). Sogar in die populäre Literatur drangen unsere Gegenwohner ein, wie das »Buch Sidrach« aus dem Gelehrtenkreis um Kaiser Friedrich II. und der altnorwegische »Königsspiegel« (um 1260) belegen. Doch unbestritten blieb ihre Existenz nie, denn wie schon Virgilius schien auch Johannes Scotus deswegen angegriffen worden sein – jedenfalls widerrief er in einer späteren Arbeit diese »falsche Lehre« und von Wolfhelm von Köln wissen wir, daß er nachdrücklich auf die Gefährlichkeit sol-

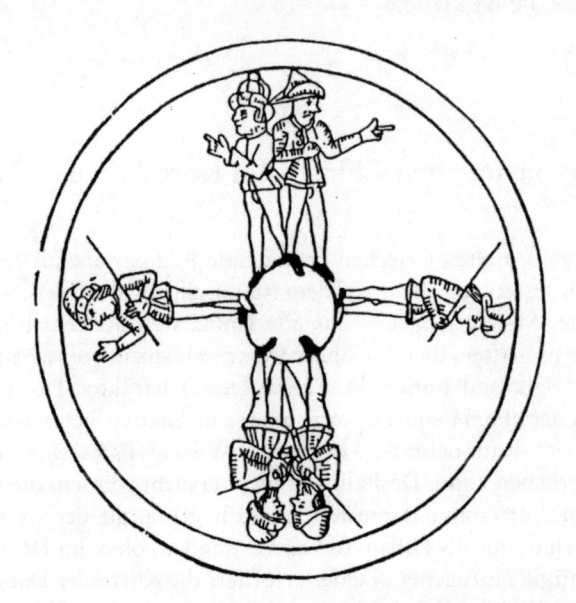

Bild 8 Gingen zwei Menschen mit gleicher Geschwindigkeit auf der kugelförmigen Erde in die entgegengesetzte Richtung, würden sie sich am genau gegenüberliegenden Punkt treffen und schließlich an den Ausgangspunkt zurückkehren; nach Gossouin de Metz, Image du monde, 1246/47 [36].

cherart »Häresien« wie überhaupt des Versuchs der Harmonisierung heidnischer Philosophie mit dem christlichen Glauben hingewiesen hat.

Nach klassischen Vorbildern entstand um 1350 die erste großangelegte Naturgeschichte in deutscher Sprache, das »Buch der Natur« des Konrad von Megenberg. Seine Darstellung der Kometenerscheinungen (vgl. S. 146) ist vor allem deshalb so interessant, weil sich Konrad auf eigene Beobachtungen beruft und auf der Grundlage der aristotelischen Kometenlehre eine physikalische Deutung der schrecklichen Wirkungen der »geschoften Sterne« versucht, die, natürlich in die Irre gehend, doch auf seinem Stand der Naturerkenntnis sehr einleuchtend ist und neben den bereits oben geschilderten Bezügen zur Heiligen Schrift (vgl. S. 78) zeigt, daß die Kometenfurcht durchaus nicht einfach als Produkt niedersten Aberglaubens disqualifiziert werden darf.

In den Bereich der dichterischen Verarbeitung des mittelalterlichen Weltbildes weist Dantes »Göttliche Komödie« (vgl. S. 144). Die großartige Einbeziehung astronomisch-geographischer Sachverhalte in die Wanderung durch Hölle und Läuterungsberg bis zum Himmel hat dieser Dichtung einen bleibenden Platz in der Wissenschaftsgeschichte gesichert. Die Kugelgestalt der Erde erlebt der Reisende durch die Weltsphären, als er mit seinem Begleiter von den untersten Höllentiefen aus am Fell des vom Himmel gestürzten Luzifer emporklimmend, den Erdmittelpunkt durchquerend, auf die südliche Erdhalbkugel, gerade an das Gestade des Läuterungsberges gelangt und das Licht der Sterne erblickt. Geleitet von Beatrice schaut Dante auf dem Weg zum Paradies das Empyreum, worauf die himmlische Herrin die Sphären der Gestirne und die Chöre der Engel erklärt, die um die Gottheit wie um einen leuchtenden Punkt kreisen.

4
Astronomie im alten China – ein Korrektiv des Fremden[1]

Stellt sich das bei den alten Griechen beginnende Bild der abendländischen Gelehrsamkeit, mit Einflüssen vor allem aus dem islamischen Kulturkreis, als ein recht einheitlich tradiertes System dar, liegt das alte China weit außerhalb des Universums westlicher Wissenschaften, dem Europäer fremd geblieben, von scheinbar rein empirischem, jeder Logik und Rationalität beraubtem Charakter. Doch gerade die Beschäftigung mit dem Fremden ist es, was unsere normative Sichtweise in Frage stellt und Begriffen wie »Rationalität«, »Beweis«, »Wissenschaft« einen neuen semantischen Gehalt verleihen kann. Deshalb soll hier versucht werden, die Besonderheiten der chinesischen Astronomie darzustellen und Begriffe, die der westlichen Wissenschaft entlehnt sind, nur als Hilfsmittel zu verwenden, ohne im Detail auf Variationen ihrer Bedeutung einzugehen. Leider erfordert die Kürze der Darstellung oft, ein anachronistisches Bild der Entwicklung zu geben.

---

1 Der Abschnitt zur chinesischen Astronomie wurde verfaßt von Andrea Brévard. Bei der Umschrift chinesischer Namen fand durchgehend die Pinyin-Lautschrift Anwendung.

Die Berechnung der Himmelsbewegungen nahm in China nicht dieselbe Entwicklung wie im Mittelmeerraum. Mit ihrer nicht-geometrischen Methodik orientiert sich die Astronomie in China vielmehr zur Kalenderrechnung und weniger zum Entwurf kosmographischer Modelle; die Positionen der Himmelskörper konnten allein durch ein weites System von sich selbst genügenden, numerischen Konstanten der Ephemeriden, Interpolationsalgorithmen und zyklischen Theorien bestimmt werden. Zum Verständnis der Entwürfe von Kalendern und der Bestimmung der Planetenbewegungen ist es unentbehrlich, den kulturellen Kontext Chinas in Betracht zu ziehen, da zur Rechtfertigung der Wahl der Konstanten sowohl numerologische Betrachtungen des »Buches der Wandlungen«[2], als auch politische Ereignisse eine große Rolle spielten. Jede Kalenderreform stand im Zusammenhang mit einem politischen Wechsel (vgl. [116]); mangelnde Übereinstimmung vorausgesagter Himmelsphänomene wurde als Zeichen der Illegitimität der Macht interpretiert.[3]

4.1
Kosmographie

Die Chinesen hatten niemals eine offizielle, orthodoxe Theorie des Weltsystems. Seit der Antike stellten sich ihre Astronomen das Universum als Produkt und Sitz unaufhörlicher Verwandlungen vor. Noch im letzten Jahrhundert schrieb Wei Yuan (1794–1857) zur universellen Wandlung aller Dinge, daß seit der Antike sich alles verändert habe: der Himmel, die Erde, die Menschen, die Pflanzen, die Institutionen … (nach [33]). Insgesamt findet man in alter Zeit folgende drei Hauptsysteme (vgl. [27], [73], [84], [88], S. 210–219, [54]).

4.1.1
Vom flachen Himmel zu einer anderen Art des Geozentrismus

Gaitian (Bedeckender Himmel): Die archaischste korrelative Theorie der Form und Dimension des Himmels findet sich dargestellt im *Zhoubi Suanjing* (Ende 1. Jh. v. Chr.).[4] Das flache Firmament von Fixsternen ist ein runder Deckel mit nur einem Pol (dem Nordpol), der über der quadratischen Erde kreist. Sonne, Mond und Ge-

---

2 Chin. *Yi Jing*, kanonisches Wahrsagebuch, das sich 65 Hexagrammen bedient, die die elementaren Energien Yin und Yang darstellten.
3 Teobul [109] zeigt, wie die Machtübernahme von Wang Mang von der Wahl eines neuen astronomischen Systems begleitet wurde, um die historische Kontinuität zu erlangen.
4 Der Titel dieses mathematischen Klassikers wurde aufgrund der Doppeldeutigkeit des Zeichens Zhou (Dynastienname, Name eines Herzogs und Kreisumfang) auf verschiedene Weise wiedergegeben. Eine chinesische Edition findet sich in Qian Baocong: *Suanjing shishu*, Vol. 1, Zhonghua shuju (Peking 1963). Im Klassiker heißt es: »In der alten Zeit regierte der Sohn des Himmels über zhou, weil damals viele Vermesser [den Maßen] von zhou folgten, deshalb heißt es zhoubi. Bi ist dasselbe wie ein Schattenstab.« Der Kommentator erklärt dazu, daß die wörtliche Bedeutung von bi - (Oberschenkel-) Knochen, längere Seite eines rechtwinkligen Dreiecks – daher kommt, daß die Himmelskörper der Ausführung der Regierungsgeschäfte folgen und man zur Vermessung ihrer Entfernungen einen Schattenstab braucht.

stirne bewegen sich gegenläufig dazu, manchmal näher am Pol, manchmal weiter entfernt (Sommer- bzw. Wintersolstitium). Eintritt und Austritt der Sonne in eine Zone, die von einem Sichtbarkeitskreis mit Zentrum im Beobachtungspunkt begrenzt wird, sorgt für Tag und Nacht.[5] Messungen der meridianen Sonnenhöhe wurden in Abhängigkeit vom verwendeten Instrument, d. i. ein Schattenstab der Länge 8 *chi* (ca. 1,92 m), angegeben.

Huntian (Sphärischer Himmel): Das instrumentale Modell dieser Theorie ist eine Art Armillarsphäre, die ungefähr seit dem 1. Jh. v. Chr. im Zusammenhang mit Luo Xiahong Erwähnung findet.

Der eiförmige Himmelsglobus von 365 1/4 (chinesischen) Graden wird dabei durch die flache Erdebene in zwei gleiche Teile unterteilt, und die tägliche Sonnenbahn führt in Umdrehungen von der sichtbaren Seite zur unsichtbaren. So entwickelte sich ein Konzept von Geozentrizität der Welt, in dem es nicht um die Beziehung einer Sphäre zu einer anderen unendlich viel kleineren in deren Mitte ging, sondern um die Relation einer Sphäre zu ihrem diametralen Durchschnitt. Betrachtungen über Höhenabstände der Gestirne untereinander oder in Bezug auf Fixsterne waren irrelevant. Erst seit Wang Fan (227–266) prägt sich ein deutlicher Begriff der Entfernung der Sonne vom Beobachtungsort aus, »Hälfte des Himmelsdurchmessers« genannt, der unserer Idee von Geozentrizität näher kam.

Xuanye (Die weite Nacht): Der Name dieser Theorie hängt mit der Vorstellung zusammen, daß das Himmelsblau ein optischer Effekt des grenzenlosen Universums ist, in dem Sonne, Mond und Sterne in der Leere schweben und deren ungleichförmige Bewegungen lediglich der Funktion des *qi* (Energie, Ätherstoff) zuzuschreiben sind. Dieses sorge auch dafür, daß die Himmelskörper nicht vom Himmel fallen. Im Gegensatz zu den ersten beiden Systemen, die in der Han-Zeit (206 v. Chr.– 220 n. Chr.) eine öffentliche Polemik auslösten, erregte die taoistische *Xuanye*-Theorie (vgl. [23]) weniger Aufsehen. Da in ihr der Himmel formlos und lediglich Akkumulation von *qi* war, blieb sie von den Herrschern, die sich ja als »Söhne des Himmels« verstanden, unbeachtet. Ihr Inhalt ist uns nur in einer späteren Version der Annalen der Sui-Dynastie erhalten (581–618 n. Chr.).

4.1.2
kategorische Ablehnung der kosmographischen Theorien:
Yi Xing (Anf. 8. Jh.)

Die Arbeiten des buddhistischen Mönchs und Astronomen Yi Xing [2] denunzieren die empirischen Vermessungsmethoden des Himmels seiner polozentrischen und geozentrischen Vorgänger. Yi Xing kritisiert sämtliche Prämissen der Gnomonik der Antike und lehnt kosmographische Spekulationen als Teildisziplin der Astronomie ab: »Wie ist es möglich, daß die Dimensionen des Universums dermaßen minimal

---

5 Kalinowski ([73], S. 10) weist darauf hin, daß die Himmelskarte des *Zhoubi* keineswegs eine Projektion der sphärischen Koordinaten des Himmels war, wie es allgemein in der Literatur über die *gaitian*-Theorie beschrieben wird, sondern um ein rein kosmographisches Modell, in dem die Form und Dimension der Welt theoretisch die auf der Karte dargestellten waren.

sind! Das Vorgehen von Wang Fan gleicht in der Tat dem Messen des Ozeans mit einem Löffel!« Yi Xings Augenmerk gilt der mathematischen Kalenderrechnung, und der Schattenstab sollte nur der harmonischen Einteilung des tropischen Jahres in 24 Perioden dienen, nicht der Bestimmung der Durchmesser und Umfänge der Himmelsbahnen. Geometrische Repräsentationen blieben in seiner Kalenderrechnung unbeachtet, obgleich er aufgrund unterschiedlicher Schattenlängen an verschiedenen geographischen Orten die Gewölbtheit der Erde entdeckte.

4.2
Kalenderrechnung

Die Kalender, deren Berechnungsmethoden seit der Han-Zeit in die offiziellen Geschichtsannalen aufgenommen wurden (vgl. die Übersetzung der astronomischen Kapitel in [62]), behalten eine fast starre Struktur bis zur Übernahme des gregorianischen Kalenders im 18. Jahrhundert. Seit dem »Kalender der dreifachen Konkordanz« [104] der Han-Dynastie öffnet der Kalender mit der Angabe des »Höchsten Ursprungs« (*shang yuan*). Dieses Datum gibt den Zeitpunkt an, zu dem sämtliche zyklischen Systeme eines Kalenders an ihrem Anfang stehen, d. h. das Wintersolstitium des Jahreszyklus, der erste Tag des 60-Tageszyklus, das erste Jahr des 60-Jahreszyklus, der Zyklus der 12 Doppelstunden eines Tages, der Neumond einer Lunation usw. Yi Xing berechnet diesen Zeitpunkt zu 96 961 740 Jahre vor dem Jahr 724. Es folgen numerische Tabellen, Listen von Konstanten und Interpolationsalgorithmen zur Bestimmung der Lunation und der Schaltmonate, der Sonnenbewegung, der Mondbewegung, der Gnomonik, assoziiert mit den 24 *qi* (Perioden von durchschnittlich 15 Tagen Länge), der Finsternisse und der Bewegungen der fünf Planeten. Auf welche Weise die tabellierten Werte erhalten wurden, ist ungewiß. Sicherlich waren es nicht Beobachtungswerte allein, sondern auch numerologische und metaphysische Aspekte der Yin-Yang Dualität sowie eine Einpassung der Daten in die Methoden der dividierten Differenzen zur Interpolation, die eine Rolle spielten (zu Interpolationstechniken in der Kalenderrechnung vgl. [1]).

In der Beurteilung der Qualität der tabellierten Beobachtungen befinden wir uns in einer mißlichen Lage: Aufgrund der politischen Bedeutsamkeit der Voraussage von Planetenkonjunktionen sowie Sonnen- und Mondfinsternissen ist es wahrscheinlich, daß einige Daten a posteriori bei der Redaktion der Dynastieannalen verfälscht wurden, um sie dem historischen Werdegang einer Regierung oder auch den am Himmel tatsächlich beobachteten Phänomenen anzupassen.

4.3
System der Polar- und Äquatorialkoordinaten

In China zeichneten die Astronomen die Sternpositionen beim Durchgang durch den Meridian in der zum Pol vertikalen Ebene auf, was wiederum den Zeitpunkt des Jahres angab. Diese Art der Notation bewirkte, daß sich die Lokalisierung der Gestirne auf den Meridian und den Pol bezog, also Linien, die andere Sterne mit dem

Pol verbanden. Während die Deklination in der westlichen Astronomie die Polarkoordinaten zum Himmelsäquator in Bezug setzt, gingen die Chinesen den komplementären Weg, indem sie die Position der Gestirne auf dem Meridian in Bezug zum Pol setzten.

Die genauesten Angaben konnten in den Regionen maximaler Entfernung gemacht werden, das heißt, am Himmelsäquator. 28 Sternbilder der Äquatorzone definierten auf diese Weise die 28 *xiu* (Mondhäuser), die von unterschiedlicher Länge zwischen mehr als einem *du* und mehr als 33 *du* sind. Sie bildeten einen lunaren Tierkreis, der den sukzessiven Positionen des Mondes eines siderischen Monats entsprach. Zum Beispiel fielen nach den Angaben eines mathematischen Problems von Wang Xiaotong, eines Mathematikers und Astronomen der Tang-Zeit, der Neumond und das Wintersolstitium in einem bestimmten Jahr in das Mondhaus *dou*, das φ Sagittarii als bestimmenden Stern hat.[6] Natürlich veränderten sich im Laufe der Zeit aufgrund der Präzession die Stellung der vier Kardinalpunkte zu den den Mondhäusern assoziierten Sternbildern. Da die Äquatorialkoordinaten immer auf ein Mondhaus bezogen gegeben waren und nicht auf einen festen Punkt am Äquator, entdeckte zwar Yu Xi im 4. Jahrhundert die Effekte der sog. saisonalen Präzession (*jia shi*, wörtlich: hinzufügen – Jahreszeit), nicht jedoch eine Präzession im Sinne Hipparchs.

4.4
Beobachtungen der Himmelserscheinungen

4.4.1
Ephemeriden und Sternkarten

Das erste System, das Finsternisse, Planetenbewegungen, und andere komplexe Phänomene voraussagte, trat Ende 105 v. Chr. in Kraft [24]. Seit dem 4. Jahrhundert v. Chr. verfaßten die Chinesen aber schon Sternkataloge mit Einträgen für fast 1500 Sterne, gruppiert in nahezu 300 Konstellationen [115]. In diesen Katalogen findet man i. a. den Namen eines Sterns oder der Konstellation mit der Anzahl der enthaltenen Sterne, die Position in Bezug auf benachbarte Sterne und die absolute Position des Hauptsterns in *du* innerhalb eines Mondhauses und dessen Polabstand. Einige Texte geben zusätzlich die Höhe an, woraus Needham auf griechische Einflüsse schließt. Vor den ersten, uns erhaltenen Sternkarten von Dunhuang (940) finden sich fragmentarische Darstellungen einzelner Konstellationen auf Wandmalereien. Die wohl berühmteste Planisphäre Chinas – »Abbildung der Muster des Himmels« (*tianwen tu*) – befindet sich noch heute in einem kunfuzianischen Tempel in Sozhou in der Provinz Jiangsu. Sie wurde 1193 angefertigt, um den angehenden Kaiser Ning

---

6 Das Mondhaus *dou* ([102], S. 172 »Le Boisseau«; [88] Table of the Hsiu: »Dipper«) befindet sich zwischen *ji* ([102], S. 161 »Panier-à-Fumier«; [88] »Winnowing-basket«) und *niu* ([102], S. 181 »Boeuf«; [88] »Ox«) und hat nach Huai Nanzi eine Länge von 26 *du*. *Du* sind die chinesischen Grade, wobei einer Umdrehung 365 1/4 *du* entsprechen.

Zong zu unterrichten und 1247 mit einem begleitenden Text in Stein graviert. Bemerkenswert darauf ist die exzentrische Ekliptik (der »gelbe Weg«) und der gewundene Pfad der Milchstraße.

4.4.2
Astronomische Instrumente

Gnomon: Das Gnomon ist das älteste Instrument, das sowohl in der Feldvermessung, als auch in der Kosmographie und Astronomie verwendet wurde [85]. Nach Needham geht sein Gebrauch auf das 4. vorchristliche Jahrhundert zurück. 1276 ließ Guo Shoujing südöstlich vom heutigen Luoyang, dem Punkt, der traditionell als das Weltzentrum angesehen wurde, ein gigantisches Gnomon nach Plänen arabischer Astronomen, die am Hofe der Mongolen tätig waren, errichten. Das Gebäude beherbergte auch eine Wasseruhr und vermutlich eine Armillarsphäre [114].

Konstrukteure der ersten Armillarsphäre: Die von Liu Xiahong (s.o.) konstruierte Armillarsphäre ist in ihren Einzelheiten heute nicht mehr bekannt; sie besaß aber auf jeden Fall einen Äquatorialring und einen Doppelring der Rektaszension mit einem Visierrohr darin. In der östlichen Han-Dynastie entdeckte man durch die Beobachtungen mit der Armillarsphäre die ungleichförmigen Bewegungen von Sonne und Mond. Zhang Heng (78–139) konstruierte eine von einer Wasseruhr angetriebene bronzene Armillarsphäre von ungefähr 1,52 m Durchmesser, die äquatorial montiert war.

Guo Shoujing (1228–1316), Astronom und Hydrologe [32], präsentierte dem Mongolenkaiser Kublai Khan 17 Instrumente, die in der offiziellen Geschichtsschreibung der Yuan-Dynastie (1280–1368) beschrieben sind (juan 48 und 164). Heute existieren davon nur noch zwei in der Purpurberg-Sternwarte in Nanjing (eine Armillarsphäre und ein Kompendium-Instrument). Die parallaktisch montierte Armillarsphäre hatte, ähnlich wie später bei Tycho Brahe, bereits eine auf den Polarstern zielende Drehachse.

Das Astrolab in China: Das Astrolab leitet über zu den Kontakten Chinas mit der Außenwelt. Es ist möglich, daß es bereits seit der Mongolenzeit durch muslimische Astronomen am Kaiserhof bekannt war. Eine ausführliche Darstellung und Beschreibung dieses Instruments findet sich in der 1615 von Li Zhizhao verfaßten Schrift »Über das Abbilden der Koordinaten der himmlischen Sphäre und des Himmelszeltes«.[7] Die Abhandlung wurde in Anlehnung an die 1611 von dem Italiener Sabbathin de Ursis (Xiong Sanba) verfaßte Schrift »Elementare Erklärung azimutaler Instrumente« (Jianping yishuo) verfaßt. Da Li Zhizhao in Kontakt mit Matteo Ricci stand, wäre auch die von diesem 1607/08 erschienene kurze Abhandlung über das Astrolab als weitere Quelle möglich, in der er sich auf die 1596 via Indien erhaltene Schrift des Christoph Clavius über das Astrolab (Rom 1593) stützt [22].

---

7 Die beiden Begriffe *hun* und *gai* des Titels *Hun gai tong xian tu shuo* gehen auf die in 1. beschriebenen kosmologischen Modelle zurück. Die Wortwahl erinnert stark an die Begrifflichkeit dieser frühen Kosmologien, während die in ihr zitierten Passagen für uns klarer in ihren Ausführungen sind. Der komplexe Assimilierungsprozeß westlicher Wissenschaften in China zeigt sich besonders deutlich in der textuellen Organisation der Kompilationen des 17. Jahrhunderts.

4.5
Die Ankunft der Jesuiten im 17. Jahrhundert

4.5.1
Die Rolle der Anschauung in der Akzeptanz der Europäer

In der Rezeption der mathematischen Astronomie der europäischen Wissenschaften in China spielten Instrumente eine Schlüsselrolle zur Verifikation der Genauigkeit der Berechnungen durch Beobachtungen und dadurch zur Legitimation der Anwesenheit christlicher Gelehrter am Kaiserhofe, von denen man lernen wollte. Es wäre aber falsch, eine Pragmatik nur den Chinesen zu unterstellen, denn andererseits nutzten die Jesuitenmissionare ihr Wissen dazu, um als Repräsentanten einer Kultur und Religion zu erscheinen, die es wert waren, das Interesse der chinesischen Gelehrten zu wecken,[8] und gerade Beobachtungsinstrumente waren geeignet, ihre Kenntnisse sichtbar unter Beweis zu stellen. Martzloff berichtet von »Voraussagewettbewerben« zwischen chinesischen, muslimischen und europäischen Astronomen während der ersten Hälfte des 17. Jahrhunderts, die den Europäern systematisch Vorteile einbrachten. Die mathematische Astronomie stellte außerdem einen Bereich dar, der grundlegend unabhängig von Theologie und physikalisch-kosmologischen Modellen war, und so fand nur eine selektive Assimilierung der jesuitischen Lehre statt. Dabei wurden die »starken Seiten« (d. i. die Exzellenz der Beobachtungen der europäischen Astronomie und die Mathematik) angenommen, während die »Schwachpunkte« (die europäische Theologie und Logik) abgelehnt wurden.[9]

Eine entscheidende Rolle spielte das in Jesuitenkollegen gelehrte tychonische Weltbild, das für die praktischen Bedürfnisse genauer Voraussagungen der Chinesen einen willkommenen, (relativ) exakten Kompromiß zwischen Theorie und Anschauung unter Beibehaltung der Geozentrik darstellte. Erst durch polnische Jesuiten begann im 17. Jahrhundert langsam die Verbreitung des copernicanischen Weltsystems, und noch 1793, als der englische Diplomat Lord Macartney ein von Wilhelm Herschel konstruiertes Planetarium zur Visualisierung des heliozentrischen Systems nach China brachte, löste dies Diskussionen zwischen westlichen und chinesischen Astronomen aus ([108], S. 704; [105]). Von einer »copernicanischen Revolution« kann man in China jedoch nicht sprechen, als die Missionare das revidieren mußten,

---

8 Durch die Politik der Jesuiten, ihre wissenschaftliche Kompetenz in den Dienst der Religion zu stellen, gerieten die Missionare in Konflikt mit der Kirche; dies schien aber der einzige Weg, um eine Mission in China aufrechtzuerhalten; vgl. das aus ([64], S. 17) übersetzte Zitat von Voltaire, »Dialogues et Entretiens Philosophiques«: »Der Kaiser Kang-Xi hatte mit einzigartigem Wohlwollen die jesuitischen Bonzen empfangen, die, durch die Gunst einiger Armillarsphären, Barometer, Thermometer, Gläser, die sie aus Europa mitbrachten, von Kang-Xi die öffentliche Toleranz der christlichen Religion erhielten.«

9 Vgl. ([83], S. 70), aus dem *Chouren Zhuan* (Biographien mathematischer Astronomen) von 1799; Gernet ([34], S. 100) weist außerdem darauf hin, daß die Schwäche der Abendländer nach chinesischer Auffassung darin bestand, daß die Feinheiten (der Wandlungen) nicht verstanden wurden, d. i. das oben dargestellte, bereits in der Geschichtsschreibung der Han-Dynastie erwähnte kosmologische Prinzip der ständigen Veränderbarkeit des Kosmos.

was sie bei ihrer Ankunft als ultimative Lehre vertraten; wohl deshalb, weil die Chinesen das ganze Universum einer ständigen Wandlung unterzogen sahen ([34], S. 102). Es gibt nur vorübergehende, relative Schlüsse, und somit ist jede Aussage nur für einen bestimmten Zeitraum und Ort gültig. Aufgrund dieser Idee existierten in der chinesischen Geschichte bis dato nicht weniger als fünfzig Kalenderreformen, und eine weitere wurde 1629 eingeleitet.

4.5.2
Die astronomische Reform

Die astronomische Reform wurde seit 1629 offiziell durchgeführt, gleitet von Xu Guangqi (1562–1633), dem Direktor der »Reform der Kalenderrechnung« im kaiserlichen Büro für Astronomie ([52], bes. Kap. 1). Er stand seit 1596 in Kontakt mit Missionaren, bes. mit Matteo Ricci aus der ersten Generation katholischer Missionare in China und Schüler von Christoph Clavius in Rom, von dem er Unterweisungen in Mathematik, Hydraulik, Astronomie und Geographie erhielt. Xu Guangqi überzeugte die Jesuiten davon, die Übersetzung wissenschaftlicher Werke aus dem Westen ins Chinesische vorzunehmen (bes. der Elemente des Euklid auf Grundlage der kommentierten Ausgabe von Clavius [82]). Ende 1637 waren unter Xu Guaengqis Leitung bereits mehr als 10 neue Instrumententypen gebaut und mehr als 140 Hefte astronomischer Bücher verfaßt.

Zur Zeit des Kölner Jesuiten Johann Adam Schall von Bell (1592–1666, [111], [8]), Missionar, kaiserlicher Astronom und Ratgeber am Hofe von Peking, benutzten die Chinesen immer noch die aus der Mongolenzeit stammenden Bronzeinstrumente riesenhafter Ausmaße. Erstaunlich rasch erfolgte die Rezeption des um 1609 erfundenen Fernrohrs, nicht zuletzt aufgrund der großen Bedeutung, die Clavius diesem in Rom beimaß. Die erste Erwähnung findet sich 1615 im Anhang der »Explicatio sphaerae coelestis« (*Tianwen lüe*) von Emmanuel Diaz jr. Zusammen mit Adam Schall verfaßte Li Zubai 1626 eine Abhandlung zur »Erklärung des Fernrohrs« (*Yuanjing shuo*), die auch auf der Brechungslehre Keplers (Dioptrice, 1611) beruhte und 1630 in Peking erschien. Zu Beginn des Kapitels »Über den Nutzen« heißt es: »Was das Fernrohr anbelangt, woher stammt es denn? Es stammt vom großen abendländischen Meister der Astronomie! Der Nutzen seines Gebrauchs kann wahrlich Worte besiegen! Gewöhnlich ist es so, daß Menschen alles Nahe und Große leicht sehen und das Ferne und Kleine [nur] schwer [erkennen]. [Für ein] Fernrohr jedoch gibt es kein Nah [oder] Fern, es gibt nichts, was groß [noch] klein [ist]. Yue Lüe[10] sagt folgendes: Die Topographie astronomischer Erscheinungen entgeht nicht

---

10 Hashimotu ([52], S. 167) meint, in der »Erklärung des Fernrohrs« sei der Name Galileis wegen dessen 10 Jahre zuvor erfolgter Verurteilung nicht erwähnt. Da die Übersetzung ausländischer Namen ins Chinesische nicht einheitlich ist, kann ich hier nicht sicher sagen, ob es sich bei Yue Lüe um Galilei handelt (1640 wird er mit Jia Li Lüe bezeichnet, vgl. [88], S. 445), lautlich wäre dies aber zu vermuten, und auch grammatikalisch wäre an dieser Stelle ein Eigenname als Satzkonstituent üblich. Vielleicht steckt gerade in der Wahl des Ausdrucks *yue lüe*, wörtlich auch in der Bedeutung von »zusammengefaßt« oder »einfach gesagt ...«, eine Zweideutigkeit, so daß Galileis Name nur zwischen den Zeilen zu lesen ist.

dem Spiegel [des Fernrohrs], sondern langt dort an.[11] Hat man den Fall der Messung des Raums zwischen Bergen und Meeren, so ersetzt es sogar alle früheren Mittel. Sein Nutzen für die Menschheit ist großartig! Wie plötzlich hat dieses Instrument das Auge erfreut und die Herzen beglückt!« (Kap. *li yong*, Edition des *Siku quanshu*)

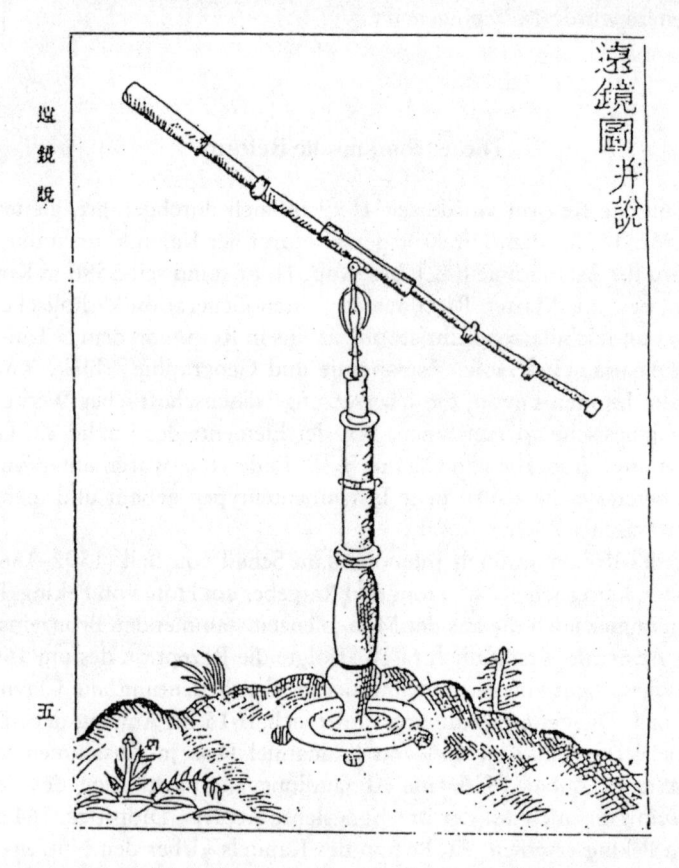

Bild 9 Eine der ältesten bildlichen Darstellungen des Fernrohrs aus dem Jahre 1626, von Adam Schall und Li Zubai.

Darauf folgt eine Beschreibung und Darstellung der Oberfläche des Mondes, der Phasen der Venus, der ovalen Form der Sonne bei Auf- und Untergang, der Sonnenflecke, der Jupitermonde, der Figur des Saturns und schließlich einiger Beobachtungen verschiedener Sterne. Im 2. Kapitel sind Herstellung und Gebrauch erklärt und mit Merkreimen in traditioneller Form versehen. Eine weitere Schrift über das Fernrohr erschien in der von Adam Schall verfaßten »Geschichte der Astronomie des Abendlandes« (*Lifa xi zhuan*, ca. 1645), die auch ein Kapitel »Von den sechs Büchern des Copernicus« enthält ([111], S. 366).

11 Dies klingt nach einer Interpretation des Galileischen Satzes »Die himmlische Region wird erforscht, das Fernrohr durchdringt sie.« (vgl. [89], S. 57).

1631 präsentiert Schall dem Thron die »Komplette Abhandlung über die Vermessung des Himmels« (*Zeliang quanyi*), worin das 10. Kapitel allein der Erklärung und dem Gebrauch astronomischer Instrumente gewidmet war und für die Reform unentbehrlich wurde. Das Kapitel enthält sowohl Beschreibungen des ptolemäischen parallaktischen Instruments (der Dreistab, genannt *jie chi*: Grenz-Lineal), einer Armille, des von Johannes Regiomontan konstruierten Torquetums und eines Jakobsstabes. Darauf folgt die »Erklärung der neuen astronomischen Instrumente« (*Xinyi jijie*), vorwiegend basierend auf Tychos Beschreibungen in der »Astronomiae instauratae mechanica« (Wandsbeck 1598). Auch bezüglich der Absehen und der Gradmarkierungen (*fen fa*: Methode der Unterteilungen) ließ man sich von Tycho Brahe inspirieren ([52], Kap. 4i).

Die mongolischen Instrumente, von denen Ricci noch vier erwähnt, wurden um 1673 durch acht bronzene ersetzt, nachdem der belgische Pater Ferdinand Verbiest (1632–1688), Nachfolger von Schall in seiner Funktion als Vorsitzender der Kommission für Sternkunde und Kalendererstellung in Peking, es geschafft hatte, »sie zu überzeugen, daß in der Astronomie die Europäer verläßlichere und perfektionierte Geräte als die Chinesen hatten.« (zit. nach [114], p. III, S. 18) Einige dieser Instrumente wie Sextant, Quadrant, Horizontkreis, Ekliptik- und Äquatorialarmille, Himmelsglobus sowie die von Ignaz Kögler (1680–1746, vgl. [21], Kat.-Nr. 183) hinzugefügte verbesserte Sphäre zeichnen sich durch eine hohe Präzision ohne Einsatz optischer Hilfsmittel aus und sind noch heute in der alten Pekinger Sternwarte (*Guangxiang tai* – Terrasse zur Beobachtung der Phänomene) zu sehen.

Tatsächlich war der Hergang der Transmission westlicher astronomischer Kenntnisse natürlich sehr viel komplizierter, als es hier scheint, und die Astronomen am Kaiserhof mußten viele Rückschläge hinnehmen und die Aufstellung der Instrumente mehrmals korrigieren, bevor ihren Berechnungen geglaubt wurde. So spielte auch die Aufstellung neuer astronomischer Tafeln, insbesondere auf der Grundlage der »Astronomia Danica« von Christian Severin Longomontanus (Amsterdam 1622, vgl. [51]), eine große Rolle bei der Ausarbeitung eines exakteren Kalenders. Die Missionare mußten viele Zugeständnisse machen, wie die Beibehaltung der chinesischen Zeitmessung (in Sechzigerzyklen) und die Struktur des Sonne-Mond-Kalenders, um eine gemeinsame Basis der Verständigung zu schaffen.

5
Die Geburt einer neuen Astronomie: Nicolaus Copernicus

5.1
Das Bewußtsein der Reformbedürftigkeit der Astronomie

Trotz des großartigen Aufbaus der geozentrischen Astronomie und ihrer physikalischen Fundierung durch Aristoteles konnte sie doch keine bis zum letzten zufriedenstellende Berechnung der Gestirnsörter gewährleisten. Dieser Mangel wurde immer wieder erkannt und kritisiert. Zum einen war dies in der nicht ausreichenden Genauigkeit des Beobachtungsmaterials, zum anderen den komplizierten, den wirklichen Bewegungen nicht genügenden Systemen von Deferenten, Epizykeln, Exzentern, Ausgleichspunkten usw. begründet. Agrippa von Nettesheim nahm dies zum Anlaß, in seiner alle Wissenschaften, Künste und menschlichen Tätigkeiten umfassenden Satire auch die Astronomie mit bissigem Spott zu bedenken (vgl. S. 148). Da er in seinem Werk »Über die Fragwürdigkeit, ja Nichtigkeit der Wissenschaften ...« auch die kirchlichen Stände an den Pranger stellt, ja einer Reform der Papstkirche (der er eine zeitlang anerkannt gedient hatte) das Wort redete, mag es nicht verwundern, daß 1530 auf Geheiß der Sorbonne das öffentliche Verbot des Buches mit der Verbrennung durch den Henker von Paris die Folge war.

Das Problembewußtsein der Reformbedürftigkeit der Astronomie darf seit dem frühen 16. Jahrhundert als weit verbreitet angenommen werden. Auch Luther spricht davon, daß die Astronomie »in Unordnung ist« (vgl. S. 174), wobei er sich bestimmt auf Diskussionen unter den Wittenberger Gelehrten beruft, und 1587 schrieb der Kalenderautor Tobias Moller über die Unsicherheit astrologischer Vorhersagen: »Dieses aber geschicht darumb, auff das mit den Astronomis, und andern Gelerten ich alhie reden möge, das Astronomia dermassen abgangen, das wir davon nichts mehr, denn nur allein einen geringen Schatten noch haben, und also darinnen fledern, das wir nicht wissen wo wir daheime. Und wenn wir sagen, das solchs Finsternis des Monden sich jtzt in drey und zwantzigsten Grad der Fische begeben werde, Ist die Frage ob deme auch also, Ja ob der Mond damals im Fischen oder wol einem andern Zeichen stehe.« [87] Mag darin auch ein wenig Übertreibung liegen zur Rechtfertigung astrologischer Prognosen, die wieder einmal nicht eintrafen, darf doch dem Kern der Aussage Mollers durchaus vertraut werden, da er sich hierin mit vielen Gelehrten in Übereinstimmung befand – bis hin zu Nicolaus Copernicus, der diese Unsicherheit in einer Weise zu lösen suchte, die weder Moller, noch Luther oder Agrippa auch nur im entferntesten vorschwebte.

Während seines Studiums in Krakau und Bologna hatte Copernicus die antiken Planetentheorien mit ihren mathematischen Verstößen gegen die aristotelische Physik, ihrer Kompliziertheit und Asymmetrie kennengelernt und erfahren, daß es doch nicht gelungen war, die Planetenpositionen korrekt zu berechnen. Auf die vielfältigen Versuche verwies er kritisch in seiner Widmung des Hauptwerkes an den Papst; es sei nicht einmal die Länge des Jahres als fundamentale Kalendergröße mit genügender Sicherheit bekannt (vgl. S. 139). Dies war zudem eine der Ursachen, an der mehrfach die schon lange gewünschte Kalenderreform immer wieder gescheitert und zu deren Mitwirkung Copernicus um 1514 aufgefordert worden war. Durch die Ansetzung der Jahreslänge im julianischen Kalender (vgl. S. 123) mit 365 1/4 Tagen, das sind etwa 11 Minuten zu viel, hatte sich im Laufe der Jahrhunderte ein Fehler von 10 Tagen angehäuft, der 1582 durch die gregorianische Kalenderreform ausgeglichen wurde. Die Streichung von 10 Tagen stellte zunächst die Übereinstimmung des Kalenders mit den Himmelserscheinungen (bes. des Frühlingsäquinoktiums, an das der Termin des Osterfestes gebunden ist) her, die Auslassung der gewöhnlichen Schalttage zu allen vollen Jahrhunderten, die nicht ohne Rest durch 4 dividierbar sind, verhinderte ein weiteres Wandern der kalendarischen Daten für die nächsten 3000 Jahre. Doch der mit einer päpstlichen Bulle publizierte Kalender forderte den geharnischten Widerstand der Protestanten heraus (vgl. S. 174), so daß in diesen Teilen Deutschlands erst 1700 der faktische Übergang zum gregorianischen Kalender erfolgte.

Schon vor Copernicus gab es verschiedene Ansätze, die Phänomene der Himmelsbewegung zu »retten«, auch indem man überlegte, wie sich die Sache unter Annahme einer Bewegung der Erde verhalten könnte, so Johannes Buridan (1325–1348). Über eine Andeutung hypothetischer Denkmöglichkeiten ging dessen Schüler Nicolaus von Oresme (um 1320–1382) hinaus. Er bestreitet, daß sich im Gegensatz zu den Konsequenzen aus der aristotelischen Elementenlehre der Rang der Sphären nach ihrem jeweiligen Abstand vom Ersten Beweger ergebe, weil dies gegen die christliche Ubiquitätslehre verstoße. Schließlich sei Gott nicht in stärkerem Maße im Himmel als anderswo in dieser Welt. Damit sei der Grund gegeben, die Weltmitte nicht als den am geringsten zu bewertenden Ort anzusehen. Ganz im Gegenteil sei in der Analogie zur Lage des Herzens im Lebewesen die Mitte ein ausgezeichneter Ort. Damit war grundsätzlich neuen kosmologischen Konsequenzen der Weg geebnet. Denn die aristotelische Elementenlehre und die damit verbundene, theologisch verstärkte, metaphysische Abwertung der Mitte hatte unabhängig von astronomischen Begründungen die Annahme einer Zentralstellung der Sonne unmöglich gemacht. Schließlich könne der erhabenste Himmelskörper nicht den niedrigsten Ort der Welt einnehmen. Mit Oresmes Überlegungen gelang es, diese Bedenken zu entkräften, ja sogar die Zentralstellung der Sonne in der Weltmitte als notwendige Konsequenz anzusehen.

In weitreichende philosophische Schlußfolgerungen hatte Nicolaus Cusanus (1401–1464) seine kosmologischen Grundsätze eingebettet, die eng mit seinem Gottesbegriff korrelieren. Gott sei aller Logik entrückt, zugleich das absolut kleinste und das absolut Größte; nicht das Universum enthalte das Absolute, da dies nur in Gott ist. Deshalb könne es in der Welt keine Mitte und keine umhüllende Begrenzung geben. Nur Gott ist im transzendenten Sinne gleichermaßen Zentrum und Peripherie des Weltalls, in dem es außer Gott nichts Ruhendes gibt. Da alles in der Welt vom Absoluten unendlich weit entfernt ist, existiert keine Rangfolge einzelner Weltbereiche.

Nicolaus Cusanus lehrte eine Drehung der Erde um die eigene Achse, nicht jedoch deren Jahresbewegung. Da es nichts Unbewegtes im Weltall gäbe, legt er dem Sternhimmel eine doppelte Drehung um die Erde in einem Tag von Ost nach West bei, um so in Verbindung mit der Erddrehung den Wechsel von Tag und Nacht zu erklären. Da es keine Rangfolge der Elemente gibt, seien Irdisches und Himmlisches voneinander nicht grundsätzlich verschieden. Die Erde ist nicht der niedrigste Weltteil im Sinne von »unten« und »oben«. Aus der Gleichartigkeit der Gestirne folgert Nicolaus Cusanus, daß alle Himmelskörper, die Erde eingeschlossen, von einer innen unsichtbaren Feuerhülle umgeben seien, die, von einem anderen Stern betrachtet, genauso leuchtet wie dieser. Damit war der räumliche Standort des Menschen für sein Selbstverständnis unerheblich geworden.

Die Diskussion um die kosmologischen Ansätze von Buridan bis zum Cusaner erfaßte weite Kreise der gelehrten Welt, drang in die Universitäten ein und gelangte von Paris besonders nach Italien – hier in erster Linie in Padua und Ferrara bekannt – sowie über Wien nach Krakau. Inwieweit Copernicus mit ihnen vertraut war, ist nicht belegt, doch dürften ihm besonders die Werke des Nicolaus Cusanus sowie die Auffassungen Johannes Buridans aus seiner Studienzeit geläufig gewesen sein, war doch Bologna zur Zeit seines dortigen Aufenthalts 1497–1500 ein Zentrum des Buridanismus. Ob er aber damals die kritischen Anmerkungen und neuen Anregungen schon zu einem grundsätzlichen Zweifel am geozentrischen System verdichtete, ist unbekannt; Hinweise dafür existieren nicht.

5.2
Neue Astronomie mit alter Methodik

Die erste Formung des heliozentrischen Weltsystems gab Copernicus in einer kleinen, zunächst nur handschriftlich verbreiteten, »Commentariolus« genannten Schrift, die zwischen 1510 und 1514 entstand. Der »Commentariolus« enthält thesenhaft, ohne mathematische Durcharbeitung, die erste sichere Formulierung des neuen Systems. Nach sieben Grundsätzen behandelt er die Erscheinungen der Planetenbewegung unter Annahme einer dreifachen Erdbewegung und stellt sodann die Planetenbewegung als epizyklisches System vor. Der handschriftlich zirkulierende »Commentariolus« trug bis etwa 1530 die Kunde von den Bestrebungen des Copernicus um eine neue Astronomie in die Gelehrtenwelt. Auch in Wittenberg erhielt man offenbar davon Kenntnis, denn ohne dies dürfte sich Georg Joachim Rheticus von dort aus nicht auf den beschwerlichen Weg in die fernen preußischen Lande aufgemacht haben, um das neue System vor Ort kennen zu lernen. Der junge Rheticus, ein Schüler Melanchthons und Inhaber einer mathematischen Professur, wird seine Reise nicht ohne vorherige genaue Information über sein Ziel und ausdrückliche Genehmigung des Reformators angetreten haben können.

Vor Copernicus stand die Aufgabe, die Erscheinungen der Planetenbewegung auf heliozentrischer Grundlage zu erklären, im wesentlichen:

1. der Wechsel von Tag und Nacht, einschließlich der täglichen Drehung des Sternhimmels,
2. die Jahresbewegung der Sonne durch den Tierkreis,
3. die ungleichmäßige Bewegung der Planeten,
4. die Rückläufigkeit und Schleifenbewegung der Planeten,
5. die wechselnden Helligkeiten der Planeten,
6. die Bindung der Bewegung von Merkur und Venus an die Sonne,
7. die Schiefe der Ekliptik,
8. das Vorrücken der Tag- und Nachtgleichen.

Copernicus' Lösung resultierte aus einer dreifachen Bewegung der Erde, nämlich ihrer täglichen Drehung um ihre Achse (Punkt 1), der jährlichen Bewegung um die Sonne (Punkt 2) sowie der Präzessionsbewegung der Erdrotationsachse (Punkt 7 und 8). Die übrigen Erscheinungen folgen aus dem Zusammenspiel der Bewegung der Erde und der Planeten um die Sonne (Punkt 3–6).

Besonders auffällig ist, daß alle im geozentrischen System erforderlichen Epizykel und andere Konstruktionen zur Darstellung der zweiten Ungleichheit wegfallen, da diese sich als eine Widerspiegelung der Jahresbewegung in Verbindung mit der Bewegung der Planeten erwies. Ganz zwanglos ließ sich jetzt die eigenartige Bewegung der inneren Planeten Merkur und Venus erklären. Die Planetenbewegung stellte sich als wesentlich geordneter dar, und auch die scheinbare Rückläufigkeit des Sternhimmels von Ost nach West (entgegen der von West nach Ost erfolgenden Planetenbewegung) entfiel, da sie sich gleichfalls als von der Jahresbewegung der Erde vorgetäuscht erwies. Als wesentliches Ergebnis betrachtete es Copernicus, daß er ohne den ptolemäischen punctum aequans auskam.

Damit hatte Copernicus einige Elemente der Kompliziertheit der alten Planetentheorien beseitigt, die er in der Widmung der »Revolutiones« als zu einem »Ungeheuer« (vgl. S. 160) führend bezeichnete. Doch darüber hinaus war sich Copernicus im klaren, daß er auf Exzenter und Epizykelsysteme nicht verzichten konnte. Es ist also nicht richtig, daß Copernicus zunächst von einfachen Kreisbahnen ausging und erst bei weiterer Durchrechnung seiner Theorie auf die Notwendigkeit dieser antiken Hilfsmittel für sein System stieß.

Da die Bewegung der Planeten keine einfache Kreisbewegung ist, gleich ob mit der Erde oder der Sonne im Zentrum, war ein Verzicht auf Epizykel usw. unmöglich. Hinzu kommt noch die bisher nicht weiter betrachtete Breitenbewegung der Planeten durch unterschiedliche Neigungen ihrer Bahnen gegen die Ekliptik. In der Summe ist zwar das heliozentrische System des Copernicus tatsächlich wesentlich harmonischer, von größerer Einheitlichkeit, aber in der mathematischen Durcharbeitung kaum einfacher. Die Rückführung der komplizierten scheinbaren Planetenbewegung auf gleichförmige Kreisbewegungen konnte objektiv kein anderes Resultat liefern, zumal Copernicus spätere Methoden der analytischen Darstellung nicht zur Verfügung standen.

Auf diese Weise hatte Copernicus den zum Bestand der antiken Philosophie und Physik gehörenden Forderungen nach gleichförmigen Planetenbewegungen auf Kreisbahnen besser Rechnung getragen, als es Ptolemäus und seinen Nachfolgern gelungen war. Das methodische Instrumentarium der copernicanischen Planetentheorie gehörte ganz der antiken Astronomie an. Dieses Aufgreifen antiker Prinzipien der Lösung astronomischer Probleme durch Copernicus ist keinesfalls nebensächlich, da er ja von Beginn an deren Umsetzung als wesentlichen Antrieb zur Arbeit an der Erneuerung der Astronomie empfand. Daß die wirklich bessere Realisierung dieser Prinzipien zur heliozentrischen Astronomie führte, damit zu eklatanten Verstößen gegen andere Grundsätze der aristotelischen Physik, war von Copernicus alles andere denn beabsichtigt. Hier wird einprägsam deutlich, auf welche Weise im Prozeß wissenschaftlicher Umwälzungen Altes und Neues miteinander verflochten sein können, ja sogar die konsequente Rückbesinnung auf Altes zum Wegbereiter für revolutionierende Neuerungen werden kann, die eine neue Qualität in der Entwicklung der Wissenschaften darstellen.

Auf das antike Instrumentarium konnte erst Johannes Kepler verzichten, der mit seiner Erkenntnis der elliptischen Bahnform des Planetenlaufs sowohl das Prinzip der Gleichförmigkeit, als auch das der Kreisbahn der Planetenbewegung entbehren konnte. Damit erreichte er außerdem einen höheren Grad an Einfachheit und Harmonie des Planetensystems – freilich unter Berücksichtigung dessen, daß die Ansicht von Harmonie und Einfachheit nicht ohne den Hintergrund weiterreichender Wissenschaftskonzepte und ihre philosophische Fundierung bestimmbar ist. Denn was

Kepler an seiner Planetentheorie harmonisch und einfach erschien, war für seine aristotelisch denkenden Zeitgenossen das genaue Gegenteil.

Entgegen der Intention Osianders vom strikt hypothetischen Charakter jeglicher Astronomie, die dieser (nachdem ihm in Nürnberg die Aufsicht über den Druck des Werkes von Copernicus anvertraut worden war) in seiner von Copernicus nicht autorisierten Präfatio zum Ausdruck bringt (vgl. S. 173), betrachtete Copernicus seine heliozentrische Theorie als Widerspiegelung der Realität. Der zu erwartenden Kritik seiner Lehre aus philosophischen und theologischen Gründen war sich Copernicus bewußt, auch wenn die oft diskutierte Frage, bis zu welchem Grad er sich der weltanschaulichen Tragweite seiner Theorie im klaren war, offen bleiben muß. In diesem Zusammenhang sei darauf verwiesen, daß bereits 1540 Achilles Gasser in einer Dedikation zur 2. Auflage der »Narratio prima«, einer von Rheticus stammenden, zusammenfassenden Darstellung des Werkes von Copernicus, schreibt: »Freilich, das Buch stimmt nicht mit der bisherigen Lehrmeinung überein, und man möchte meinen, daß es nicht nur mit einem einzigen Satz den gebräuchlichen Schulmeinungen entgegengesetzt und, wie die Mönche sagen, ketzerisch ist.« ([17], S. 17; [18], S. 72–80)

Zweifellos betrachtete Copernicus die Zentralstellung der Sonne als Realität, und es gelang ihm, einen Teil der »Phänomene«, nämlich die Stillstände und Rückläufigkeiten der Planeten, in ganz einfacher Weise nicht mittels hypothetischer geometrischer Konstruktionen »zu retten«, sondern als notwendige Folge der Erdbewegung zu erklären. Insoweit kommt er der aristotelischen Forderung der Gleichförmigkeit der Kreisbewegung der Planeten näher, die nun aus der Erdbewegung in viel einfacherer Weise ableitbar ist, und in diesem Sinne hebt sich für ihn die Trennung zwischen rein hypothetischer Astronomie und realer Physik auf. Dies leistet er, indem er sich von der Vorstellung trennt, alle erscheinenden Bewegungen der Himmelskörper werden tatsächlich von diesen ausgeführt, und zeigt, daß sie vorgetäuscht sind, weil wir das Weltall als sich selbst bewegender Beobachter betrachten. Für die mathematische Umsetzung seiner Grundgedanken mußte er hypothetische geometrische Konstruktionen ersinnen, die nur einem Ziel zu dienen hatten: eine möglichst genaue Darstellbarkeit der Gestirnsbewegung, also letztlich die bekannte »Rettung der Phänomene« mit Epizykeln, Exzenter usw. Diesen Aspekt im Werk des Copernicus, die Trennung zwischen Physik und Mathematik, erkannte schon Kepler, als er die Frage erörterte, »was für ein Körper aber sich im Mittelpunkt [der Welt] befindet, ob keiner dort ist, wie Kopernikus will, wenn er rechnet, und zum Teil auch Tycho, oder die Erde, wie Ptolemäus und Tycho es wollen, oder endlich die Sonne, wie ich will und wie auch Kopernikus, wenn er spekuliert ...«. ([74], S. 222)

So kam Copernicus der Vereinigung von Physik und Astronomie zwar nahe, doch die Phänomene ohne rein zum Zweck der mathematischen Darstellbarkeit ersonnene Konstruktionen zu erklären und damit das Prinzip der »Rettung der Phänomene« aufzugeben, war Johannes Kepler vorbehalten, der auf der Grundlage einer erheblich gesteigerten Beobachtungsgenauigkeit entdeckte, daß die Planeten nicht auf kreisförmigen Bahnen laufen.

5.3
Die neue Astronomie: pro und contra

Die Rezeption der copernicanischen Theorie ist eng mit den von Erasmus Reinhold in Wittenberg berechneten und erstmals 1551 gedruckten »Tabulae Prutenicae« verbunden. Reinhold hatte den »Revolutiones«, z.T. nach neuer Berechnung, die verbesserten Elemente der Planetenbahnen, die Angaben über die Präzession, die Jahreslänge, die Schiefe der Ekliptik, die Lage der Sonnenfernen und die Mondparallaxe sowie die Dreieckslehre entnommen. In seinen Tafeln nannte er den »hochberühmten« Copernicus »einen neuen Atlas oder einen anderen Ptolemäus« ([94], Bl. d 4) – ließ ihm überhaupt alle Ehre widerfahren. Deutlich gesagt werden muß jedoch, daß Reinhold sich nur den mathematisch-astronomischen Teil der »Revolutiones« aneignete. Über das Problem der physikalischen Realität des Heliozentrismus hat er sich nie geäußert, was sicher darauf zurückzuführen ist, daß er, als streng »klassisch« denkender Astronom, durch das auf der Trennung zwischen Physik und Astronomie basierende Denkmodell schon das Problem der Realität einer astronomischen Theorie gar nicht sah.

Insbesondere die Reinholdschen Planetentafeln waren wenigstens seit den 70er Jahren des 16. Jahrhunderts bei den Autoren von Kalendern und astrologischen Vorhersagen ein viel benutztes Hilfsmittel. Deshalb darf zweifelsfrei festgestellt werden, daß Copernicus in dieser Zeit ein weitgehend bekannter und anerkannter Astronom war. Die Beschäftigung mit Copernicus glich keinem Geheimunternehmen, das sorgfältig vor den Augen der argwöhnischen Mitwelt zu verbergen war. Denn Copernicus wurde auch in den akademischen Vorlesungen des 16. Jahrhunderts vielfach unter Anerkennung seiner mathematischen Darstellung der Planetenbewegung behandelt. Den Heliozentrismus als kosmologisches Modell dagegen wies man mit den aristotelischen oder theologischen Standardargumenten, aber auch gelegentlich auf strikt wissenschaftlicher Grundlage, wie bei Peter Crüger (vgl. S. 228) zurück, oder überging ihn in den meisten Fällen mit Schweigen, da man schon die Problemstellung der Behandlung des Weltbaus mittels astronomischer Methoden im Sinne des damaligen Wissenschaftsverständnisses von Astronomie und Physik nicht akzeptierte, es sich somit nicht lohne, darüber zu streiten. Crüger steht dem heliozentrischen System ablehnend gegenüber, seine Argumentation ist jedoch interessant. Crüger bezieht sich auf Galileis Beobachtungen, daß die Sterne im Fernrohr (»Ferngesicht«) einen merklichen Durchmesser besitzen (was auf einem Fehlschluß beruht, denn im Teleskop täuschen Beugung des Lichtes sowie Unschärfe einen Sterndurchmesser lediglich vor). Der Durchmesser eines kleinen Sternchens berechne sich zu 2181 Erddurchmessern, oder (da nach Kepler der Sonnendurchmesser 15mal größer als der der Erde ist) zu 145 Sonnendurchmessern. Dieses Ergebnis erscheint Crüger unannehmbar.

Die herausragende Persönlichkeit der Astronomie im ausgehenden 16. Jahrhundert war Tycho Brahe. Er hatte schon frühzeitig Kenntnis vom Werk des Copernicus und schätzte ihn als den nach Ptolemäus bedeutendsten Astronomen (vgl. S. 186). Mit Hilfe seiner eigenen Beobachtungen, die eine bis dahin unerreichte Genauigkeit aufwiesen, erkannte Brahe sowohl die Mängel der Alphonsinischen als auch die der Prutenischen Tafeln. Seine Konsequenz daraus war die Ableitung eines eigenen

Weltsystems, in dem die Planeten zunächst die Sonne umkreisen, diese sich darauf gemeinsam mit den Planeten um die in den Weltmittelpunkt gesetzte Erde bewegen. Brahes System, gewissermaßen ein Vermittlungsversuch zwischen Ptolemäus und Copernicus, war um 1600 ebenfalls Grundlage mehrerer Planetentafeln und beispielsweise von den Jesuitengelehrten lange favorisiert.

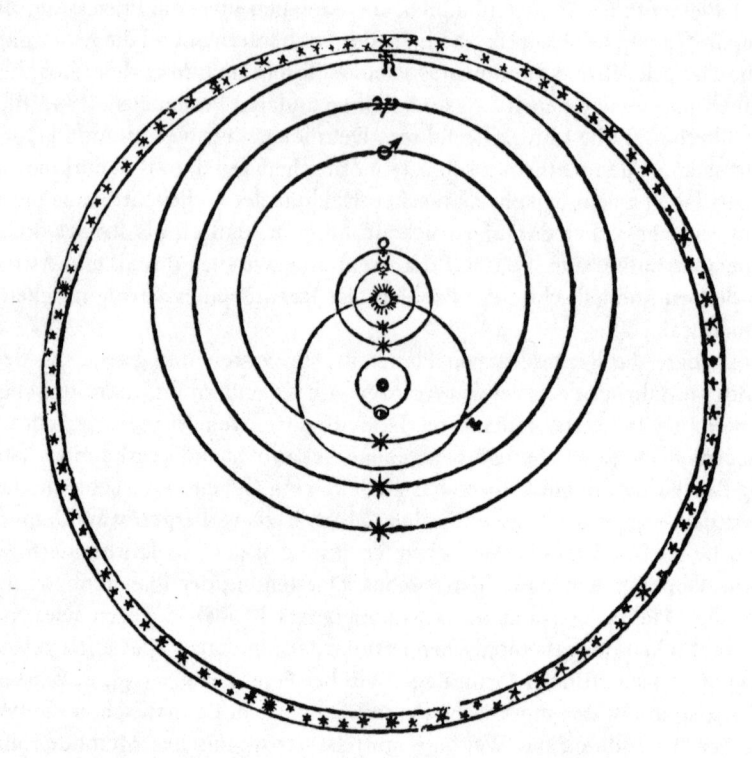

Bild 10 Im tychonischen Weltsystem bewegen sich zunächst alle Planeten um die Sonne und dann mit dieser um die in der Weltmitte stehenden Erde [14].

Zur Anerkennung des copernicanischen Systems konnte sich Brahe nicht durchringen. Ihm waren die theologischen Einwände ebenso wichtig, wie die auf Aristoteles beruhenden physikalischen. Ein tiefes Unbehagen bereitete Brahe die aus dem copernicanischen System folgende riesige Entfernung der Fixsterne, die Annahme eines unermeßlichen leeren Raumes zwischen Saturn und den Fixsternen. In seinem System folgen die Sterne bald nach der Saturnbahn.

Dieses Beispiel zeigt ebenso wie die Argumentation Peter Crügers, daß die Ablehnung des copernicanischen Systems nicht immer aus ängstlicher Kleingläubigkeit resultierte, sondern durchaus im Rahmen der damaligen Naturerkenntnis schwerwiegende Begründungen fand.

Von wenigen Ausnahmen abgesehen gab es im 16. Jahrhundert keine wirkliche Diskussion des heliozentrischen Systems. Die Rezeption beschränkte sich auf die zu einer mathematischen Hypothese reduzierte Planetentheorie. Die wissenschaftlichen

Grundlagen des Systems mußten den Zeitgenossen zunächst fast durchweg absurd anmuten, schienen sie doch mit allen empirischen Beobachtungen des Laufes der Gestirne in Widerspruch zu stehen. Dieser drängte sich so sehr auf, daß die Mehrzahl der Gelehrten einfach über die Neuerung hinwegging, doch aber einzelne Daten daraus verwendend. Außerdem war es von großer Wichtigkeit für die Ablehnung, auf die Copernicus stieß, daß sich die heliozentrische Lehre auf dem Bewährungsfeld aller astronomischen Theorien und Rechnungen seit der Antike, der Ephemeridenrechnung, nicht durchsetzen konnte. Diese Berechnung von Gestirnspositionen stellte einen Prüfstein für die unterschiedlichsten astronomischen Vorstellungen dar. Ihre Bedeutung erhellt vor allem daraus, daß man sie für die Berechnung der Horoskopgrundlagen benötigte, um darauf die astrologischen Deutungen bauen zu können. Weil hier für Jahrhunderte das wichtigste gesellschaftliche Bedürfnis nach Astronomie bestand, wog es schwer, daß die nach Copernicus gerechneten Ephemeriden sich den alten geozentrischen auf Dauer nicht überlegen erwiesen.

Die Ursache für die geringe Genauigkeit lag in mehreren Faktoren. Zum einen mußte Copernicus nach wie vor die technischen Ausgestaltungsmittel der alten Astronomie wie Kreisbahnaxiom, Epizykel usw. verwenden, zudem fehlten mit letzter Präzision ausgeführte Beobachtungen als Grundlage für die Ableitung der Parameter der Planetenbewegung, doch dies galt für alle Ephemeridenrechnungen. Hemmend für die Anerkennung des heliozentrischen Systems mußte sich zudem das Fehlen eines ihm zugrunde liegenden physikalischen Konzepts auswirken, aus dem es sich mit Notwendigkeit ergab. Die alte aristotelische Physik konnte es nicht mehr sein, eine neue entstand aber erst 150 Jahre nach Copernicus in Gestalt der Newtonschen Physik.

In der 2. Hälfte des 16. Jahrhunderts ist eine deutliche Belebung der astronomischen Beobachtungstätigkeit zu verzeichnen. Zwar wurden während des ganzen Mittelalters aufmerksam verschiedene Himmelserscheinungen registriert, doch beschränkte sich dies, von wenigen bedeutenden Ausnahmen abgesehen, auf einzelne Ereignisse wie Finsternisse, Kometen und Planetenkonjunktionen, ohne Anspruch auf eine wissenschaftliche Zielstellung und insofern meistens nur als qualitative Beschreibung. Erst Johannes Regiomontanus erkannte um 1470 die grundsätzliche Bedeutung astronomischer Beobachtungen mit genauen Instrumenten als die eine Seite der Weiterentwicklung der Astronomie, deren andere Seite er in einer Neuausgabe der alten Werke, von den in Jahrhunderten entstandenen Fehlern gereinigt, erkannte. Theorie und Praxis, Tradition und Innovation waren von Regiomontan als notwendige Einheit erkannt; doch nach ersten, wenn auch bedeutenden Ansätzen machte der frühe Tod des Astronomen, Buchdruckers, Philologen und Humanisten diesen Bestrebungen ein Ende. Einige bereits im Manuskript entstandenen Werke erschienen teilweise erst nach Jahrzehnten im Druck. Nicolaus Copernicus verstand sich vor allem als theoretischer Astronom, der die fundamentale Bedeutung eines neuen Beobachtungsmaterials nicht erkannt hatte und nur wenige Himmelsbeobachtungen anstellte, zudem mit sehr einfachen, den Möglichkeiten seiner Zeit bei weitem nicht entsprechenden Instrumenten.

Kleinere Instrumente, Handquadranten und andere Visierinstrumente fanden nach 1500 eine größere Verbreitung auch bei der Lösung irdischer Vermessungsaufgaben, bei der Feldmessung und im zivilen wie militärischen Ingenieurwesen. Unter

Bild 11 Titelblatt zu Peter Apians »Instrument Buch« mit der Anwendung astronomischer Instrumente für die Himmelsbeobachtung und im Ingenieurwesen.

der Vielzahl der zu diesem Gegenstand erschienenen Schriften ragt Peter Apians »Instrument Buch« (vgl. S. 149) durch einen klugen didaktischen Aufbau heraus; bemerkenswert sind auch seine im Vorwort ausgesprochenen bildungspolitischen Einsichten.

Die wirkliche Erneuerung der praktischen Astronomie fand zwei andere geographische Ausgangspunkte: Kassel und die Ostseeinsel Hven. Am Hof des gebildeten Landgrafen Wilhelm IV. von Hessen bildete sich im letzten Drittel des 16. Jahrhunderts ein glanzvolles Zentrum astronomischer Forschung heraus. Das wissenschaftliche »Stammpersonal« waren der geniale Mechaniker und Mathematiker Jost Bürgi sowie als beobachtender Astronom Christoph Rothmann; hinzu kamen gelegentliche Gäste, ganz abgesehen von dem auch selbst tätigen Landgrafen. Lag Bürgis Stärke vor allem in der Herstellung präziser Instrumente und Ableseeinrichtungen sowie von Uhren mit bis dahin ungekannter Ganggenauigkeit, war Rothmann der (bisher weithin unterschätzte) immens fleißige Beobachter.

In den 60er bis 80er Jahren entstand hier ein Material von hunderten Ortsbestimmungen der Sonne, des Mondes, der Planeten, Kometen und Sterne. Die bedeutendste Unternehmung bestand in der Bearbeitung eines neuen Sternkatalogs. Ein solcher war als Grundlage für allen weiteren Fortschritt astronomischer Beobachtungen unabdingbar, weil beispielsweise der Lauf der Planeten durch Winkelmessungen an die Sterne als Bezugspunkte angeschlossen wurde, und somit die Genauigkeit deren Örter von der Genauigkeit der Sternörter direkt abhängig war – die Beobachtung der Sterne also nur Mittel zum Zweck und nicht eigentlicher Gegen-

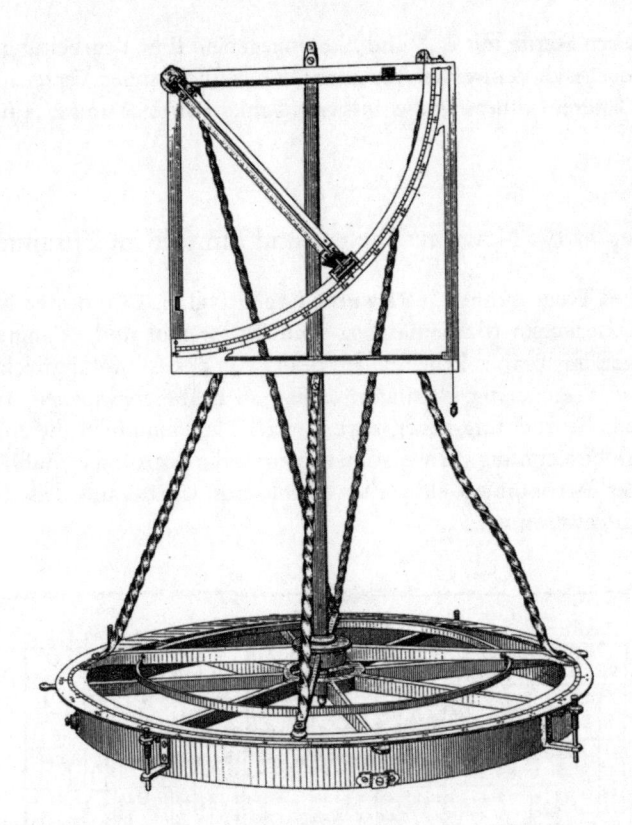

Bild 12 Azimutalquadrant um 1560 der Kasseler Sternwarte ([95], Tafel 14).

stand des Bemühens war. Das Kasseler Sternverzeichnis, berechnet auf 1586, umfaßte die Positionen von 387 Sternen. Das hört sich nicht viel an, doch: 1. Weil alle Astronomen (einschließlich Copernicus) den inzwischen 1500 Jahre alten Sternkatalog von Ptolemäus mit allen (sowohl alten, als auch durch vielfaches Abschreiben neu entstandenen) Fehlern und Ungenauigkeiten lediglich abgeschrieben hatten, war das Kasseler Sternverzeichnis der erste Katalog der Neuzeit, der auf eigenen Beobachtungen beruht. 2. Der Sternkatalog zeichnet sich, wie neueste Untersuchungen ergaben, durch eine außerordentlich hohe Genauigkeit aus. Wenn Rothmann in seinem Kommentar zum Sternkatalog ([48], vgl. S. 191) die bis zu mehrere Grad betragende Ungenauigkeit der alten Kataloge beklagt, hat er völlig recht. Hingegen beträgt der mittlere Fehler der Positionen seines Kataloges im Vergleich mit einem modernen Katalog (SAO-Katalog) in Rektaszension lediglich $1',6$ und in Deklination $1',5$ [47]. Die mittleren Fehler in Länge und Breite im Sternkatalog von Ptolemäus betrugen $\pm 21'$ bzw. $\pm 17'$, ein Fehler, der so auch für den Katalog von Copernicus angenommen werden muß. Noch schwerer wiegt hingegen, daß selbst der Sternkatalog des Tycho Brahe, auf den hervorragend und großzügig eingerichteten Sternwarten auf der Insel Hven auf das Jahr 1600 bearbeitet, keine größere Genauigkeit als das Kasseler Sternverzeichnis aufweist. In der Literatur wird Tychos Genauigkeit der Positionen in ekliptikaler Länge und Breite für die helleren Sterne mit $1',9$ und $1',2$ sowie für die schwächeren Sterne mit 2′,8 und 2′,6 angegeben. Eine Bearbeitung des Tychonischen Katalogs nach demselben Verfahren wie beim Kasseler Verzeichnis ergibt damit in guter Übereinstimmung die mittleren Fehler von 2′,9 und 2′,4 für alle Sterne.

5.4
Von Kepler bis Newton: Theorie und Empirie im Zusammenspiel

Nach dem Tod Tycho Brahes 1601 wurde Kepler (vgl. S. 193) dessen Nachfolger im Amt des »Kaiserlichen Mathematikers« am Prager Hof und gelangte nach zähen Verhandlungen mit Brahes Erben in den Besitz von dessen umfangreichem Beobachtungsmaterial. Gleichzeitig übernahm er den an Brahe ergangenen Auftrag Kaiser Rudolfs II. zur Bearbeitung neuer, zuverlässiger Planetentafeln, die einer verbesserten Ephemeridenrechnung dienen sollten. Durch die Astrologiegläubigkeit des Kaisers waren der Astronomie Geldquellen erschlossen, wie es ohne diesen Hintergrund nicht möglich gewesen wäre.

Junii Motus Planetarum Anno 1701.

Stylo		♄ Long.	Lat	♃ Long	Lat	♂ Long.	Lat	☉ Longit	♀ Long.	Lat	☿ Long.	Lat	☽ Long.	☽ Lat.	☊ Long.
Veteri.	Novo.	♓	M	♓	M	♊	S	♊	♊	M	♉	M	♈	M	♌ 20
		G. M	2	M	1	G M	0	G. M. S.	G M	0	G M	2	G M	G M	M S
21	1	25.59	4	6 35	3	23.29	47	10.36.43	4. 16	28	18 20	35	11 2	3. 58	24.27
22	2	26. 3	5	[illegible] 40	3	24 9	48	11 33.59	5. 30	26	19 52	27	23 5	4. 32	11.17
23	3	26 6	5	6 44	3	24 48	48	12 31.14	6. 43	24	21 27	18	5 ♉ 20	4. 56	8. 6
24	4	26 10		6 49	4	25.28	48	13 28.28	7. 57	21	23 4	9	17 51	5. 3	4. 55
25	5	26 13	5	6 53	4	26 8	49	14.25.42	9. 10	19	24 43	1	0 ♊ 39	4. 56	1. 45
26	6	26 16	6	8 51	4	26 47	49	15.22 55	10 24	17	26 25	49	13 43	4. 35	19
27	7	26.19	6	7 1	4	27 27	50	16.20. 7	11.38	14	28 10	39	27 4	3. 58	55.23
28	8	26 22	6	7 5	5	28 6	50	17 17 19	12 51	12	29 58	29	10 ♋ 36	3. 8	52 13
29	9	26 25	7	7 8	5	18.46	50	18.14 30	14 5	10	1 ♊ 48	18	24 20	2. 6	49. 2
30	10	26.28	7	7 11	5	29.25	51	19.11 40	15.18	7	3 40	7	8 ♌ 10	0. 56	45.52
31	11	26.31	7	7 15	5	♋ 5	51	20. 8.50	16 32	5	5 34	0	22 7	0.S19	42.41
1	12	26.33	7	7 18	5	0. 44	51	21 5 59	17 46	2	7 31	45	6 ♍ 6	1. 33	39.30
2	[illegible]	26.36	8	7 21	6	1. 20	52	22. 3. 7	18 59	S	9 31	34	20 8	2. 43	36.20
3	14	26.38	8	7 23	6	1. 59	52	23. 0.15	20.13	3	11 33	23	4 ♎ 14	3. 42	33. 9
4	15	26.41	8	7 25	6	2 48	52	23 57.22	21 26	5	13 37	11	18 23	4. 28	29.59
5	16	26 43	8	7 27	6	3. 27	53	24 54.29	22.40	8	15 43	S	2 ♏ 32	4. 56	26.48
6	17	26.45	9	7 [illegible]	6	4. 7	53	25.51.35	23 54	10	17 50	10	16 ○ 40	5. 6	23.37
7	18	26 47	9	7 30	7	4. 46	53	26.48.41	25. 7	13	19 58	20	0 ♐ 42	4 58	20.27
8	19	26 49	9	7 31	7	5. 25	54	27.45 46	26.21	15	22 8	31	14 34	4. 33	17.16
9	20	26.50	10	7 32	7	6. 5	54	28 42 51	27 35	17	24 20	41	28 8	3. 54	14. 6
10	21	26.52	10	7 33	7	6. 44	54	29.39 56	28.48	20	26 32	50	11 ♑ 28	3. 3	10 55
11	22	26.54	10	7 34	8	7. 24	55	♋ 37. 1	♋ 2	22	28 44	59	24 27	2. 3	7. 44
12	23	26.55	11	7 34	8	8 3	55	1. 34 6	1 16	24	♋ 57	1	7 ♒ 6	0. 58	4. 34
13	24	26.57	11	7 35	8	8 43	56	2. 31.10	2. 30	26	3 [illegible] 9	14	19 26	0.M8	1. 23
14	25	26.58	11	7 36	8	9 22	56	3. 28 14	3. 44	28	5 20	23	1 ♓ 34	1. 14	28
15	26	27. 0	12	73 7	9	10. 1	57	4. 25 18	4 58	31	7 30	27	13 28	2. 16	55. 2
16	27	27. 1	12	7 37	9	10.41	57	5. 22 21	6. 11	33	9 40	32	25 16	3. 11	51.51
17	28	27. 2	12	7 37	9	11.20	57	5 19 25	7. 25	35	11 49	37	7 ♈ 6	3. 59	48 40
18	29	27. 3	12	7 R 37	9	12. 0	57	7 16 28	8. 39	37	13 57	41	18 57	4 35	45 30
19	30	27. 4	13	7 37	10	12 39	58	8 13.31	9. 53	39	16 3	44	1 ♉ 1	5. 0	42 19

Saturnus oritur circa mediam noctem. Jupiter oritur circa medium noctis. Mars latet ſub radiis.

Bild 13 Planetenephemeriden für Juni 1701 [61]; auf der linken Seite sind die Planetenörter in Länge und Breite nach den Tierkreiszeichen, rechts die Konstellationen des Mondes

Brahe hatte es nicht vermocht, dem Kaiser neue Planetentafeln vorzulegen, und Kepler löste diese Verpflichtung erst nach fast 25jähriger Arbeit ein. Er hatte erkannt, daß neue Tafeln nur Stückwerk seien, wenn ihnen nicht neue Grundlagen gegeben würden. Die eine neue Grundlage war für ihn die copernicanische Theorie. Doch auch mit dieser kam Kepler zunächst nicht zum Ziel, da gegenüber den Braheschen Beobachtungen ein zu großer Fehler blieb, dessen Ursache nur in der Theorie liegen konnte. Dieses Problem löste sich erst, als er das antike Kreisbahnaxiom aufgegeben hatte und der Planetenbewegung eine elliptische Bahnform beilegte.

Was sich hier so einfach anhört, hatte einen komplizierten geistesgeschichtlichen Hintergrund. Daß Planeten auf Kreisbahnen laufen müssen, war eine Überzeugung, die sich seit der Antike als fester Grundbestandteil jeglicher Planetentheorie installiert hatte. Die Planeten galten als unveränderliche Körper, die auf unabänderlichen, exakt berechenbaren Bahnen um die Erde ziehen, mithin als göttliche Körper. Denn was unveränderlich und unwandelbar ist, müsse vollkommen und deshalb göttlich sein. Dem entsprach in der Körperform die Kugel, in der Bewegung der Kreis. Auf diesem Wege war die Keplersche Erkenntnis der elliptischen Bahnform mit weltan-

sowie der inneren und äußeren Planeten verzeichnet, alles sowohl nach dem alten julianischen als auch dem neuen gregorianischen Kalender.

schaulichen Konsequenzen verbunden. Keplers Ableitung der Gesetze der Planetenbewegung war grundsätzlich durch die Suche nach harmonischen Strukturen in der Welt motiviert. Bereits in seinem Erstlingswerk von 1596, dem »Mysterium Cosmographicum« (vgl. S. 193), tritt dieses Streben hervor, das auch die Einbindung des Menschen in den organischen Weltbau einschließt und Kepler immer wieder zu astrologischen Diskursen Anlaß gibt (freilich einer Astrologie, die von der gängigen Horoskoppraxis weit verschieden ist!). Voll ausgebildet findet sich Keplers Weltsicht in seiner »Weltharmonik« von 1619 (vgl. S. 204), mit der für uns möglicherweise etwas befremdlichen Mischung harmonikaler Sichtweisen mit strengen astronomischen Ableitungen.

Welche praktischen Ergebnisse zeitigten die Keplerschen Gesetze? Seit 1617 hatte Kepler Planetenephemeriden veröffentlicht. Der Vergleich ihrer Genauigkeit mit der anderer Tafeln läßt die erhebliche Verbesserung der Genauigkeit der Planetenörter nach Kepler erkennen. Die Keplersche Ephemeridenrechnung zeigte augenfällig den Theoriefortschritt in der Astronomie. Weil nun aber die Planetentafeln der Prüfstein jeder astronomischen Theorie waren, mußten die Ergebnisse Keplers von erheblichem Einfluß auf die Verbreitung der copernicanischen Theorie sein.

Im Sinne der Trennung zwischen Physik und Astronomie wurden die Keplerschen Gesetze zunächst nur als rein mathematische Vorschriften aufgefaßt, keineswegs als reale physikalische Beschreibungen. In diesem Sinne ist es zu werten, wenn der Universalgelehrte Athanasius Kircher (1601–1680) über Kepler urteilt, »wo er Mathematiker ist, da ist niemand besser und genauer als er, niemand ist aber auch schlechter da, wo er Physiker ist«. Er setzt fort, daß ein bloßer Mathematiker, also auch ein Astronom, falsche Prinzipien benutzen könne, um daraus die sichersten Angaben abzuleiten, wenn auch die Sache, die er zugrunde lege, die falscheste sei und in der Natur nicht aufzufinden. ([77], S. 486, 491]

Dennoch stellte die Ableitung der Gesetze der Planetenbewegung ein Argument zugunsten der copernicanischen Theorie dar. Nachdem Kepler 1627 die Rudolphinischen Tafeln publiziert hatte, entstanden nach und nach immer mehr Ephemeriden auf der Grundlage dieses Werkes. Unter ihnen sei hier die bemerkenswerte »Urania propitia ... Das ist: Newe und Langgewünschete, leichte Astronomische Tabelln« (Pietschen 1650) erwähnt. Dieses Tafelwerk stammt von einer der ganz wenigen Frauen, die bis zum 18. Jahrhundert in der Astronomie publizierten, Maria Cunitia (weiterhin können nur genannt werden Magdalena Zeger, die um 1560 in Hamburg einige niederdeutsche Kalender verfaßte und dann schon Maria Magdalena Kirch, die Anfang des 18. Jahrhunderts in Berlin wirkte!). Wäre dieses Buch schon aus diesem Grund von besonderem Interesse, so noch mehr deswegen, weil die Autorin den ausführlichen beschreibenden Teil in lateinisch-deutschem Paralleltext bietet [40].

Aus der hohen Zuverlässigkeit der neuen Tafelwerke erwuchs der copernicanischen Lehre großes Ansehen. Auch wenn sich dies zunächst auf die mathematischen Grundlagen sowohl des Systems als auch der Keplerschen Gesetze bezog, gewann immer mehr der Gedanke Raum, daß hier nicht nur eine neue und erfolgreiche mathematische Hypothese vorliege, sondern eine Widerspiegelung der realen Verhältnisse. Damit begann sich die mehr als 1800 Jahre währende Differenz zwischen Astronomie und Physik zu schließen, ein Prozeß, der mit der Aufstellung der newtonschen Physik seinen Abschluß fand. Nun galt es nicht mehr, die Phänomene zu

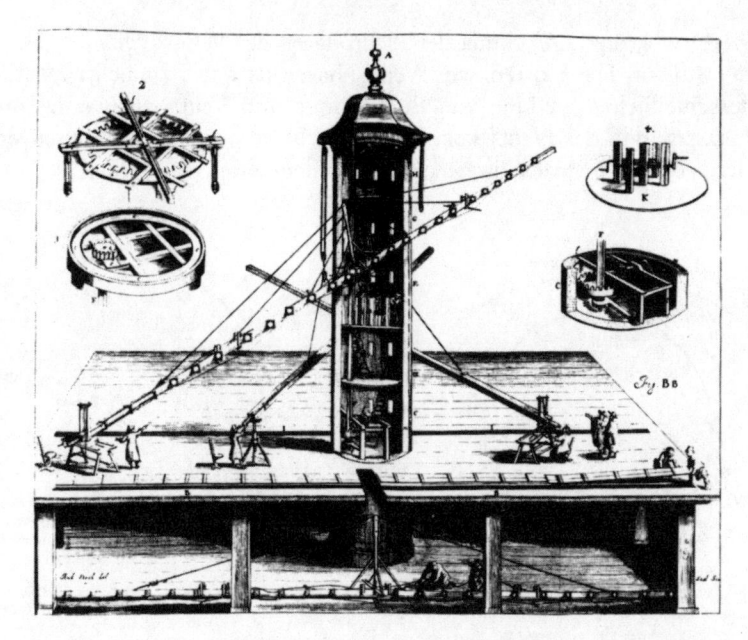

Bild 14 Johannes Hevelius verwendete auf seiner Sternwarte in Danzig Fernrohre sehr großer Brennweite, wie sie ähnlich auch von Huygens u. a. zum Studium der Planeten eingesetzt wurden [59].

»retten«, sondern sie mit physikalischen Argumenten aus einer grundlegenden Theorie abzuleiten.

Von großer Bedeutung in den Diskussionen um das copernicanische Weltsystem waren die ersten Himmelsbeobachtungen mit dem Fernrohr. Es waren dies vor allem die Entdeckung der Venusphasen, der vier ersten Jupitermonde, der Sonnenflecken sowie der Berge und Täler auf dem Mond (vgl. S. 211 und S. 212); später kommt die Entdeckung der Saturnmonde sowie dessen Ringsystem hinzu (vgl. S. 232). Deren Bedeutung für die Durchsetzung des heliozentrischen Weltsystems ist recht unterschiedlich und wird oft überschätzt. So besaßen die Entdeckungen des Jupitermondsystems, der Mondformationen und der Sonnenflecken in dieser Hinsicht keine unmittelbare Beweiskraft. Lediglich einige z. T. theologisch gefärbte Prinzipien der aristotelischen Physik wurden auf diese Weise erschüttert, nämlich die Festlegungen, daß nur die Erde als im Weltmittelpunkt stehend das Zentrum von Kreisbewegungen sein könne, daß der Mond als zur kosmischen Region gehörig eine ideal ebene Oberfläche haben bzw. daß die Sonne als Sinnbild Gottes in der Welt notwendig makellos sein müsse. Freilich besaßen diese Entdeckungen für die Anhänger des Copernicus, insbesondere für Galilei, eine nicht unbedeutende Überzeugungskraft, da sie vorhandene Zweifel an der Richtigkeit der aristotelischen Physik verstärkten.

Durch die Entdeckung der auf den ersten Blick durch ein Fernrohr erdähnlich erscheinenden Mondoberfläche wurde der Mond ein Stück Erde und umgekehrt die Erde ein Stück Himmel, wurde der grundsätzliche Unterschied zwischen Himmel und Erde und damit ein fundamentales Element der aristotelischen Physik infrage gestellt.

Schwerer wog die Entdeckung der Lichtphasen der Venus, genauer gesagt deren konkreter Ablauf. Die Existenz von Venusphasen ist dabei zunächst nur die Folge der unterschiedlichen Stellung von Erde, Sonne und Venus zueinander unter der Voraussetzung, daß der Planet kein eigenes Licht aussendet. Der Phasenverlauf ist jedoch im geo- und heliozentrischen System voneinander verschieden.

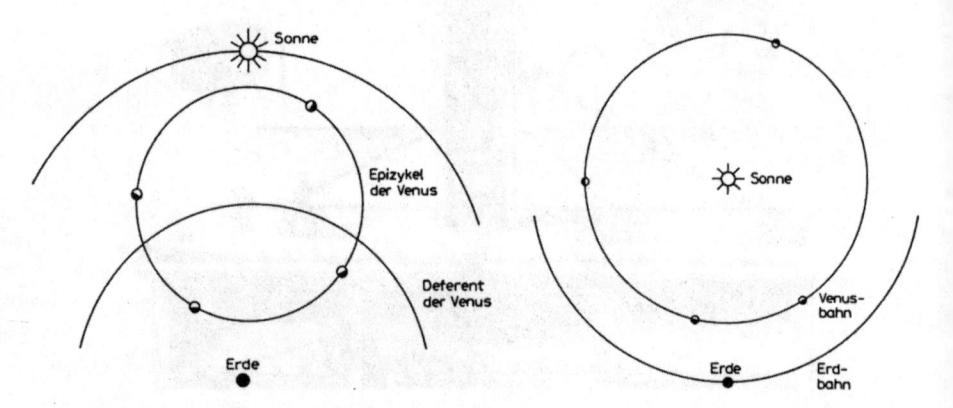

Bild 15 Unterschiedlicher Verlauf der Lichtphasen der Venus im geozentrischen (links) bzw. heliozentrischen Planetensystem (rechts); im geozentrischen System kann die Erde nie als vollständig leuchtende Scheibe gesehen werden, wohl aber im heliozentrischen.

Im ersteren befindet sich nämlich die Venus stets zwischen Sonne und Erde, weshalb sie niemals als voll erleuchtete Scheibe sichtbar ist. Anders dagegen im heliozentrischen System, in dem die Venus alle Phasen durchlaufen kann. Wie Galilei selbst angab, hatte er den Planeten etwa seit Anfang Oktober 1610, zunächst als fast ganz erleuchtete Scheibe, beobachtet. Anfang 1611 zeigte sich immer deutlicher die Sichelgestalt des Planeten – ein Ablauf, der nur mit dem System des Copernicus vereinbar ist. Mit Recht erregte diese Beobachtung großes Aufsehen, war sie doch ein erstes wichtiges Argument zugunsten Copernicus, noch vor Keplers Ephemeridenrechnung.

In diesen Entwicklungen spielte Galilei eine herausragende Rolle, obwohl er durchaus nicht immer der erste und schon gar nicht der einzige Beobachter der genannten Erscheinungen war. Galilei war auch nicht immer der gründlichste Beobachter. Seine Stärke lag nicht in langen Beobachtungsreihen mit exakter Protokollierung. Ihn interessierte mehr die qualitative Seite der Phänomene. Waren die grundlegenden Fragen für ihn geklärt, erlosch sein Interesse zusehends. So blieb es denn anderen Gelehrten vorbehalten, sich in Detailstudien zu vertiefen und erste Regeln und Gesetzmäßigkeiten zu entdecken. Deshalb stammt die erste brauchbare Mondkarte [112] nicht von Galileis Hand, denn seine Skizze bietet kaum eine grobe Übersicht. Jedoch vermochte Galilei schon aus wenigen Beobachtungen durch scharfen Geist, logische Schlüsse und vom Boden seiner Parteinahme für Copernicus aus die Bedeutung des Geschauten zu erkennen.

Galilei bleibt auch deshalb im Mittelpunkt des Interesses, weil die Auseinandersetzungen um das copernicanische Weltbild in seiner Person kulminierten. Zu Beginn des 17. Jahrhunderts, durch die Forschungen Keplers und die ersten Fernrohrbeobachtungen, wurde deutlich, daß man konsequent daran ging, die heliozentrische Lehre nicht länger als rein mathematische Hypothese zu betrachten. Der nun erfolgende Angriff auf das alte Weltbild war so grundsätzlich, und die weltanschaulichen Folgen waren so klar, daß der gegen Galilei angestrengte Inquisitionsprozeß mit der Verurteilung des Gelehrten endete, und das Werk des Copernicus auf den Index der verbotenen Bücher gesetzt wurde, bis es »verbessert« sein würde. Letzteres bedeutet, daß alle Stellen, an denen sich Copernicus im Sinne der physischen Realität seines Systems geäußert hatte, im Sinne des rein hypothetischen Charakters seiner Vorstellungen nach der Intention des osianderschen Vorwortes korrigiert worden sind.

Der Widerstand maßgeblicher Kreise der Kirche hatte allerdings auf den Verlauf der wissenschaftlichen Arbeit nur geringen Einfluß. Die Wissenschaftler gingen über das Verbot hinweg, sich taktisch darauf einstellend, viele gewiß mit schwerem inneren Konflikt, sich in ihren Forschungen doch kaum beeinflussen lassend. Der Drang zur Suche nach Erkenntnis und Wahrheit war stärker. Das Verbot kam zu einer Zeit, als bereits so gewichtige Argumente für das neue Weltbild vorlagen, daß sich dagegen nicht einmal mit der ohnehin durch die Reformation eingeschränkten päpstlichen Autorität erfolgreich vorgehen ließ. War im 16. Jahrhundert noch kein Eingreifen der Kirche notwendig gewesen, weil zu jener Zeit die wissenschaftlichen Widerstände gegen Copernicus ausgereicht hatten, um sein Weltsystem nicht zum Durchbruch kommen zu lassen, mußte von dem Augenblick an, als es Beobachtungsresultate gab, die darauf hinwiesen, daß Copernicus die Realität beschrieben hatte, die weltanschauliche Opposition aktiv werden.

Über diese generellen Wertungen darf nicht vergessen werden, daß sich infolge des Verbots den Vertretern der »neuen Astronomie« zahlreiche Widerstände entgegenstellten.

Das Werk des Copernicus eröffnete der astronomischen Forschung neue Perspektiven und hatte Auswirkungen, die weit über den Rahmen der Naturwissenschaften hinausreichten, betraf die Anschauungen von der Stellung des Menschen in der Welt und griff tief in das religiöse Denken ein. Es war ein tatsächlich revolutionierendes Werk, dessen Autor dagegen keineswegs revolutionäre Ziele verfolgt hatte und alles andere als neuerungssüchtig war.

Das geozentrische Weltsystem fand seine physikalische Begründung in der Physik des Aristoteles. Für Copernicus stellten sich in dieser Beziehung große Schwierigkeiten dar. Ptolemäus konnte zur physikalischen Fundierung seines Systems auf Aristoteles (ungeachtet der Widersprüche, die sich hinsichtlich der konkreten Ausführung mit Epizykeln, Exzentern und dem punctum aequans ergaben) sowie auf den unmittelbaren Augenschein verweisen; weder auf ein solches grundsätzliches Prinzip, noch auf den Augenschein konnte sich Copernicus berufen. Er argumentierte in dem Sinne, daß alle Körper eine Bewegung zu demjenigen haben, mit dem sie durch eine Gleichartigkeit verbunden sind. Dahinter steckt in aristotelischer Terminologie ihr natürlicher Ort, von dem es nun nicht mehr nur einen gibt. Was die Kreisbewegungen betrifft, meint Copernicus am Ende einfach, jedoch das Problem der fehlenden Physik für sein System nicht lösend, »es muß genügen, wenn nur jede einzelne Bewegung sich auf ihren eigenen Mittelpunkt stützt.« (vgl. S. 150)

Copernicus konnte in sein System keine dynamische Betrachtungsweise einführen, doch er bereitete den Weg dorthin, der über Johannes Kepler zu Isaac Newton führte. Indem Copernicus die Sonne in das Weltzentrum setzte, drängte sich unter Berücksichtigung der elliptischen Bahnen, in deren einem Brennpunkt die Sonne steht, die Frage nach einer physikalischen Ursache dieser Bewegung geradezu von selbst auf. So sprach Kepler bereits von einer von der Sonne stammenden Kraft, die die Planeten auf ihren Bahnen führt. Gemäß dem Forschungsstand seiner Zeit sah er diese Kraft im Magnetismus. Die volle, auch quantitative Durcharbeitung der physikalischen Begründung des Heliozentrismus leistete Newton mit der Ableitung des Gravitationsgesetzes. Damit wurde der Zustand überwunden, den Ludwig Feuerbach (1804–1872) treffend so beschrieb: »Das kopernikanische System ist der glorreichste Sieg, den der Idealismus über den Empirismus, die Vernunft über die Sinne errungen hat. Das kopernikanische System ist keine Sinnes-, sondern eine Vernunft-Wahrheit.« ([29], S. 136). Übrigens hatte schon Kepler 1609 auf dieses Problem aufmerksam gemacht: »Da es wider die eusserliche Sinne das die Erden soll umblaufen, bekenn ich gern, und hat nit viel zu bedeuten: dann eben darumb hat uns Gott die vernunfft gegeben, das wir damit den mangel der eusserlichen Sinne ersetzen sollen.« ([75], S. 506)

5.5
Heliozentrik und die Folgen: ein neues Bild vom Menschen

Mit der Durchsetzung des heliozentrischen Weltbildes tat sich ein Riß zwischen Astronomie und der zeitgenössischen Theologie auf, der in der Folge nicht mehr zu schließen war, sondern zu einer Wandlung im theologischen Menschenbild führte. Dagegen hatte zwischen dem geozentrischen Weltsystem in der grundsätzlichen ptolemäischen Gestalt und den weltanschaulichen Forderungen der Theologie bis ins 16. Jahrhundert Übereinstimmung geherrscht. Immer wieder, so auch durch Luther (vgl. S. 174), wurde das Josua-Zitat angeführt: »Da redete Josua mit dem Herrn, des tags, da der Herr die Amoriter uber gab fur den kindern Jsrael, und sprach, fur gegenwärtigem Jsrael, Sonne stehe still zu Gibeon, und Mond im tal Aialon.« (vgl. S. 78) Die Argumentation, die nun gegen Kepler und die späteren Anhänger des Copernicus stand, lautete: Wenn es in der Bibel nach göttlich geoffenbartem Wissen heißt, daß der Sonne und dem Mond befohlen wurde stillzustehen, mußten sich beide zuvor bewegt haben und zwar um die Erde. Der Umgang mit diesem Bibelwort ist ein theologisches Problem, das in die unterschiedlichen Interpretationsweisen der Heiligen Schrift eingebettet ist. Sei die Bibel wörtlich zu nehmen, in ihrem Literalsinn, oder ist sie auf der Grundlage des jeweiligen Standes der Naturerkenntnis zu interpretieren und in ihrem symbolischen oder allegorischen Gehalt zu erschließen?

Für Luther kam nur die Literalbedeutung infrage. Was Galilei betrifft, der mit dieser Problematik im Verlaufe des gegen ihn geführten Inquisitionsprozesses konfrontiert wurde, so ist interessant, wie er dazu in seinem Brief an Benedetto Castelli vom 21. Dezember 1613 Stellung nimmt. Es liegt auf der Hand, daß diese Betrachtungsweise eng mit Auffassungen von Copernicus und Kepler korreliert. Wenn Copernicus feststellte, »Mathematik wird für die Mathematiker geschrieben« (vgl.

S. 143) und Kepler: »In der Theologie gilt das Gewicht der Autoritäten, in der Philosophie aber das der Vernunftgründe« ([74], S. 33), so zielt dies gegen die Bevormundung durch zeitgenössische theologische Lehren.

Es ging also nicht nur um die unterschiedliche Interpretation einer Bibelstelle, was noch hätte toleriert werden können, sondern die Autorität der Bibel insgesamt; wie man sie auffaßte, stand auf dem Spiel, mit ihr ein ganzes Menschenbild.

In dem auf der Grundlage der aristotelischen Kosmologie entworfenen Weltbild ruht die Erde mit dem Menschen »unten« in der Mitte der Welt; das ganze Welttheater rollt für den Menschen ab, zu dessen Nutzen die Gestirne erschaffen wurden (1 Mos. 1, 14); der Himmel, das reine Lichtreich der Gestirne und schließlich das Reich der Seligen befinden sich »oben«. Dieser Weltbau spiegelt zugleich eine sittliche Weltordnung wider, in der die Seligen sowie die Himmelskörper sich durch Gottesnähe auszeichnen, dagegen die erlösungsbedürftige Welt des Menschen, das Reich der Trübsal, von Geburt und Tod, der Vergänglichkeit eine maximale Gottesferne aufweist, den kosmischen Harmonien entrückt. Dennoch war diese Gottesferne mit der Auszeichnung der Zentralstellung in der Welt verbunden. Der Mensch konnte sich eingeschachtelt, behütet durch die von den Astronomen ersonnenen Sphären fühlen, das sorgende Auge Gottes als Verheißung künftiger Erlösungsmöglichkeit auf sich gerichtet wissend (vgl. Bild 3).

Mit dem heliozentrischen Weltsystem wurde die sichtbare räumliche Auszeichnung des Menschen, wie es die christlich-aristotelische Kosmologie konstruierte, gestürzt und in eine intellektuell anspruchsvollere, doch physisch nicht nachvollziehbare Erhebung des Menschen transformiert, da die Erde nun als Planet unter anderen ihre Bahn um die Sonne zog. Die alte Wertehierarchie von »oben« und »unten« verlor ihren Sinn, wie schon von Nicolaus von Oresme angedeutet, die Erde wurde vom Makel der Minderwertigkeit befreit, sie war genauso vollkommen oder unvollkommen wie die anderen Planeten als Geschöpfe Gottes, da Gott ihnen allen gleichermaßen nahe ist. Gerade hierin lag ein neuer Ansatz des Selbstbewußtseins in der Bestimmung der Stellung des Menschen im Kosmos. Denn die Nivellierung der räumlichen Existenz des Menschen bedeutet in religiöses Denken übersetzt, daß der Mensch durch sein Tun fähig ist, ohne die Auszeichnung der Existenz in der Weltmitte sein Leben zu gestalten.

Infolge der Entfernung der Erde aus dem Weltzentrum war der einfache teleologische Gedanke, daß die ganze Weltmaschinerie auf den Menschen hin konstruiert sei, neu zu durchdenken. Da die Erde selbst zu einem Himmelskörper geworden war, stand nicht mehr der Bedeutungsinhalt von Sonne und Mond, der Planeten und Sterne im Vordergrund des Erkennens, sondern die Erkenntnis der praktischen Nutzbarkeit des Wissens vom Lauf der Himmelskörper für das menschliche Leben in einem Weltbau, in dem der Mensch nicht mehr abgesondert steht, sondern dessen integraler Bestandteil er ist.

Die philosophischen Konsequenzen führten einige Denker noch weiter. Wenn die Himmelskörper nicht nur eine Bedeutung in Rücksicht auf den Menschen besitzen und die Erde, ein normaler Himmelskörper, von Lebewesen bewohnt ist, könnte dies nicht ebenso für andere Planeten zutreffen? Denn warum sollte das Wunder der Schöpfung von Lebewesen gerade nur auf der durch nichts räumlich bevorzugten Erde geschehen sein? Hatte erstmals der radikale Copernicaner Giordano Bruno (vgl. S. 177) diese Frage gestellt, so war ein solcher Gedanke für Copernicus selbst genauso wie für Kepler, für die die Existenz eines Weltmittelpunktes, in dem nun die Sonne stand, eine Voraussetzung war, noch unannehmbar. Bruno dagegen führte die heliozentrische Kosmologie weiter zur Konzeption einer unendlichen Welt.

6
Eine neue Sicht auf das Weltgeschehen: die Naturgeschichte des Himmels

Inzwischen war auch eine Wandlung in den wissenschaftlichen Vorstellungen von der Natur der Kometen eingetreten. Anläßlich des Erscheinens der Supernova von 1572 hatte Brahe von der Möglichkeit gesprochen, daß es auch im ätherischen Weltbereich Veränderungen geben könne (vgl. S. 183) und bei nächster Gelegenheit eine weitere Prüfung versprochen. Diese bot sich schon fünf Jahre später, als 1577 ein Komet erschien. Nach seinen genauen Beobachtungen stand dieser weit oberhalb der Mondsphäre, jenseits der keinerlei Veränderung möglich sein sollte. Dieser Widerspruch zur aristotelischen Physik wurde sofort (bereits 1577, noch intensiver bei den Kometen von 1596 und 1607) klar verstanden und von anderen aufgegriffen, so daß Tycho Brahe in dieser Hinsicht keine singuläre Persönlichkeit darstellt. Aus Anlaß seiner Studien zum Kometen von 1596 schrieb Helisäus Röslin nicht nur deutlich von der im Widerspruch zur aristotelischen Physik stehenden Tatsache der kosmischen Natur der Kometen (vgl. S. 190), sondern entwickelte die Vorstellung regulärer Bahnen, die sie, ähnlich den Planeten, um die Sonne vollführen (Röslin vertrat nicht das heliozentrische Weltsystem, sondern das von Tycho Brahe). »Zum andern haben wir auß hergeführter Beschreibung deß Cometen Circkels unnd seines Lauffs zuvernemmen, wie er keinen unbeständigen ungleichen Lauff gehabt, sonder einen gantz richtigen, gewissen, beständigen und gleichen Lauff, so wol und dergleichen dann die planeten auch haben.« ([100], Bl. 3^b). Was sich hier noch etwas unentschieden anhört, baut der Autor später weiter zur klaren Vorstellung einer kreisförmigen Bahn der Kometen aus. Hier sowie bei einigen anderen Autoren erfolgte ein Angriff auf die aristotelische Physik, dessen wissenschaftsinterne Auswirkungen bislang kaum beachtet wurden. Es dürfte jedoch klar sein, daß die Aushöhlung der aristotelischen Elementenlehre die Bereitschaft verstärken mußte, auch in anderen Bereichen den Boden der alten Lehre zu verlassen und neue Wege zu gehen. Ausgebaut wurde die Kometentheorie besonders auf der Grundlage der newtonschen Physik durch Edmond Halley, der aus verschiedenen Kometenerscheinungen auf eine langgestreckte elliptische Bahnform schloß und 1705 die Rückkehr eines Kometen für das Jahr 1758 voraussagte. Dieser, der »Halleysche Komet«, wurde tatsächlich am 1. Weihnachtstag 1758 von dem sächsischen Bauern und Amateurastronomen Johann Georg Palitzsch entdeckt.

Noch im 17. Jahrhundert wurde, eingebunden in die Literatur der Aufklärung, die mögliche Existenz anderer bewohnter Welten geradezu ein Modethema populärer astronomischer Literatur, besonders bekannt durch Bernard de Fontenelle

EINE NEUE SICHT AUF DAS WELTGESCHEHEN

(1657–1757) und dann Immanuel Kant (vgl. S. 242). Kant bindet den Gedanken an bewohnte Welten in seine Vorstellungen von der Entstehung des Planetensystems und der Entwicklung von Planeten und Sternen überhaupt ein. Nach einigen mehr oder weniger spekulativen Vorläufern war die Kantsche Weltbildungslehre die erste wissenschaftliche Vorstellung von der Struktur und Entwicklung des Kosmos und seiner Systeme. Die Diskussion um seine Nebularhypothese griff tief in weltanschauliche Diskussionen ein, da bislang die Himmelskörper aus einem zeitlich nicht allzufern liegenden göttlichen Schöpfungsakt hervorgegangen gedacht wurden. So ist es verständlich, daß Kant seiner Nebularhypothese auch ein anderes Gottesbild zugrunde legen mußte, nämlich das eines Gottes, der nicht aktuell in die Welt korrigierend einwirken muß, sondern die Welt mit Kräften erschaffen hat, »sich selbst überlassen«, eine geordnete Struktur zu bilden und zu erhalten. Die hierfür notwendige Kraft findet Kant in der Gravitation, die im Wechselspiel mit Repulsivkräften die Entstehung kosmischer Körper und ihrer Systeme bewirken kann

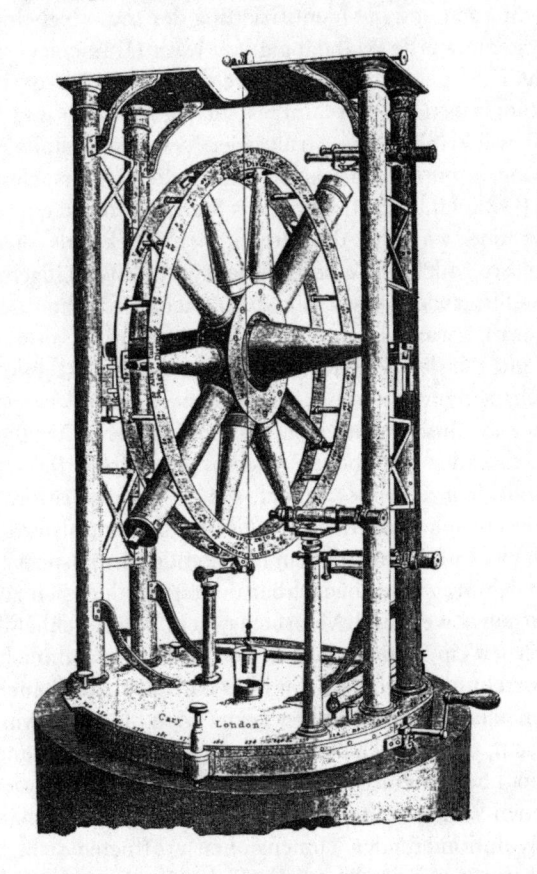

Bild 16 Vollkreis von Cary, 1792, ein Instrument dieser Art befand sich in der Sternwarte des Grafen Friedrich von Hahn in Remplin/Meckl. und wurde später für Bessel an der Königsberger Sternwarte angekauft; derartige Instrumente waren hervorragend für Positionsbestimmungen geeignet, jedoch nicht zur Untersuchung der Oberflächen von Himmelskörpern ([95], S. 131).

Die Kantsche Theorie enthält Grundzüge, die sich in der weiteren Forschung bis heute bewährt haben, vor allem die Bildung der Weltkörper aus diffus verteilter Materie unter den Einfluß der eigenen Gravitation; daß die hierbei ablaufenden Prozesse unvergleichlich komplizierter sind, als Kant ahnte, bedarf sicher kaum einer Erwähnung. Kant schöpfte die theoretischen Möglichkeiten der Wissenschaften seiner Zeit aus, hat sie eigentlich sogar in genialem Weiterdenken (jedoch nicht spekulativ, sondern streng wissenschaftlich) schon überschritten. So konnte sein Ansatz zur kosmischen Entwicklung zunächst zwar von Wilhelm Herschel (vgl. S. 267) und Pierre Simon de Laplace aufgegriffen werden, doch erst nach der Ausbildung der mechanischen Wärmetheorie und mehr noch der Entwicklung der Spektralanalyse und der Konstituierung der Astrophysik als selbständiger Wissenschaftsdisziplin war es möglich, seine Gedanken systematisch weiterzuverfolgen.

Die von Kant entwickelte Vorstellung von der Strukturierung des Weltalls, die Ableitung der Figur des Milchstraßensystems als abgeplattete, linsenförmige Ansammlung von Sternen und die Identifizierung der sog.»Nebelflecke« als milchstraßenähnliche Systeme wurde unabhängig von Kant (ähnliche Gedanken hatte bereits Thomas Wright 1750 geäußert) sechs Jahre später von Johann Heinrich Lambert in seinen »Kosmologischen Briefen« dargestellt (vgl. S. 252) und zur Vision einer bis ins Unendliche weiterführenden Strukturiertheit des Weltalls ausgebaut. Manche dieser Vorstellungen wurden bald einer empirischen Untersuchung zugänglich: Wilhelm Herschel ([42], vgl. S. 264) leitete aus Sternzählungen eine elliptische Figur der Milchstraße ab und verstand die fernen Nebelflecke als dieser ähnliche Sternsysteme. Für unsere Milchstraße bestimmte er die Achsenlängen zu 850 und 155 Siriusweiten (eine Siriusweite: etwa der 40 000fache Erdbahndurchmesser), wodurch »seine« Milchstraße zwar erheblich zu klein ausfiel, aber mit dem Achsenverhältnis von 11:2 recht gut mit der Wirklichkeit übereinstimmt (vgl. Bild, S. 268).

Aus dem Nebeneinanderbestehen der verschiedensten Formen von Nebeln schloß Herschel auf eine kosmische Entwicklungslinie. An deren Anfang setzte er 1814 den freien, selbstleuchtenden Lichtnebel, in dem sich infolge fortschreitender Verdichtung eine zentrale Konzentration bildet, die bald als sternförmiger Kern sichtbar wird. Es entsteht ein sog. Planetarischer Nebel mit Zentralstern, der weitere Nebelmassen auf sich zieht und dann als rein leuchtender Einzelstern erscheint. Durch die gegenseitige Anziehung zweier benachbarter Sterne bildet sich zunächst ein Doppelsternpaar, dann ein Zwei- und Mehrfachsystem sowie schließlich durch weiteren Zuwachs an Sternen ein System, das unserer Milchstraße ähnlich ist.

Herschels Forschungsergebnisse (und das trifft prinzipiell auch für Kants Theorie zu) beeinflußten das gesamte Denken seiner Zeit. Nicht etwas ewig Bestehendes sollte die Welt sein, ohne Geschichte, ohne natürliche Entstehung. Nun hieß es: Die Sterne sind einmal aus einem Urstoff entstanden – also auch die Sonne – also auch die Erde. Auf einen Schlag stellte sich die ganze Welt als etwas natürlich Gewordenes dar, und die revolutionierenden Dimensionen eröffneten sich, wenn die Entwicklungsreihe fortgeführt würde: Wenn die Erde eine Geschichte hat, muß auch der Mensch als biologisches Wesen eine haben, dann ist auch die gesellschaftliche Verfassung des Menschen nicht von ewiger Dauer, sondern durchläuft verschiedene Stadien, ohne einen geheiligten Endzustand. Daß Herschel von manchen Fachkollegen wie Olbers und Bessel arg kritisiert wurde, mag insofern nicht verwundern, doch auch von Seiten religiöser Eiferer kam heftiger Einspruch ob der Leugnung eines göttlichen Schöpfungsaktes, wie er bei wörtlicher Bibellesung zustandekam – der Streit um die Interpretation der Heiligen Schrift aus den Zeiten von Copernicus, Kepler und Galilei war noch immer aktuell.

In der Wissenschaft bekannt wurde Herschel, einer der geistvollsten und bedeutendsten Astronomen der Geschichte – ein ehemaliger Militärmusiker ohne jede formale höhere Bildung – durch seine Entdeckung des Planeten Uranus 1781 (vgl. S. 256), in dem er zunächst einen Kometen vermutete. Dies war die erste Planetenentdeckung seit dem Altertum und geriet insofern zur wissenschaftlichen Sensation. Einer der ersten, der die planetare Natur des Neulings erkannte, war Johann Elert Bode. Er fand auch Registrierungen in älteren Sternkatalogen, ohne daß damals die planetare Natur entdeckt worden war, am frühesten bei John Flamsteed 1690. Diese Beobachtungen halfen bei einer exakten Bestimmung der Uranusbahn.

Bode, Direktor der Berliner Sternwarte war um 1800 eine der zentralen Persönlichkeiten der Astronomie. Das von ihm 1774 begründete und entgegen vieler Schwierigkeiten viele Jahre redigierte »Astronomische Jahrbuch« entwickelte sich rasch zu einem internationalen Kommunikationszentrum, bis es 1821 durch die in rascher Folge erscheinenden Hefte der »Astronomischen Nachrichten« in dieser Hinsicht langsam ersetzt wurde. Seine »Anleitung zur Kenntnis des gestirnten Himmels« (1768), bis Mitte des 19. Jahrhunderts, noch nach dem Tode des Autors, in vielen überarbeiteten Auflagen erschienen, wurde zum ersten großen Werk der populären Astronomie. Bode vermochte es, durch einen sehr persönlichen, emotional geprägten Stil, seine Leser zu fesseln, ohne den Boden der Wissenschaft zu verlassen. Seine Werke sind von Gedanken der Aufklärung durchdrungen, von der vernünftigen Naturbetrachtung, die den denkenden Betrachter die Verherrlichung der Werke des Weltschöpfers lehre. Die hiermit verwobene Teleologie führt ihn immer wieder zur Frage nach dem Sinn der Existenz der Himmelskörper im göttlichen Plan (vgl. S. 262), deren Antwort er in der für seine Zeit so typischen Vorstellung vom Leben auf anderen Gestirnen – gleichermaßen den Planeten, Monden, Kometen und sogar der Sonne – findet. Hinsichtlich der Natur unseres Zentralsterns vertrat er die Vorstellung, derzufolge dieser Stern selbst von planetarer Natur sei, und sich die Wärme erst in der Erdatmosphäre entwickele (vgl. S. 258) – eine Theorie, die zu seiner Zeit sehr erfolgreich war und auch von Johann Hieronymus Schroeter, Wilhelm Herschel und anderen vertreten wurde.

7

Die Messung kosmischer Dimensionen, Triumphe der Himmelsmechanik

Probleme der Bahnbestimmung von Planeten, Monden und Kometen wurden im 18. Jahrhundert *das* Hauptthema der Astronomen – eigentlich schon lange vorgezeichnet, denn die Aufstellung eines Horoskops bedarf ja möglichst exakter Planetenörter, und diese wiederum lassen sich nur durch eine gute Bahnbestimmung dieser

Himmelskörper erlangen. Doch im 18. Jahrhundert, dem Jahrhundert der Aufklärung, mit dem Aufstreben der kapitalistischen Gesellschaft, mit dem bis dato unbekannten Austausch von Produkten über größte Entfernungen – man denke an den Handel mit Kolonialwaren – traten andere Bedürfnisse nach astronomischen Berechnungen in den Vordergrund.

Es ist zwar nur ein Beispiel, aber ein die Situation treffend erhellendes: Im Jahre 1714 setzte das englische Parlament einen Preis für die Ausarbeitung einer Methode aus, die Ortsbestimmung eines Schiffes auf See mit einer Genauigkeit von 0°,5 auszuführen. Der Hintergrund dessen liegt darin, daß Ortsbestimmungen auf See nur durch Gestirnsbeobachtungen möglich sind: der geographischen Breite (relativ einfach) durch die Höhe des Polarsterns über dem Horizont, der geographische Länge durch zeitlich genau berechenbare Himmelserscheinungen, deren Eintrittszeit für einen Bezugsort exakt bekannt ist, während aus der dazu beobachtbaren Differenz der Eintrittszeit an einem anderen Ort die Ortsdifferenz berechenbar ist. Praktisch ließ sich das beispielsweise dadurch ausführen, daß man die für Greenwich berechnete Zeit, zu der eine Mondfinsternis eintritt oder der Mond bei seiner scheinbaren Bewegung vor dem Sternenhintergrund einen Stern bedeckt, mit der Zeit vergleicht, zu der das Ereignis an einem unbekannten Ort auf See eintritt. Würde, wieder beispielsweise, dieses Ereignis exakt 60 Minuten später als in Greenwich eintreten, wüßte man, daß man sich ganz genau 15° westlich davon befand. Für die genauen Tafeln der Mondbewegung wurde auf der Sternwarte Greenwich (und anderswo) durch astronomische Messungen und Berechnungen gesorgt – nur wie sollte es möglich sein, auf einer längeren Seereise die Zeit mit Sekundengenauigkeit zu bestimmen? Erst im Jahre 1761 erhielt der englische Uhrmacher John Harrison den erwähnten Preis für eine Uhr, die nach 161 Tagen Seereise nur 5 Sekunden falsch ging.

Nebenbei, drei andere, ebenso symptomatische Beispiele sind: 1. Im Jahre 1675 wurde auf Geheiß König Karls II. in Greenwich ein hervorragend ausgerüstetes Observatorium begründet mit der ausdrücklichen Aufgabenstellung der Bearbeitung genauer Tafeln der Mondbewegung. 2. Im Jahre 1700 wurde auf Geheiß des preußischen Königs die Brandenburgische Societät der Wissenschaften begründet, deren Astronomen durch den Verkauf der von ihnen berechneten Kalender fast ausschließlich die Finanzen der Gesellschaft zu erwirtschaften hatten, aber die nötigen Arbeitsbedingungen ihnen erst 11 Jahre später in Form einer Sternwarte im Turm auf dem Marstall gewährt wurden, wo niemals annehmbare Arbeitsbedingungen herrschten. 3. Im Jahre 1782 wurde Wilhelm Herschel nach seiner glänzenden Uranus-Entdeckung zum Privatastronomen des englischen Königs mit geringsten Verpflichtungen, ernannt.

Schufen veränderte gesellschaftliche Bedürfnisse neue Anforderungen an die Wissenschaften, so förderten diese durch eine rasche Entwicklung der Feinmechanik und der Optik die Herstellung sehr präziser astronomischer Beobachtungsinstrumente, vor allem genauester Montierungen und Ableseeinrichtungen. Andererseits wurden der Astronomie Möglichkeiten gewährt, die wissenschaftsintern einem Selbstlauf unterlagen und zu Berechnungsmethoden führten, die der Astronomie den Ruf einbrachten, ein Musterbeispiel an Genauigkeit, ja an Wissenschaftlichkeit überhaupt zu sein. Vor diesem Hintergrund ist die Vorstellung von Laplace zu sehen, daß ein (später so genannter) »Laplacescher Dämon« in der Lage wäre, jegliche

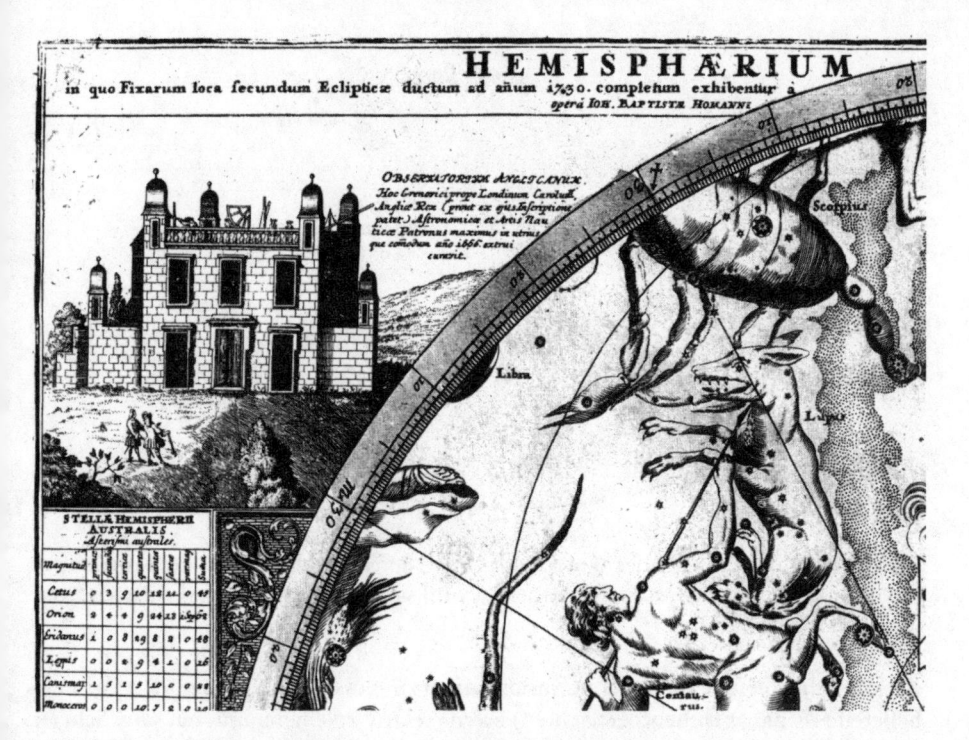

Bild 17 Die 1675 begründete Sternwarte Greenwich [26]

Bewegungsvorgänge in der Welt, von den Sternen bis zu den Atomen, für alle beliebigen Zeiten zu berechnen (vgl. S. 279). Ins Philosophische transformiert, faßte dies Julien Offray de La Mettrie in die Formel »Der Mensch – eine Maschine« (1748).

Aus dem heliozentrischen Weltsystem leitete sich für die beobachtende Astronomie die Aufgabe der Entdeckung einer parallaktischen Verschiebung der Sternörter als Folge der jährlichen Bewegung der Erde um die Sonne ab, auf die schon Copernicus hingewiesen hatte. Zunächst überschätzte man die Größe der Parallaxe erheblich und versuchte, das Resultat mit völlig unangemessenen Beobachtungsinstrumenten zu erlangen. Doch im Gefolge der darauf gerichteten Bemühungen gelangen den Astronomen »nebenbei« eine Reihe anderer Entdeckungen, die sie nicht beabsichtigt hatten. Die Parallaxe selbst verbarg sich weiter wegen mangelnder Meßgenauigkeit.

Wie Copernicus selbst rechnete auch Johannes Kepler fest damit, daß die parallaktische Verschiebung der Fixsternörter gefunden werde: »Geschähe dies nicht und müßte ich glauben, daß die Entfernung der Fixsterne im Verhältnis zur Entfernung der Sonne schlechterdings nicht zu berechnen ist, so würde mir dieses eine Argument bei der Verteidigung des Kopernikus mehr zu schaffen machen, als die übereinstimmende Anschauung von tausend Generationen.« ([70], S. 89). Aus diesen Worten spricht nicht nur das feste Bekenntnis zu Copernicus, sondern ebenso die enorme Bedeutung, die man der Auffindung der Parallaxe mit Recht beilegte.

Galilei verwies als erster auf die Methode der relativen Parallaxen. Er schlug vor,

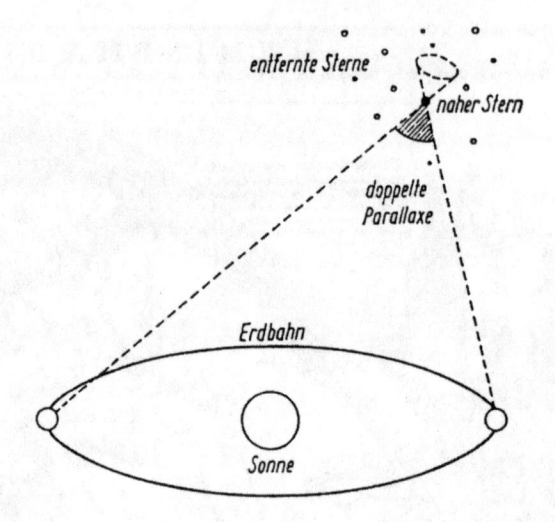

Bild 18 Als Parallaxe wird der Winkel bezeichnet, unter dem der Radius der Erdbahn von einem anderen Stern aus erscheint; gemessen wird sie von zwei gegenüberliegenden Punkten der Erdbahn.

die jährliche Verschiebung der Sternpositionen zu messen, indem man den Ort eines helleren (als näher stehend gedachten) Sterns relativ zu einem anderen schwächeren (weiter entfernt angenommenen) zu messen. Dies schien ihm erfolgversprechender zu sein, als die absolute Ortsbestimmung. Als erster glaubte 1728 James Bradley fündig geworden zu sein. Er hatte bei γ Draconis eine periodische Verschiebung des Ortes gemessen. Doch dies war keine Folge der parallaktischen Bewegung, sondern Bradley war auf die Aberration des Lichtes gestoßen – allerdings ebenfalls eine Folge der Erdbewegung in Verbindung mit der endlichen Ausbreitungsgeschwindigkeit des Lichtes.

Definitive Erfolge stellten sich um 1838/3 – 300 Jahre nach Copernicus ein – und das gleich mehrfach. Friedrich Wilhelm Bessel ([41], vgl. S. 294) maß sehr genau die Entfernung des Sterns 61 Cygni, Wilhelm Struve die von α Lyrae und schon zuvor Thomas Henderson von α Centauri. Bessel arbeitete mit einem Heliometer genannten Instrument aus der Werkstatt Josef Fraunhofers, das mit einem in zwei gegeneinander verschiebbare Hälften zerschnittenen Objektiv versehen war. Sind beide Hälften zu einem Objektiv vereint, erhält man von zwei benachbarten Sternen das gleiche Bild, wie in einem unzerschnittenen Objektiv. In der verschobenen Stellung der Objektivhälften entstehen in der Brennebene zwei Bilder, deren Abstand der Verschiebung der Objektivhälften gemäß ist. Zur Positionsmessung von 61 Cygni verschob Bessel jeweils die eine der Objektivhälften so, daß einer der Vergleichssterne genau in der Mitte zwischen den Komponenten von 61 Cygni zu stehen kam. Vorausgesetzt, daß die Parallaxe meßtechnisch zugänglich ist, mußte sie sich in einer charakteristischen Schwankung der Abstände von 61 Cygni zu den Vergleichssternen äußern, was tatsächlich eintrat.

Als die Bestimmung der Fixsternparallaxe schließlich gelang, war sie als Beweis für das copernicanische System nicht mehr notwendig, da an dessen Richtigkeit

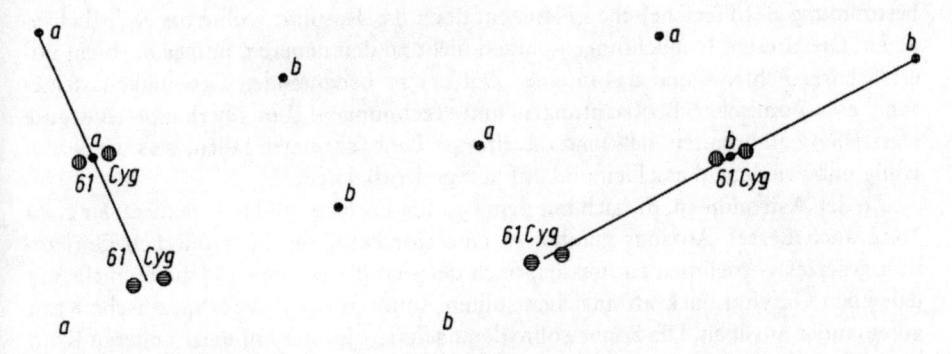

Bild 19 Die Beobachtung von 61 Cygni mit dem Heliometer: Durch Verschiebung einer Objektivhälfte wird einer der Vergleichssterne zwischen die Komponenten von 61 Cygni gebracht; links Anschluß an den Vergleichsstern a, links an b. Die von den beiden Objektivhälften erzeugten Bilder sind durch unterschiedliche Schraffur markiert [57].

längst kein Zweifel mehr bestand. Vielmehr lag ihre Bedeutung darin, endlich einen ersten exakten Wert für Sternentfernungen gefunden zu haben, auf den konkrete Vorstellungen von den Dimensionen des Weltalls gegründet werden konnten.

An den bedeutsamen Entwicklungen der Astronomie hatten selbstverständlich neue mathematische Verfahren, teilweise auf höchstem theoretischen Niveau, einen fundamentalen Anteil. In der »Mécanique céleste« von Laplace (vgl. S. 279) sowie der »Theoria motus« von Gauß (eingeschlossen die »Methode der kleinsten Quadrate«, vgl. S. 281) wurden diese in eine für die Astronomen praktikable Form gebracht. Dabei kam es vor allem auf die Berücksichtigung gravitativer Störungen auch kleinerer Körper sowie in größeren Entfernungen an. Die von Gauß entwickelten Verfahren hatten schon Jahre vor der Veröffentlichung eine erste Probe bestanden: In der Neujahrsnacht des Jahres 1801 entdeckte Giovanni Piazzi in Palermo einen Himmelskörper, über dessen planetare Natur sich die Astronomen bald einig waren – ein spektakulärer Auftakt des neuen Jahrhunderts! Doch nach wenigen Wochen setzte eine ausgedehnte Schlechtwetterperiode den Beobachtungen ein Ende und der Neuling schien verloren. Glücklicherweise hatte der junge Gauß nach neuen mathematischen Verfahren eine Bahn sowie Ephemeriden, d. h. künftige Orte am Himmel, berechnet, mit denen Wilhelm Olbers in Bremen genau ein Jahr nach der Entdeckung das Wiederauffinden des Kleinplaneten Ceres gelang – jedes herkömmliche Verfahren hätte wahrscheinlich versagt, und die Astronomen waren gespannt auf die diesen Rechnungen zugrunde liegenden Methoden. Daß hier ein neuartiger Weg beschritten worden sein mußte, war jedem Eingeweihten klar.

Für die Bahnbestimmung der Kometen hatte Olbers selbst schon zuvor die »leichteste und bequemste Methode« abgeleitet, die in ihren Grundzügen noch lange verwendet wurde.

Die für ein größeres Publikum so völlig unverständlichen Formelapparate der Himmelsmechanik führten gelegentlich zu größtes Aufsehen erregenden Resultaten, wie die Entdeckung des Planeten Neptun 1846 (vgl. S. 300). Die Entdeckungsgeschichte dieses Planeten begann schon bald nachdem Herschel seinen »Vorläufer« Uranus aufgefunden hatte. Viele Astronomen bemühten sich um eine genaue Bahnbestimmung des Herschelschen Planeten, doch das Resultat wollte nie recht befriedigen. Die älteren Beobachtungen paßten nicht zu den neueren, immer blieb ein unerklärbarer Fehler – und das in einer Zeit der so bedeutenden Genauigkeitssteigerung astronomischer Beobachtungen und Rechnungen! Um überhaupt eine gute Darstellung zu erhalten, ließ man die ältesten Beobachtungen fallen, was wiederum völlig unbefriedigend erschien und auf heftige Kritik stieß.

Zu den Astronomen, die sich mit dem Uranus-Problem mühten, gehörte seit etwa 1822 auch Bessel. Anfangs glaubte er, eine Korrektur des Newtonschen Gravitationsgesetzes vornehmen zu müssen, nach der sich die einzelnen Planeten nicht mit derselben Gravitationskraft anziehen sollten, sondern eine jeweils spezifische Kraft aufeinander ausüben. Die Sonne sollte demnach den Jupiter mit einer anderen Kraft anziehen, als den Saturn oder Uranus, Jupiter auf Uranus mit einer anderen Kraft wirken als Saturn auf Uranus; in die Störungsgleichungen wäre ein spezifisches Glied einzufügen. Bessel war wohl nicht bis zum letzten von seiner Vermutung überzeugt und ließ sie bald nach Veröffentlichung wieder fallen. Mitte des Jahres 1824 glaubte er, daß die Ursache der scheinbaren Unregelmäßigkeiten der Uranusbewegung in unbekannten, störenden Planeten zu suchen sei. Um 1837 beauftragte er seinen Schüler Wilhelm Flemming mit einer komplexen Bearbeitung der Uranusörter, die jedoch wegen des frühen Todes Flemmings fragmentarisch blieb; Bessel selbst arbeitete an diesem Problem nicht mehr.

Andere nahmen den Faden auf, neben dem Engländer John Couch Adams in Frankreich Urbain Jean Joseph Leverrier. Letzterer legte seine Arbeit am 10. Nov. 1845 der Pariser Akademie (sowie eine Ergänzung am 1. Juni 1846) mit mäßigem Erfolg vor. Namhafte Gelehrte wollten erst umständlich die Rechnungen prüfen, bevor sie sich der Mühe unterziehen wollten, an dem von Leverrier angegebenen Ort des Himmels nachzuschauen – zu den Zweiflern gesellten sich auch Gauß und Johann Franz Encke, Direktor der Berliner Akademiesternwarte.

Die Dinge nahmen erst ihren Lauf, nachdem am 23. Sept. 1846 Enckes Assistent Johann Gottfried Galle einen Brief Leverriers erhielt, in dem dieser darum bat, mit den sehr guten Instrumenten des Observatoriums nach dem vermuteten Neuling Ausschau zu halten. Dies geschah noch am selben Abend gemeinsam mit Heinrich Ludwig d'Arrest unter Zuhilfenahme einer neuen, auf Anregung von Bessel entstandenen, noch gar nicht vollständig bearbeiteten Himmelskarte, in der nahe dem bezeichneten Ort ein schwaches Sternchen 8. Größe fehlte. Dieses erwies sich nach vielen Messungen während zweier Nächte als der gesuchte Neuling. Das Bemerkenswerte an dieser Geschichte liegt darin, daß die Entdeckung des Neptun an den Schreibtischen von Bessel, Flemming, Adams und Leverriers begann und der sorgfältigsten Berücksichtigung aller vorhandenen Daten und der höchsten Meisterschaft Leveriers in der mathematischen Entwicklung zu verdanken ist. – Ein erneuter, großartiger Triumpf der Himmelsmechanik!

Die Entdeckung des Neptun rief Neider auf den Plan, welche die ganze Leverriersche Arbeit und die krönende Auffindung des Neptun nur etwa eine Vollmondbreite vom hypothetischen Ort entfernt als reinen Zufall abzuwerten suchten. Dem trat Carl Gustav Jacob Jacobi, Bessels Professorenkollege in Königsberg, in der ihm eigenen sarkastischen Art entgegen: »Es muß aber als unwürdig erscheinen ... eine durch tiefe Gedanken und jahrelange Arbeit eroberte Entdeckung, um welche unsere

Nachkommen unsere Zeit beneiden werden, durch die monströse Behauptung zu verdächtigen, als habe dabei ein Zufall obgewaltet oder mitgespielt. Da innerhalb der letzten 10–20 Jahre die Angaben des Calculs jederzeit hingereicht hätten, den Planeten aufzufinden, so kann hier von keinem Zufalle die Rede sein. Man muss bewundern, dass aus so kleinen und unsichern Quantitäten, wie die hier gegebenen, so genaue Resultate gezogen werden konnten, und kann diess nur der umsichtigen Behandlung dieser Data und der musterhaften Benutzung aller Hülfsmittel zuschreiben. Denen, welche die Entdeckung für zufällig ausgeben, weil die Übereinstimmung nicht grösser ist, als es die Natur der Sache verstattet, wäre der Rath zu geben, auch solche zufällige Entdeckungen zu machen.« [63]

8
Neue Forschungsmöglichkeiten: die Astrophysik

Doch während sich die Positionsastronomie darauf beschränkte, aus dem Licht der Himmelskörper nur die Informationen über den Ort des aussendenden Körpers bis aufs letzte auszuschöpfen, begann langsam ein anderer Zweig der Astronomie damit, das Licht der Gestirne für weitergehende Untersuchungen zu befragen, was Bessel als das »eigentlich astronomische Interesse« nicht berührend aus dieser Wissenschaft auszuschließen gewillt war (vgl. S. 289). Um 1800 ermöglichte es der Bau großer Spiegelteleskope, die Oberflächen der Sonne, des Jupiters und Saturns zu untersuchen – großen Erfolg verbuchte man bei der Kartographie des Mondes. Außerordentlich genaue Detailzeichnungen fertigte Johann Hieronymus Schroeter, Oberamtmann in Lilienthal bei Bremen an und verstand seine Studien zugleich als Beitrag zur Lösung der Frage nach Veränderungen auf der Oberfläche unseres Trabanten, dessen Bewohnbarkeit er außer jeden Zweifel stellte (vgl. S. 273). Jahrzehntelange Studien der Sonnenflecke führten Samuel Heinrich Schwabe zur Erkenntnis ihrer Periodizität (vgl. S. 296, S. H. Schwabe, Zeichnung einer komplexen Sonnenfleckengruppe vom 15. März 1858 (Astronomische Nachrichten 48 [1858]), und schon zuvor bestand die Frage, ob die Sonnenaktivität von Einfluß auf die Witterung und damit die Schwankungen der Weizenpreise sei; hohe Sonnenfleckenzahl – niedrige Weizenpreise, weil gute Witterung – so Wilhelm Herschel.

Während hier vorwiegend qualitativ beschreibende Methoden stattfanden, gelang es dem vielseitigen Pariser Gelehrten Dominique François Arago, durch Polarisationsmessungen nachzuweisen, daß Kometen sowohl in reflektiertem Sonnenlicht als auch durch eigene Strahlung leuchten. Als dann 1835/36 der »Halleysche Komet« wieder einmal hell am Himmel stand, fand Bessel, eigentlich in Durchbrechung seines eigenen paradigmatischen Forschungsprogramms, daß dessen Lichterscheinungen nicht allein aus gravitativen Wirkungen erklärbar sind, sondern das Wirken von Polarkräften wie Elektrizität und Magnetismus erfordern.

Fast unmerklich bahnte sich eine neue Forschungsrichtung in der Astronomie an: Im Jahre 1817 beschrieb Joseph von Fraunhofer das Vorhandensein von dunklen Linien im Sonnenspektrum, die nicht durch das Glas der Linsen und Prismen verursacht sein können, sondern im Sonnenlicht selbst ihren Ursprung haben. Da dies für ihn nur ein Weg zum Studium verschiedener Glassorten war, erfolgte keine nähere Untersuchung. Diese führte erst der Physiker Gustav Robert Kirchhoff im Verein mit dem Chemiker Robert Wilhelm Bunsen durch. Der Vergleich von Laborbefunden der Spektren chemischer Elemente mit dem Spektrum der Sonne ergab das grandiose Resultat der chemischen Analyse der Sonne, ja ferner Sterne. Die Spektralanalyse bildete die Erkenntnisbrücke zu Himmelskörpern, die hunderttausende Kilometer, ja sogar viele Lichtjahre entfernt sind. Der forschende Geist des Menschen hatte gelernt, scheinbar starre Erkenntnisschranken zu überwinden. Einem Vorschlag des Leipziger Gelehrten Friedrich Zöllner folgend, wurde die sich zunächst vor allem aus einer Anwendung von Spektralanalyse und Fotometrie auf die Himmelskörper resultierende neue Wissenschaftsdisziplin »Astrophysik« genannt (vgl. S. 311). Die strikte Kongruenz der Resultate von Laboruntersuchungen und ihrer Ausweitung

Bild 20 Zöllner-Fotometer an einem Refraktor der Leipziger Sternwarte zur Helligkeitsmessung des Lichtes von Gestirnen ([121], Tafel 6)

Bild 21 S. H. Schwabes Zeichnung eines komplexen Sonnenfleckes vom 15. März 1858 (Astronomische Nachrichten 48, 1848).

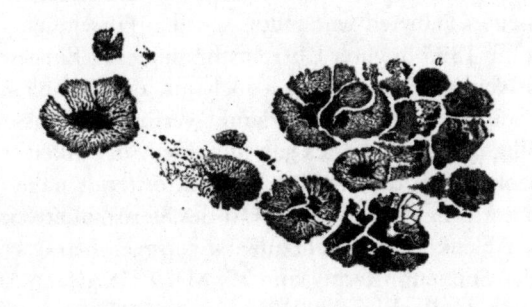

auf astronomische Fragestellungen brachte im Verlaufe weniger Jahre einen Wissenszuwachs, der nicht nur die Erkenntnis der chemisch-physikalischen Natur der Himmelskörper erfaßte, sondern auch die schon älteren Vermutungen der Entstehung und Entwicklung der Himmelskörper sowie ihrer Systeme in ihren Grundzügen bestätigte.

Doch was nebenher, langsam als vielbestrittene Möglichkeit begann – die Untersuchung der chemischen und physikalischen Natur der Himmelskörper, ihrer Entstehung und Entwicklung – erwies sich immer deutlicher als neuer Hauptzweig der Kosmosforschung, dessen Institutionalisierung nicht lange auf sich warten ließ: 1866 erhielt Friedrich Zöllner in Leipzig die erste Professur für Astrophysik, 1874 erfolgte die Gründung des ersten Spezialobservatoriums für Astrophysik in Potsdam und 1895 der ersten Zeitschrift für dieses Gebiet, das »Astrophysical Journal«. Die Entwicklung dieser Disziplin erfolgte nach der Jahrhundertwende rasant, es bildeten sich eine Vielzahl von Teildisziplinen und einzelnen Fachbereichen heraus.

9
Urknall, Nebelflucht und Reliktstrahlung: neue Grenzen, neue Herausforderungen

Einen ungeahnten Auftrieb erhielten die Arbeiten zur Astrophysik mit der Speziellen und (mehr noch) der Allgemeinen Relativitätstheorie Albert Einsteins 1905 bzw. 1915 (vgl. S. 314) der Bildung der relativistischen Astrophysik. Astronomen nahmen regen Anteil an der empirischen Bestätigung der Einsteinschen Theorien, die sich zunächst an drei Effekte knüpfte: 1. Die Lage der sonnennächsten Punkte der Planetenbahnen (Perihele) sollten eine Drehung ausführen, die beim Merkur 43″ pro

Jahrhundert beträgt; 2. ein an einer großen Masse nahe vorbeigehender Lichtstrahl müsse sich in deren Gravitationsfeld krummlinig bewegen; 3. in einem Schwerefeld ausgesendete Spektrallinien müssen zum roten Ende hin verschoben sein. Die Drehung des Perihels eines Planeten war schon seit den Forschungen Leverriers 1859 und Simon Newcomb 1895 in guter Übereinstimmung mit Einstein zu 41″ bzw. 43″ bekannt. Völliges Neuland betrat man jedoch mit dem Problem der Lichtkrümmung; im Labor oder auf der Erde überhaupt verfügbare Massen waren für solcherart Effekte völlig unzureichend. Es gab nur eine Möglichkeit, nämlich das Licht von Sternen zu beobachten, die bei einer Sonnenfinsternis nahe dem Sonnenrand stehen. Verglichen mit dem »ungestörten« Ort des Sterns mußte sich nach der Relativitätstheorie eine Ablenkung von dem äußerst geringen Betrag von 1″,75 ergeben. Während der totalen Sonnenfinsternis vom 29. Mai 1919 gelang Arthur Stanley Eddington die Ableitung des Beobachtungswertes von 1″,98 – zwar nicht genau der geforderte, aber angesichts der praktischen Schwierigkeiten der Messung eine hervorragende Übereinstimmung mit der Theorie. Noch schwieriger gestaltete sich der Nachweis der gravitativen Rotverschiebung, der erst um 1960 gelang, durch außerordentlich feine Meßmethoden auch im Schwerefeld der Erde.

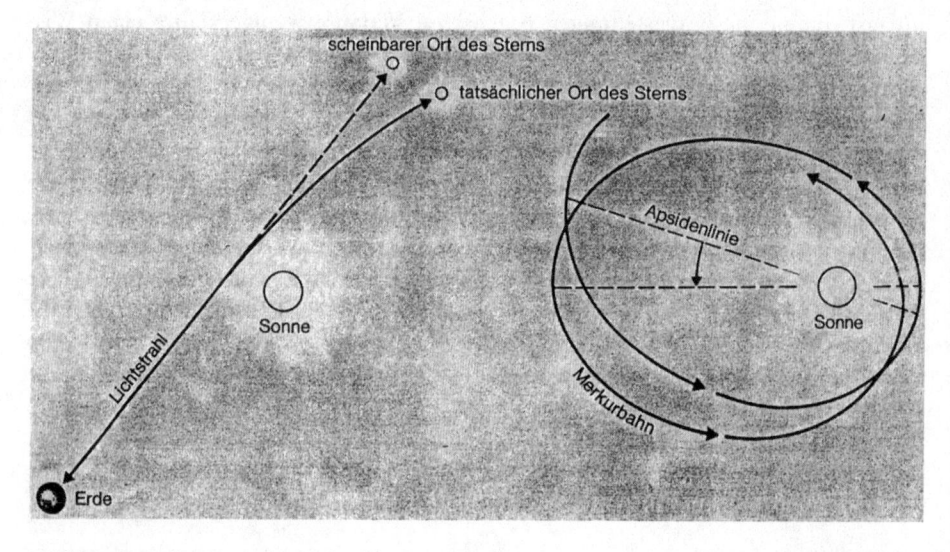

Bild 21 Die relativistische Lichtablenkung in der Nähe großer Massen, hier der Sonne.

Astronomische Forschung wird heute über den von Einstein selbst geprägten Stand hinausgehend, durch die Verbindung zwischen Mikro- und Makrowelt geprägt. Schon die Arbeiten Eddingtons zum inneren Aufbau der Sterne, ja eigentlich die gesamte astronomische Spektralanalyse baut auf dieser Verknüpfung auf. Feinstrukturen in Sternspektren oder die Erklärung des Strahlungstransports in Sternen sind nur aus komplizierten Vorgängen unterhalb der Ebene des Atoms erklärbar und dies trifft noch offensichtlicher auf das Problem der Erzeugung von Wärmeenergie im Sterninnern zu, von Helmholtz aus der Gravitation, von Bethe und anderen aus Kernverschmelzungsprozessen, der Kernfusion, erklärt. Und wenn wir heute über die Struktur des Universums im Großen reden, über die von Edwin Hubble entdeckte, durch den sog. Urknall erklärte Fluchtbewegung der Galaxien (vgl. S. 325), mehr noch, über die physikalischen Prozesse, als deren Resultat uns die Rotverschiebung oder die 3°-Kelvin-Strahlung erscheinen, dann bewegen wir uns an den heutigen Grenzen sowohl der Mikro- als auch der Makrophysik.

Selbst eine noch so fragmentarische Betrachtung nur der spektakulären Forschungsprobleme der Astrophysik, angedeutet mit Stichworten wie: Leben im Weltall, Gravitationslinsen, Schwarze Löcher, Netzstruktur der Galaxien, Quasare, Röntgen- und Gammastrahlung, Supernovae, die Zukunft der Sonne, Raumteleskope – oder, zurückkehrend in unsere kosmische Nachbarschaft, den beeindruckenden Resultaten der Planetenforschung in den vergangenen Jahren, ist im Rahmen dieser historisch angelegten Textsammlung nicht möglich – wenn auch eigentlich für die Gesamtschau des historischen Weges der Astronomie unerhört reizvoll.

Literatur

[1] Ang, Tian-Se: The use of interpolation techniques in chinese Calendar. In: Oriens Extremus 23,2 (1976), S. 135–151
[2] Ders.: I Hsing, his life and scientific work. University of Malaya, Faculty of Arts and social Sciences 1979, Dissertation, unpubl.
[3] Apian, Peter: Cosmographia. Antwerpen 1539
[4] Aristoteles: Werke in deutscher Übersetzung, Bd. 11. Physikvorlesung. Berlin 1979
[5] Aufklärung im Mittelalter? Die Verurteilung von 1277. [Hrsg. von] Kurt Flasch. Mainz 1989 (Excerpta classica; 6)
[6] Baranowski, Henryk: Bibliografia Kopernikowska 1509–1955. Warschau 1958 und 1973
[7] Ders.: Copernican Bibliography. Selected materials for the years 1972–1975. In: Studia Copernicana 18 (1977), p. 179–201
[8] Bernard-Maître, H.: L'encyclopédie astronomique du P. Schall, Ch'ung-Chen Li Shu (1929) et Hsi-Yang Hsin Fa Li Shu (1645); la réforme du calendrier chinois sous l'influence de Clavius, Galilée et Kepler. In: Monumenta Serica 3 (1938), S. 33–77, 441–527
[9] Biot, Édouard: Traduction et examen d'un ancien ouvrage chinois intitulé: Tcheou-Pei, littéralement: Style ou signal dans une circonférence. In: Journal Asiatique, June 1841, S. 593–639
[10] Birkenmajer, Ludwik: Mikolaj Kopernik czesc pierwsza studya nad pracami Kopernika oraz materialy biograficzne, Krakow 1900; engl. Übersetzung: Nicolas Copernicus. Studies on the works of Copernicus and biographical materials. Ann Arbor; London 1981
[11] Birkenmajer, Ludwik Antoni: Stromata Copernicana. Studja, Poszukiwania i Materialy biograficzne. Krakau 1924
[12] Biskup, Marian: Regesta Copernicana (Calendar of Copernicus' Papers). In: Studia Copernicana 8 (1973), 237 S.
[13] Blumenberg, Hans: Die Genesis der kopernikanischen Welt. Frankfurt a. M. 1985
[14] Brahe, Tycho: De mundi aetherei. Frankfurt a. M. 1610
[15] Ders.: Astronomiae instauratae mechanica. Nürnberg 1602

[16] Brotbeyhel, Matthias: Bedeütung des ungewonlichen gesichts. o.O., um 1532
[17] Burmeister, K.H.: Georg Joachim Rheticus, Bd. 3. Wiesbaden 1968
[18] Ders.: Achilles Pirmin Gasser 1505–1577. Arzt und Naturforscher, Historiker und Humanist, Bd. 1. Wiesbaden 1970
[19] Buttmann, G.: Wilhelm Herschel. Stuttgart 1961
[20] Caxton's Mirrour of the World. Ed. by Oliver H. Prior. Oxford 1913 (Early English Text Society. Extra Series; 110)
[21] China, eine Wiege der Weltkultur: 5000 Jahre Erfindungen und Entdeckungen. Hrsg. von Arne Eggebrecht. Mainz 1994
[22] Clavius, Christoph: Astrolabium. Rom 1593
[23] Cullen, Christopher: A Chinese Eratosthenes of the flat earth: a study of a fragment of cosmology, in Huai Nan Tzu. In: Bulletin of the School of oriental and african Studies XXXIX:1 (1976), S. 107–127
[24] Ders.: Motivations for scientific change in ancient China: Emperor Wu and the grand inception astronomical reforms of 104 B.C. In: Journal for the History of Astronomy 24 (1993), S. 185–203
[25] Dictionary of Scientific Biography. New York, Vol. 1 (1970)–16 (1980)
[26] Doppelmaier, Johann Gabriel: Atlas coelestis. Nürnberg 1742
[27] Eberhard, Wolfram: Sternkunde und Weltbild im Alten China. Taipei: Chinese Materials and Research Aids Service Center, 1970
[28] Faber von Budweis, Wenzel: Judicium lipsense. o.O., um 1500
[29] Feuerbach, Ludwig: Sämmtliche Werke. Hrsg. von W. Bolin und F. Jodl, 2. Bd. Stuttgart 1904
[30] Fontenelle, Bernard de: Gespräche von Mehr als einer Welt zwischen einem Frauen=Zimmer und einem Belehrten. Leipzig 1698
[31] Galilei Galilei. Unterredungen und mathematische Demonstrationen über zwei neue Wissenszweige, die Mechanik und die Fallgesetze betreffend. Hrsg. von Jürgen Hamel. Frankfurt a. M. 2004 (Ostwalds Klassiker der exakten Wissenschaften; 11)
[32] Gauchet, L.: Note sur la trigonometrie sphérique de Kouo cheou-King. In: T'oung Pao 18 (1917), S. 151–174
[33] Gernet, Jacques: Sciences et rationalité: l'originalité des données chinoises. In: Revue d'Histoire des Sciences XLII-4 (1989), S. 323–332
[34] Ders.: Science and religion in the encounter between China and Europe. In: Chinese Science 11 (1993–94), S. 93–102
[35] Gingerich, Owen: Phases of Venus in 1610. In: Journal for the History of Astronomy 15 (1984), S. 209–210
[36] Gossouin de Metz: s. Caxton [engl. Übers. 1480]
[37] Gregorian Reform of the Calendar. Proceedings of the Vatican Conference to Commemorate its 400th Aniversary 1582–1982. Ed. by G.V. Coyne [u.a.]. Città del Vaticano 1983
[38] Griesar, H.: Die römischen Congregationsdecrete in der Angelegenheit des Copernicanischen Systems. In: Zeitschrift für katholische Theologie 2 (1878), S. 673–736
[39] Grüneberg, Valerius: Ein recht Newe corrigirte Prognostication für 1587. Dresden 1587
[40] Guentherodt, Ingrid: Kirchlich umstrittene Gelehrte im Wissenschaftsdiskurs der Astronomin Maria Cunitia (1604–1664): Copernicus, Galilei, Kepler. In: Religion und Religiosität im Zeitalter des Barock. Hrsg. von Dieter Breuer. Wiesbaden 1995, S. 857–872
[41] Hamel, Jürgen: Friedrich Wilhelm Bessel. Leipzig 1984 (Biographien hervorragender Naturwissenschaftler, Techniker und Mediziner; 67)

[42] Ders.: Friedrich Wilhelm Herschel. Leipzig 1988 (Biographien hervorragender Naturwissenschaftler, Techniker und Mediziner; 89)
[43] Ders.: Nicolaus Copernicus. Leben, Werk und Wirkung. Mit einem Geleitwort von Owen Gingerich. Heidelberg [u. a.] 1994
[44] Ders.: Die Rezeption des mathematisch-astronomischen Teils des Werkes von Nicolaus Copernicus in der astronomisch-astrologischen Kleinliteratur um 1600. In: Cosmographica et Geographica. Festschrift für Heribert M. Nobis zum 70. Geburtstag. Hrsg. von Bernhard Fritscher und Gerhard Brey, 1. Halbbd. München 1994 (Algorismus; 13), S. 315–335
[45] Ders.: Die Vorstellung von der Kugelgestalt der Erde im europäischen Mittelalter bis zum Ende des 13. Jahrhunderts – dargestellt nach den Quellen. Münster [u. a.] 1996 (Abhandlungen zur Geschichte der Geowissenschaften und Religion/Umweltforschung; N.R.)
[46] Ders.: Geschichte der Astronomie. Von den Anfängen bis zur Gegenwart. Basel [u. a.] 1998, 2. Aufl. Stuttgart 2002
[47] Ders.: Die astronomischen Forschungen in Kassel unter Wilhelm IV. Mit einer Teiledition der deutschen Übersetzung des Hauptwerkes von Copernicus um 1586. Thun; Frankfurt 1998 (Acta Historica Astronomiae; 2); 2., korrigierte Aufl. 2002
[48] Ders.: Christoph Rothmanns Handbuch der Astronomie von 1589. Kommentierte Edition der Handschrift Christoph Rothmanns »Observationum stellarum fixarum liber primus«, Kassel 1589. Hrsg. und komm. von Miguel A. Granada, Jürgen Hamel und Ludolf v. Mackensen. 2003 (Acta Historica Astronomiae; 19)
[49] Ders.: Wissenschaftsförderung und Wissenschaftsalltag in Berlin 1700–1720 – dargestellt anhand des Nachlasses des ersten Berliner Akademieastronomen Gottfried Kirch und seiner Familie. In: Leibnitz-Sozietät / Sitzungsberichte 55 (2002), H. 4, S. 61–101
[50] Ders.: Johannes de Sacroboscos Handbuch der Astronomie. Kommentierte Bibliographie der Drucke der »Sphaera«. In: Wege der Erkenntnis. Festschrift für Dieter B. Herrmann zum 65. Geburtstag. Frankfurt a. M. 2004 (Acta Historica Astronomiae; 21), S. 115–170
[51] Hashimoto, Keizô: Longomontanus' ›Astronomia Danica‹ in China. In: Journal for the History of Astronomy 18 (1987), S. 95–110
[52] Ders.: Hsü Kuang-Ch'i and astronomical reform. The process of the chinese acceptance of western astronomy 1629–1635. Osaka 1988
[53] Heath, Th.: Aristarchus of Samos, the ancient Copernicus. Oxford 1913
[54] Henderson, John B.: The development and decline of Chinese cosmology. New York 1984
[55] Herrmann, Dieter B.: Karl Friedrich Zöllner. Leipzig 1982 (Biographien hervorragender Naturwissenschaftler, Techniker und Mediziner; 57)
[56] Ders.: Geschichte der modernen Astronomie. Berlin 1984
[57] Ders.: Kosmische Weiten. Kurze Geschichte der Entfernungsmessung im Weltall. Leipzig 1989 (Wissenschaftliche Schriften zur Astronomie)
[58] Ders.: Ejnar Hertzsprung. Pionier der Sternforschung. Berlin [u. a.] 1994
[59] Hevelius, Johannes: Machina coelestis, pars prior. Danzig 1673
[60] Hilger, Joseph: Der Index der verbotenen Bücher. Freiburg i. B. 1904
[61] Hoffmann, Johann Heinrich: Ephemerides novae mutuum coelestium ... ad annos aerae Christianae 1701. & 1702 ... Ex Tabulis Rudolphinis Kepleri. Berlin 1702
[62] Ho Peng Yoke: The astronomical Chapters of the Chin-shu. Paris 1966
[63] Jacobi, C.G.J. an Hermann Christian Schumacher, Brief vom 10. Okt. 1848. In: Astronomische Nachrichten 28 (1849), Sp. 43–46

[64] Jami, Cathérine: Les méthodes rapides pour la trigonométrie et le rapport précis du cercle (1774). Paris 1990 (Collège de France, Institut des Hautes Études chinoises / Mémoires)
[65] Jardine, N.: The birth of history and philosophy of science. Kepler's A defense of Tycho against Ursus with essay on its provenance and significance, Cambridge 1988
[66] Johannes Regiomontanus: Joannis Regiomontani Opera collectanea. Hrsg. von Felix Schmeidler. Osnabrück 1972 (Milliaria; X,2)
[67] Johannes de Sacrobosco. Das Puechlein von der Spera. Abbildung der gesamten Überlieferung, kritische Edition, Glossar. Hrsg. von Francis B. Brévart. Göppingen 1979 (Litterae; 68)
[68] Ders.: Liber de sphaera. Wittenberg 1531
[69] Ders.: Libellus de sphaera. Wittenberg 1538
[70] Johannes Kepler in seinen Briefen. Hrsg. von M. Caspar, Bd. 1. München [u. a.] 1930
[71] Journal for the History of Astronomy, Vol. 1 (1970) ff.
[72] Jürß, Fritz: Die Entwicklung des Weltbildes in der Antike. In: Nicolaus Copernicus 1473–1973. Das Bild vom Kosmos und die Copernicanische Revolution in den gesellschaftlichen und geistigen Auseinandersetzungen. Berlin 1973, S. 21–51
[73] Kalinowski, Marc: Le calcul du rayon céleste dans la cosmographie chinoise. In: Revue d'Histoire des Sciences XLIII–1 (1990), S. 5–34
[74] Kepler, Johannes: Neue Astronomie. Übers. und eingel. von Max Caspar. München; Berlin 1929
[75] Ders.: Tertius interveniens. Das ist Warnung an etliche Theologos, Medicos und Philosophos. In: Ders.: Gesammelte Werke, Bd. 4. München 1941, S. 147–258
[76] Ders.: Tertius Interveniens. Warnung an etliche Gegner der Astrologie das Kind nicht mit dem Bade auszuschütten. Herausgegeben von Jürgen Hamel. Frankfurt a. M. 2004 (Ostwalds Klassiker der exakten Wissenschaften; 295)
[77] Kircher, Athanasius: Magnes sive de arte magnetica opus tripartitum. Köln 1643
[78] Koyré, Alexandre: The astronomical revolution. Copernicus-Kepler-Borelli. London 1980
[79] Krafft, Fritz: Die Keplerschen Gesetze im Urteil des 17. Jahrhunderts. In: Kepler-Symposion. Zu Johannes Keplers 350. Todestag. Hrsg. von Rudolf Haase. Linz [1980], S. 75–98
[80] Mackensen, Ludolf v.: Die erste Sternwarte Europas mit ihren Instrumenten und Uhren. 400 Jahre Jost Bürgi in Kassel. München 1988
[81] Mädler, Johann Heinrich v.: Geschichte der Himmelskunde, 2 Bde. Braunschweig 1873 [fotomech. Nachdr. Vaduz 1988]
[82] Martzloff, Jean-Claude: La compréhension chinoise des méthodes démonstratives euclidiennes au cours du XVIIe siècle et au début du XVIIIe. In: Actes du IIe Colloque International de Sinologie. Paris 1980
[83] Ders.: Space and time in chinese texts of astronomy and of mathematical astronomy in the seventeenth and eighteenth centuries. In: Chinese Science 11 (1993–94), S. 66–92
[84] Maspero, Henri: L'Astronomie chinoise avant les Han. In: T'oung Pao XXVI (1929), S. 267–356
[85] Ders.: Les instruments astronomiques des chinois au temps des Han. In: Mélanges chinois et bouddhiques (1939), S. 183–370
[86] Mittelstraß, Jürgen: Die Rettung der Phänomene. Ursprung und Geschichte eines antiken Forschungsprinzips. Berlin 1962
[87] Moller, Tobias: Prognosticon Astrologicum auf das Jahr 1587. Eisleben o. J.

[88] Needham, Joseph: Science and Civilisation in China, Vol. 3. Mathematics and the Sciences of the Heavens and the Earth. Cambridge 1959
[89] Nicolaus Copernicus (1473–1543). Revolutionär wider Willen. Hrsg. von Gudrun Wolfschmidt. Stuttgart 1994
[90] Peter Apian. Astronomie, Kosmographie und Mathematik am Beginn der Neuzeit, mit Ausstellungskatalog. Hrsg. von Karl Röttel. Eichstätt 1995
[91] Planetary astronomy from the Renaissance to the rise of astrophysics. Part A: Tycho Brahe to Newton. Ed. René Taton, Curtis Wilson. Cambridge [u. a.] 1989 (General history of astronomy; 2 A)
[92] Prowe, Leopold: Nicolaus Coppernicus, Bd. 1.1, 1.2, 2. Berlin 1883–1884
[93] Redondi, Pietro: Galilei, der Ketzer. München 1991
[94] Reinhold, Erasmus: Prutenicae tabulae coelestium motuum. Tübingen 1551 [und weitere Aufl. bis 1585]
[95] Repsold, J.: Zur Geschichte der astronomischen Meßwerkzeuge [Bd. 1]. Leipzig 1908
[96] Rheticus, Georg Joachim: De libris revolutionum eruditissimi viri, & matematici excellentissimi reverendi D. Doctoris Nicolai Copernici. Danzig 1540; Basel 1541
[97] Ders.: Erster Bericht über die 6 Bücher des Kopernikus von den Kreisbewegungen der Himmelsbahnen. Übers. und eingel. von Karl Zeller. München; Berlin 1943
[98] Riekher, Rolf: Fernrohre und ihre Meister. Berlin 1989
[99] Rosen, Edward: Three Copernican Treatises, 3rd ed. New York 1971
[100] Röslin, Helisäus: Tractatus Meteorastrologiphysicus. Das ist, auß richtigem lauff der cometen ... Natürliche Vermütungen. Straßburg 1597
[101] Röslin, Helisäus: De opere Dei creationis. Reprint, hrsg. von Miguel A. Granada. Lecce 2000
[102] Schlegel, Gustave: Uranographie Chinoise ou preuves directes que l'astronomie primitive est originaire de la Chine. Leyden 1875
[103] Simek, Rudolf: Altnordische Kosmographie. Studien und Quellen zu Weltbild und Weltbeschreibung in Norwegen und Island vom 12. bis zum 14. Jahrhundert. Berlin; New York 1990 (Reallexikon der germanischen Altertumskunde; Erg.-Bd. 4)
[104] Sivin, Nathan: Cosmos and computation in early chinese mathematicl astronomy. In: T'oung Pao LV (1969), S. 1–73
[105] Ders.: Copernicus in China. In: Studia Copernicana 6 (1973), S. 63–122
[106] Der Sternkatalog des Almagest. Die arabisch-mittelalterliche Tradition, Hrsg. von Paul Kunitzsch, I. Die arabischen Übersetzungen, II. Die lateinische Übersetzung Gerhards von Cremona, III. Gesamtkonkordanz der Sternkoordinaten. Wiesbaden 1986-91
[107] Swerdlow, N.M.; Neugebauer, O.: Mathematical Astronomy in Copernicus's De revolutionibus, 2 Vol. New York [u. a.] 1984 (Studies in the History of Mathematics and physical Sciences; 10)
[108] Szczesniak, Boleslaw: The penetration of the copernican theory into China and Japan (XVII-XIX centuries). In: Bulletin of the polish Institute of Arts and Sciences in America 3 (1945), S. 699–717
[109] Teboul, Michel: Les premières théories planétaires chinoises. Paris 1983 (Collège de France, Institut des Hautes Études chinoises / Mémoires; 21)
[110] Thoren, Victor E.: The Lord of Uraniborg. A Biography of Tycho Brahe. Cambridge [u. a.] 1990
[111] Väth, Alfons: Johann Adam Schall von Bell S.J. Köln 1933 (Monumenta Serica, Monograph Series; 25); neue Ausgabe Nettetal 1991
[112] Vyver, O. van de: Lunar Maps of the XVIIth Century. Vatican Observatory Publ., Vol. 1, No. 2 (1971)

[113] Wolf, Rudolf: Geschichte der Astronomie. München 1877
[114] Wylie, Alexander: The mongol astronomical instruments. In: Chinese Researches. Shanghai 1897
[115] Yabuuchi, Kiyoshi: Astronomical tables in China from the Han to the T'ang Dynasty. In: Chugoku chusei kagakugijutsu no kenkyo. Tokyo 1963, S. 445–492
[116] Ders.: The calendar reforms in the Han Dynasty and ideas in their background. In: Archives Internat. Hist. Sciences 24 (1974), S. 51–65
[117] Zentralkatalog alter astronomischer Drucke in den Bibiotheken der DDR (bis 1700), bearb. von Jürgen Hamel, Teil 1–5. Berlin 1987–1993 (Veröffentlichungen der Archenhold-Sternwarte; 16–20). – Teil 5 unter dem Titel: Zentralkatalog ... der deutschen Bundesländer Mecklenburg-Vorpommern, Brandenburg, Berlin, Sachsen-Anhalt, Thüringen und Sachsen
[118] Zinner, Ernst: Die Geschichte der Sternkunde von den ersten Anfängen bis zur Gegenwart. Berlin 1931
[119] Ders.: Geschichte und Bibliographie der astronomischen Literatur in Deutschland zur Zeit der Renaissance. Leipzig 1941; 2. Aufl. 1964
[120] Ders.: Entstehung und Ausbreitung der Copernicanischen Lehre. Erlangen 1943; 2. Aufl., durchges. und ergänzt von Heribert M. Nobis und Felix Schmeidler. München 1988
[121] Zöllner, Karl Friedrich: Grundzüge einer allgemeinen Photometrie des Himmels. Frankfurt a. M. 2002 (Ostwalds Klassiker der exakten Wissenschaften; 291)

HESIOD, UM 700 V.CHR.
Theogonie

Wahrlich, als erstes ist Chaos entstanden, doch wenig nur später
Gaia, mit breiten Brüsten, aller Unsterblichen ewig
sicherer Sitz, der Bewohner des schneebedeckten Olympos,
dunstig Tartaros dann im Schoß der geräumigen Erde,
wie auch Eros, der schönste im Kreis der unsterblichen Götter:
Gliederlösend bezwingt er allen Göttern und allen
Menschen den Sinn in der Brust und besonnen planendes Denken.
Chaos gebar das Reich der Finsternis: Erebos und die
schwarze Nacht, und diese das Himmelsblau und den hellen
Tag, von Erebos schwanger, dem sie sich liebend vereinigt.
Gaia gebar zuerst an Größe gleich wie sie selber
Uranos sternenbedeckt, damit er sie völlig umhülle
und den seligen Göttern ein sicherer Sitz sei für ewig. (V. 116–128)

HESIOD
Werke und Tage

Wenn das Gestirn der Plejaden, der Atlasgeborenen, aufsteigt,
dann fang an mit dem Mähen, und pflüge, wenn sie versinken.
Diese halten sich dir durch vierzig Tage und Nächte
im Verborgenen, dann im Laufe des kreisenden Jahres
treten sie wieder ans Licht, sobald das Eisen geschärft wird. (V. 382–386)

Auch einen scharfen Hund nimm in Pflege und spar nicht am Futter,
daß nicht ein lichtscheuer Mann die Habe dir irgendwann fortnimmt.
Heu auch bring dir ein und Streu, damit du genügend
hast auf ein Jahr für Rinder und Esel. – Ist all das geschehen,
laß die Knechte die Glieder strecken und löse die Rinder.
Sind aber dann Orion und Sirius mitten am Himmel
angekommen, erblickt den Arkturos die rosige Eos,
dann, mein Perses, pflück und bring nach Hause die Trauben,
zeigt die Früchte der Sonne zehn Tage und Nächte und laß sie
fünf im Schatten beisammen, am sechsten schöpfe in Fässer

des Dionysos Gaben, des freudenreichen. Doch wenn dann
mit den Plejaden und den Hyaden die Kraft des Orion
taucht in das Meer, dann sei der Zeit des Pflügens aufs neue
eingedenk. – Also schließe im Boden der Kreis sich des Jahres.
Doch nach gefährlicher Seefahrt ergreift dich vielleicht ein
Verlangen,
wenn die Plejaden die Kraft, die mächtige, fliehn des Orion
und auf der Flucht in das Meer, das dunstverschleierte, fallen;
o wie tobt dann das Wehen von allerlei wirbelnden Winden!
Nicht mehr halte du dann die Schiffe auf schwärzlichem Meere,
sondern bestelle die Erde und denk daran, was ich dir rate. (V. 603–622)

Hesiod: Theogonie. Werke und Tage. Griechisch und deutsch. Hrsg. und übers. von Adalbert von Schirnding. München 1991 (Sammlung Tusculum)
   vgl. Einleitung S. 13

DIE HEILIGE SCHRIFT
Biblia deudsch, nach der Übersetzung von Martin Luther, 1534

[Und Gott machte zwei Lichter]

Und Gott sprach, Es werden Liechter an der Feste des Himels, und scheiden tag und nacht, und geben zeichen, monden, tage und jare, und seien liechter an der Festen des himels, das sie scheinen auff erden, Und es geschach also, Und Gott macht zwey große liechter, Ein gros liecht, das den tag regire, und ein klein liecht, das die nacht regire, dazu auch sternen, Und Gott setzt sie an die Feste des himels, das sie schienen auff die erde, und den tag und die nacht regirten, und scheideten liecht und finsternis, Und Gott sahe es fur gut an, Da ward aus abend und morgen der vierde tag. (1 Mos. 1, 14–19)

[Sonne stehe still zu Gibeon]

Josua zog hinauff von Gilgal, und alles kriegs volck mit jm und alle streitbar menner. Und der Herr sprach zu Josua, Fürcht dich nicht fur jnen, denn ich habe sie jnn deine hende gegeben. Niemand unter jnen wird fur dir stehen können. Also kam Josua plötzlich uber sie, denn die gantze nacht zog er herauff von Gilgal. Aber der Herr schreckt sie fur Jsrael, das sie eine grosse schlacht schlugen zu Gibeon, und jagten jnen nach den weg hinan zu Beth Horon, und schlugen sie bis gen Aseka und Makeda. Und da sie fur Jsrael flohen, den weg erab zu Beth Horon, lies der Herr einen grossen hagel vom himel auff sie fallen, bis gen Aseka, das sie storben, und viel mehr storben jr von dem hagel, denn die kinder Jsrael mit dem schwerd erwürgeten.

Da redete Josua mit dem Herrn, des tags, da der Herr die Amoriter uber gab fur den kindern Jsrael, und sprach, fur gegenwertigem Jsrael, Sonne stehe still zu Gibeon, und Mond im tal Aialon. Da stund die Sonne und der Mond stille, bis das sich das volck an seinen feinden rechete. Jst das nicht geschrieben im buch des frommen? Also stund die Sonne mitten am himel, und verzog unter zu gehen bey nah einen ganzen tag, Und war kein tag diesem gleich, weder zuvor noch darnach, da der Herr der stimme eines mans gehorchet, denn der Herr streit fur Jsrael. (Jos. 10, 7–14)

[Vom Ende der Welt und den Zeichen am Himmel]

Und [ich] wil wunderzeichen geben im himel und auff erden, nemlich blut, feur und rauch dampff, Die Sonne sol jnn finsternis, und der Mond jnn blut verwandelt werden, ehe denn der grosse und schreckliche tag des Herrn kompt. (Joel 3, 4)

Bald aber nach dem trübsal der selbigen zeit, werden Sonn und Mond den schein verlieren, und die sterne werden vom himel fallen, und die kreffte der himel werden sich bewegen, Und als denn wird erscheinen das zeichen des menschen Sons im himel, und als denn werden heulen alle geschlechte auff erden, und werden sehen komen des menschen Son jnn den wolcken des himels, mit grosser krafft und herrligkeit. (Matth. 24, 29f.)

Und es werden zeichen geschehen an der Sonnen und Mond und sternen, und auff erden wird den leuten bange sein, und werden zagen, und das meer und die wasserwogen werden brausen, und die menschen werden verschmachten, fur furchte und fur warten der dinge, die komen sollen auff erden, Denn auch der himel kreffte, sich bewegen werden. (Luk. 21, 25f.)

Biblia, das ist, die gantze Heilige Schrifft Deudsch. Wittenberg 1534. – Reprint mit Kommentar, 3 Bde. Leipzig 1983 (Reclams Universal-Bibl.; 1010–1012)
vgl. Einleitung S. 16

VORSOKRATISCHE GRIECHISCHE PHILOSOPHEN

Anaximandros, um 611–546 v. Chr.

Der Kreis der Sonne ist 27mal so groß wie der der Erde; der des Mondes 19mal so groß. (Capelle, S. 76)

Die Sonne sei ein Kreis ..., einem Wagenrade ähnlich; sie habe den Felgenkranz hohl, der voll von Feuer sei und an einer Stelle durch eine Mündung das Feuer zum Vorschein kommen lasse wie durch einen Blasebalg. (Capelle, S. 78)

Anaximandros behauptet, daß der Mond eigenes Licht habe. Die Mondfinsternis erfolge dadurch, daß die Mündung des Feuerluftloches [des Mondes] verstopft wird. (ebd.)

Anaximandros behauptet, daß sich die Erde im Weltraum in schwebender Lage befinde, und zwar im Mittelpunkt der Welt. (Capelle, S. 79)

Die Erde habe die Gestalt eines Zylinders, dessen Höhe ein Drittel seiner Breite sei. Die Gestalt der Erde sei gewölbt, abgerundet, einer Säule ähnlich. Auf der einen ihrer beiden Grundflächen gehen wir; die andere liegt dieser gegenüber. (Capelle, S. 79f.)

Dieses [das Unendliche] sei ewig, und es altere überhaupt nicht. Und es umfasse sämtliche Welten. (Capelle, S. 84)

Die Bewegung sei ewig, infolge deren die Himmel entständen. (ebd.)

Anaximandros behauptet, die von Ewigkeit her zeugende Kraft des Warmen und Kalten habe sich bei der Entstehung dieser Welt ausgeschieden und es sei daraus eine Kugelhülle aus Feuer um die die Erde umgebende Luft herumgewachsen, wie um den Baum die Rinde. Als diese dann zerrissen sei und sich in verschiedene radförmige Streifen geteilt habe, hätten sich Sonne, Mond und Sterne gebildet. (Capelle, S. 85)

Von den Philosophen, die eine unendliche Zahl von Welten angenommen haben, hat Anaximandros behauptet, daß sie gleich weit voneinander entfernt seien. (Capelle, S. 86)

Anaximandros erklärte, daß das Vergehen und viel früher das Entstehen erfolge, indem sie [die Welten] alle seit unendlicher Zeit periodisch wiederkehrten. (ebd.)

Anaximenes, gest. um 525 v. Chr.

[Anaximenes lehrte,] Sonne, Mond und die übrigen Gestirne hätten den Ursprung ihrer Entstehung von der Erde. Er erklärt demnach die Sonne für Erde; sie wäre aber infolge ihrer raschen Bewegung erhitzt worden und in diesen Verbrennungszustand geraten. (Capelle, S. 90)

Die Erde sei flach und schwimme auf der Luft, und ebenso schwämmen Sonne, Mond und die anderen Gestirne, die sämtlich aus Feuer seien, infolge ihrer flachen Gestalt auf der Luft. (Capelle, S. 91)

Daß der Norden der Erdoberfläche hochgelegen ist, wird auch bezeugt durch die Meinung vieler alter Meteorologen, die Sonne senke sich nicht unter die Erde, sondern kreise um sie, um jene nördliche Region, sie verschwinde und lasse es Nacht werden, weil im Norden das Land gebirgig ist. (Aristoteles, Meteorologie 354a, S. 42)

Petron von Himera, Ende 6./Anf. 5. Jh. v. Chr.

[Petron lehrte] es gäbe 183 Welten, die in Form eines gleichseitigen Dreiecks geordnet seien, von dem jede Seite 60 Welten umfasse. Von den drei übrigen Welten sei je eine an einem der Winkel gelagert; es berührten aber die in jeder Reihe einander folgenden Welten einander, indem sie wie in einem Reigen ruhig herumkreisten. (Diels/Kranz 1, S. 106)

Alkmaion von Kroton, geb. letztes Drittel 6. Jh. v. Chr.

Nach ihm ist der Mond und dies ganze Himmelsgewölbe eine Schöpfung von ewiger Dauer. (Diogenes Laertius VIII, 83)
[Alkmaion behauptet,] daß sich die Planeten von West nach Ost den Fixsternen entgegen bewegen. (Capelle, S. 108)
[Alkmaion lehrt,] die Sonne sei flach. (ebd.)
Alkmaion hielt die Sterne, weil sie beseelt seien, für Götter. (ebd.)

Xenophanes, geb. um 565 v. Chr.

Aus glühend gewordenen Wolken entständen die Gestirne. Sie verlöschten aber mit jedem Tage und glühten nachts wieder auf wie die Kohlen. Denn die Auf- und Untergänge [der Gestirne] seien Entzündungen und Verlöschen [von Feuer]. (Capelle, S. 116)
Infolge von Verlöschen erfolge der Untergang der Sonne und beim Aufgang entstehe wieder eine neue. (ebd.)
Der Mond sei eine verdichtete Wolkenmasse. Er habe eigenes Licht. Und sein monatliches Verschwinden erfolge infolge von Verlöschen. (ebd.)
Die Sonne sei förderlich zur Entstehung und Verwaltung der Welt und der Lebewesen in ihr; der Mond aber wirke hierbei mit. (Capelle, S. 117)
Xenophanes, der die eleatische Sekte begründet hat, behauptete, das All sei eins, kugelförmig und begrenzt, nicht entstanden, sondern ewig und durchaus unbewegt. (Capelle, S. 123)

Herakleitos von Ephesos, um 500 v. Chr.

Die Sonne hat (wie sie erscheint) die Breite des menschlichen Fußes. Die Sonne ist neu an jedem Tage. (Diels/Kranz 1, S. 151)
Die Sonne sei eine vernunftbegabte Entzündung aus dem Meere. (Capelle, S. 131)
Die Gestirne seien Verdichtungen von Feuer. Die Gestirne ernähren sich von der Ausdünstung der Erde. (ebd.)

Empedokles, etwa 495–435 v. Chr.

Die Sonne aber ist ihrer Substanz nach kein Feuer, sondern ein Widerschein des Feuers, ähnlich dem, der vom Wasser verursacht wird. Der Mond, behauptet er, habe sich aus der Luft für sich gesondert zusammengeballt, die durch das Feuer abgeschnitten war. Denn diese sei eine feste Masse geworden, gerade wie auch der Hagel. Sein Licht aber habe er von der Sonne. (Capelle, S. 207)
Die Sonne nennt er eine große Feuermasse, die größer sei als der Mond, den Mond aber bezeichnet er als scheibenförmig und den Himmel selbst als kristallartig. (Diogenes Laertius VIII, 77)

Das Feuer aber, das etwas niedriger als der Himmel geblieben war, ballte sich ebenfalls zusammen, und zwar zu den Strahlen der Sonne, und die Erde, die sich an einem Punkte zusammenfand und infolge einer gewissen Notwendigkeit fest wurde, nahm die Mitte ein. (Capelle, S. 207)

Empedokles meinte, daß größer als die Entfernung von der Erde bis zum Himmelsgewölbe, d. h. als die Ausdehnung der Welt von der Erde nach oben hin, ihre Ausdehnung der Breite nach sei, da sich in dieser Richtung das Himmelsgewölbe weiter erstrecke, weil das Weltall ähnlich einem Ei gelagert sei. (Capelle, S. 208)

Der Himmel sei aus dem Äther entstanden. Der Himmel sei ein festes Gewölbe aus Luft, die unter Einwirkung des Feuers fest wie Eis geworden sei, und er umfasse das Feurige und das Luftartige in jeder seiner beiden Halbkugeln. (Capelle, S. 209)

Empedokles lehrte, daß die Fixsterne am Himmelsgewölbe festsäßen, während die Planeten sich frei bewegen könnten. (ebd.)

Der Umlauf der Sonne sei die Umschreibung der Grenze der Welt. Empedokles meint, daß die Sonne doppelt so weit von der Erde entfernt sei als der Mond. Die Sonne verfinstere sich, wenn der Mond unter Ihr durchliefe. (Capelle, S. 211)

Anaxagoras, um 500–428 v. Chr.

Er erklärte die Sonne für eine glühendheiße feurige Eisenmasse, größer als der Peleponnes; der Mond aber, behauptete er, habe Wohnstätten und Hügel und Schluchten. (Diogenes Laertius II, 8)

Sonne, Mond und sämtliche Sterne seien glühende Gesteinsmassen, die von dem Umschwunge des Äthers mit herumgerissen würden. Es gäbe aber auch unterhalb der Gestirne Weltkörper, die zusammen mit Sonne und Mond herumkreisten, uns aber unsichtbar wären. (Capelle, S. 255)

Anaxagoras, Demokrit und ihre Schüler lehren, die Milchstraße sei das Licht gewisser Sterne. Denn die Sonne auf ihrer Bahn unterhalb der Erde beleuchte einige Sterne nicht. Das Licht derer nun, auf die das Sonnenlicht falle, sei für uns nicht sichtbar, die Sonnenstrahlen verhinderten dies; die Sterne aber, die die Erde vor der Sonne abschirme, deren Eigenlicht sei die Milchstraße. (Aristoteles, Meteorologie 354a, S. 22)

Der Mond verfinstere sich, wenn die Erde (zuweilen aber auch die Weltkörper unterhalb des Mondes) zwischen ihn und die Sonne träte; die Sonne dagegen, wenn der Mond bei Neumond zwischen sie und die Erde träte. (Capelle, S. 255)

Anaxagoras behauptet in Übereinstimmung mit den Astronomen, daß das allmonatliche Verschwinden des Mondes [bei Neumond] erfolge, wenn er mit der Sonne in Konjunktion trete und von ihr rings umleuchtet würde. (Capelle, S. 256)

Die Erde sei von flacher Gestalt und sie verharre in schwebender Lage infolge ihrer Größe und weil es keinen leeren Raum gäbe und weil die Luft, die äußerst stark sei, die Erde trage, so daß diese auf ihr schwimme. (Capelle, S. 257)

Leukippos, um 450 v. Chr.

Die Welten bilden sich dadurch, daß die Körper [Atome] in den leeren Raum hineinsinken und sich miteinander verflechten. Bei sich steigernder Anhäufung der Körper entsteht aus ihrer Bewegung die Sternenwelt. Die Sonne bewegt sich in einem größeren Kreis um den Mond. Die Erde wird in ihrer Lage festgehalten durch den Schwung um die Mitte; ihre Gestalt ist paukenförmig.
    Das Ganze nennt er unendlich. Dieses ist teils voll, teils leer, mit welchen Ausdrücken er die Elemente bezeichnet. Daraus entstehen unzählige Welten und lösen sich auch wieder in die Elemente auf. Nach Maßgabe der Ablösung von dem Unendlichen bewegen sich zahlreiche Körper von mannigfachster Gestaltung in den großen leeren Raum hinein, die zusammengeballt einen einzigen großen Wirbel ausmachen, durch den sie gegeneinander stoßend und mannigfach im Kreis sich umschwingend, in der Weise gesondert werden, das sich das Gleiche zum Gleichen gesellt. Wenn sie nun nach hergestelltem Gleichgewicht sich wegen der Menge nicht mehr im Kreis umschwingen können, entweichen die feineren (leichteren) in der Richtung nach dem äußeren Leeren, als wären sie durchgesiebt, die übrigen bleiben zusammen, halten sich miteinander verflechtend, die gleiche Bahn und bilden so die erste kugelförmige Massengestaltung. (Diogenes Laertius VI, 30-31)

Demokrit, um 460/470 – um 370 v. Chr.

Demokrit nahm das All als unendlich an, weil es keinesfalls von jemandem geschaffen sei. Ferner nennt er es unveränderlich, und überhaupt setzt er ausdrücklich auseinander, wie das Ganze beschaffen ist. Die Ursachen alles dessen, was jetzt geschieht, hätten keinen Anfang; überhaupt sei von Ewigkeit her alles, was geschehen sei, jetzt ist und künftig sein wird, in der Notwendigkeit schon vorher enthalten. (Capelle, S. 415)
    Es gäbe unzählige Welten, die sich durch ihre Größe unterschieden. In manchen sei weder Sonne noch Mond, in manchen seien sie größer als die in unserer Welt und in manchen gäbe es mehr davon. Es seien aber die Entfernungen der Welten voneinander ungleich, und an der einen Stelle gäbe es mehr, an der anderen weniger, und die einen seien noch im Wachsen, die anderen ständen auf der Höhe ihrer Blüte; andere seien im Schwinden begriffen, und an der einen Stelle entständen sie, an der anderen schwänden sie. Sie gingen aber durcheinander zugrunde, wenn sie aufeinanderstießen. (Capelle, S. 416)
    Die Erde sei nicht rund, sondern länglich gestreckt; ihre Länge betrage das anderthalbfache der Breite. (Diels/Kranz 2, S. 145)

Philolaos von Kroton, 5. Jh. v. Chr.

Philolaos behauptet, daß das Feuer in der Mitte um den Mittelpunkt [der Welt] herum liege; er nennt es »Herd des Weltganzen« und »Haus des Zeus« und »Mutter und Altar der Götter« und »Zusammenhalt und Maß der Natur«. Und außerdem nimmt er ein zweites Feuer an, das zuoberst [die Welt] umgibt. Von Natur zuerst aber sei die Mitte; um diese kreisten zehn göttliche Körper: [nach der Fixsternsphäre] die fünf Planeten, danach die Sonne, unter dieser der Mond, unter ihm die Erde, unter ihr die Gegenerde, und nach all diesem käme das Feuer, das die Stelle des Herdes im Mittelpunkt [der Welt] einnähme.

Den obersten Teil des Umgebenden nun, in dem die Reinheit der Elemente sei, nennt er Olympus; das Reich unterhalb der Bahn des Olympos aber, in dem die fünf Planeten mit Sonne und Mond ihren Platz erhalten hätten, Kosmos; die Region unter diesem aber, unterhalb des Mondes und in der Umgebung der Erde, in der das Reich des den Wechsel liebenden Werdens sei, Himmel. Und von den Dingen in der Höhe, die dem Bereich der Ordnung angehörten, entwickele sich die Weisheit, dagegen von der Unordnung in der Sphäre des Werdens die »Tugend«; jene sei vollkommen, diese unvollkommen. (Capelle, S. 480)

Hiketas von Syrakus, 4. Jh. v. Chr.

Wie Theophrast sagt, ist Hiketas von Syrakus der Ansicht, daß der [Fixstern-] Himmel sowie Sonne, Mond und Sterne wie überhaupt die ganze Welt in der Höhe stillsteht und sich außer der Erde kein Weltkörper bewegt. Da diese sich mit größter Schnelligkeit um ihre Achse drehe, würden dadurch genau alle dieselben Erscheinungen verursacht, wie es der Fall sein würde, wenn die Erde stillstände und sich der Himmel bewegte. (Diels/Kranz 1, S. 441f.)

Ekphantos, 4./3. Jh. v. Chr.

Herakleides von Pontus und der Pythagoreer Ekphantos behaupten, daß sich die Erde bewege, freilich nicht von ihrem Standort aus durch den Weltenraum, sondern sie drehe sich wie ein Rad um ihre Achse, von West nach Ost, um ihren eigenen Mittelpunkt. (Capelle, S. 487)

Aristoteles: Meteorologie. In: Ders.: Werke in deutscher Übersetzung, Bd. 12. Übers. von Hans Strohm. Berlin 1979
   Capelle: Die Vorsokratiker. Die Fragmente und Quellenberichte, übers. von Wilhelm Capelle. Berlin 1961
   Diogenes Laertius: Leben und Meinungen berühmter Philosophen. Übers. aus dem Griech. von Otto Apelt. Berlin 1955 (Philosophische Studientexte); sowie zahlreiche weitere griechische, lateinische und deutsche Ausgaben
   Diels/Kranz: Die Fragmente der Vorsokratiker, griech. u. deutsch von Hermann Diels. Hrsg. von Walther Kranz. Dublin; Zürich 1974
   vgl. Einleitung S. 17

PLATON, 427–347 V. CHR.
Timaios, Über die Erschaffung der Welt

9. Nachdem denn der Bildner das ganze Gefüge der Seele nach Wunsch vollendet hatte, gab er innerhalb desselben allem, was körperlich ist, eine Gestaltung und fügte von der Mitte aus genau das eine in das andere. Die Seele nun, von der Mitte aus allseitig das Ganze bis zu den Enden des Himmels durchdringend und von außen es ringsum umhüllend, hatte ihren Umschwung in sich selbst und machte so den göttlichen Anfang zu einem unvergänglichen und vernunftgemäßen Leben für alle Ewigkeit. So war denn der Körper der Welt als sichtbar erschaffen; sie selbst aber, die Seele war unsichtbar, hatte dagegen teil an der Vernunft und der Harmonie, durch das Beste unter den nur denkbaren ewigen Dingen zu dem Besten geworden unter allem Gewordenen.

10. Als nun der schaffende Vater dies Abbild der ewigen Götter von Bewegung und Leben erfüllt sah, freute er sich, und diese Freude ward ihm zum Antrieb, es dem Urbild noch ähnlicher zu machen. Gleichwie denn dieses Urbild selbst ein unvergängliches lebendiges Wesen ist, so wollte er nun auch die Sinnenwelt nach Möglichkeit zu einem solchen machen. Die Natur jenes lebendigen Wesens war aber eine ewige; diese auf das Gewordene vollständig zu übertragen war nicht möglich. Aber ein bewegtes Abbild der Ewigkeit beschließt er herzustellen. Gleichzeitig also mit der Ordnung des Weltalls überhaupt schafft er ein nach der Zahl (in bestimmten Maßen) fortschreitendes Abbild der in Einheit beharrenden Ewigkeit, ein Abbild, dem wir den Namen Zeit gegeben haben. Tage, Nächte, Monate und Jahre, die es vor Entstehung des Himmels nicht gab, läßt er nämlich nun im Verein mit dem Bau des Ganzen entstehen. Dies alles sind Teile der Zeit, und das »War« und »Wird sein« sind gewordene Formen der Zeit, die wir, uns selbst täuschend, mit Unrecht auf das unvergängliche Sein beziehen; denn wir sagen von ihm »es war«, »es ist« und »es wird sein«, während ihm in Wahrheit nur die Bezeichnung »es ist« zukommt, wogegen man die Ausdrücke »war« und »wird sein« von Rechts wegen nur auf das zeitlich fortschreitende Werden anwenden darf; denn beide sind Bewegungen.

Dem ewig unbeweglich sich Gleichbleibenden dagegen steht es nicht an, älter oder jünger zu werden in der Zeit, noch es ehedem oder jetzt geworden zu sein oder es in Zukunft zu werden; überhaupt hat es nichts zu tun mit alledem, womit die in Bewegung befindlichen Gegenstände der sinnlichen Wahrnehmung infolge des Werdens behaftet sind, vielmehr sind das alles nur Formen der in Ewigkeit nachahmenden und sich nach der Zahl im Kreise bewegenden Zeit. Und diesen reihen sich auch noch die folgenden an: das Gewordene ist geworden, und das Werdende ist werdend, und das Künftige ist künftig, und das Nichtseiende ist nicht seiend. Das alles sind ungenaue Bezeichnungen. Doch dürfte es jetzt nicht wohl an der Zeit sein, darüber die völlig genauen Bestimmungen zu geben.

11. So entstand denn die Zeit zugleich mit dem Weltall, auf daß beide, zugleich erschaffen, auch zugleich wieder aufgelöst würden, wenn es jemals zu einer Auflösung derselben kommen sollte: das Urbild für sie aber war die eigentliche Ewigkeit; diesem sollte das Weltall so ähnlich wie nur möglich werden; denn dem Urbild kommt ein schlechthin ewiges Sein zu, das Abbild aber ist der Art, daß es die ganze endlose Zeit

hindurch geworden, seiend und sein werdend ist. Solche Absicht und Erwägung Gottes lag der Entstehung der Zeit zugrunde: auf daß die Zeit entstünde, wurden Sonne, Mond und die fünf Sterne geschaffen, welche den Namen der Wandelsterne tragen, zur Unterscheidung und Bewahrung der Zeitmaße. Und nachdem Gott ihre Körper einen nach dem anderen geformt hatte, setzte er sie, sieben an der Zahl, in die sieben Sphären, in denen der Umschwung des Anderen verlief, den Mond in die der Erde nächste, die Sonne in die zweite oberhalb der Erde, den Morgenstern und den dem Merkur geheiligten und nach ihm benannten in diejenigen Sphären, die in gleicher Schnelligkeit mit der Sonne umlaufen, aber eine ihr entgegengesetzte Richtung verfolgen. Daher vollzieht sich zwischen Sonne, Merkur und Morgenstern ein gleichmäßiger Wechsel gegenseitigen Einholens und Eingeholtwerdens ...

Nachdem nun alles, was zur Entstehung der Zeit beigetragen hatte, durchweg die einem jeden zukommende Bewegung erhalten hatte und durch beseelte Bänder, die ihren Körpern den festen inneren Halt gaben, zu lebenden Wesen geworden war, und ein jedes seine Aufgabe wohl begriffen hatte, beschrieben die Planeten innerhalb der Bewegung des »Anderen«, die sich schräg durch die des »Selbigen« hinzog und von dieser beherrscht wurde, teils einen größeren, teils einen kleineren Kreis, und zwar schneller den kleineren, langsamer den größeren. So kam es denn, daß durch den Umschwung des »Selbigen« die am schnellsten umlaufenden von den langsamer umlaufenden überholt zu werden schienen, während sie doch tatsächlich die überholenden waren. Denn dieser Umschwung gab allen Planetenumläufen eine spiralförmige Bahn infolge der zweifachen Bewegung in entgegengesetzter Richtung, und so kam es, daß derjenige Planet, der am langsamsten sich der Richtung des von allen am schnellsten sich vollziehenden Hauptumschwunges entgegengesetzt, als der ihm an Schnelligkeit nächste erscheint. Auf daß es nun aber ein deutliches Maß gäbe für das gegenseitige Verhältnis der Langsamkeit und Schnelligkeit und auf daß die Vorgänge bei den acht Umläufen im Lichtglanz sichtbar würden, zündete Gott in dem zweiten Umkreis, von der Erde ab gerechnet, ein Licht an, das wir jetzt Sonne nennen; es sollte soweit als möglich durch das ganze Weltall scheinen, und alle lebenden Wesen, die dessen bedürftig waren, sollten dadurch ein Maß erhalten, das sie dem Umschwung des »Selbigen« und Einförmigen ablernen sollten.

In dieser Weise und aus diesen Gründen entstanden Tag und Nacht, aus welchen der Umlauf des gleichförmigen und der Vernunft am meisten entsprechenden Umschwunges besteht; der Monat aber, wenn der Mond seinen Kreislauf vollendet und die Sonne eingeholt hat, und das Jahr, wenn die Sonne ihren Kreis durchwandert hat. Den Umläufen der übrigen Planeten haben die Menschen, abgesehen von ganz wenigen unter den vielen, keine Aufmerksamkeit geschenkt; so haben sie denn weder Namen für sie noch auch aus der Beobachtung gewonnene Maße für ihr gegenseitiges Verhältnis, ja, sie haben sozusagen keine Ahnung davon, daß auch deren unübersehbar zahlreiche und wunderbar verschlungene Wanderungen nach der Zeit abgemessen sind. Nichtsdestoweniger ist es doch möglich, zu der Einsicht zu gelangen, daß die vollkommene Zeitzahl das vollkommene Jahr dann zum Abschluß bringt, wenn alle acht Umläufe nach Durchmessung ihrer Bahnen gemäß ihren gegenseitigen Geschwindigkeitsverhältnissen gleichzeitig wieder am Ausgangspunkt angelangt sind, gemessen an dem Kreis des »Selbigen« und gleichförmig sich Umschwingenden. Demgemäß und deshalb wurden alle die Gestirne geschaffen, die am

Himmel in Windungen umherwandern, auf daß dies Weltall möglichst ähnlich sei der vollkommenen und lebendigen Geisteswelt gemäß der Nachahmung ihrer von Ewigkeit her bestehenden Natur.

12. Alles andere mit Einschluß der Zeit war nunmehr vollendet in Nachahmung des Urbildes, nur in einer Beziehung war die Ähnlichkeit noch nicht erreicht: es waren noch nicht alle die lebendigen Wesen in der Welt entstanden, die ihr zukamen. So machte er sich denn daran, diesen Mangel auszugleichen, indem er sie nach dem ewigen Muster bildete. So viele und so mannigfaltige Formen (des Lebendigen) nun der denkende Geist in der lebendigen Geisteswelt als ihr zugehörig erblickt, so viele und so mannigfaltige sollte nach seinem Willen auch das Weltall enthalten. Es sind deren aber vier: erstens das himmlische Geschlecht der Götter, sodann das geflügelte und die Luft durchkreuzende, drittens das der Wassertiere, viertens das der auf Füßen wandelnden Landtiere. Das Göttliche nun bildete er größtenteils aus Feuer, auf daß es so glänzend und schön wie möglich anzuschauen wäre. Er gab ihm in Angleichung an das Weltganze eine wohlgerundete Gestalt und wies ihm seinen Platz in der Sphäre der alles beherrschenden Einsicht als deren Begleiter an, indem er es ringsum am ganzen Himmel verteilte, zum wahrhaftigen Schmuck für diesen, gleich einer glänzenden Stickerei über das Ganze gebreitet ...

Die Erde aber, unsere Ernährerin, machte er, geballt um die durch das Ganze gestreckte Achse, zur Hüterin und Gestalterin der Tage und Nächte, als ersten und ältesten der göttlichen Körper innerhalb des Himmels. Die Schleifenbewegungen aber dieser göttlichen Körper und ihre Begegnungen, ferner die Umbeugungen ihrer Bahnen zu ihrem Ausgangspunkt und ihr Vorrücken, sodann welche Sterngötter zueinander in Konjunktion und welche in Opposition treten, und in welcher Reihenfolge und zu welchen Zeiten die einzelnen verfinstert werden durch Dazwischentreten eines Sternes zwischen uns und den verfinsterten Stern, um dann wieder zu erscheinen, wodurch sie allen, die zu einer Berechnung dieser Erscheinungen unfähig sind, als schreckhafte Vorzeichen künftigen Unheils gelten – das darzustellen ohne anschauliche Figuren davon, wäre verlorene Mühe. (S. 54–60)

Platons Dialoge Timaios und Kritias. Übers. und erläutert von Otto Apelt. Leipzig 1922 (Philosophische Bibliothek; 179). – Platon: Sämtliche Dialoge, Bd. 6. Hrsg. von Otto Apelt. Hamburg 1988. – Platonis Opera [griech.], t. 4. Oxford 1907–1975 [zahlr. Auflagen]
vgl. Einleitung S. 18

PLATON
Der Staat, Die Bedeutung der Astronomie für den Einzelnen und das Gemeinwesen

Sokrates. Und wie nun? Wollen wir an die dritte Stelle die Astronomie setzen? Oder meinst du nicht?

Glaukon. Doch; denn ein geschärftes Auge zu haben für die Zeitbestimmungen der Monate und Jahre kommt nicht nur der Landwirtschaft und der Schiffahrt zugute, sondern nicht weniger auch der Kriegskunst.

Sokrates. Du machst mir wirklich Spaß; denn es sieht gerade so aus, als hättest du Furcht vor der großen Menge, die ja vielleicht glauben könnte, du wolltest nutzlosen Wissenskram zur gesetzlichen Einrichtung machen. In Wahrheit aber hast du gar keine so geringe Meinung von dieser Wissenschaft, wohl aber eine solche, die schwer Glauben findet, nämlich daß in der Beschäftigung mit ihr ein gewisses Organ der Seele eines jeden gereinigt und belegt wird, das durch die andern Beschäftigungen zugrunde gerichtet und blind gemacht wird, während es doch weit mehr verdient gesund erhalten zu werden als tausend und abertausend leibliche Augen; denn durch dieses Organ allein wird die Wahrheit geschaut. Denjenigen nun, die diese Meinung teilen, wird dein kundgegebener Standpunkt außerordentlich gefallen; diejenigen dagegen, die von dieser Wahrheit keine Ahnung haben, werden begreiflicherweise deine Behauptungen für völlig bedeutungslos halten; denn sie sehen dabei überhaupt keinen nennenswerten Nutzen außer dem von dir eben angegebenen. Entscheide dich also gleich auf der Stelle, zu welchen von beiden du redest. Oder wendest du dich mit deinen Auslassungen an keine von beiden Parteien, sondern stellst deine Erörterungen in der Hauptsache für dich selbst an, ohne es indes einem anderen zu mißgönnen, wenn er davon einen Nutzen haben kann?

Glaukon. Für dies letztere erkläre ich mich, daß ich nämlich ganz überwiegend in meinem eigenen Interesse rede und frage und antworte.

Sokrates. Als viertes Lehrfach wollen wir die Astronomie ansetzen, indem wir uns die jetzt übergangene Wissenschaft [der Stereometrie] als schon vorhanden vorstellen, für den Fall nämlich, daß ein Staat sich ihrer annimmt.

Glaukon. Wohl richtig. Und was den Vorwurf anlangt, den du mir rücksichtlich meines unwürdigen Lobes der Astronomie machtest, so lobe ich sie jetzt in deiner Weise. Denn es scheint mir für jedermann offensichtlich, daß gerade sie besonders die Seele nötig haben nach oben zu blicken und sie von der Erde nach dem Himmel führt.

Sokrates. Mag sein, daß es für jedermann offensichtlich ist, nur für mich ist es das nicht. Denn ich bin anderer Ansicht.

Glaukon. Und welcher?

Sokrates. So wie sie jetzt von denen betrieben wird, die sie in Beziehung zur Philosophie setzen, lenkt sie meiner Ansicht nach den Blick durchaus nach unten.

Glaukon. Wie meinst du das?

Sokrates. Die Art, wie du die Wissenschaft von den himmlischen Dingen ihrem Wesen nach durch dein selbständiges Urteil bestimmst, zeugt von ziemlicher Kühnheit. Denn allem Anschein nach würdest du auch, wenn etwa einer, den Kopf nach oben gerichtet, Gemälde an der Decke anschaute und sich dadurch über irgend etwas unterrichtete, glauben, er schaue mit seiner Vernunft und nicht mit seinen Augen. Vielleicht nun hast du recht mit deiner Annahme, und alle Torheit ist auf meiner Seite. Denn ich meinerseits kann nicht glauben, daß irgend eine andere Wissenschaft der Seele dazu verhelfen kann, nach oben zu blicken, als jene, die es mit dem Seienden und Unsichtbaren zu tun hat, und mag nun einer mit offenem Munde nach oben oder mit geschlossenem Munde nach unten schauend sich über irgend einen Sinnesgegenstand unterrichten, so behaupte ich, daß er sich weder wirklich unterrichtete – denn nichts dergleichen enthält ein wirkliches Wissen – noch daß seine Seele nach oben blicke, sondern nach unten, mag er nun auf dem Rücken liegend zu Lande oder zu Wasser sich unterrichten.

Glaukon. Ich kann mich nicht über Unrecht beklagen; denn der Vorwurf, den du mir machtest, war ein wohlverdienter. Aber wie soll denn also deiner Meinung nach der Unterricht in der Astronomie im Gegensatz zu der jetzigen Unterrichtsweise gestaltet werden, wenn er den Schülern nützlich sein soll für den von uns bezeichneten Zweck?

Sokrates. So wird man zwar die Gestirne, diese Zierden des Himmels, für das Schönste und Regelrechteste halten unter allem Sichtbaren, aber da sie nun einmal im Sichtbaren gebildet sind, so wird man zugeben, daß sie weit hinter dem Wahrhaften zurückbleiben, nämlich hinter den Bewegungen, in welchen sich die wahre Schnelligkeit und die wahre Langsamkeit nach der wahren Zahl und nach durchgängig wahren Figuren gegeneinander bewegen und, was zu ihnen gehört, mit sich führen. Dies ist denn nur durch den Verstand und durch Denken zu erfassen, nicht durch das Gesicht. Oder meinst du?

Glaukon. Nimmermehr.

Sokrates. Diesen himmlischen Sternenteppich also darf man nur als Fundstätte für Beispiele benutzen, um dadurch Einsicht zu gewinnen in jenes höhere Gebiet, ungefähr so, wie es der Fall wäre, wenn einer geometrische Modelle und Figuren zu sehen bekäme, die von einem Daidalos oder einem anderen Künstler oder Maler vorzüglich gezeichnet und ausgearbeitet worden wären. Denn wenn ein der Geometrie Kundiger dergleichen Werke sähe, so würde er sie zwar als Meisterstücke der Kunst anerkennen, aber es doch für lächerlich halten, sich ernstlich auf ihre Betrachtung in der Absicht einzulassen, etwa an ihnen das wahre Wesen des Gleichen und Doppelten oder sonst irgend eines Entsprechungsverhältnisses zu erfassen.

Glaukon. Wie sollte es auch nicht lächerlich sein?

Sokrates. In derselben Lage nun wird doch vermutlich ein wahrhaft Sternkundiger sein, wenn er die Bewegungen der Sterne betrachtet: er wird zwar überzeugt sein, daß der Himmel und was zu ihm gehört von dem Weltbildner so herrlich gestaltet worden sei; als es bei dergleichen Gebilden nur immer möglich ist; was aber das Maßverhältnis der Nacht zum Tag und dieser zum Monat und des Monats zum Jahr und der übrigen Sterne zu diesen und zueinander betrifft, wird er da den nicht für einen Toren halten, der da meint, diese Vorgänge erfolgen immer in genau der gleichen Weise und es komme nicht die geringste Abweichung vor, während es sich doch um körperliche und sichtbare Gebilde handelt, und wird er es nicht für ein törichtes Bemühen erklären, daraus auf alle Weise die Wahrheit zu erfassen?

Glaukon. Mir wenigstens scheint es jetzt so beim Anhören deiner Worte.

Sokrates. Unsere Beschäftigung mit der Astronomie hat also, wie es auch bei der Geometrie der Fall war, den Nutzen, daß sie uns Übungsaufgaben liefert; mit dem Sternenhimmel aber wollen wir uns nicht weiter abgeben, wenn wir drauf ausgehen, durch wahrhafte Beschäftigung mit der Astronomie den von Natur vernünftigen Seelenteil, statt ihn unbrauchbar werden zu lassen, brauchbar zu machen. (S. 289, 291–93)

Platon: Der Staat Apelt, 1923. – Platonis Opera [griech.], t. 4. Oxford 1907–1975 [zahlr. Auflagen]

vgl. Einleitung S. 18

ARISTOTELES, 384–322 V. CHR.
Über die Welt

Die Substanz, aus der Himmel und Gestirne bestehen, nennt man Äther – nicht, wie einige meinen, weil er infolge seines feurigen Zustandes funkelt: wer das denkt, ist inbetreff seiner Qualität, die von der des Feuers grundverschieden ist, durchaus im Irrtum; vielmehr heißt er so, weil er ewig im Kreis herumeilt. Er ist ein anderes Element als die bekannten vier, unvergänglich und göttlich. Von den in ihm schwebenden Gestirnen kreisen die Fixsterne zusammen mit dem ganzen Himmelsgewölbe herum, ohne jemals ihren Standort zu verändern. Mitten zwischen ihnen ist schräg durch die Wendekreise der sogenannte Tierkreis hindurchgelegt, der in die Bezirke der zwölf Tierbilder eingeteilt wird. Die Planeten dagegen bewegen sich der Natureinrichtung zufolge nicht mit der gleichen Geschwindigkeit wie die Fixsterne und auch nicht gleich schnell untereinander, sondern der eine in diesem, der andere in jenem Kreise, so daß der eine von ihnen der Erde näher, der andere ferner ist.

Die Zahl der Fixsterne ist unerforschlich, obgleich sie sich auf einer einzigen Oberfläche, d. h. der des gesamten Himmelsgewölbes, bewegen. Dagegen beträgt die Zahl der Planeten im ganzen sieben, in ebenso vielen Kreisbahnen, die aufeinander folgen, so daß immer die höhere größer als die untere ist, die sieben aber eine von der andern umschlossen und alle zusammen von der Fixsternsphäre umfaßt werden.

An diese grenzt stets der Kreis, der nach dem »Leuchtenden« und zugleich nach Kronos seinen Namen führt; daran schließt sich der nach dem »Strahlenden« und nach Zeus benannte, dann kommt der »Feurige«, der nach Herakles und nach Ares heißt, dann der »Glänzende«, der nach einigen dem Hermes, nach andern dem Apollon heilig ist. Darauf folgt der des »Lichtbringers«, den die einen nach Aphrodite, andere nach Hera benennen, dann der der Sonne und schließlich der des Mondes, bis zu dem die Sphäre des Äthers reicht, der die göttlichen Weltkörper und das Gesetz ihrer Bewegung in sich trägt.

An den göttlichen Äther, den wir als das Reich der Ordnung, als unveränderlich, unwandelbar und unverletzlich bezeichnen, grenzt die Region, die in jeder Hinsicht Wechsel und Wandlungen unterworfen und, um es kurz zu sagen, vergänglich, der Vernichtung ausgesetzt ist. (392a, S. 66f.)

So durchwaltet auch den Bau des Ganzen, Himmels und der Erden wie des gesamten Alls infolge der Mischung der entgegengesetzten Prinzipien eine einzige Harmonie. Ist doch Trockenes mit Feuchtem, Heißes mit Kaltem, Leichtes mit Schwerem, Krummes mit Geradem vermischt und aus Allem Eins und aus Einem Alles hervorgegangen. Und Land und Meer, Sonne, Mond und Äther, ja, den ganzen Himmel durchwaltet eine einzige alles durchdringende Kraft, die aus Einfachem und Verschiedenartigem, aus Luft und Erde, Feuer und Wasser das ganze Weltall gebildet hat und durch eine einzige Kugelschale umschlossen hält. Sie hat die feindlichsten Dinge zur Eintracht miteinander gezwungen und so Mittel und Wege für Erhaltung des Ganzen gefunden. Diese beruht auf der Eintracht der Elemente und die Eintracht dieser auf ihrem gleichen Verhältnis zueinander, vermag doch keins von ihnen mehr als das andere ... Wo gäbe es ein Reich, das vollkommener wäre als er [der Kosmos]! Welches man auch nennen mag – es ist von ihm nur ein Teil. Und Schönheit und

Ordnung haben ihren Namen von ihm, kommt doch von der Welt das Wort Walten. Und was auf der Welt unter den Einzeldingen käme der wunderbaren Ordnung gleich, die Sonne, Mond und Sterne auf ihrem himmlischen Wege befolgen! Im vollkommenen Gleichmaß wandeln sie ihre Bahn von Ewigkeit zu Ewigkeit. Und wo gäbe es eine so untrügliche Gesetzmäßigkeit, wie sie die herrlichen, alles zum Leben erweckenden Horen innehalten, die Tag und Nacht, Sommer und Winter nach planvoller Ordnung heraufführen, auf daß Monde sich runden und Jahre! Wahrlich, alles überragt der Kosmos an Größe, alles übertrifft seine Bewegung an Schnelligkeit, sein lichter Glanz an Klarheit, seine Kraft altert nimmer und vergeht nimmer. Er sonderte die Arten der Wesen in Erde, Luft und Meer, er setzte durch seine Bewegungen ihrem Leben Maß und Ziel. (396b–397a, S. 81f.)

Denn Schöpfer und Erhalter von allem, was in dieser Welt auf die mannigfachste Weise nach einem Ziele hin gewirkt wird, ist in Wahrheit die Gottheit, die freilich der Mühsal der Kreatur, die alles selbst tun und sich abquälen muß, weit entrückt ist, denn in unerschöpflicher Kraft waltet sie auch über den Dingen, die noch so fern scheinen. Den ersten und obersten Sitz hat Gott selbst inne und heißt deswegen der Höchste. Und er thront, wie der Dichter sagt, auf dem höchsten Gipfel des gesamten Himmelsgewölbes. Am meisten erfahren seine Macht die Dinge, die stets in seiner Nähe sind, danach die darauf folgenden und so fort bis zu den Gegenden, die wir Menschen bewohnen. Daher scheinen die Erde und die irdischen Dinge, die der göttlichen Einwirkung am fernsten gelegen sind, unvollkommen, ungleichmäßig und voller Verwirrung. Freilich, soweit sich die göttliche Macht ihrer Natur gemäß über alles erstreckt, reicht sie ebenso zu den Dingen bei uns wie zu denen über uns, nur daß diese, je nachdem sie der Gottheit näher oder ferner sind, mehr oder weniger Segen von ihr empfangen. (397b, S. 84)

»Zeus den weiten Himmel erhielt im Gewölk und im Äther.« Darum haben auch von der sichtbaren Welt die ehrwürdigsten Dinge dieselbe Stätte inne, wie die Gestirne, die Sonne und der Mond. Daher bewahren allein die Himmelskörper ewig die gleiche Ordnung. Niemals werden sie durch eine Veränderung aus ihrer Bahn geschleudert, wie es den irdischen Dingen ergeht, die, der Veränderung fähig, mancherlei Wandlungen und Leiden unterworfen sind. (400a, S. 91f.)

[Aristoteles] Die Schrift von der Welt. Hrsg. von Wilhelm Capelle. Jena 1907. – Aristoteles: Über die Welt. In: Ders.: Werke in deutscher Übersetzung, Bd. 12. Übers. von Hans Strohm. Berlin 1979
vgl. Einleitung S. 18

ARISTOTELES
Über den Himmel

Alle natürlichen Körper und Größen, so lehren wir ja, lassen Ortsveränderung zu, da die Natur für sie Quelle der Bewegung ist. Jede Ortsveränderung jedoch, die sogenannte Bahn, ist entweder geradlinig oder kreisförmig oder aus beiden gemischt; einfach sind ja nur diese beiden, die Gerade und die Kreislinie. Kreisförmig ist eine

Linie, die die Mitte umschließt, gerade die, die nach oben und unten verläuft. »Nach oben« bedeutet von der Mitte fort, »nach unten« zur Mitte hin. Daher muß jede einfache Bahn entweder von der Mitte fort oder zur Mitte hin oder um die Mitte herum führen. Und dies Ergebnis paßt anscheinend vortrefflich zu unserm Ausgangspunkt, da nun der Körper wie seine Bewegung sich in drei Möglichkeiten vollendet. Da von den Körpern die einen einfach sind, die anderen aus diesen zusammengesetzt – einfach heißen die, die eine natürliche Bewegungsquelle in sich tragen, wie Feuer und Erde und deren Abarten und Verwandte –, so müssen auch die Bewegungen teils einfach, teils irgendwie zusammengesetzt sein, und zwar die der einfachen Körper einfach, gemischt dagegen die der zusammengesetzten, wobei das Übergewicht für die Bewegung entscheidet.

Wenn es nun eine einfache Bewegung gibt und die Kreisbewegung dazu gehört, und wenn zum einfachen Körper die einfache Bewegung gehört und die einfache Bewegung zum einfachen Körper – bei einem zusammengesetzten würde ja das Übergewicht entscheiden –, so muß es einen einfachen Körper geben, der seinem eigensten Wesen gemäß die Kreisbewegung ausführt. Gewaltsam nämlich kann ein Körper auch die Bewegung eines andern und fremden ausführen, natürlich dagegen keinesfalls, wenn jeder einfache Körper nur *eine* natürliche Bewegung hat ...

Eine solche [Kreis-] Bahn muß gewiß auch Urbewegung bedeuten, da das vollkommene vor dem Unvollkommenen den Vorrang hat, der Kreis wieder zum Vollkommenen rechnet, nicht dagegen eine Gerade: weder eine unendliche, da müßte sie ja Grenze und Ende haben! – noch irgendeine begrenzte – weil sie jedesmal etwas außer sich läßt und immer verlängert werden kann –. Wenn daher die ranghöhere Bewegung einen ranghöheren natürlichen Körper bedingt, und die Kreisbahn der geraden im Rang überlegen ist, und wenn die geradlinige Bewegung einem einfachen Körper zugeordnet ist (das Feuer bewegt sich ja geradlinig nach oben und alles Erdhafte zur Mitte hin), dann muß auch die Kreisbahn einem der einfachen Körper zugeordnet sein. (268b–269a, S. 21–23)

Die Gestalt des Himmels muß kugelförmig sein, weil diese Form zu seinem Wesen am besten paßt und ganz natürlich den ersten Rang hat. Wir wollen ganz allgemein über den Vorrang der Gestalten reden, in der Ebene wie im Raum. Jede ebene Figur ist geradlinig oder rund, und die geradlinige wird von mehreren begrenzt, die runde von einer einzigen. Da nun in jeder Gattung das Eine den natürlichen Vorrang vor dem Vielen, das Einfache vor dem Zusammengesetzten hat, so hat unter den ebenen Figuren den höchsten Rang der Kreis. Wenn ferner vollkommen das ist, das keines seiner Stücke außerhalb seiner selbst läßt, wie früher bestimmt worden ist, und wenn eine Gerade immer verlängert werden kann, der Kreis jedoch nicht, dann ersieht man, daß vollkommen nur die Grenzlinie des Kreises ist. Wenn also das Vollkommene vor dem Unvollkommenen den Vorrang hat, dann ist auch aus diesem Gesichtspunkt der Kreis überlegen. Ebenso geht es mit der Kugel im Räumlichen, sie allein wird von einer Fläche begrenzt, die geradlinigen Figuren von mehreren. Denn was der Kreis unter den ebenen Figuren bedeutet, das bedeutet die Kugel unter den räumlichen. Auch die Denker, die die Teilung in Flächenstücke lehren und die Körper aus Flächen entstanden sein lassen, scheinen sich hierfür eingesetzt zu haben. Von allen Körpern nämlich teilen sie nur die Kugel nicht, offenbar weil sie ersichtlich nur eine Oberfläche hat ...

Ferner: wir beobachten und setzen voraus, daß das All sich im Kreise dreht, und es ist bewiesen worden, daß außerhalb der letzten Umdrehungsschale weder Leeres noch Raum sich befindet. Daher muß der Himmel auch aus diesem Grunde Kugelgestalt haben; denn wenn er ein geradliniger Körper ist, wird es außerhalb Raum und Körper und Leeres geben müssen, weil eine geradlinige Gestalt bei der Drehung nie dieselbe Stelle einnimmt, sondern immer damit zu rechnen ist, daß, wo vorher Körper war, jetzt keiner mehr sein wird, und wo jetzt keiner ist, bald einer sein wird wegen der Verschiebung der Ecken. Ebenso, wenn eine andere Gestalt herauskäme, die nicht gleichen Abstand von der Mitte hätte, z. B. Pflaumen- oder Eiform: bei allem wird außerhalb leerer Raum benötigt, weil bei der Drehung das Ganze nicht ständig dieselbe Stelle einnehmen kann. (286b–287a, S. 75–77)

Anschließend wäre noch über die sogenannten Sterne zu reden, woraus sie bestehen, in welcher Gestalt und mit welchen Bewegungen. Das Nächstliegende jedenfalls und zu unsern Ausführungen am besten Passende ist es, den Stern immer aus dem Stoff bestehend zu denken, in dem er seine Bahn beschreiben muß; denn es gibt ja nach unserer Lehre einen Stoff, der von Natur aus in der Kreisbahn läuft. Wie man nämlich behauptet, sie seien aus Feuer, weil man den oberen Raum für den des Feuers hält, weil natürlich alles aus dem Stoff bestehen wird, in dem es lebt, so lehren auch wir es. Wärme und Licht dagegen gehen von ihnen nur aus, weil die Luft an ihrer Bahn entlang sich reibt. Denn Bewegung hat die natürliche Fähigkeit glühend zu machen, Holz und Steine und Eisen, erst recht etwas, das dem Feuer noch näher steht, und das tut die Luft, z. B. bei fliegenden Geschossen. (289a, S. 82f.)

Hieraus folgt, daß auch die Rede von einem Zusammenklang bei ihren Bewegungen, als brächte diese zueinander passende Töne hervor, zwar großartig sich anhört und einen ungewöhnlichen Eindruck macht, aber doch nicht ebenso wahr ist. Manche meinen nämlich, auf der Bahn so riesiger Körper müßte auch ein Klang entstehen, da dies auch bei uns geschehe, wo weder die Masse, noch die Geschwindigkeit der dahineilenden Körper ihnen zu vergleichen wäre. Unmöglich könne die Bewegung von Sonne und Mond und so vieler Sterne bei ihrer Größe und Schnelligkeit ohne einen Klang von unerhörter Größe vor sich gehen. Indem man hiervon ausgeht und annimmt, daß die Geschwindigkeiten infolge der Abstände die Verhältniszahlen zusammenklingender Töne erreichten, behauptet man, die Stimme der kreisenden Gestirne klinge wohltönend zusammen. Da es nun unbegreiflich wäre, daß wir nicht auch diesen Klang vernähmen, behauptet man, das käme daher, daß gleich bei unserer Geburt diese Stimme ertöne, so daß sie sich nicht abheben könne von einem gegenteiligen Schweigen. (290b, S. 87)

Daß jeder Stern Kugelgestalt habe, erscheint als die sinnvollste Annahme. Da ja bewiesen ist, daß keiner eine natürliche Eigenbewegung hat, die Natur aber nichts sinn- und zwecklos macht, hat sie ersichtlich den unbeweglichen Körpern eine Gestalt gegeben, die sich zur Fortbewegung am wenigsten eignet. Und die Kugelform ist dazu am ungeeignetsten, weil sie keine Bewegungswerkzeuge besitzt. Daraus ersieht man, daß ihre Masse Kugelgestalt hat. Auch sind sie darin einer wie alle, und der Mond beweist durch seine Erscheinungen, daß er kugelförmig ist. Sonst würde er nämlich nicht beim Zu- und Abnehmen meist sichel- oder doppelbogenförmig sein und nur einmal halbiert. Auch kann man wieder aus der Sternkunde lernen, daß sonst die Sonnenfinsternis nicht sichelförmig wäre. Wenn also ein Stern so ist, dann sind sie es alle. (291a, S. 90)

Über ihre Lage vertreten nicht alle dieselbe Lehre, nein, während die meisten sie in die Mitte stellen, soweit sie den ganzen Himmel begrenzt sein lassen, machen es die in Italien umgekehrt, die sogenannten Pythagoreer. Sie behaupten nämlich, in der Mitte befände sich ein Feuer, die Erde dagegen sei einer der Sterne, und durch ihre Kreisbahn um die Mitte herum bewirke sie Tag und Nacht. Auch denken sie gegenüber von dieser Erde noch eine zweite, die sogenannte »Gegenerde«, indem sie nicht zu den Erscheinungen Begründungen und Erklärungen suchen, sondern zu gewissen Lehren und eigenen Meinungen die Erscheinungen herbeiholen und Weltschöpfung versuchen. Noch aus vielen weiteren Gründen kommen sie zu der Meinung, man dürfe der Erde nicht den Platz in der Mitte zuweisen, wobei sie ihre Überzeugung nicht aus den Erscheinungen schöpfen, sondern aus Überlegungen. Sie meinen nämlich, nur dem Wertvollsten käme es zu, den geschätztesten Platz einzunehmen, Feuer aber sei wertvoller als Erde und Grenze wertvoller als das Zwischengebiet, Mitte und Rand seien aber Grenzen. (293a, S. 94f.)

Manche meinen auch, sie befinde sich im Mittelpunkt, drehe sich aber und bewege sich um die von Pol zu Pol durch das All laufende Achse, wie es im »Timaios« geschrieben steht. (293b, S. 96)

Und nun wollen wir von uns aus zunächst sagen, ob sie [die Erde] sich bewegt oder ob sie ruht. Es gibt, wie gesagt, Denker, die aus ihr einen der Sterne machen wollen, andere, die sie in die Mitte versetzen und sich drehen lassen um den Mittelpol ... Weiter: die natürliche Bahn ihrer Teile und der ganzen Erde ist zur Mitte des Alls hin gerichtet. Deswegen eben befindet sie sich jetzt in diesem Mittelpunkt. Nun könnte man fragen, wenn beide Mittelpunkte zusammenfallen, zu welchem strebt alles Schwere und die Teile der Erde naturgemäß hin, zu dem des Alls oder zu dem der Erde? Notwendig zu dem des Alls, da auch alles Leichte und das Feuer, das die Gegenbewegung zum Schweren ausführt, nach dem Rande des die Mitte umschließenden Raumes strebt. Nur mittelbar ist Mitte der Erde auch Mitte des Alls, der Sturz erfolgt auch zur Mitte der Erde hin, aber nur mittelbar, insofern sie ihre Mitte an der Mitte des Alls hat. (296a–b, S. 103–105)

Aristoteles: Über den Himmel. Hrsg. von Paul Gohlke. Paderborn 1958
vgl. Einleitung S. 18

ARISTOTELES
Meteorologie, über die Kometen

Nun ist von diesem Lehrgang noch das restliche Teilstück zu betrachten, das alle früheren Meteorologie nannten. Es umfaßt alle die Geschehnisse, die sich auf natürliche Weise, dabei jedoch im Vergleich mit dem ersten Elementarkörper [d. i. der Äther] unregelmäßiger vollziehen, und zwar besonders in dem der Gestirnsphäre benachbarten Raum, z. B. Milchstraße, Kometen und die Phänomene, die auf Entzündung, verbunden mit Bewegung, beruhen; dazu alle, die wir der Luft und dem Wasser als gemeinsame Vorgänge zuschreiben können; sodann noch im Hinblick auf die Erde ihre Teile, ihre Arten und die Eigenschaften dieser Teile; woran sich die Betrachtung der Ursachen von Winden und Erdbeben schließt, sowie aller mit deren Bewegungsursachen im Zusammenhang stehenden Phänomene. Teils finden wir für sie keinen Weg zur Erklärung, teils können wir sie einigermaßen in den Griff bekommen. (338b, S. 9)

Unser Ausgangspunkt war ja, daß von der Welt rings um die Erde, soweit sie unterhalb des Kreisumschwungs [des Himmels] liegt, die erste Schicht eine warmtrockene Ausdünstung ist. Sie selbst und weithin auch die anschließende Luftschicht wird von dem Umschwung und der Kreisbewegung um die Erde herumgeführt und in solcher Bewegung dort, wo die Mischung gerade die richtige ist, vielfach in Brand gesetzt. Deswegen entstehen auch, nach unserer Lehre, die vereinzelt durchschießenden Sternschnuppen. Wenn nun in eine solche Ballung vom oberen Umschwung her ein Feuerkeim hineinfällt, weder so stark, daß ein rascher und umfassender Brand entsteht, noch so schwach, daß der Brand gleich verlischt, sondern stärker und umfassender –: steigt dann zufällig von unten eine Ausdünstung von der rechten Mischung empor, dann wird daraus ein Komet ... Wenn also eine solche Ballung in Verbindung mit einem Stern auftritt, dann scheint mit Notwendigkeit der Komet die Gestirnsbewegung mitzumachen; bildet er sich aber isoliert, hat man den Eindruck einer Rückwärtsbewegung. So entspricht es ja dem Umschwung der um die Erde gelagerten Sphäre ...

Als ein Kennzeichen ihrer Feuernatur muß man es ansehen, daß das häufige Auftreten von Kometen Winde und Trockenperioden anzeigt. Es ist ja klar, daß sie deshalb (häufiger) entstehen, weil eine derartige Ausscheidung stark ist, so daß auch die Luft notwendig trockener wird, die verdunstende Feuchtigkeit aber von der Masse der warmen Ausscheidung verdünnt und aufgelöst wird, also nicht leicht zu Wasser kondensieren kann ... Wenn also Kometen häufig und zahlreich zu sehen sind, wird, wie gesagt, das Jahr bekanntermaßen trocken und windig; sind sie seltener und von geringerer Größe, kommt es nicht in gleicher Weise dazu, obschon dann gemeinhin ein nach Dauer oder Stärke ungewöhnlicher Wind auftritt. (344a–b, S. 20f.)

Aristoteles: Meteorologie. In: Ders.: Werke in deutscher Übersetzung, Bd. 12. Übers. von Hans Strohm. Berlin 1979
vgl. Einleitung S. 20

ARCHIMEDES, UM 287–212 V. CHR.
Das heliozentrische System des Aristarch von Samos

Du bist darüber unterrichtet, daß von den meisten Astronomen als Kosmos die Kugel bezeichnet wird, deren Zentrum der Mittelpunkt der Erde und deren Radius die Verbindungslinie der Mittelpunkte der Erde und der Sonne ist. Dies nämlich hast du aus den Abhandlungen der Astronomen gehört. Aristarch von Samos gab die Erörterungen gewisser Hypothesen heraus, in welchen aus den gemachten Voraussetzungen erschlossen wird, daß der Kosmos ein Vielfaches der von mir angegebenen Größe sei. Es wird nämlich angenommen, daß die Fixsterne und die Sonne unbeweglich seien, die Erde sich um die Sonne, die in der Mitte der Erdbahn liege, in einem Kreise bewege, die Fixsternsphäre aber, deren Mittelpunkt im Mittelpunkt der Sonne liege, so groß ist, daß die Peripherie der Erdbahn sich zum Abstande der Fixsterne verhalte, wie der Mittelpunkt der Kugel zu ihrer Oberfläche. Es ist klar, daß dies unmöglich ist. Da nämlich der Mittelpunkt der Kugel gar keine Größe hat, so kann auch von keinem Verhältnis dieses Mittelpunktes zur Oberfläche der Kugel die Rede sein.

Es ist jedoch anzunehmen, daß Aristarch hiermit, da wir sozusagen die Erde als den Mittelpunkt der Welt bezeichnen, folgendes sagen will: Dasselbe Verhältnis, das die Erde zu der oben von uns als Kosmos bezeichneten Kugel hat, hat die Kugel, deren größter Kreis die Bahn der Erde um die Sonne ist, zur Fixstern-Sphäre. Denn in solcher Weise baute er auf seinen Voraussetzungen seine Schlüsse auf, und vor allem scheint er die Größe der Kugel, auf deren Oberfläche er die Erde sich bewegen läßt, so groß annehmen, wie der von uns so genannte Kosmos. (S. 68)

Archimedes: Über schwimmende Körper und die Sandzahl. Übers. und mit Anm. vers. von Arthur Czwalina. Leipzig 1925 (Ostwalds Klassiker der exakten Wissenschaften; 213); fotomech. Nachdr. Leipzig 1987. – Ders.: Opera, quae quidem extant, omnia. Basel 1544, S. 156 [griech.-lat. Ausgabe]
vgl. Einleitung S. 17

TITUS LUCRETIUS CARUS, UM 100 – UM 50 V. CHR.

Vom Wesen des Weltalls

Wäre, im übrigen, auch das Weltall im ganzen auf allen
Seiten durch sicher bestimmbare Ränder umschlossen und derart
deutlich begrenzt, dann läge die Masse des Urstoffes allseits
durch ihr vereintes Gewicht zusammengeballt an dem tiefsten
Punkte; dann könnte sich nichts bewegen am Himmelsgewölbe,
mehr noch, es fehlte der Himmel, es fehlte das Sonnenlicht; müßte
doch der gesamte Urstoff in einem Haufen am Boden
ruhen, wo er seit undenklichen Zeiten sich abgesetzt hätte.
Aber in Wirklichkeit gibt es für Teilchen des Urstoffs kein Rasten,
weil sich auch nirgends ein unterster Punkt im Weltall befindet,
der für die Teilchen ein Auffangbecken darstellen könnte.
Ununterbrochen bewegt und bewährt sich in allen Bereichen
jedes Geschaffene, und die Teilchen des Urstoffes stehen
aus der unendlichen Tiefe des Raumes geschwind zur Verfügung.
Schließlich: Wir haben ja Grenzen zwischen den Dingen vor Augen.

Luftschichten grenzen sich ab von den Bergen und umgekehrt, Festland
aber vom Meere, das seinerseits abgrenzend Küsten umbrandet.
Nur für das Weltall gibt es keinerlei äußere Grenze.
Folglich bewirkt der Raum mit seiner unendlichen Tiefe,
daß, zum Beispiel, leuchtende Blitze, die ununterbrochen
ewige Zeiten dahinzucken, niemals sein Ende erreichten,
nie auch bestimmbare weitere Strecken übrig noch ließen.
Derartig dehnt sich der Weltraum für alles Geschaffene weithin,
riesig und ohne Begrenzung, allseits, nach jeglicher Richtung.
    Ihrerseits hemmt die Natur das Weltall, etwa sich selber
Maße zu setzen. Sie nötigt nämlich den Körper, durch Leere, wie auch das Leere,
sich mittels des Körpers Grenzen zu schaffen.
Derart bewirkt sie im Austausch die endlose Weite des Weltalls.
Sonst – wenn nicht Körper und Leere sich gegenseitig begrenzten –
müßte doch eines von beiden allein sich ins Endlose weiten.
    Aber dann könnten nicht Salzflut noch Festland, auch nicht der gestirnte
Himmel, die Sterblichen nicht, auch nicht die heiligen Götter eine selbst dürftige
Zeitspanne nur ihr Dasein behaupten.
Würde die Stoffmasse doch sich aus ihrer Verklammerung lösen,
körperlos dann durch die riesige Leere dahintreiben, oder,
besser, sie hätte sich niemals vereinigt und Körper gebildet,
unfähig, ihre zerstreuten Teile zusammenzubringen.
Zweifellos haben die Urkörper nämlich weder mit Absicht
ordnungsgemäß, nach verständigem Plan, sich zusammengeschlossen
noch gar im einzelnen [ihre Bewegungen abgestimmt]; sondern
weil sie auf ihrem Weg durch das Weltall vielfach sich wandeln,
Stößen und Schlägen auch ausgesetzt sind seit unendlichen Zeiten,
kommen sie beim Erproben jeglicher Art von Bewegung
wie auch Vereinigung schließlich zu eben den Formen und jener
Ordnung, die unser Weltall, durch viele und lange Epochen erhalten.
Seit nun das Weltall, durch viele und lange Epochen erhalten,
einmal in die ihm gemäße Bewegung versetzt ward, bewirkt es
vielerlei Vorgänge: Flüsse ergänzen in mächtigen Strömen
ständig die Salzflut; der Boden, erwärmt von der Sonne, erneuert
immer das Wachstum; stetig aufs neue geboren, gedeihen
lebende Wesen; andauernd leuchten die Sterne am Himmel.
All dies träte nicht ein, sofern nicht die Masse des Urstoffs
fortwährend aus dem unendlichen Raume nachwachsen könnte.
Deswegen lassen Verluste sich rechtzeitig jeweils ergänzen.
Siechen doch lebende Wesen, beraubt man sie jeglicher Nahrung,
elend dahin, ganz natürlich. Ebenso müßte das Weltall
bald aus den Fugen gehen, sobald der Zufluß des Urstoffs
irgendwie stockt und keinerlei weitre Ergänzungen zuläßt ...
    Lasse dich, Memmius, ja nicht verleiten zum Glauben an jene
falsche Behauptung: Alles strebe zur Mitte des Weltalls,
deshalb auch könne das Weltall bestehen ohne den Einfluß

äußerer Anstöße, könne auch keineswegs etwa zerfallen,
weil auf die Mitte sich alles stütze, so oben wie unten.
Damit wähntest du, etwas könne sich ganz auf sich selber
stellen und Stoffmassen, die sich unter der Erde befänden,
strebten nach oben und lagerten dann verkehrt auf der Erde,
ebenso wie wir im Wasser die Dinge als Spiegelbild sehen;
lebende Wesen gingen, angeblich, entsprechend dort aufrecht,
könnten jedoch von der Erde hinab in den Himmel nicht fallen,
ebensowenig, wie unsere Körper etwa aus eigner
Kraft in den Himmel hinauffliegen könnten; und während nun jene
Wesen die Sonne erblickten, bewegten vor unseren Augen
sich die Gestirne der Nacht; wir teilten die Zeiten des Himmels
fristgleich mit ihnen, abwechselnd glichen den Tagen die Nächte.
Dummköpfe huldigen diesem Wahn, denn sie haben [das Weltall]
völlig verkehrt aufgefaßt [und mit falschen Methoden gedeutet].
Kann es doch einen Mittelpunkt schwerlich geben in einer
endlosen Weite. Gesetzt den Fall, [es bestünde ein solcher],
wäre ein dortiges Ruhen der Stoffteilchen weniger glaubhaft
als ihr Bestreben, auf andere Art [in die Weite zu drängen].
Denn die [von uns als Leere bezeichnete] räumliche Dehnung
[muß], ob inmitten, ob nicht, ganz unterschiedslos dem geballten
Stoffe in jeder beliebigen Richtung Durchgang gewähren.
Keinerlei Örtlichkeit gibt es, an welcher die dorthin gelangten
Stoffteile, gleichsam gewichtslos, im Leeren feststehen könnten.
Ihrerseits darf auch die Leere kein Stoffteilchen haltmachen lassen,
sondern sie muß ihm, nach ihrer Natur, stets den Durchzug erlauben.
Keineswegs folglich aufgrund des Dranges zum Mittelpunkt können
Stoffteile derart zu einer Vereinigung angeregt werden.
(1. Gesang, V. 984–1086)
    Da ja der Weltraum, jenseits der Grenzen unseres Kosmos,
sich in unendliche Weiten erstreckt, so wollen wir forschend
klären: Was gibt es noch dort, das wir gründlich aufhellen möchten,
das auch der Schwung der Gedanken frei zu durchschweifen versuchte?
Erstens: Wir finden im Weltall nach jeder beliebigen Richtung,
rechts wie links und oben wie unten, nirgendwo eine
Grenze. So lehre ich, ebenso lehrt auch die Wirklichkeit selber.
Derart tritt die Natur des Unendlichen deutlich zutage.
Da nun der Weltraum sich allseits ins Unermeßliche ausdehnt,
und sich die Urkörper zahllos in der unendlichen Tiefe
unter dem Drängen ewiger Anstöße vielfältig tummeln,
muß man als völlig unwahrscheinlich die Meinung verwerfen,
unsere Erde allein und der Himmel nur seien geschaffen,
während so zahlreiche Urkörper außerhalb zwecklos sich regten.
Ist doch der Erdkreis auf ganz natürliche Weise entstanden
dadurch, daß Urkörper sich von allein und zufällig trafen,
vielfältig, blindlings, unnütz, vergeblich zusammen sich ballten,

schließlich nach jäher Vereinigung miteinander verwuchsen,
anschwollen dann zu Ausgangspunkten von Riesengebilden,
so von dem Festland, dem Meere, dem Himmel, den Arten belebter
Wesen. Deswegen muß man stets wieder aufs neue bekennen,
daß sich auch anderswo weite Massen des Urstoffs ballen,
ähnlich unserer Welt, die der Äther weit ausholend festhält.
    Ist, außerdem, der Urstoff in riesiger Menge vorhanden,
steht auch der Raum zur Verfügung und hemmt kein Vernunftgrund,
kein Grenzpfahl,
müssen sich, ganz natürlich, Gebilde entwickeln und regen.
Wenn es nun derart zahlreiche Urkörper gibt, daß die ganze
Lebenszeit aller Geschöpfe nicht ausreichen kann, sie zu zählen,
Urkörper bleibenden Urstoffes, der die Teilchen genauso
wie hier bei uns an jeder beliebigen anderen Stelle
ausstreuen kann, so muß man sich zum Geständnis bequemen:
Andere Welten noch gibt es in anderen Teilen des Raumes,
vielfache Rassen von Menschen und Arten wildlebender Tiere!
Weiterhin gibt es im ganzen Weltall nie ein Gebilde,
das ganz allein entstünde und ganz allein auch erwüchse,
ohne daß es zu einer Gattung gehörte und ohne
daß es noch zahlreiche andre der Gattung gäbe. Beachte
lebende Wesen vor allem: Du findest die Tiere der Wildnis,
findest die Menschen, Männer wie Frauen, findest die stummen
Schwärme der Fische und schließlich die massenhaft wimmelnden Vögel.
Einräumen muß man deshalb in entsprechender Weise, daß Himmel,
Erde und Sonne und Mond und Salzflut und sonstiges schwerlich
einmal nur vorkommen, sondern in unermeßlicher Menge.
Setzt doch auch ihnen der tief verankerte Grenzstein des Lebens
Schranken, bestehen auch sie doch aus sterblichen Körpern wie alle
lebenden Wesen, die hier sich nach Gattungen üppig entfalten.
    Hast du dies sicher begriffen, ergibt sich klar: Die Naturkraft
lenkt beständig, frei, ohne die Willkür despotischer Herrscher
alles aus eigenem Antrieb, sie braucht nicht die Hilfe der Götter.
(2. Gesang, V. 1043–1092)

Titus Lucretius Carus: Vom Wesen des Weltalls, übers. von Dietrich Ebener. Leipzig 1989
(Reclams Universal-Bibl.; 1292). – T. Lucretius Carus: De rerum natura, lat. und deutsch.
Lukrez. Von der Natur. Übers. von Hermann Diels, 2 Bde. Berlin 1924
    vgl. Einleitung S. 20

CAIUS IULIUS HYGINUS, GEST. UM 10 N. CHR.
Von den .xii. zaichen und .xxxvj. pildern des hymels, deutsche Übersetzung 1491

[Der Stier]

Thaurus ist venus abent hauß. und ist das ander zaichen an dem hymel und hat vil stern under den sein .xiiij. sparsibiles und seind in dem haubt triades haissen sy kriechisch: und in latein haissen sy dyabolus under den heben sich die vapores in dem luffte werden überwunden. und ettwan werden sy verkertt in wolcken und darnach in regen. und das ist sach wann alle steren des hymels zaichen sein regenbere: das ist das sy tugentlichen czu einfliessen die feuchtigkeit. von disen sternen virgelich der sprache vecturium das ist der sidus: oder das gestiern nach dem schwancz des grossen beren geleit in das zaichen boos. die bringen regen und yades Es sein zwen stern in der stirnen Thauri das ist in dem ersten facies. und gen auß tugentlich jn der ersten zeit des herbsts. zwen seind darnach in dem hindersten teil des stiers bey dem ars oder dem schwancz haissent pliades in kriechisch und virgelich von dem vettachen alatis. und der selben stern siben die haissen von dem volck die hennen mit den hünern oder haissent tecla.

Und die geen auff in der zeyt des glenczen und erscheinent sy die ganczen nacht. so sy nun undergeen das ist so die planeten nymmen scheinent: oder man sy nymmen sicht. so wirt dann ein anfang des winnters von der überwindung der zeyt so sy nun anfahen zu scheinen jn der zeyt des glenczs. so wirt abgeschnitten der mautner und der schiffleütte auff dem möre. nach den als sy dann erscheinen clare und vinster oder tunckel zeit. das wirt erkennt durch den geyst oder zukerung. und so der clare ist und still zeitte das verkündet sy in dem möre und in dem ertrich. und herwiderumb ob sy vinster und tunckel erscheinet oder nebellecht. Jr schickung wirt also gesagt. An yedem horn einen. auff yedem auge ein. jnmitten der stirnen einen. bey yedem horn einen. an dem lincken knie ein. an der klawen einen. an dem rechten knie einen. an den schulttern drey und an der prust einen.

Wer do empfangen oder geborn wirt under dem zaichen Thauro der wirt glückig gleich einem stier. und lebt alle zeyt in grosser arbait des leibes und des geysts. und ist stät in den wercken oder in fürgeleitten würckungen. und kompt spat zu grossem reichtumb hat er aber stille zeyt. nur der zeyt des alters und in dem alter so kompt jm das ding die jm seind frölich und zuretig zu dem widerwertigen. diser wirt mer keünsch wann unkeünsch. unnd gelückig vil in nahem und nympt böses verdienens von den die jm wol thund und vindet mer gnade von den fremden wann von den haymischen czu seinem nucze.

So der mon in thauro ist. Thaurus hat den hals und die kelen unnd was in jn kompt zu siechtagen oder in gepresten als drüse der nasen und hager des rucken oder schmerczen der augen. Wann der mon wirt sein in thauro. das da ein vestes zaichen ist und ist meridionalis kalt und trucken und Melancolicus und fruchtbar und fewrisch. und denn so ist es gutt frawen zu nemen und garten zu machen reben und baum pflanczen: wann sy wachsen geren und weren lang. und ist gut bürge pauwen und frawen zu kirchen füren. und alles werck anzufahen oder czu thun das da wirig sein soll. Es ist böß zu streitten. und was du wilt schier erfüllen. die zeit gibt kallt und trucken zeitt. soll sein nachent bey der erden und die wolcken lauffen und widerlauffen durch den lufft oder das wasser. und underweilen so sein gewonlich nebell. und das selbe ist czu sagen von dem zaichen die da auffsteen von orient.

[Die Zwillinge]

Gemini ist Mercurius täglichs hauß. unnd ist das dritt zaichen des hymels und hat vil sternen under den sein .xviij. sparsibiles. das zaichen ist zwaier figure. und yeglichs ist in einer menschlichen forme. und sy scheinen mer bloß unnd nackend wann geklaidt. Eins heist Castor: das ander Pellux. nach ettlichen maistern. Aber die andern maister die poeten die seind sprechen. die ein figur haist ezechus und die ander crippus oder amphiam und steen bey einander als zwen menschen die da mit einander umb walczen. und hat das ein ein sichel in der gerechten hand als wöllt es das ander schlahen und sicht üppiklich. Und das ander mensch hat ein leyren in der glincken hand. Die erst figur hat acht stern sparsibiles. Jr schickung wirt also erzaiget. An dem haubt ein schönen stern. auff yeder achsel einen an dem rechten öllenpogen einen. auff yedem knie einen auff yedem fuß einen. Das ander zaichen hat .x. stern sparsibiles. Jr schickung wirt also erzaigt. An dem haubt einen auff yeder achsel einen. auff yeder hand einen. auff yedem knie einen. auff yedem fuß einen. und under dem glincken fuß einen.

Wer da empfangen oder geborn wirt under disem zaichen der wirt fast synnig und arbait geren. und wirt weyß und gutter verstäntnuß. mit vil reich geistlichs guttes. aber der tugent. Er ist ersam. und schemig und vorchtig und wirt leichtigklich bekert zu bösem und zu guttem und hat manger hand gelück. und vellt jm schier vil gucz zu. und fleucht auch schiere von jm. und sein hercz ist all zeyt weitschwaiffig. zu vil dingen und das wirt einem andern pesser dann jm. es sey dann das der ander sey empfangen under disem zaichen oder geborn. Und under disem zaichen soll nyemant kein ding bestättigen. oder ein weyb zu der ee nemen und ein haußfrawen in das hauß füren. Und wär es das zway auff den selben tage zu samen kommen sy gewynnen nymmer lieb aneinander: und leben nymmer mit lieb vol widerwertiger ding der vorgenenten erscheinen schier und werden leichtigklichen betrüebet. Jtem das selb ist auch in zweyen gesellen oder gesellschafften als davor geschriben ist.

So der mon in Gemini ist. Gemini das zaichen hat die arm die achseln die hend und die schultern. Und so der mon in Gemini ist jn zwifeltigen leiplichen zaichen das da ist occidentalis: und ist warm und feücht lüfftig sangwineus und maschulinum. Es ist gutt fruntschafft ze machen und Capittel und ein gehorsamkeyt under den krieg. Es ist gutt streit anzufahen. Es ist böß die arm zu erczneien. oder die negel an den henden abschneiden. oder lassen an den armen. wann der scherer muß zwirent schlahen noch dann gat das plut kaum herauß und underweilen so wirt es siech an den armen und etwan so stirbt es. Die zeyt gibt wärme und feüchte und machet gutt zeyt. Aber es ist nit gutt anfahen czu wandlen wann der wege zwifeltiget sich unnd muß zwirent angefangen werden was da angehebt wirt. Und stirbt yemant in einem hauß so sterben auch mer darinn. und wär eins in den selben hauß und förchte den tod und fluch herauß oder in ein ander stat es möcht nit davon kommen es müst auch sterben. Es ist aber gutt erczney nemen: aber nitt an die vorigen stette die da oben genant seind darüber das zaichen gewalt hat als die arm achseln und die hennde. (Bl. a 3 – a 5^b)

Supra firmamentum

Ob dem firmament ist der newnd hymel. Unnd der da haist die newnd spere: oder fewrin hymel. Gott und gottes engel und die gerechten selen. die etwanlang gewesen seind von jrer tötlicher sünde wegen und von jren flecken in der peine des fegfewrs. Geleicher weisse wirt der newnd hymel der da genant wirt empireum das ist der fewrin hymel. Wann es ist ein haimliche statt des grossen gewalts und ist gar verholen die niden in weltlichen trone die gotthait siczt die da in drey personen underschaidenlich geleich alt ist. Wann tronus haist ein hymmel der obersten trivältigkait: oder des allerhöchsten gottes stule der da ist ein gewärer kaisser und künig aller künig. Und in den selben newnden hymel ist kein stern noch planette dann allein ein geleicher hymel geczierete mitt dem obersten liechte der klarhait unnd mit hübschait geeret. und ist also geziert das das niemand gesagen mag noch geschreiben. Es sey dann das die figure der verstenttnuß will ymmer sein vernüfftig oder verstanden und also hört der newnd hymel auff.

Aber von der achtenden spere. das ist die acht spere von dem ertrich hinauff: die selb achtend spere haist das firmament des hymels der hymel. und in der seind alle steren anhangen nach jr ordnung jr geseczt. unnd jr stern seind gleich bey den zwelff zaichen des hymels. und auch von den selben stern wirt gesprochen die ordnung der .xxxvj. pilde die da seind in dem hymel das da haist das firmament. und das wirt stercker umbgewant wann die anderen reder der beweglichait. und von söllichem schnellen umblauffen so wirt söllich groß hicze und das gestirn und der lufft zu vil fewrin wirt mit der hicz und würme: Und darumb so hat gott der merer der da ist der recht werckmaister darüber hat geseczt einen hymel der das haist der cristallin hymel. und der hymel hat ein gestalt und figure eins lauttern wassers und gefronen eyse stercker wann ein cristall. und die kelte von disem cristallin hymel widerstet derselben würme der fewrin hicze. wann von jr ein rade umbgat und ist gesait das es das firmament gelait hatt in mitte der wasser und teylt die wasser von den wassern.

Und den cristallin hymel sol man nit verstan das er durch sich selbs sey ein spere wann der spern wären also zehen aber es seind nur newn spere und von der achten spere czu der newnden gewünnen gleich ein tugent. aber der allerweisest herr sache das über dem firmament zugeleichet wolt ers geleich formiern. Und darunder saczt er den hymel Saturni aller kelltest: oder nach naturen des kecksilbers und das es kompt alles in der selben speren von seines leibes natur wegen saturni der da ist aller keltest und trucken das nit die hicze der obern speren herab steige oder valle und darumb ist Saturnus gesoczt in den selben hymmel wann er ist ein ursprung der kellte recht als ein fewre verprennt holcz in einem ofen. wann die kellte wäre gar shcedlichen gewesen dem erdtrich und der welte zu den früchten des ertrichs oder zu leben die creaturen. darumb hat got geseczt ein hymel des gestirens der da haisset mars hymel der ist vast haiß und trucken sein einfliessen die haisset arsura das ist hicze die ist zu aller oberst trucken. Und durch sein würme so hat gott gesaczt marttem den planetten. aber gott sach das diß planeten hicze ubertreffenlich vil was in der welt da sant gott mitten zwischen dise planetten Saturni und martis Jupiter mit seiner spere der ist ein zunemer gleich vil und ein mittler saturni und martis. und darumb ist Jupiter ein messiger planette milt und gutt und nücze. und aller leütte und stette allwegen in dem streit der zwaier bösen. Under mars hat gott geseczt die Sunnen tugenthafft mit jr spere.

Die Sunn haist eygentlich under den planeten der vatter des tages und ein furste der planeten unnd erleüchtet als wol oben als nyden an: und das lüecht das die Sunn hatt das nympt sy oben von gott. und als sy dann der mone sympt von der sunnen. Under der Sunnen hat gott geseczt venus mit seiner spere. Under den hat gott geseczt Mercurium mitt seiner spere. Under den hat gott geseczt Lunam in seiner spere und die ist ein bezaichnerin und kungin aller liebe kalt und feücht als das möre und die wasser und den mon flusse der frawen. Under dem mon ist kein stern noch planette. Wann die gancz braitte der vier element nach ordnung und beschaidung. Zu oberst seczt er das fewr. darnach den luffte. darnach das wasser. unnd zum vierden mal das erdtrich. und in dem mittel des erdtrichs ist die helle und darjnnen seind die verfluchten geyst ewigklichen und die verdampten selen die darein kommen. (Bl. e 1ᵇ–e 3)

Von dem planetten Saturnus

Der erst planet ist Saturnus und der vollendet seinen lauff durch den zodiacum jnn .xxx. jaren. So nun der planet ist in seinen heüsern das ist in dem wasserman und in dem steinpock so gat es übel in der Welt. unnd wirt das aller maist und aller gröst so er ist in dem ersten hauß so werden grosse wasser und sündfluct auff dem ertrich. haß unnd ungefell under den leütten. Saturnus diser planette an dem ersten monat so das kind empfangen wirt von seiner kellte wegen so erkellt er den samen in der mutter unnd machet in zu samen gerennen und derret in von Colera hat er die schwercz.

Wer under saturnus geboren wirt der gewinnet wenig hars an den haubt und an den backen. und ist vinster under den augen und ist prawn fare. und sicht geren undersich an die erde so er wandert. unnd ist magers leibs unnd hat klaine augen unnd hat ein dürre hautt. und ist zornig vergifft und schatbär uppig. und ist synnig zu schweren handtwercken als graben und steinbrechen und heüser bauwen und wasser laitten und wirt er kündig und redt anders mit dem munde denn er maint mit dem herczen. Saturnus so er rastet in seinem hauß an seiner stunde es sey tag oder nacht. die da gebort werden die werden schatbär. und wo einer hinwegfert oder außgat wandern der wirt verloren unnd nymmer wider funden. unnd wer da schlaufft bey bulen der nympt sein schaden. und wirt etwas verstolen das wirt nymmer wider funden.

Uon dem planetten Jupiter

Iupiter ist der ander planet Der erfüllet seinen lauff in zwelff jaren durch den zodiacum. Wenn nun Jupiter ist in seinem hauß oder wonunge das seind die visch und schücz. Unnd so das kind empfangen wirt jn dem andern monat. so gibt er im den geyst und die gelider.

Er gibt auch den die under jm geborn seind leicht und hübsche kunst. als lesen und schreiben und gelt wechseln und mit hübschen tuchen vmbgan von der farben als rot und weiß oder rößlecht. und haben ein hübsche mittelmaß an größ und an lenge. und haben gut sitten und seind getrew. und haben die vordersten zen braitter dann die andern unnd haben langs hare und den bart vol hars und seind auch barmherczig. An Jovis stunden so er ist abentlich und nechtlich oder täglich so ist gut ampt zu heischen. unnd ist gutt mit mächtigen leütten zu reden als mit küningen und mit grossen herrn und gezeügen laitten. das ist nucze die da geborn werden an seiner stund Jupiters der lebt lange. Der auß schaidet von lande der kompt mit genossen schier wider haim. Wer da bey schlaffet dem gelückt es. unnd das verstolen wirt das wirt wider funden. (Bl. e 3^b–e 4^b)

Hyginus: Von den .xii. zaichen und .xxxvj. pildern des hymels mit yedes stern. Auch die natur und eygenschafft der menschen so die darundter geborn werden ... Auch von der eygenschafft der siben planeten. Augsburg: E. Ratdolt, 1491
  vgl. Einleitung S. 24

CAIUS PLINIUS SECUNDUS, 23–79
Naturkunde

[Über die Welt]

Die Welt und alles das, was man mit einem anderen Wort »Himmel« zu nennen beliebte, in dessen Umfassung jegliches sein Leben führt, betrachtet man zutreffend als ein göttliches Wesen, das ewig ist, unermeßlich, weder erzeugt noch jemals vergehend. Was außerhalb dieser Welt liegt, zu erforschen, hat weder einen Wert für den Menschen noch ist die Mutmaßung des menschlichen Geistes imstande, es zu erfassen. Heilig ist diese Welt, ewig, unermeßlich, ganz im Ganzen, vielmehr selbst das Ganze, unbegrenzt und doch einer begrenzten ähnlich, aller Dinge sicher und doch einer unsicheren ähnlich, draußen und drinnen jegliches in sich umfassend, gleicherweise ein Werk der Natur und die Natur selber. Wahnsinn ist es, daß über ihr Ausmaß einige in ihrem Geiste Erwägungen angestellt und diese vorzutragen gewagt haben, daß andere wiederum, indem sie von dort aus Gelegenheit ergriffen oder weil ihnen dadurch eine Gelegenheit geboten wurde, unzählig viele Welten überliefert haben, so daß man ebensoviele erzeugende Naturen annehmen müßte oder, wenn diese alle gemeinsam zu einem Punkte hindrängten, doch ebensoviele Sonnen und ebensoviele Monde und ebensoviele auch von den übrigen schon in einer einzigen Welt sowohl unmeßbare wie unzählbare Gestirne; wie wenn nicht, da am Endpunkte einer Überlegung im Verlangen nach irgendeiner Grenze immer wieder die gleiche Frage entgegentreten würde oder, sofern diese Unbegrenztheit der Natur dem Schöpfer aller Dinge zugeschrieben werden könnte, eben dieses nicht an einem einzigen Werke leichter zu erkennen wäre, zumal an einem so großen Werke. Wahnsinn ist es, ja Wahnsinn, aus ihr herauszutreten und, wie wenn alles innerhalb ihrer Befindliche bereits bekannt wäre, die außerhalb liegenden Dinge so zu erforschen, als ob sich mit dem Messen irgendeines Dinges beschäftigen könnte, wer sein eigenes Maß nicht kennt, oder als ob die Menschen zu sehen verdienten, was die Welt selber nicht zu fassen vermöchte.

Daß die Gestalt der Welt zum Aussehen einer vollkommenen Kugel gerundet ist, lehrt vor allem ihre Bezeichnung und die Übereinstimmung der Menschen in dieser Beziehung, indem sie von der Weltkugel sprechen; es lehren dies aber auch sachliche Beweise, nicht nur weil dieses so gestaltete Gebilde sich in allen seinen Teilen zu sich selbst hinneigt, von sich selbst getragen werden muß und sich umschließt und umfaßt, ohne irgendwelcher Befestigung zu bedürfen, ohne ein Ende oder einen Anfang in irgendeinem Teile seiner selbst zu empfinden, und nicht nur weil es für die Bewegung, in der es sich, wie sich sogleich zeigen wird, in der Höhe dreht, in dieser Gestalt am geeignetsten ist, sondern es zeigt sich auch in der Bestätigung durch den Anblick, da es als ausgewölbt und in der Mitte befindlich an jeder Stelle gesehen wird, was bei einer anderen Gestalt nicht geschehen könnte.

Daß also die Gestalt, die derartig beschaffen ist, in ewigem und rastlosem Umschwung mit unsagbarer Geschwindigkeit in einem Zeitraum von vierundzwanzig Stunden rundum getrieben wird, haben der Aufgang und der Untergang der Sonne nicht zweifelhaft sein lassen. Ob es einen unermeßlichen und deswegen unser Hörvermögen überschreitenden Schall gibt, der durch den ständigen Umschwung dieser so mächtigen kreisenden Masse entsteht, möchte ich meinerseits nicht leichthin behaupten, ebensowenig, beim Herkules, ob es den Klang der gemeinsam rundum getriebenen Sterne gibt, die ihre Kreise ziehen, oder eine Harmonie, die lieblich ist und von unglaublicher Süße. Uns, die wir drinnen leben, gleitet die Welt am Tage wie in der Nacht gleich schweigend dahin. (Kap. 1–3, S. 15–19)

[Über die Kugelgestalt der Erde und die Antipoden]

Es ist aber ihre Gestalt das erste, worüber eine einhellige Meinung herrscht. Mit Recht sprechen wir von dem Erdkreis und glauben, daß eine Kugel von zwei Polen eingeschlossen werde. Indessen kann sie wegen der beträchtlichen Berghöhen und der weiten Ebenen keine vollendete Kugel darstellen; jedoch läßt ihr Umfang, wenn man die Endpunkte mit einer Linie verbildet, einen vollkommenen Kreis entstehen. Zu dieser Annahme zwingt uns das Wesen der Natur, allerdings nicht aus den gleichen Gründen, die wir beim Himmel angeführt haben. Denn dieser bildet eine in sich selbst gewölbte Hohlkugel und auf seinen Angelpunkt, die Erde, drängt er von allen Seiten. Diese aber, fest und dicht, erhebt sich gleich einer anschwellenden Masse und strebt nach außen. Die Welt neigt sich zum Mittelpunkt, die Erde aber geht von diesem aus, und ihre ungeheure Masse wird durch die beständige Umdrehung der sie umgebenden Welt in die Kugelform gezwungen.

Ein gewaltiger Streit herrscht hier zwischen der Gelehrsamkeit und Volksmeinung, einerseits, daß die Erde überall von Menschen bewohnt sei, und diese sich einander die Füße zukehren, daß alle als einen ähnlichen Scheitelpunkt [den Himmel über sich] haben, und man auf ähnliche Weise überall in ihrer Mitte stehe. Jene fragt andererseits, warum unsere Antipoden nicht herabfallen, als ob sie sich nicht aus berechtigtem Grunde auch wundern müßten, warum wir nicht herabfallen. Dazu kommt noch eine andere Meinung, die einem noch so ungebildeten Haufen annehmbar sein könnte, daß die Erde in der Gestalt einer ungleichen Kugel, ähnlich einem Pinienzapfen, nichtsdestoweniger überall bewohnt sein könnte. Doch was bedeutet das schon, wenn ein anderes Wunder sich erhebt, daß sie selbst frei schwebt und nicht mit uns herabfällt? Als wenn die Kraft der Luft, besonders da sie von der Welt eingeschlossen ist, zu bezweifeln wäre oder die Welt herabfallen könnte, wenn die Natur dem widerstrebt und den Raum versagt, wohin sie fallen könnte. Denn wie der Sitz des Feuers nur im Feuer, des Wassers nur im Wasser und der Luft nur in der Luft ist, so hat die Erde, vom All umschlossen, nur ihren Platz in sich selbst. Wunderbar erscheint es aber dennoch, daß sie bei so großen Meer- und Landflächen eine Kugel bildet ...

Am meisten aber wird im Volke darüber gestritten, ob man glauben müsse, daß sich auch das Wasser zu einem Scheitelpunkt erhebe. Und doch gibt es in der Natur nichts, was schon beim Anblick handgreiflicher wäre: denn die überall herabhängenden Tropfen bilden kleine Kugeln und erscheinen, wenn sie auf Staub fallen oder wenn man sie auf den zarten Flaum der Blätter bringt, vollkommen rund, und in gefüllten Bechern steht das Wasser in der Mitte am höchsten, was sich wegen der Feinheit der Flüssigkeit und wegen ihrer Beweglichkeit, die in sich zusammensinkt, leichter in der Theorie als in der Anschauung erfassen läßt ... Dies ist auch der Grund, daß man das Land von den Schiffen aus nicht sieht, wenn man es schon vom Mastbaum aus erkennen kann, und daß bei einem fortsegelnden Schiff, an dessen Mastspitze ein glänzender Gegenstand befestigt ist, dieser allmählich an Höhe abzunehmen scheint und zuletzt ganz verschwindet. Wie würde schließlich der Ozean, den wir als den äußersten anerkennen, in einer anderen Gestalt zusammenbleiben und nicht herabfließen, da ihn kein Ufer einschließt. (Kap. 64f., S. 137–141)

Daß die Erde in der Mitte der ganzen Welt liegt, steht aufgrund von unbezweifelbaren Beweisen fest, am deutlichsten nach der gleichen Stundenverteilung bei der Tagundnachtgleiche. Denn wäre sie nicht in der Mitte, könnte sie Tage und Nächte nicht gleich haben. Das kann man erweisen und das bestätigen auch die Diopter am besten, da man bei der Tagundnachtgleiche Auf- und Untergang der Sonne auf derselben Linie wahrnimmt, auf einer besonderen Linie bei der Sommerwende den Aufgang, bei der Winterwende den Untergang. Dieses könnte auf keine Weise der Fall sein, wenn die Erde nicht im Mittelpunkt läge.

Andererseits bestimmen drei über den oben genannten Zonen verflochtene Kreise die Ungleichheit der Zeiten: der Sommerwendekreis, an der von uns am höchsten nach Norden hin liegenden Seite des Tierkreises und gegenüber zum anderen Pol hin der Winterwendekreis, ebenso mitten durch den Tierkreis sich hinziehend, der Äquinoktialkreis.

Die Ursache der übrigen uns wunderbar dünkenden Erscheinungen liegt in der Gestalt der Erde selbst; ihre samt den Gewässern kugelrunde Form erhellt aus den gleichen Beweisgründen. Daher kommt es ohne Zweifel, daß für uns die Gestirne am nördlichen Himmel niemals untergehen, hingegen die am südlichen Himmel niemals aufgehen, und daß ferner die Bewohner des Südens unsere Sterne nicht sehen können, weil die Kugelgestalt der Erde sich gegen den Blick über die Mitte erhebt. Im Lande der Troglodyten und im benachbarten Ägypten sieht man den Großen Bären nicht, hingegen in Italien nicht den Canopus und die sogenannte »Locke der Berenike« wie auch einen anderen Stern, der unter dem göttlichen Augustus den Namen »Thron des Kaisers« erhielt, Sternbilder, die doch in jenen Ländern sichtbar sind. Ja, die Krümmung der Erde steigt so deutlich an, daß der Canopus den Beobachtern zu Alexandria um den vierten Teil eines Tierkreiszeichens über dem Horizont zu stehen scheint, während er auf Rhodos die Erde scheinbar streift, im Pontus, wo der Große Bär am höchsten steht, überhaupt unsichtbar ist. Der Große Bär wird aber nicht auf Rhodos unsichtbar und noch mehr in Alexandria sichtbar, in Arabien ist er während der ersten Nachtwache im November verborgen, erscheint aber in der zweiten; in Meroe zeigt er sich am Abend nur kurze Zeit bei der Sommersonnenwende, und wenige Tage vor dem Aufgang des Arkturus sieht man ihn bei Tagesanbruch.

Bei den Fahrten der Seefahrer können diese Erscheinungen am besten beobachtet werden, wenn das Meer gegen die einen Gestirne in die Höhe steigt, gegen die anderen wieder absinkt, wodurch diejenigen, die durch die Krümmung des Erdballs verborgen waren, plötzlich sichtbar werden und gleichsam aus dem Meere auftauchen ...

Daher werden die am Abend stattfindenden Sonnen- und Mondfinsternisse nicht von den Bewohnern des Ostens und die am Morgen stattfindenden nicht von denen des Westens gesehen; die mittags auftretenden sehen die Bewohner des Ostens später als wir. Als Alexander der Große seinen Sieg bei Arbela erfocht, soll sich der Mond in der zweiten Nachtstunde verfinstert haben, in Sizilien aber schon bei seinem Aufgang ...

Deshalb ist es auch nie auf der ganzen Erde zugleich Nacht oder Tag, wenn es sich auch um die gleiche Sache handelt, da die Zwischenstellung des Erdballs Nacht und die Umdrehung den Tag bewirkt. Durch viele Erfahrungen ist dies erkannt worden: In Afrika und in Spanien wurden von Hannibal Türme, in Asien ähnliche Warten zum Schutz wegen der schrecklichen Überfälle durch Seeräuber errichtet. Wenn man auf diesen um die sechste Tagesstunde Signalfeuer anzündete, machte man oft die Erfahrung, daß sie von den rückwärts [nach Osten] liegenden Türmen um die dritte Nachtstunde gesichtet wurden. Philonides, ein Läufer des schon genannten Alexander des Großen, leistete den 1200 Stadien langen Weg von Sikyon nach Elis in neun Tagesstunden; von da aber kehrte er, obgleich der Weg bergab ging, oft erst in der dritten Nachtstunde zurück. Die Ursache war, daß er auf dem Hinweg mit der Sonne lief, auf dem Rückweg aber die ihm entgegenkommende Sonne überholte. (Kap. 69–73, S. 151–157)

[Die Erdmessung des Eratosthenes]

Dies ist, was ich von der Länge und Breite für erwähnenswert halte. Den ganzen Umfang der Erde aber hat Eratosthenes, ein Mann, der bei seinem auf allen geistigen Gebieten tätigen Scharfsinn gerade in diesem Teile vor anderen gescheit ist, weshalb ihm, wie ich sehe, auch alle beistimmen, zu 252 000 Stadien angegeben, welche nach römischem Maß 31 500 000 Schritte ausmachen. Dies ist eine kühne, aber genau begründete Behauptung, der keinen Glauben zu schenken man sich schämen müßte. (Kap. 112, S. 213)

C. Plinius Secundus d.Ä.: Naturkunde, lateinisch-deutsch, Buch 2. Hrsg. und übers. von Roderich König. o.O. 1974. – C. Plini Secundi Naturalis historiae, Vol. I. Ed. Ludwig Ian, Carl Mayhoff. Stuttgart 1985 (Bibl. sript. Graecorum et Romanorum Teubn.)
   vgl. Einleitung S. 20

CLAUDIUS PTOLEMÄUS
(KLAUDIOS PTOLEMAIOS)
Almagest, um 130 n. Chr.

1. Buch, 1. Kapitel

Davon ausgehend, daß die Existenz alles Seienden derart auf Materie, Form und Bewegung beruhe, daß von diesen Teilen keiner für sich, d.h. ohne die anderen, an dem Objekt geschaut, sondern nur gedacht werden könne, möchte er [Aristoteles] als die erste Ursache der ersten Bewegung des Weltganzen, rein für sich herausgehoben, einen unsichtbaren und unbewegten Gott erkennen und das Wissensgebiet, dem die Forschung nach diesem Wesen zufällt, als Theologie bezeichnen, wobei nur oben irgendwo in den erhabensten Höhen der Welt eine so gewaltig sich äußernde Kraft, ein für allemal geschieden von den sinnlich wahrnehmbaren Dingen, gedacht werden könne.

Die Gattung aber, welche die Erforschung der Beschaffenheit der in ewiger Bewegung begriffenen Materie zur Aufgabe hat und die Frage, ob weiß, ob warm, ob süß, ob weich u. dgl. erörtert, möchte er Physik nennen, insofern der ihr zufallende Stoff größtenteils in der Welt des Vergänglichen, d. i. unter der Sphäre des Mondes, seine Wandlungen vollziehe.

Die Gattung endlich, welche die Beschaffenheit zur Anschauung zu bringen hat, die sich in den Formen und in den Ortsveränderungen verursachenden Bewegungen offenbart, welcher ferner die Aufgabe zufällt, Gestalt, Quantität, Größe, Raum und Zeit und ähnliche Begriffe zu ergründen, will er als das Gebiet der Mathematik abgesondert sehen, insofern der ihr zukommende Stoff sozusagen in die Mitte zwischen die beiden erstgenannten Materien falle, nicht nur deshalb, weil er sowohl durch die sinnliche Wahrnehmung als auch ohne deren Hilfe erfaßt werden könne, sondern auch deshalb, weil er schlechthin allem Seienden als Eigenschaft zukomme, sowohl sterblichen wie unsterblichen Wesen, indem er bei ersteren, die sich hinsichtlich der von ihnen untrennbaren Form beständig verändern, einer Mitveränderung unterworfen sei, während er bei den ewigen Wesen, welche ätherischer Natur sind, die Unveränderlichkeit der Form unwandelbar bewahre.

Hieran haben wir folgende Erwägungen geknüpft. Während man die beiden anderen Gattungen des theoretischen Teils mehr spekulative Betrachtung als sichere Erkenntnis nennen könnte, die Theologie wegen der absoluten Unsichtbarkeit und Unerfaßlichkeit ihres Gegenstandes, die Physik wegen der Unbeständigkeit und Unklarheit der Materie – so daß aus diesem Grunde keine Hoffnung vorhanden ist, daß die Philosophen über diese Dinge jemals einerlei Meinung werden könnten – dürfte einzig und allein die Mathematik, wenn man auf dem Wege scharfer Prüfung an sie herantritt, ihren Jüngern ein zuverlässiges und unumstößliches Wissen darbieten, weil der Beweis die keinen Zweifel zulassenden Wege einschlägt, welche Arithmetik und Geometrie an die Hand geben.

Das ist auch der Grund, der uns veranlaßt hat, uns nach Kräften dieser hervorragenden Wissenschaft in ihrem ganzen Umfange zu widmen, insbesondere aber dem Zweige, der sich mit der Erkenntnis der göttlichen und himmlischen Körper befaßt, weil diese Wissenschaft allein in der Untersuchung einer ewig sich gleichbleibenden Welt aufgeht und deshalb auch ihrerseits imstande ist, erstens hinsichtlich der von ihr vermittelten Erkenntnis, die weder unklar noch ungesichtet ist, ewig unverändert zu bleiben – was das charakteristische Merkmal der reinen Wissenschaft ist – und zweitens den andern Wissensgebieten eine Mitarbeiterin zu sein, die nicht weniger leistet als diese selbst.

Und zwar könnte der Theologie diese Wissenschaft in hervorragender Weise die Wege bahnen, insofern sie allein imstande ist, mit Erfolg den Spuren der unbewegten und von der Materie geschiedenen Kraft nachzugehen, ausgehend von der naheliegenden Schlußfolgerung aus den Erscheinungen, welche sich an den sinnlich wahrnehmbaren, sowohl bewegenden als bewegten, und doch ewigen und keinen Leiden unterworfenen Wesen hinsichtlich des Verlaufs und der Regelmäßigkeit ihrer Bewegungen vollziehen.

Auch der Physik könnte sie recht wesentliche Unterstützung gewähren; denn die allgemeinen Eigenschaften der Materie kommen zum wahrnehmbaren Ausdruck durch das eigenartige Verhalten bei den Ortsveränderungen verursachenden Bewegungen. So besitzt z. B. das an sich Vergängliche an der geradlinigen Bewegung, das Unvergängliche an der Kreisbewegung, ferner das Schwere oder Passive an der zentripetalen, das Leichte oder Aktive an der zentrifugalen Bewegung ein charakteristisches Merkmal.

Was nun vollends eine in Handel und Wandel sittliche Lebensführung anbelangt, so dürfte diese Wissenschaft vorzugsweise Sinn und Blick dafür schärfen. Denn nach dem Vorbilde der an den göttlichen Wesen erschauten Gleichförmigkeit, strengen Ordnung, Ebenmäßigkeit und Einfalt bringt sie ihren Jüngern die Liebe zu dieser göttlichen Schönheit bei und macht ihnen durch Gewöhnung den ähnlichen Seelenzustand sozusagen zur zweiten Natur. (Bd. 1, S. 1–4)

1. Buch, 5. Kapitel.
Die Erde nimmt die Mitte des Himmelsgewölbes ein

Wenn man nach dieser Erörterung [der Gestalt] der Reihenfolge nach die Lage der Erde ins Auge faßt, so dürfte man zu der Erkenntnis gelangen, daß der Verlauf der Himmelserscheinungen um die Erde sich nur dann regelrecht vollziehen kann, wenn wir letztere wie das Zentrum einer Kugel in die Mitte des Weltalls setzen. Wäre dem nicht so, so sind außerdem nur drei Fälle denkbar:

1. die Erde liegt außerhalb der Achse, aber gleichweit entfernt von jedem der beiden Pole;
2. sie liegt auf der Achse, aber dem einen Pol nähergerückt;
3. sie liegt weder auf der Achse noch gleichweit von jedem der beiden Pole entfernt.

1. Gegen die erste der drei Lagen spricht folgendes.
    A. Wenn man sich die Erde mit Bezug auf die Lage gewisser Orte nach oben oder nach unten verschoben denkt, so würde für diese Orte davon die Folge sein
    a) bei Sphaera recta: daß niemals Tag- und Nachtgleiche eintreten kann, weil der Raum über und unter der Erde von dem Horizont jederzeit in ungleiche Teile geteilt wird;
    b) bei Sphaera obliqua: daß entweder wieder überhaupt nicht Tag- und Nachtgleiche eintreten kann, oder wenigstens nicht in der Mitte zwischen Sommer- und Winterwende, da diese Intervalle notwendigerweise ungleich werden, weil nicht mehr der Äquator, d. i. der größte der um die Pole des Umschwungs verlaufenden Parallelkreise, von dem Horizont halbiert wird, sondern einer von den mit dem Äquator gleichlaufenden nördlichen oder südlichen Kreisen. Darüber ist man aber allgemein einig, daß diese Intervalle überall gleich sind, weil die im Vergleich zur Tag- und Nachtgleiche eintretende Zunahme des längsten Tages zur Zeit der

Sommerwende gleich ist der Abnahme des kürzesten Tages zur Zeit der Winterwende.

B. Wenn man aber wieder mit Bezug auf die Lage gewisser Orte eine Verschiebung in der Richtung nach Osten oder Westen annehmen wollte, dann würde für diese Orte der Fall eintreten, daß erstens die Größen und die gegenseitigen Abstände der Gestirne im östlichen Horizont scheinbar nicht die gleichen und nämlichen wie im westlichen sein würden, und daß zweitens die Zeit von Aufgang bis Kulmination nicht gleich sein würde der Zeit von Kulmination bis Untergang, was sichtlich mit den Erscheinungen durchaus in Widerspruch steht.

2. Gegen die zweite Lage, bei welcher man sich die Erde in der Richtung der Achse nach dem einen der beiden Pole hin verschoben zu denken hat, könnte man wieder einwenden, daß, wenn dem so wäre, für jede geographische Breite (d. i. bei Sphaera obliqua) die Ebene des Horizontes den über und unter der Erde befindlichen Himmelsraum je nach dem Grade der Verschiebung jedesmal ungleich machen würde, und zwar sowohl die oberen Teile im Vergleich zu den oberen, und die unteren Teile im Vergleich zu den unteren, als auch die unteren und oberen Teile im Vergleich zu einander; denn nur bei Sphaera recta kann (in diesem Falle) der Horizont die Sphäre halbieren, während er bei Sphaera obliqua, bei welcher der nähere Pol (an der Figur der nördliche) zum immersichtbaren wird, den über der Erde gelegenen Teil der Sphäre stets kleiner und den unter der Erde gelegenen größer macht.

Infolgedessen würde der Fall eintreten, daß auch der größte Kreis, der durch die Mitte der Tierkreisbilder [d. i. die Ekliptik] geht, von der Ebene des Horizontes in ungleiche Teile geteilt würde, ein Verhältnis, welches die Beobachtung keineswegs feststellt; denn jederzeit und überall sind sechs Zeichen über der Erde sichtbar und die übrigen sechs unsichtbar, während dann wieder letztere in ganzer Ausdehnung gleichzeitig über der Erde sichtbar sind und die übrigen alle zusammen unsichtbar. Demnach geht aus dem Umstande, daß (bei zentraler Lage der Erde) dieselben Halbkreise der Ekliptik in ihrer ganzen Ausdehnung bald über bald unter der Erde abgeschnitten werden, klar hervor, daß vom Horizont auch die Ekliptik genau halbiert wird.

Ganz allgemein würde, wenn die Erde nicht ihre Lage direkt unter dem [Himmels-] Äquator hätte, sondern nach Norden oder Süden in der Richtung nach einem der beiden Pole hin von dieser Lage abwiche, der Fall eintreten, daß an den Nachtgleichentagen die bei Aufgang [der Sonne] geworfenen Schatten der Gnomonen mit den bei Untergang geworfenen auf den mit dem Horizont parallelen Ebenen nicht mehr für die sinnliche Wahrnehmung auf eine Gerade fielen, eine Begleiterscheinung [der Nachtgleichen], welche in einander genau gegenüberliegenden Punkten [des Horizontes] eintritt, wie die Beobachtung allerorts feststellt ...

Kurz und gut, der ganze regelgerechte Verlauf, welcher theoretisch hinsichtlich der Ab- und Zunahme der Tage und Nächte festgestellt wird, dürfte vollständig umgestoßen werden, wenn man die Erde nicht in der Mitte annähme. Hierzu kommt, daß auch der Eintritt der Mondfinsternisse nicht an allen Stellen des Himmels in der der Sonne diametral gegenüberliegenden Stellung erfolgen könnte, da die Erde häufig nicht bei den diametral gegenüberliegenden Positionen [der beiden Lichtkörper] als bedeckendes Objekt zwischen sie zu stehen kommen würde, sondern bei den Intervallen, die kleiner als ein Halbkreis wären. (Bd. 1, S. 12–15)

1. Buch, 7. Kapitel
Die Erde hat keinerlei Ortsveränderung verursachende Bewegung

Nach denselben Gesichtspunkten wie bisher wird sich der Nachweis führen lassen, daß die Erde auch nicht die geringste Bewegung nach den oben besprochenen schrägen Richtungen haben oder überhaupt jemals ihre zentrale Lage irgendwie verändern kann; denn es würden dieselben Folgen eintreten, wie wenn sie eine andere Lage zur Mitte einnähme. Deshalb dürfte man meines Erachtens überflüssiger Weise noch nach den Ursachen des freien Falls nach der Mitte forschen, nachdem ein für allemal auf dem dargelegten Wege aus den Erscheinungen selbst die Tatsache klargestellt ist, daß die Erde den Raum in der Mitte des Weltalls einnimmt, und daß alle schweren Körper auf sie fallen. Das bequemste Beweismittel zur Feststellung des Falls nach der Mitte dürfte einzig und allein in dem Umstand zu finden sein, daß, nachdem die Kugelgestalt und die Lage der Erde in der Mitte des Weltalls nachgewiesen ist, auf ausnahmslos allen ihren Punkten die Richtung und der Fall der mit Schwere behafteten Körper, ich meine, ihr freier Fall, unter allen Umständen und überall lotrecht zu der durch den Einfallspunkt gelegten, neigungslosen [Tangential-] Ebene verläuft; denn aus diesem Verhalten geht klar hervor, daß diese Körper, wenn sich ihnen in der Erdoberfläche nicht ein unüberwindliches Hemmnis entgegengestellte, durchaus bis zum Mittelpunkte selbst gelangen würden, weil die zum Mittelpunkt führende Gerade immer senkrecht zu der Tangentialebene der Kugel steht, welche durch den an der Berührungsstelle entstehenden Schnittpunkt gelegt wird.

Wer darin einen unerklärlichen Widerspruch zu erblicken vermeint, daß ein Körper von so gewaltiger Schwere wie die Erde nach keiner Seite wanke oder falle, der scheint mir den Fehler zu begehen, daß er bei dem Vergleich seinen eignen leiblichen Zustand, aber nicht die Eigenart des Weltganzen im Auge hat. Denn ich meine, ein solches Verharren im Ruhezustande würde ihm nicht mehr wunderbar vorkommen, wenn er sich zu der Vorstellung aufschwingen könnte, daß die vermeintliche Größe der Erde verglichen mit dem ganzen sie umgebenden Körper zu diesem nur das Verhältnis eines Punktes hat; denn alsdann wird es möglich erscheinen, daß der verhältnismäßig so kleine Körper von dem absolut größten und aus gleichartigen Molekülen bestehenden durch den von allen Seiten in gleichmäßiger Stärke und gleichförmiger Richtung geübten Gegendruck in der Gleichgewichtslage erhalten wird; denn ein »oben« oder »unten« gibt es im Weltall mit Bezug auf die Erde nicht, ebensowenig wie auch bei der Kugel jemand auf einen solchen Gedanken kommen würde.

Was aber die im Weltall existierenden zusammengesetzten Körper anbelangt, so streben die leichten, d. h. die aus feinen Molekülen bestehenden Körper, so weit es die ihnen von Natur anhaftende Neigung zum freien Fall gestattet, empor nach außen, d. i. nach der Peripherie, und folgen scheinbar dem Triebe nach dem jeweiligen »oben«; denn auch bei uns Menschen bestimmt allgemein der Punkt über dem Haupte, der gleichfalls mit »oben« bezeichnet wird, die Richtung der Normalen zu der jeweiligen Standfläche. Dagegen streben die schweren, d. h. die aus groben Molekülen bestehenden Körper, nach der Mitte zu, d. i. nach dem Zentrum, und fallen scheinbar nach »unten«; denn auch bei uns Menschen bestimmt wieder allgemein der Fußpunkt, gleichfalls mit »unten« bezeichnet, die Richtung der Normalen zum Erdmittelpunkte. Das gemeinsame Streben nach der Mitte erhalten sie dabei natürlich durch den von allen Seiten gleichstark und gleichförmig aufeinander wirkenden Gegenstoß und Gegendruck.

Nun stellen sich manche Philosophen, ohne gegen die hier entwickelten Ansichten etwas einwenden zu können, ein nach ihrer Meinung glaubwürdiges System zusammen und geben sich dem Glauben hin, daß keinerlei Zeugnis wider sie sprechen werde, wenn sie z. B. das Himmelsgewölbe als unbeweglich annähmen, während sie die Erde um dieselbe Achse von Westen nach Osten täglich nahezu eine Umdrehung machen ließen, oder auch wenn sie beiden eine Bewegung von einem gewissen Betrag erteilen, nur, wie gesagt, um dieselbe Achse und im richtigen Verhältnis zur Erhaltung der auf gegenseitigem Überholen beruhenden Beziehungen.

Wenn auch vielleicht, was die Erscheinungen in der Sternenwelt anbelangt, bei der größeren Einfachheit des Gedankens nichts hinderlich sein würde, daß dem so wäre, so ist doch diesen Männern entgangen, daß aus den uns selbst anhaftenden Eigenschaften und den eigenartigen atmosphärischen Verhältnissen die ganze Lächerlichkeit einer solchen Annahme ersichtlich werden muß. Gesetzt nämlich, wir machten ihnen das Zugeständnis, daß im Widerspruch mit ihrer natürlichen Beschaffenheit die aus den feinsten Molekülen bestehenden und daher leichtesten Substanzen entweder gar keine Bewegung hätten oder unterschiedslos dieselbe wie die Körper von entgegengesetzter Natur – wo doch die atmosphärischen Massen und die aus weniger feinen Molekülen gebildeten Körper so sichtlich den Trieb zu schneller Fortbewegung äußern als sämtliche mehr erdartigen Körper – während die aus den gröbsten Molekülen bestehenden und daher schwersten Körper in diesem Fall eine eigene rasend schnelle und gleichförmige Bewegung hätten – wo doch wieder die erdartigen Körper anerkanntermaßen bisweilen nicht einmal auf die von anderen Körpern ihnen aufgedrungene Bewegung in entsprechender Weise reagieren – nun, so müßten sie doch zugeben, daß die Drehung der Erde die gewaltigste von ausnahmslos allen in ihrem Bereich existierenden Bewegungen wäre, insofern sie in kurzer Zeit eine so ungeheuer schnelle Wiederkehr zum Ausgangspunkt bewerkstelligte, daß alles, was auf ihr nicht niet- und nagelfest wäre, scheinbar immer in einer einzigen Bewegung begriffen sein müßte, welche der Bewegung der Erde entgegengesetzt verliefe. So würde sich weder eine Wolke noch sonst etwas, was da fliegt oder geworfen wird, in der Richtung nach Osten ziehend bemerkbar machen, weil die Erde stets alles überholen und in der Bewegung nach Osten vorauseilen würde, so daß alle übrigen Körper scheinbar in einem Zuge nach Westen, d.i. nach der Weite, welche die Erde hinter sich läßt, wandern müßten.

Wenn die Vertreter dieser Ansicht nämlich auch behaupten wollten, daß die Atmosphäre an der Drehung der Erde in derselben Richtung mit gleicher Geschwindigkeit teilnähme, so müßten nichtsdestoweniger die in sie hineingeratenden irdischen Körper jederzeit hinter der Bewegung, welche Erde und Atmosphäre gemeinsam [ostwärts] fortrisse, scheinbar [westwärts] zurückbleiben, oder wenn sie auch, mit der Atmosphäre gewissermaßen eins geworden mit herumgenommen würden, so würde doch an ihnen keinerlei scheinbare Bewegung mehr wahrgenommen werden, weder eine rechtläufige noch eine rückläufige, sondern sie würden scheinbar beständig an einem Fleck verharren und, möchten es fliegende oder geworfene Körper sein, keinerlei Abschweifung oder Fortschritt im Raum machen – was wir ja alles so sichtlich vor sich gehen sehen – gerade als ob von dem Nichtfeststehen der Erde für diese Körper ein Verzichten auf jede Bewegung, sei sie langsam oder schnell, die Folge sein müßte. (Bd. 1, S. 16–20)

1. Buch, 8. Kapitel
Es gibt zwei voneinander verschiedene erste Bewegungen am Himmel

Die erste Bewegung ist diejenige, von welcher alle Gestirne ewig gleichmäßig und mit der gleichen Geschwindigkeit von Osten nach Westen geführt werden. Sie bewirkt die Herumführung auf Parallelkreisen, welche natürlich um die Pole dieser alle Gestirne gleichförmig herumführenden Sphäre beschrieben werden. Der größte dieser Parallelkreise heißt der Äquator (oder Gleicher), weil nur er vom Horizont, der [gleichfalls] ein größter Kreis ist, unter allen Umständen in zwei gleiche Teile geteilt wird, und weil er überall für die sinnliche Wahrnehmung Gleichheit von Tag und Nacht verursacht, sobald der Umschwung der Sonne auf ihm verläuft.

Die zweite Bewegung ist diejenige, vermöge welcher die Sphären der Gestirne in der zum vorherbeschriebenen Umschwung entgegengesetzten Richtung gewisse Ortsveränderungen um andere Pole bewirken, nicht um dieselben, wie die der ersten Umdrehung (d. h. nicht um die Pole des Äquators). Daß es diese zweite Bewegung gibt, nehmen wir aus folgendem Grunde an. Gemäß der Tag für Tag anzustellenden Beobachtung sehen wir alle Gestirne ausnahmslos am Himmel Aufgang, Kulmination und Untergang für die sinnliche Wahrnehmung an den gleichartigen, auf Parallelkreisen zum Äquator liegenden Stellen bewerkstelligen, worin eben die Eigenart des ersten Umschwungs liegt. Dagegen behalten bei länger hintereinander fortgesetzter Beobachtung die übrigen Gestirne alle auf eine lange Zeit hinaus scheinbar sowohl die gegenseitigen Abstände bei, als auch ihre besonderen Beziehungen zu den Stellen, die dem ersten Umschwung eigen sind, während die Sonne, der Mond und die Wandelsterne gewisse komplizierte und einander ungleiche Ortsveränderungen bewerkstelligen, die aber alle im Vergleich zu der allgemeinen Bewegung nach den ostwärts gelegenen Teilen [des Himmelsgewölbes] gerichtet sind, welche hinter den [Fix-] Sternen, die ihre gegenseitigen Abstände beibehalten und gewissermaßen von einer einzigen Sphäre herumgeleitet werden, zurückbleiben.

Wenn nun die letzterwähnte Ortsveränderung der Wandelsterne gleichfalls auf Parallelkreisen zum Äquator vor sich ginge, d. h. um die Pole, welche der ersten Umdrehung zugrunde liegen, so würde es ausreichend sein, für alle Gestirne ein und denselben Umschwung in der Richtung des ersten anzunehmen; denn alsdann würde es glaubwürdig erscheinen, daß die an den Wandelsternen beobachtete Ortsveränderung nur die Folge eines verschiedenartigen Zurückbleibens und nicht der Effekt einer entgegengesetzt verlaufenden Bewegung sei. Nun verbinden sie aber mit den ostwärts gerichteten Ortsveränderungen gleichzeitig einen sichtlich nach Norden oder Süden abweichenden Lauf, wobei sich die Größe dieser seitlichen Abweichung theoretisch nicht einmal als gleichförmig herausstellt, so daß es den Anschein hat, als ob diese charakteristische Erscheinung durch gewisse Stoßwirkungen an den Planeten hervorgerufen würde. Die Ungleichförmigkeit des Laufs erklärt sich allerdings, wenn man diese so wenig glaubliche Vermutung gelten lassen will, aber durchaus geregelt erscheint dieser Lauf unter der Annahme, daß er sich auf einem zum Äquator schiefen Kreis vollziehe.

So gibt sich denn dieser schiefe Kreis als ein und dieselbe den Wandelsternen eigene Bahn zu erkennen; genau eingehalten und gewissermaßen beschrieben wird er freilich nur von der Bewegung der Sonne, durchlaufen aber auch von dem Monde und den Planeten, welche jederzeit in nächster Nähe dieses Kreises wandeln und durchaus nicht willkürlich die für jeden einzelnen beiderseits genau bestimmten Grenzen der seitlichen Abweichung überschreiten. (Bd. 1, S. 20–22)

3. Buch, 3. Kapitel
Die Hypothesen zur Erklärung der gleichförmigen Bewegung auf Kreisen

Die Hervorrufung des Scheines einer ungleichförmigen Bewegung kann vornehmlich nach zwei Hypothesen, welche wir als die ersten und einfachsten bezeichnen, eintreten. Wird nämlich die Bewegung der Gestirne theoretisch auf den mit dem Weltall konzentrischen und in der Ebene der Ekliptik gedachten Kreis [der Ekliptik] bezogen, mit dessen Zentrum demnach unser Auge zusammenfällt, so sind zwei Annahmen möglich: entweder vollziehen die Gestirne ihre Bewegungen auf Kreisen, die mit dem Weltall nicht konzentrisch sind, oder auf Kreisen, die mit dem Weltall konzentrisch sind, dann aber nicht schlechthin auf letzteren selbst, sondern auf anderen von diesen getragenen Kreisen, den sogenannten Epizyklen. Nach jeder dieser beiden Hypothesen wird sich die Möglichkeit herausstellen, daß die Planeten in gleichen Zeiten für unser Auge ungleiche Bogen der mit dem Weltall konzentrischen Ekliptik durchlaufen.

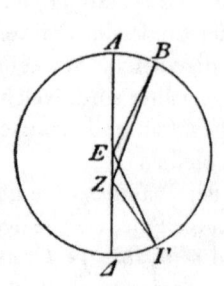

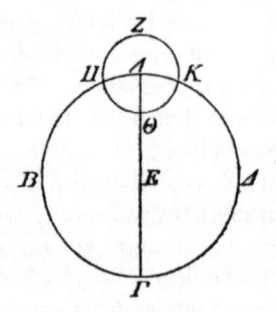

Darstellung der exzentrischen (links) und eliptischen Hypothese rechts

A. Denken wir uns zunächst nach der exzentrischen Hypothese als den Exzenter, auf welchem das Gestirn sich gleichförmig bewegt, den Kreis αβγδ um das Zentrum ε und den Durchmesser αεδ, ferner auf letzterem den Punkt ζ als unser Auge, so daß α der erdfernste, und δ der erdnächste Punkt [des Exzenters] wird. Ziehen wir alsdann nach Abtragung der gleichgroßen Bogen αβ und δγ die Verbindungslinien βε, βζ, γε, γζ, so wird ohne weiteres klar sein, daß das Gestirn, nachdem es jeden der beiden Bogen in gleicher Zeit zurückgelegt, auf dem um ζ beschriebenen Kreise (d. i. in der Ekliptik) scheinbar ungleiche Bogen durchlaufen haben wird; denn der Winkel βζα wird kleiner, der Winkel γζδ dagegen größer sein als jeder der als gleich angenommenen Winkel βεα und γεδ.

B. Denken wir uns nach der epizyklischen Hypothese αβγδ als den mit der Ekliptik konzentrischen Kreis um das Zentrum η und den Durchmesser αηγ, und als den auf ihm laufenden Epizykel, auf welchem sich das Gestirn bewegt, den Kreis ζηθκ um den Mittelpunkt α so wird auch hier ohne weiteres folgendes einleuchten. Wenn der Epizykel den αβγδ z. B. in der Richtung von α nach β mit gleichförmiger Geschwindigkeit durchläuft, und ebenso das Gestirn den Epizykel, so wird das Gestirn, wenn es in den Punkten ζ und θ steht, mit dem Mittelpunkt α des Epizykels scheinbar zusammenfallen; steht es dagegen in anderen Punkten, so wird dies nicht mehr der Fall sein. So wird es z. B. in Punkt η angelangt, scheinbar eine um den Bogen αη größere Bewegung als die gleichförmige ausgeführt haben, dagegen in Punkt κ angelangt, ganz entsprechend eine um den Bogen ακ kleinere. (Bd. 1, S. 152f.)

13. Buch, 2. Kapitel
[Über die hypothetische Natur astronomischer Theorien]

Es wird sich wohl niemand im Hinblick auf die Dürftigkeit menschlicher Machwerke der Technik Gedanken machen, daß die hier vorgetragenen Hypothesen zu künstlich seien. Darf man doch Menschliches nicht mit Göttlichem vergleichen und ebensowenig die Beweisgründe für so gewaltige Vorgänge den ungleichartigsten Beispielen entnehmen. Denn was könnte es Ungleichartigeres geben als Wesen, die sich ewig gleichmäßig verhalten, gegenüber Geschöpfen, die sich niemals so verhalten, oder Ungleichartigeres als Geschöpfe, die von jeder Kleinigkeit aus ihrem Gleise gebracht werden können, gegenüber Wesen, die nicht einmal durch sich selbst Störungen erleiden? Versuchen freilich soll man, soweit es möglich ist, die einfacheren Hypothesen den am Himmel verlaufenden Bewegungen anzupassen; wenn dies aber durchaus nicht gelingen will, so soll man zu den Hypothesen schreiten, welche diese Möglichkeiten bieten. Denn lassen sich einmal alle Himmelserscheinungen auf Grund der Hypothesen genügend erklären, wie könnte dann noch jemand die Möglichkeit wunderbar erscheinen, daß den Bewegungen der himmlischen Körper ein so kompliziertes Ineinandergreifen eigen sei, wo doch bei ihnen keinerlei in ihrer Natur begründeter Zwang herrscht, sondern die angemessene Kraft obwaltet, den allen himmlischen Körpern je nach ihrer Beschaffenheit eigenen Bewegungen auszuweichen und nachzugeben, auch wenn diese Bewegungen in entgegengesetzter Richtung verlaufen.

So kommen denn alle diese Wesen durch alle nur denkbaren Ströme der Materie glücklich hindurch und können sie mit ihrem Lichte durchdringen, ja ein mit so wunderbarer Kraft begabtes Wesen findet seinen Weg nicht nur auf den ihm speziell vorgeschriebenen Kreisen, sondern auch um die Sphären selbst und um die Achsen der Umschwünge... Hinzu kommt noch eine Erwägung. Die »Einfachheit« der Vorgänge am Himmel darf man nicht nach dem beurteilen, was uns Menschen als einfach gilt, zumal man auf Erden über den Begriff »einfach« keineswegs einig ist. (Bd. 2, S. 333f.)

Ptolemäus: Handbuch der Astronomie, 2 Bde. Dt. Übers. und erläut. Anm. von K. Manitius. Leipzig 1963. – Ders.: Syntaxis mathematica. Ed. Heiberg. In: Ders.: Opera quae extant omnia. Leipzig 1898–1903
   vgl. Einleitung S. 21

CLAUDIUS PTOLEMÄUS
(KLAUDIOS PTOLEMAIOS)
Tetrabiblos, oder die Grundlehren der Astrologie, um 130 n. Chr.

Auf zwiefacher Grundlage, mein Syrus, müssen wir das Gebäude der astrologischen Divination errichten. Die eine, welche auch naturgemäß zuerst Beachtung erfahren muß und das Fundament darstellt, ist die Beobachtung, durch die wir zu jedweder Zeit die Bewegungen der Sonne, des Mondes und der übrigen Gestirne, sowohl hinsichtlich ihrer Verhältnisse zueinander, als auch unserer Erde gegenüber festzustellen imstande sind. Die zweite dagegen ist die Untersuchung, durch welche wir die Veränderungen zu erkennen trachten müssen, die diese Bewegungen in den Erdenkörpern verursachen, nämlich, inwiefern diese Veränderungen in der irdischen Welt den Stellungen der Gestirne entsprechen, wobei wir eben wieder von den natürlichen Eigenschaften der Gestirne auszugehen pflegen. – Der erste dieser beiden Zweige unserer Wissenschaft verlangt eigene, sorgfältige Beschäftigung, auch wenn wir uns mit dem zweiten Gebiet der obgenannten Untersuchungen nicht zu beschäftigen die Absicht tragen; ich habe ihn dir in einem selbständigen Werke mit größter Anschaulichkeit auseinandergesetzt, soweit mir dieses nur irgend möglich gewesen ist.

   Hinsichtlich des zweiten Teiles nun werden wir nicht so exakte und unumstößliche Tatsachen geben können, ähnlich der Philosophie, und wenn auch ein wahrheitsliebender Geist nie die Beweise für diesen Teil zu einer exakten Begründung seiner unwandelbaren Lehre zusammentragen kann, sofern wir unsere allgemeine Unvollkommenheit bedenken und die Schwierigkeiten uns vor Augen halten, diese Materie ihrem Wesen nach einer untersuchenden Betrachtung zu unterwerfen, so soll doch niemand eine solche Untersuchung, soweit sie nur immer durchführbar ist, verzweifelt aufgeben, da es auf der Hand liegend zu erkennen ist, wie viele Ereignisse von Gewalt und Bedeutung im Leben ihren Ursprung in himmlischen Ursachen finden ...

   Zuvörderst liegt es mehr als augenscheinlich auf der Hand und bedarf keiner wortreichen Versicherung, daß Kräfte vom Himmel auf alles Irdische, das den Veränderungen der Allnatur unterworfen ist, niederströmen; so in die sublunarischen Grundelemente, in Feuer und Luft, die durch die himmlischen Bewegungen erregt werden, und welche alles übrige Untergeordnete in sich tragen und also Erde und

Wasser, Pflanzen und Tiere beeindrucken. Denn die Sonne beeinflußt alles Irdische zusammen mit dem Himmel nicht nur immer anders infolge der vier Jahreszeiten, denen das Wachstum in der Tierwelt, die Fruchtbarkeit der Pflanzenwelt, das Fließen der Gewässer und die Veränderungen in den Körpern entsprechen, sondern wirkt selbst durch ihren tagtäglichen Lauf erwärmend oder feuchtend, dörrend oder erfrierend in ganz bestimmter Weise und im Einklang mit den Stellungen der übrigen Gestirne, je nach der Breite unseres Ortes.

Der Mond scheint ebenso seinen Einfluß auf alles Erdhafte geltend zu machen, da fast alles Beseelte und Unbeseelte die Kraft des Mondes und seine Wirkung zu empfinden vermag. Die Gewässer wachsen und fallen mit ihm, es ahmen seinen Auf- und Niedergang Ebbe und Flut des Meeres nach, Pflanzen und Tiere, sei es nun ganz, sei es in einzelnen Teilen, beginnen zu schwellen und zu strotzen, wenn er im Zunehmen ist, und versiegen und dörren, wenn er wieder abnimmt.

Ebenso zeigen die Gestirne, seien es Fixsterne oder Planeten, in den Lüften die schwüle Hitze ebenso an wie die Schneekälte und verkünden so, woher alles Irdische beeinflußt wird. Vereinen sie sich aber, so mischen sie die ihnen eigentümlichen Kräfte miteinander und verursachen die verschiedensten Wetterwendungen. Wenn nun auch die augenblickliche Kraft und Wirkung der Sonne jedesmal das Vorherrschende ist, im Hinblick auf den allgemeinen Zustand, so verstärken oder schwächen doch jedesmal die übrigen Gestirne dann diese Wirkung nach irgendeiner Richtung hin.

Die Wirkungen des Mondes sind offensichtlichere und kehren häufiger wieder, wie infolge der Konjunktion, in den Quadraturen und bei Vollmond. Die übrigen Gestirne dagegen weisen längere Zeiträume betreffs ihres Wirkens auf und zeigen auch nicht die gleiche Offensichtlichkeit, da zuzeiten ihre Wirkung erscheinen kann, ein andermal verdeckt wird, wiederum ein andermal ihre Wirkung sich auf eine längere Zeitspanne auseinanderzieht. Wenn jemand nun diese Wirkungen erkennt, so wird er begreifen, daß alle Körper, nicht nur erst, nachdem sie geboren und vollkommen sind, durch die Wirkungen der himmlischen Gestirne beeinflußt werden, sondern daß selbst der Same aller Wesen im frühesten Beginne Gestalt und Wachstum von den jeweiligen Kräften des Himmels erhält ..., (Bd. 1, S. 1–7)

Was jedoch die Geburtsastrologie betrifft und das Urteil über die einzelnen Charakteranlagen, so macht nebenher noch vieles Andere seine Wirkung geltend, was die Eigenschaften in der Vermischung verändert ... Ferner bringen die verschiedenen Gegenden nicht übersehbare Unterschiede an den Geborenen hervor, selbst wenn die Samen dem gleichen Geschlechte der Wesen angehören, wie beispielsweise der Menschen; und mag selbst der Zustand des Himmels bei der Geburt der gleiche sein, so sind doch die Unähnlichkeiten in den verschiedenen Weltgegenden groß, bezüglich der Körpergestalt ebenso wie der Seele. Und nehmen wir letztlich an, daß selbst alles Ebenerwähnte übereinstimmen würde, so erzeugen trotzdem Erziehung und Lebensgewohnheit Unterschiede in einem Teil der seelischen Anlage, oder der sittlichen oder im Lebensgange. (Bd. 1, S. 11)

Diejenigen aber, die da behaupten, daß sie [die Astrologie] überflüssig sei, fühlen sich aus keiner anderen schwerwiegenden Ursache heraus zu ihren Handlungen getrieben, als durch Schicksalsverhängnis. Scheint es doch unnütz, etwas im voraus zu sehen, wenn wir ihm weder durch unsere Sorgfalt in die Hände arbeiten, noch ihm, sofern es schlecht, mit Hilfe unserer Wissenschaft zu entfliehen vermögen. Aber auch das ist unüberlegt gesprochen. Denn erstlich führen bei Ereignissen, die uns aus diesem Schicksalsverhängnis heraus treffen, Überraschung und Ahnungslosigkeit in größte Fassungslosigkeit oder überwältigende Freude. Wissen wir jedoch von dem, was uns bevorsteht, so gewöhnt dies unsere Seele vorher daran und mäßigt ihre Erregung, wodurch sie dem Kommenden gegenüber sich festigt, bis es Wirklichkeit geworden ist und uns in den Stand setzt, es in Frieden und gefaßt entgegenzunehmen.

Dann darf man auch nicht glauben, daß den Menschen aus himmlischer Ursache heraus etwas begegnet, das gänzlich von einem unwandelbaren, göttlichen Entschluß abhängig wäre: so daß gleichsam aus festgelegtem Gesetz notwendig etwas eintreffen müsse und aus keinem anderen Grunde in die Erscheinung treten kann. Denn eine jede Bewegung des Himmels ist wohl durch ein unwandelbares, göttliches und ewiges Gesetz festgelegt, das Irdische hingegen gibt ihm durch das natürliche und wechselvolle Geschick verschiedenartigsten Ausdruck, denn es empfängt die anstoßende Ursache seines Wechsels vom Himmel, die es immer wieder dem Lauf des Lebens entsprechend in anderer Art zu einem Ereignis formt.

Vieles wiederum trifft die Menschen auf Grund allgemeiner Verhältnisse, nicht infolge irgendeiner Anlage ihrer persönlichen Natur; so, wenn durch große Umwälzungen des Oberen, vor denen man schwer einen Schutz finden kann, ganze Völkerscharen zugrunde gehen. Solches geschieht infolge großer Dürre, Pestilenz oder Überschwemmungen, immer, wenn ein kleineres Geschick größeren und mächtigeren Einwirkungen unterliegt. (Bd. 1, S. 15f.)

Der Beginn des werdenden Menschen ist natürlicherweise entweder der Augenblick, da er empfangen wird, oder aber noch vorzüglicher der, da ihn die Macht der Natur den Mutterleib verlassen heißt. In Fällen, wo die Zeit der Empfängnis festgestellt zu werden vermag, sei es durch das Ereignis selbst oder durch Beobachtung, ist es vorteilhaft, die Stellung der Gestirne, wie sie zu dieser Zeit bestand, zu Rate zu ziehen, um die Qualität des Körpers und der Seele beurteilen zu können. Wenn nun aber auch der Samen anfänglich infolge des Eindringens der himmlischen Einflüsse die ursprüngliche Ursache jeder menschlichen Anlage ist, und erst allmählich, während der Körper sich bildet, weitere Anlagen hinzutreten, so bleibt dennoch, da der Same während des Wachstums aus den ihm zugeführten Stoffen nur dasjenige sich zufügt und annimmt, was seiner Natur gemäß ist und sich ihm anpaßt, die ursprüngliche eindeutige Struktur seiner Anlage bestehen ...

Wenngleich also der Stand des Himmels bei der Geburt scheinbar nicht die ursprüngliche Natur begründet, so ist dieses trotzdem der Fall, da nämlich die Geburt nur erfolgt, nachdem in Harmonie mit der Bewegung des Himmels und in Übereinstimmung mit seiner Tätigkeit die menschliche Frucht ihre Reife erlangt hat. Denn die Natur veranlaßt, sobald die Frucht des Mutterleibes gereift ist, ihre Geburt unter einem solchen Stande der himmlischen Gestirne, welcher ihrer Veranlagung und der Art, die bei der Empfängnis sich gestaltet hatte, durchaus entspricht. Daher wird der Stand des Himmels bei der Geburt die gleiche Anlage anzeigen, nicht weil er eine demgemäße Beschaffenheit bewirkt, sondern weil er sozusagen auf den gleichen Ton wie die ursprüngliche Anlage gestimmt ist, und ähnliche Kräfte in sich birgt. (Bd. 2, S. 4f.)

Über die Kraft der Planeten

Es ist festgestellt, daß die Sonne eine wärmende und gemäßigt trockene Natur hat; ihre Wirkungen können mit größerer Leichtigkeit erkannt werden infolge ihrer Größe und den augenfälligen Veränderungen der Jahreswechsel. Je mehr sie sich nämlich unserem Scheitelpunkt nähert, um so stärker bewirkt sie Hitze und Trockenheit.

Der Mond hingegen zeichnet sich durch seine Eigenschaft zu feuchten aus, da er sich nahe der Erde aufhält und der Nachbar feuchter Dünste und Nebel ist. Ganz offensichtlich beeinflußt er daher nach dieser Richtung hin die Körper, macht sie weich und führt sie meistens in Fäulnis über. In einem gewissen Maße wärmt er auch, da er von der Sonne sein Licht empfängt.

Saturn wirkt kältend und in einem gewissen Grade austrocknend, weil er dem Anscheine nach am weitesten von der Hitze der Sonne wie von feuchten Dünsten entfernt sich aufhält. Im übrigen verhalten sich Saturn wie alle übrigen Gestirne je nach der Verschiedenartigkeit der Aspekte von Sonne und Mond. Denn mehr oder minder ändern deren Aspekte die Beschaffenheit der himmlischen Einflüsse.

Der Planet Jupiter nennt eine gemäßigte Natur sein Eigen, da er die Mitte hält zwischen der kältenden Wirkung Saturns und der brennenden, verzehrenden des Mars. Ebenso wärmt und feuchtet er, da jedoch die wärmende Kraft vorherrscht, so werden die Winde von ihm zu befruchtendem Wirken angefacht ... (Bd. 1, S. 22f.)

Auch schon durch ihre Stellungen zur Sonne stärken oder schwächen Mond, Saturn, Jupiter und Mars ihre Kräfte. Von der Konjunktion bis zum Halbmond wirkt so der Mond mehr feuchtend, von da bis zum Vollmond mehr wärmend. Von dort weiter bis neuerdings zum Halbmond trocknend, von dieser Stelle ab bis zum verfinsterten Neumond kältend. (Bd. 1, S. 27)

Saturn ... als alleiniger Herrscher bringt im allgemeinen Zerstörungen und Verderben durch Kälte und besonders langdauernde Krankheiten für den menschlichen Körper: Schwindsucht, Auszehrung, die in Katarrhen ihren Ursprung findet, gestörte Sekretion, Fluß, viertägige Fieber; und Verbannung, Armut, Bedrängnis, Trauerfälle, Ängste und Aussterben, vorzüglich für Greise. Für die Tiere, die zu menschlichem Nutzen gehalten werden, bringt er Futtermangel oder schwächt sie durch Krankheit, und zwar bis zu solchem Grade, daß der Schaden selbst auf die Menschen über geht, die sie halten. In den Lüften verursacht er entsetzliche Kälte, unter Vereisung, Nebel und großem Schaden für die Gesundheit. Unwetter entspringen dieser Ursache, ewige Wolkentrübe, viel Nebelschwaden, starke Schneefälle, nicht solche, die von Nutzen sind, sondern verderbliche, aus denen schleichendes Unheil für die Menschen erwächst. Auf Flüssen und Meeren beiderseits wilde Stürme, Schiffbruch, gefahrvolle Fahrten, Fischmangel und Fischsterben. Auf dem Meere besonders ein Abströmen der Wassermassen unter Zerstörung des Meerbettes und ihr Zurückfluten.

In Flüssen noch Überschwemmung und Dammbrüche. Auf der Erde Teuerung der Feldfrüchte, Erntemangel und Verheerung, hauptsächlich für die Früchte, die als Nahrungsmittel dienen, sei es durch Raupenplage oder Heuschreckenschwärme, sei es durch Überschwemmungen, Platzregen oder Hagelwetter, und zwar so außerordentlich, daß die Menschen an Hunger und ähnlichen Übeln zugrunde gehen. (Bd. 1, S. 100f.)

Von den Planeten bringt Saturn, wenn er östlich steht, Menschen von gelblicher Farbe hervor, von vollerer Gestalt, mit schwarzem gekräuselten Haar, großen Augen, mittlerer Statur, von feuchtkaltem Temperament; steht er westlich, Menschen mit dünnem Körper, dunkeler Hautfarbe, glattem und einfachem Haarwuchs, jedoch die übrigen Körperteile unbehaart, von mittlerem Verhältnis der Glieder, mit ins Schwärzliche gehenden Augen, und einem trockenen, kalten Temperament. (Bd. 2, S. 52)

[Von den Tierkreiszeichen]

Der vorzüglichste Unterschied der Zeichen ist der, daß einige tropische heißen, andere Äquinoktialzeichen; diese Zeichen beider Art sind beweglich; ferner einige feste, andere zweikörperliche.

Die tropischen sind die zwei folgenden: dasjenige am Sommersolstitium, als die dreißig Grade des Krebszeichens, das andere am Wintersolstitium, nämlich die dreißig Grade des Steinbock. Diese beiden erhielten ihre Namen durch die Verhältnisse, da die Sonne, sobald sie in eines von ihnen eingetreten ist, sich wieder in ihrer Bahn zurückwendet, indem sie ihren Lauf umbiegt der entgegengesetzten Deklination zueilend, wobei sie im Krebs den Sommer, im Steinbock den Winter hervorbringt.

Ebenso haben wir zwei Äquinoktialzeichen: das des Frühlings, der Widder, und das der Herbstgleiche, die Waage, die ebenfalls ihre Namen durch natürliche Umstände erhielten. Denn sobald die Sonne in sie eintritt, ist die Zeitspanne des Tages und die der Nacht für alle Länder der Erde gleichgroß.

Von den übrigen acht Zeichen werden vier als feste bezeichnet und vier als zweikörperliche. Die festen Zeichen schließen sich unmittelbar an die tropischen und Äquinoktialzeichen an, es sind dies die Zeichen des Stier, des Löwen, des Skorpion und des Wassermann, da zu den Zeiten, wenn die Sonne sie erreicht hat, Feuchtigkeit, sengende Hitze, Trockenheit und Kälte ungestümeren und kräftigeren Ausdruck in unserer ganzen Natur erfahren; nicht also weil der Zustand der Witterung durch seine Natur einfacher hervorträte, sondern weil die Kraft der verschiedenen Zustände infolge ihrer Dauer leichter zu erfühlen ist, nachdem eine Zeit lang bereits solch ein Zeitabschnitt über uns hinweggegangen ist.

Die zweikörperlichen, mittelmäßigen sind diejenigen, die auf die festen folgen: Zwillinge, Jungfrau, Schütze und Fische. Denn da sie zwischen den festen und den tropischen oder Äquinoktialzeichen liegen, haben sie an ihrem Beginn und ihrem Ende ausgesprochene Ähnlichkeiten mit den je zwei sie umgebenden. (Bd. 1, S. 37–38)

Das Widderzeichen im allgemeinen ist gewitterschwanger und hagelreich; im einzelnen jedoch werden dergestaltige Ereignisse gelenkt und verursacht durch die Eigenschaften der Fixsterne, von denen früher gesprochen wurde. Die ersten Grade des Zeichens begünstigen Nebelbildung und Windbewegung, die mittleren sind gemäßigterer Natur, die letzten schwül und gesundheitsschädlich. (Bd. 1, S. 113f.)

Ptolemäus, Claudius: Tetrabiblos. Ins Deutsche übertragen von Erich Winkel, 2 Bde. Berlin 1923
vgl. Einleitung S. 23

CENSORINUS
Zur Geschichte des Julianischen Kalenders

Um jedoch diese schon von hohem Alter verdunkelten Jahreseinheiten zu verlassen: Auch bei den Jahren neueren Datums, die schon nach Mond- oder Sonnenumlauf ausgerichtet sind, läßt sich leicht erkennen, wie groß die Bandbreite der Unterschiede ist. Man braucht etwa nur die Stämme Italiens – ich lasse das Ausland beiseite – zu untersuchen. Denn so wie die Ferentiner, die Lavinier oder auch die Albaner und Römer jeweils ein anderes Jahr befolgten, so hielten es auch die übrigen Gemeinden. Allen gemeinsam war jedoch das Ziel, die bürgerlichen Kalenderjahre mit verschiedenartigen Schaltmonaten nach Maßgabe des wahren und natürlichen Jahreslaufs zu korrigieren.

Da es zu weitläufig wäre, über alle zu sprechen, werde ich gleich zum Jahr der Römer übergehen. Das laufende Jahr in Rom hat – so schrieben jedenfalls Licinus Macer und später Fenestella – gleich von vornherein zwölf Monate gehabt. Mehr Glauben verdienen allerdings Iunius Gracchanus, Fulvius, Varro und Sueton sowie andere Chronographen, nach deren Ansicht es zehn Monate gewesen sind, wie sie einstmals die Albaner hatten, von denen ja die Römer abstammen. Diese Monate enthielten 304 Tage auf folgende Weise:

März	31 Tage,	Sextilis und	
April	30 Tage,	September je	30 Tage,
Mai	31 Tage,	Oktober	31 Tage,
Juni	30 Tage,	November und	
Quintilis	31 Tage,	Dezember je	30 Tage.

Die vier größeren Monate hießen ›volle‹, die anderen sechs ›hohle‹ Monate. Späterhin wurden dann, wie Fulvius schreibt, von Numa oder – nach Iunius Gracchanus – von Tarquinius zwölf Monate geschaffen mit 355 Tagen, obwohl der Mond in den zwölf Mondmonaten offensichtlich 354 Tage ausfüllt. Das Überschießen des einen Tages geschah entweder aus Unwissenheit, oder – und hierzu neige ich eher – aus dem Aberglauben heraus, daß eine ungerade Zahl als Vollzahl und glückverheißender galt.

Es ist sicher, daß zum früheren Jahr einundfünfzig Tage hinzugekommen sind. Da diese aber keine zwei Monate füllen, wurden von den sechs ›hohlen‹ Monaten jeweils ein Tag abgezogen und den neuen Tagen zugerechnet. So hat man siebenundfünfzig Tage erzielt und aus diesen die beiden Monate gebildet: den Januar mit neunundzwanzig, den Februar mit achtundzwanzig Tagen. Und auf diese Weise waren von nun an alle Monate ›volle‹ und von ungerader Tageszahl, mit Ausnahme des

Februars: dieser blieb als einziger ›hohl‹ und wurde daher für weniger glückverheißend als die übrigen gehalten.

Als man schließlich beschlossen hatte, einen Schaltmonat von zweiundzwanzig bzw. dreiundzwanzig Tagen ein übers andere Jahr einzuschieben, um das bürgerliche Kalenderjahr dem natürlichen anzugleichen, so wurde diese Einschaltung am tunlichsten im Februar zwischen dem Terminalienfest und Regifugium [23. bzw. 24. Febr.] vorgenommen. In dieser Weise ist man lange verfahren, bis man merkte, daß die bürgerlichen Jahre nun etwas größer geworden waren als die natürlichen. Den Pontifikalpriestern wurde der Auftrag erteilt, diesem Mangel abzuhelfen und die Art und Weise des kalendarischen Schaltens ihrer Entscheidung überlassen. Die meisten dieser Priester haben allerdings aus Gunst oder Mißgunst die Sache, die ihnen zur Korrektur anvertraut war, noch weiter verdorben. Damit jemand schneller aus seinem Amt ausscheide oder länger im Amt verbleibe, oder damit ein staatlicher Steuerpächter aufgrund der Jahreslänge Gewinn oder Verlust davontrüge, tätigten sie nach Belieben größere oder kleinere Schaltungen.

Es kam zu so schweren Abweichungen, daß der Pontifex Maximus C. Julius Caesar unter seinem dritten und des M. Aemilius Lepidus Konsulat zunächst zur Korrektur des zurückliegenden Fehlbetrages zwei Schaltmonate von insgesamt siebenundsechzig Tagen zwischen November und Dezember einschob, obwohl er bereits im Februar dreiundzwanzig Tage eingeschaltet hatte, und so jenes Jahr auf 445 Tage ausdehnte. Gleichzeitig traf er Maßnahmen für die Zukunft, um die Wiederholung des Fehlers zu verhindern: Durch Aufhebung des Schaltmonats schuf er ein bürgerliches Kalenderjahr nach Maßgabe des Umlaufs der Sonne. Folglich fügte er den 355 Tagen noch zehn hinzu, die er auf die sieben Monate mit den 29 Tagen so aufteilte, daß zu Januar, Sextilis und Dezember je zwei kamen, zu den übrigen je einer. Diese Tage hängte er an die Monatsenden an, natürlich deshalb, weil die Kultfeste der einzelnen Monate nicht von ihrem Datum gerückt werden sollten ...

Außerdem verfügte Caesar im Hinblick auf den Vierteltag, der allem Anschein nach das wahre Jahr vervollständigte, daß nach Ablauf einer Vierjahresfrist dort, wo man früher einen Monat einzuschalten pflegte, nämlich nach dem Terminalienfest, nun ein Tag eingeschaltet werden sollte, den man heute Bissextus nennt. Seit diesem von Julius Caesar in der beschriebenen Weise geordneten Jahr werden die bis zu unserer Zeit hin folgenden Jahre julianische genannt; sie beginnen mit Caesars viertem Konsulat. (S. 81–85)

CENSORINUS
Die Welt als das »Musikinstrument Gottes«, 238 n. Chr.

Diese ganze Welt ist nach dem harmonischen System der Musik geschaffen; die sieben zwischen Himmel und Erde wandernden Sterne, die Werden und Vergehen der Sterblichen lenken, führen eine rhythmisch sinnvolle Bewegung aus, und zwar in gegenseitigen Abständen, die den Intervallen der Musik entsprechen. Sie lassen verschiedene Töne erklingen, und zwar alle entsprechend der jeweiligen Höhe:

Töne von solcher Harmonie, daß sie die allersüßeste Melodie ergeben, für uns freilich unhörbar wegen der gewaltigen Stärke des Klanges, den die Begrenztheit unserer Ohren nicht erfaßt. Genauso wie nämlich Eratosthenes mit Hilfe des geometrischen Verfahrens den Erdumfang mit maximal 252 000 Stadien berechnete, so ermittelte Pythagoras, wieviele Stadien zwischen der Erde und den einzelnen Planeten liegen ...

Also: von der Erde bis zum Mond sind es nach der Ansicht des Pythagoras rund 126 000 Stadien, gleichbedeutend mit der Einheit eines Ganztonschritts. Vom Mond bis zum Merkur – griechisch »Stilbon« – ist es die Hälfte davon, sozusagen ein Halbtonschritt. Vom Merkur bis zum »Phosphoros« – das ist die Venus – ist es etwa genauso weit, also wieder ein Halbtonschritt. Von der Venus weiter zur Sonne das Dreifache, also ein Anderthalbtonschritt. Demnach ist das Sonnengestirn dreieinhalb Tonschritte von der Erde entfernt, was man als Quinte (Diapente) bezeichnet, vom Mond nur zweieinhalb Tonschritte, also eine Quarte (Diatessaron). Von der Sonne bis zum Mars – griechisch Pyrois – ist es ebenso weit wie von der Erde zum Mond, was einen Ganztonschritt macht. Von dort zum Jupiter – griechisch Phaethon – ist es nur die halbe Strecke, also ein Halbtonschritt. Ebenso weit ist es vom Jupiter zum Saturn – griechisch Phainon –, also wieder ein Halbtonschritt. Von dort zum Himmelsgewölbe, an dem die Sternbilder sich befinden, noch einmal ein Halbtonschritt. Vom höchsten Punkt des Himmelsgewölbes bis zur Sonne ergibt sich somit eine Quarte (Diatessaron), d.h. ein Intervall von zwei Ganztonschritten und einem Halbtonschritt, bis zur Erdoberfläche von demselben höchsten Himmelspunkt aus sechs Ganztonschritte, die Spanne eines Oktavakkords (Diapson).

Pythagoras hat noch viele Modelle aus der Musiktheorie auf die anderen Sterne übertragen und erwiesen, daß diese ganze Welt ein harmonisches System bildet. Aus diesem Grunde schrieb Dorylaos, die Welt sei das Musikinstrument Gottes. Andere führten das weiter aus und sagten, die Welt sei eine siebensaitige Harfe, da die Hauptbewegungen von den sieben Planeten ausgehen. (S. 47–49)

Censorinus: Betrachtungen zum Tag der Geburt. »De die natali« mit deutscher Übers. und Anm. hrsg. von Klaus Sellmann. Leipzig 1988 [lat.-deutsche Paralleltübersetzung]

AURELIUS AUGUSTINUS, 345–430 N. CHR.
Über den Gottesstaat

[Über Gott und die Macht der Gestirne]

Faßt man nun die Sache so auf, daß die Konstellation der Gestirne, die über das Schicksal des Menschen sozusagen entscheiden, vom Willen Gottes abhängig sei in der Weise, daß den Gestirnen solche Macht von der höchsten Macht Gottes übertragen worden sei, so geschieht dem Himmel schwer Unrecht; denn dann würden in seinem erleuchteten Senate und in seiner glänzenden Kurie, um dieses Bild zu gebrauchen, die Verübung von Freveln beschlossen werden, die jeder irdischen Regierungsbehörde, wenn sie derlei beschlösse, durch Beschluß des Menschengeschlechts unfehlbar den Untergang brächten. Wo bliebe sodann die Gewalt Gottes, über die Taten der Menschen zu richten, wenn diese Taten unter dem Zwang der Himmelskörper stehen? Und Gott ist doch nicht nur Herr über die Gestirne, sondern auch Herr über die Menschen! Geht man aber von der Anschauung aus, daß die Gestirne vom höchsten Gott nicht die Gewalt erhalten haben, nach eigenem Gutdünken darüber zu entscheiden, sondern daß sie bei solchen Nötigungen lediglich Gottes Befehle vollstrecken, dann muß man ja Gott selbst eine Rolle zuschreiben, die man des Willens der Gestirne durchaus unwürdig empfindet.

Wenn man endlich den Gestirnen nur eine vorbedeutende, nicht eine bewirkende Kraft beimißt, so daß also die Konstellation eine Art Ausspruch wäre, der das Künftige vorhersagt, nicht aber es bewirkt (eine Auffassung, die von bedeutenden Gelehrten vertreten worden ist), so ist zu erwidern, daß damit allerdings die Ausdrucksweise der Sterndeuter nicht übereinstimmt, die da zum Beispiel nicht sagen: »Mars in dieser Konstellation deutet einen Mörder an«, sondern: »macht zum Mörder«; jedoch wir wollen zugeben, daß sie sich nicht richtig ausdrücken und daß ihnen die Anschauung der Philosophie Richtschnur sein sollte, sich so auszudrücken, daß sie lediglich verkündigten, was sie in der Konstellation der Gestirne zu finden glauben; wie kommt es aber, daß sie nie die Frage zu beantworten wußten, weshalb sich in dem Leben von Zwillingen, in ihren Handlungen, Schicksalen, Berufsarten, Geschicklichkeiten, Ehrenstellen und in allem übrigen, was zum Leben des Menschen gehört, und selbst noch im Tode zumeist eine solche Verschiedenheit äußert, daß ihnen hierin viele Fernstehende ähnlicher sind als sie zueinander, obwohl sie nur durch eine ganz geringe Spanne Zeit in der Geburt von einander getrennt, bei der Empfängnis aber durch einen einzigen Akt im gleichen Augenblick gezeugt sind? (Bd. 1, V. 2, S. 237f.)

Wie unerträglich erst, daß die Astrologen in der Auswahl der Tage ein neues Fatum für ihre Tätigkeit schaffen! Jener weise Mann war nicht unter so günstigen Sternen geboren, daß er einen herrlichen Sohn bekommen hätte, sondern im Gegenteil unter so ungünstigen, daß er einen verächtlichen erzeugt hätte, und deshalb wählte er sich als ein gelehrter Mann die Stunde aus, seiner Gattin beizuwohnen. Er schuf sich also ein Fatum, das er nicht hatte, und was bei seiner Geburt nicht in den Sternen geschrieben stand, das stand nun auf einmal dort geschrieben, weil er es so machte. Eine ausnehmende Torheit! Man wählt sich einen bestimmten Tag aus für die Verehelichung; doch wohl deshalb, weil ein Tag, den man nicht eigens aussucht, ein ungünstiger sein und die Ehe unglücklich ausfallen könnte. Wo bleibt da das Verhängnis, das die Gestirne dem Menschen schon bei seiner Geburt zuteilen? Oder kann der Mensch das ihm bereits bestimmte Schicksal durch Auswahl eines Tages abändern, während das von ihm selbst durch die Auswahl eines Tages bestimmte Schicksal von keiner anderen Gewalt abgeändert werden kann? (Bd. 1, V. 7, S. 247)

[Von der Kugelgestalt der Erde und den Antipoden]

Wenn man aber gar noch von Gegenfüßlern fabelt, von Menschen, die im entgegengesetzten Teil der Erde, dem unseren Füßen gegenüberliegenden Boden wandeln, so ist das durchaus nicht anzunehmen. Man beruft sich ja hierfür auch nicht auf irgendwelche geschichtliche Überlieferung und Erfahrung, sondern vermutet es nur auf Grund von Schlußfolgerungen, davon ausgehend, daß die Erde innerhalb des Himmelsgewölbes aufgehängt sei und die Welt den gleichen Punkt sowohl zum untersten wie zum mittleren habe; darauf bauen sie die Vermutung, daß auch der andere, untere Teil der Erde nicht unbevölkert sein könne. Sie lassen dabei jedoch außer acht, daß, wenn man auch für die Welt eine kugelförmige oder runde Gestalt annimmt oder durch Gründe erweist, daraus mit nichten folge, daß es auch auf jener Seite eine von Wassermassen freie Erde gebe oder daß eine solche, selbst wenn sie dort anzutreffen sein sollte, sofort auch von Menschen bevölkert sein müsse. Denn nie und nimmer lügt unsere Schrift, die ihren Berichten Glaubwürdigkeit verschafft dadurch, daß ihre Vorhersagungen in Erfüllung gehen, und es wäre doch gar zu ungereimt zu behaupten, es hätte irgend jemand aus dem oberen in den unteren Teil über den unermeßlichen Ozean hin zu Schiff gelangen können, um auch dort das aus jenem einen ersten Menschen hervorgegangene Menschengeschlecht einzubürgern. (Bd. 2, XVI. 9, S. 449)

Aurelius Augustinus: Des Heiligen Kirchenvaters Aurelius Augustinus zweiundzwanzig Bücher über den Gottesstaat, 3 Bde. Aus dem Latein. übers. von Alfred Schröder. Kempten; München 1911–1916 (Bibliothek der Kirchenväter). – Ders.: De civitate Dei. Turnhout 1955 (Corpus Christianorum series lat.; 48)
vgl. Einleitung S. 16, S. 24

JOHANNES PHILOPONOS, ANFANG 6. JH.

[Über die Bewegung]

Aristoteles will also zeigen, daß auch keine gewaltsame und widernatürliche Bewegung stattfinden könne, wenn es ein Leeres gäbe. Mir scheint diese Schlußfolgerung nichts Zwingendes zu haben ... Denn nach der Wirbeldrucktheorie läuft entweder die vom geschleuderten Pfeil oder Stein vorwärts gestoßene Luft wieder nach rückwärts zurück, wirbelt um den Pfeil oder Stein herum und stößt ihn dann auf diese Weise wieder von hinten an und so fort, bis der Wurfantrieb erlahmt, oder aber nicht die nach vorn gestoßene ist die von hinten her wieder andrängende, sondern die seitliche Luft. Indem nämlich der Pfeil von der anfangs durch die Sehne mitgestoßenen Luft gestoßen wird, wird die seitliche Luft gegen den Pfeil hin gedrängt. Von der anfangs gestoßenen Luft wird diese nun mitgestoßen und bewegt den Pfeil. Damit aber macht sie gegenüber der neuerlich zum Pfeil hindrängenden Luft dasselbe und so fort, bis der anfänglich eingegebene Bewegungsdrang nachläßt.

Wenn wir nun also annehmen, daß der Wirbeldruck nach der ersten Art geschieht, daß also die vom Geschoß vorwärtsgestoßene Luft um es herumwirbelt und es wieder von hinten stößt, so könnte einer fragen, warum die angetriebene Luft, sobald sie einmal nach vorn gestoßen worden ist, gleich wieder, ohne daß irgendetwas dagegen schlägt, nach rückwärts läuft, offenbar längs der Geschoßflanken, und, sobald sie hinten angelangt ist, nochmals umwendet und das Geschoß stößt … Daraus also und aus vielem anderen ist zu ersehen, wie unmöglich es ist, daß das gewaltsam Bewegte auf diese Weise bewegt wird. Es ist vielmehr notwendig, daß eine gewisse unkörperliche Bewegungskraft vom Werfenden dem Geworfenen mitgeteilt wird und daß die gestoßene Luft entweder überhaupt nichts oder nur sehr wenig zu dieser Bewegung beiträgt. Wenn aber das gewaltsam Bewegte dieserart bewegt wird, dann ist es freilich klar, daß, wenn einer im Vakuum einen Pfeil oder einen Stein mit Gewalt und widernatürlich schleuderte, dasselbe nicht viel mehr zutreffen wird und außer dem Werfenden nichts weiter dazu erforderlich ist. (S. 137–139)

Zunächst also: obwohl es eine Kreisbewegung gibt und diese nicht ein und dieselbe ist, sondern verschieden sein kann (denn die verschiedenen Himmelssphären bewegen sich verschieden, die eine schneller, die andere langsamer), bewegt sich das im Kreis Bewegte doch nicht durch irgendein Medium hindurch (denn nicht unter Zertrennen bald dieses, bald jenes Mediums bewegen sie sich, sondern in sich selbst wälzen sie sich herum, ohne ein Medium zu durchschneiden, die Fixsternsphäre aber grenzt außerhalb überhaupt an nichts mehr). Wenn daher die Sphären kein Medium durchschneiden und trotzdem in einer Zeit bewegt werden, und zwar die eine schneller und die andere langsamer, so kann der Umstand, daß sich Bewegung meist durch ein Medium vollzieht, nicht Grund sein, daß zur Bewegung Zeit gebraucht wird oder daß sich die Bewegung schneller oder langsamer vollziehen kann, sondern wegen der verschiedenen Stärke der den bewegten Körpern einwohnenden Kraft kann die Bewegung schneller oder langsamer verlaufen.

Die Gelehrten sind mit Recht der Meinung, daß der Grund dafür, daß in jeder Bewegung überhaupt Zeit gebraucht wird, auch wenn es sich um die schnellste Bewegung handelt, wie es die der Fixsternsphäre ist, die Wesensform der Bewegung selbst ist, d. h. das Woher und Wohin macht die ganze Bewegung aus. Es ist eben unmöglich, daß sich dasselbe an einem Ort und in ein und demselben Augenblick an einem anderen Ort befindet. Wenn daher das von allen Seienden am schnellsten Bewegte, obwohl es während der Bewegung kein Medium zu zerteilen braucht, sich gleichwohl in einer Zeit bewegt aus der Natur der Bewegung selbst heraus, warum dann nicht auch die geradlinig bewegten Dinge, selbst wenn sie die Bewegung durchs Vakuum vollzögen? Aus sich selbst heraus also vollzieht sich dieses Bewegtwerden in einer Zeit, und wegen des eingepflanzten Bewegungsdranges, der verschieden ist, wird die Bewegung größere oder geringere Geschwindigkeit haben. (S. 153f.)

[Über die Einheit der Physik des Himmels und der Erde]

Wenn Alexander mit Recht festgestellt hat, daß Aristoteles diejenige Bewegung vornehmlich Kreisbewegung nennt, die um das Zentrum des Weltalls herumführt, dann sind die Bewegungen, die nicht um das Allzentrum herumführen, nicht eigentliche

Kreisbewegungen und auch keine einfachen Bewegungen. Nun führen aber, wie die Astronomen lehren, die Sterne alle ihre eigenen Bewegungen aus, und zwar keineswegs auf den Himmelssphären, sondern sie bewegen sich um ihre eigenen Zentren, die nicht mit dem Zentrum des Weltalls zusammenfallen, und weder die Sterne selbst noch ihre Epizykeln noch die sogenannten exzentrischen Sphären führen eine eigentliche Kreisbewegung aus, und auch einfach ist die Bewegung offenbar nicht, da man in ihr Abwärts- und Aufwärtskomponenten annehmen muß. Mag das auch den Hypothesen des Aristoteles widerstreiten, aber man kann ja doch ganz deutlich ausnehmen, daß die Sterne manchmal der Erde näher kommen und dann wieder sich von ihr entfernen.

Es gibt am Himmel so ziemlich nichts, was man nicht auch auf der Erde beobachten kann. Durchsichtig sind nicht nur die Himmelssphären, sondern genau so auch die Luft, das Wasser, das Glas, manche Kristalle. Die Kugelgestalt gibt es nicht nur bei den Himmelskörpern allein, sondern auch bei allen übrigen Elementen und sogar bei einigen zusammengesetzten Stoffen. Die Kreisbewegung kommt auch dem Feuer zu und einigen Partien der Luft.

Denn wenn die Himmelskörper zusammengesetzt sind und im Begriff des Zusammengesetzten die Auflösung mitgegeben ist, im Begriff der Auflösung aber auch der Begriff des Verfalls (wenn sich das Zusammengesetzte in seine Grundstoffe auflöst, so bedingt das seinen Verfall; was aber den Begriff des Verfalls einschließt, hat kein unendliches Vermögen), dann sind somit auch die Himmelskörper ihrer eigenen Natur nach nicht von unendlicher Kraft ... Diejenigen, die behaupten, der Himmel bestünde nicht aus den vier Grundstoffen, sondern aus dem fünften Element, auch diese lehren, daß er aus dem fünften Grundstoff als dem Zugrundeliegenden und aus der Form der Sonne und des Mondes zusammengesetzt ist. Wenn man also von allen Dingen die Formen abstrahiert, dann bleibt offenbar nur mehr ihre dreidimensionale Ausdehnung übrig. Hinsichtlich dieser aber gibt es keinerlei Unterschied zwischen den Himmelskörpern untereinander noch zwischen ihnen und den irdischen Körpern.

Es schließen also auch die Himmelskörper den Begriff der Zusammensetzung und damit auch den der Auflösung und des Verfalls in sich. Sie sind daher auch nicht allvermögend, und wenn sie nie zugrundegehen, dann nur deswegen, weil sie laut Plato von einem mächtigeren Band, als es ihre Natur ist, zusammengehalten werden, nämlich vom Schöpfungswillen Gottes. (S. 326–330)

Zur Kosmogonie des Moses über die Weltschöpfung
(De opificio mundi)

Die Anhänger der Lehre des Theodor sollen uns doch sagen, aus welcher Stelle der göttlich inspirierten Schrift sie herauslesen wollen, daß Engel es sind, die den Mond, die Sonne und jeden der Sterne bewegen, entweder indem sie sie wie Zugtiere vorwärtsziehen oder von hinten stoßen, wie man Lasten wälzt, oder auch beides zugleich, oder ob sie sie auf den Schultern tragen. Was gäbe es Lächerliches als das? Es ist doch wohl nicht unmöglich, daß Gott dem Mond, der Sonne und den übrigen Sternen, als er sie schuf, auch eine Bewegungskraft eingegeben hat, wie den schweren und leichten Körpern ihre Gravitation und den Lebewesen allen ihre beseelten Lebensbewegungen, damit die Engel sie nicht mit Gewalt zu bewegen brauchen. Denn alles, was sich nicht von Natur bewegt, hat eine erzwungene und widernatürliche Bewegung, die ein Ende nehmen muß. Wie werden sie die Geduld aufbringen, so viele und so mächtige Körper über so lange Zeit mit Gewaltanwendung zu schleppen? Welches Prophetenwort oder welche Evangelienstelle hat sie das gelehrt? Wer hat ihnen geoffenbart, daß Christus als der Weltherrscher auf der Rückseite des Firmaments darüberliegt und den ersten Himmel umfängt, so wie das Firmament über uns liegt?

Wenn aber einer von uns verlangen möchte, wir sollen für die Entstehung des ersten Himmels einen Grund angeben, ... so soll uns der Betreffende gleich selbst sagen, was der Grund für die bestimmte Zahl der Sphären ist, wie man sie in alter und neuer Zeit angenommen hat und annimmt, und warum weder mehr noch weniger entstanden sind. Soll uns doch einer beweisen – was ja unmöglich ist – daß es genau so viele sein müssen und daß der Unterschied in den Geschwindigkeiten der Planetenbewegungen genau so groß sein muß, daß die Fixsternsphäre während eines Tages und einer Nacht einen ganzen Kreisumlauf vollenden muß, die Mondsphäre aber nur während eines Monats, die Sonne ihren Umlauf in einem Jahr ausführen, der Merkur und der Morgenstern mit ihr zusammen mitlaufen muß, die Marssphäre jedoch zur Wiederkehr ungefähr zwei Jahre benötigt, die Jupitersphäre sodann zwölf und weiterhin die Saturnsphäre dreißig Jahre, nicht zu reden von der Bewegung, die nach Ptolemäus alle hundert Jahre einen Grad vorrückt, so daß sie in dreitausend Jahren ein einziges Tierkreiszeichen hinter sich bringt.

Wer also wäre imstande, die Ursache von all dem anzugeben? Weder für die große Zahl der Sterne, noch für ihre Lage, Stellung zueinander, Größe und den Unterschied ihrer Farben wird je ein Mensch einen Grund angeben können. Nur daß Gott alles trefflich und wie es sich gehörte geschaffen hat, ist unser aller Glaube. Kaum von wenigem wissen wir die Gründe. Wenn sie also nicht imstande sind, eine natürliche Ursache für die sichtbaren Dinge anzugeben, dann sollen sie uns auch nicht um einen Grund für die unsichtbaren befragen [warum Gott überhaupt die Welt geschaffen hat]. (S. 334f.)

Wenn manche unserer Christen glauben, die Himmelskörper seien mit einer Vernunftseele begabt, dann ist zunächst zu fragen, warum von ihnen nicht auch etwas dergleichen gesagt wird, daß sie »nach dem Bild und Gleichnis« des Schöpfers geschaffen wurden. Aber auch ihre Dauerhaftigkeit ist kein Beweis. Denn ein Diamant und viele von uns geschätzte Edelsteine sind weit dauerhafter und unverwüstlicher als die menschlichen Körper ...

Aber es wird niemand imstande sein zu beweisen, daß die Himmelskörper beseelt sind, damit wir ihm dann auch beipflichten sollen, daß sie eine Vernunftseele haben. Wenn wir das Beseelte vom Unbeseelten an Hand der seelischen Verhaltensformen unterscheiden, welcher Art soll dann das Verhalten sein, welches die Himmelskörper als beseelt ausweisen soll? Die Bewegung der physikalischen Körper ist eine ganz bestimmte, nämlich bei den schweren Körpern eine von oben nach unten, bei den leichten eine von unten nach oben. Die Bewegung aber, welche die Lebewesen beseelt, geschieht auf Grund eines Verlangens ihrer Seele und auf Grund der Begierde, die von der Vorstellungskraft in ihren beweglichen Organen erregt wird. Daher ist diese Bewegung auch nicht immer dieselbe, sondern einmal diese, einmal jene, je nach ihrer Lust und ihrem Bedürfnis.

Bei den Himmelskörpern jedoch gibt es keinerlei Anzeichen dafür, daß ihre Kreisbewegung nach einem seelischen Begehren geschieht. Auch das Empyreum (die Feuersphäre) und die dieser benachbarte Luft bewegen sich nämlich im Kreis, und daß sie sich nicht durch Gewaltanwendung bewegen, haben wir anderswo gezeigt. Daß sie aber auch nicht die irdischen Bereiche durch ihre Seelen bewegen, muß man wohl zugeben. Das geschieht vielmehr allein durch die Vermischung ihrer Stoffe mit den irdischen und durch ihre Annäherung und Entfernung. Weswegen denn bewirken ihre Oppositionen und Konjunktionen, z.B. der Sonne und des Mondes, und das Vorrücken der Planeten auf dem Tierkreis die Veränderungen der uns umgebenden Luft? Das ist doch nicht das Wirken einer seelischen Kraft, sondern allein des qualitativen Vermögens. Auch die Elemente wirken ja auf unsere Körper erwärmend und abkühlend. Auch das Feuer leuchtet wie die Sonne, Mond und Sterne. Nur die Körperbewegung selbst facht auch die Wärme in uns wieder an und verleiht dem ganzen Körper Stärke ...

Aber nicht einmal die der Sterndeuterei verfallen sind, behaupten, daß die Seele der Himmelskörper die Begebenheiten in unseren Lebensschicksalen bewirke, sondern die zur Zeit der Geburt statthabenden Stellungen der Planeten und Fixsterne zueinander und zum Tierkreis [sind maßgebend], ferner der Stundenwinkel, das Untergehen und das Kulminieren eines jeden. (S. 335f.)

Johannes Philoponos, Grammatikos von Alexandrien. Christliche Naturwissenschaft im Ausklang der Antike, Vorläufer der modernen Physik, Wissenschaft und Bibel. Ausgewählte Schriften, übers., eingel. und komm. von Walter Böhm. München [u. a.] 1967
vgl. Einleitung S. 25

AUS DEN NEUEN ANNALEN DER ALTCHINESISCHEN TANG-DYNASTIE (618–896)[1]

Kalender-Memoiren, Teil 1, *juan* 25

Die Methoden der Kalenderrechnung gehen wahrlich weit zurück. Sie begannen mit *Yao*[2], der *Xi* und *He* beauftragte, den Kalender den Phänomenen der Sonne, des Mondes, der Sterne und der himmlischen Markierungen (*chen*)[3] anzugleichen und

---

1 Die beiden folgenden Texten wurden ausgewählt, aus dem Altchinesischen übersetzt und kommentiert von Andrea Eberhard.
2 Eine Abbildung und Übersetzung dieser Legende aus dem 8.–5. Jh. v. Chr., die den offiziellen Charakter der chinesischen Astronomie prägte, findet sich in: Joseph Needham, Science and Civilisation in China, Vol. 3: Mathematics and the Sciences of the Heavens and the Earth. Cambridge 1959, S. 187f.
3 Nach Needham, S. 188, Anm. a, bezeichnet *chen* evtl. die drei Hauptsterne des Orion, die sieben Sterne des Großen Bären, den Polarstern und Antares im Krebs.

durch Schaltmonate die vier Jahreszeiten festzulegen und die Jahreslänge zu vervollkommnen. Diese Angelegenheit tauchte wahrscheinlich zuerst im Buch der Dokumente[4] auf. Zur Zeit der Dynastien Xia, Shang und Zhou wurde jedoch gemäß den »Drei Systemen«[5] der erste Tag des Neumondes des Neuen Jahres abgeändert. Die Kalenderrechnung wurde dadurch gefestigt. Inzwischen ist sie aber schon verschieden, und ihre Methoden wurden nicht überliefert. Erst in der Han-Dynastie[6] wurde bei der Erstellung von Kalendern damit begonnen, mit 81 Teilen den gemeinsamen Nenner zu bilden. Diese Zahl entstammt den Maßen der »Gelben Glocke«,[7] und deren Methode ist vermutlich vom selben Ursprung wie die der Harmonielehre. Hierauffolgend brachte Liu Qin[8] seine Zahlen in analoger Weise in Einklang mit den Frühlings- und Herbst (-Annalen)[9] und den »Bildern der Wandlungen«[10]. Vermutlich ist diese Lehre aber eine forcierte (unrealistische) Interpretation. In der Tang-Zeit begann dann Yi Xing[11] zu überliefern, was er an Konstanten im Dayan (-Kalender) benutzte. Die Prozeduren dieser Kalenderrechnung waren wiederum den Wandlungen entsprungen.

Die Kalenderrechnung stammt also von der Zahlen (-Mystik) ab: »Zahlen« sind das, was in der Natur (*ziran*)[12] gebraucht wird. Deren Anwendungen sind unerschöpflich, und es gibt nichts, das sie nicht durchdringen. Mit ihnen kann man all die Harmonien und Wandlungen vereinen. Demnach liegt deren Wichtigkeit in dem Äther, der dem Kosmos folgt[13] und einzig und allein in der Bestimmung und Erkundung der Rotationsbewegungen des Himmels, der Sonne, des Mondes und der Sterne, um Unstimmigkeiten miteinander in Einklang zu bringen. Weiterhin haben

---

4 Einer der fünf Klassiker des konfuzianischen Kanons.
5 *san tong* bezeichnet die drei verschiedenen Normen des Jahresbeginns der Xia, Shang und Zhou-Dynastien. Zur Xia-Dynastie (ca. 21.–16. Jh. v. Chr.) war dies der erste Neumond (genannt »System des Menschen«), zur Shang-Dynastie (ca. 16. Jh.–ca. 1066 v. Chr.) war es der zwölfte Mond (genannt »System der Erde«), zur Zhou-Dynastie (ca. 1066–256 v. Chr.) war es der elfte Mond (genannt »System des Himmels«). In der Han-Dynastie (206 v. Chr.–220 n. Chr.) entwarf Dong Zhongshu eine zyklische Geschichtstheorie *(san tong lun)* und assoziierte mit diesen drei Systemen die drei Farben schwarz, weiß und purpur, die den jeweils aufeinanderfolgenden Dynastien entsprechen sollten.
6 206 v. Chr.–220 n. Chr.
7 Die erste der zwölf Noten der alten Musikskala. In den »Riten der Zhou«, Kapitel Die »Musik des großen Intendanten« (Zhou Li, Dasiyue) wird der Zusammenhang zwischen Musikskalen und Riten (des Himmels und der Erde) beschrieben: zwölf absolute Höhen, 5 relative Noten – 12 Monate, 5 Elemente.
8 Gest. 23 n. Chr., Bibliograph und Gelehrter (boshi) der Han-Zeit, Anhänger der Alt-Text-Schule.
9 Epochenname (722–481 v. Chr.) und entsprechende Geschichtsannalen.
10 Die 64 Hexagramme des »Buches der Wandlungen«
11 Buddhistischer Mönch (683–727), zu seiner Biographie siehe: Alte Tang-Annalen, Biographien, *juan* 191 *(Yi Xing Zhuan).*
12 Dieser Ausdruck entspricht eigentlich zur Tang-Zeit nicht dem westlichen Konzept von »Natur«. Ich verwende ihn hier bequemerweise als Synonym für »Kosmos«, in Anlehnung an Nathan Sivin, Cosmos and Body in the last three Centuries B.C. In: Harvard Journal of Asiatic Studies 25 (1995, S. 5–37. Wörtlich bedeutet er »was von sich aus so ist« und war eine frühe Bezeichnung für spontane Prozesse, die im 17. Jh. in Übersetzungen ausländischer wissenschaftlicher Schriften in »Natur« umdefiniert wurde.
13 *tiandi* ist das am häufigsten verwendete Konzept für »Kosmos«, wörtlich »Himmel und Erde«.

die vier Jahreszeiten mit deren Kälte und Wärme[14] keine Form (*xing*) und rotieren unterhalb, Himmel, Sonne, Mond und Sterne haben Gestalt und sind oberhalb sichtbar. Beide sind ständig in Bewegung und ruhen niemals. Das Eine hat Existenz, das Andere nicht; Erscheinen und Verschwinden, Steigen und Fallen, einige schneller, einige langsamer, was sich nicht einander entspricht, stimmt sich aufeinander ab. Wenn dies lange Zeit so geht, so kann es nicht sein, daß keine Abweichungen entstehen, denn das liegt tatsächlich in der Natur des Wirkens selbst. Diejenigen, die in der Antike den Kalender machten, waren zu Beginn niemals ungenau, aber die darauffolgenden [Kalendermacher] wichen oft voneinander ab und harmonierten nicht [mit den Himmelsbewegungen]. Auch das liegt in der inneren Struktur der Dinge (*li*) selbst. Weil sie [die Kalender] nicht [mit den Himmelsbewegungen] harmonierten, so mußte man ständig ihre Methoden abwandeln, um diese [Harmonie] zu erreichen. Seit der Zeit von Yao, Wu[15] und der Drei Dynastien[16] waren die Kalender niemals gleich.

Von Anfang bis Ende der Tang-Dynastie, in mehr als 290 Jahren, wurde der Kalender achtmal reformiert. Am Anfang hieß er Wùyanyuan-Kalender[17], dann hieß er Lin-De Jiaziyuan-Kalender[18], dann hieß er Kaiyuan Dayan-Kalender[19], dann hieß der Baoying Wujì-Kalender[20], dann hieß er Jianzhong Zhengyuan-Kalender[21], dann hieß er Yuanhe Guanxiang-Kalender[22], dann hieß er Zhangqing Xuanming-Kalender[23], dann hieß er Jingfu Chóngxuán-Kalender[24]; damit endete [die Dynastie].

vgl. Einleitung S. 30

---

14 *si shi han shu* steht hier für den Jahreslauf, den steten Wechsel von kalten und warmen Perioden, der den Bauernkalender bestimmte.
15 Mythische Herrscher der Antike.
16 Bezeichnung für die Xia, Shang und Zhou-Dynastien; vgl. Anm. 4.
17 Kalender von Bo Renjun, offizieller Kalender seit dem 2. Jahr der Regierung Wude (619); dessen Konstantensystem in: Neue Tang-Annalen, Kalender-Memoiren [im folg. NTA], T. 1, *juan* 25.
18 Kalender von Li Chunfeng, seit 665 offizieller Kalender der Regierung Gaozong (650–683); dessen Konstantensystem in: NTA, T. 2, *juan* 26.
19 Kalender des buddhistischen Mönchs Yi Xing, der einer der wichtigsten Kalender für die nachfolgenden Dynastien war, offizieller Kalender seit dem 9. Jahr der Kaiyuan-Periode (721); dessen Konstantensystem wird am ausführlichsten von allen Kalendern der Tang-Zeit beschrieben in: NTA, T. 3a–4b, *juan* 27a–28.
20 Kalender von Guo Xianzhi, offizieller Kalender zur Zeit der Regierung Daizong (763–779) und dem ersten Jahr der Baoying-Periode (762); dessen Konstantensystem in: NTA, T. 5, *juan* 29.
21 Kalender von Xu Chéngsì, offizieller Kalender der Regierung Dezong seit dem Jahr Xingyuan (784); dessen Konstantensystem in: NTA, T. 5, *juan* 29.
22 Kalender von Xu Ang, offizieller Kalender seit dem zweiten Jahr der Yuanhe-Periode der Xiànzong-Regierung (807); dessen Konstantensystem wird nur grob beschrieben in: NTA, T. 6a, *juan* 30a.
23 Anonymer Kalender seit dem zweiten Jahr der Regierung Zhangqing (822) bis zum ersten Jahr der Jingfu-Periode (892); dessen Konstantensystem in: NTA, T. 6a, *juan* 30a.
24 Kalender von Bian Gang, offizieller Kalender seit dem ersten Jahr der Jingfu-Periode zur Zeit der Regierung von Zhaozong (892); dessen Konstantensystem in: NTA, T. 6b, *juan* 30b.

EINE KALENDERRECHNUNG IN DEN »NEUN KAPITELN AUS MATHEMATISCHEN BÜCHERN«, 1247[1]

Kategorie des Himmels und der Jahreszeiten, *juan* 3

Den Kalender regeln durch Ableitung/Berechnung von den qi[2]

Aufgabe:
Der »Astronomische Beobachter«[3] mißt und erkundet die Wege des Himmels. Im vierten Jahre der Regierung *Ningyuan*, dem Chengwu-Jahr[4], ereignet sich das Wintersolstitium nach 39 Tagen, 92 *ke*, 45 *fen*[5]. Im dritten Jahre der Regierung *Shaoding*, dem *Kangyu*-Jahr[6], ereignet sich das Wintersolstitium nach 32 Tagen, 94 *ke*, 45 *fen*. Man will einen dazwischenliegenden [Wert] finden.

[Frage:]
Wieviel beträgt im *Jiazi*-Jahr der Regierung *Jiatai*[7] jeweils der Jahresrest[8], das *qigu*[9] und das *doufen*?

Die Antwort lautet:
Das *qigu* beträgt 11 Tage, 38 *ke*, 20 *fen*, 81 *miao*, 80 kleine *fen*. Der Jahresrest beträgt 5 Tage, 24 *ke*, 29 *fen*, 30 *miao*, 30 kleine *fen*. Das *doufen* beträgt leere Tage[10], 24 *ke*, 29 *fen*, 30 *miao*, 30 kleine *fen*.

Die Prozedur lautet:
Zunächst nehme man den Abstand zwischen dem früheren und dem späteren Jahr als Divisor. Plaziert man die früher gemessenen Tage, *ke* und *fen* und subtra-

---

1 1247 erstmals veröffentlichtes Werk von Qin Jiushao (1202–1261); zur Textgeschichte und zur Biographie von Qin vgl. Ulrich Libbrecht, Chinese Mathematics in the thirteenth Century – The Shu-shu chiu chang of Ch'in Chiu-shao. Cambridge; London 1973.
2 In chinesischen Kalendern wurde das Jahr in 24 *qi* unterteilt.
3 *taishi* – Beamtentitel; seit der Han-Dynastie der »Große Annalist«, später auch der »Große Erzieher« und der »Astronomische Beobachter«.
4 Dem entspricht dem Jahr 1198.
5 Dezimale Einheiten von Tagen, d.h. 39,9245 Tage. Dieser Zeitpunkt gibt die Differenz zwischen tatsächlich eingetretenem Wintersolstitium und dem ersten Tag des Jahres (=*Jiazi*-Tag des 60er Zyklus) an. Ziel der Kalenderrechnung war, den ersten Tag des Jahreszyklus so genau wie möglich auf das Wintersolstitium auszurichten.
6 Dem entspricht dem Jahr 1230.
7 Dem entspricht dem Jahr 1204.
8 Der »Jahresrest« bezeichnet die Differenz zwischen der Länge eines tropischen Jahres und 360 Tagen (sechs 60-Tage-Zyklen). Es war bereits bekannt, daß dieser Rest zwischen den ganzen Zahlen 5 und 6 liegen müsse.
9 Wörtlich »der Knochen des qi«; dies bezeichnet hier den dem Wintersolstitium am nächsten folgenden Zeitpunkt des *Jiazi*-Tages (erster Tag im 60er Zyklus der Tage).
10 Dies ist ein frühes Konzept der Null, das mit der »leeren« Position der Tagesstelle auf der Rechenoberfläche zusammenhängt.

hiert man die später gemessenen Tage, *ke* und *fen*, so gibt der Rest das *lü*[11]. Genügt dies nicht einer Subtraktion [mit positivem Ergebnis], so addiere die Zykluskonstante[12]. Addiert man dazu akkumulativ die Zykluskonstante solange, bis der Weg des Himmels mindestens 5 Tage braucht, so bildet dies den Dividenden. Teilt man den Dividenden durch den Divisor, so erhält man als Ergebnis den Jahresrest. Eliminiert man die ganzzahligen Tage, so bildet der Rest das *doufen*. Mit dem Wert des hinteren Abstandes des zu findenden dazwischenliegenden Jahres zum früher gemessenen Jahr multipliziert man den Jahresrest und füge die früher gemessenen Tage, *ke* und *fen* hinzu. Was die Zykluskonstante erfüllt, eliminiere man. Der Rest bildet das *qigu* des gesuchten Jahres[13].

vgl. Einleitung S. 30

11 *lü* sind Werte, die eine Relation zwischen Konstanten beschreiben.
12 Der Kommentator weist darauf hin, daß im Falle eines negativen Ergebnisses der Subtraktion die Zahl 60 addiert werden soll.
13 Die mathematische Rechnung ist folgende:

$a_2 - a_1 + 2 \times 60 = 32{,}9412 - 39{,}9245 + 2 \times 60 = 173{,}0176$
$173{,}0176 : r = 173{,}0176 : 33 = 5{,}24293030$ (Jahresrest t)
$5{,}24293030 - 5 = 0{,}24293030$ *(doufen)*
$5{,}24293030 \times s = 5{,}24293030 \times 6 = 31{,}45758180$ [Tage]
$39{,}9245 + 31{,}45758180 = 71{,}38208180$ [Tage]
$71{,}38208180 - 60 = 11{,}38208180$ (*qigu n*)

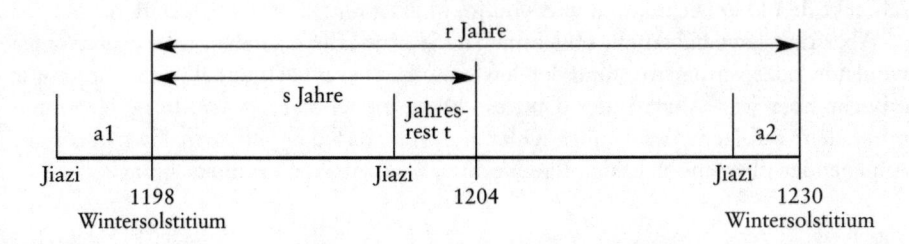

Qin Jiushao versucht hier einen Zusammenhang zwischen der Länge eines tropischen Jahres und den *Jiazi*-Tagen des 60er Zyklus aufzustellen. Angenommen der Zeitpunkt des zuerst gemessenen Wintersolstitiums sei a_1 Tage nach dem *Jiazi*-Tag; der Zeitpunkt des später gemessenen Wintersolstitiums sei a_2 Tage nach dem *Jiazi*-Tag; der Abstand zwischen den beiden Messungen betrage r Jahre; der Abstand zwischen dem gesuchten Jahr und der ersten Messung s Jahre und der Jahresrest sei t Tage, dann gilt:

$a_2 - a_1 \equiv (360 + t) r \equiv tr \pmod{60}$ oder
$t = (a_2 - a_1 + m \times 60) : r$, wobei $5 < t < 6$.

In der Aufgabe wurde m = 2 passend gewählt. Diese Variable spiegelt die Tatsache wider, daß eine Jahreslänge von sechs 60-Tage-Zyklen nicht der tropischen Jahreslänge entspricht. Deshalb werden immer wieder »Schalt«-Zyklen eingeschoben; im Beispiel hier wären es zwischen 1189 und 1230 m=2 solcher Zyklen. Dann wird der am nächsten gelegene folgende *Jiazi*-Tag des Wintersolstitiums des gesuchten Jahres berechnet, d. h. n wird so bestimmt, daß gilt:

$a_1 + st \equiv n \pmod{60}$, wobei $0 < n < 60$.

JOHANNES DE SACROBOSCO
Sphera materialis, geteuscht durch meyster Conradt Heynfogel, um 1230 bzw. 1519

Erst Capitel oder unterscheyd des ersten haubt stuck, was ein Spheer sey[1]

Sphera oder der runden größ wirt zwifeltig geteilt, nach dem selbst wesen, und nach dem zufalle. Nach dem selbs wesen wirt sie geteylt in newn stuck, mit namen in die newnte rundt, die do ist der erst lauff, oder der erster waltzer. Auch genant wirt der Cristallisch hymel, darumb das er zu mall lauter ist, und keinen stern hat. Nach dem waltzer ist der gestirnt hymel, den man heyst das firmament. Darnach in siben Spheer, der siben Planetten, welcher etliche grösser sein, etliche kleiner, nach dem das sie mer zu nehen oder ab weychen von dem firmament. Darumb unttter disen siben runden grösse ist die spheer Saturni die aller gröste. Aber des monds spheer die aller kleynste, als die gegenwertige figur auß weyst.

Nach dem zufall wyrt sie außgeteylt yn ein auffgerichte, und in ein krumme oder schlemme runde größ. Dise lewt haben ein auffgerichte runde größ, die do wonendt untter dem kreyß des himels, der do heyst der Ebennechter, ist das jemant do gewonen mag. Und haben darumb die dasigen ein auffgerichte runde grösse, wann ir keiner der zweyer himel spitzen, oder Polus wirt erhöhet über den andern. Oder daumb, das der selbigen lewt umbkreyß den man nennet den Augenender, der uberschreckt den Ebennechte, und wirt von jm uberschrenckt an zweien stetten.

Aber dise lewt haben ein schlemme runde größ, die do neben dem ebennechter wonendt, oder ver daruber, und den lewten wirt alle zeyt eyn himel spitz, oder Polus erhöcht über jren Augenender. Und die ander himel spitz ist jn alweg verborgen unter dem selbigen Augenender. Oder darumb, das der selbighen lewt kunstiger Augenender uberschrenckt den Ebennechter, und wirt von jm uberschrenckt.

Das ander Capitell von der formm und gestalt des hymels[2]

Das gemein werck oder gebew al diser welt wirt geteilt in zwey reych und stuck, mit namen in das himelisch reich und Elementisch reich. Das Elementisch reich ist on unterlaß durch gengklich in gegenwertiger verendrung, und wird geteilt in vier teil. Als in das erdtrich, und ist das kleinst, und ist recht als ein gemeiner mitler punct im mittel diser aller gesetzet. Umb das erdtrich ist das wasser. Umb das wasser ist luft. Umb den luft ist fewr, und das fewr ist lauter und nicht trüb, darumb gibt es keinen schein, und rürt an des monds himel. As do sagt Aristoteles in dem buch der naturlichen himelischen endrung.

Also hat der höchst und oberst Got dise vier Element geschickt und ordenlich ge-

---

1 lauter – rein; auffgerichts – gerade, lotrecht; krumm, schlemm – geneigt, schräg; ebennechter – Himmelsäquator; lewt – Leute; augenender – Horizont; uberschrenckt – geschnitten; ver, verren – fern; himel spitz – Himmelspol
2 einfeltig – einfach; sinbel – rund, kreisrund; sunderlich – besonders; sein zwei lauf – haben eine

setzt. Und dise vier Element geheyssen werden das sy würckent gegen einander. Also, das eins das ander verendert, zerbricht, und auch gebirt. Und dise Element sein einfeltig leyb. Also, das sie nicht in vil formm oder mancher gestalt sich teylen, wann yetzlichs stuck der erden ist erde, und yetzlichs stuck wassers ist wasser &c. Auß welcher vier Elementen vermischung in sich selber, werden verbracht mancherley gestalt der geburt, welcher drey Element ein jetzlichs umbschleusset das erdtrich rundtlich. On als vill das die truckenheit des ertrichs widersteet der feuchte des wassers, zu behutten die thier, die in den wasser nit leben mügen.

Auch alle Element on das erdtrich beweglich sein, welchs als ein punckt der welt von seiner schwern bürde wegen der grossen umbwaltzung der endt der welt, allenthalben gleich fliehendt, einer runden spheer das mittel besitzet, umb das elementisch reich, ist das himelisch leuchtendt reich, unteylhafftig aller verendrung, und waltzet on mittel jn einen sinbellen lauff. Und das reich genant wirt von den naturlichen maystern, das funfft wesen, davon das es an der zal das funfft ist, nach den vier Elementen. Und hat ein ander sunderlichs wesen von den elementen, und das reich hat newn himel, als vorgemelt ist, als des Monds, Mercurij, Veneris, Sonnen, Marti, Juppiters, Saturni, Firmaments, und letztens hymels, und der dasigen ein jetzlicher oberster beschleust den unttern on mittel rundtlich.

Welcher newn sein zwen lauf. Der erst lauff ist des obersten himels, der do heisset der oberst waltzer, von den zweyen enden die achs, das ein endt heist der perin himel spitz, das ander heyst gegen uber der perin himel spitz und laufft von den auffgangk in den untergangk, wider umb kommen zu dem auffgangk, welchen lauff der Ebennechter kreyß durchschneidt in zwey gleyche stuck.

Und der ander lauff ist der unttern himel. Und diser lauff ist widerwertig dem ersten, wann er ist von dem untergangk in den auffgangk. Und der lauff ist uff seiner achs, die do steet von den enden der ersten achs .xxiij. grad und .lj. minut. Aber der erst lauff mit seiner ungestumme rucket mit jm die untern himel in tag und nacht ein mal umb das erdtrich. Doch die acht himel wider fleyssent sich disem lauff in jren aygen leufften, davon der acht himel waltzet in hundert jaren nur einen grad. Disen andern lauff durch teylt durch das mittell der zeichentrager, unter welchem ein jetzlicher der siben Planeten hat ein aygne spheer, in welcher er bewegt wyrt auß seiner aygnen umbwaltzung, wider des ersten himels lauff. Und in mancherley verharrung der zeyt disen lauff ist messen. Als Saturnus in .xxx. jaren. Juppiter in .xij. Mars in zwayen. Die Son in .CCC.lxv. tagen, und .vj. stundt. Venus und Mercurius des gleychen. Der Mond aber in .xxvij. tagen, und .viij. stundt.

Das .iij. cap. von der waltzung des himels[3]

Das aber der himel waltze von dem auffgangk zu dem unttergangk, des zeichen nemen wir also. Die sternn die uns auffgeen im auffgangk, alweg sich aufheben gemachsam, und nach einand waltzen sein, bis sie kommen an das mittell des himels,

---

doppelte Bewegung; perin – Bär, Sternbild Kleine Bärin mit Polarstern; widerwertig – entgegengesetzt; zeichentrager – Tierkreis; verharrung der zeit – Zeitdauer

3 gemachsam – nach und nach; einformlich – gleichmäßig; grosse perin – Große Bärin (Bär) mit sieben Sternen

und sein alzeyt in der selbigen nehen, und selbigen verren zu einand, und haben sich also alzeyt in eyner weyß, biß das sie on untterlaß und einformlich wider unter geen.

Ein anders zeichen ist, das die Sternn bey der himel spitzen, die man den wagen oder grosse perin heysset, die uns nymmer untergeen, umbwaltzen on unterlaß, und einformlich bey der himel spitze schreyben jr kreyß, und sein al zeyt in einer nehen vii einer verren gegen einander, und durch dise zwu stetten waltzung der sternn, sie neygen sich gegen dem untergangk, oder nit, offenbar ist, das der sternn himel waltzet von dem auffgangk in den untergangk.

Das .iiij. cap. von des himels runde[4]

Das aber der himel rundt oder sinbel sy, ist dreyerley ursach. Als der einlichkeit, bequemligkeit, und nothaftigkeit. Der einlichkeyt ist das dise entpfindtliche welt gemacht ist, nach dem götlichen ebenpild in welchen doch weder anfangk noch endt ist, wann es ewig ist, dar umb zu gleichnuß des, dat dise leyblich welt ein runde gestalt, wann an den runden mag man nit anzaigen weder anfangk noch endt.

Der bequemligkeit ist, das unter allen leyben die gleych umbschliessen oder umbfahen seind. So ist die sinbel formm die aller größte und umb greiffigst. Nun beschleusset der himel al dingk, darumb ist jm die sinbel gestalt nutze und gemachsam.

Der nothafftigkeit ist, so der himel ein andre gestalt het dann ein runde. Als das er dreyecket, oder vierecket, oder vilecket were, nach volgeten zwey unmögliche dingk, mit namen, so must von not wegen etwe stat eytel oder öde sein. Oder ein leyb der vor ein stat het gehabt, nun kein umbfliessende stat het. Der yetzlichs ist unmöglich. Also offenbar ist in den auffgerichten und umbgeweltzten ecken oder winckeln. Das auch der himel rundt sey, das bezeugt Alphraganus der maister, und spricht also. Were der himel schlecht, so were uns etlichs stuck des himels neher dann das ander, und aller meyst das stuck das ob unserm haubt wer. So volgt hernach das ein sternn an den selbigen teil uns neher wer, und bedeucht uns grösser, wann so der selbig stern were in dem auffgangk, oder untergangk. Aber dise dingk die uns nahent sein, scheynen grösser, dann so sie verren weren. Darumb die Sonn, oder eyn ander sternn, so sie jm mittel des himels stund solt grösser erscheinen, dann so sie stund jm auffgangk oder untergangk, das geschicht hie nicht, dann die Sonn, oder ein ander sternn scheynt grösser jm auffgangk oder untergangk, dann jm mittel des himels, das do der warheit nit gemeß ist. (Bl. A 3-B 1ᵇ)

Sphera materialis, geteuscht durch meyster Conradt Heynfogel. Köln 1519 [Johannes de Sacrobosco: Libellus de sphaera. Deutsche Übersetzung]. – The Sphere of Sacrobosco and its Commentators. Ed. by Lynn Thorndyke. Chicago 1949.
vgl. Einleitung S. 27

---

4 beschleusset – umfaßt; stat – Ort, Gegend; eytel – leer; Alphragan – Alfraganus, al-Fargani; schlecht – flach

THOMAS VON AQUINO
Summa theologica. Das Werk der sechs Tage, 1250

66. Frage, 2. Artikel:
Ist der ungeformte Stoff für alle Körperdinge ein und derselbe?

Antwort: In dieser Frage waren die Auffassungen der Philosophen verschieden. Plato und alle Philosophen vor Aristoteles nahmen an, alle Körperdinge hätten die Natur der vier Grundstoffe. Und da die vier Grundstoffe in einem Stoff übereinkommen, wie ihr wechselseitiges Werden und Vergehen zeigt, so folgte, daß der Stoff für alle Körperdinge einer war. Daß es aber unter den Körperdingen auch unzerstörbare gab, führte Plato nicht auf die Seinsbedingungen des Stoffes, sondern auf den Willen des Künstlers, nämlich Gottes, zurück, den er zu den Himmelskörpern sprechen läßt: »Eurer Natur nach seid ihr der Zerstörung anheimgegeben, meinem Willen nach aber unauflöslich. Denn mein Wille ist stärker als euer Zusammenhalt.«

Diese Annahme widerlegt Aristoteles mit dem Hinweis auf die natürlichen Bewegungen der Körper. Da nämlich der Himmelskörper eine von der natürlichen Bewegung der Grundstoffe verschiedene Bewegung hat, folgt, daß seine Natur von der Natur der vier Grundstoffe verschieden ist. Und wie die Kreisbewegung, die dem Himmelskörper eigen ist, von jeder Gegensätzlichkeit frei ist, die Bewegungen der Grundstoffe aber einander entgegengesetzt sind, z. B. die Aufwärtsbewegung der Abwärtsbewegung, so ist auch der Himmelskörper selbst ohne Gegensätzlichkeit. Die Grundstoffe aber tragen den Gegensatz in sich. Weil nun Vergehen und Werden aus Gegensätzen sich herleitet, folgt, daß der Himmelsköper seiner Natur nach unvergänglich, die Grundstoffe aber vergänglich sind.

Doch trotz dieses Unterschiedes in der natürlichen Vergänglichkeit und Unvergänglichkeit nahm Avicebron im Hinblick auf die Einheit der körperlichen Form einen Stoff für alle Körper an. Wenn freilich die Form der Körperlichkeit an sich eine Form wäre, zu der die anderen Formen, durch die die Körper unterschieden werden, hinzukommen, so bestünde Notwendigkeit für eine solche Annahme. Denn diese Form würde dem Stoff unwandelbar einwohnen und in bezug auf diese Form wäre jeder Körper unvergänglich. Die Zerstörung würde nur erfolgen durch die Beseitigung der hinzukommenden Formen. Das wäre aber keine Zerstörung schlechthin, sondern mit Einschränkung; denn der Beraubung bliebe ein Wirklichseiendes unterstellt. Dasselbe begegnete den alten Naturphilosophen, die als Träger der Körper ein Wirklichseiendes annahmen, nämlich Feuer, Luft o. dgl.

Nehmen wir aber an, daß keine Form, die sich im vergänglichen Körper findet, als dem Werden und Vergehen zugrunde liegende Form zurückbleibt, so folgt notwendig, daß der Stoff der vergänglichen und unvergänglichen Körper nicht derselbe ist. Der Stoff nämlich ist zufolge dem, was er ist, in der Möglichkeit zur Form. Also muß der Stoff, an sich betrachtet, in der Möglichkeit stehen zur Form aller jener Dinge, für die er die gemeinsame Grundlage abgibt ...

Auch kann man nicht sagen, wie Averroes den Fall setzt, daß der Himmelskörper selbst der Stoff des Himmels sei, ein Seiendes also, das in der Möglichkeit zum Ort, aber nicht in der Möglichkeit zum Sein stehe, und daß seine Form eine getrennt in sich stehende Wesenheit sei, die ihm als Beweger geeint sei. Denn man kann unmöglich ein Wirklichseiendes setzen, ohne daß es entweder selbst ganz Wirklichkeit und Form ist, oder doch Wirklichkeit oder Form hat. Denken wir uns also verstandesmäßig die in sich stehende getrennte Wesenheit fort, die als Beweger angenommen wird, so folgt, wenn der Himmelskörper keine Form hat (was gleichbedeutend ist mit der Zusammensetzung aus Form und dem Träger der Form), daß es selbst ganz Form und Wirklichkeit ist. Jedes derartige Wesen aber ist ein der Wirklichkeit nach geistig Erkanntes, was vom Himmelskörper nicht gesagt werden kann, da er ein sinnfälliges Ding ist.

Es bleibt also nur die Annahme übrig, daß der Stoff der Himmelskörper, an sich betrachtet, nur für die Form angelegt ist, die er hat. Dabei ist es für unsere Frage zunächst gleichgültig, was diese Form ist, ob Seele oder etwas anderes. Jene Form also füllt jenen Stoff so vollkommen aus, daß in ihm in keiner Weise eine Möglichkeit zum [Anders-] Sein bleibt, sondern nur zur Ortsveränderung (Aristoteles). So ist also der Stoff nicht derselbe für die Himmelskörper und für die Grundstoffe, als höchstens im Sinne einer Verhältnisgleichheit, nach welcher beide übereinkommen unter dem Gesichtspunkt der Seinslage. (S. 30–34)

70. Frage, 2. Artikel:
Ist die Ursache der Himmelsleuchten sinnvoll angegeben?

1. Bei Jeremias (10,2) heißt es: »Fürchtet euch nicht vor den Zeichen des Himmels, welche die Heiden fürchten.« Also sind die Himmelsleuchten nicht ›zum Zeichen‹ gemacht.

2. Zeichen und Ursache werden gegeneinander unterschieden. Die Himmelsleuchten sind aber die Ursache dessen, was hier unten geschieht. Also sind sie keine Zeichen.

3. Der Unterschied der Zeiten und Tage hat mit dem ersten Tage begonnen. Also sind die Himmelsleuchten nicht gemacht »zu Zeiten und zu Tagen und zu Jahren«, d. h. zu deren Unterscheidung.

4. Nichts geschieht um eines Geringeren willen, denn das Ziel ist besser als die Mittel zum Ziel. Die Himmelsleuchten nun sind besser als die Erde. Also sind sie nicht gemacht, »die Erde zu erhellen« ...

Zur Widerlegung genügt das Ansehen der Hl. Schrift.

Antwort: Man kann sagen, ein körperliches Geschöpf sei geschaffen der eigenen Tätigkeit wegen oder eines anderen Geschöpfes wegen oder des ganzen Weltalls wegen oder des Ruhmes Gottes wegen. Moses aber wollte das Volk vom Götzendienst abbringen, darum streifte er nur jene Ursache, derzufolge die Gestirne zum Nutzen der Menschen gemacht sind. Darum heißt es Deut. 4,19: »Daß du nicht etwa deine Augen zum Himmel erhebst und Sonne und Mond betrachtest und alle Gestirne des Himmels und sie im Truge befangen anbetest und das verehrst, was erschaffen hat der Herr, dein Gott, zum Dienst aller Völker.«

Diesen Dienst erklärt er am Anfang des Schöpfungsberichtes in drei Stücken. Erstens sind die Gestirne dem Gesichtssinn des Menschen nütze, der ihn in seinen Werken leitet und besonders nützlich ist zur Erkenntnis der Dinge. Mit Bezug darauf heißt es: »Sie sollen leuchten an der Feste und die Erde erhellen.« Zweitens wird durch den Wechsel der Zeiten ein Überdruß beseitigt und die Gesundheit bewahrt und der notwendige Lebensunterhalt ermöglicht. Das alles würde nicht sein, wenn es immer Sommer oder immer Winter wäre. Mit Bezug darauf heißt es: »Sie seien zu Zeiten und Tagen und Jahren.« Drittens, um die günstige Zeitlage anzuzeigen für die Geschäfte und Arbeiten; denn aus den Himmelsleuchten wird die Angabe der Regen- und Trockenzeiten geschöpft, die den verschiedenen Arbeiten günstig sind. Darauf bezieht sich die Stelle: »Sie sollen zu Zeichen sein.«

Zu 1. Die Gestirne sind ›zu Zeichen‹ für die körperlichen Veränderungen, nicht aber für jene, die von der freien Entscheidung abhängen.

Zu 2. Bisweilen werden wir durch eine sinnfällige Ursache zur Erkenntnis einer verborgenen Wirkung geführt, und umgekehrt. Darum kann sehr wohl eine sinnfällige Ursache ein Zeichen sein. Moses aber wählt lieber den Ausdruck ›Zeichen‹ als ›Ursache‹, um die Gelegenheit zum Götzendienst auszuschließen.

Zu 3. Am ersten Tage ist die allgemeine Zeiteinteilung nach Tag und Nacht erfolgt, nach der täglichen, dem ganzen Himmel gemeinsamen Bewegung, deren Beginn am ersten Tage angenommen werden kann. Die besonderen Unterschiede der Tage und Zeiten jedoch, wonach ein Tag wärmer ist als der andere, eine Zeit wärmer als die andere, ein Jahr wärmer als das andere, erfolgen auf Grund der besonderen Bewegungen der Sterne, deren Beginn am vierten Tage angenommen werden kann.

Zu 4. In der Beleuchtung der Erde wird der Nutzen des Menschen gesehen, der seiner Seele nach über den körperlichen Himmelsleuchten steht. Man kann jedoch sehr wohl sagen, daß ein vornehmes Geschöpf wegen eines niederen geschaffen wurde, nicht an sich betrachtet, sondern in seiner Hinordnung auf die Vollständigkeit des Weltalls.

70. Frage, 3. Artikel:
Sind die Gestirne beseelt?

1. Die höhere Körperwelt muß mit edlerer Zier ausgestattet sein. Was nun zum Schmuck der niederen Körperwelt da ist, ist beseelt; so die Fische, die Vögel und die Landtiere. Also sind auch die Gestirne beseelt, welche den Schmuck des Himmels ausmachen.

2. Ein edlerer Körper hat auch eine edlere Form. Sonne und Mond aber und die anderen Himmelsleuchten sind edler als Pflanzen- und Tierkörper. Also haben sie eine edlere Form. Die edelste Form nun ist die Seele, die der Grund des Lebens ist; denn nach Augustinus hat in der Naturordnung jedes lebende Wesen einen Vorzug vor dem unbelebten Wesen. Also sind die Gestirne beseelt.

3. Die Ursache ist edler als die Wirkung. Die Sonne aber, der Mond und die anderen Gestirne sind Ursache des Lebens, wie das am meisten bei den aus Verwesung entstandenen Lebewesen offenbar ist, die durch die Kraft der Sonne und der

Sterne das Leben erhalten. Um so mehr also sind die Himmelskörper lebendig und beseelt.

4. Die Bewegungen des Himmels und der Himmelskörper sind natürliche Bewegungen. Die natürliche Bewegung aber stammt aus einem inneren Grunde. Da nun der Bewegungsgrund der Himmelskörper ein mit Fassungsvermögen begabtes Wesen ist, das selbst bewegt wird, wie das Verlangende vom Gegenstand des Verlangens, so scheint es, daß dieser erkennende Grund ein den Himmelskörpern innerer Grund ist. In der Gattung der beweglichen Dinge aber bewegt das erste Ding sich selbst. Denn was durch sich selbst ist, ist früher als das, was durch ein anderes ist. Nur die beseelten Wesen aber bewegen sich selbst (Aristoteles). Also sind die Himmelskörper beseelt.

Andererseits sagt Johannes von Damaskus: »Niemand glaube, die Himmel oder die Gestirne seien beseelt; sie sind ohne Seele und ohne Gefühl.«

Antwort: ... Bei solcher Verschiedenheit der Auffassungen ist zur Ermittlung der Wahrheit zu beachten, daß die Vereinigung der Seele und des Leibes nicht um des Leibes, sondern um der Seele willen geschieht. Denn die Form ist nicht um des Stoffes willen da, sondern umgekehrt ...

Es ist nun offensichtlich, daß die Seele eines Himmelskörpers die Tätigkeit der Pflanzenseele: Nähren, Wachsen und Zeugen, nicht ausüben kann; denn diese Tätigkeiten kommen einem von Natur aus unvergänglichen Körper nicht zu. Ebensowenig kommen die Tätigkeiten der sinnlichen Seele dem Himmelskörper zu: denn alle Sinne gründen im Tastsinn, der die Grundeigenschaften erfaßt. Zudem verlangen alle Werkzeuge (Organe) der Sinnesvermögen ein bestimmtes Verhältnis, entsprechend einer bestimmten Mischung der Grundstoffe, von deren Natur, wie angenommen wird, die Himmelskörper abweichen.

Es bleiben also von den Tätigkeiten der Seele nur zwei übrig, die der Gestirnseele zukommen können: Erkennen und Bewegen; denn das Begehren folgt den Sinnen und dem Verstande und ist beiden zugeordnet. Da aber die Verstandestätigkeit nicht vermittels des Leibes ausgeübt wird, hat sie den Leib auch nicht nötig, höchstens insoweit ihr die Sinne die Vorstellungsbilder verschaffen. Die Tätigkeiten der sinnlichen Seele aber kommen, wie gesagt, den Himmelskörpern nicht zu. Somit würde um der Verstandestätigkeit willen dem Himmelskörper keine Seele geeint werden.

Es bleibt also nur übrig, daß sie ihm um der Bewegung willen geeint wird. Dazu aber, daß sie bewege, braucht sie ihm nicht als Form geeint zu werden, es genügt, daß sie ihm geeint wird durch Kraftübertragung, wie eben der Beweger dem beweglichen Ding geeint wird. Nachdem daher Aristoteles gezeigt hat, daß das erste sich selbst Bewegende aus zwei Teilen besteht, von denen der eine bewegend, andere bewegt ist, und nachdem er die Art und Weise der Vereinigung dieser beiden Teile aufgewiesen hat, sagt er, sie erfolge durch Berührung zweier Dinge, und zwar wechselseitig, wenn sie beide Körper sind, oder aber von einem zum anderen und nicht umgekehrt, wenn das eine ein Körper ist, das andere nicht. Auch die Platoniker nahmen an, daß die Seele mit dem Körper nur durch Kraftübertragung geeint wird, wie der Beweger dem Beweglichen. Wenn also Plato annahm, die Himmelskörper seien beseelt, so bedeutet das nichts anderes, als daß geistige Wesenheiten mit den Himmelskörpern so verbunden sind wie Beweger mit den beweglichen Dingen.

Daß aber die Himmelskörper von einem mit Erkenntnis begabten Wesen bewegt werden und nicht von Natur aus wie die leichten und schweren Körper, erhellt daraus, daß die Natur nur zu einem einzigen Ziel hinbewegt, nach dessen Erreichung Ruhe eintritt (Aristoteles), was bei der Bewegung der Himmelskörper augenscheinlich nicht zutrifft. So bleibt nur übrig, daß sie von einem mit Erkenntnis begabten Wesen bewegt werden. Augustin sagt ebenfalls, alle Körper würden von Gott in Gang gehalten »durch den Hauch des Lebens«.

So ist also offenbar, daß die Himmelskörper nicht in derselben Weise beseelt sind wie die Pflanzen und Tiere, sondern nur im Sinne einer bloßen Wortgleichheit [des Wortes ›Leben‹]. Darum besteht zwischen denen, die sie für beseelt halten, und denen, die sie nicht für beseelt halten, in der Sache ein geringer oder gar kein Unterschied, sondern nur im sprachlichen Ausdruck.

Zu 1. Zum Schmuck gehört auch manches, was die eigene Bewegung betrifft, und in dieser Beziehung kommen die Himmelskörper mit den anderen Dingen, die zum Schmuck da sind, überein, denn sie werden von einem lebendigen Wesen bewegt.

Zu 2. Es kann sehr wohl ein Ding schlechthin edler und doch in einer gewissen Beziehung weniger edel sein. So ist die Form eines Himmelskörpers nicht schlechthin edler als die Seele eines Beseelten, und doch edler, von der Natur der Form her betrachtet. Denn sie erfüllt ihren Stoff vollständig, so daß er nicht mehr in der Möglichkeit bleibt für eine andere Form, was bei der Seele nicht der Fall ist. Auch bezüglich der Bewegung werden die Himmelskörper von edleren Bewegern bewegt.

Zu 3. Der Himmelskörper hat als bewegter Beweger die Natur eines Werkzeuges, das in der Kraft der Hauptursache wirkt. Darum kann er in Kraft seines Bewegers, der ein lebendiges Wesen ist, Leben verursachen.

Zu 4. Die Bewegung eines Himmelskörpers ist eine natürliche Bewegung, nicht durch einen wirkmächtigen, sondern durch einen empfangsfähigen Grund. Denn er hat in seiner Natur die Anlage, durch solche Bewegung vom Geist bewegt zu werden.

Zu 5. Es heißt: Der Himmelskörper bewegt sich selbst, sofern er aus Beweger und Bewegtem zusammengesetzt ist, nicht wie aus Form und Stoff, sondern auf Grund einer Berührung durch Kraftübertragung. So kann auch gesagt werden, daß sein Beweger ein innerer Grund ist, so daß auch die Himmelsbewegung natürlich genannt werden kann, vom wirkmächtigen Grunde her gesehen, wie die freie Willensbewegung ebenfalls für ein Lebewesen natürlich genannt wird, insofern es Lebewesen ist (Aristoteles). (S. 100–110)

Thomas von Aquino: Summa theologica. Das Werk der sechs Tage. Übers. von Dominikanern und Benediktinern Deutschlands und Österreichs. Salzburg 1934 (Die deutsche Thomas-Ausgabe; 5) [latein.-deutsche Parallelübersetzung]
vgl. Einleitung S. 27

DANTE ALIGHIERI, 1265–1321
Die Göttliche Komödie

»Bevor ich aus dem Abgrund mich befreie,
    Mein Meister«, sprach ich, als ich aufgestanden,
    »Sollst du ein wenig meinen Irrtum klären.
Wo ist das Eis, und wie ist dieser also
    Verkehrt gestellt, und wie kann denn die Sonne
    So schnell vom Abend bis zum Morgen eilen?«
Und er zu mir: »Du wähnst dich wohl noch jenseits
    Vom Mittelpunkt, wo ich mich an die Zotten
    Des Bösen hängte, der die Welt durchlöchert.
Du warst noch jenseits so lang, als ich abstieg.
    Als ich mich drehte, ging der Punkt vorüber,
    Zu dem das Schwere strebt von allen Seiten.
Du bist nun unter jener Himmelshälfte,
    Die der entgegen überm großen Sande,
    In deren Mitte einst der Mensch gestorben,
Der sündenlos geboren war und lebte.
    Du hast die Füße auf dem kleinen Kreise,
    Der Gegenseite ist für die Giudecca.
Hier ist es Morgen, wenn es drüben Abend.
    Und der, des Haare uns als Treppe dienten,
    Steckt noch so drinnen wie er vorher steckte.
Auf dieser Seite stürzte er vom Himmel,
    Und was an Erde einst sich hier gebreitet,
    Hat sich aus Furcht verhüllt mit einem Meere
Und kam zu unsrer Hälfte; und die andre,
    Die hier erscheint und sich nach oben wölbte,
    Schuf wohl, um ihn zu fliehen, diese Höhle.«
Ein Raum ist dort, von Luzifer so ferne
    Als drüben sich das große Grab erstreckte,
    Man sieht ihn nicht, man kann ihn nur erkennen
Am Rauschen eines Bächleins, das im Felsen
    In einem Bett hinabfließt, das es selber
    Mit dem gewundenen Laufe schuf, ganz langsam.
Durch die verborgne Höhlung sind mein Führer
    Und ich zurückgekehrt zur lichten Erde,
    Und ohne erst um Ruhe uns zu kümmern,
Hinaufgestiegen, er voran, ich folgend,
    So lang bis ich ein Stück der schönen Bilder,
    Des Himmels durch ein rundes Loch erblickte.
Dann traten wir hinaus und sahn die Sterne.
(Die Hölle, 34. Gesang, V. 100–139)

Wie man im Spiegel einer Fackel Flamme
    Erkennen kann, die hinter einem leuchtet,
    Eh sie dem Auge und dem Geist erschienen,
Und sich umkehrt, zu sehen, ob der Spiegel
    Die Wahrheit sagt, und sieht, daß sie einander
    Entsprechen, wie die Töne ihren Takten;
So kann sich mein Gedächtnis wohl entsinnen,
    Daß ich getan beim Blick in ihre Augen,
    Mit denen Amor mich gefesselt hatte.
Und als ich mich gewandt, fiel in die meinen
    All das, was dort in jenem Himmel glänzet,
    Wohin man auch in seine Kreise schaue.
Ein Punkt war dort, der mit so scharfem Lichte
    Erstrahlte, daß das Aug, das er geblendet,
    Sich schließen mußte vor des Lichtes Schärfe.
Und jeder Stern, der hier am schwächsten leuchtet,
    Erschien mir wie ein Mond an dessen Seite,
    Wenn sie wie Sterne beieinander stünden.
So nahe wohl wie bei des Mondes Hofe
    Des Lichtes Widerschein ihn selbst umgürtet,
    Wenn jenes Hofes Dunst ganz dicht geworden,
Hat um den Punkt ein Feuerkreis geschwungen
    So schnell, daß er noch übertroffen hätte
    Den Himmel, der die Welt als schnellster gürtet.
Und der wird noch von einem Kreis umgürtet,
    Und der vom dritten, dieser von dem vierten,
    Der vierte von dem fünften, der vom sechsten,
Dann kam der siebente so weit geschwungen
    In seinem Bogen, daß der ganze Bote
    Der Juno ihn nicht mehr umspannen könnte.
So kam der achte und der neunte, jeder
    Bewegte sich verlangsamt in dem Maße,
    Wie er vom ersten Kreise Abstand hatte.
Und jener hatte auch die reinste Flamme,
    Der sich am nächsten fand dem reinen Funken,
    Weil er bei ihm wohl höchste Wahrheit findet.
Und meine Herrin, die in schwerem Denken
    Mich sah, die sprach: »Von jenem Punkte hänget
    Der Himmel ab und alles, was geschaffen.
Sieh jenen Kreis, der ihm am allernächsten,
    Und wisse, daß er sich so schnell beweget
    Aus heißer Liebe, die ihn treibt zur Eile.«
Und ich zu ihr: »Wenn auch die Welt befolgte
    Die Ordnung, die ich seh in diesem Kreise,
    So wär ich satt von dem, was ich hier schaute,

Doch in der Sinnenwelt kann man die Kreise
   Nur um so schneller sehn in der Umdrehung
   Je weiter sie vom Mittelpunkte ferne.
Drum, wenn mein Sehnen soll Vollendung finden
   In diesem wunderbaren Engelsdome,
   Den Licht und Liebe ganz allein umgrenzen,
Muß ich noch hören, warum das Gebilde
   Mit seinem Urbild nicht von gleicher Ordnung,
   Weil ich allein vergeblich dies betrachte.«
»Wenn deine Finger nicht genügen können
   Für diesen Knoten, ist's nicht zu verwundern;
   Er ist, weil nie versucht, so fest geworden.«
So sprach die Herrin, und darauf: »Vernimm nun,
   Was ich dir sage, wenn du satt willst werden,
   Und denk darüber nach mit scharfem Geiste.
Es sind des Weltalls Kreise eng und weiter
   Je nach den kleinern oder größern Kräften,
   Die sich durch alle seine Teile breiten.
Die größre Güte führt zu größrem Heile,
   Und größres Heil umfaßt den größern Körper,
   Wenn alle seine Teile gleich vollkommen.
Darum muß dieser, der das ganze andre
   Weltall mit sich bewegt, dem Kreis entsprechen,
   Der höchstes Wissen birgt und höchste Liebe.
Wenn du daher umschreibest nach den Kräften
   Dein Maß, und nicht nur nach dem äußern Bilde
   Der Wesenheiten, die dir rund erscheinen,
So wirst du wunderbar sich folgen sehen
   Auf Viel das Mehr und auf das Kleine Kleinres
   An jedem Himmel, nach den Engelswesen.«
(Das Paradies, 28. Gesang, V. 4–78)

Dante Alighieri: Die Göttliche Komödie. Ital. u. Dt., übers. von Hermann Gmelin, 1. Teil, Die Hölle; 3. Theil, Das Paradies. Stuttgart o.J. [um 1949]. – Ders.: Le opere di Dante Alighieri, Edizione Nazionale, T. 2, 4. Verona 1966–1967
   vgl. Einleitung S. 30

KONRAD VON MEGENBERG
Das Buch der Natur, Von dem geschopften Stern, um 1350

Der geschopft stern haizet ze latein cometa und ist niht ain rehter stern: er ist ain flamm und ain feur prinnend in dem obristen reich des luftes. dar umb scholt dû wizzen, daz daz hitzig gestirn an dem himel zeuht irdischen dunst auz der erden und wäzzerigen dunst auz dem wazzer und die dünst paide gent auf in den luft, dar umb daz si leiht sint sam der luft.

wenne nu daz ist, daz ain irdischer vaizter rauch aufgezogen wirt in den luft, sô entzündet er sich oben in dem luft pei dem feur zu naehst. und ist des dunstes vil, sô wert diu flamm lang, und gêt der materi ze stunden vil zuo auz dem ertreich, sô wert diu flamm lang und scheint uns des nahtes als ain stern, der an dem himel stêt, reht als ainer, der pei dunkelr naht reitt und verren siht ain lieht, den dunket daz lieht ain stern sein. diu flamm ist gehaizen von den maistern der geschopft stern, dar umb, daz funken von im vliegent und daz er zinzelt gegen dem tail der werlt, dâ im der dunst zuo gêt, der in nert und fuort.

der stern bedäut hungerjâr in dem land, dâ er den schopf hin kêrt dar umb, daz diu fäuhten auz dem ertreich ist gezogen und diu vaizten, dar auz süez wein und korn und ander früht schölten auz der erden gewachsen sein, und koment oft dâ mit vil kefern und häuschrecken. alsô sach ich ainen comêten zu Pareis, dô man zalt von gotes gepürt dreuzehenhundert jâr und siben und dreizig jâr, der werte mêr denne vier wochen und stuont gegen dem himelwagen und het den sterz gekêrt gegen däutschen landen und wegt sich mit ainr überwertigen wegung gegen mittem tag. unz er verschiet. dô was ich gar junk und prüeft doch allez, daz dâ nâch geschach, wann dâ nâch kürzleich kom ich her auz in däutschen lant, dô kâmen sô vil häuschrecken geflogen von Ungern durch Oesterreich und durch Paiern auf über den Sant den Main ab gegen dem Rein, daz si sô vil getraides verderbten auf dem veld, daz manich gäuman verdarb. daz geschach dâ von, daz der stern kraft daz wüest lant in Preuzen und an etsleichen steten in Ungern, dâ ez hüelich was und mosich, beraubte seiner behenden fäuhten und liez die gerben dâ, auz den wart ain fäuhten und ain sâm, dar auz die häuschrecken wurden, was ain iegleich tier hât sein aigen materi, dar auz ez wirt, dar umb ist ain wazzer vischreich, daz ander fröschreich.

Der comêt bedäut auch streit und verraeterei und untrew und etleicher grôzen fürsten tôt und gemeiniclich vil pluotvergiezens. alsô huoben sich dâ nâch in den naehsten jâren vil krieg und streit zwischen dem küng in Frankenreich und dem küng in Engellant, wan der von Engellant dertrankt dem von Frankenreich vierzigtausent man auf dem mer, und ains anders jârs dar nâch gesigt er im an aines grôßen veltstreites, dâ küng Johannes von Pehaim inne derslagen wart und vil êrbaeriger ritterschaft. daz geschach allez pei kaiser Ludweiges zeiten, dem vierden seines namens.

nu maht dû frâgen, war umb der stern streit bedäut und pluotvergiezen? daz ist dar umb, daz ze den zeiten der stern kreft die lebleichen gaist auz dem menschen ziehent und machent daz behend pluot auzdünstend auz dem menschen. sô nu der mensch trucken ist und hitzig, sô ist er zornig und vicht gern, als wir sehen an haizen läuten: wenne si vastent, sô sint si unmuotig und zornich; iedoch möht man daz wol understên mit guoten raeten. daz aber die maister sprechent, daz der stern bedäut der fürsten tôt mêr denn armer läut tôt, daz ist dar umb, daz die fürsten namhafter sint dann arm läut und ir tôt weiter erschillet denn armer läut tôt. (S. 75f.)

Das Buch der Natur von Konrad von Megenberg. Die erste Naturgeschichte in deutscher Sprache. Hrsg. von Franz Pfeiffer. Stuttgart 1861 (fotomechan. Nachdruck 1962). – Ders.: Augsburg: J. Bämler 1475 [und zahlreiche weitere Drucke]
  vgl. Einleitung S. 30

HEINRICH CORNELIUS AGRIPPA VON NETTESHEIM
Über die Fragwürdigkeit, ja Nichtigkeit der Wissenschaften, Künste und Gewerbe, 1526

An der höchsten Stelle präsentiert sich die Astrologie, auch Astronomie genannt, sie ist voll von Lug und Trug und taugt noch weniger als das Geschwätz der Poeten. Die Vertreter dieser Disziplin sind wirklich unverschämte Gesellen und setzen durch ihre frevelhafte Neugier schaurige Dinge in die Welt. Über die menschliche Sphäre hinaus hantieren sie mit Himmelskreisen und -modellen, mit Entfernungen, Bewegungen, Bildern, Konstellationen und Zusammenhängen von Gestirnen, als seien sie persönlich eben vom Himmel herabgekommen, nachdem sie sich dort eine gute Weile aufgehalten hätten! Sie beschreiben alle Abläufe und meinen, alles sei erkennbar. Dabei sind sie untereinander völlig verschiedener, meist sogar gegensätzlicher Ansicht und liegen ständig miteinander in Streit, so daß ich mit Plinius sagen möchte: »Das unstete Bild dieser Kunst beweist vor aller Welt, daß es sich um keine wirkliche Kunst handelt.« ...

So bleibt uns nur die Feststellung, daß bis jetzt noch kein Astronom vom Himmel herabgekommen ist, der uns die wirkliche Bewegung des Himmels einwandfrei hätte erklären können; nicht einmal die richtige Bewegung des Mars ist geklärt, was auch Johannes Regiomontanus in einem Brief an Blanchinus beklagt. Eine falsche Ansicht über die Marsbewegung hat ein Mann namens Wilhelm von St. Clou, ein berühmter Astrologe, vor mehr als 200 Jahren in seinen »Observationes« in die Welt gesetzt, und keiner von den späteren Astronomen hat ihn bis heute korrigiert. Sogar den genauen Eintritt der Sonne in die Äquinoktialpunkte zu finden, ist unmöglich, was Rabbi Levi vielfältig beweist ...

Ich verzichte auf einen langen Vortrag über exzentrische und konzentrische Kreise, Epizykeln, Rückläufigkeit, Trepidation, Annäherungs-, Entfernungs- und andere Bewegungen, weil all das nicht Werke Gottes oder der Natur sind, sondern monströse Ausgeburten von Mathematikern, bei denen korrupte Philosophie und Poetenphantasterei Pate standen. Leider schämen sich jene Magister nicht einmal, diesen Dingen, die sie von Gott geschaffen und naturgegeben wähnen, so hohen Glauben beizumessen, daß sie sich darauf wie auf wirkliche Fakten stützen, alles irdische Geschehen auf sie zurückzuführen und behaupten, diese (doch nur fiktiven) Bewegungen seien entscheidend für alle irdischen Bewegungen ...

Auch ich habe schon mit der Muttermilch diese Kunst eingesogen, später viel Zeit und Arbeit auf sie verschwendet und schließlich gemerkt, daß sie insgesamt auf nichts anderem als Spielerei und Phantasterei beruht. Mich ärgert und reut, dafür einst solche große Mühe aufgewandt zu haben, und ich wünschte, ich könnte jede Erinnerung daran austilgen. Ich habe sie längst aus meinem Herzen verbannt und würde mich nie wieder mit ihr beschäftigen, wenn nicht unabweisliche Bitten mächtiger Leute, die sich ja zuweilen großer und tüchtiger Männer für ihre unwürdigen und närrischen Spielereien bedienen, mich wieder dazu nötigten und natürlich auch mein eigener Vorteil es geraten erscheinen ließe, ihre Torheit in gewissem Umfang auszunutzen und ihnen bei den närrischen Dingen, auf die sie keinesfalls verzichten möchten, gefällig zu sein. Närrische Dinge, sage ich, denn was hat die Astrologie anderes anzubieten als Narrheiten und Phantastereien von Poeten, unglaubwürdiges Zeug, mit dem sie den Himmel vollstopfen. Nichts paßt so gut zueinander wie Astrologen und Poeten ... Nicht weniger Streit als um Sonne und Mond gibt es um die Größen und Entfernungen der Sterne, kurz, in astronomischen Fragen gibt es keine unumstößliche Meinung oder ewige Wahrheit. Das ist auch gar nicht verwunderlich, wenn der Himmel, den sie durchforschen, das Allerunbeständigste ist und dabei noch eine Menge Phantasie und Narrheit eine Rolle spielt, denn die zwölf Tierkreiszeichen sowie die anderen nördlichen und südlichen Sternbilder sind doch nur durch Sagen an den Himmel gelangt. Und dennoch tun sich die Astronomen viel darauf zugute, ziehen ihren Lebensunterhalt, ja sogar großen Gewinn daraus, während die eigentlichen Erfinder der Sternbilder, die Poeten, tüchtig darben müssen. (S. 68–72)

Agrippa von Nettesheim: Über die Fragwürdigkeit, ja Nichtigkeit der Wissenschaften, Künste und Gewerbe. Hrsg. von Siegfried Wollgast. Berlin 1993. – Ders.: De incertitudine et vanitate scientiarum. Köln 1531
   vgl. Einleitung S. 40

PETER APIAN
»Instrument Buch« für »spitzfündige köpffe«, 1533

Und auff das ich andere weytleüffige Exempel underlaß, und in der nahendt bleibe, begegent mir daher gar füglich Ewer Edel und Gestreng [Hanns Wilhelm von Loubembergk], da von mir dermassen solhe gütwilligkait, auch mit dem weck, bewißen ist worden, das ich in andere weg nit erstatten mag oder khan: betracht ich der massen mein gemüt zu erzaygen, solhe wolthat bey mir unuergessen. Damit ich dem offtgedachten in der schrifft laßter, der undanckbarkait nicht underwörflich gemacht, sonder dem empfliehen mög, habe ich also dise zeyt ettliche newe Astronomische Jnstrument im Latein außgehen lassen, welhe uch yetzunder an vil ortten gebessert und gemert und ins Teutsch gebracht:, wie dann in disem buch augenscheynlich verhanden. Unnd die weyl ich das selbige nit on sonderlichen nutz der gelerten, durch grossen vleyß in den Druck gebracht, sonder auch den liebhabern der Mathematischen künste, so das Latein nicht verstehen, der da vil sint. Dann als ich gespört habe, so sindt mer subtiller und spitzfündiger köpffe in diser kunst bey den Layen, dann bey den schrifftgelerten, wann sie allein der anfäng, darauff diese kunst gegründt wirt, nicht beraubt wären. Die weyl aber dise kunst on grosse umbschwayff in die Teutsche sprach nit wol mag gebracht werden, wie dann Ewer Edel und Gestreng wol zu ermessen haben, auch wie schwer und ungemäß der Teutschen sprach sie sey, habe ich underweylen etliche wörter, wie sie im latein gebraucht werden müssen bleyben lassen. (Bl. A 1–A 1ᵇ)

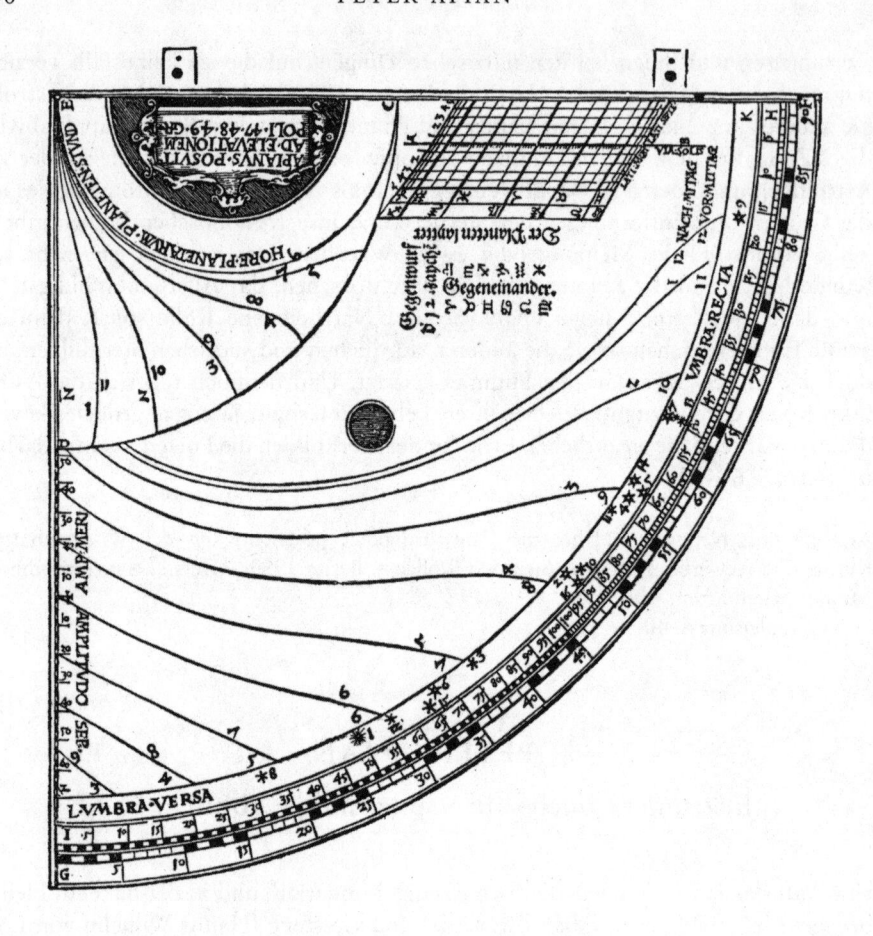

wi man die hoch eines Thurns auß dem schatten des Turns, vermittl dises Quadranten abmessen soll

Ee das ich von der messung, der höch, tieff, unnd brayt schreyb, wil von nöten sein, das ich anzayge, was umbra recta oder umbra versa sey: Umbra recta, ist der recht schat, das ist wenn der schat als langk als das gebew oder kürtzer: darumb wann der faden [des Lotes am Quadranten, vgl. Bild] felt auff die punct des rechten schatens, so ist der schat kürtzer dann der Thurn hoch ist. Ist aber der schat lenger dann der Thurn hoch ist, so hayssen die punct (die der faden berürt) des verkerten schatens zu Latein, Puncta umbrae versae. Es gefiel mir auch wol, wann man die punct umbrae rectae nennet den kurtzen schatten, und die punct umbrae versae den langen schatten.

Wann du durch disen Quadranten messen wilt, wie hoch ein Thurn sey, oder sonst ein gebew, darzu man auff der erden nach rechter eben gehen mag, So laß die Sonn oder den mon durch die löchlein der absehen scheinen, und merck den faden: Felt er auf 100 punct in dem circkl H.J. oder im undern Circkel auf 45 grad so ist der thurn gleych als hoch als der schat langk ist: wann du den schatten mit ainer elln, oder sonst einem gwönlichen maß missest, so hast du den Thurn auch gemessen. Als, ist der schat 80. schrit lanck, so ist der Thurn auch 80. schrit hoch. Wann aber der faden nit gerad auff 100 punct feldt, so magst du wol verziehen biß die Sonn oder der Mon höher oder niderer steet, und der faden auff 100 punct falle: als in diser figur angezaigt ist. (Bl. E 3)

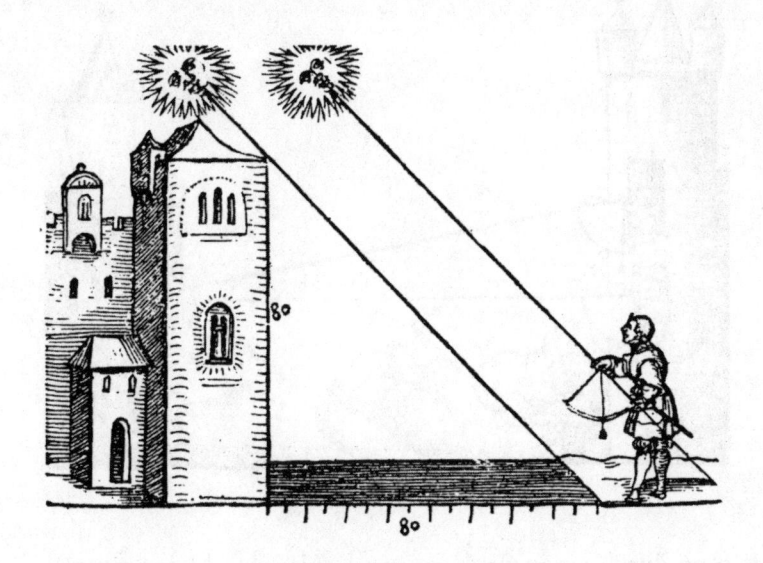

wie man die weyt eines Thurns von dem andern messen soll, wenn der messer in dem ainen Thurn stehet

So du messen wilt wie weyt ein Thurn von dem andern stehet und du auff dem ainen thurn bist: so schaw zu einem fenster heraus, das am aller nydersten stehet am thurn, und laß den faden hangen auff die lini EG, also, das der faden khainen grad berür [d.h. 0°], unnd merck durch die löchlein [der Visiereinrichtung] einen punct oder zaychen an dem andern thurn, der gut zuerkennen ist. Darnach steyg hynauff in den thurn, und siech zu einem andern fenster hinaus, doch das die zway fenster ob einander stehen auff ainer seytt des thurns und schaw wider durch die absehen auff den gemerckten punct oder zaychen an dem andern Thurn, da du zum ersten auch hyn gesehen hast, und merck welhen punct der faden berür, under den puncten des langen schattens (darauff es dann allemal fallen muß, so allein die thurn ettwas mercklichs voneinander stehen) Ich setz der faden sey gefallen auff 25 punct des langen schattens, darnach miß wie weyt, oder wie hoch ein fenster vonn dem andern sey (verstee, von dem punct, do du dein aug in den zwayen abmessung gehabt hast, so du abgesehen hast das zaychen am andern thurn) Ich setz die fenster sint voneinander 15 ellen. Machs durch die regel, sprich 25 geben 100, was geben 15 ellen? Multiplicir 100 mit 15, kommen 1500, die tayl in 25, entspringen 60 ellen, so weyt stehen die thurn voneinander. Dise regel kanst du zu vil dingen brauchen, als wann du wissen wilt, wie weyt über ein wasser oder graben sey, so nym dir für ein gemerck jenset des wassers, unnd an der stat des absehens nym dir vor zwo stät übereinander, als an einem Baum oder stangen, daran du auf und ab kommen magst.

Nym einen bessern verstandt auß diser figur. (Bl. F 1–F 1ᵇ)

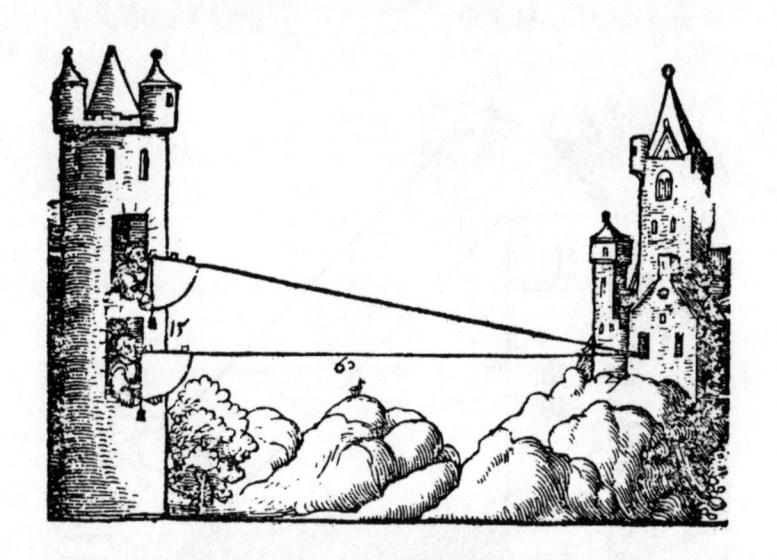

wie man durch einen flachen Spigel, oder durch ein Stillstehendt wasser, die höch der gebew messen soll

Ein yetlich Cörperlich ding, so es über einen Spigel oder sonst über eine polirte materi erhöcht wirt (ob es schon nit nahent dabey ist) felt auff die flech des Spigels (ich rede von den flachen Spigeln, nit die von glas gemacht und gebogen sint) gerad nach dem winckelmas: ob schon der Spiegel nit so brayt ist, und erscheynt under dem Spiegel gleich als tieff, als es über der flech des Spiegels ist. Darumb solt du nit anderst gedencken, wann du ein gebew (oder was es sey) in einem Spigl siechst, dann der Spiegl sey durchsichtig wie ein glas, und siechst den knopff des Thurns durch das glas, als stünde der Thurn undersich, winckel gerecht auff der flech des glas, als dise figur clärlich antzaigt.

Wan du aber den Thurn messen wilt, wie hoch Er sey, so must du nit nach der seytten des Spigels stehen, (ob du schon den Thurn darinne siechst) sonder trit in ein gerade lini für den Spigel, also das der Spigl zwüschen dir und des Thurns lige. Und auch ist zumercken, das der spigl dem grundt des Thurns gleich nider lig, dann du kanst nit höher messen den Thurn, dann was vom thurn über die flech des spigels ist: das solt du also verstehen …

Damit du weyter den spigel zu der messung brauchen mögest, merck auff dise wort. Wann du also für den spigel steest, und darzu und daruon gehen magst, biß du den knopff, oder sonst ein eck des thurns im spigel sichst, müst du mit vleyß mercken ein zaychen an der erden (verstee gleich von dem aug herab nach dem bleygewicht) darumb solt du wol gerad stehen, das dein aug nit für die zehen der füeß, oder die zehen für das aug gehen. Darnach miß mit ainem bekanten maß, wie weyt du vonn dem selbigen punct des Spigels gestanden bist (darinn du das zaichen des thurns gesehen hast) Ich setz ein gleichnus, du seyest gestanden vom spigel 4 ellen, unnd von deinem füß zu dem aug sint 3 ellen, vom spigel zu dem Thurn 40 ellen: wilt du die höch des Thurns daraus finden, so setzs in die regel also, Sprich, 4 geben 3, was geben 40? nach art der regel findest du 30 Ellen, so hoch ist der thurn.

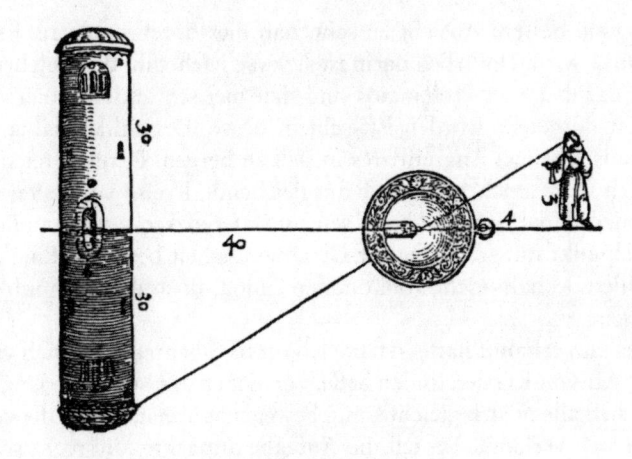

Durch diese figur wirt es besser erclärt. (Bl. F 4ᵇ–G 1ᵇ)

Apian, Peter: Instrument Buch. Reprint nach der Orig.-Ausg. Ingolstadt 1533. Mit einem Nachw. von Jürgen Hamel. Leipzig 1989
vgl. Einleitung S. 48

NICOLAUS COPERNICUS
Entwurf seiner Grundgedanken über die Bewegungen am Himmel, »Commentariolus«, ca. 1510–1514

Unsere Vorfahren haben, wie ich sehe, eine Vielzahl von Himmelskreisen besonders aus dem Grunde angenommen, um für die an den Sternen sichtbar werdende Bewegung die Regelmäßigkeit zu retten. Denn es erschien sehr wenig sinnvoll, daß sich ein Himmelskörper bei vollkommen runder Gestalt nicht immer gleichförmig bewegen sollte. Sie hatten aber die Möglichkeit erkannt, daß sich jeder Körper auch durch Zusammensetzen und Zusammenwirken von regelmäßigen Bewegungen ungleichmäßig in beliebiger Richtung zu bewegen scheint.

Kalippos und Eudoxos konnten dies freilich trotz Bemühens mittels konzentrischer Kreise nicht erreichen und durch diese allein wieder System in die Sternbewegung bringen. Es geht nicht bloß um das, was bei den Umwälzungen der Sterne sichtbar wird, sondern auch darum, daß sie uns bald aufzusteigen, bald herabzukommen scheinen. Dies steht aber mit konzentrischen Kreisen am wenigsten im Einklang. Daher schien es eine bessere Ansicht zu sein, daß dies durch exzentrische Kreise und Epizykel bewirkt wird. Und eben darin ist sich die Mehrzahl der Gelehrten einig.

Aber was darüber von Ptolemaios und den meisten anderen hier und dort im Laufe der Zeit mitgeteilt worden ist, schien, obwohl es zahlenmäßig entsprechen würde, ebenfalls sehr viel Angreifbares in sich zu bergen. Denn es reichte nicht hin, wenn man sich nicht noch bestimmte ausgleichende Kreise vorstellte, woraus hervorging, daß der Planet sich weder auf seinem Deferenzkreise noch in Bezug auf den eigenen Mittelpunkt mit stets gleicher Geschwindigkeit bewegte. Eine Anschauung dieser Art schien deshalb nicht vollkommen genug, noch der Vernunft hinreichend angepaßt zu sein.

Als ich dies nun erkannt hatte, dachte ich oft darüber nach, ob sich vielleicht eine vernünftigere Art von Kreisen finden ließe, von denen alle sichtbare Ungleichheit abhinge, wobei sich alle in sich gleichförmig bewegen würden, wie es die vollkommene Bewegung an sich verlangt. Da ich die Aufgabe anpackte, die recht schwierig und kaum lösbar schien, zeigte sich schließlich, wie es mit weit weniger und viel geeigneteren Mitteln möglich ist, als man vorher ahnte. Man muß uns nur einige Grundsätze, auch Axiome genannt, zugestehen. Diese folgen hier der Reihe nach:

Erster Satz: Für alle Himmelskreise oder Sphären gibt es nicht nur einen Mittelpunkt.

Zweiter Satz: Der Erdmittelpunkt ist nicht der Mittelpunkt der Welt, sondern nur der der Schwere und des Mondbahnkreises.

Dritter Satz: Alle Bahnkreise umgeben die Sonne, als stünde sie in aller Mitte, und daher liegt der Mittelpunkt der Welt in Sonnennähe.

Vierter Satz: Das Verhältnis der Entfernung Sonne-Erde zur Höhe des Fixsternhimmels ist kleiner als das vom Erdhalbmesser zur Sonnenentfernung, so daß diese gegenüber der Höhe des Fixsternhimmels unmerklich ist.

Fünfter Satz: Alles, was an Bewegung am Fixsternhimmel sichtbar wird, ist nicht von sich aus so, sondern von der Erde aus gesehen. Die Erde also dreht sich mit den ihr anliegenden Elementen in täglicher Bewegung einmal ganz um ihre unveränderlichen Pole. Dabei bleibt der Fixsternhimmel unbeweglich als äußerster Himmel.

Sechster Satz: Alles, was uns bei der Sonne an Bewegungen sichtbar wird, entsteht nicht durch sie selbst, sondern durch die Erde und unseren Bahnkreis, mit dem wir uns um die Sonne drehen, wie jeder andere Planet. Und so wird die Erde von mehrfachen Bewegungen dahingetragen.

Siebenter Satz: Was bei den Wandelsternen als Rückgang und Vorrücken erscheint, ist nicht von sich aus so, sondern von der Erde aus gesehen. Ihre Bewegung allein also genügt für so viele verschiedenartige Erscheinungen am Himmel.

Mit diesen Voraussetzungen nun will ich kurz zu zeigen versuchen, wie gut die Gleichförmigkeit der Bewegungen gewahrt werden kann. Hier jedoch glaubte ich, der Kürze halber mathematische Beweise fortlassen zu sollen, und behalte sie mir für ein größeres Werk vor. Doch werden die Größen der Bahnkreishalbmesser hier bei der Erklärung der Kreise selbst mitgeteilt, woraus jeder, der mit Mathematik vertraut ist, leicht ersieht, wie vortrefflich eine solche Anordnung der Kreise mit Berechnungen und Beobachtungen zusammenstimmt.

Damit nun nicht die Meinung aufkomme, wir hätten die Beweglichkeit der Erde ohne Begründung den Pythagoreern zufolge behauptet, nehme man auch hier schon einen starken Beweis in der Erklärung der Kreise entgegen. Und in der Tat suchen die Naturforscher durch diese die Unbeweglichkeit der Erde am besten zu begründen und stützen sich zumeist auf die Erscheinungen. Dies alles stürzt hier vor allem deswegen in sich zusammen, weil wir gerade der Erscheinungen wegen die Erde in Bewegung setzen.

Die Anordnung der Bahnkreise

Die Himmelskreise umfassen sich in folgender Reihenfolge. Der höchste kommt den Fixsternen zu, er ist unbeweglich, enthält alles, und nach ihm ordnet sich alles. Unter ihm befindet sich der des Saturn, auf den der des Jupiter folgt. Darunter kommt der des Mars. Diesem wieder eingefügt ist der Bahnkreis, in dem wir herumbewegt werden. Dann folgt der der Venus, und der letzte ist der des Merkur. Der Bahnkreis des Mondes aber dreht sich um den Mittelpunkt der Erde und wird von ihr wie ein Epizykel getragen. In derselben Reihenfolge übertrifft auch einer den anderen an Schnelligkeit der Umwälzung entsprechend der Tatsache, daß sie größere oder kleinere Kreislängen durchmessen. Und zwar kehrt Saturn so im 30., Jupiter im 12., Mars im 3. Jahre und die Erde nach einjähriger Kreisbewegung an denselben Ort zurück. Venus vollendet im 9., Merkur im 3. Monat eine Umwälzung.

Die Bewegungen, die an der Sonne sichtbar werden

Die Erde wird mit dreifacher Bewegung umgetrieben. Und zwar durch eine im großen Bahnkreis, mit dem sie die Sonne umgibt und auf dem sie in der Folge der Zeichen in einem Jahr wieder zurückkehrt. Dabei beschreibt sie in gleichen Zeiten stets gleiche Kreisbögen, deren Mittelpunkt allerdings vom Sonnenmittelpunkt um den 25sten Teil des Bahnkreishalbmessers entfernt ist. Da nun, wie wir annehmen, der Halbmesser dieses Bahnkreises gegenüber der Höhe des Fixsternhimmels eine unmerkliche Ausdehnung hat, folgt, daß mit dieser Bewegung die Sonne so umzulaufen scheint, als ob die Erde im Weltmittelpunkt stünde. Doch da dies nicht von einer Ortsveränderung der Sonne, als vielmehr der der Erde herrührt, erblickt man beispielsweise, wenn die Erde im Steinbock steht, die Sonne in gerade gegenüberliegender Richtung im Krebs und so fort. Bei diesem Umlauf scheint sich nun die Sonne ungleichförmig zu bewegen, entsprechend ihrem schon erwähnten Abstand vom Mittelpunkt des Bahnkreises. Dadurch ergibt sich eine größte Ungleichheit von 2 1/6°. Es liegt aber die Sonne von diesem Mittelpunkt weg gegen einen Punkt des Fixsternhimmels hin, der von dem leuchtenden Stern, dem helleren im Haupte der Zwillinge, unverändert um fast 10° nach Westen zu entfernt ist. Die Sonne wird also dann in der größten Himmelsferne beobachtet, wenn sich die Erde an einem Ort befindet, der diesem Punkte gegenüberliegt, wobei der Mittelpunkt des Bahnkreises sich gerade zwischen ihnen befindet. Und mit diesem Bahnkreis wird nicht nur die Erde, sondern alles, was im Mondbahnkreis mit einbegriffen ist, herumgeführt.

Die zweite Bewegung der Erde ist die tägliche Umwälzung. Diese ist ihr am meisten eigentümlich und geht um ihre Pole im Sinne der Zeichen, das heißt nach Osten, vor sich. Durch sie scheint das Weltall in bodenlosem Absturz herumgetrieben zu werden. In Wahrheit wälzt sich die Erde herum mitsamt dem Meer und der Lufthülle, die ihr anliegt.

Die dritte ist die Bewegung der Deklination. Die Achse der täglichen Umwälzung läuft nämlich nicht parallel zur Achse des großen Bahnkreises, sondern ist nach dem Kreisumfang zu schiefgestellt, und zwar in unserem Jahrhundert um fast 23 1/2°. Während also der Erdmittelpunkt stets in der Ekliptik-Ebene, nämlich auf dem Umfang des großen Bahnkreises bleibt, werden ihre Pole herumgeführt und beschreiben auf beiden Seiten kleine Kreise um Mittelpunkte, die von der Achse des großen Bahnkreises gleich weit entfernt sind. Und auch diese Bewegung vollendet nahezu jährlich ihre Umwälzungen, die auch mit dem großen Bahnkreis fast übereinstimmen. Dagegen nimmt die Achse des großen Bahnkreises eine unbewegliche Lage zum Fixsternhimmel, nach den sogenannten Polen der Ekliptik hin, ein. Ebenso würde die Deklinationsbewegung im Zusammenwirken mit der Bahnkreisbewegung die Pole der täglichen Umwälzung stets in denselben Himmelspunkten festhalten, wenn sie mit ihr in den Umwälzungen ganz genau übereinstimmen würde. Für einen langen Zeitraum ist nun erkannt worden, daß diese Lage der Erde sich gegenüber dem Fixsternhimmel verändert. Deshalb schien es den meisten Astronomen so, als bewege sich der Fixsternhimmel selbst irgendwie nach einem noch nicht genügend erkannten Gesetz. Weniger wunderbar aber ist es, wenn dies alles die Erde mit ihrer Veränderlichkeit bewirkt. Woran aber die Pole hängen, darüber enthalte ich mich der Aussage. Sehe ich doch im kleinen, wie eine mit dem Magneten bestrichene Eisennadel stets nach einer Himmelsrichtung strebt. Da schien doch die Meinung besser, daß es irgendeiner Kreisbahn entsprechend geschieht, bei deren Bewegung sich die Pole selbst mitbewegen. Und diese wird dann ohne Zweifel unter dem Monde liegen müssen.

Die Gleichförmigkeit der Bewegungen ist nicht auf die Äquinoktien, sondern auf die Fixsterne zu beziehen

Da sich also die Äquinoktial- und die übrigen Hauptpunkte der Welt recht beträchtlich verschieben, begeht jeder zwangsläufig einen Fehler, der aus diesen die Gleichheit der Jahresumwälzungen abzuleiten sucht. Diese wurden nach vielen Beobachtungsergebnissen zu verschiedenen Zeiten ungleich gefunden. Hipparch gab dafür 365 1/4 Tage an. Der Astronom Albategnius fand dagegen für ein solches Jahr 365 Tage, 5 Stunden und 46 Minuten, das heißt 13 3/5 oder 1/3 Minuten weniger als für das Ptolemäische. Wiederum aber um 1/20 Stunde länger als bei jenem ist es bei Hispalensis, indem er das tropische Jahr zu 365 Tagen, 5 Stunden und 49 Minuten festsetzte.

Die Unterschiede scheinen sich aber nicht aus einem Fehler der Beobachtungen hergeleitet zu haben. Denn wenn man die einzelnen Beobachtungen genauer betrachtet, findet man, daß sie stets der Veränderlichkeit der Äquinoktialpunkte entsprochen haben. Solange sich nämlich die Hauptpunkte der Welt selbst um 1° je

Jahrhundert änderten, wie es zu Ptolemaios' Zeit gefunden wurde, war die Jahreslänge damals die von Ptolemaios selbst überlieferte. Als sie sich aber in den folgenden Jahrhunderten mit stärkerer Veränderlichkeit bewegten, und zwar den unteren Bewegungen entgegen, wurde das Jahr um so kürzer, je größer die Verschiebung der Hauptpunkte wurde. Denn man stellte aus dem rascheren Herankommen in kürzerer Zeit die Jahresbewegung fest. Richtiger geht man also vor, wenn man nach den Fixsternen ein Jahr festlegt, das sich selbst gleich bleibt. So haben wir dies mit Spica in der Jungfrau getan und festgestellt, daß das Jahr immer 365 Tage und fast 6 1/6 Stunden gehabt hat, wie es sich auch im alten Ägypten findet. Dasselbe Prinzip ist auch bei den andersartigen Bewegungen der Planeten einzuhalten, was ihre Apsiden und die zum Fixsternhimmel festen Bewegungsgesetze, somit der Himmel selbst, mit unumstößlicher Beweiskraft lehren.

Der Mond

Der Mond scheint uns, abgesehen von dem erwähnten Jahresumschwung, mit vier Bewegungen umzulaufen. Denn in seinem Bahnkreis, dem Deferenten, vollführt er im Sinne der Zeichen monatliche Umwälzungen um den Erdmittelpunkt. Dieser Bahnkreis trägt nun den sogenannten »Epizykel der ersten Ungleichheit oder des Argumentes«, den wir aber ersten oder größeren, auch Jahres-Epizykel nennen. Der wieder führt einen zweiten Epizykel in etwas längerer Zeit als einem Monat mit, der ihm so anhängt, daß im obereren Teil seine Bewegung gegen die des Bahnkreises gerichtet ist. An diesem erst hängt der Mond und vollendet gegenläufig zum ersten zwei Umwälzungen im Monat, so daß er jedesmal dann dem Mittelpunkt des größeren Epizykels am nächsten ist, wenn dessen Mittelpunkt die Linie trifft, die vom Mittelpunkt des großen Bahnkreises durch den Erdmittelpunkt geht, und die wir Durchmesser des großen Bahnkreises nennen. Dies ereignet sich tatsächlich um Neu- und Vollmond herum, während er mitten dazwischen in den Vierteln am weitesten davon entfernt ist. Der Halbmesser des größeren Epizykels beträgt nun ein Zehntel von 1 1/18 Halbmesser seines Deferenzkreises und enthält den Halbmesser des kleineren Epizykels 4 3/4 mal. Dadurch scheint der Mond bald rasch, bald langsam ab- und wieder anzusteigen; und zwar ruft bei der ersten Ungleichheit die Bewegung des kleineren Epizykels eine doppelte Änderung hervor. Sie zieht nämlich den Mond auf dem Umfang des größeren Epizykels aus der gleichförmigen Bewegung, wobei die Abweichung auf dem Bogen den Höchstwert von 17 1/4° erreicht; hinsichtlich Bahngröße oder -durchmesser zieht der Mittelpunkt des größeren Epizykels außerdem diesen kleineren um eine Halbmesserlänge bald nach innen, bald nach außen.

Da also hierdurch der Mond um den Mittelpunkt des größeren Epizykels ungleichförmige Kreisläufe beschreibt, erleidet dabei die erste Ungleichheit mannigfache Änderungen. Hiervon kommt es, daß die größte Abweichung dieser Art bei den Konjunktionen und Oppositionen zur Sonne 4°56' nicht überschreitet, in den Vierteln aber auf 6°36' anwächst. Wer aber meint, dies könne mit einem exzentrischen Kreis erklärt werden, der verfällt – abgesehen davon, daß Ungleichförmigkeit bei Bewegung im Kreise selbst unangebracht ist – in zwei handgreifliche Fehler. Denn mit mathematischer Beweisführung folgt, daß der Mond in den Vierteln, wenn er also im untersten Teil des Epizykels steht, fast viermal so groß erscheinen würde (sofern er nur ganz leuchtete), als bei Neu- und Vollmond. Es sei denn, man behauptete ohne jeden Grund ein Anwachsen und Abnehmen seiner Körpergröße. Es müßte so auch ein Unterschied in der Erscheinung wegen der im Vergleich zu seiner Entfernung merklichen Größe der Erde bei den Vierteln am meisten vergrößert sein. Wenn man aber sorgfältiger untersucht, findet man, daß die Größe in den Vierteln sich nur sehr wenig von der Größe bei Neu- und Vollmond unterscheidet ... (S. 9–18)

Die drei oberen Planeten Saturn, Jupiter und Mars

Saturn, Jupiter und Mars haben eine ähnliche Bewegungsweise, weil sich ja ihre Bahnkreise, die jenen großen Jahresbahnkreis ganz umschließen, um den gemeinsamen Mittelpunkt eben dieses großen Bahnkreises im Sinne der Zeichen drehen. Und zwar wird der Bahnkreis von Saturn in 30, der von Jupiter in 12 Jahren, der von Mars aber in 29 Monaten einmal herumgeführt, gerade als ob die Größe der Bahnkreise die Umwälzung verzögerte. Denn wenn man den Halbmesser des großen Bahnkreises auf 25 Teile festsetzt, muß der Bahnkreishalbmesser des Mars 30 Teile, der von Jupiter 130 5/12, der von Saturn 230 1/6 bekommen. Ich bezeichne aber als Halbmesser die Entfernung vom Mittelpunkt des Bahnkreises bis zum Mittelpunkt des ersten Epizykels. Jeder hat nämlich zwei Epizykel, von denen einer den anderen trägt, etwa in der Art, wie es beim Mond beschrieben wurde, aber nach anderer Regel. Denn der erste entgegen der Bahnkreisbewegung sich drehende Epizykel macht mit ihr gleiche Umläufe, der zweite aber führt den Planeten gegen die Bewegung des ersten in Doppelumschwüngen herum, so daß jedesmal, wenn der Planet in größter Entfernung oder wieder in größter Nähe vom Bahnmittelpunkt ist, er dem Epizykelmittelpunkt am nächsten, in den Vierteln mitten dazwischen aber am fernsten ist. Aus der Zusammensetzung solcher Bahn- und Epizykelbewegung also und aus der Gleichheit der Umwälzungen folgt, daß derartige fernste und nächste Punkte ganz feste Lagen am Fixsternhimmel einnehmen ...

Diese Ungleichheit aber, welche die Epizykelbewegung in die Bahnkreisbewegung hineinbringt, bezeichnet man gern als erste und sie hält, wie gesagt, überall am Fixsternhimmel bestimmte Grenzen ein. Es gibt freilich noch eine andersartige Ungleichheit, der zufolge man beobachtet, daß der Planet manchmal rückläufig ist, oft auch stillsteht. Denn diese rührt nicht von der Planetenbewegung her, sondern von der Bewegung der Erde im großen Bahnkreis, die den Anblick verändert. Da diese nämlich den Planeten an Geschwindigkeit übertrifft, gewinnt sie über die Bewegung des Gestirns die Oberhand, wobei der Sehstrahl am Fixsternhimmel nach rückwärts wandert. Das geschieht dann am stärksten, wenn die Erde dem Planeten am nächsten ist, offenbar wenn sie mitten zwischen Sonne und Planet steht, das heißt, wenn der Stern abends untergeht oder morgens aufgeht, läßt sie beim Überholen den Sehstrahl nach vorwärts wandern. Wenn aber der Sehstrahl mit gleicher Geschwindigkeit der Bewegung entgegenläuft, scheint er still zu stehen infolge der entgegengesetzten Bewegungen, die sich so gegenseitig aufheben. Meist findet dies etwa beim Gedrittschein der Sonne statt. Bei alledem aber wird diese Ungleichheit um so größer, je tiefer der Bahnkreis liegt, von dem der Planet bewegt wird. Daher ist sie bei

Saturn geringer als beim Jupiter und andererseits beim Mars am größten, was dem Verhältnis des Halbmessers vom großen Bahnkreis zu denen ihrer Bahnkreise entspricht. Die größte Ungleichheit aber tritt bei jedem Planeten dann ein, wenn er auf einem Sehstrahl beobachtet wird, der den Umfang des großen Bahnkreises berührt. Tatsächlich laufen diese drei Planeten für uns hin und her. (S. 19–21)

Nikolaus Kopernikus. Erster Entwurf seines Weltsystems sowie eine Auseinandersetzung Johannes Keplers mit Aristoteles über die Bewegung der Erde. Hrsg., übers. und erl. von Fritz Rossmann. Darmstadt 1986
vgl. Einleitung S. 40

NICOLAUS COPERNICUS
Über die Umschwünge der himmlischen Kugelschalen, 1543

Vorrede an Seine Heiligkeit, Papst Paul III.

Heiliger Vater, wie ich mir ganz gut denken kann, wird es so kommen, daß gewisse Leute, sobald sie vernommen haben, daß ich meinen vorliegenden Büchern, die ich über die Umschwünge der Weltsphären geschrieben habe, der Erdkugel bestimmte Bewegungen zuschreibe, die laute Forderung erheben, man müsse mich mit einer solchen Meinung sofort verwerfen. Denn ich habe an meinen eigenen Gedanken kein so großes Gefallen, daß ich nicht abwäge, welches Urteil andere über sie fällen werden. Und obwohl ich weiß, daß die Gedanken des Philosophen über das Urteil der Menge erhaben sind, weil es ja sein Streben ist, in allen Dingen, soweit dies der menschlichen Vernunft von Gott erlaubt ist, die Wahrheit zu erforschen, so glaube ich doch, daß man Meinungen, die ihr ganz widersprechen, vermeiden muß.

Als ich daher überlegte, wie sinnlos die Lehre denen erscheinen müßte, welche die herrschende Ansicht von der unbeweglichen Erde in der Mitte des Himmels als seinem Mittelpunkt mit dem Urteil vieler Jahrhunderte als bestätigt anerkennen, und wenn ich nun im Gegensatz dazu behaupten würde, daß die Erde sich bewege, so war ich lange unentschlossen, ob ich meine zum Beweis ihrer Bewegung verfaßten Bücher der Öffentlichkeit übergeben sollte. Wäre es nicht im Gegenteil besser, dem Beispiel der Pythagoreer und einiger anderer Gelehrte zu folgen, welche, wie der Brief des Lysis an Hipparch beweist, die Gewohnheit hatten, die Geheimnisse der Philosophie nicht schriftlich, sondern nur Verwandten und Freunden mündlich mitzuteilen? Aber mir scheint, daß sie dies nicht, wie manche meinen, aus einer Art von Neid gegen die Veröffentlichung ihrer Lehren getan haben, sondern damit die schönsten und durch vielen Fleiß bedeutender Männer entdeckten Wahrheiten nicht von Leuten verachtet werden, die entweder nur auf einträgliche Wissenschaften große Mühe verwenden mögen oder aber, wenn sie durch Wort und Beispiel anderer zum edlen Studium der Philosophie angeregt werden, dennoch wegen ihrer geistigen Stumpfheit unter den Philosophen wie die Drohnen unter den Bienen leben. Während ich also diese Gesichtspunkte erwog, hätte mich die Verachtung, die ich wegen der unerhörten Neuartigkeit meiner Meinung zu befürchten hatte, beinahe veranlaßt, das begonnene Werk völlig einzustellen.

Aber meine Freunde brachten mich trotz meines langen Zögerns und sogar Sträubens wieder darauf zurück. Unter ihnen befand sich als erster Nikolaus Schönberg, Kardinal von Capua, ein in allen Zweigen der Wissenschaft berühmter Mann. Als nächsten nenne ich meinen vertrauten Freund Tiedemann Giese, Bischof von Kulm, ein eifriger Förderer der Religion und aller schönen Wissenschaften. Er hat mich oft ermahnt und manchmal mit Vorwürfen gedrängt, dieses Buch herauszugeben und endlich erscheinen zu lassen, das sich bei mir nicht nur ins neunte Jahr, sondern annähernd ins vierte Jahrneunt verborgen gehalten hatte. Viele andere ganz hervorragende und gelehrte Männer setzten sich für das gleiche Ziel bei mir ein und ermahnten mich, ich solle mich wegen einer eingebildeten Furcht nicht länger weigern, meine Mühe dem allgemeinen Nutzen derer, die Mathematik betreiben, zu widmen. Je unsinniger jetzt den meisten meine Lehre von der Bewegung der Erde erscheinen würde, um so mehr Bewunderung und Gefallen würde sie ernten, nachdem sie gesehen haben, daß infolge der Veröffentlichung meiner Bücher der Nebel der Unsinnigkeit durch klare Beweise zerstreut ist. Vom Zureden dieser Männer und durch diese Hoffnung bewogen, erlaubte ich meinen Freunden schließlich die Herausgabe des Werkes, die sie lange von mir erbeten hatten, zu besorgen …

Darum soll es Eurer Heiligkeit nicht verborgen bleiben, daß mich nichts anderes zum Nachdenken über eine andere Art, die Bewegungen der Weltsphären herzuleiten, veranlaßt hat, als die Einsicht, daß die Mathematiker bei ihren Forschungen nicht konsequent bleiben. Erstens sind sie nämlich über die Bewegung der Sonne und des Mondes so unsicher, daß sie nicht einmal die unveränderliche Größe des Jahres beschreiben und berechnen können. Sodann benutzen sie bei der Bestimmung der Bewegungen sowohl der genannten, wie auch der anderen fünf Irrsterne nicht die gleichen Grundsätze und Annahmen sowie die gleichen Ableitungen der scheinbaren Umläufe und Bewegungen. Denn die einen verwenden nur homozentrische Kreise, andere exzentrische und epyzyklische, und doch erreichen sie mit ihnen das Gesuchte nicht vollständig. Mögen nämlich auch diejenigen, die homozentrischen Kreisen vertrauen, nachgewiesen haben, daß aus ihnen einige ungleichmäßige Bewegungen zusammengesetzt werden können, so erlangten sie doch daraus nichts Sicheres, das wirklich den Erscheinungen entspricht. Und wenn auch diejenigen, welche die Exzenter angenommen haben, den Anschein erwecken, die scheinbaren Bewegungen hiermit größtenteils mit richtigen Zahlenwerten dargestellt zu haben, so müssen sie indessen doch sehr viele Zugeständnisse machen, die offensichtlich mit den ersten Grundsätzen über die Gleichmäßigkeit der Bewegungen in Widerspruch stehen. Auch konnten sie die Hauptsache, nämlich die Gestalt der Welt und das unbestreitbare Gleichmaß ihrer Teile nicht finden oder aus jenen erschließen. Im Gegenteil, es erging ihnen deshalb wie jemandem, der von verschiedenen Vorlagen die Hände nähme, die Füße, den Kopf und andere Glieder, die zwar von bester Beschaffenheit, aber nicht nach dem Bild eines einzigen Körpers gezeichnet sind und in keiner Beziehung zueinander passen, weshalb eher ein Monstrum denn ein Mensch aus ihnen entstände. Deshalb findet man, daß sie im Verlauf des Beweisgangs, den sie Methode nennen, entweder etwas Notwendiges übergangen oder etwas Unpassendes und keineswegs zur Sache Gehöriges hinzugenommen haben. Das wäre ihnen nie zugestoßen, wenn sie gesicherte Prinzipien befolgt hätten. Denn wenn die von ihnen angenommenen Hypothesen nicht trügerisch wären, würde ohne Zweifel alles, was aus ihnen folgt, bestätigt werden. Wenn auch das eben Gesagte schwer verständlich sein mag, wird es doch an der entsprechenden Stelle klarer werden.

Ich dachte also lange Zeit über diese Unsicherheit der überlieferten mathematischen Lehren von der Berechnung der Bewegungen der Sphären des Himmels nach. Dabei empfand ich allmählich Widerwillen darüber, daß den Philosophen kein einigermaßen sicheres Gesetz für die Bewegungen der Weltmaschine bekannt sein sollte, die doch um unseretwillen vom besten und genauesten Werkmeister eingerichtet wurde, während dieselben Philosophen sonst hinsichtlich der geringsten Umstände dieses Kreislaufes so gründliche Untersuchungen anstellten. Daher machte ich mir die Mühe, die Werke aller Philosophen, derer ich habhaft werden konnte, von neuem durchzulesen, um zu erforschen, ob einer vermutet habe, daß die Bewegungen der Weltsphären andere seien, als die Lehrer der Mathematik in den Schulen annehmen. Und in der Tat fand ich als erstes bei Cicero, daß Hicetas der Meinung gewesen sei, die Erde bewege sich. Später entdeckte ich bei Plutarch, daß auch andere derselben Ansicht gewesen sind ... Das war also für mich der Anlaß, über die Beweglichkeit der Erde nachzudenken. Wenn auch diese Meinung absurd erschien, glaubte ich doch, daß wenn anderen vor mir die Freiheit zugestanden wurde, alle beliebigen Kreise zur Erklärung der Erscheinungen an den Gestirnen zu ersinnen, es auch mir ohne weiteres gestattet sei, auszuprobieren, ob bei den Umdrehungen der himmlischen Kugelschalen unter der Voraussetzung irgendeiner Bewegung der Erde Beweise gefunden werden könnten, die die früheren an Überzeugungskraft überträfen.

Und so nahm ich die Bewegungen an, die ich später in meinem Werk der Erde zuschreibe und fand durch vieles und langes Beobachten schließlich folgendes heraus, daß wenn die Bewegungen der übrigen Irrsterne mit der Kreisbewegung der Erde zusammengesetzt und jeweils nach dem Umlauf eines jeden Gestirns berechnet werden, sich hieraus nicht nur die Erscheinungen bei jenen, sondern auch die Anordnung und Größen der Gestirne und aller Bahnen ergeben, und der Himmel selber in einen solchen inneren Zusammenhang kommt, daß an keiner Stelle von ihm etwas verstellt werden kann, ohne seine übrigen Teile und das ganze Weltall in Unordnung zu bringen ...

Damit aber Gelehrte und Laien gleichermaßen sehen, daß ich mich keines Menschen Urteil entziehen will, möchte ich diese nächtlichen Arbeiten von mir lieber Eurer Heiligkeit als irgendeinem anderen widmen; besonders auch deshalb, weil man Euch in diesem entlegenen Erdenwinkel, in dem ich weile, an Würde des Amtes und an Liebe zu allen Wissenschaften und zur Mathematik für die hervorragendste Persönlichkeit hält, so daß Ihr durch Euer Ansehen und Urteil die hämischen Angriffe der Verleumder leicht in Schach halten könnt, obwohl ein Sprichwort sagt, daß es gegen den Biß des Verleumders kein Heilmittel gibt.

Wenn auch leere Schwätzer auftreten werden, die sich trotz vollständiger Unkenntnis in den mathematischen Fächern ein Urteil über diese anmaßen und wegen irgendeines zu ihren Gunsten übel verdrehten Wortes der Heiligen Schrift wagen, mein vorliegendes Werk zu tadeln und anzugreifen, so mache ich mir nichts aus ihnen, sondern werde ihr haltloses Urteil verachten. Es ist ja bekannt, daß Laktanz, sonst ein berühmter Schriftsteller, aber ein schlechter Mathematiker, geradezu kindisch über die Form der Erde spricht, wenn er diejenigen verspottet, die gelehrt haben, daß die Erde eine Kugelgestalt besitze. Daher braucht es die gelehrten Männer nicht zu wundern, wenn manche dieser Menschen auch über mich lachen werden.

Mathematik wird für die Mathematiker geschrieben, aber wenn mich meine Meinung nicht täuscht, werden unsere hier vorliegenden Arbeiten auch für das kirchliche Gemeinwesen, dessen Leitung jetzt in den Händen Eurer Heiligkeit liegt, recht nützlich sein. Denn als vor nicht allzulanger Zeit auf dem Laterankonzil unter Leo X. die Frage der Verbesserung des Kirchenkalenders beraten wurde, blieb diese einzig und allein aus dem Grund unentschieden, weil man der Meinung war, daß die Dauer der Jahre und Monate sowie die Bewegungen der Sonne und des Mondes noch nicht genügend exakt berechnet seien. Seit dieser Zeit war ich, aufgefordert von dem berühmten Herrn Paul, Bischof von Fossombrone, der damals die Arbeit leitete, bestrebt, diese Fragen genau zu beachten. Was ich nun dabei zuwege gebracht habe, stelle ich vorzüglich dem Urteil Eurer Heiligkeit sowie aller anderen gelehrten Mathematiker anheim. Und um nicht den Eindruck zu erwecken, daß ich Eurer Heiligkeit über den Nutzen des Werkes mehr verspreche, als ich leisten kann, gehe ich jetzt an das begonnene Werk.

Des Nicolaus Copernicus erstes Buch der Umschwünge

Kapitel 5
Ob der Erde eine Kreisbewegung zukommt und über ihren Ort

Es ist schon bewiesen worden, daß auch die Erde eine Kugelgestalt hat. Nun muß man meines Erachtens erwägen, ob ihre Bewegung aus ihrer Form folgt und welchen Ort sie im Weltall einnimmt. Denn ohne eine Beantwortung dieser Fragen kann man keine sichere Berechnungsweise der Himmelserscheinungen finden. Unter den Fachleuten herrscht wohl weitgehend Einigkeit darüber, daß die Erde im Mittelpunkt der Welt ruhe, so daß man eine gegenteilige Meinung unwahrscheinlich oder sogar lächerlich finde. Dennoch wird man bei aufmerksamer Prüfung der Sachlage sehen, daß die Frage noch nicht gelöst ist und daher keineswegs als nebensächlich betrachtet werden darf. Das hat seinen Grund darin, daß jede Ortsveränderung, die beobachtet wird, entweder durch die Bewegung des beobachteten Gegenstandes oder durch die des Beobachters oder aber durch eine ungleiche Veränderung beider verursacht ist. Denn zwischen zwei gleichmäßig in gleicher Richtung bewegten Dingen, ich meine den Beobachtungsgegenstand und den Beobachter, wird keine Bewegung wahrgenommen. Die Erde ist aber der Standort, von dem aus jener himmlische Umlauf betrachtet wird und sich unserem Auge immer wieder darbietet.

Wenn daher der Erde eine Bewegung zugeschrieben wird, so wird diese an allen Dingen, die außer ihr sind, in derselben Weise zum Vorschein kommen, doch in entgegengesetzter Richtung, als wenn diese vorbeigehen würden. Eine solche ist vor allem die tägliche Umdrehung. Diese scheint nämlich außer der Erde und dem, was um sie herum ist, die ganze Welt mit sich fortzureißen. Wenn man nun zugeben wollte, daß der Himmel keinen Anteil an dieser Bewegung habe, weil sich die Erde von West nach Ost drehe, und wenn dann jemand mit Ernst seine Aufmerksamkeit darauf richtet, so wird er, was die Erscheinung des Auf- und Untergangs der Sonne, des Mondes und der Sterne betrifft, finden, daß sich diese Dinge wirklich so verhalten. Da der Himmel, der alles enthält und alles überwölbt, der gemeinsame Raum aller Dinge ist, so ist es nicht sofort ersichtlich, warum man die Bewegung nicht lieber dem Umschlossenen als dem Umschließenden, lieber dem Bewohner als der Wohnung zuschreiben soll. Dieser Meinung waren in der Tat die Pythagoreer Heraklid und Ekphantos und bei Cicero Hicetas aus Syrakus, wenn sie der Erde eine Drehung im Mittelpunkt der Welt zuschrieben. Sie nahmen nämlich an, daß die Sterne untergehen, wenn sich die Erde dazwischen stellt, und sie aufgehen, wenn letztere wegtritt.

Wenn man dies angenommen hat, folgt auch der andere, nicht weniger gewichtige Zweifel über den Ort der Erde, obwohl seither fast von allen angenommen und geglaubt worden ist, daß die Erde der Mittelpunkt der Welt sei. Wenn nämlich jemand sagen sollte, daß die Erde nicht den Mittelpunkt oder das Zentrum der Welt einnehme, und wenn er zugeben wollte, ihr Abstand sei nicht so groß, daß er mit der Sphäre der unbeweglichen Sterne vergleichbar wäre, sondern nur im Vergleich mit den Bahnen der Sonne und der übrigen Gestirne wahrnehmbar und sichtbar sei, und wenn er annehmen wollte, die Bewegung jener erscheine deswegen ungleichmäßig, weil sie sich ja nach einem anderen Mittelpunkt richten als dem Mittelpunkt der Erde, wird er vielleicht einen ausreichenden Grund für die völlig verschiedenen ungleichmäßigen Bewegungen angeben können. Diese Tatsache nämlich, daß dieselben Irrsterne sowohl in kleinerer, als auch in größerer Entfernung von der Erde erblickt werden, beweist mit zwingender Notwendigkeit, daß der Erdmittelpunkt nicht der Mittelpunkt ihrer Kreise ist. Desto weniger dürfte feststehen, ob die Erde sich jenen nähert oder von ihnen entfernt, oder ob jene es der Erde gegenüber tun. Es wird also nicht so seltsam sein, wenn jemand außer jener täglichen Umdrehung noch eine gewisse andere Bewegung der Erde vermuten würde. Denn daß die Erde sich umdrehe und sogar in mehrfachen Bewegungen umherschweife und daß sie einer von den Gestirnen sei, soll der Pythagoreer Philolaos geglaubt haben, der kein gewöhnlicher Mathematiker war, berichten doch die Verfasser von Platos Lebensbeschreibung, daß dieser nicht zögerte, zu einem Besuch zu ihm nach Italien zu reisen.

Viele waren aber der Meinung, es könne auf geometrischem Weg bewiesen werden, daß sich die Erde im Mittelpunkt der Welt befinde, daß sie, weil sie im Vergleich zur Unermeßlichkeit des Himmels einem Punkt gleich sei, die Rolle des Mittelpunktes spiele und deshalb unbeweglich bleibe und die nächste Umgebung des Mittelpunktes nur sehr langsam bewegt wird.

Kapitel 7
Warum die Alten meinten, die Erde ruhe in der Mitte der Welt als ihr Mittelpunkt

Deshalb haben die alten Philosophen versucht, mit gewissen anderen Gründen zu beweisen, daß die Erde in der Mitte der Welt verharre. Als die vorzüglichste Ursache führen sie die der Schwere und Leichtigkeit an. Denn das Element Erde ist das schwerste, und alles Schwere stürzt auf sie, weil es in ihre innerste Mitte strebt. Da nämlich die Erde, auf welche die schweren Dinge kraft ihrer Natur von allen Seiten unter rechten Winkeln zur Oberfläche fallen, eine Kugel ist, so würden sie in ihrer Mitte zusammentreffen, wenn sie nicht an ihrer Oberfläche selbst zurückgehalten würden, weil ja die gerade Linie, welche auf der Horizontebene da, wo sie die Kugel berührt, senkrecht steht, zum Mittelpunkt führt. Es scheint aber zu folgen, daß die Körper, welche zur Mitte fallen, es tun, um dort zu ruhen. Um so mehr wird also die ganze Erde im Mittelpunkt ruhen. Sie, die alle fallenden Dinge in sich aufnimmt, wird infolge ihres Gewichtes unbeweglich bleiben.

Ebenso bemühen sie sich, aufgrund der Bewegung und ihrer Natur ihre Beweise zu führen. Aristoteles sagt nämlich, ein einheitlicher und einfacher Körper habe nur eine einfache Bewegung. Von den einfachen Bewegungen sei die eine geradlinig, die andere kreisförmig; von den geraden gehe die eine aufwärts, die andere abwärts. Deshalb gehe jede einfache Bewegung entweder als Abwärtsbewegung zum Mittelpunkt hin, oder vom Mittelpunkt weg, das ist die Aufwärtsbewegung, oder um den Mittelpunkt herum, und das sei eben die Kreisbewegung. Nur der Erde und dem Wasser, die für schwer gelten, komme es nämlich zu, daß sie abwärts fallen, d. h. zum Mittelpunkt streben; der Luft und dem Feuer dagegen, welche die Eigenschaft der Leichtigkeit haben, daß sie sich aufwärts und vom Mittelpunkt weg bewegen. Es scheint vernünftig zu sein, diesen vier Elementen die geradlinige Bewegung zuzugestehen, den himmlischen Körpern aber die Umdrehung in einer Bahn um einen Mittelpunkt. So weit Aristoteles.

Wenn sich also die Erde, sagt der Alexandriner Ptolemäus, umdrehen würde, so würde wenigstens bei der täglichen Umdrehung das Gegenteil des oben Gesagten eintreten. Es muß nämlich die Bewegung sehr beschleunigt und ihre Geschwindigkeit, die in 24 Stunden den ganzen Umfang der Erde durchlaufen würde, unüberschreitbar sein. Es scheint aber, daß das, was in plötzlichem Wirbel herumgeschleudert wird, zur Sammlung fernerhin nicht mehr geeignet ist und, wenn es zusammengesetzt ist, eher zerstreut wird, wenn die zusammenhängenden Teile nicht durch eine Festigkeit irgendwelcher Art zusammengehalten würden. Schon längst also, sagt er, hätte die zersprengte Erde den Himmel zertrümmert (was einigermaßen lächerlich ist), und um so weniger würden lebende Wesen und alle anderen selbständigen schweren Massen unerschüttert bleiben. Doch auch was fällt, würde nicht geradlinig und senkrecht an seinen Bestimmungsort gelangen, da dieser inzwischen mit solcher Schnelligkeit unter ihm weggezogen worden wäre. Auch würden wir die Wolken und alles, was sonst in der Luft schwebt, immer nach Westen geführt sehen.

Kapitel 8
Entkräftung der genannten Gründe und ihre Unzulänglichkeit

In der Tat behauptet man aus diesen und ähnlichen Gründen, die Erde ruhe im Mittelpunkt der Welt und es verhalte sich ohne Zweifel so. Sollte nun irgend jemand vermuten, daß die Erde sich drehe, dann wird er sagen, daß die Bewegung unter allen Umständen natürlich, nicht gewaltsam sei. Was aber naturgemäß ist, ruft die entgegengesetzten Wirkungen wie das Gewaltsame hervor. Die Dinge, denen Gewalt oder Zwang angetan wird, müssen zersprengt werden und können nicht lange bestehen; was dagegen von Natur aus wird, ist ganz in der Ordnung und erhält sich in seinem zweckmäßigsten Gefüge. Ohne Grund fürchtet daher Ptolemäus, daß die Erde und alles Irdische bei einer durch die Kräfte der Natur bewirkten Umdrehung zertrümmert würde. Denn diese verhält sich bei weitem anders, als eine künstliche oder eine solche, die durch menschlichen Erfindergeist geschaffen werden könnte.

Indessen, warum sollte man jene Wirkung nicht noch mehr vom Weltall vermuten, dessen Bewegung um ebensoviel rascher sein muß, wie der Himmel größer als die Erde ist? Oder ist der Himmel darum unermeßlich groß geworden, weil er durch die unaussprechliche Wucht der Bewegung von der Mitte weggezogen wurde, im übrigen aber einstürzen würde, wenn er stillstände? Sicherlich würde die Größe der Welt sich ins Unendliche verlieren, wenn dieser Grund zutreffen würde, denn je mehr sie gerade durch die Wucht der Bewegung in die Höhe gerissen werden mag, um so schneller wird die Bewegung wegen des ständig wachsenden Umfangs sein, den sie im Zeitraum von 24 Stunden durchlaufen muß, und mit der wachsenden Bewegung wächst wiederum die Unermeßlichkeit des Himmels. So werden die Geschwindigkeit die Größe und die Größe die Geschwindigkeit gegenseitig ins Unendliche steigern.

Jedoch nach jenem physikalischen Grundsatz, was unendlich ist, kann nicht ganz durchschritten und auf keinerlei Weise bewegt werden, wird der Himmel notwendig stehen bleiben. Nun sagt man, außerhalb des Himmels sei kein Körper, kein Ort, keine Leere, überhaupt nichts und deshalb sei nichts vorhanden, wohin der Himmel entweichen könne. Dann ist es aber sicherlich seltsam, wie etwas von einem Nichts zusammengehalten werden kann. Wenn jedoch der Himmel unendlich und nur durch die innere Wölbung begrenzt wäre, wird sich vielleicht eher bewahrheiten, daß außer dem Himmel nichts ist, weil in ihm jedes Einzelding sein wird, welche Größe es auch einnehmen mag; aber der Himmel wird unbeweglich bleiben. Denn in erster Linie ist es die Bewegung, mit der man die Behauptung, die Welt sei begrenzt, zu beweisen sich bemüht. Mag also die Welt begrenzt, mag sie unbegrenzt sein, wir wollen den Streit den Naturforschern überlassen, doch für gewiß halten, daß die von den Polen umschlossene Erde durch eine kugelförmige Oberfläche begrenzt wird.

Warum zögern wir also weiterhin, lieber ihr die Beweglichkeit, die ihrer Gestalt von Natur aus entspricht, zuzugestehen, als daß die ganze Welt sich bewege, deren Ende man nicht kennt und nicht kennen kann. Warum wollen wir nicht gestehen, daß die tägliche Umwälzung beim Himmel Schein, bei der Erde Wahrheit ist und daß sich also diese Vorgänge in gleicher Weise abspielen, wie Aeneas des Virgil meinen würde, indem er sagt:

> Weg vom Hafen fahren wir;
> es entfernen sich Länder und Städte.

Weil ja die Fahrenden beim ruhigen Gleiten des Schiffes alles, was außerhalb ist, in der Bewegung sehen, die ein Abbild der Schiffsbewegung ist, und umgekehrt glauben, daß sie selbst mit allem, was bei ihnen ist, ruhen, kann es ohne Zweifel bei der Bewegung der Erde vorkommen, daß man meint, die ganze Welt drehe sich.

Was sollen wir nun über die Wolken und die übrigen Dinge, die in beliebiger Weise in der Luft schweben oder sich senken oder wieder in die Höhe steigen anderes sagen, als daß nicht nur die Erde mit dem ihr verbundenen wäßrigen Element sich so bewegt, sondern auch ein nicht geringer Teil der Luft und alles, was mit der Erde auf die gleiche Weise verbunden ist? Sei es, daß die benachbarte, mit irdenem und wäßrigem Stoff vermischte Luft derselben Natur folgt, wie die Erde, sei es, daß die Bewegung der Luft mehr von der Art der erworbenen Eigenschaften ist, weil sie ihr von der Erde durch eine immerwährende Umdrehung vermittels der Berührung und wegen des Widerstandes mitgeteilt wird. Unter ganz berechtigtem Staunen behauptet man, daß die obersten Regionen der Luft der himmlischen Bewegung folgen, was jene unvermutet erscheinenden Gestirne, ich meine die von den Griechen so genannten Kometen oder Bartsterne, andeuten sollen, denen man eben jene Gegend als Entstehungsort zuweist und die auch nach Art der anderen Gestirne auf- und untergehen. Wir können sagen, daß jener Teil der Luft wegen der großen Entfernung von der Erde durch die irdische Bewegung nicht beeinflußt sei. Gerade so werden die Luft, die der Erde am nächsten ist, und die in ihr schwebenden Dinge ruhig erscheinen, wenn sie nicht durch den Wind oder irgendeinen anderen Anstoß, wie es der Zufall mit sich bringt, hin- und herbewegt werden. Was ist nämlich der Wind in der Luft anderes als die Strömung im Meer?

Aber wir müssen zugeben, daß die fallenden und aufsteigenden Dinge im Vergleich mit dem Weltall eine zweifache Bewegung haben und diese im allgemeinen aus einer geraden und einer kreisförmigen zusammengesetzt ist. Da die Dinge, die durch ihr Gewicht niedergedrückt werden, vorwiegend erdhafter Natur sind, so ist es ja nicht zweifelhaft, daß die Teile dieselbe Wesenheit behalten wie ihr Ganzes. Und aus keinem anderen Grund geschieht es bei den Dingen, die durch feuerartige Kraft in die Höhe getrieben werden. Denn dieses irdische Feuer wird zumeist durch erdverwandte Stoffe genährt, und man stellt fest, daß die Flamme nichts anderes ist als brennender Rauch. Es ist bekanntlich die Eigenheit des Feuers, was es ergriffen hat, auszudehnen, und es führt dies mit solcher Gewalt aus, daß es auf keine Weise, durch keine Maschine gehindert werden kann, die Schranken zu durchbrechen und sein Werk zu vollenden. Die ausdehnende Bewegung ist aber vom Mittelpunkt zum Umfang gerichtet, und infolgedessen wird etwas, das aus erdartigen Teilen besteht und angezündet worden ist, von der Mitte in die Höhe getragen.

Es wird also die Behauptung, einfachen Körpern stehe eine einfache Bewegung zu, vor allem an der Kreisbewegung als richtig erwiesen, solange der einfache Körper an seinem natürlichen Ort und in seiner Einheit verbleibt. Am Ort gibt es ja keine andere als die Kreisbewegung, welche als ein in sich geschlossenes Ganzes der Ruhe ähnlich bleibt. Die geradlinige Bewegung ergreift aber die Dinge, welche von ihrem natürlichen Ort wegwandern oder weggetrieben werden oder sonst irgendwie außerhalb dessen sind. Nichts steht jedoch in so großem Gegensatz zur Ordnung des Ganzen und zum Wesen der Welt, als ein Körper, der nicht an seinem zugehörigen Ort ist. Die geradlinige Bewegung erfaßt also nur die Dinge, welche ihrer Natur nach vollkommen sind, sich jedoch nicht richtig verhalten, indem sie sich von ihrem Ganzen trennen und die Einheit mit ihm aufgeben. Außerdem vollführen alle Dinge, die sich auf- und abwärts bewegen, natürlich abgesehen von der Kreisbewegung, keine einfache, gleichförmige und gleichmäßige Bewegung. Sie können nämlich infolge ihrer Leichtigkeit oder der Wucht ihres Gewichtes nicht gemäßigt werden. Und alles, was fällt, macht zuerst eine langsame Bewegung und vergrößert die Geschwindigkeit im Fallen. Sobald umgekehrt dieses irdische Feuer (wir sehen ja kein anderes) in die Höhe gerissen ist, sehen wir es gleich langsamer werden, nachdem gewissermaßen die Ursache der stürmischen Kraft des irdischen Stoffes kundgetan ist.

Die Kreisbewegung verläuft dagegen immer gleichmäßig, denn sie hat eine unablässige Ursache, jene aber eine, die sich beeilt nachzulassen, und wenn die Dinge durch sie ihren Ort erreicht haben, hören sie auf, schwer oder leicht zu sein, und dann hört jede Bewegung auf. Wenn also die Kreisbewegung dem Weltall angehört, den Teilen jedoch auch die geradlinige, dann können wir sagen, die Kreisbewegung bleibe bei der geraden wie das Leben bei einem Kranken. Allerdings wird auch die bekannte Einteilung der Bewegungen durch Aristoteles in drei Arten, die von der Mitte weg, die zur Mitte hin und die um die Mitte herum, für eine Gedankenkonstruktion gehalten, wie wir zwar die Linie, den Punkt und die Oberfläche unterscheiden, während doch eines ohne das andere nicht bestehen kann und keines von ihnen ohne einen Körper.

Dazu kommt, daß der Zustand der Unbeweglichkeit für edler und auch göttlicher gehalten wird, als der der Änderung und der Unbeständigkeit, welcher deshalb eher der Erde als der Welt zustehen dürfte. Ich füge noch hinzu, daß es ziemlich widersinnig erscheinen würde, dem Umschließenden oder der Wohnung eine Bewegung zuzuschreiben und nicht lieber dem Enthaltenen oder den Insassen, dies ist aber die Erde. Da man schließlich mit Händen greifen kann, daß die Irrsterne zur Erde bald näher, bald ferner zu stehen kommen, wird dann sogar die Bewegung eines und desselben Körpers um einen Mittelpunkt, welcher nach ihrer Meinung die Erde sein soll, auch von der Mitte weg und zu ihr hinführen. Man muß also die Bewegung um einen Mittelpunkt etwas allgemeiner auffassen und es muß genügen, wenn nur jede einzelne Bewegung sich auf ihren eigenen Mittelpunkt stützt.

Man sieht also, daß aus allen diesen Gründen die Beweglichkeit der Erde wahrscheinlicher ist als ihre Ruhe, besonders bei der täglichen Umdrehung, da sie ja der Natur der Erde am meisten entspricht.

Kapitel 9
Ob der Erde mehrere Bewegungen zugeschrieben werden können und über den Mittelpunkt der Welt

Da also nichts die Beweglichkeit der Erde verbietet, muß man meines Erachtens schauen, ob ihr noch mehr Bewegungen zukommen, so daß sie als einer der Irrsterne angesehen werden könnte. Daß sie nämlich nicht der Mittelpunkt aller Kreisbewegungen ist, erkennt man aus der scheinbaren ungleichmäßigen Bewegung der Irrsterne und aus ihren verschiedenen Entfernungen von der Erde, die man sich in einem mit der Erde homozentrischen Kreis nicht vorstellen kann. Da also mehrere Mittelpunkte vorhanden sind, wird man auch nicht ohne Grund über den Mittelpunkt der Welt Zweifel hegen, ob dieser nämlich der Schwerpunkt der Erde oder ein anderer Punkt sei. Ich für meinen Teil bin der Meinung, daß die Schwere nichts anderes ist, als das natürliche, den Teilen von der göttlichen Vorsehung des Weltschöpfers verliehene Streben, sich in der Kugelform zu vereinigen und sich dadurch in das ihnen eigene, einheitliche und vollkommene Ganze zusammenzuschließen. Es ist glaubhaft, daß dieses Begehren sogar der Sonne, dem Mond und den übrigen glänzenden Körpern der Irrsterne innewohnt, so daß sie durch dessen Wirkung in der runden Form, in welcher sie sich zeigen, verharren, obwohl sie trotzdem ihre Umläufe in vielfältigen Formen vollführen.

Wenn daher auch die Erde andere Bewegungen vollführen sollte als beispielsweise um ein Zentrum, so müssen es die sein, welche sich außer ihr in ähnlicher Weise in den vielen Erscheinungen zeigen, aus denen wir den jährlichen Umlauf finden. Denn wenn dieser von einer Sonnen- in eine Erdbewegung verwandelt und der Sonne die Unbeweglichkeit zugesprochen ist, werden sich nämlich die Auf- und Untergänge der Zeichen und Fixsterne, durch welche sie Morgen- und Abendsterne werden, auf die gleiche Weise darbieten. Auch die Stillstände, Rückwärts- und Vorwärtsbewegungen der Irrsterne werden, so scheint es, nicht Wirkungen jener selbst sein, sondern solche der Erdbewegung, welche jene für ihre eigenen Erscheinungen entlehnen. Man wird schließlich annehmen, daß die Sonne selber den Mittelpunkt der Welt einnimmt. Das alles lehrt uns die Gesetzmäßigkeit der Ordnung, in welcher jene aufeinander folgen, sowie die Harmonie der ganzen Welt, wenn wir nur die Sache, wie man sagt, mit beiden Augen betrachten wollten.

Kapitel 10
Über die Ordnung der himmlischen Kugelschalen

Offenbar zweifelt niemand daran, daß der Fixsternhimmel das oberste aller sichtbaren Dinge ist. Wir sehen aber, daß die alten Philosophen die Reihenfolge der Irrsterne nach der Größe ihrer Umlaufzeiten bestimmen wollten, weil sie sich dem Grundsatz anschlossen, daß bei gleicher Geschwindigkeit der bewegten Körper die entfernteren sich langsamer zu bewegen scheinen, wie bei Euclid in der Optik gezeigt wird. Und so glaubten sie, daß der Mond im kürzesten Zeitraum umläuft, weil er der Erde am nächsten ist und deshalb im kleinsten Kreis herumgeführt wird. Für den obersten halten sie aber den Saturn, der in der längsten Zeit den größten Umfang durchläuft. Unter ihm kommt Jupiter, nach diesem Mars. Über Venus und Merkur findet man dagegen deshalb verschiedene Meinungen, weil sie sich nicht mit beliebigem Abstand von der Sonne entfernen wie jene. Die einen setzen sie deshalb über die Sonne, wie Platos Timäus, die anderen unter diese, wie Ptolemäus und ein guter Teil der neueren. Alpetragius läßt die Venus über der Sonne, den Merkur unter ihr stehen.

Weil also die Anhänger Platos glauben, daß alle diese Sterne, die sonst dunkle Körper sind, nur leuchten, wenn sie vom Sonnenlicht getroffen werden, so würden sie, wenn sie unter der Sonne ständen, wegen ihres geringen Abstandes von ihr nur halb oder sicherlich nur in unvollständiger Rundung gesehen werden. Denn sie würden das empfangene Licht etwa nach oben, d. h. gegen die Sonne zurückwerfen, wie wir es beim Neumond oder beim abnehmenden Mond beobachten. Es müßte, sagen sie auch, durch ihr Dazwischentreten die Sonne dann und wann behindert und ihr Licht im Verhältnis zu deren Größe geschwächt werden. Da dies niemals stattfindet, können sie nach ihrer Meinung nie unter der Sonne zu stehen kommen.

Dagegen schöpfen diejenigen, welche Venus und Merkur unter die Sonne stellen, ihren Grund aus der Größe des Zwischenraums, den sie zwischen Sonne und Mond wahrnehmen. Sie haben nämlich gefunden, daß der größte Abstand des Mondes von der Erde im Betrag von 64 und einem Sechstel der Teile, von denen der Erdhalbmesser einer ist, ungefähr 18mal bis zur kleinsten Entfernung der Sonne enthalten ist und daß diese letztere 1160, die Entfernung zwischen ihr und dem Mond also 1096 solcher Teile beträgt. Ferner sollte dieser so weit ausgedehnte Raum nicht leer bleiben. Denn man ersieht aus den Zwischenräumen der Apsiden, aus denen man die Größe jener Bahnen berechnet, ganz genau, daß beinahe die gleichen Zahlenverhältnisse erfüllt werden, so daß der obersten Stellung des Mondes die unterste des Merkur folgt, auf dessen höchstem Punkt die nächstgelegene Stellung der Venus, die schließlich mit ihrer oberen Apside gleichsam ganz an die niedrigste Entfernung der Sonne reicht. Man berechnet nämlich, daß zwischen den Apsiden des Merkur ungefähr 177 und ein halbes der genannten Teile liegen und daß dann der übrige Raum durch die Entfernung der Venus von annähernd 910 Teilen ausgefüllt wird.

Man gibt folglich nicht zu, daß auf den Gestirnen irgendein Schatten gleich dem auf dem Mond vorhanden ist, sondern sagt, daß sie mit ihren ganzen Körpern entweder durch eigenes Licht oder ganz vom Sonnenglanz erfüllt leuchten und daß die Sonne deshalb nicht abgehalten wird, weil es äußerst selten vorkommt, daß sie sich zwischen den Blick zur Sonne schieben, weil sie meistens infolge ihrer Breiten ausweichen. Weil außerdem ihre Körper im Vergleich zur Sonne klein sind – selbst die Venus, die noch größer ist als Merkur, kann kaum den 100. Teil der Sonne bedecken, wie Albategnius meint, der den Sonnendurchmesser zehnmal größer schätzt – könne ein so kleiner Fleck nicht leicht im strahlendsten Licht gesehen werden ... Und so entscheidet man sich denn dafür, daß diese beiden Gestirne sich unter dem Sonnenkreis bewegen.

Wie schwach und unsicher diese Begründung ist, geht aus folgender Tatsache hervor: Während es bis zum nächsten Ort des Mondes nach Ptolemäus 38, dagegen nach einer richtigeren Schätzung (wie man später sehen wird) mehr als 52 Erdradien sind, so wissen wir, daß dennoch in diesem so großen Raum nichts anderes als Luft enthalten ist und, wenn man so will, auch das, was man das Element Feuer nennt. Überdies muß der Durchmesser des Venuskreises, welcher ein Abschweifen der Venus auf beiden Seiten der Sonne um mehr oder weniger als 45° bewirkt, sechsmal größer sein als die Entfernung vom Erdmittelpunkt bis zu ihrer unteren Apside, wie noch an geeigneter Stelle bewiesen wird. Was will man also als Inhalt dieses ganzen Raumes angeben, der soviel größer ist als der, welcher die Erde, die Luft, den Äther, den Mond und den Merkur fassen könnte und außerdem noch den Raum, welchen jener ungeheure Venusepizykel einnähme, wenn sie um die ruhende Erde kreisen würde?

Wie wenig überzeugend auch jene Beweisführung des Ptolemäus ist, nach welcher sich die Sonne in der Mitte zwischen den Planeten, die überallhin von ihr wegwandern, und denjenigen, die es nicht tun, bewegen müsse, geht daraus hervor, daß der Mond, der sich auch in alle Richtungen bewegt, ihre Unrichtigkeit verrät. Aber die, welche unmittelbar unter der Sonne die Venus, alsdann den Merkur setzen oder sie durch eine andere Anordnung trennen, welchen Grund wollen sie dafür angeben, daß die Umläufe, die sie machen, nicht ebenso unabhängig sind und von der Sonne wegführen wie die übrigen Bahnen der Irrsterne, wenn anders das Verhältnis ihrer Geschwindigkeit und Langsamkeit die Ordnung nicht unkenntlich macht?

Es wird also nötig sein, anzunehmen, daß entweder die Erde nicht der Mittelpunkt ist, nach welchem sich die Reihenfolge der Gestirne und ihrer Bahnen richtet, oder daß es doch wenigstens keinen vernünftigen Grund für die Reihenfolge gibt und daß nicht ersichtlich ist, warum eher dem Saturn als dem Jupiter oder einem beliebigen anderen die oberste Stelle gebührt. Man muß deshalb nach meiner Meinung ganz besonders beachten, was schon Martianus Capella, der eine Enzyklopädie schrieb, und einige andere Lateiner sehr wohl wußten. Sie glaubten nämlich, daß Venus und Merkur um die Sonne, die in ihrer Mitte steht, laufen und meinen, daß sie aus diesem Grund nicht weiter von ihr abstehen, als es die Rundung ihrer Bahnen zuläßt, da sie ja nicht wie die übrigen um die Erde laufen, sondern Umkehrbögen besitzen. Was wollen sie also anderes andeuten, als daß der Mittelpunkt jener Bahnen in der Nähe der Sonne liegt? So wird in der Tat die Merkurbahn innerhalb der der Venus, welche nach allgemeiner Ansicht um mehr als das Doppelte größer ist, eingeschlossen werden und in eben diesem großen Raum den ihr genügenden Platz einnehmen.

Wenn man nun aus diesem Anlaß auch noch den Saturn, den Jupiter und den Mars gerade auf jenen Mittelpunkt bezieht, so wird man nicht fehlgehen, wenn man nur die Größe jener Bahnen so groß annimmt, daß sie mit jenen auch die innerhalb befindliche Erde enthält und umschließt. Dies beweist der regelmäßige Ablauf jener Bewegungen. Es steht nämlich fest, daß sie der Erde immer um die Zeit des abendlichen Aufgangs näher stehen, d. h. wenn sie der Sonne gegenüberstehen, wobei die Erde mitten zwischen ihnen und der Sonne steht; daß sie aber am weitesten von der Erde beim abendlichen Untergang entfernt sind, wenn sie in der Nähe der Sonne verblassen, wir also die Sonne zwischen ihnen und der Erde stehen haben. Das ist ein hinreichendes Anzeichen dafür, daß ihr Mittelpunkt mehr zur Sonne gehört und derselbe ist, zu dem auch Venus und Merkur ihre Verhüllungen verlegen.

Wenn sich alle diese Planeten auf einen Mittelpunkt stützen, so muß der Raum, welcher zwischen der konvexen Kugelschale der Venus und der konkaven des Mars übrigbleibt, als Kugelschale oder Sphäre abgesondert werden, da sie den beiden Oberflächen entsprechend mit jenen einen gemeinsamen Mittelpunkt hat, damit sie die Erde mit ihrem Begleiter, dem Mond und allem, was sich unter der Mondkugel befindet, aufnehmen könne. Keineswegs können wir nämlich den Mond von der Erde trennen, da dieser ihr unstreitig am nächsten ist, besonders weil wir in diesem Raum den für ihn passenden Platz in Hülle und Fülle finden.

Deshalb scheuen wir uns nicht, offen auszusprechen, daß sich dieser ganze Raum, den der Mond umfaßt, sowie der Mittelpunkt der Erde auf jener großen Bahn mitten zwischen den übrigen Irrsternen hindurch in einem jährlichen Kreislauf um die Sonne herumbewegt und sich gerade in ihrer Nähe der Mittelpunkt der Welt befindet, weswegen auch die Sonne in ihm unbeweglich bleibt und alles, was man bei der Bewegung der Sonne beobachtet, seine wahre Erklärung besser in der Beweglichkeit der Erde findet. Aber die Ausdehnung der Welt ist so groß, daß jene Entfernung der Erde von der Sonne im Vergleich mit der Sphäre der unbeweglichen Sterne nicht mehr in Erscheinung tritt, während sie im Vergleich mit beliebigen anderen Bahnen der Irrsterne eine Größe hat, die im Verhältnis zu jenen bedeutenden Weiten recht wohl ins Auge fällt. Das kann man nach meiner Meinung leichter zugeben, als die Geisteskraft auf eine fast unendliche Menge von Bahnen zu verschwenden, was jene tun mußten, welche die Erde im Mittelpunkt der Welt festgehalten haben. Man muß sein Augenmerk mehr auf die Weisheit der Natur richten, die sich einerseits aufs strengste hütete, eine überflüssige oder unnütze Einrichtung zu schaffen, andererseits oft lieber ein einzelnes Ding mit vielen Kräften ausstattete ...

Die erste und oberste von allen ist die Sphäre der Fixsterne, die sich selbst und alles andere umschließt und deshalb unbeweglich ist. Denn sie ist sicherlich der Ort des Universums, auf welchen die Bewegung und die Stellung aller übrigen Gestirne bezogen werden kann. Denn wenn einige die Meinung vertreten, daß auch sie sich auf irgendeine Weise ändere, so werden wir einen anderen Grund, warum das so scheint, bei der Ableitung der Erdbewegung anführen. Es folgt der erste Irrstern Saturn, der seinen Umlauf in 30 Jahren vollendet; nach diesem Jupiter, der sich mit einer 12jährigen Umlaufzeit bewegt; dann Mars, der in zwei Jahren herumgeht. Den vierten Platz in der Reihe nimmt der jährliche Umlauf ein, in ihm ist, wie wir gesagt haben, die Erde mit der Mondbahn wie mit einer Art Epizykel enthalten. An der fünften Stelle kommt Venus mit einer Umlaufzeit von neun Monaten. Den sechsten Platz schließlich nimmt Merkur ein, welcher in der Zeit von 80 Tagen umläuft.

In der Mitte von allen aber hat die Sonne ihren Sitz. Denn wer möchte sie in diesem herrlichen Tempel als Leuchte an einen anderen oder gar besseren Ort stellen als dorthin, von wo aus sie das Ganze zugleich beleuchten kann? Nennen doch einige sie ganz passend die Leuchte der Welt, andere den Weltengeist, wieder andere ihren Lenker, Trismegistos nennt sie den sichtbaren Gott, die Elektra des Sophokles den Allessehenden. So lenkt die Sonne, gleichsam auf königlichem Thron sitzend, in der Tat die sie umkreisende Familie der Gestirne. Auch wird die Erde keineswegs der Dienste des Mondes beraubt, sondern der Mond hat, wie Aristoteles in der Abhandlung über die Lebewesen sagt, mit der Erde die nächste Verwandtschaft. Indessen empfängt die Erde von der Sonne und wird mit jährlicher Frucht gesegnet.

Wir finden daher in dieser Anordnung ein wunderbares Gleichmaß der Welt und den festen harmonischen Zusammenhang zwischen Bewegung und Größe der Kugelschalen, wie er auf keine andere Weise gefunden werden kann. Denn wer nicht oberflächlich beobachtet, kann hier inne werden, warum beim Jupiter die Vor- und Rückläufigkeit größer erscheint als beim Saturn und kleiner als beim Mars und wieder bei der Venus größer als beim Merkur und warum solche Hin- und Herbewegung bei Saturn häufiger erscheint als bei Jupiter, ferner beim Mars und bei der Venus seltener als beim Merkur; daß außerdem Saturn, Jupiter und Mars bei ihrem abendlichen Aufgang der Erde näher sind als um die Zeit ihres Verschwindens und Erscheinens. Wenn dann Mars die ganze Nacht am Himmel steht, ist er an Größe scheinbar fast dem Jupiter gleich und nur durch seine rötliche Farbe unterschieden. Bald aber wird er unter den Sternen zweiter Größe kaum gefunden und nur von denen erkannt, welche ihn in emsiger Beobachtung nicht aus den Augen lassen. All das geht aus ein und demselben Grund hervor, welcher in der Bewegung der Erde besteht.

Daß von all diesem an den Fixsternen nichts sichtbar ist, beweist deren ungeheure Höhe, welche sogar die Bahn der Jahresbewegung oder ihr Abbild vor unseren

Augen zu nichts werden läßt, weil jedes sichtbare Ding eine gewisse Entfernung besitzt, jenseits welcher es nicht mehr gesehen wird, wie man in der Optik beweist. Daß nämlich vom allerhöchsten Irrstern Saturn bis zur Fixsternsphäre noch ein recht großer Raum vorhanden ist, beweist deren flimmerndes Licht. Durch dieses Kennzeichen werden sie am besten von den Planeten unterschieden, weil ja zwischen Bewegtem und Unbewegtem der größte Unterschied bestehen mußte. Wahrlich, so groß ist dieses erhabene Werk des besten und höchsten Gottes!

Kapitel 11
Beweis der dreifachen Bewegung der Erde

Aus dem Grund, weil so viele und so wichtige Zeugnisse der Irrsterne mit der Beweglichkeit der Erde übereinstimmen, werden wir nun die Bewegung selbst kurz darlegen, damit die Erscheinungen durch sie wie durch eine Art Hypothese ihre Erklärungen finden. Man muß dabei im ganzen eine dreifache zulassen: Die erste, wie gesagt von den Griechen Nychthemeron genannt, ist gewissermaßen der Ablauf von Tag und Nacht, der sich um die Achse der Erde ebenso in der Richtung von West nach Ost vollzieht, wie man glaubt, die Welt bewege sich in der entgegengesetzten Richtung. Dabei wird der Äquinoktialkreis beschrieben, den einige in Anlehnung an die Bezeichnung der Griechen, bei denen er Isemerinos heißt, den Kreis der Tagggleichen nennen. Die zweite ist die jährliche Bewegung des Mittelpunktes, die, wie wir gesagt haben, der Zeichenkreis um die Sonne ebenfalls von Westen nach Osten, d. h. rechtläufig zwischen Mars und Venus durchläuft, und zwar mit dem, was zu ihm gehört. Dadurch scheint die Sonne selbst den Zodiakus in ähnlicher Bewegung zu durchlaufen. Wenn beispielsweise der Mittelpunkt der Erde den Steinbock, den Wassermann usw. durchläuft, scheint die Sonne durch den Krebs, den Löwen usw. zu gehen, wie wir es beschrieben haben. Man muß sich vorstellen, daß der Äquinoktialkreis und die Erdachse gegen die Ebene des Kreises, der durch die Mitte der Zeichen geht, eine veränderliche Neigung haben. Denn wenn sie fest verharrten und einfach der Bewegung des Mittelpunktes folgten, könnte keine Ungleichheit der Tage und Nächte eintreten, sondern es bliebe immer Sonnenwende, sei es des Sommers oder des Winters, oder Nachtgleiche, entweder die des Sommers oder des Winters, oder immer ein und dieselbe Jahreszeit. Es folgt dann als drittes die Bewegung der Deklination, ebenfalls im jährlichen Kreislauf, aber rückläufig, d. h. der Bewegung des Mittelpunktes entgegengesetzt. Und so kommt es durch beide, einander fast gleiche und entgegengesetzte Bewegungen, daß die Erdachse und mit ihr der Nachtgleicher als größter Parallelkreis fast nach derselben Himmelsgegend gerichtet bleiben, als wären sie gleichsam unbeweglich. Indessen sieht man sich die Sonne gemäß der Schiefe des Zeichenträgers fortbewegen, und zwar in der Weise, wie der Mittelpunkt der Erde fortrückt, nicht anders als wenn er selbst der Mittelpunkt der Welt wäre, wenn man sich nur erinnert, daß die Entfernung zwischen Sonne und Erde in der Fixsternsphäre unser Wahrnehmungsvermögen bereits überschritten hat.

Copernicus, Nicolaus: De revolutionibus orbium coelestium. Nürnberg 1543, Bl. Ib-II. – Ders.: Nicolaus Copernicus Gesamtausgabe, Bd. 2. Hrsg. von Heribert M. Nobis und Bernhard Sticker. Hildesheim 1984, S. 537. – Ders.: Über die Kreisbewegungen der Weltkörper. Übers. von Carl L. Menzzer. Leipzig 1939. – Ders.: Über die Kreisbewegungen der Weltkörper. Erstes Buch. Hrsg. und eingel. von Georg Klaus. Berlin 1959 (Philosophische Studientexte) vgl. Einleitung S. 40

ANDREAS OSIANDER
An den Leser über die Hypothesen dieses Werkes
[Nicolaus Copernicus, De revolutionibus], 1543

Ich bezweifle nicht, daß manche Gelehrte, bei dem bereits weit verbreiteten Ruf der neuen Hypothesen, großen Anstoß an den Lehren dieses Buches genommen haben, daß nämlich die Erde sich bewege, die Sonne dagegen unbeweglich in der Mitte des Weltalls ruhe. Man urteilt wohl allgemein, man dürfe die Wissenschaft, deren Fundamente schon im Altertum richtig gelehrt wurden, nicht in Verwirrung bringen.

Allein bei reiflicherem Überlegen wird man finden, daß der Autor des Werkes nichts Tadelnswürdiges unternommen habe. Denn es ist die eigentliche Aufgabe des Astronomen, nach sorgfältigen und genauen Beobachtungen die Geschichte der Bewegungen am Himmel zusammenzustellen. Sodann muß er die Ursachen dieser Bewegungen ermitteln, oder, wenn er schlechterdings die wahren Ursachen nicht herauszufinden vermag, beliebige Hypothesen erdenken und zusammenstellen, mit Hilfe derer man jene Bewegungen nach geometrischen Sätzen, sowohl für die Zukunft, als auch für die Vergangenheit richtig berechnen kann.

Beide Forderungen erfüllte der Meister exzellent. Allerdings müssen seine Hypothesen nicht unbedingt wahr sein, sie brauchen nicht einmal wahrscheinlich zu sein. Es reicht schon vollkommen, wenn sie zu einer Berechnung führen, die den Himmelsbeobachtungen gemäß ist. Es müßte jemand in der Mathematik oder Optik schon sehr unerfahren sein, daß er den Epizykel der Venus für wahrscheinlich erachte und ihn für die Ursache hielte, daß sie mitunter der Sonne um 40 Grad und mehr vorausgeht, mitunter ihr nachfolgt. Denn wer sieht nicht, daß der Durchmesser dieses Sterns im Perigäum mehr als viermal, der Körper selbst mehr als sechzehnmal so groß erscheinen müßte als im Apogäum? Dem widerspricht die Erfahrung aller Zeiten.

Es gibt noch andere, nicht geringere Widersprüche der Wissenschaft, deren Erörterung hier nicht notwendig scheint. Es ist hinreichend bekannt, daß die Astronomie die Ursachen der scheinbar ungleichmäßigen Bewegungen schlechterdings nicht kennt. Wenn sie die Wissenschaft aber als Hypothese aufstellt, und sie ersann solche Hypothesen wirklich in großer Zahl, so keineswegs mit dem Anspruch, jemanden zu überreden, die Sache verhalte sich wirklich so. Es soll nur eine richtige Grundlage für die Rechnung erarbeitet werden.

Da ferner ein und dieselbe Bewegung zuweilen verschieden erklärt werden kann, wie z. B. die Bewegung der Sonne durch Annahme der Exzentrizität oder des Epizykels, so wird der Astronom am liebsten derjenigen folgen, welche am leichtesten verständlich ist. Der Philosoph wird vielleicht größere Wahrscheinlichkeit fordern. Keiner von beiden wird jedoch etwas Sicheres zu ermitteln oder zu lehren imstande sein, es sei denn, ihm ist es durch göttliche Offenbarung enthüllt.

Gestatten wir demnach, daß auch die nachfolgenden neuen Hypothesen den alten angefügt werden, welche keineswegs wahrscheinlicher sind. Sie sind überdies wirklich bewunderungswürdig und leicht erfaßbar. Außerdem finden wir hier einen großen Schatz gelehrtester Betrachtungen. Übrigens möge niemand im Hinblick auf die Hypothesen von der Astronomie Gewißheit erwarten. Sie kann diese nicht geben. Wer alles, was zu einem anderen Zweck erdacht wurde, für wahr hält, dürfte unwissender von dieser Wissenschaft weggehen, als er zu ihr kam.

Für die Nachweise vgl. den vorstehenden Text zu N. Copernicus.
vgl. Einleitung S. 40

MARTIN LUTHER
Über Copernicus und das geozentrische Weltsystem, 1539

Es wurde ein neuer Astrologe erwähnt, der verbreiten wolle, die Erde bewege sich und nicht der Himmel, die Sonne und der Mond. Als ob jemand, der sich im Wagen oder Schiff bewege, glauben würde, er bliebe stehen und das Land und die Bäume würden sich bewegen. Aber es gehet jtzunder also: Wer do wil klug sein, der sol ihme nichts lassen gefallen, das andere achten; er mus ihme etwas eigen machen, wie jener es macht [sicut ille facit], der die ganze Astronomie umkehren will. Auch wenn jene in Unordnung ist, glaube ich dennoch der Heiligen Schrift. Denn Josua hieß die Sonne stillstehen, nicht die Erde.

Luther, Martin: Werke. Kritische Gesamtausgabe. Tischreden, 4. Bd. Weimar 1916, Nr. 4638. Nach der authentischen Aufzeichnung Anton Lauterbachs vom 4. Juni 1539; im Original stehen einige Satzteile lateinisch. – Die spätere Redaktion von Andreas Aurifaber (Eisleben 1566) verlegt dieses Spruch in die erste Hälfte der 30er Jahre und fügt als nicht originale Zutat die wertenden Worte ein: »Der Narr will die ganze Kunst Astronomiae umkehren.« Ebd., Bd. 1, Weimar 1912, Nr. 855
vgl. Einleitung S. 40

LAMBERT FLORIDUS PLIENINGER
Kurtz Bedencken von der Emendation deß Jars – gegen die gregorianische Kalenderreform, 1583

Also auch der Babst auff vilfeltige Warnung, seine Jrthumb nicht allein nicht erkennt unnd abgestellt, sonder dieselbige noch hartnäckig zubestreiten fürgenommen, unnd darüber noch durch das Parteyische Concilium zu Trient, alle Abgötterey die je im

Babstumb gewesen und getriben worden, von newem widerumb bestetigen lassen. Und damit solchem stattlich nachgesetzt werde, ist noch darüber die verderblich Sect und Orden der Jesuiter auffkommen und bestätiget worden, welche widerumb erneweren, auffrichten unnd bekrefftigen, mit predigen, schreiben, schreien, was schier bei den Papisten selber verdächtig worden ... Under anderm aber hat das Concilium zu Trient auch beschlossen, dauon dann auch ein sonder Canon außgangen, das sich ein Babst der Emendation des Jars unnd deß Calenders undernemmen wölle, das Osterfest widerumb inn seinen rechten stand zu bringen. (S. 7)

Durch solchs mittel verhofft der Babst das jar, die zeit unnd die Fest inn bestendigkeyt zu erhalten, unnd wann schon die Welt ewig stehn solt, daher der Calender intituliert, Calendarium Gregorianum perpetuum. Und solchen Calender obtrudiert Er der Babst der gantzen Christenheyt, allen Potentaten und Herrn mit Zwang und Bann, in dem Er Keyser, Könige unnd Fürsten ... mit angehenckter höchster peen [Pein] der excommunication, so sie sich würden in disem fall ungehorsam erzeigen, oder seümig finden lassen. Auch redt Er insonderheyt an die Ertzbischoffe, Bischoffe, Prelaten und alle geistliche, das sie ob solcher Constitution unnd emendation deß jars halten wollen, und helffen einfüren. (S. 9)

Und so vil die Kirchen belangt, Sey die haltung des Osterfests ein eusserlich ding, gehör zur eusserlichen Kirchenzucht, sey adiaphorum, das ist ein Mittel ding, möge so oder so gehalten werden, Doch das sich keiner von dem andern deß halben abtrenne, unnd ein besonders haben wöll, und damit ärgernuß gebe, Dieweil dann der Calender die rechte zeit des Osterfests uns eröffne unnd anderer Fest möge solcher wol angenommen werden.

So vil Politische händel belangt, So es ein Land anneme und das ander nit, würde es ein wüste zerrüttung und verwirrung werden in allen sachen, sonderlich in Jarmarckten, Messen und anderen geschefften, So nemlich die Leut eins Lands, die sich nach dem jetzigen Ostertag und alten Calender richten, auff eines anderen Lands Marckt zu unrechter zeit kommen solten. Geschweig was etwan in Juristischen processen, Citationen &c. Jn der Keyserlichen Cammer und Rothweyl, oder an andern orten für unordnung unnd unrath, drauß entstehn möchte. Auch sonst inn priuat Sachen. etc ...

Hergegen aber das mans vom Bapst nit annemen oder jme hierinn volgen soll, erfinden sich noch mehr ursachen.

Als die erst, das die einsetzung des Osterfests (von welches wegen die Emendation des jars sonderlich fürgenommen) wider wie zuuor nach der Juden rechnung, und nach dem Mertzen Volschein genommen werd, auß Mosaischem Gesatz (daher dann auch so vil gezengs des Osterfests halben inn der ersten kirchen entstanden). So doch vil besser wer, das man das Gesatz Mose vom Osterfest, wie wir auch oben auß Luthero angezogen, gantz unnd gar ließ tod sein, dann Christus eben durch den Ostertag, das ist, durch sein leiden unnd aufferstehung das Gesatz Mosi rein auffgehaben, getödtet und begraben ewiglich, deßhalben dann der vorhang deß Tempels zerrissen, und hernach Jerusalem mit seinem Priesterthum unnd gantzen Gesatz, alles zerbrochen unnd zerstört. Derwegen solche emendation deß Ostertags, wie auch deß Nicaenischen Concilii gewesen, anders nichts seye, dann ein newen lumpen auff ein alten rock setzen, und newe Wein in alte faß thun. Matth. 9. Dann die Apostel hieuon nichts befohlen haben ...

Die ander ursach. Nach dem nun der Babst seiner Jrthumb, ja Abgötterey nun uber die 60 jar her, mit grund Heiliger Göttlicher Schrifft uberzeugt unnd uberwisen, offentlich, also das es menniglich sehen und greiffen kan, stellet er dieselbige nicht allein nicht ab, sonder fehret noch darinnn fort, unnd laßt widerumb was veraltet, einfüren, unnd gleich von newem bestettigen, zu grossem nachtheil unnd schaden der gantzen Christenheyt, aber daran den Christen nichts gelegen, ob der Ostertag auff disen oder einen anderen tag gehalten werd, das nimbt er zu endern und zu verbessern für, will dadurch gesehen sein, als wann er der gantzen Christenheyt heil und wolfahrt suchte. So er doch anders nit sucht, dann das er seine Jrthumb unnd Abgötterey confirmier und bestettige ...

Zum vierdten, was das Concilium Nicaenum deß Osterfests halben beschlossen, und zuhalten befohlen in Christlicher freyheyt, das will der Babst der Christenheyt aufferlegen und obtrudieren, mit Bäbstischem zwang und Bann under der peen der excommunication und höchstem fluch. Stellt uns also Conciliorum decreta nit frei, sonder will uns dadurch in seine gehorsam, ja Antichristliche dienstbarkeyt und tyranney bringen ...

Zum fünfften will ich beweisen, das die Emendatio Calendarii, so vil das fundamentum Astronomicum und den Calculum selber belangt mir argwöhnisch unnd suspect sey ... (S. 23–30)

Befinden also inn erwegung beyderley ursachen pro & contra, das es vil besser gewesen wer, man hette die Reformation deß Jars underwegen gelassen, unnd wir den Ostertag gehalten, wie er bißher im brauch gewesen, und hetten den alten Mosaischen rock reissen und flicken lassen, wer da flicken will, dann das man jhnen auff ein ader weiß flicken soll. Es würt doch nichts dann flicken und reissen drauß. Dann die verruckung deß Osterfests so vil nit außtregt, kompt gemeiniglich dannoch auff einen Sontag beydes nach dem newen unnd alten Calender, als inn disem 1583 Jar. Aber Anno 1584 kombt der Ostertag nach dem alten Calender, ein gantzen Monat später.

Was ist aber der Kirchen dran gelegen? Man halte jhn gleich nach dem alten oder newen Calender, so helt man jhnen gleichwol nicht auff den Tag da Christus gelitten, oder aufferstanden ist. Welcher tag wie oben gemeldet, bißher der Kirchen noch verborgen gewesen, und zwar nicht der Ostertag allen, sonder auch der tag der Geburt Christi, den man den Christag nent, bißher verborgen gewesen ...

Zum andern, hette der alte Römische Calender auch den Astronomis kein jrrung gemacht, dann sie wol wissen, wie und welcher gestalt Anticipatio aequinoctiorum geschicht, So geht auch jhr calculus nach den Aegyptischen jaren, unnd wissen wie sie die selbige gegen den alten Iulianischen jaren vergleichen sollen. Aber nun weil die Enderung deß Calenders fürgenommen, würt den Astronomis vil mehr mühe unnd arbeit gemacht, und jre fundamenta calculi (nit fundamenta artis) etwas labefactiert [erschüttert] oder mehr unrichtig gemacht, Derwegen auch für die Astronomos vil besser gewesen, man hette den alten Calender bleiben lassen.

So ist auch zum dritten den Politicis und Gewerbsleuten und Kauffleutten der alt Calender wol bekannt. Und wiewol auch der new Calender, so er allein angericht unnd angestelt würt, auch sein gang hette, wie der Alt, deßhalben er dann den Kauffleutten kein jrrung bringen kan, So wer doch der alte für die Bawersleut, und Agricolas richtiger gewesen ... Derwegen den Bawersleutten jre gantze gewohnliche weiß deß Sehen und Pflantzens halben, sonderlich was sie sonst etwan auff gewisse tag fürgenomen, durch disen Calender zerstört unnd auff gehalten würt.

Derwegen vil besser gewesen wer, in erwegung allerhand ursachen, pro et contra, mann hette dem alten Calender noch seinen gang gelassen biß an Jüngsten tag. (S. 33–38)

Plieninger, Lambert Floridus: Kurtz Bedencken Von der Emendation deß Jars, durch Babst Gregorium den XIII. fürgenommen. Straßburg [1583]
   vgl. Einleitung S. 40

GIORDANO BRUNO
Von der Ursache, den Anfangsgründen und dem Einen, 1584

Filotelo: Also ist das Weltall Eins, unendlich, unbeweglich, Eins, sage ich, ist die absolute Möglichkeit, Eins die Wirklichkeit, Eins die Form oder Seele, Eins die Materie oder der Körper; Eins die Ursache, Eins das Wesen, Eins das Größte und Beste, das nicht soll begriffen werden können und deshalb unbeschränkbar und unbegrenzbar, und insofern auch unbegrenzt und unbeschränkt und folglich unbeweglich ist. Dieses bewegt sich nicht räumlich, da es nichts außer sich hat, wohin es sich bewegen könnte, da es ja das All ist. Es wird nicht erzeugt; denn es ist kein anderes Sein, das es verlangen und erwarten könnte, sintemalen es jegliches Sein in sich beschließt. Es vergeht nicht; denn es gibt nichts anderes, worin es sich verwandeln könnte, sintemalen es jegliches schon ist. Es kann weder ab noch zunehmen, da es ja unendlich ist, man ihm also ebensowenig etwas hinzufügen als man es von ihm abziehen kann, deshalb, weil das Unendliche keine verhältnismäßigen Bruchteile hat. Es ist nicht veränderlich zu anderer Beschaffenheit; denn außer ihm ist nichts, von dem es leiden und irgendwelche Einwirkungen empfangen könnte.

Ferner, da es alle Gegensätze in seinem Sein umfaßt, in Einheit und Harmonie und keine Hinneigung zu einem anderen und neuen Sein oder zu einer anderen Seinsart haben kann, kann es in keiner Eigenschaft der Veränderung unterliegen noch irgendwie in entgegengesetzter oder verschiedener Richtung sich bewegen; denn in ihm ist Jegliches in Eintracht. Es ist nicht Materie; denn es hat keinerlei Gestalt, ist weder gestaltbar noch begrenzt noch begrenzbar. Es ist nicht Form; denn es formt und gestaltet nichts anderes, dazumal es alles ist, das Größte ist, das Eine, das Universum. Es ist nicht meßbar nach Maß. Es umfaßt nicht; denn es ist nicht größer als es selbst. Es wird nicht umfaßt; denn es ist nicht kleiner als es selbst. Es läßt sich nicht vergleichen; denn es ist nicht das eine und das andere, sondern ein und dasselbe. Da es ein und dasselbe ist, so hat es nicht ein Sein und noch ein Sein, hat es nicht Teil neben Teil, und weil es nicht Teil neben Teil hat, ist es nicht zusammengesetzt. Es ist Grenze in dem Sinne, daß es nicht Grenze ist; es ist insofern Form, als es nicht Form ist; es ist eine Materie, die nicht Materie ist; es ist insofern Seele, als es nicht Seele ist; denn es ist alles ohne Unterschied und also ist es Eins, das All ist eins.

In ihm ist sicherlich die Höhe nicht größer als Länge und Tiefe; daher ist es einer

Kugel vergleichbar, ist aber keine Kugel. In der Kugel ist dieselbe Länge, wie dieselbe Breite und Tiefe; denn sie hat überall denselben Durchmesser; im All aber ist dieselbe Länge, Breite und Tiefe, weil in ihm alle Dimensionen unbegrenzt und unendlich sind. Wie es in ihm keine Hälfte, kein Viertel oder sonstiges Maß gibt, keinen Bruchteil, so gibt es überhaupt keinen Teil, der sich von einem anderen unterscheidet. Denn wenn Du von einem Teile des Unendlichen sprichst, so mußt Du ihn unendlich nennen; wenn er aber unendlich ist, so kommt er mit dem Ganzen in einem Sein zusammen: also ist das All Eines, unendlich, unteilbar. Und wenn sich im Unendlichen kein Unterschied wie zwischen dem Ganzen und einem Teil und wie zwischen einem und einem anderen findet, so ist sicherlich das Unendliche Eins. Im Begriffe des Unendlichen ist kein größerer und kein kleinerer Teil; denn dem Verhältnis des Unendlichen nähert sich ein noch so viel größerer Teil nicht mehr an als ein noch so viel kleinerer, und daher ist in der unendlichen Dauer die Stunde nicht vom Tage, der Tag nicht vom Jahre, das Jahr nicht vom Jahrhundert, das Jahrhundert nicht vom Augenblick verschieden; denn die Augenblicke und die Stunden haben nicht mehr Sein als die Jahrhunderte, und jene machen keinen größeren Bruchteil der Ewigkeit aus, als diese. Gleicherweise ist im unendlichen Raume die Handbreite nicht vom Stadium, das Stadium nicht von der Parasange zu unterscheiden; denn im Verhältnis zum Unendlichen nähert man sich nicht mehr durch Parasangen als durch Handbreiten. Daher sind unzählige Stunden nicht mehr als unzählige Jahrhunderte und unzählige Handbreiten geben kein größeres Maß als unzählige Parasangen.

Dem Verhältnis, der Gleichung, der Einheit und Identität des Unendlichen stehst Du als Mensch nicht näher als die Ameise, das Gestirn kommt ihm nicht näher als der Mensch; magst Du Sonne, Mond, Mensch oder Ameise sein, im Verhältnis zum Unendlichen ist es gleich. Und was ich hier sage, gilt im Vergleich mit dem Unendlichen von jeglichem Sondersein. Wenn somit die Sonderwesen im Unendlichen nicht eins und ein anderes, nicht verschieden, nicht Arten sind, so haben sie in notwendiger Folgerung auch keine Zahl; denn das All ist immer noch Eins und unbeweglich. Da es alles umfaßt und nicht ein Sein und noch ein anderes Sein erleidet und weder mit sich noch in sich irgend eine Veränderung erfährt, so ist es folgerichtig alles, was sein kann, und in ihm ist, wie ich gestern sagte, Wirklichkeit von Möglichkeit nicht zu trennen ...

Mithin ist das Unteilbare nicht verschieden vom Teilbaren, das Einfachste nicht vom Unendlichen, der Mittelpunkt nicht vom Umfang. Weil also das Unendliche alles ist, was sein kann, so ist es unbeweglich; weil in ihm alles ohne Unterschied, ist es Eins; weil es alle Größe und Vollkommenheit hat, über die hinaus es nichts Größeres und Vollkommeneres geben kann, ist es das Größte und Beste. Wenn der Punkt nicht vom Körper, das Zentrum nicht vom Umfang, das Begrenzte nicht vom Unbegrenzten, das Größte nicht vom Kleinsten verschieden ist, so können wir sicherlich behaupten, daß das Universum ganz Mittelpunkt oder daß der Mittelpunkt des Universums überall ist, und daß der Umkreis nicht in irgend einem Teile, sofern dieser vom Mittelpunkt verschieden ist, sondern vielmehr überall ist; aber einen Mittelpunkt hat es nicht, sofern dieser verschieden von dem Umkreis wäre. Seht, wie es so nicht nur möglich, sondern sogar notwendig ist, daß das Beste, Größte, Unbegreifliche Alles ist, überall, in Allem ist; denn als Einfaches und Unteilbares kann es alles, überall und in Allem sein. Und so hat man nicht ohne Grund gesagt, daß Gott alle

Dinge erfüllt, allen Teilen des Universums einwohnt, der Mittelpunkt von Allem ist, was Sein hat, als Einer in Allem und der, durch den Alles Eines ist. Da Er alle Dinge ist und alles Sein in sich befaßt, kann man schließlich sagen, daß in Jeglichem Jegliches ist. (Fünfter Dialog, S. 119–122)

Bruno, Giordano: Von der Ursache, dem Anfangsgrund und dem Einen. Verdeutscht und erläutert von Ludwig Kuhlenbeck. In: Ders.: Gesammelte Werke, Bd. 4. Jena 1906
  vgl. Einleitung S. 57

GIORDANO BRUNO
Zwiegespräche vom unendlichen All und den Welten, 1584

Filoteo: ... Ihr könnt hieran abschätzen, auf was für Unterlagen Aristoteles spekuliert; daraus, daß jenseits seiner eingebildeten umfassenden Sphäre kein Körper sichtbar ist, leitet er her, daß es dort auch keinen Körper gebe, und deshalb versteift er sich darauf, an keinen weiteren Körper glauben zu wollen, als an die achte Sphäre, jenseits welcher die Astrologen seinerzeit eine weitere Himmelssphäre nicht mehr zuließen. Weil nämlich diese die scheinbare Drehung der Welt durch ein über allem anderen befindliches »erstes Bewegliches« glaubten erklären zu müssen, sahen sie sich von ihren Voraussetzungen aus gezwungen, immer weiter zu gehen und ohne Ende Sphäre über Sphäre zu setzen, und so haben sie schließlich sogar eine solche ohne Sterne und ohne sichtbare Körper erfunden. Insoweit also ist seine Behauptung selbst, wenn man von den astrologischen Annahmen und Träumereien ausgeht, abzuweisen; noch mehr aber muß sie von denen verurteilt werden, die es besser verstehen und wissen, daß die Körper, welche jener Ansicht nach zum achten Himmel gehören, unter einander und zur Erde in nicht geringeren Entfernungsunterschieden stehen, als die sieben andern, da der einzige angebbare Grund für die Annahme ihrer gleichen Entfernung nur auf der grundfalschen Annahme beruht, daß die Erde stillstehe, wogegen doch die ganze Natur sich auflehnt und jeder gesunde Verstand, jedes geregelte Denken und jede gut entwickelte Intelligenz sich schließlich empören muß.

Sei es darum, wie es wolle, so widerspricht es doch jeder Vernunft, zu behaupten, das All finde eben dort seine Schranke und Grenze, wo unsere Sinne nicht mehr hintasten können. Denn die bejahende sinnliche Wahrnehmung ist zwar ein Grund, zu schließen, daß es Körper gibt, aber die verneinende, die eine Folge bloßer Schwäche sein kann und nicht eine solche des Mangels eines sinnlich wahrnehmbaren Objekts zu sein braucht, vermag nicht einmal den geringsten Verdacht zu begründen, daß ein Körper nicht vorhanden sei. Denn beruhte die Wahrheit bloß auf der Sinneswahrnehmung und ihren Anwendungen, so müßten ja alle Körper auch genau so sein, wie sie uns erscheinen, uns ebenso nah und unter sich ebenso benachbart. Allein unsre Urteilskraft lehrt uns, daß mancher Stern am Firmament kleiner erscheint und als Stern von nur vierter oder fünfter Größe verzeichnet wird, der in Wirklichkeit weit größer ist, als mancher andre, der dem Gutachten unsrer trügerischen Sinne zufolge zur zweiten oder dritten Größe gezählt wird. Die Sinne sind nicht fähig, das Verhältnis der größeren Entfernungen zu beurteilen, und wir wissen aus unsern Einsichten in die Bewegung der Erde, daß jene Welten keine solche Äquidistanz zu dieser haben und daß sie nicht alle, wie man meint, in einer einzigen »deferierenden« Kugeloberfläche liegen ... (Zweiter Dialog, S. 82f.)

Filoteo: Einzig ist also der Himmel, der unermeßliche Raum, der universelle Schoß, der Allumfasser, die Ätherregion, innerhalb deren alles sich regt und bewegt. In ihm sind zahlreiche Sterne, Gestirne, Weltkugeln, Sonnen und Erden sichtbarlich wahrnehmbar und müssen unzählige andre vernünftigerweise angenommen werden. Das unendliche und unermeßliche All ist das zusammenhängende Ganze, das aus diesem Raume und den in ihm befindlichen Körpern resultiert.

Elpino: Also gäbe es keine Sphären von konkaven bzw. konvexen Kugelschalen, keine »deferierenden Kreise«, sondern alles wäre ein Gefilde, eine weite Himmelsflur! Was also die Phantasievorstellung von so und so viel Himmelssphären erzeugte, waren die unterschiedlichen Bewegungen der Gestirne; man sah den Himmel voller Sterne sich um die Erde drehen, während diese Lichter selber sich untereinander in keiner Weise zu entfernen, vielmehr stets dieselben Distanzverhältnisse zu bewahren schienen, als wenn sie sich um die Erde drehten, wie wenn ein Rad, an dem zahllose Spiegel befestigt wären, sich um seine Achse drehte. Daher hielt man es für ganz so augenscheinlich, wie es freilich den Augen scheint, daß jenen leuchtenden Körpern keine Eigenbewegung zukomme, vermöge deren sie sich wie die Vögel in den Lüften selber bewegen könnten, sondern daß sie lediglich bewegt würden durch Vermittelung von Kugelschalen, an denen sie befestigt wären und ihre Bewegung selbst wieder dem Antrieb irgend welcher göttlicher Intelligenzen verdanken müßten ...

Gewiß unterliegt es keinem Zweifel, daß die ganze Phantastik von den Sternenträgern, den Achsen, den deferierenden Kreisen, vom Dienste der Epizykeln und genug andern Chimären keinem andern Prinzip zu verdanken ist, als dem Vorurteile, daß diese Erde, wie der Sinnenschein beweise, den Mittelpunkt des Weltalls bilde, und daß sie allein feststehe und alles andre um sie sich drehe und kreise.

Filoteo: Ganz derselbe Sinnenschein muß für die etwaigen Bewohner des Mondes und der andern Sterne, Erden und Sonnen bestehen, die im Raume sind.

Elpino: Wenn wir also von jetzt ab voraussetzen, daß die Bewegung der Erde diesen Schein der täglichen Weltumdrehung hervorruft, und daß die Verschiedenheiten ihrer Bewegung den Schein all der andern Bewegungen erzeugen, in welchen unzählige Sterne übereinstimmen, so werden wir auf der Behauptung bestehen, daß der Mond, als eine Nebenerde, sich ebenfalls aus eigner Kraft durch den Äther bewegt und mit uns um die Sonne läuft. Ebenso vollenden auch Venus, Merkur und die andern Planeten ihre Bahnen um denselben Vater alles Lebens. Die Eigenbewegungen derselben sind solche, die man nach Abzug dieser allgemeinen Weltbewegung und derjenigen der sog. Fixsterne, welche beide auf die Erde zurückzuführen sind, noch feststellen kann, und diese Eigenbewegungen sind nicht minder verschieden, als die Massen der Weltkörper, so daß sich in der Unendlichkeit keine zwei Sterne finden werden, die in dem Maße ihrer Bewegung genau übereinstimmen, wenn man auch diejenigen, die uns abgesehen von der allgemeinen Scheinbewegung wegen ihrer großen Entfernung gar keine Bewegungsunterschiede zeigen, mit in Betracht zieht. Obwohl auch jene um das Sonnenfeuer kreisen und sich zwecks Teilnahme an ihrer Le-

benswärme um ihre eignen Zentra drehen, so können wir doch die Unterschiede ihrer Sonnennähe und Sonnenferne nicht erkennen. Es gibt also zahllose Sonnen, zahllose Erden, die gleichermaßen ihre Sonne umkreisen, wie wir es an diesen sieben unsre Sonne zunächst umkreisenden Planeten sehen.
Filoteo: So ist es!
Elpino: Warum aber sehen wir um die andern Lichtkörper, die Ihr ja auch Sonnen nennt, nicht andre Lichter kreisen, die als deren Erden gelten könnten, warum können wir keine derartige Bewegungen wahrnehmen? Warum zeigen sich alle andern Weltkörper mit Ausnahme der sog. Kometen uns immer in derselben gegenseitigen Lage und Entfernung?
Filoteo: Einfach deshalb, weil wir nur die Sonnen sehen, welche die größeren, ja die größten Körper sind, nicht aber deren Erdkörper oder Planeten, welche, da ihre Massen viel kleiner sind, für uns unsichtbar sind. Widerspricht es doch nicht der Vernunft, daß selbst um diese unsre Sonne noch andre Planeten kreisen, die für uns, – sei es wegen ihrer größeren Entfernung, sei es wegen ihrer geringeren Größe oder weil sie keine großen Wasserflächen haben, oder weil sie diese Oberfläche nicht gleichzeitig in Opposition mit uns und der Sonne zeigen, welche letztere sich in ihnen, wie in einem kristallenen Spiegel widerspiegelt, – nicht sichtbar sind. Es würde daher weder ein Wunder noch etwas Übernatürliches sein, wenn wir gelegentlich hörten, die Sonne habe sich ein wenig verfinstert gezeigt, ohne daß gerade der Mond zwischen sie und uns in die Gesichtslinie getreten wäre. Außer den sichtbaren kann es noch unzählige leuchtende Wasserkörper, d. h. Erden, deren größerer Oberflächenteil Wasser ist, geben, die die Sonne umkreisen; ihr Umlauf würde nur wegen ihrer großen Entfernung von uns nicht wahrgenommen werden, weshalb man auch wegen der sehr langsamen Bewegung, die man bei denen, die jenseits des Saturn sind, voraussetzen muß, keine Unterschiede der Bewegung und noch weniger gar ein Gesetz derselben wahrnimmt, mag man nun als ihren Mittelpunkt unsre Erde oder die Sonne setzen ...
Filoteo: So ist es.
Elpino: Also meint ihr, soweit die Sterne, die jenseits des Saturn für uns sichtbar sind, wirklich unbeweglich sind, müssen es unzählige Sonnenwelten oder Zentralfeuer sein, selber für uns mehr oder weniger sichtbar, während jeder von ihnen wieder von Planeten umkreist wird, die für uns unsichtbar sind?
Filoteo: Das wird man behaupten müssen, weil alle Erden in einem mehr oder weniger analogen Verhältnisse zu denken sind und alle Sonnen gleichfalls.
Elpino: Ihr meint also, daß alle jene Fixsterne Sonnen sind?
Filoteo: Das gerade nicht. Denn ich weiß nicht, ob sie alle oder auch nur der größere Teil von ihnen unbeweglich sind oder ob nicht einige von ihnen sich wieder um andre bewegen; denn niemand hat dies bislang beobachtet, und es ist auch nicht leicht zu beobachten, da man die Bewegung und den Fortschritt eines entfernteren Gegenstandes nicht leicht bemerkt; denn selbst bei rascher Eigenbewegung scheinen entfernte Gegenstände nicht leicht ihren Ort zu verändern, was man besonders gut an weit entfernten Schiffen auf hohem Meere beobachten kann. Aber sei dem, wie ihm wolle; da das All unendlich ist, muß es mehrere Sonnen geben; denn es ist unmöglich, daß die Wärme und das Licht einer einzigen, wie Epikur sich einbildete, wenn es wahr ist, was andre über ihn berichten, sich durch die Unendlichkeit ergie-

ßen könnte. Daher ist anzunehmen, daß es unzählige Sonnen gibt, deren viele für uns in Gestalt kleiner Körper sichtbar sind; und manche mögen uns als kleine Sterne erscheinen, die viel größer sind, als andre, die uns als die größten erscheinen ... (S. 86–91)

Fracastorio: Was ich schließen will, ist dieses: daß die famose gemeine Reihenfolge der Elemente und Weltkörper ein nichtiger Traum und eine leere Phantasie ist, weder bestätigt von der Natur, noch beweisbar durch die Vernunft, weder möglich noch statthaft. Es genügt, zu wissen, daß es ein unermeßliches Gefilde, einen zusammenhängenden Raum gibt, der alles in sich hegt und trägt, der alles durchdringt. In demselben sind zahllose dieser Welt ähnliche Weltkörper, von denen der eine nicht mehr in der Mitte des Universums ist, als der andere. Denn als unendliches All ist es ohne Zentrum und Umfang; das sind Beziehungen bloß für jeden der einzelnen Weltkörper, die in ihm sind, in der Weise, wie ich es zu wiederholten Malen erklärt habe, besonders da, wo wir zeigten, es gebe gewisse bestimmte Mittelpunkte, nämlich Sonnen, Zentralfeuer, um die alle ihre Planeten, Erden, Wasserwelten kreisen, so wie wir um diese uns nachbarliche Sonne sieben Wandelsterne marschieren sehen; gleichermaßen haben wir gezeigt, daß jeder dieser Sterne oder Weltkörper, indem er sich um sein eigenes Zentrum dreht, seinen Bewohnern den Anschein einer festen stillstehenden Welt verursacht, die alle anderen Gestirne um ihr eigenes Zentrum, wie um das Zentrum der Welt im beständigen Umschwung dreht.

Hiernach gibt es nicht eine einzige Welt, eine einzige Erde, eine einzige Sonne, sondern soviel Welten, als wir leuchtende Funken über uns sehen, die alle nicht mehr und nicht weniger in dem einen Himmel, dem einen All-Umfasser sind, als diese Welt, die wir bewohnen. Der Himmel also, das unermeßliche Äthermeer, obzwar ein Teil des unendlichen Alls, ist er doch weder eine Welt noch ein Teil von Welten, sondern der Schoß, das Gefäß, das Gefilde, in welchem diese leben und weben, untereinander in Wechselwirkung treten, ihre Bewohner, Menschen und Tiere zeugen und ernähren und mit ihren bestimmten Dispositionen und Ordnungen der höheren Natur dienstbar sind, das Angesicht des Einen Seienden in unzähligen wechselnden Trägern darstellend.

So ist also jede dieser Welten ein Mittelpunkt, an den sich jeder ihrer Teile anschließt, zu dem jeglicher verwandte Körper hinstrebt, wie auch die Teile dieses Gestirns von einer gewissen Entfernung aus und von allen Seiten und der ganzen umfassenden Region aus sich auf seinen Zusammenhang beziehen. Und da es kein Teilchen gibt, das von dem großen Körper ausströmt, ohne von neuem durch ein zurückströmendes ersetzt zu werden, muß es, sofern ich mich nicht täusche, obwohl es an sich auflöslich ist, doch ewig sein, insoweit nämlich die Notwendigkeit solcher Ewigkeit ihm von der Vorsehung und dem äußeren Erhalter, nicht freilich aus eigenem, innerem Vermögen zukommt ...

Burchio: So wären also auch die anderen Welten bewohnt wie diese?

Fracastorio: Wenn nicht gerade so, und wenn nicht besser, so doch jedenfalls um nichts weniger und nichts schlechter. Denn unmöglich kann ein vernünftiger und einigermaßen geweckter Verstand sich einbilden, jene unzähligen Welten, die sich entweder ebenso oder noch prächtiger bezeugen als diese, die entweder Sonnen sind, oder denen eine Sonne nicht weniger herrliche und befruchtende Strahlen zusendet, die das Glück ihres eigenen Quells dadurch an den Tag legen, daß sie alle umstehenden Welten durch Teilnahme an seiner Kraft glücklich machen, – daß, sage ich, alle diese Welten von ähnlichen oder besseren Bewohnern beraubt seien. Die zahllosen und wesentlichen Glieder des Alls sind also unbegrenzt, von derselben Ansicht, demselben Ansehen, denselben Kräften und Wirkungen. (Dritter Dialog, S. 110–112)

Giordano Bruno: Zwiegespräche vom unendlichen All und den Welten. Verdeutscht und erläutert von Ludwig Kuhlenbeck. In: Ders.: Gesammelte Werke, Bd. 3. Jena 1904
vgl. Einleitung S. 57

TYCHO BRAHE
Über den Ort und die Natur des Wundersterns von 1572, die »Tychonische Nova«, 1573

Im vorigen Jahr, am 11. November abends nach Sonnenuntergang, als ich nach meiner Gewohnheit die Sterne am klaren Himmel betrachtete, sah ich einen neuen und ungewöhnlichen Stern, der vor den anderen auffiel, neben meinem Kopf leuchten; und da ich, beinahe seit meiner Kindheit, alle Sternbilder völlig kenne und überzeugt war, daß kein Stern vorher jemals an diesem Ort gewesen sei, auch kein sehr kleiner, sicherlich kein so heller Stern, war ich über diese Sache so verwundert, daß ich mich nicht scheute, an meinen Beobachtungen zu zweifeln. Aber als ich feststellte, daß andere am gleichen Ort den Stern sahen, konnte ich nicht mehr zweifeln.

Ohne Zweifel ein Wunder, entweder das größte von allen, die seit der Erschaffung der Welt im Reiche der Natur geschahen, oder dem Wunder vergleichbar, das auf Bitten Josuas im Zurückwandern der Sonne geschah, oder der Verfinsterung der Sonne zur Zeit der Kreuzigung, wie die Bibel berichtet. Denn alle Philosophen stimmen darin überein, und die Tatsachen beweisen es, daß im Ätherbereich der Himmelswelt keine Änderung, sei es Entstehung oder Zerstörung eintreten kann; daß der Himmel und seine Körper nicht vergrößert noch verkleinert werden, noch eine Veränderung in ihrer Anzahl oder Größe oder Helligkeit oder auf andere Weise erfahren, sondern immer dieselben und sich in allem ähnlich bleiben, allen Jahren zum Trotz. Überdies bezeugen die seit Jahrtausenden gemachten Beobachtungen aller Meister, daß alle Sterne, ihre Anzahl, Ort, Anordnung, Bewegung und Größe immer beibehalten haben ...

Gesehen wurde dieser kürzlich entstandene Stern in der nördlichen Himmelshälfte, nahe dem Nordpol, neben dem Sternbild, das die alten Seher Cassiopeia nannten, neben jenem kleinen Stern, der sich in der Mitte des Sessels befindet ... Schwierig ist es und erfordert einen feinen Verstand, den Abstand der Sterne von uns wegen ihrer unglaublichen Entfernung von der Erde festzustellen; auf keine Weise kann dies bequemer und sicherer geschehen als durch die Messung der Parallaxe des Sternes, wenn er eine hat. Wenn nämlich ein Stern nahe dem Horizont steht, wird er an einem anderen Orte erblickt, als wenn er hoch im Zenit steht; denn es ist notwendig, ihn in einem Kreise zu finden, im Vergleich zu dem die Erde eine merkliche Größe hat. Der Abstand dieses Kreises wird sich ergeben, wenn der Betrag der Parallaxe mit dem Halbmesser der Erde verglichen wird. Wenn aber ein Stern am Horizont und im Zenit am gleichen Punkt der Sphäre der 1. Bewegung [d. h. der Fixsterne] erblickt wird, so besteht kein Zweifel, daß sich der Stern in der 8. Sphäre oder nicht weit davon in einer Sphäre befindet, im Vergleich zu welcher die Erde sich wie ein Punkt ausnimmt. Damit uns also auf diese Weise klar würde, ob sich dieser Stern in der Sphäre der Erde oder zwischen den himmlischen Sphären befände und welchen Abstand er von der Erde selbst habe, habe ich erforscht, ob er eine Parallaxe habe und welche, und zwar auf folgende Weise:

Den Abstand zwischen diesem Stern und Schedir in der Cassiopeia – deshalb, weil dieser Stern mit dem neuen Stern beinahe im Meridian steht – beobachtete ich bei größter Zenitnähe, als der neue Stern nur 6° vom Zenit entfernt war – also keine Parallaxe, selbst nicht bei Erdnähe, hatte, sondern sein scheinbarer und wahrer Ort von der Erdmitte und von der Erdoberfläche aus gesehen beinahe zusammenfiel. Dasselbe tat ich, als er am weitesten vom Zenit abstand und dem Horizont am nächsten war; und in beiden Fällen fand ich genau denselben Abstand – um keine Minute anders, und zwar 7°55' – vom gleichen Stern. Dasselbe habe ich mit anderen Sternen durch vielfache Beobachtung festgestellt, woraus ich schließe, daß dieser neue Stern keine Verschiedenheit des Ortes zeigte, selbst dann nicht, als er dem Horizont nahe war. Sonst müßte er in seiner kleinsten Höhe entfernter vom erwähnten Stern in der Brust der Cassiopeia gewesen sein als in seiner größten Höhe. Deshalb wird es nötig sein, diesen Stern nicht in die elementare Region unterhalb des Mondes, sondern viel höher in die Sphäre zu versetzen, von wo aus gesehen die Erde unmerklich erscheint. Wenn er nämlich in der obersten Lufthülle, innerhalb der hohlen Mondsphäre wäre, so würde er eine merkliche Höhenänderung, nahe dem Horizont, herbeiführen, im Vergleich zum Ort nahe dem Zenit ...

Daß er sich aber nicht in der Sphäre des Saturn, Jupiter, Mars oder der anderen Planeten befindet, geht daraus hervor, daß er seit sechs Monaten noch nicht 1' von dem Orte, wo wir ihn zuerst sahen, durch eigene Bewegung entfernt hat, was geschehen müßte, wenn er sich in der Sphäre eines Planeten befände ... Wenn infolgedessen dieser neue Stern in einer der Sphären der sieben Planeten sich befände, so müßte er notgedrungen mit seiner Sphäre selbst, der er angeheftet ist, gegen den täglichen Umschwung herumgeführt werden. Und eine solche Bewegung müßte selbst beim langsamsten Fortschreiten wie bei der Sphäre Saturns in einem so großen Zeitraume – selbst ohne jedes Instrument – dem Betrachter offenbar werden. Weshalb dieser neue Stern weder in der elementaren Region unterhalb des Mondes, noch in den Sphären der sieben Planeten, sondern in der 8. Sphäre zwischen den übrigen Sternen seinen Ort hat, was zu beweisen war.

Hieraus folgt, daß jener nicht eine Art Komet, noch irgendein aufleuchtender Meteor ist. Dies alles entsteht nämlich nicht am Himmel selbst, sondern befindet sich unterhalb des Mondes in der oberen Region der Luft, wie alle Philosophen bezeugen, falls nicht jemand mit Albategnius glauben will, daß die Kometen nicht in der Luft, sondern im Himmel entstünden. Jener nämlich meint, daß er einen Kometen oberhalb des Mondes in der Sphäre der Venus beobachtet habe; ob dies wirklich geschehen könne, steht uns noch nicht fest. Aber wenn mit Gottes Willen in unserer Zeit ein Komet erscheinen sollte, so werden wir darüber Gewißheit zu erringen suchen. (S. 337–343)

Brahe, Tycho: De nova et nullius aevi memoria prius visa stella. Kopenhagen 1573. – Ders.: Opera omnia, Vol. 1. Kopenhagen 1913. – Zit. nach: Ernst Zinner, Astronomie. Geschichte ihrer Probleme. Freiburg; München 1951 (Orbis Academicus; II.1)
vgl. Einleitung S. 58

TYCHO BRAHE
Ein Loblied auf die himmlischen Wissenschaften, Akademische Antrittsvorlesung, 1574

Nicht nur von einigen von Euch, meinen Freunden, sondern auch von unserem allergnädigsten König bin ich gebeten worden, einige öffentliche Vorträge über die mathematischen Wissenschaften zu halten. Wenn nun auch diese Aufgabe meiner Stellung und der Dürftigkeit meiner Veranlagung und Übung gar nicht zusteht, so war doch die Abweisung der Bitte des Königs nicht erlaubt, das Versagen der Eurigen nicht höflich. Auch beseelte mich von Jugend an eine solche Hinneigung zu diesen Wissenschaften, daß ich nicht nur auf die Erlernung derselben viel Zeit und Arbeit verwandte, sondern auch andere zu gleichem Tun eifrig ermunterte und ihre Versuche nach Kräften unterstützte. Welchen Reichtum an einleuchtender Gewißheit und unerhört reizvoller Gelehrsamkeit diese Wissenschaften vor allen andern besitzen, kann nämlich meines Erachtens kaum jemand aussprechen. Denn sie übertreffen die übrigen Zweige der schönen Künste nicht nur durch die Beweiskraft und die Schönheit des Wissens, sondern auch durch die Verschiedenheit und vielfältige Menge der Erkenntniswege, so daß sie deswegen von den Alten nicht mit Unrecht Mathematik (d. i. Wissenschaft, Erkenntnis) genannt wurden, als ob sie allein wegen ihrer Vorzüglichkeit diesen Namen verdienten.

Die ganze Forschung, welche unter dem Namen Mathematik im besonderen läuft, verweilt bei der Betrachtung der Größen und wird in zwei Hauptteile eingeteilt, nämlich die Geometrie und die Arithmetik, von denen die letztere diskrete, die erste kontinuierliche Größen mißt. Aus diesen beiden stammen aber wie von Eltern mehrere andere gelehrte und wissenswerte mathematische Wissenschaften ab: vor allem jene erhabene und zugleich lieblichste Betrachterin der Bewegung und Harmonie der himmlischen Körper, die Astronomie ...

Aus diesen beiden, der Geometrie und Algebra, entstammt jene den Niederungen dieser Erde weit entrückte Wissenschaft, die Astronomie genannt ist. Sie ist nicht damit zufrieden, in den engen Grenzen der Erde, der Meere und übrigen Elemente eingeschlossen zu werden, sie schreitet hin über den hohen und weiten Äther, über die leuchtende Sonne, den weißen, formenreichen Mond und über alle anderen, die wandelnden wie die festen Gestirne; alle ihre Bewegungen, Harmonien, Bahnen, Verhältnisse und Größen erforscht sie in erhabener Betrachtung. Von der Geometrie borgt sie den unfehlbaren Aufbau der Instrumente zur Beobachtung der Himmelserscheinungen und die Zusammenfassung der Beobachtungen zu Hypothesen, welche den Erscheinungen entsprechen und die verworrene Mannigfaltigkeit der Bewegungen widerspruchslos erklären können. Von der Arithmetik erhält sie den Vorteil, daß sie die von der Geometrie gefundenen und sicher begründeten Hypothesen aufnimmt, sie in Teile zerlegt und den ganzen Äther in Zahlen auflöst, um damit den Lauf der Gestirne zu beliebiger Zeit vorauszubestimmen. Obwohl die Astronomie so von diesen beiden den Charakter einer exakten Wissenschaft erhält, so überragt sie doch nicht nur diese, sondern auch alle anderen Wissenschaften dieser ganzen Art und nimmt sozusagen den ersten Platz ein. Denn sie sichert vor allen andern höchsten Ruhm durch ihr Alter, ihren Adel und die Erhabenheit ihres Wissens.

Um zuerst von dem uralten Ursprung der Astronomie zu sprechen: Was ist älter als Adam und seine Söhne? Nach der Versicherung desselben [Flavius] Josephus hat von ihnen Seth die Kenntnis der Gestirne entdeckt und den Nachkommen überliefert, sein ganzes Leben der Beobachtung und Erforschung der Sternbewegungen geweiht und schließlich zwei Säulen errichtet, auf welche er seine Entdeckungen eingemeißelt hatte, damit sie nie aus dem Gedächtnis der Sterblichen gelöscht würden. Und da die Stelle bemerkenswert ist, hören wir Josephus selbst über den uralten Anfang der Astronomie berichten: »Unter den Kindern dieses Adam erwuchs Seth; sobald er in das Alter kam, wo er schon erkennen konnte, was recht ist, widmete er sich ganz dem Streben nach Tugend, und nachdem er als ein Edelmann dahingegangen war, traten seine Nachkommen in seine Fußstapfen; da diese alle mit guter Veranlagung begabt waren und ihre Heimat bebauten, ohne zu wandern, verbrachten sie ihr Leben in beständigem Glück und erkannten die Weisheit und Schönheit der himmlischen Dinge. Damit aber diese Entdeckungen nicht aus der Kenntnis der Menschen verschwänden, da doch Adam den vollständigen Untergang der Welt, einen durch Feuer, einen andern durch die Flut vorhergesagt hatte, errichteten sie zwei Säulen, die eine aus Ziegelsteinen, die andere aus Stein, und meißelten in jede ihre Entdeckungen, damit die übrigbleibende steinerne den Menschen Gelegenheit zum Lernen gebe und zum Lesen darbiete, was ihre Inschrift enthielt, wenn die Ziegelsäule durch die Flut der Zerstörung anheimfallen sollte.« Soweit Josephus, der dazu noch anfügt, daß eine von ihnen zu seiner Zeit noch in Syrien existierte. Es ist glaubhaft, daß die Kenntnis der Gestirne von diesen ersten Nachkommen Adams auf ihre Nachfolger und schließlich auf die Patriarchen überging, so daß derselbe Verfasser der jüdischen Geschichte nicht zauderte hinzuzufügen, »daß der Patriarch Adam als erster aus den Erscheinungen, die er bei der Sonne, dem Mond und den übrigen Sternen sah, seine Nebenmenschen lehrte, daß nur Ein Gott sei, der Schöpfer und Erhalter des Weltalls, dessen Willen alles in der Natur der Dinge gehorcht, und daß deshalb die Menschen ihm allein Lob und Dank darzubringen haben« ... Daraus folgt, daß die Sternforschung gleich um den Anfang der Welt bei den Stammvätern begonnen und von ihnen gleichsam von Mund zu Mund auf die Patriarchen überliefert wurde ...

In unserer Zeit hat aber Nikolaus Kopernikus, den man mit vollem Recht einen zweiten Ptolemäus nennen könnte, einige Fehler des Ptolemäus aus seinen eigenen Beobachtungen erkannt, und ist deshalb zu der Meinung gekommen, daß die von ihm aufgestellten Hypothesen unstimmig seien und gegen die Grundgesetze der Mathematik verstoßen; auch hatte er gefunden, daß die Alphonsinischen Berechnungen nicht mit den Himmelsbewegungen übereinstimmen. Daher hat er mit staunenswertem Genie und Geschick andere Hypothesen aufgestellt und die Wissenschaft von den himmlischen Bewegungen so erneuert, daß niemand vor ihm Genaueres über den Lauf der Gestirne gelehrt hat. Zwar stellt er gewisse Behauptungen auf, die den physischen Grundsätzen widersprechen: daß die Sonne im Mittelpunkt der Welt ruhe, daß die Erde mit ihren Elementen und dem Mond in dreifacher Bewegung um die Sonne laufe, und die achte Sphäre unbeweglich feststehe; aber trotzdem läßt er nichts zu, was vom Standpunkt der mathematischen Grundgesetze aus ungereimt wäre, während man solche Fehler in den Ptolemäischen und gebräuchlichen Theorien finden kann, wenn man die Sache ganz durchschaut. Diese stellen nämlich die Behauptung auf, daß die Bewegungen der Gestirne in ihren Epizyklen und Exzentern, vom Mittelpunkt derselben Kreise aus gesehen, unregelmäßig seien, was ungereimt ist, und erklären unpassenderweise die regelmäßige Bewegung der Gestirne durch Unregelmäßigkeit. Von diesen beiden Meistern, Ptolemäus und Kopernikus, ist alles gefunden, was wir heute an klaren Erkenntnissen über die Sternbewegung besitzen ...

Was brauche ich viel von dem Nutzen der Astronomie zu sagen? Kann doch ohne die Zeiträume der Jahre, Monate und Tage und ihrer genauen Abgrenzung, welche von der Astronomie ausgeht, keine Gemeinde und kein Staat bestehen, um nichts anzuführen von anderem offensichtlichem Nutzen, den die Kenntnis der Astronomie dem öffentlichen Leben bringt. Wenn jedoch diese Kunst weiterhin keinen Vorteil böte, so ist sie doch an und für sich so beschaffen, daß ihre Kenntnis mit Recht von edlen Geistern verlangt werden muß. Denn sie erfüllt des Menschen Geist mit einem unerhörten und wohltuenden Entzücken, schärft ihn, lenkt die Gedanken, aus denen sein Leben besteht, von diesen irdischen, lächerlichen und nichtigen Dingen zu den himmlischen, ernsten und bleibenden Betrachtungen und erfüllt und erquickt den Menschen mit wahrer Lust, die einigermaßen der Seligkeit der Himmelsbewohner gleicht, und erhebt ihn über sein sterblich Los ...

Wozu hätte der weise und fürsorgliche Schöpfer des Weltalls so bewundernswerte, ewige Gesetze der himmlischen Bewegungen in solcher Mannigfaltigkeit und doch so übereinstimmender Harmonie geschaffen, wenn er sie nicht erforscht haben wollte durch die Menschen, um deretwillen er großenteils die sichtbare Welt gemacht? Vielmehr wollte er, daß sie in unermüdlicher Arbeit genau durchforscht werden, damit die Größe seiner Majestät und Weisheit auch hieraus von den Menschen erkannt und gepriesen werde. Nach der wahren und zutreffenden Erkenntnis Gottes, die uns durch das von ihm gegebene Wort geoffenbart wurde, entspricht deshalb nichts der menschlichen Natur und dem Zweck, für den der Mensch auf die Erde, den Mittelpunkt der Welt, gestellt wurde, mehr, als daß er von da wie vom Mittelpunkt aus das durchschaue, was in der ganzen Werkstätte der Welt, besonders aber in jener himmlischen Strahlenwelt so vieler ewiger Sterne leuchtet, und daß er in dieser köstlichen und sinnigen Betrachtung sein Leben angenehm verbringe, Gott den Schöpfer in seinen weisesten und mannigfaltigsten Werken erkenne und ihm die geschuldete Verehrung und Lobpreisung darbringe ...

Zu den ersten und vorzüglichsten Vorteilen der Astronomie muß das Folgende gerechnet werden, wenn es auch dem Verständnis der Menge fernliegt: daß es möglich ist, aus den durch die Astronomie erkannten Bewegungen der Gestirne und deren Lage zum Tierkreis und den Kardinalpunkten über die Veränderungen, welche in dieser abhängigen elementaren Welt geschehen, und über die menschlichen

Schicksale, insofern diese von den Gestirnen abhängen, ein Urteil zu fällen und vieles vorauszusehen. Denn es ist nicht zweifelhaft, daß diese untere Welt von der oberen beherrscht und befruchtet wird ... Hieraus entstand eine andere, etwas geheime und den äußeren Sinnen weniger zugängliche Lehre, welche man Astrologie genannt hat. Sie schafft nämlich ein Urteil über die Wirkungen und den Einfluß der Gestirne auf die elementare Welt und die Körper, welche aus Elementen bestehen. Zwar möchte ich über sie hier nicht gerne sprechen, insofern sie dem unanfechtbaren Beweis nicht so zugänglich ist wie die Dinge, über die wir vorher gesprochen haben; da es jedoch mehrere Menschen geben dürfte, welche dieses undurchsichtige und eher mutmaßende als beweisende Denken mehr erfreut und dadurch mehr angeregt werden als durch die übrigen, vorher behandelten Dinge, so mag es um ihretwillen gestattet sein, sintemal wir auf die Astrologie zu sprechen gekommen sind, einiges auseinanderzusetzen, zumal da sie teils mathematisch ist wegen ihrer Verwandtschaft mit der Astronomie, über die wir oben gesprochen haben, teils physisch und nicht genug beweisbar ...

Die Kräfte und den Einfluß der Gestirne leugnen, heißt die göttliche Weisheit und Klugheit mindern und der offensichtlichen Erfahrung widersprechen. Gäbe es einen schieferen und absurderen Gedanken von Gott als den, daß er dieses unermeßliche und bewundernswerte Schauspiel aller Himmel und so vieler glänzender Sterne vergebens und zu keinem Nutz geschaffen habe, während doch kein Mensch auch nur das geringste Werk ohne bestimmte Zwecke verrichtet? Wenn wir nämlich die Dauer der Jahre, Monate und Tage am Himmel wie an einer ewigen, unermüdlichen Uhr messen, so erklärt dies Nutzen und Zweck der himmlischen Maschine nicht befriedigend. Was sie nämlich zum Messen der Zeit tut, hängt nur vom Umlauf der Lichter und der Umdrehung der Fixsternsphäre ab. Wozu kreisen dann die fünf andern Planeten in eigenen und voneinander verschiedenen, formreichen Bahnen? Wozu das langsam schreitende Gestirn des Saturn, der in dreißig Jahren einmal seine Periode vollendet; wozu der blitzende Glanz Jupiters, der in zwölf Jahren umläuft? Wozu der Schein des Mars, der in zwei Jahren zurückkehrt? Was erwirkt der liebenswerte Stern Venus, der ewig die Sonne begleitet, ihr bald am Morgen voranschreitend, bald am Abend folgt? Was wird das veränderliche und zugleich um die Sonne kreisende Gestirn des Merkur bewirken? Sollten alle diese Sterne mit ihren mannigfaltigen und verblüffenden Bewegungen umsonst gegründet sein? Wozu ist außerdem die ganze sogenannte achte Sphäre erfüllt mit so unzähligen leuchtenden Sternen in ihrer abwechslungsreichen Anordnung und ihren so langsamen Bewegungen? Sollten auch sie alle, welche wegen der Langsamkeit ihrer Bewegungen Fixsterne genannt werden, untätig und nutzlos sein? Das würde nämlich notwendig daraus folgen, wenn der Himmel und alle die leuchtendsten und ewigen Körper, die er enthält, nur zur Unterscheidung der Zeit dienen sollten.

Hat Gott also etwas ins Blaue hinein geschaffen? Hat Gott keinen Zweck und Nutzen für ein so großes Kunstwerk und eine so gewaltige Maschine vorausgesehen? Wie absurd es ist, dies zu denken, geschweige denn zu glauben, wird aus der vollkommensten Weisheit selbst bewiesen und kann aus jedem allerkleinsten Geschöpf in dieser niedrigen Natur deutlich erkannt werden ... Wenn also Gott in diese dürftigen, aus vergänglichen Urstoffen zusammengesetzten und deswegen der Veränderung und Auflösung ausgesetzten Dinge so viel an Kräften und Wirksamkeit gegeben hat, daß ihre Kräfte und Eigenschaften niemals genügend erfaßt werden können, um wieviel mehr hat er dann in jenen so großen, glänzenden, vollkommenen, ewigen und von Veränderung und Auflösung nicht bedrohten Himmelskörpern ebensoviel oder eher noch mehr vollbracht. Bei der Anführung des Grundes, warum Gott den Himmel, die Himmelslichter und die Sterne geschaffen habe, sagt daher Moses nicht nur für die Zeiten, Tage und Jahre, sondern auch, damit sie Zeichen seien, seien sie alle von Gott gegründet. Wenn also die himmlischen Körper von Gott aufgebaut sind, damit sie Zeichen seien, dann bedeuten sie notwendig etwas, und das für die Menschen, um deretwillen sie großenteils geschaffen sind. Sie können aber das nicht bedeuten, was Gott in seinem geheimen Rat verborgen, an dem kein Geschöpf teilhat. Das zeigt auch ihr regelmäßiger, ewiger und sich immer gleichbleibender Lauf, welcher nie etwas Neues oder vom vorher bestimmten Weg Abweichendes zuläßt. Das müßte nämlich geschehen, wenn Gott der Welt durch die Sterne manchmal etwas von dem zeigen wollte, was er in seinem geheimen Ratschluß verborgen hat, seien es Zeugnisse seines Zornes oder seiner Gnade; deswegen wären sie jedoch die bewirkenden Ursachen davon nicht selbst. Deshalb leiten die Himmelskörper ihre Bedeutung auch aus der ihnen von Gott von allem Anfang an eingeflößten Kraft ab, und daher folgt, daß sie auch die Ursachen dessen sind, was sie bedeuten.

Es wird deshalb die göttliche Allmacht und Freiheit, die durch keine Ursachen zweiter Ordnung gebunden sein kann, keineswegs beeinträchtigt. Obwohl nämlich Gott ein vollkommenes und freies Wesen ist, das durch kein Naturgesetz gebunden ist, so will er doch die von ihm selbst gesetzte Ordnung nicht leichthin umstoßen, sondern sie lieber in festem und ewigem Bestand erhalten bis zum Ende der Welt ... Da also Gott fast alles mittelbar tut, nicht weil er es nicht unmittelbar wirken könnte, sondern es scheinbar nicht will, so frage ich: Was wäre es Gottloses zu versichern, daß er diese untere Welt zum großen Teil durch die obere leite und regiere? Jedoch so, daß die sekundären Ursachen von der primären, wenn es ihr beliebt, leicht geändert werden könnten. Es ist also klar, wie ungerecht die der göttlichen Weltordnung und Vorsehung widersprechen, welche behaupten, daß die Gestirne keinen Einfluß auf diese untere Welt haben. (S. 102–110)

Die Theologen werfen noch ein, daß Gott, der Gründer der Gestirne, zu Unrecht für den Urheber der Sünde gehalten werde, wenn schlechte Neigungen von den Sternen kämen. Aber diese beachten nicht, daß die Astrologen den Willen des Menschen nicht an die Sterne binden, sondern zugeben, daß im Menschen etwas sei, das über alle Gestirne erhaben ist, mit dessen Hilfe er alle übelwollenden Neigungen der Gestirne besiegen kann, wenn er wie ein wahrer und übernatürlicher Mensch sein will. Wenn er dagegen vorzöge, lieber ein wildes Leben zu führen, sich von seinen blinden Leidenschaften fortreißen zu lassen und mit den Geschöpfen zu huren, dann ist nicht Gott für den Urheber dieses Irrtums zu halten, da er den Menschen selbst so geschaffen hat, daß er alle bösen Neigungen der Gestirne überwinden kann, wenn er will. (S. 117)

Brahe, Tycho: Über die mathematischen Wissenschaften. Eine Rede Tycho Brahes (De disciplinis mathematicis). Übers. und eingel. von Karl Zeller. In: Die Sterne 11 (1931), S. 98–123
vgl. Einleitung S. 58

TYCHO BRAHE
Über die Kometen als Himmelskörper, 1577

Das aber eigentlich zu erfahren, habe ich großen Fleiß angewendet, weil hierin die ganze Wissenschaft vom Ort und Eigenschaft des Kometen gelegen ist, und habe ich aus vielerlei Beobachtungen mit zugehörigen Instrumenten beobachtet, und durch die Dreieckslehre gefunden, daß dieser Komet so weit von uns gewesen, daß seine größte Parallaxe beim Horizont nicht größer als 15' sein könnte und eher etwas kleiner als größer gefunden ... Hieraus folgt aus der geometrischen Rechnung, daß dieser Komet wenigstens 230 Erdhalbmesser von der Erde entfernt gestanden sei ... So folgt hieraus, daß dieser Komet entstanden sei zwischen der Mondbahn und der Venusbahn, welche sie um die Sonne gezeichnet haben; denn nach dieser Meinung könnte die Venus nicht näher als 296 Erdhalbmesser an die Erde herankommen, und der Mond ist in seiner Entfernung 68 Erdhalbmesser von uns entfernt, so daß zwischen Mond und Venus sich ein Raum von 228 Erdhalbmessern befindet, der leer sein sollte. In diesem Zwischenraum lasse ich den Kometen entstanden sein, da er 230 Erdhalbmesser entfernt war. Deshalb kann die Aristotelische Philosophie hierin nicht richtig sein, die lehrt, daß am Himmel nichts Neues könnte entstehen und daß alle Kometen im oberen Teil der Luft sich befänden. (S. 294f.)

Brahe, Tycho: De cometa anni 1577. – Ders.: Opera omnia, Vol. 4. Kopenhagen 1922. – Zit. nach: Ernst Zinner, Astronomie. Geschichte ihrer Probleme. Freiburg; München 1951 (Orbis Academicus; II.1)
vgl. Einleitung S. 58

HELISÄUS RÖSLIN
Gegen die aristotelische Kometentheorie, 1597

Zum Vierten, Daß aber die sach mit den Cometen vil anders, dann biß her die Physici und Naturkündiger (dafür sie sich halten) gelehrt ..., Darauß diß volget, daß die Cometen nit von uffriechenden faißten dämpffen ein angezündet Fewr in der Obern Region deß Luffts seyen. Sonder vil mehr ein aetherisch rundes dinnes durchleuchtendes Corpus, welches so es den schein von der Sonnen empfangen, die stralen dauon durchgehn laßt, und also den schein von sich gibt mit langen strämen, als wenn es für sich selbs ein langes Corpus were.

Weil dann alle Cometen baides in jhrer eusserlichen gestallt und auch in jhrem lauff also geschaffen, wie bißher außgeführt und dargethon. So volget darauß, daß auch alle aetherische runde, durchleuchtende Cörper gewesen und auch sein werden in der aetherischen Region der Himlischen Sphaeren und nicht in der Lufft.

Dadurch dan argwonisch gemacht ja umbgestossen wirdt, die gantze Aristotelische Lehr von den Cometen, die bißher bey den Gelehrten im Werdt gewesen und golten hat, daß nemlich die Cometen in der Region des Luffts oder Fewrs von uffriechenden dämpffen verursacht ein angezündtes brennendes Corpus seyen, Jtem daß kein alteration oder etwas newes einfallen und geboren werden kündte in der aetherischen Region der Himmel. Dann oberzehlte Cometen alle das Contrarium beweisen, und daß sie in den Himlischen Sphaeren stehn und geboren werden auß aetherischer Materi und zu seiner zeit widerumb vergehn und verschwinden, also gleich Stellae secundae seind und recht genent werden mögen: Als die nicht gleich wie auch andere Meteora von anfang der Welt in den ersten sechs Tagen geschaffen, sonder hernacher auß Wirckung der Himmlischen Gestirn gleich anderwertz generirt und geboren werden, Und jhren stand und lauff in den Himlischen Sphaeren haben und mit jhnen herumb getriben werden, derwegen sie auch beyde lauff der fixen Sternen und Planeten haben nit ungleich und unrichtig, wie bißher die Physici gelehrt auß falschem praeiudicio. Und will ohn das auch schwer zu beweisen sein, und hat zu glauben, daß die unter Elementisch Welt auch gleich in jhrem Obersten theil der Region des Luffts, biß an die Himlische Sphaeren den lauff der Himlischen Sphaeren haben oder dessen fehig sein solt, davon auch die Cometen in der Lufft herumb getriben werden solten ... Wie wolte dann die unterste Materialische grobe Welt auch Oberste Region unnd Gegne des Luffts dieses gantz schnellen lauffs (rapidissimi huius motus) fehig sein, und in Tag und Nacht einmal herumb gehn oder getriben werden künden? Geschweig jetzt deren, die noch das aller gröbest Element der Erden beweglich machen, und jhr disen schnellen lauff zugeben? Glaub es wer da wölle, mich wirt keiner bereden ...

Halte die unter Elementisch Welt wie auch Aristoteles, für Wandelbar und für grob Materialisch, Deßhalb für untüchtig und unfehig dieses gantz schnellen lauffs der Himlischen Sphaeren: Den Himmel aber halt ich zwar für Ohnwandelbar, doch nicht gantz und gar, daß darumb die Cometen nicht möchten darinnen entstehen und generirt werden, und dann widerumb abnemmen, verschwinden und vergehen ... Also der Himmel nicht gar Ohnwandelbar, Coelum non omnino inalterabile, Das beweisen die Cometen die darinnen von Newem geboren werden, und jhren lauff ein gute Zeit darinnen haben, und dann widerumb vergehn und uffhören, und zu anderer Zeit andere herfür kommen, Sonderlichs auch daß alle Cometen den lauff primi mobilis haben, Welches lauffs die under Elementisch Welt nicht fehig ist noch sein kan, weder per se noch per accidens. (S. 6b–8)

Röslin, Helisäus: Tractatus Meteorastrologiphysicus. Das ist, Auß richtigem lauff der Cometen ... Natürliche Vermütungen und ein Weissagung. Straßburg 1597

vgl. Einleitung S. 58

CHRISTOPH ROTHMANN

Über die Ungenauigkeit der alten Sternkataloge – Kommentar zum »Hessischen Sternverzeichnis«, 1586

Seit der Zeit, wo E. Hoheit [Landgraf Wilhelm IV. von Hessen] mir die Beobachtung der Fixsterne aufgetragen hat, ist es Euch nicht unbekannt, zumal Ihr bei meinen Beobachtungen sehr häufig zugegen waret, wie viel Mühe und Nachtwachen ich verwenden mußte, um ihre wahren Örter so genau als möglich zu erhalten. Denn da ich nämlich bemerkte, daß dieselben sowohl in Bezug auf Breite als auf Länge von den Angaben der Tafeln, sei es in Folge von Unwissenheit oder Nachlässigkeit der Abschreiber, sei es in Folge der Ungenauigkeit der Beobachtungen der Alten, sehr beträchtlich abwichen, so stellten sich mir verschiedene Schwierigkeiten in den Weg. Denn obwohl E. Hoheit beständig und mit Recht verlangten, man könne sich auf die Tafeln nicht verlassen und aus ihnen nichts entnehmen, sondern es sei Alles von Grund aus und durch neue Beobachtungen zu suchen, so glaubte ich doch bei denjenigen Sternen, welche von Ptolemäus und den alten mit besonderer Sorgfalt beobachtet zu sein scheinen, wie Cor Leonis [Löwe] und Spica Virginis [Jungfrau], nicht leicht abweichen zu dürfen.

Es schien also die Schuld entweder in meiner Nachlässigkeit oder in der fehlerhaften Konstruktion der Instrumente zu liegen. Was aber meine Sorgfalt betrifft, so sprechen mich die so oft wiederholten und fortwährend unter sich übereinstimmenden Beobachtungen hinlänglich von der Schuld frei, auch E. Hoheit ist hievon Zeuge. Die Instrumente aber waren derart, daß sie bei meinen Beobachtungen nicht nur die Sechstel, Zwölftel und Vierundzwanzigstel von Graden, noch auch nur die einzelnen Minuten, sondern (was kaum glaublich scheint) sogar Teile der einzelnen Minuten deutlich ergaben, welche Instrumente ich auch, indem ich Tag und Nacht mich mit denselben beschäftigte, so genau prüfte, daß nach meiner Meinung Aristarch bei der Korrektur der homerischen Gedichte kaum umsichtiger und sorgfältiger gewesen sein konnte.

Jene Abweichung der Tafeln von meinen Beobachtungen hat also nichts weiter bewirkt, als daß sie meine Mühe unendlich vermehrte und mich zwang, die Beobachtung gewisser Sterne unzählige Male zu wiederholen, so daß, als ich bei so vielen Beobachtungen immer wieder dasselbe fand, E. Hoheit meinen Eifer als überflüssig tadelte und frug, ob ich bis auf 3 Minuten genau beobachten wolle. Aber nachdem ich die Beobachtungen als richtig angenommen und die wahren Sternörter daraus nach doppelter und dreifacher Rechnung sorgfältigst abgeleitet hatte, begnügte ich mich auch dann noch nicht, ohne meine Beobachtungen mittelst der Venus, welche ich in jenem Jahre gegen Ende Januar hie und da am Tage mit der Sonne zugleich beobachtete, sorgfältigst zu prüfen. Eine solche Mühe verursachte die Auffindung der wahren Sternörter ...

Alle Gebildeten haben sich desshalb nicht ohne Grund über das so sehr verdorbene und bis jetzt noch unverbesserte Sternverzeichnis des lebhaftesten beklagt, da selbst diejenigen Sterne, von denen man bisher glaubte, sie seien von den Alten sehr genau beobachtet worden, nicht einmal an ihren Örtern, sondern einige um 2, 3, 4, 5 oder gar noch mehr Grade (von den Minuten will ich schweigen) von den Tafeln abweichend gefunden werden. (S. 126–128)

Rothmann, Christoph: Tabula observationum stellarum fixarum. Manuskript, Landesbibl. und Murhardsche Bibl. Kassel, 2° Ms. astr. 5. – Zit. nach: Rudolf Wolf, Astronomische Mittheilungen 45 (1878); Abdruck aus der Vierteljahrsschrift der Naturforschenden Gesellschaft Zürich

vgl. Einleitung S. 48

JOHANNES KEPLER
Mysterium Cosmographicum, das Weltgeheimnis, 1596

Vorrede an den Leser

Schon zu der Zeit, als ich mich vor sechs Jahren in Tübingen eifrig dem Verkehr mit dem hochberühmten Magister Michael Mästlin widmete, empfand ich, wie ungeschickt in vieler Hinsicht die bisher übliche Ansicht über den Bau der Welt ist. Ich ward daher von Kopernikus, den mein Lehrer sehr oft in seinen Vorlesungen erwähnte, so sehr entzückt, daß ich nicht nur häufig seine Ansichten in den Disputationen der Kandidaten verteidigte, sondern auch eine sorgfältige Disputation über die These, daß die »erste Bewegung« von der Umdrehung der Erde herrühre, verfaßte. Ich ging schon daran, der Erde aus physikalischen oder, wenn es dir besser gefällt, aus metaphysischen Gründen auch die Bewegung der Sonne zuzuschreiben, wie es Kopernikus aus mathematischen Gründen tut. Zu diesem Zweck habe ich, nach und nach, teils aus dem Vortrag Mästlins, teils durch eigene kühne Versuche, alle die Vorzüge zusammengetragen, die Kopernikus in mathematischer Hinsicht vor Ptolemäus voraus hat ...

Drei Dinge waren es vor allem, deren Ursachen, warum sie so und nicht anders sind, ich unablässig erforschte, nämlich die Anzahl, Größe und Bewegung der Bahnen. Dies zu wagen bestimmte mich jene schöne Harmonie der ruhenden Dinge, nämlich der Sonne, der Fixsterne und des Zwischenraumes mit Gott dem Vater, dem Sohne und dem hl. Geist. Ich werde diese Analogie in meiner Kosmographie weiter verfolgen. Da sich die ruhenden Dinge so verhielten, zweifelte ich nicht an einer entsprechenden Harmonie der bewegten Dinge. Zuerst habe ich die Sache mit Zahlen versucht und nachgeschaut, ob vielleicht eine Bahn das Zweifache, Vierfache usw. einer anderen sei, und um wie viel irgend eine Bahn von einer beliebigen anderen abwich. Viel Zeit habe ich mit dieser Arbeit, mit diesem Zahlenspiel, verloren; es ergab sich weder in den Verhältnissen selber noch bei den Unterschieden eine Gesetzmäßigkeit. So kam dabei nur der eine Nutzen heraus, daß sich mir die Entfernungen, wie sie Kopernikus angibt, tief ins Gedächtnis einprägten, und daß du, lieber Leser, durch die Aufzählung meiner verschiedenen Versuche mit deinem Beifall ängstlich hin- und hergeworfen wirst, wie von Meereswellen, so daß du dich schließlich ermüdet um so lieber zu den in diesem Büchlein dargelegten Ursachen wie in einen sicheren Hafen begibst. Mir selber hat alsbald Trost und feste Hoffnung außer anderen später zu besprechenden Gründen die Beobachtung gewährt, daß immer die Bewegung der Entfernung zu folgen schien, und daß immer da, wo sich zwischen den Bahnen ein großer Sprung zeigte, auch in den Bewegungen ein solcher auftat. Wenn nun, so dachte ich mir, Gott bei den Bahnen die Bewegungen den Entfernungen angepaßt hat, so muß er sicher auch die Entfernungen irgend einem anderen Ding angepaßt haben.

Da ich also auf diesem Wege nicht ans Ziel kam, versuchte ich einen erstaunlich kühnen Ausweg. Ich schob zwischen Jupiter und Mars, sowie zwischen Venus und Merkur zwei neue Planeten ein, die beide wegen ihrer Kleinheit unsichtbar seien, und schrieb ihnen ihre Umlaufszeiten zu. So glaubte ich, in den Verhältnissen eine

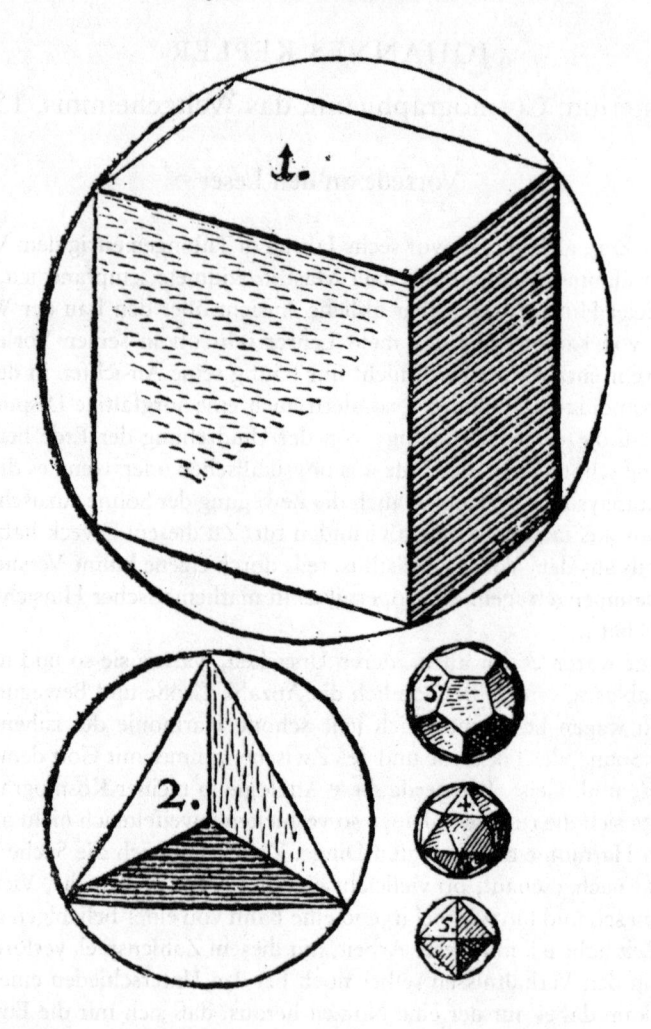

Die fünf »platonischen Körper« mit den zugewiesenen Planetenbahnen: Würfel – Saturn, Tetraeder – Jupiter, Dodekaeder – Mars, Ikosaeder – Venus und Oktaeder – Merkur

Gesetzmäßigkeit erzielen zu können, so daß die Verhältnisse zwischen je zwei Bahnen gegen die Sonne zu abnehmen, gegen die Fixsterne zu wachsen, wie ja das Verhältnis der Erdbahn zur Venusbahn kleiner ist als das Verhältnis der Marsbahn zur Erdbahn. Jedoch genügte es nicht, in die ungeheure Lücke zwischen Jupiter und Mars einen einzigen Planeten einzuschieben. Das Verhältnis der Jupiterbahn zur Bahn des neuen Planeten war immer noch größer als das Verhältnis der Saturnbahn zur Jupiterbahn. (S. 20)

Wenn sich nun, dachte ich, für die Größe und das Verhältnis der sechs Himmelsbahnen, die Kopernikus annimmt, fünf Figuren unter den übrigen unendlich vielen ausfindig machen ließen, die vor den anderen besondere Eigenschaften voraus hätten, so ginge die Sache nach Wunsch. Nun aber drängte ich aufs neue vorwärts. Was sollen ebene Figuren bei den räumlichen Bahnen? Man muß eher zu festen Körpern greifen. Siehe, lieber Leser, nun hast du meine Entdeckung und den Stoff zum ganzen vorliegenden Büchlein! Denn wenn man einem, der die Geometrie auch nur wenig kennt, das sagt, so treten ihm sogleich die fünf regulären Körper mit ihrem Verhältnis der um- und eingeschriebenen Kugeln vor Augen; sofort erinnert er sich an jenen bekannten Zusatz Euklids zum Lehrsatz 18 Buch 13, wo bewiesen wird, daß unmöglich mehr als fünf reguläre Körper existieren oder ausgedacht werden können. Es ist erstaunlich: obwohl ich mit mir über die Rangordnung der einzelnen Körper noch nicht im klaren war, habe ich doch auf Grund einer noch jeder Bestätigung baren Mutmaßung, die ich aus den bekannten Entfernungen der Planeten herleitete, mein Ziel in Anordnung der Körper so glücklich getroffen, daß ich später, als ich mit ausgesuchten Gründen die Sache untersuchte, nichts mehr daran zu ändern hatte. Zur Erinnerung hieran teile ich dir einen Satz mit so, wie er mir einfiel und wie ich ihn in jenem Augenblick in Worte faßte: »Die Erde ist das Maß für alle andere Bahnen. Ihr umschreibe ein Dodekaeder; die dieses umspannende Sphäre ist der Mars. Der Marsbahn umschreibe ein Tetraeder; die dieses umspannende Sphäre ist der Jupiter. Der Jupiterbahn umschreibe einen Würfel; die diesen umspannende Sphäre ist der Saturn. Nun lege in die Erdbahn ein Ikosaeder; die diesem einbeschriebene Sphäre ist die Venus. In die Venusbahn lege ein Oktaeder, die diesem einbeschriebene Sphäre ist der Merkur.« Da hast du den Grund für die Anzahl von Planeten. (S. 23f.)

1. Kapitel
Gründe für die Richtigkeit der kopernikanische Lehre.
Darstellung dieser Lehre

Wenn es auch die Frömmigkeit erheischt, sich sogleich am Anfang dieser naturwissenschaftlichen Untersuchung zu fragen, ob nichts darin gegen die Hl. Schrift ausgesprochen wird, so halte ich es doch nicht für gelegen, diese Streitfrage hier zu behandeln, solange man mich in Ruhe läßt. Ich verspreche im allgemeinen, daß ich nichts sagen werde, was ein Unrecht gegen die Hl. Schrift bedeuten würde, und wenn Kopernikus mit mir eines solchen beschuldigt würde, so würde ich das nicht gelten lassen. Das war immer meine feste Ansicht, seit ich das Werk des Kopernikus über die Umwälzungen kennengelernt habe.

Da ich daher in dieser Hinsicht durch keinerlei religiöse Bedenken gehindert war, dem Kopernikus zu folgen, wenn das, was er vorträgt, wohl begründet ist, wurde mein Glaube an ihn zuerst durch schöne Übereinstimmung erweckt, die zwischen allen Himmelserscheinungen und den Anschauungen des Kopernikus besteht. Denn dieser vermag ja nicht nur die früheren Bewegungen bis in die fernste Vorzeit zurückzuverfolgen, sondern er weiß auch die künftigen Bewegungen vorauszusagen, wenn auch nicht absolut genau, so doch weit genauer als Ptolemäus, Alphonsus und die anderen Astronomen. Ein noch viel größerer Vorzug aber liegt darin, daß Kopernikus allein das, was andere anzustaunen lehren, aufs schönste begründet und so die Ursache des Staunens, d. i. die Unkenntnis der Ursachen, behebt. Am leichtesten überzeuge ich den Leser hiervon, wenn ich ihn veranlasse und überrede, die »Narratio« des Rheticus zu lesen. Denn nicht jeder hat Muße, das Werk des Kopernikus über die Umwälzungen selbst zu lesen.

Niemals konnte ich auch in dieser Sache jenen zustimmen, die sich auf den Fall einer Beweisführung stützen, bei der zufällig auf Grund falscher Voraussetzungen durch zwingende Schlüsse etwas Wahres herauskommt, und sich darauf versteifen, es sei möglich, daß die Anschauungen des Kopernikus falsch, die aus ihnen zu erschließenden Erscheinungen aber richtig seien, wie wenn sie sich auf wahre Prinzipien stützen.

Das Beispiel paßt nicht. Denn jener Schluß aus falschen Voraussetzungen ist zufällig; es verrät sich selber, was zur Natur des Falschen gehört, sobald es auf einen verwandten Gegenstand angewandt wird, außer wenn man dem Beweisführer gestattet, daß er unendlich viele andere falsche Sätze hinzunimmt und nie beim Vorwärts- oder Rückwärtsschließen sich treu bleibt. Anders verhält sich die Sache bei dem, der die Sonne in den Mittelpunkt setzt. Denn von ihm darf man verlangen, er soll irgend eine wahre Himmelserscheinung auf Grund seiner Hypothese erklären, er soll vorwärts, rückwärts schreiten, er solle das eine aus dem anderen erschließen, er soll irgend etwas machen, was mit der Wahrheit der Dinge verträglich ist; er wird in nichts, was hergehört, verlegen sein, und auch aus den verzwicktesten Winkelzügen der Beweisführung mit größter Beharrlichkeit auf seinen einzigen Standpunkt zurückkommen.

Man kann nun einwenden, das lasse sich oder ließe sich einst auch von den alten Tafeln und den alten Anschauungen sagen, da sie ja auch den Erscheinungen gerecht werden, und doch habe sie Kopernikus als falsch verworfen; mit demselben Recht könne man auch Kopernikus antworten, er gebe zwar vortrefflich Rechenschaft von den Erscheinungen, irre aber in seiner Grundanschauung. Darauf erwidere ich fürs erste, daß die alten Anschauungen einer Reihe von wichtigen Fragen überhaupt nicht Rechnung tragen. Daher gehört die Tatsache, daß sie für die Anzahl, die Größe und die Zeit der rückläufigen Bewegungen keine Ursachen kennen; sie können nicht erklären, warum diese mit dem mittleren Sonnenort und der Bewegung der Sonne genau übereinstimmen.

Und doch muß notwendig hinter diesen Dingen ein Grund stecken, da bei Kopernikus eine so schöne Ordnung zutage tritt. Sodann bestreitet auch Kopernikus keine von den Ansichten, die einen konstanten Grund für die Erscheinungen angeben und mit dem Augenschein übereinstimmen; ja er greift das alles auf und weiß es zu erklären. Denn wenn es auch den Anschein hat, daß er vieles an den herkömmlichen Anschauungen geändert hat, so trifft das doch in Wirklichkeit nicht zu. Es kann nämlich gut sein, daß ein und dieselbe Erscheinung sich aus zwei der Art nach verschiedenen Annahmen ergibt, deswegen, weil jene zwei Annahmen unter denselben Gattungsbegriff fallen, dessentwegen erstlich das eintritt, worum es sich handelt. Wenn so Ptolemäus den Aufgang und Untergang der Gestirne aufzeigt, so stützt er sich nicht auf den nächsten, entsprechenden Begriff der im Mittelpunkt ruhenden Erde. Und Kopernikus stützt sich dabei nicht auf den Begriff der Umdrehung der vom Mittelpunkt entfernten Erde. Beiden genügt es zu sagen (was beide auch wirklich sagen), jene Erscheinung rühre daher, daß zwischen Himmel und Erde eine Unterscheidung hinsichtlich der Bewegungen vorliege, und daß an den Fixsternen eine Entfernung der Erde vom Mittelpunkt der Welt nicht zu merken sei. Daher führt Ptolemäus seine Beweise nicht auf Grund einer falschen oder akzidentiellen Aussage, wenn er die Erscheinungen darlegt. Darin nur hat er gegen die Regel gefehlt, daß er glaubte, die Erscheinungen auf den Artbegriff, statt auf den Gattungsbegriff zurückführen zu müssen. Somit ist klar: Daraus, daß Ptolemäus aus einer falschen Anordnung des Weltalls doch richtige und mit dem Himmel und unserem Augenscheine übereinstimmende Folgerungen zieht, daraus, sage ich, darf man keinen Grund herleiten, etwas Ähnliches bezüglich der kopernikanischen Annahmen zu argwöhnen. Ja, es bleibt vielmehr bestehen, was ich am Anfang gesagt habe: die Grundannahmen des Kopernikus können nicht falsch sein, da sich aus ihnen eine den Alten unbekannte, so feste Begründung der meisten Erscheinungen ergibt, soweit sich eine solche ergibt. (S. 29–31)

9. Kapitel
Die Verteilung der Körper zwischen den Planeten; die gegenseitige Anpassung der Eigenschaften

Ich kann es mir nicht versagen, hier von dem Teil der Physik, der von den Eigenschaften der Planeten handelt, zu sprechen, damit man erkenne, daß auch die natürlichen Kräfte der Wandelsterne jener Ordnung entsprechen und dasselbe Verhältnis zu einander einnehmen. Wenn man den Planeten, die die Erdbahn umkreisen, jene Körper zuordnet, die ihrer Bahn umbeschrieben sind, den Planeten aber, die von der Erdbahn umschlossen werden, jene Körper zuweist, die ihnen umbeschrieben sind, was meines Erachtens mit bestem Grund geschehen kann, so kommt auf den Saturn der Würfel, auf den Jupiter die Pyramide, auf dem Mars das Dodekaeder, auf die Venus das Ikosaeder, auf den Merkur das Oktaeder. Die Erde, die nur Grenze ist, wird keiner der beiden Reihen zugeordnet. Auch Sonne und Mond trennen die Astrologen weit von den fünf anderen Gestirnen, so daß jene zwei hier nicht erwähnt zu werden brauchen und die Zahl der Körper schön mit den fünf Planeten übereinstimmt.

Jupiter als gutartiges Gestirn mitten zwischen zwei bösartigen hat schon viele zur Bewunderung hingerissen und auch Ptolemäus zur Erforschung der Ursachen angetrieben. Wir sehen etwas Ähnliches beim Tetraeder, das zwischen zwei teils verwandten, teils von einander abweichenden Körpern sich so von beiden unterscheidet, daß nach den früheren Überlegungen fast seine Stellung in Gefahr ist. Jeder, der drei oberen Planeten äußert Haß und Feindschaft gegen die übrigen. Auch ihre drei Körper stimmen im Grund in ihrer äußeren Erscheinung keineswegs überein. Mars begegnet sich jedoch mit Saturn allein in der Bösartigkeit. Damit vergleiche ich die Ungleichheit der Winkel, eine Eigenschaft, die jenen beiden eigen und gemeinsam ist. Ein Beweis der Gutartigkeit wird dann das Gegenteil sein, nämlich die Einheitlichkeit der Winkel zwischen den Kanten allein. Ein Beweisgrund, warum Jupiter, Venus und Merkur gutartige Gestirne sind. Der Würfel, der Körper des Saturn, gibt für alle übrigen Körper das Maß auf Grund seiner Rechtwinkligkeit; der Planet selber erzeugt die Meßkünstler, er ist von harter Gemütsart, ein Hüter des Rechten, weicht nicht um eines Nagels Breite, ist unerbittlich, unbeugsam. Das bewirkt die Rechtwinkligkeit.

Am klarsten liegt die Verwandtschaft in den Seitenflächen zutag; da Jupiter, Venus und Merkur (ich nenne den Planeten statt des Körpers) dieselbe Seitenfläche

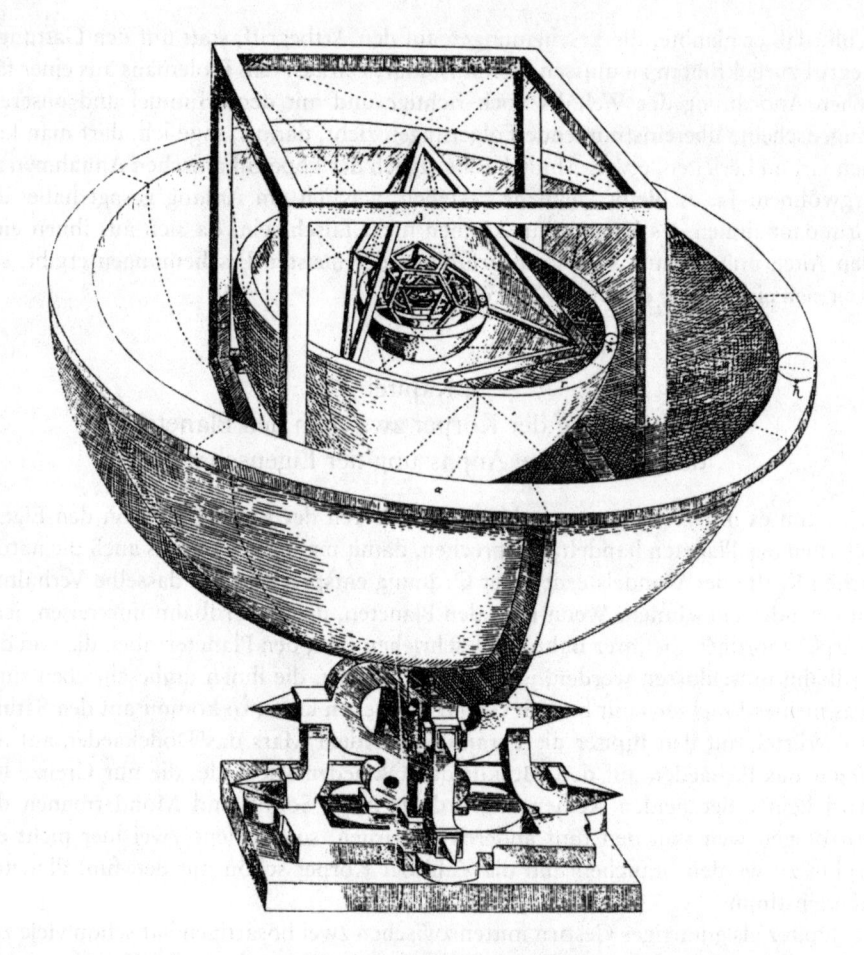

Die Darstellung des Planetensystems mit Hilfe der fünf regelmäßigen Körper, die von den Planetenbahnen umschrieben, bzw. ihnen einbeschrieben sind; z.B. ist dem Würfel umschrieben die Saturnbahn und einbeschrieben die Jupiterbahn, dieser wiederum einbeschrieben die Pyramide, die ihrerseits die Marsbahn umschreibt usw.

besitzen, erhalten wir einen Grund für ihre Freundschaft, wie vorhin. Denn dem Dreieck wohnt vorzugsweise Beständigkeit inne. Die zweite Stufe ist zu finden bei dem ebenen Schnitt, der eine Ecke, gleichsam einen Nabel, in der Mitte hat. Fragen wir darum nicht mehr verwundert, was denn der harte und feurige Mars Reizendes an sich habe, dessentwegen die holdselige Venus ihren Ehegatten betrog und sich mit Mars einließ. Denn das Fünfeck des Mars tritt auch bei der Venus auf. So verleiht auch das Quadrat des Saturn im Merkur beiden dieselbe Sinnesart.

Die dritte Stufe ergibt sich, wenn ein und dasselbe Stück eines Körpers zugleich in zwei anderen auftritt oder erscheint; dann stimmen diese in den Angelegenheiten des gemeinsamen Freundes überein. Drum besteht bezüglich der Angelegenheiten des Jupiter ein gutes Verhältnis zwischen Venus und Merkur, weil sie beide die Grundfläche des Jupiter besitzen. Bezüglich der Angelegenheiten des Saturn stimmt Merkur mit Mars ein bißchen überein, weil bei jenem das Quadrat des Saturn, bei diesem ein überdeckter Würfel auftritt. Damit sind die Fragen gelöst, warum zwischen Venus und Saturn keine Verwandtschaft besteht, welches die vorzüglichste Verwandtschaft ist und warum der bewegliche Geist des Merkur sich an alle vier herandrängt, am wenigsten jedoch an den Mars.

Der Saturn ist einsam und liebt die Einsamkeit, genau so wie seine Rechtwinkligkeit nicht die geringste Abweichung von der Gleichheit zuläßt, die ihm seine Beständigkeit rauben könnte. Jupiter dagegen hat aus der unendlich großen Zahl spitzer Winkel einen erhalten und ist dadurch leutselig geworden, jedoch nur mäßig, nicht allzusehr ... Die Ruhe und Beständigkeit zunächst des Jupiter, dann des Saturn und schließlich des Merkur rührt von der kleinen Zahl der Seitenflächen her, die Unruhe und Leichtfertigkeit von Venus und Mars dagegen von deren Vielzahl. Das Veränderliche und Wandelbare ist immer die Frau. Der der Venus entsprechende Körper ist unter allen am veränderlichsten und am leichtesten wälzbar. Es liegen hier Stufen vor; darum steht Merkur in der Mitte, seine Vertrauenswürdigkeit ist mittelmäßig. (S. 61)

Kepler, Johannes: Mysterium Cosmographicum. Das Weltgeheimnis. Übers. u. eingel. von Max Caspar. Augsburg 1923. – Ders.: Gesammelte Werke, Bd. 1. Hrsg. von Max Caspar. München 1938
vgl. Einleitung S. 50

JOHANNES KEPLER
Neue Astronomie, ursächlich begründet oder Physik des Himmels, 1609

Einleitung in dieses Werk

Viele lassen sich durch den Gedanken an eine Bewegung des Schweren davon abhalten, an eine animalische oder lieber magnetische Bewegung der Erde zu glauben. Diese mögen folgende Sätze erwägen:

Ein mathematischer Punkt, mag er der Weltmittelpunkt sein oder nicht, kann Schweres nicht bewegen und an sich heranziehen, weder effektiv noch objektiv. Mögen die Physiker beweisen, daß eine solche Kraft einem Punkt zukommt, der weder körperlich ist noch anders als durch bloße Beziehung erkannt wird.

Es ist unmöglich, daß die Potenz des Steins durch Bewegung seines Körpers nach einem mathematischen Punkt oder nach der Weltmitte strebt, ohne auf einen Körper achten zu können, in dem jener Punkt liegt. Mögen die Physiker beweisen, daß die Naturdinge eine Hinneigung zu dem besitzen, was ein Nichts ist.

Aber auch nicht deswegen strebt das Schwere nach dem Weltmittelpunkt, weil es die äußersten Grenzen der kugelrunden Welt flieht. Denn das Verhältnis, in dem es von der Weltmitte entfernt ist, ist unmerklich und bedeutet nichts im Vergleich zur Entfernung von der äußersten Grenze der Welt. Was wäre auch die Ursache dieses

Hasses? Mit welcher Kraft, mit welcher Weisheit müßte das Schwere ausgerüstet sein, um so genau vor dem ringsum lagernden Feind fliehen zu können? Oder wie groß müßte die Geschicklichkeit der äußersten Grenzen der Welt sein, um ihren Feind so peinlich genau verfolgen zu können?

Auch wird das Schwere nicht durch reißende Drehung des ersten Beweglichen in die Mitte getrieben, wie durch einen Wasserstrudel. Denn wenn wir auch annehmen, daß jene Bewegung existiert, so setzt sie sich doch nicht bis zu diesen unteren Regionen hin fort; denn sonst würden wir sie spüren und auch mitgerissen werden und mit uns die Erde, oder vielmehr wir würden zuerst fortgerissen, und die Erde würde folgen. Das alles aber sind für meine Gegner sinnlose Folgerungen. Es ist also klar, daß die herkömmliche Lehre über die Schwere falsch ist.

Die wahre Lehre über die Schwere stützt sich nun auf folgende Axiome:

Jede körperliche Substanz ist, insoferne sie körperlich ist, von Natur aus dazu geneigt, an jedem Ort zu ruhen, an dem sie sich allein befindet, außerhalb des Kraftbereichs eines verwandten Körpers.

Die Schwere besteht in dem gegenseitigen körperlichen Bestreben zwischen verwandten Körpern nach Vereinigung oder Verbindung (von dieser Ordnung ist auch die magnetische Kraft), so daß die Erde viel mehr den Stein anzieht, als der Stein nach der Erde strebt.

Das Schwere wird (das gilt besonders, wenn wir die Erde in den Weltmittelpunkt setzen) nicht zum Weltmittelpunkt als solchem hingetrieben, sondern als dem Mittelpunkt eines verwandten runden Körpers, nämlich der Erde. Wohin also auch die Erde gesetzt wird oder wohin sie auch kraft ihrer animalischen Fähigkeit getragen wird, immer wird das Schwere zu ihr hingetrieben.

Wäre die Erde nicht rund, so würde das Schwere nicht überall geradlinig auf den Mittelpunkt der Erde zu, sondern von verschiedenen Seiten aus nach verschiedenen Punkten hingetrieben.

Wenn man zwei Steine an einen beliebigen Ort der Welt versetzen würde, nahe beieinander außerhalb des Kraftbereichs eines dritten verwandten Körpers, dann würden sich jene Steine ähnlich wie zwei magnetische Körper an einem zwischenliegenden Ort vereinigen, wobei sich der eine dem andern um eine Strecke nähert, die der Masse des andern proportional ist.

Würden Mond und Erde nicht durch eine animalische oder irgendeine andere gleichwertige Kraft je in ihrer Bahn festgehalten, so würde die Erde gegen den Mond zu emporsteigen um den 54. Teil der Zwischenstrecke, und der Mond würde gegen die Erde zu herabsteigen etwa um 53 Teile der Zwischenstrecke; daselbst würden sie sich vereinigen. Dabei ist jedoch vorausgesetzt, daß die Substanz beider von gleicher Dichte ist.

Würde die Erde aufhören, die Gewässer zu sich heranzuziehen, so würde alles Meerwasser in die Höhe gehoben werden und auf den Mond fließen.

Der Bereich der Anziehungskraft des Mondes erstreckt sich bis zur Erde und lockt das Wasser in die heiße Zone, um dort mit ihm zusammenzutreffen, wo er gerade in den Zenit gelangt, und zwar unmerklich in eng eingeschlossenen Meeren und merklich dort, wo die Meeresstrecken sehr breit sind und die Gewässer einen weiten Spielraum zum Hin- und Herfluten besitzen.

Obgleich dies an einen anderen Ort gehört, wollte ich es doch im Zusammenhang mit darlegen, damit man der Flut des Meeres und dadurch auch der Zugkraft des Mondes mehr Glauben schenkt. Wenn nämlich die anziehende Kraft des Mondes sich bis zur Erde erstreckt, so folgt daraus, daß sich um so mehr die anziehende Kraft der Erde bis zum Mond und noch viel höher erstreckt und daß sich weiterhin keines der Dinge, die irgendwie aus irdischem Stoff bestehen und in die Höhe gehoben werden, den so starken Armen dieser Anziehungskraft entziehen kann. (S. 25–27)

Viel größer jedoch ist die Zahl derer, die sich durch Frömmigkeit davon abhalten lassen, Kopernikus beizupflichten, da sie fürchten, es würde dem in der Schrift redenden Hl. Geist eine Lüge vorgeworfen, wenn man behauptet, daß sich die Erde bewegt und die Sonne stillsteht. Jene Leute mögen aber folgendes erwägen: Da wir mit dem Gesichtssinn die meisten und wichtigsten Erfahrungen in uns aufnehmen, ist es für uns nicht möglich, unsere Redeweise von diesem Gesichtssinn abzuziehen. So gibt es täglich viele Vorkommnisse, wo wir uns unserem Gesichtssinn folgend ausdrücken, wenn wir auch ganz gut wissen, daß sich die Sache selber anders verhält. Ein Beispiel hierfür bietet jener Vers des Vergil: »Fahren vom Hafen wir weg, so entweichen Länder und Städte.« ...

Josua fügt auch noch die Täler hinzu, gegen die sich Sonne und Mond bewegen sollen, eben weil es ihm am Jordan so erschien ... Josua aber wollte, daß die Sonne für ihn einen ganzen Tag lang für die Empfindung der Augen mitten am Himmel bliebe, während sie für die anderen Menschen im selben Zeitraum unterhalb der Erde verweilte.

Allein die unüberlegten Leute schauen nur auf den Gegensatz in den Worten: »Die Sonne stand still, das heißt, die Erde stand still.« Sie bedenken nicht, daß dieser Gegensatz nur innerhalb der Grenzen der Optik und der Astronomie entsteht, deswegen aber nicht darüber hinaus in das Gebiet des menschlichen Verkehrs hineingreift. Sie wollen auch nicht sehen, daß Josua nur einen Wunsch hatte, die Berge möchten ihm das Sonnenlicht nicht rauben, einen Wunsch, den er in dem Gesichtssinn entsprechende Worte kleidete. Denn es wäre sehr unzweckmäßig gewesen, sich in jenem Augenblick über die Astronomie und über die Fehler beim Sehen Gedanken zu machen. Denn wenn jemand Josua bedeutet hätte, daß sich die Sonne nicht in Wirklichkeit gegen das Tal Ajalon bewege, sondern nur für den Augenschein, hätte er dann nicht ausgerufen, er wünsche nur, daß der Tag für ihn verlängert werde, wie das auch geschehen möge! Ebenso hätte er es nun gemacht, wenn jemand mit ihm einen Streit über die stete Ruhe der Sonne und die Bewegung der Erde angefangen hätte. Gott aber hat aus den Worten Josuas leicht verstanden, was er wollte, und gewährte ihm seine Bitte, indem er die Bewegung der Erde anhielt, so daß es Josua schien, die Sonne stehe still. Der Inhalt von Josuas Bitte ging darauf hinaus, es möchte ihm so scheinen können, was auch immer in Wirklichkeit geschah. (S. 28–30)

Wer aber zu einfältig ist, um die astronomische Wissenschaft zu verstehen, oder zu kleinmütig, um ohne Ärgernis für seine Frömmigkeit dem Kopernikus zu glauben, dem gebe ich den Rat, er möge die Schule der Astronomie verlassen, ruhig nach Gutdünken philosophische Lehren verdammen und sich seinen Geschäften widmen. Er möge von unserer Wanderung durch die Welt abstehen, sich nach Hause zurückziehen und dort seine Äckerlein bebauen ...

Soviel über die Autorität der Hl. Schrift. Auf die Meinungen der Heiligen aber über diese natürlichen Dinge antworte ich mit dem einzigen Wort: In der Theologie gilt das Gewicht der Autoritäten, in der Philosophie aber das der Vernunftgründe. Heilig ist nun zwar Laktanz, der die Kugelgestalt der Erde leugnete, heilig Augustinus, der die Kugelgestalt zugab, aber Antipoden leugnete, heilig das Offizium unserer Tage, das die Kleinheit der Erde zugibt, aber ihre Bewegung leugnet. Aber heiliger ist mir die Wahrheit, wenn ich, bei aller Ehrfurcht vor den Kirchenlehrern, aus der Philosophie beweise, daß die Erde rund, ringsum von Antipoden bewohnt, ganz unbedeutend und klein ist und auch durch die Gestirne hin eilt. (S. 33)

Daß die Kraft, die den Planeten bewegt, in der Sonne ihren Sitz hat

Zu sagen, eine im beweglichen Planetenkörper ruhende animalische Kraft, die dem Gestirn seine Bewegung mitteile, zeige abwechslungsweise eine Steigerung und ein Nachlassen, ohne zu ermüden und altersschwach zu werden, wäre doch wohl eine alberne Behauptung. Zudem könnte man nicht einsehen, auf welche Weise diese animalische Kraft ihren Körper durch den Weltraum steuern sollte, wo doch keine festen Bahnen vorhanden sind, wie Tycho Brahe nachgewiesen hat. Auch würden dem runden Körper Gliedmaßen wie Flügel oder Füße fehlen, durch deren Bewegung die Seele ihren Körper durch den Himmelsäther, wie ein Vogel durch die Luft, mittels eines gewissen Druckes und des Gegendruckes jenes Äthers tragen könnte. Somit bleibt nur die Annahme übrig, daß die Ursache für jene Abschwächung und Steigerung im anderen Bezugsbegriff ihren Sitz hat, also in dem Punkt, den wir als Weltmittelpunkt angenommen haben und von dem aus die Entfernungen gerechnet werden.

Wenn also durch eine Vergrößerung des Abstandes des Weltmittelpunktes vom Planetenkörper die Bewegung des Planeten langsamer und durch eine Verminderung schneller gemacht wird, so muß notwendig die Quelle der bewegenden Kraft in jenem Punkt liegen, den wir als Weltmittelpunkt angenommen haben. Dies vorausgesetzt, wird auch die Art der Ursache klar werden. Wir entnehmen nämlich daraus, daß sich die Planeten geradezu nach dem Gesetz der Waage oder des Hebels bewegen. Denn wenn der Planet mit zunehmender Entfernung vom Mittelpunkt um so schwerer (weil langsamer) durch die Kraft des Mittelpunktes bewegt wird, so ist dies doch dasselbe, wie wenn ich sagte, das Gewicht wird um so gewichtiger, je weiter es vom Stützpunkt gerückt, nicht durch sich selber, sondern durch die Wirkung des tragenden Armes in dieser Entfernung. Denn in beiden Fällen, hier bei Waage und Hebel, dort bei der Planetenbewegung, folgt jene Kraftabnahme dem Verhältnis der Entfernungen.

Was für ein Körper aber sich im Mittelpunkt befindet, ob keiner dort ist, wie Kopernikus will, wenn er rechnet, und zum Teil auch Tycho, oder die Erde, wie Ptolemäus und zum Teil Tycho wollen, oder endlich die Sonne, wie ich will und wie auch Kopernikus, wenn er spekuliert, das habe ich im I. Teil mit physikalischen Gründen zu erörtern begonnen. (S. 220–222)

Daß der Sonnenkörper magnetisch ist und sich auf seinem Platze dreht

Denn wenn jene sich von der Sonne bis zu den Planeten erstreckende Kraft diese im Kreis herumbewegt um den Sonnenkörper, der selber nicht fortbewegt werden kann, so kann dies auf keine andere Weise geschehen oder gedacht werden, als daß man annimmt, die Kraft gehe eben den Weg, auf dem sie alle anderen Planeten mitreißt ... Da also die Spezies der Quelle oder die die Planeten bewegende Kraft um den Weltmittelpunkt kreist, so ist es nach dem angeführten Beispiel nicht sinnlos zu schließen, daß auch der Gegenstand selber, dessen Spezies sie ist, d.h. die Sonne, kreist. (S. 225–227)

Wenn mich nun jemand fragt, wie ich mir den Sonnenkörper denke, von dem diese bewegende Spezies ausgeht, so sage ich ihm, er soll sich nur weiterhin von der Analogie leiten lassen und rate ihm, er soll sich das kurz vorher erwähnte Beispiel des Magnets näher ansehen, dessen Kraft im ganzen Magnetkörper ruht, mit dessen Masse wächst und mit dessen Verminderung selber abnimmt. So erscheint die bewegende Kraft in der Sonne um so stärker, da ihr Körper wahrscheinlich in der ganzen Welt am dichtesten ist.

Wie nun vom Magnet auf das Eisen eine anziehende Kraft im Kreis herum ausgeht, so daß ein gewisser Kreis existiert, innerhalb dessen Eisen angezogen wird, und zwar um so stärker, je weiter das Eisen innerhalb des Kreisumfangs einwärts rückt, genau so breitet sich die die Planeten bewegende Kraft von der Sonne aus kreisförmig aus und wird schwächer an den entfernteren Partien jenes Kreises.

Nun aber zieht der Magnet nicht überall an, sondern besitzt (sozusagen) Fäden oder geradlinige Fibern (als Sitz der bewegenden Kraft), so daß er das Eisenzünglein, wenn es mitten zwischen den Enden des Magnets seitlich aufgestellt wird, nicht anzieht, sondern nur parallel zu seinen Fibern richtet. So kann man annehmen, daß in der Sonne überhaupt keine die Planeten anziehende Kraft vorhanden ist, wie im Magnet (denn die Planeten würden so lange an die Sonne heranrücken, bis sie ganz mit ihr vereinigt wären), sondern nur eine Richtkraft und daß sie demgemäß kreisförmige Fibern besitzt, die sich rings herum in der Richtung ziehen, die vom Tierkreis angegeben ist.

Da sich also die Sonne fortwährend dreht, dreht sich auch im Kreise die bewegende Kraft oder jener Fluß der Spezies, der durch die magnetischen Fibern der Sonne über alle Zwischenräume zwischen den Planeten hin ausgebreitet wird, und zwar dreht sich die Kraft in derselben Zeit wie die Sonne, genau so wie bei einer Verschiebung des Magnets auch die magnetische Kraft selber und gleichzeitig das der magnetischen Kraft folgende Eisen verschoben wird.

In der Tat habe ich mit dem Magnet ein ganz ausgezeichnetes und durchaus entsprechendes Beispiel gewonnen, und es fehlt wenig, daß damit die Sache selber genannt wird. Denn was rede ich da vom Magnet als von einem Beispiel? Ist doch die Erde selber nach dem Beweis des Engländers William Gilbert ein großer Magnet, der, wie dieser als Anhänger des Kopernikus lehrt, sich an den einzelnen Tagen herumdreht, wie ich die Sonne sich drehen lasse ... Daher ist es plausibel, wenn man annimmt, da die Erde den Mond durch ihre Spezies erregt und ein magnetischer Körper ist, die Sonne aber in ähnlicher Weise durch die ausgestrahlte Spezies die Planeten erregt, sei auch die Sonne in ähnlicher Weise ein magnetischer Körper. (S. 229f.)

Kepler, Johannes: Neue Astronomie. Übers. und eingel. von Max Caspar. München; Berlin 1929. – Ders.: Astronomia nova. [Heidelberg] 1609. – Ders.: Gesammelte Werke, Bd. 3. Hrsg. von Max Caspar. München 1937
  vgl. Einleitung S. 50

JOHANNES KEPLER
Weltharmonik, 1619

4. Buch, Kapitel 4
Welches der Unterschied ist zwischen den Harmonien in diesem IV. Buch und denen, die im III. betrachtet worden sind

Wenn sich dies nun auch so verhält und auf Grund von geometrischen und astronomischen Gründen aufs treffendste aussagen läßt, so muß sich doch der wißbegierige Leser aufs sorgfältigste vor der Annahme hüten, als ob diese Harmonie im Himmel selbst, im Tierkreis oder in den Planeten stecke. Beileibe nicht! Die Harmonie wohnt den Teilen des Tierkreises inne nicht wegen dieser selbst, da sich doch die strahlenden Planeten um eine ungeheure Strecke unterhalb dieses Kreises befinden, sondern deswegen, weil jene Teile die Winkel der auf der Erde zusammenlaufenden Strahlen messen, oder vielmehr deswegen, weil jene Teile nicht selber aktuell das Maß bilden, sondern an ihrer Stelle ein exaktes Abbild des Tierkreises in der sublunarischen Seele dieses Meßgeschäft übernimmt. Die Harmonie wohnt den Planetenstrahlen nicht inne, insofern diese je von ihrem Planeten herabkommen oder Gebilde des Lichtes sind (wenn es auch ohne das Licht nicht geht), sondern insofern jeweils ein Planetenpaar hier auf der Erde einen bestimmten harmonischen Winkel bildet. In doppelter Hinsicht ist also der Träger der Harmonie irdisch (was seine formale Natur anlangt), keineswegs himmlisch. Dies letztere ist er nur in materieller Hinsicht, im Hinblick auf sein eigentliches Sein ohne Rücksicht auf die Harmonien. D. h. insofern die an der Erde entstehenden Winkel, die eigentlichen Träger der Harmonie, von den leuchtenden Strahlen gebildet werden, die etwas sind, was zwar am Himmel seinen Ursprung hat, aber bereits auf die Erde herabgelangt ist ...
  Im III. Buch fanden wir, daß die Harmonien in Hinsicht auf die Materie (das sind die Töne) in die Sinne eindrangen; sie wurden dann aufgenommen und unterschieden in Hinsicht auf ihre Form, derzufolge sie Harmonien sind, (d. h. sie wurden formiert) von dem dem Geist eingeborenen Instinkt, der ohne diskursives Überlegen der Einsicht teilhaftig ist. Insoweit wurden die Harmonien nur an und für sich betrachtet.
  Durch einen verborgenen, aber unzweifelhaften Zusammenhang zwischen dem Seelenvermögen wurden nun aber die ins Innere aufgenommenen Harmonien in verschiedene Gemütserregungen umgesetzt, mit Hilfe von gewissen Gleichnissen oder

Bildern von ihnen. Sie wurden auch umgesetzt in das Bewegungsvermögen, so daß der Mensch die in die Seele aufgenommene Spezies der Harmonie nicht nur durch die Stimme ausdrückte, sondern durch die Bewegung des Körpers nachahmte. So übernahmen die Harmonien die Rolle einer Ursache.

In ähnlicher Weise müssen wir auch hier eine Seele annehmen, der gleich bei der Erschaffung der Welt diese Gabe der Unterscheidung der harmonischen Proportionen eingepflanzt worden ist und die den Winkel zweier strahlender Gestirne, mag dieser wie immer ins Innere aufgenommen worden sein (nach Analogie der Sinne oder durch eine besondere Eigenschaft des Wesens der Seele), bei sich selber abschätzt, mit vier Rechten vergleicht, den harmonischen von dem nichtharmonischen unterscheidet und so der Harmonie ihr intellektuelles Sein verleiht, das diese Winkel außerhalb der Schwelle des Geistes noch nicht besaßen ...

Wie nun einer, der den lieblichen Weisen eines Sängers lauscht, durch heitere Miene, durch die Stimme, durch Klatschen und Stampfen mit Händen und Füßen nach dem Takt der Melodie bezeugt, daß er das, was in der Melodie harmonisch ist, versteht und anerkennt, so bezeugt auch die Natur durch eine deutlich erkennbare, augenfällige Erregung des Erdinnern gerade an jenen Tagen, an denen die Planeten mit ihren Strahlen an der Erde eine harmonische Konstellation bilden, das, was wir soeben gesagt haben: sie besitzt sowohl einen natürlichen Instinkt, mit dem sie die harmonischen Proportionen der Winkel wahrnimmt, als auch das natürliche Vermögen, unserem vitalen ähnlich, den Körper der Erde und die unterirdischen Werkstätten im Gebirge an den bestimmten Zeitpunkten der Harmonie zu erwärmen und zu erregen, so daß diese Werkstätten eine große Menge Dampf und Nebel ausdünsten, woraus sich infolge des Zusammenprallens mit der ringsum in den oberen Regionen herrschenden Kälte die Witterungserscheinungen jeder Art bilden. (S. 226–228)

5. Buch, Kapitel 3
Die bei der Betrachtung der himmlischen Harmonien notwendigen Hauptsätze der Astronomie

Nun kann ich zwar nicht anders, als daß ich einzig und allein die Lehre des Kopernikus über die Welt an ihre Stelle [d. h. der ptolemäischen] setze und, wenn es möglich wäre, allen Menschen einrede. Allein da es sich dabei für die Masse der Bildungssuchenden noch immer um etwas Neues handelt und es für die Ohren der meisten vollkommen töricht klingt, wenn man lehrt, die Erde sei einer der Planeten und bewege sich unter den Gestirnen um die unbewegliche Sonne, so mögen alle, die an der Neuheit dieser Lehre Anstoß nehmen, wissen, daß die folgenden harmonischen Spekulationen auch für die Hypothesen von Tycho Brahe Geltung haben. Denn dieser Meister hat alles, was die Anordnung der Himmelskörper und die Erklärung der Bewegungen anlangt, mit Kopernikus gemein, nur daß er die jährliche Erdbewegung des Kopernikus auf das ganze System der Planetenbahnen und auf die Sonne überträgt, die nach der übereinstimmenden Ansicht beider Meister dessen Mitte einnimmt. Aus dieser Übertragung der Bewegung folgt ja nichtsdestoweniger, daß die Erde, wenn auch nicht in dem ungeheuer weiten Fixsternraum, so doch in dem System der Planetenwelt jederzeit bei Brahe denselben Ort einnimmt, den ihr

Kopernikus zuweist. Es ist so, wie wenn einer, der auf einem Papier einen Kreis beschreibt, den Schreibstift des Zirkels herumbewegt, ein anderer aber, der das Papier oder die Tafel auf einer Drehscheibe befestigt, den Stift oder Griffel des Zirkels festhält und den gleichen Kreis auf der rotierenden Tafel beschreibt ... Mag einer daher auch so schwachgläubig sein, daß er die Bewegung der Erde unter den Gestirnen nicht fassen kann, so wird er sich trotzdem an der so herrlichen Betrachtung dieser wahrhaft göttlichen Einrichtung erfreuen können, wenn alles, was er über die täglichen Bewegungen der Erde auf ihrem Exzenter hört, so deutet, als handle es sich dabei um scheinbare Bewegungen von der Sonne aus betrachtet; ein solches Bewegungsbild läßt auch Tyche Brahe bei ruhender Erde erkennen. (S. 286f.)

Fünftens, um zu den Bewegungen zu gelangen, zwischen denen Harmonien bestehen, so möchte ich den Leser nachdrücklich darauf hinweisen, daß ich in meinem Marswerk [d. i. die »Neue Astronomie«] aus den höchst zuverlässigen Beobachtungen Tycho Brahes den Nachweis geführt habe, daß gleiche Bögen, die etwa einem Tag entsprechen, auf ein und demselben Exzenter nicht mit gleicher Geschwindigkeit durchlaufen werden, daß vielmehr die verschiedenen Wegzeiten für gleiche Teile des Exzenters proportional sind ihren Abständen von der Sonne, der Quelle der Bewegung, und umgekehrt, daß in gleichen Zeiten, z. B. in einem natürlichen Tag, die entsprechenden wahren Bögen einer exzentrischen Bahn umgekehrt proportional sind ihren Abständen von der Sonne. Des weiteren habe ich bewiesen, daß die Bahn eines Planeten elliptisch ist und daß die Sonne, die Quelle der Bewegung, in dem einen Brennpunkt dieser Ellipse steht, woraus folgt, daß der Planet seinen mittleren Abstand von der Sonne zwischen seinem größten im Aphel und seinem kleinsten im Perihel dann einnimmt, wenn er vom Aphel an den vierten Teil seiner ganzen Bahn durchlaufen hat. Aus diesen beiden Axiomen folgt aber, daß die mittlere tägliche Bewegung eines Planeten gleich ist dem wahren Tagesbogen seines Exzenters in den Zeitpunkten, in denen der Planet am Ende eines vom Aphel aus gerechneten Quadranten des Exzenters steht, wenn auch dieser wahre Quadrant für den Augenschein kleiner ist als ein voller Quadrant. Des weiteren folgt, daß zwei beliebige wahre Tagesbögen des Exzenters, von denen der eine ebenso weit vom Aphel entfernt ist wie der andere vom Perihel, zusammen gleich zwei mittleren Tagesbögen sind; und ferner folgt, da das Verhältnis von Kreisen gleich ist dem ihrer Durchmesser, daß das Verhältnis eines einzelnen mittleren Tagesbogens zur Summe aller mittleren unter sich gleichen Tagesbögen, soviel es deren auf dem ganzen Umlauf gibt, das gleiche ist wie das Verhältnis eines mittleren Tagesbogens zur Summe aller wahren Bögen des Exzenters, deren Anzahl die gleiche ist, die aber unter sich verschieden sind. Dies muß man über die wahren Tagesbögen des Exzenters und die wahren Bewegungen im voraus wissen, um daraus die scheinbaren Bewegungen von der Sonne aus gesehen verstehen zu können.

Sechstens, was nun die scheinbaren Bögen von der Sonne aus anlangt, so ist auch aus der alten Astronomie bekannt, daß von gleichen wahren Bögen der, welcher vom Weltmittelpunkt weiter entfernt ist (z. B. ein solcher im Aphel) einem Beobachter in diesem Mittelpunkt kleiner, und der, welcher näher liegt (z. B. im Perihel) größer erscheint. Nun sind jedoch außerdem die wahren Tagesbögen, die einen kleineren Abstand haben, wegen der schnelleren Bewegung größer, die Tagesbögen aber in dem weiter entfernten Aphel wegen der langsameren Bewegung kleiner. Daraus habe ich in meinem Marswerk bewiesen, daß sich die scheinbaren Tagesbögen auf ein und demselben Exzenter hinlänglich genau umgekehrt verhalten wie die Quadrate ihrer Abstände von der Sonne. Wenn also z. B. der Planet an einem bestimmten Tage im Aphel um 10 Einheiten nach irgendeinem Maß von der Sonne entfernt ist, an dem entgegengesetzten Tag aber im Perihel um 9 gleiche Einheiten, so verhält sich sicherlich seine scheinbare Weiterbewegung im Aphel von der Sonne aus zu der scheinbaren Bewegung im Perihel wie 81 zu 100 ...

Siebtens, wenn jemand vielleicht an die täglichen Bewegungen denkt, wie sie nicht von der Sonne, sondern von der Erde aus erscheinen, von denen das VI. Buch der Epitome Astronomiae Copernicanae [von Kepler] handelt, so möge er wissen, daß diese bei unserer gegenwärtigen Aufgabe nicht in Betracht kommen. Dies darf auch nicht sein, da die Erde nicht die Quelle dieser Bewegungen ist, und es kann nicht sein, da diese Bewegungen nicht nur in volle Ruhe oder in scheinbaren Stillstand, sondern sogar in Rückläufigkeit für den trügerischen Augenschein ausarten, so daß in dieser Hinsicht allen Planeten zumal mit Recht eine unendliche Anzahl von Proportionen zugeteilt wird. Um also sicher zu sein, welche eigenen Proportionen die täglichen Bewegungen der einzelnen wahren exzentrischen Bahnen bilden (mögen diese Bewegungen auch scheinbar sein, gleichsam für einen Beobachter auf der Sonne, der Quelle der Bewegung) so muß zuerst von diesen eigenen Bewegungen die ihnen fremde, allen fünf Planeten gemeinsame, nur eingebildete jährliche Bewegung abgeschieden werden, mag diese nach Kopernikus von der Bewegung der Erde selber, oder nach Tycho Brahe von der jährlichen Bewegung des ganzen Systems herrühren. Erst diese so herausgeschälten, jedem Planeten eigenen Bewegungen können der Betrachtung unterliegen.

Achtens. Bisher haben wir von den verschiedenen Wegzeiten oder Bögen eines und desselben Planeten gesprochen. Nun müssen wir die Beziehung zwischen den Bewegungen je zweier Planeten untersuchen. Hiebei ist die Definition der Begriffe, die wir später brauchen, zu vermerken. Als »nächste Apsiden« zweier Planeten werden wir das Perihel des oberen und das Aphel des unteren bezeichnen, wobei es nichts ausmacht, wenn beide nicht in derselben Weltrichtung, sondern in verschiedenen, sogar entgegengesetzten Richtungen liegen. Unter extremen Bewegungen verstehen wir die langsamste und die schnellste des ganzen Planetenumlaufs. Konvergente extreme oder einander zugekehrte Bewegungen sind solche, die in nächsten Apsiden, d. h. im Perihel des oberen und im Aphel des unteren Planeten stattfinden; divergente oder voneinander abgekehrte solche, die in den entgegengesetzten Apsiden, d. h. im Aphel des oberen und im Perihel des unteren stattfinden. Hier muß nun wiederum eine Frage aus meinem Mysterium Cosmographicum erledigt und eingeschaltet werden, die ich vor 22 Jahren offen ließ, weil die Sache noch nicht klar war. Nachdem ich in unablässiger Arbeit einer sehr langen Zeit die wahren Intervalle der Bahnen mit Hilfe der Beobachtungen Brahes ermittelt hatte, zeigte sich mir endlich, endlich die wahre Proportion der Umlaufzeiten in ihrer Beziehung zu der Proportion der Bahnen.

Am 8. März dieses Jahres 1618, wenn man die genauen Zeitangaben wünscht, ist sie in meinem Kopf aufgetaucht. Ich hatte aber keine glückliche Hand, als ich sie der Rechnung unterzog, und verwarf sie als falsch. Schließlich kam sie am 15. Mai wieder und besiegte in einem neuen Anlauf die Finsternis meines Geistes, wobei sich zwischen meiner siebzehnjährigen Arbeit an den Tychonischen Beobachtungen und meiner gegenwärtigen Überlegung eine so treffliche Übereinstimmung ergab, daß ich zuerst glaubte, ich hätte geträumt und das Gesuchte in den Beweisunterlagen vorausgesetzt. Allein es ist ganz sicher und stimmt vollkommen, daß die Proportion, die zwischen den Umlaufzeiten irgend zweier Planeten besteht, genau das Anderthalbfache der Proportion der mittleren Abstände, d. h. der Bahnen selber, ist, wobei man jedoch beachten muß, daß das arithmetische Mittel zwischen den beiden Durchmessern der Bahnellipse etwas kleiner ist als der längere Durchmesser. Wenn man also von der Umlaufzeit z. B. der Erde, die ein Jahr beträgt, und von der Umlaufzeit des Saturn, die 30 Jahre beträgt, den dritten Teil der Proportion, d. h. die Kubikwurzel nimmt und von dieser Proportion das Doppelte bildet, indem man jene Wurzeln ins Quadrat erhebt, so erhält man in den sich ergebenden Zahlen die vollkommen richtige Proportion der mittleren Abstände der Erde und des Saturn von der Sonne. Denn die Kubikwurzel aus 1 ist 1, das Quadrat hievon 1. Die Kubikwurzel aus 30 ist etwas größer als 3, das Quadrat hievon also etwas größer als 9. Und Saturnus ist in seinem mittleren Abstand von der Sonne ein wenig höher als das Neunfache des mittleren Abstandes der Erde von der Sonne. Wir werden unten im 9. Kapitel diesen Satz brauchen bei dem Nachweis der Exzentrizitäten.

Neuntens. Will man nun die eigentlichen täglichen Wege der Planeten in dem Ätherraum gleichsam mit der gleichen Meßlatte ausmessen, so muß man zwei Proportionen miteinander verbinden, die Proportion der wahren (nicht der scheinbaren) Tagesbögen des Exzenters und die Proportion der mittleren Abstände von der Sonne, weil diese die gleiche ist auch bei dem Umfang der Bahnen; d. h. man muß für jeden Planeten den wahren Tagesbogen mit dem Halbmesser seiner Bahn multiplizieren. Damit erhält man Zahlen, die geeignet sind zur Prüfung, ob jene Wege harmonische Proportionen bilden. (S. 289–292)

Kapitel 5
Daß in den Proportionen der scheinbaren Planetenbewegungen (gleichsam für einen Beobachter auf der Sonne) die Stufen des Systems, d. h. die Noten der Tonleiter, sowie die Tongeschlechter Dur und Moll ausgedrückt sind

… Wenn man mit der Bewegung des Saturn im Perihel den Anfang macht und ihr die Note G zuweist, dann kommen auf die Note A 2'32" –, ein Wert, der der Bewegung des Merkur im Aphel sehr nahe kommt. Auf die Note b kommen 2'42", ein Wert, der die Bewegung des Jupiter im Perihel sehr nahe kommt, infolge der Gleichwertigkeit der Oktaven. Auf die Note c kommen 3'0", d. i. nahezu die Bewegung von Merkur und Venus im Perihel. Auf die Note d kommen 3'23" –; nur wenig tiefer ist die Bewegung des Mars im Aphel mit 3'18", so daß hier seine Zahl um ebensoviel kleiner ist als die zugehörige Note, wie sie oben größer war. Auf die Note dp kommen 3'36", ein Wert, dem sich ungefähr die Bewegung der Erde im Aphel nähert. Auf die Note e kommen 3'50", und es ist die Bewegung der Erde im Perihel 3'49". Die Bewegung des Jupiter im Aphel nimmt wieder die Stufe g ein.

Auf diese Weise werden alle Töne innerhalb einer Oktav des Mollgeschlechts, ausgenommen f, durch die meisten Bewegungen der Planeten im Aphel und Perihel ausgedrückt, besonders durch jene, die vorhin ausgelassen waren, wie folgende Tabelle zeigt. (S. 307)

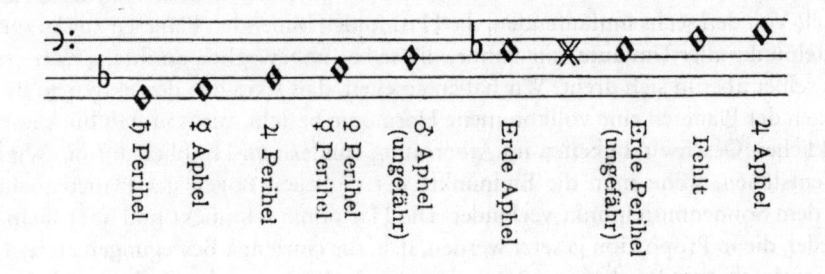

| ♄ Perihel | ♄ Aphel | ♃ Perihel | ♃ Aphel | ♀ Perihel | ♂ Aphel (ungefähr) | Erde Aphel | Erde Perihel (ungefähr) | F fehlt | ♃ Aphel |

Kapitel 6
Daß in den extremen Bewegungen der Planeten in gewisser Weise die musikalischen Modi oder Tonarten ausgedrückt sind

Dies folgt aus den vorausgehenden Ausführungen, und es bedarf nicht vieler Worte. Die einzelnen Planeten bezeichnen in gewisser Weise mit ihrer Bewegung im Perihel Stufen des Systems, insoweit es ihnen gegeben ist, ein bestimmtes Intervall der Tonleiter zwischen bestimmten Tönen oder Stufen zu durchlaufen, angefangen je mit dem Ton oder der Stufe, die im vorausgehenden Kapitel der Bewegung im Aphel zugewiesen wurde. Dabei traf auf Saturn und Erde die Stufe G, auf Jupiter die Stufe h, die nach G höher transponiert werden kann, auf Mars fp, auf Venus e, auf Merkur A in einem höheren System. Siehe die einzelnen Planeten in der gebräuchlichen Notenschrift. Die Zwischenstufen, die man hier mit Noten ausgefüllt sieht, werden freilich nicht wie die Grenzstufen ausdrücklich gebildet. Denn die Planeten streben von einer Grenzlage aus nicht in Sprüngen und Intervallen, sondern in kontinuierlichem Steigen und Fallen der entgegengesetzten Grenzlage zu, indem sie alle (der Potenz nach unendlich vielen) Zwischenstufen wirklich durchlaufen. Ich konnte dies aber nicht anders ausdrücken als durch eine fortlaufende Reihe von Zwischennoten. Venus hält sich fast auf einem einzigen Ton, indem der Umfang des Ansteigens bei ihr nicht einmal das kleinste der melodischen Intervalle erreicht. (S. 309)

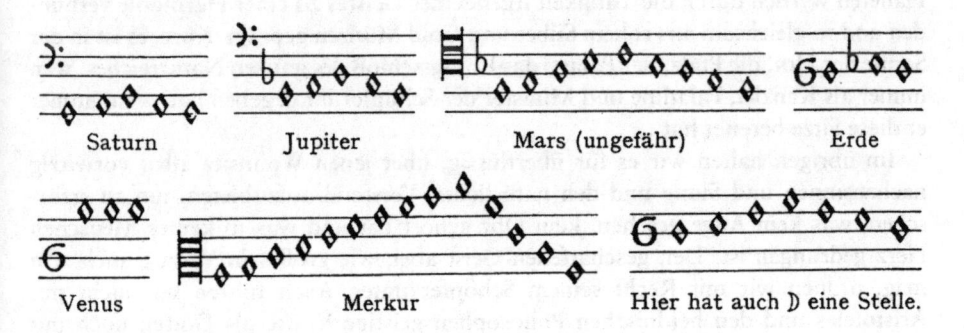

Saturn   Jupiter   Mars (ungefähr)   Erde

Venus   Merkur   Hier hat auch ☽ eine Stelle.

Kapitel 10
Epilog über die Sonne mit mutmaßlichen Annahmen

Von der himmlischen Musik zu ihrem Hörer! Von den Musen zum Chorführer Apoll! Von den sechs umlaufenden, die Harmonien bildenden Planeten zur Sonne im Mittelpunkt aller Umläufe, zur Sonne, die selber unbeweglich an ihrem Platz steht, sich selber aber in sich dreht. Wir haben gesehen, daß zwischen den extremen Bewegungen der Planeten eine vollkommene Harmonie besteht, nicht im Hinblick auf die wirklichen Geschwindigkeiten im Ätherraum, sondern im Hinblick auf die Winkel, die entstehen, wenn man die Endpunkte der täglichen Bögen der Planetenbahnen mit dem Sonnenmittelpunkt verbindet. Die Harmonie schmückt nun aber nicht die Glieder, die in Proportion gesetzt werden, d. h. die einzelnen Bewegungen an und für sich; vielmehr werden diese, insofern sie miteinander verbunden und verglichen werden, Objekt für einen wahrnehmenden Geist. Denn kein Objekt ist umsonst geordnet worden, ohne daß etwas da wäre, was durch dasselbe erregt wird. Jene Winkel aber scheinen eine Tätigkeit vorauszusetzen, ähnlich unserem Sehen oder wenigstens jener Empfindung, derzufolge die sublunarische Natur die Winkel wahrnimmt, welche die von den Planeten ausgehenden Strahlen an der Erde bilden. Freilich ist es für uns Erdenbewohner nicht leicht zu erschließen, was für einen Gesichtssinn, was für Augen die Sonne hat, oder was für einen anderen Instinkt, um jene Winkel auch ohne Augen wahrzunehmen und die Harmonie in den Bewegungen zu ermessen, die durch irgendeine Pforte in den Vorhof des Geistes gelangen, und was schließlich für ein Geist in der Sonne ist.

Doch wie dem auch sei, die Anordnung der sechs primären Sphären um die Sonne, die dieser durch ihre ewigen Umdrehungen huldigen und sie gleichsam anbeten (wie für sich die Jupiterkugel vier, den Saturn zwei, die Erde aber und uns, ihre Bewohner, ein einziger Mond durch ihren Lauf umringen, verehren, hüten und bedienen), und die zu dieser Betrachtung nun hinzukommende besondere Harmonik, die ein klares und deutliches Merkmal der höchsten Vorsorge für die Sonnenwelt ist, das alles zwingt mich zu dem Bekenntnis: Es geht nicht nur von der Sonne als dem Brennpunkt oder Auge der Welt das Licht, als dem Herzen der Welt Leben und Wärme, als der Regiererin und Bewegerin alle Bewegung in die Welt hinaus. Sondern es werden auf der Sonne auch von der ganzen Provinz der Welt nach dem Recht des Königtums gleichsam Abgaben angesammelt, die in einer höchst lieblichen Harmonie bestehen, oder vielmehr, die auf ihr zusammenströmenden Spezies je zweier Planeten werden durch die Tätigkeit irgendeines Geistes zu einer Harmonie verbunden und so gleichsam aus rohem Silber und Gold Münzen geprägt. Kurz, es ist in der Sonne der Hof, die Pfalz, der Palast, das Königsschloß des ganzen Naturreiches, wen immer als Kanzler, Paladine und Minister der Schöpfer ihr gegeben hat, wem immer er diese Sitze bereitet hat ...

Im übrigen halten wir es für überflüssig, über jenen Wohnsitz allzu vorwitzig nachzusinnen und Sinne und den natürlichen Verstand aufzubieten, um zu erforschen, was kein Auge gesehen, kein Ohr gehört hat und was in keines Menschen Herz gedrungen ist. Den geschaffenen Geist aber, wie groß sein Vorzug auch sein mag, ordnen wir mit Recht seinem Schöpfer unter. Auch führen wir nicht mit Aristoteles und den heidnischen Philosophen geistige Kräfte als Götter, noch mit den Magiern unzählige Heerscharen von Planetengeistern ein, damit man sie anbete und durch abergläubische Beschwörungen zum Verkehr mit uns herbeirufe. (S. 351–354)

Kepler, Johannes: Weltharmonik. Übers. und eingel. von Max Caspar, 3., unveränd. reprogr. Nachdruck [der Ausgabe 1939]. Darmstadt 1973. – Ders.: Harmonices Mundi libri V. Frankfurt am Main 1619. – Ders.: Gesammelte Werke, Bd. 6. Hrsg. von Max Caspar. München 1940
   vgl. Einleitung S. 50

SIMON MARIUS
Die Entdeckung der Jupitermonde und des Andromedanebels, 1614

[Die Entdeckung der Jupitermonde]

Der höchst edle Herr reiste nach Ansbach zurück [Markgraf Johannes Philipp von der Frankfurter Herbstmesse 1608] und ließ mich zu sich rufen. Er berichtete, es sei ein Instrument entwickelt worden, mit dem man sehr ferne Dinge so sehen könne, als ob sie ganz nahe wären. Diese Neuigkeit vernahm ich mit höchstem Staunen. Er besprach diese Angelegenheit mit mir einige Male nach dem Essen und kam dann zu dem Schluß, daß ein solches Instrument wohl aus zwei Gläsern bestehen müsse, deren eines konkav und anderes konvex sei. Er nahm selbst Kreide in die Hand und zeichnete auf dem Tisch auf, welche und wie beschaffene Gläser er meinte ... Inzwischen wurden in Belgien solche Fernrohre verbreitet, und man schickte uns ein recht gutes, was uns große Freude bereitete. Dies geschah im Sommer des Jahres 1609. Seit diesem Zeitpunkt begann ich mit diesem Instrument zum Himmel und zu den Sternen zu sehen, wenn ich nachts bei dem öfter erwähnten höchst edlen Herrn war. Manchmal durfte ich es mit nach Hause nehmen, besonders um das Ende des November; dort betrachtete ich gewöhnlich in meiner Sternwarte die Sterne. Damals sah ich den Jupiter zum ersten Mal, der sich in Opposition zur Sonne befand, und ich entdeckte winzige Sternchen bald hinter, bald vor dem Jupiter, in gerader Linie mit dem Jupiter.

Erst meinte ich, jene gehören zur Zahl der Fixsterne, die man anders und ohne dieses Instrument nicht sehen kann, wie ich sie in der Milchstraße, in den Plejaden, den Hyaden, dem Orion und an anderen Orten gefunden habe. Als aber Jupiter retrograd war und ich dennoch im Dezember diese Sterne um ihn sah, wunderte ich mich zuerst sehr; dann aber gelangte ich zu der Meinung, daß sich diese Sterne geradeso um den Jupiter bewegen, wie die fünf Sonnenplaneten Merkur, Venus, Mars, Jupiter und Saturn sich um die Sonne bewegen. Ich begann also meine Beobachtungen aufzuschreiben; die erste war am 29. Dezember, als drei derartige Sterne in gerader Linie vom Jupiter in Richtung Westen zu sehen waren ... Ich entdeckte schließlich, daß es vier solche Himmelskörper gibt, die auf ihren Bahnen den Jupiter umkreisen. (S. 39–41)

Im ersten Teil dieses Büchleins habe ich die periodischen Umlaufzeiten dieser vier jovialischen Gestirne angegeben. Die Umlaufzeit des vierten beträgt 16 Tage, 18 Stunden, 9 Minuten und etwa 15 Sekunden, die des dritten 7 Tage, 3 Stunden, 56 Minuten, 34 Sekunden, die des zweiten 3 Tage, 13 Stunden, 18 Minuten, die des ersten einen einzigen Tag, 18 Stunden, 28 Minuten, 30 Sekunden. (S. 129)

[Entdeckung des Andromedanebels]

Die erste Beobachtung besteht darin, daß ich mit Hilfe des Fernrohrs seit dem 15. Dezember 1612 einen Fixstern von erstaunlicher Gestalt entdeckt und beobachtet habe, wie ich ihn am ganzen Himmel sonst nicht finden kann. Er befindet sich aber nahe dem dritten und nördlicheren Stern im Gürtel der Andromeda. Ohne Instrumente sieht man dort etwas wie einen Nebel; aber mit dem Fernrohr erkennt man keine einzelnen Sterne ... Im Zentrum ist ein schwacher und blasser Glanz, der einen Durchmesser von etwa einem viertel Grad hat. Ein recht ähnlicher Glanz tritt auf, wenn man aus großer Entfernung eine brennende Kerze durch ein durchscheinendes Stück Horn betrachtet ...
Ich wundere mich über den überaus scharfsichtigen Herrn Tycho [Brahe], der im Gürtel der Andromeda für einen etwas weiter nördlich gelegenen Fixstern mit seinen Instrumenten Längen- und Breitengrad bestimmt hat, diesen Nebel aber unbeachtet gelassen hat, der jenem doch sehr nahe ist. (S. 45)

Marius, Simon: Mundus Iovialis – Die Welt des Jupiter. Hrsg. von Joachim Schlör. Gunzenhausen 1988 (Fränkische Geschichte; 4) [latein.-deutsche Ausgabe]. – Ders.: Mundus Iovialis anno M.DC.IX. detectus ope perspicilli Belgici. Nürnberg 1614
vgl. Einleitung S. 53

GALILEO GALILEI
Sternenbotschaft, die großartige und höchst bewundernswerte Anblicke eröffnet und einem jeden, besonders aber den Philosophen und Astronomen, zur Bewunderung unterbreitet, was von dem Patrizier Galileo Galilei aus Florenz, öffentlicher Mathematicus der Hohen Schule zu Padua, mit Hilfe eines unlängst von ihm erfundenen Sehglases beobachtet worden ist, 1610

Vor ungefähr zehn Monaten kam uns das Gerücht zu Ohren, von einem Mann aus Flandern sei ein Sehglas konstruiert worden, mit dessen Hilfe man sichtbare Gegenstände, auch wenn sie ziemlich weit vom Auge des Betrachters entfernt sind, so klar sehe, als seien sie in der Nähe; und es wurde über einige Proben seiner wahrhaft wunderbaren Wirkung berichtet, an die die einen glaubten und die anderen nicht. Dasselbe wurde mir einige Tage später in einem Brief von dem französischen Edelmann Jacques Badouère aus Paris bestätigt; das war schließlich der Anlaß, daß ich mich ganz dem Erforschen der Grundlagen und dem Ersinnen der Mittel zuwandte, durch die ich zur Erfindung eines ähnlichen Instruments gelangen könnte, welche mir wenig später, auf die Lehre von der Strahlenbrechung gestützt, gelang. (S. 101f.)

[Beobachtungen der Mondoberfläche]

Zuerst werden wir über das uns zugewandte Antlitz des Mondes sprechen. Zum leichteren Verständnis trenne ich es in zwei Teile, in einen helleren und einen dunkleren: der hellere scheint die ganze Hemisphäre zu umgeben und zu erfüllen, der dunklere hingegen verfinstert wie Wolken das Antlitz und läßt es fleckig erscheinen. Diese ein wenig dunklen und recht großen, für jedermann wahrnehmbaren Flecken wurden zu jeder Zeit gesehen; und deshalb werden wir sie die großen oder alten Flecke nennen, im Unterschied zu anderen, von geringerer Ausdehnung, die aber so häufig sind, daß sie die ganze Mondoberfläche übersäen, vor allem den leuchtenden Teil. Diese jedoch wurden vor uns noch von niemandem beobachtet. Durch die mehrmals wiederholten Beobachtungen jener Flecken aber gelangten wir zu der Auffassung und Gewißheit, daß die Oberfläche des Mondes nicht glatt, gleichmäßig und von vollkommener Kugelgestalt ist, wie eine große Schar von Philosophen von ihm und den anderen Himmelskörpern glaubte, sondern ungleich, rauh und mit vielen Vertiefungen und Erhebungen, nicht anders als das Antlitz der durch Bergketten und tiefe Täler allerorts unterschiedlich gestalteten Erde. Die Erscheinungen, aus denen sich dieses schließen läßt, sind die folgenden:

Am vierten oder fünften Tag nach der Konjunktion, wenn der Mond sich uns mit strahlenden Hörnern zeigt, verläuft die Grenze, die den dunklen Teil vom hellen trennt, nicht als gleichmäßige, ovale Linie, wie es bei einem vollkommen kugelförmigen Körper wäre, sondern sie wird von einer ungleichmäßigen, unebenen und ziemlich ausgebuchteten Linie bezeichnet, wie es die beigefügte Figur zeigt. Einige leuchtende Teile erstrecken sich wie Auswüchse über die Grenzen des Lichtes und der Finsternis in den dunklen Teil hinein, einige dunkle dringen hingegen in das Licht vor. Mehr noch, auch eine große Menge kleiner schwärzlicher, völlig von dem dunklen Teil getrennte Flecken übersät fast das ganze bereits von der Sonne mit Licht erfüllte Gebiet, ausgenommen nur jener Teil mit den großen und alten Flecken Wir stellten aber fest, daß die besagten kleinen Flecke alle und immer darin übereinstimmen, daß sie einen schwärzlichen, dem Ort der Sonne zugewandten Teil haben; in dem von der Sonne abgewandten Teil hingegen werden sie von leuchtenden Begrenzungen, glühenden Bergrücken gleich, gekrönt. Einen ganz ähnlichen Anblick haben wir gegen Sonnenaufgang auf der Erde, wenn wir die noch nicht mit Licht erfüllten Täler sehen, die Berge aber, die sie auf der von der Sonne abgewandten Seite umgeben, bereits voll erglänzen. Und so wie die Schatten der Vertiefungen auf der Erde kleiner werden, wenn die Sonne emporstrebt, so verlieren auch diese Mondflecken beim Anwachsen des leuchtenden Teils ihre Finsternis.

Wahrhaftig erkennt man nicht nur die Grenze zwischen Licht und Finsternis im Mond als ungleichmäßig und ausgebuchtet, sondern, was noch größere Verwunderung hervorruft, es zeigen sich im finsteren Teil des Mondes sehr viele leuchtende Spitzen, völlig vom beleuchteten Gebiet getrennt und losgelöst und in einem nicht geringen Abstand von ihm verstreut. Nach einer gewissen Zeit gewinnen sie allmählich an Größe und Leuchtkraft; nach zwei oder drei Stunden aber vereinigen sie sich mit dem restlichen, nun schon größer gewordenen leuchtenden Teil; inzwischen entzünden sich jedoch, allerorts gleichsam hervorsprießend, immer weitere Spitzen innerhalb des finsteren Teils, werden größer und vereinigen sich schließlich mit der leuchtenden, nunmehr ausgedehnteren Fläche.

Die großen Mondflecken sieht man hingegen keineswegs ähnlich unterbrochen und voller Höhlungen und Erhebungen, sondern mehr gleichmäßig und gleichförmig; nur hier und da kommen einige kleine hellere Stellen hervor, so daß, wollte man die alte Auffassung der Pythagoreer wieder aufnehmen, daß nämlich der Mond gleichsam eine zweite Erde sei, sein leuchtender Teil recht gut die Landfläche und der dunklere die Wasserfläche darstellen würde. Ich hatte nie einen Zweifel, daß die Landfläche sich heller und die Wasserfläche dunkler abzeichnete, betrachtete man den von der Sonne beleuchteten Erdball von der Ferne. Außerdem sieht man die großen Flecken auf dem Mond tiefer gelegen als die helleren Gebiete; denn sowohl bei zunehmendem als bei abnehmendem Mond ragen auf der Grenze zwischen Licht und Finsternis rings um die großen Flecke immer die angrenzenden Gebiete des leuchtenderen Teils hervor, wie wir es beim Zeichnen der Figuren beachtet haben. (S. 103–106)

[Beobachtungen der Fixsterne]

Wir sprachen bisher über die Beobachtungen am Mondkörper, nun werden wir kurz darlegen, was wir bis jetzt bei den Fixsternen beobachtet haben. Zunächst verdient es Aufmerksamkeit, daß die Sterne, und zwar die Fixsterne und die Wandelsterne, wenn man sie mit dem Fernrohr betrachtet, keineswegs in demselben Verhältnis vergrößert zu werden scheinen, in dem die übrigen Gegenstände und auch der Mond eine Vergrößerung erfahren. Tatsächlich erscheint bei den Sternen eine solche Vergrößerung weit geringer, so daß man meint, ein Fernrohr, das in der Lage ist, die übrigen Gegenstände zum Beispiel hundertfach zu vergrößern, könne die Sterne kaum vier- oder fünffach vergrößert wiedergeben. Der Grund dafür ist, daß sich uns die Sterne, wenn wir sie mit bloßem Auge betrachten, nicht in ihrer einfachen, sozusagen nackten Größe darbieten, sondern von einem gewissen Glanz erleuchtet und mit funkelnden Strahlen, gleich Haaren, umgeben sind, und das vornehmlich dann, wenn die Nacht schon fortgeschritten ist. Deshalb wirken sie weit größer, als wenn sie jener zusätzlichen Haare beraubt wären, denn der Gesichtswinkel wird nicht von dem eigentlichen Körperchen des Sterns bestimmt, sondern von dem Glanz, der es breit umgibt. Das kann man ganz klar daran erkennen, daß die bei Sonnenuntergang in der ersten Dämmerung auftauchenden Sterne, auch wenn sie erster Größe sind, sehr klein erscheinen; und selbst die Venus wird, falls sie sich gegen Mittag unserem Blick darbietet, als so klein wahrgenommen, daß sie kaum einem Sternchen der letzten Größe gleichzukommen scheint ...

Einer Anmerkung würdig erscheint auch der Unterschied im Aussehen der Planeten und der Fixsterne. Die Planeten nämlich bieten ihre kleinen Kugeln vollkommen rund und wie mit dem Zirkel gezogen dar, und wie kleine, überall von Licht umhüllte Monde wirken sie kreisförmig. Die Fixsterne hingegen sieht man keineswegs von einem kreisförmigen Umriß begrenzt, sondern wie etwas Glänzendes, das ringsum Strahlen aussendet und stark funkelt. Wenn sie nun mit dem Fernrohr betrachtet werden, erscheinen sie von gleicher Gestalt wie mit dem bloßen Auge gesehen, jedoch so sehr vergrößert, daß ein Sternchen fünfter oder sechster Größe dem Sirius, dem größten aller Fixsterne, gleichzukommen scheint. Aber unterhalb der Sterne sechster Größe wird man durch das Fernrohr eine kaum glaubliche Schar anderer, dem natürlichen Blick verborgene Sterne sehen. Man kann tatsächlich mehr als sechs weitere Größen unterscheiden; die größten dieser Sterne, die wir siebenter Größe oder erster Größe der unsichtbaren nennen können, erscheinen mit Hilfe des Fernrohrs größer und heller als Sterne zweiter Größe mit dem bloßen Auge betrachtet.

Um aber ein, zwei Beweise für ihre unvorstellbare Menge vorzuführen, möchte ich zwei Sterngruppen aufzeichnen, damit man sich an ihrem Beispiel ein Urteil über die anderen bilden kann. Zuerst hatte ich mir vorgenommen, das ganze Sternbild des Orion zu zeichnen, aber überwältigt von der ungeheuren Menge der Sterne und aus Mangel an Zeit verschob ich dieses Unterfangen auf eine andere Gelegenheit. Bei den alten Sternen und um sie herum sind in den Grenzen von einem oder zwei Grad nämlich mehr als fünfhundert Sterne verstreut. So konnten wir zu den drei, die im Gürtel, und den sechs, die im Schwert schon vor langer Zeit bemerkt worden waren, achtzig erst kürzlich in der Nähe wahrgenommene hinzufügen ... Im zweiten Beispiel haben wir sechs Sterne des Stiers, die Plejaden genannt (ich sage sechs, da ja der siebente fast nie erscheint), aufgezeichnet, wie sie in sehr engen Grenzen am Himmel eingeschlossen sind; in ihrer Nähe sind mehr als vierzig weitere, unsichtbare gelegen.

[Die Milchstraße]

Als drittes beobachteten wir das Wesen der Milchstraße, ihre Materie, die man mit Hilfe des Fernrohrs mit den Sinnen so klar wahrnehmen kann, daß aller Streit, der die Philosophen seit so vielen Jahrhunderten gequält hat, von der mit dem Auge gewonnenen Gewißheit abgelöst wird und uns wortreiche Erörterungen erspart bleiben. Die Galaxis ist nämlich nichts anderes als eine Ansammlung zahlloser, haufenförmig angeordneter Sterne, denn auf welches ihrer Gebiete sich das Fernrohr auch richtet, bietet sich dem Auge unverzüglich eine gewaltige Menge von Sternen dar, von denen einige ziemlich groß und sehr auffallend scheinen, während die Vielzahl der kleinen ganz und gar unerforschlich ist.

[Die Jupitermonde]

Über den Mond, die Fixsterne und die Galaxis haben wir das bisher Beobachtete kurz mitgeteilt. Bleibt nun, das darzulegen, was wir bei dem gegenwärtigen Unternehmen für das Wichtigste halten, und der Öffentlichkeit darüber zu berichten: nämlich über vier Planeten, die vom Anbeginn der Welt bis zu unserer Zeit noch nie erblickt wurden, über den Anlaß ihrer Entdeckung und Beobachtung, ihre Lage und die während der letzten beiden Monate über ihre Bewegungen und Veränderungen angestellten Beobachtungen. Und wir rufen alle Astronomen auf, sich der Erforschung und Bestimmung ihrer Umläufe zu widmen, was uns wegen der Beschränktheit unserer Zeit bis heute zu erreichen nicht vergönnt war. Damit sie eine solche Untersuchung nicht vergeblich beginnen, erinnern wir sie nochmals daran, daß dazu ein äußerst genaues Fernrohr erforderlich ist, wie wir es am Beginn dieser Erörterungen beschrieben haben.

Als ich nun am siebenten Januar des gegenwärtigen Jahres 1610 um die erste Stunde der anbrechenden Nacht die Gestirne des Himmels durch das Fernrohr betrachtete, zeigte sich mir Jupiter; und da ich mir ein vortreffliches Instrument verfertigt hatte, erkannte ich (was mir zuvor wegen der Schwäche des anderen Geräts nie begegnet war), daß bei ihm drei zwar sehr kleine, aber sehr helle Sterne standen, und obwohl ich sie zu den Fixsternen gehörig wähnte, erweckten sie in mir eine gewisse Verwunderung, weil sie genau auf einer geraden Linie parallel zur Ekliptik zu liegen schienen und glänzender waren als andere Sterne gleicher Größe ...

Außerdem haben wir damit einen ausgezeichneten und glänzenden Beweis, um denen jeden Vorbehalt zu nehmen, die im kopernikanischen System die Umdrehung der Planeten um die Sonne gleichmütig hinnehmen, von der Annahme aber, der Mond allein umkreise die Erde, während beide ihre jährliche Bahn um die Sonne vollführen, so sehr aus der Fassung gebracht werden, daß sie meinen, man müsse einen solchen Aufbau des Universums als unmöglich verwerfen. Jetzt haben wir nämlich nicht nur einen Planeten, der um einen anderen kreist, während beide eine große Kreisbahn um die Sonne durchlaufen, sondern unseren Sinnen zeigen sich vier Sterne, die Jupiter umkreisen wie der Mond die Erde, während alle zugleich mit Jupiter in einem Zeitraum von zwölf Jahren einen großen Kreis um die Sonne durchwandern. (S. 118–143)

Galilei, Galileo: Schriften. Briefe. Dokumente. Hrsg. von Anna Mudry, 1. Bd. Berlin 1987; dass.: München 1987. – Ders.: Sidereus nuncius. Venedig 1610. – Ders.: Opere. Edizione Nazionale, Vol. III. Florenz 1892. – Ders.: Sidereus Nuncius (Nachricht von neuen Sternen). Dialog über die Weltsysteme (Auswahl) [u.a.]. Hrsg. von Hans Blumenberg. Frankfurt/Main 1965 (Sammlung Insel) sowie Frankfurt/Main 1980 (Suhrkamp Taschenbuch Wissenschaft; 337)

vgl. Einleitung S. 53

GALILEO GALILEI
Erster Brief an den Herrn Marcus Welser über die Sonnenflecken vom 4. Mai 1612

Erlauchter und Hochwürdiger Herr! ... Zunächst einmal steht außer Zweifel, daß sie [die Sonnenflecke] etwas Wirkliches sind und nicht bloße Erscheinungen oder Täuschungen des Auges oder der Linsen, wie der Freund des Hochwürdigen Herrn [d.i. Christoph Scheiner] treffend im ersten Brief beweist; und ich habe sie nun seit 18 Monaten beobachtet, und erst im vergangenen Jahr, um ebendiese Zeit, ließ ich sie in Rom, nachdem ich sie verschiedenen meiner vertrauten Freunde gezeigt hatte, von vielen Prälaten und anderen Herrn betrachten. Es ist ferner wahr, daß sie im Sonnenkörper nicht unbewegt bleiben, sondern sich im Verhältnis zu ihm zu bewegen scheinen, und das in regelmäßigen Bewegungen, wie der Autor selbst in jenem Brief bemerkt hat. Zwar scheint mir, die Bewegung vollziehe sich entgegengesetzt zu der Richtung, die Apelles [Pseudonym Scheiners] annimmt, nämlich von Westen nach Osten und geneigt, von Süden nach Norden, nicht aber von Osten nach Westen und von Norden nach Süden; was auch in den von ihm selbst geschilderten Beobachtungen sehr klar zu erkennen ist, die darin mit den meinen und dem, was ich bei anderen sah, übereinstimmen ... Die Bewegung der Flecken der Sonne gegenüber erscheint also ähnlich wie die Bewegung der Venus und des Merkur sowie der anderen Planeten um die Sonne selbst, welche Bewegung von Westen nach Osten geht ...

Nachdem der Autor festgestellt hat, daß die erblickten Flecken keine Täuschungen des Fernrohrs sind oder von Unzulänglichkeiten des Auges herrühren, versucht er allgemein etwas über ihren Ort auszusagen und zeigt dabei, daß sie sich weder in der Luft noch im Sonnenkörper befinden. Bezüglich des ersteren führt das Fehlen einer merklichen Parallaxe notwendigerweise zu dem Schluß, daß die Flecken nicht in der Luft, also der Erde nahe sind, innerhalb jenes Raumes, den man gemeinhin dem Element der Luft zuweist. Aber daß sie nicht im Sonnenkörper sein können, scheint mir nicht mit vollständiger Notwendigkeit bewiesen; denn zu sagen, wie er in dem ersten Beweisgrund anführt, es sei nicht glaubwürdig, daß es im Sonnenkörper dunkle Flecken gäbe, wenn er selbst hell leuchtet, ist nicht schlüssig: denn wir müssen ihn wohl so lange als sehr rein und helleuchtend bezeichnen, wie in ihm keinerlei Dunkel oder Unreinheit gefunden worden ist, wenn er sich uns aber als teilweise unrein und fleckig zeigte, warum sollten wir ihn dann nicht gefleckt und unrein nennen? Die Namen und die Attribute müssen sich dem Wesen der Dinge anpassen und nicht das Wesen den Namen; denn zuerst waren die Dinge und dann die Namen. Der zweite Beweisgrund wäre notwendigerweise schlüssig, wenn jene Flecken ständig und unveränderlich wären; aber darüber werde ich weiter unten sprechen ... (S. 146–148)

Nun komme ich zum dritten Brief, in dem Apelles den Ort, die Bewegung und den Stoff dieser Flecken nachdrücklicher bestimmt und zu dem Schluß gelangt, es seien nicht weit vom Sonnenkörper entfernte Sterne, die sich nach Art des Merkur und der Venus um ihn drehen. Um den Ort zu bestimmen, legt er zunächst dar, daß sie sich nicht im Körper der Sonne befänden, die uns bei ihrer Umdrehung um sich selbst die Flecken als beweglich zeige; denn wenn sie die beobachtete Hemisphäre in fünfzehn Tagen durchlaufen, müßten sie jeden Monat in derselben Form wiederkehren, was nicht geschieht.

Das Argument wäre dann schlüssig, wenn zunächst feststünde, daß diese Flecken beständig sind, daß sie also nicht von neuem auftreten und auch nicht verlöschen und verschwinden; wer aber sagt, daß die einen entstehen und die anderen sich auflösen, kann auch behaupten, daß die Sonne sie bei ihrer Umdrehung um sich selbst mit sich führe, ohne uns notwendigerweise dieselben noch einmal oder Flecken in derselben Anordnung oder von gleicher Gestalt zu zeigen. Zu beweisen nun, daß sie beständig sind, halte ich für ein schwieriges, ja unmögliches Unterfangen, dem sich der Verstand widersetzt; und Apelles selbst wird einige bei ihrem ersten Erscheinen von der Peripherie der Sonne entfernt erblickt und andere verschwinden und sich verlieren gesehen haben, ehe sie die Sonne ganz durchliefen, denn auch ich habe viele dieser Art beobachtet. Ich bekräftige oder verneine aber nicht, daß sie sich in der Sonne befinden, sondern sage nur, es wurde nicht hinlänglich bewiesen, daß sie sich nicht dort befinden ...

Mir scheint deshalb, Apelles, als ein Mann von freiem und nicht unterwürfigem Geist, mit bester Kenntnis der wahren Lehren versehen, beginnt, von der Kraft so vieler neuer Kenntnisse bewegt, der wahren Philosophie Gehör und Zustimmung zu schenken, und vornehmlich in dem den Bau des Universums betreffenden Teil, aber er kann sich noch nicht gänzlich von den einmal geprägten Vorstellungen lösen, zu denen auch jetzt noch der Verstand zurückkehrt, der durch langen Gebrauch gewöhnt ist, sie gutzuheißen: das bemerkt man gleichfalls, an ebendieser Stelle, wenn er zu beweisen versucht, daß die Flecken sich nicht in einer der Kreisbahnen des Mondes, der Venus oder des Merkur befinden, und er jene völlig oder teilweise exzentrischen Kreise, jene Deferenten, Äquanten, Epizykeln usw. für wirklich, real, für unter sich verschieden und beweglich hält, welche zwar von den reinen Astronomen angenommen werden, um ihre Berechnungen zu erleichtern, welche aber von philosophisch denkenden Astronomen nicht etwa als solche betrachtet werden, die nicht nur bemüht sind, auf irgendeine Weise den Schein zu wahren, sondern als größtes und der Bewunderung würdiges Problem den wirklichen Bau des Universums zu erforschen suchen, da dieser Bau, und zwar nur auf eine Weise, wirklich real ist und unmöglich anders sein kann, und wegen seiner Größe und seiner Erhabenheit würdig ist, vom forschenden Geist einer jeden anderen Frage des Wissens vorangestellt zu werden. Ich leugne nicht etwa die Kreisbewegungen um die Erde und über einem anderen Zentrum als sie und ebensowenig die anderen, völlig von der Erde losgelösten Kreisbewegungen, die die Erde also nicht umschließen und in ihre Kreise einbeziehen; denn Mars, Jupiter und Saturn bestätigen mir mit ihren Annäherungen und Entfernungen die ersteren, und Venus und Merkur sowie die vier Mediceischen Planeten [die Jupitermonde] bringen mir die letzteren greifbar nahe, und folglich bin ich ganz gewiß, daß es Kreisbewegungen gibt, die exzentrische und epizyklische Kreise beschreiben: daß sich aber die Natur zu ihrer Darstellung tatsächlich dieses von den Astronomen ersonnenen Wirrsals von Sphären und Kreisbahnen bedienen solle, das zu glauben erachte ich für so wenig notwendig, wie es der Erleichterung der astronomischen Berechnungen dient ... (S. 154–156)

Die Sonnenflecken entstehen und zerfallen in mehr oder weniger kurzen Zeiträumen; einige von ihnen verdichten sich und zerstreuen sich stark von einem Tage zum anderen; sie ändern ihre zumeist sehr unregelmäßige, teils dunkle, teils weniger dunkle Gestalt; und da sie sich entweder im Sonnenkörper befinden oder diesem sehr nahe sind, müssen sie notwendigerweise sehr große Gebilde sein; durch ihre unterschiedliche Durchlässigkeit sind sie in der Lage, das Sonnenlicht mehr oder weniger zurückzuhalten; und manchmal entstehen viele von Ihnen, manchmal wenige oder auch gar keine. Nun, solche großen und gewaltigen Gebilde, die in kurzer Zeit entstehen und zerfallen, manchmal über längere, manchmal über kürzere Zeit bestehen, sich zerstreuen und sich verdichten, leicht ihre Gestalt ändern und die in einem Teile dichter und dunkler sind als im anderen, finden sich bei uns lediglich als Wolken; mehr noch, alle anderen Stoffe sind weit von der Gesamtheit dieser Eigenschaften entfernt. Und es gibt keinen Zweifel, wenn die Erde aus sich selbst heraus leuchtete und von außen nicht das Sonnenlicht hinzukäme, so nähme sie für jemanden, der sie aus gewaltiger Entfernung betrachten könnte, in der Tat ein derartiges Aussehen an: denn je nachdem, ob gerade dieser oder jener Bereich von den Wolken verdeckt wäre, böte sie sich mit dunklen Flecken übersät dar, von denen der irdische

Lichtglanz je nach der größeren oder geringeren Dichte ihrer Teile zurückgehalten würde, wodurch sie hier mehr und dort weniger dunkel erschien ... (S. 159)

Galilei, Galileo: Schriften. Briefe. Dokumente. Hrsg. von Anna Mudry, 1. Bd. Berlin 1987; dass.: München 1987, S. 145–167. – Opera
   vgl. Einleitung S. 53

GALILEO GALILEI
an Benedetto Castelli, Brief vom 21. Dez. 1613

Hochehrwürdiger Vater, Hochgelehrter Herr, ... Betreffs der ersten allgemeinen Frage der Durchlauchtigsten Dame [Großherzogin Cristina von Toscana] scheint mir, daß von selbiger überaus weise dargelegt und von Euer Hochwürden zugestanden und bekräftigt worden ist, daß die Heilige Schrift niemals lügen oder irren kann, sondern daß ihre Gebote von unanfechtbarer und unverletzlicher Wahrhaftigkeit sind. Ich hätte dem lediglich hinzugefügt, wenngleich auch die Schrift nicht irren kann, so könne nichtsdestoweniger einer ihrer Erklärer und Ausleger manches Mal auf mancherlei Weise irren; überaus verbreitet und verhängnisvoll sei es beispielsweise, wenn man sich stets an die bloße Bedeutung der Worte halten wollte, dergestalt würden nicht nur mancherlei Widersprüche, sondern sogar schwerwiegende Ketzereien und Gotteslästerungen in ihr zu finden sein; denn solcherart müßte man Gott sowohl Füße als auch Hände und Augen zusprechen und zudem körperliche und menschliche Leidenschaften wie Zorn, Reue, Haß und bisweilen sogar das Vergessen vergangener Dinge und die Unkenntnis künftiger. Während sich jedoch zahlreiche Sätze in der Schrift finden, die der bloßen Bedeutung nach von der Wahrheit abzuweichen scheinen, aber auf diese Weise gefaßt wurden, um sich dem Unvermögen der Menge anzubequemen, müssen die weisen Ausleger für die wenigen, welche es wert sind, vom gemeinen Volk geschieden zu werden, den wahren Sinngehalt herausstellen und die besonderen Gründe dafür aufzeigen, weshalb er in solchen Worten ausgesprochen worden ist.

Da also die Schrift es an vielen Stellen nicht nur zuläßt, sondern geradezu notwendig macht, eine von der scheinbaren Bedeutung der Worte abweichende Auslegung zu geben, halte ich dafür, daß ihr in den Disputen über die Natur der letzte Platz vorbehalten sein sollte: denn da die Heilige Schrift und die Natur in gleicher Weise aus dem Göttlichen Wort hervorgegangen sind, jene als Einflößung des Heiligen Geistes, diese als gehorsamste Vollstreckerin der göttlichen Befehle; und da ferner in den Schriften Übereinkunft besteht, viele Dinge dem Anschein und der Bedeutung der Worte nach anders zu sagen, als es die absolute Wahrheit wäre, um sich dem Verständnis der Menge anzubequemen; hingegen die Natur unerbittlich und unwandelbar und unbekümmert darum ist, ob ihre verborgenen Gründe und Wirkungsweisen dem Fassungsvermögen der Menschen erklärlich sind oder nicht, denn sie überschreitet niemals die Grenzen der ihr auferlegten Gesetze, scheint es, daß die natürlichen Wirkungen die uns durch die Erfahrung der Sinne vor Augen geführt werden oder die wir durch zwingende Beweise erkennen, keinesfalls in Zweifel gezogen werden dürfen durch Stellen der Schrift, deren Worte scheinbar einen anderen Sinn haben, weil nicht jeder Ausspruch der Schrift an so strenge Regeln gebunden ist wie eine jede Wirkung der Natur.

Wenn nämlich, aus diesem einzigen Grunde, sich dem Fassungsvermögen der rohen und zuchtlosen Völker anzupassen, die Schrift nicht davor zurückgeschreckt ist, ihre hauptsächlichsten Dogmen zu verdunkeln und dabei Gott selbst Eigenschaften zuzuschreiben, die seinem Wesen unendlich fern sind und diesem widersprechen, wer wird dann beteuernd darauf bestehen wollen, daß sie, diese Rücksicht hintanstellend, sich mit aller Strenge in den begrenzten und eingeschränkten Bedeutungen der Worte zu halten gesucht hätte, sobald sie, und gar nur beiläufig, auf die Erde oder die Sonne oder andere Schöpfungen zu sprechen kam? Und insbesondere, wenn sie von diesen Schöpfungen Dinge verlautbart, die von der ursprünglichen Absicht der Heiligen Schrift weit entfernt sind, ja Dinge, die, in nackter und unverhüllter Wahrheit ausgesprochen und vorgebracht, der ursprünglichen Absicht eher geschadet hätten, da sie das gemeine Volk widerspenstiger gegen die Überzeugung durch die Artikel von der Heilslehre machen würden ...

Ich halte dafür, daß die Autorität der Heiligen Schrift einzig zum Ziele hat, die Menschen von jenen Artikeln und Lehren zu überzeugen, die, unerläßlich für ihr Heil und über jegliche menschliche Erkenntnis hinausgehend, ihnen durch keine andere Wissenschaft und kein anderes Mittel als durch den Mund des Heiligen Geistes selbst glaubwürdig gemacht werden konnten. Aber daß derselbe Gott, welcher uns mit Sinnen, Urteilskraft und Verstand begabt hat, den Gebrauch selbiger hintansetzend, gewollt habe, uns Kenntnisse auf andere als die durch sie zu erlangende Weise zu vermitteln, das zu glauben, erachte ich nicht für nötig, zumal nicht in jenen Wissenschaften, von denen nur ein überaus geringer Teil, dazu noch in verstreuten Sätzen, in der Schrift enthalten ist; welches eben für die Astronomie gilt, von der nur ein so kleiner Teil enthalten ist, daß noch nicht einmal die Planeten genannt werden. Wenn jedoch die ersten heiligen Schriftsteller daran gedacht hätten, das Volk über die Anordnungen und die Bewegungen der Himmelskörper zu belehren, hätten sie darüber nicht so wenig gesagt, daß es im Vergleich zu den unendlichen, erhabenen und bewunderungswürdigen Schlüssen, welche diese Wissenschaft in sich birgt, wie ein Nichts ist ...

Um dies zu bekräftigen, gehe ich nunmehr zur Betrachtung der besagten Stelle im Buche Josua über ... Gesetzt also und zunächst der Gegenseite zugestanden, daß die Worte des heiligen Textes in ihrem buchstäblichen Sinne zu nehmen seien, das heißt, daß Gottvater auf Bitten Josuas die Sonne stillstehen ließ und den Tag verlängerte, woraus der Sieg folgte; und meinerseits begehrend, daß dieselbe Entscheidung für mich gelte, damit die Gegenseite sich nicht vermesse, mich zu binden und selbst ungehindert die Bedeutung der Worte abzuwandeln oder zu verändern, folgere ich, daß diese Stelle uns augenfällig die Falschheit und Unmöglichkeit des aristotelischen und ptolemäischen Weltsystems zeigt, hingegen mit dem kopernikanischen aufs beste vereinbar ist.

Zuerst frage ich die Gegenseite, ob sie weiß, welche Art Bewegungen die Sonne vollzieht? Weiß sie es, kann sie nicht umhin zu antworten, daß sie zweierlei Bewegungen vollzieht, nämlich die jährliche Bewegung von West nach Ost und die tägliche, entgegengesetzte; von Ost nach West. Worauf ich sie zweitens frage, ob diese beiden so unterschiedlichen und einander gleichsam entgegengesetzten Bewegungen der Sonne auf gleiche Weise zugehörig und ihr eigen sind? Man kann nicht umhin, mit nein zu antworten, und daß lediglich eine ihr besonders und eigen ist, nämlich die jährliche, und die andere nicht ihr besonders, sondern dem erhabenen Himmel eigen ist, ich spreche von dem Primum mobile, welches die Sonne und die anderen Planeten zwingt, in 24 Stunden eine Umdrehung um die Erde zu vollziehen, in einer Bewegung, die, wie ich bereits sagte, ihrer natürlichen und eigenen gleichsam entgegengesetzt ist.

Ich komme zur dritten Frage und begehre zu wissen, mit welcher dieser beiden Bewegungen die Sonne den Tag und die Nacht erzeugt, das heißt, ob mit ihrer eigenen oder mit der des Primum mobile? Man kann nicht umhin, zu erwidern, daß der Tag und die Nacht aus der Bewegung des Primum mobile hervorgehen, und daß von der eigenen Bewegung der Sonne nicht Tag und Nacht, sondern die verschiedenen Jahreszeiten und das Jahr selbst abhängen.

Wenn nun der Tag nicht von der Bewegung der Sonne, sondern von der des Primum mobile abhängt, wer erkennt da nicht, daß man, um den Tag zu verlängern, nicht die Sonne, sondern das Primum mobile anhalten muß? Ja, würde nicht selbst derjenige, welcher nur diese ersten Anfangsgründe der Astronomie kennt, begreifen, daß Gott, hätte er die Bewegung der Sonne angehalten, den Tag, anstatt ihn zu verlängern, kürzer gemacht hätte? Da nämlich die Bewegung der Sonne der täglichen Umdrehung entgegengesetzt ist, würde sich ihr Lauf nach Westen um so mehr verzögern, je mehr sie sich nach Osten bewegt; und verringerte sich die Bewegung der Sonne oder stünde sie still, würde sie um so schneller untergehen ... Mithin ist es in der Anordnung des Ptolemäus und des Aristoteles absolut unmöglich, die Bewegung der Sonne anzuhalten und den Tag zu verlängern, wie es nach Aussage der Schrift geschehen ist: folglich sind die Bewegungen entweder nicht so angeordnet, wie Ptolemäus es will, oder man muß den Sinn der Worte verändern und sagen, daß, wenn es in der Schrift heißt, Gott ließ die Sonne stillestehen, dies bedeutete, er ließ das Primum mobile stillestehen, daß sie aber, um sich den Fähigkeiten derer anzubequemen, welchen es nur mit Mühen gelingt, den Aufgang und Untergang der Sonne zu begreifen, das Gegenteil von dem besagt, was sie, hätte sie es mit verständigen Menschen zu tun gehabt, gesagt hätte ... (S. 169–176)

Galilei, Galileo: Schriften. Briefe. Dokumente. Hrsg. von Anna Mudry, 1. Bd. Berlin 1987; dass.: München 1987, S. 168–177. – Opera
vgl. Einleitung S. 56

GALILEO GALILEI
Dialog über die beiden hauptsächlichsten Weltsysteme, das ptolemäische und das kopernikanische, 1632

Sagredo: ... Sofern mich also mein Gedächtnis nicht täuscht, war der Hauptgegenstand unserer gestrigen Gespräche der, daß wir von Grund aus prüften, welche der beiden Meinungen wahrscheinlicher und begründeter sei: diejenige, nach welcher die Substanz der Himmelskörper unerzeugbar, unzerstörbar, unveränderlich, unempfindlich, kurz, abgesehen von der Ortsveränderung jedem Wechsel entrückt ist und darum ein fünftes Element darstellt, welches durchaus verschieden ist von unseren elementaren, erzeugbaren, zerstörbaren, veränderlichen Körpern; oder die andere Ansicht, nach welcher ein solches Mißverhältnis zwischen den Teilen des Weltalls in Wegfall kommt, die Erde vielmehr sich derselben Vorzüge erfreut wie die übrigen das Weltall zusammensetzenden Körper, mit einem Worte ein frei bewegter Ball ist, so gut wie der Mond, Jupiter, Venus oder ein anderer Planet. Wir hoben zuletzt viele Übereinstimmungen im einzelnen zwischen der Erde und dem Monde hervor, und zwar mehr mit dem Monde als mit einem anderen Planeten, wohl wegen der genaueren und sinnlich greifbareren Kenntnis, die wir infolge seiner geringeren Entfernung über ihn besitzen. Nachdem wir schließlich zu dem Ergebnis gekommen sind, diese zweite Meinung habe die größere Wahrscheinlichkeit für sich, verlangt es, wie mir scheint, die Folgerichtigkeit, daß wir die Frage prüfen, ob die Erde für unbeweglich zu halten ist, wie bisher von den meisten geglaubt wurde, oder für beweglich, wie einige Philosophen des Altertums glaubten und einige neuerdings meinen; und wenn für beweglich, wie beschaffen ihre Bewegung sein mag.

Salviati: Nun weiß ich wieder genau, welchen Weg wir einzuschlagen haben. Ehe wir aber weiterzugehen beginnen, möchte ich mir eine Bemerkung betreffs Euerer letzten Worte erlauben. Ihr sagtet, wir seien zu dem Ergebnis gekommen: die Meinung, nach welcher die Erde für gleichartig mit den Himmelskörpern gehalten wird, sei wahrscheinlicher als die entgegengesetzte. Dies habe ich jedoch nicht behauptet, ebensowenig wie ich irgendeine andere der streitigen Lehren als erwiesen betrachten werde. Ich habe nur die Absicht gehabt, für und gegen beide Ansichten die Gründe und Gegengründe, die Einwände und deren Beseitigung zur Sprache zu bringen, welche andere bis jetzt vorgebracht haben, sowie einiges Neue, auf das ich durch langes Nachdenken gestoßen bin. Die Entscheidung aber stelle ich dem Urteil anderer anheim ... (S. 204–206)

Simplicio: Wenn man sich aber von Aristoteles lossagt, wer soll Führer in der Wissenschaft sein? Nennt Ihr irgendwelchen Autor!

Salviati: Des Führers bedarf man in unbekannten wilden Ländern, in offener ebener Gegend brauchen nur Blinde einen Schutz. Wer zu diesen gehört, bleibe besser daheim. Wer aber Augen hat, körperliche und geistige, der nehme diese zum Führer! Darum sage ich nicht, daß man Aristoteles nicht hören soll, ja ich lobe es, ihn einzusehen und fleißig zu studieren. Ich tadele nur, wenn man auf Gnade oder Ungnade sich ihm ergibt, derart, daß man blindlings jedes seiner Worte unterschreibt und, ohne nach anderen Gründen zu forschen, diese als ein unumstößliches Machtgebot anerkennen soll. Es ist das ein Mißbrauch, der ein anderes schweres Übel im Gefolge hat: man bemüht sich nicht mehr, sich von der Strenge seiner Beweise zu überzeugen. Was kann es Schmählicheres geben, als zu sehen, wie bei öffentlichen Disputationen, wo es sich um beweisbare Behauptungen handelt, urplötzlich jemand ein Zitat vorbringt, das gar oft auf einen ganz anderen Gegenstand sich bezieht, und mit diesem dem Gegner den Mund verstopft? ...

Beginnen wir also unsere Betrachtung mit der Erwägung, daß, welche Bewegung auch der Erde zugeschrieben werden mag, dennoch wir, als deren Bewohner und somit als Teilnehmer an ihrer Bewegung, von dieser unmöglich etwas merken können, ganz als ob sie nicht stattfände, vorausgesetzt, daß wir nur irdische Dinge in Betracht ziehen. Demgegenüber ist es freilich ebenso notwendig, daß scheinbar diese nämliche Bewegung ganz allgemein allen anderen Körpern und sichtbaren Gegenständen zukommt, die, von der Erde getrennt, deren Bewegung nicht mitmachen. Die richtige Methode, um zu erforschen, ob man der Erde eine Bewegung zuschreiben kann und welche, besteht also darin, daß man untersucht und beobachtet, ob sich an den Körpern außerhalb der Erde eine scheinbare Bewegung wahrnehmen läßt, die gleichermaßen ihnen allen zukommt. Denn eine Bewegung, die beispielshalber nur am Monde wahrnehmbar ist, hingegen mit Venus oder Jupiter oder anderen Sternen nichts zu tun hat, kann unmöglich der Erde eigentümlich sein noch sonst wo ihren Sitz haben als im Monde. Nun gibt es eine solche ganz allgemeine, alle anderen beherrschende Bewegung, nämlich die, welche Sonne, Mond, die anderen Planeten, die Fixsterne, kurz das gesamte Weltall mit alleiniger Ausnahme der Erde, insgesamt von Ost nach West innerhalb eines Zeitraums von 24 Stunden auszuführen scheinen. Diese nun, soweit es wenigstens beim ersten Blick den Anschein hat, könnte ebensogut eine Bewegung der Erde allein sein wie der ganzen übrigen Welt mit Ausnahme der Erde. Denn bei der einen Annahme wie bei der anderen würden sich dieselben Erscheinungen ergeben. Daher kommt es, daß Aristoteles und Ptolemäus, die diese Erwägung sehr wohl verstanden, gegen keine andere Bewegungsart Gründe ins Feld führen als gegen diese tägliche. Nur an einer Stelle bringt Aristoteles noch eine Art Einwand gegen eine andere Bewegungsart, die ihr von einem Alten beigelegt wurde, worüber wir an geeigneter Stelle sprechen werden.

Sagredo: Ich verstehe sehr wohl, daß Euere Erwägung streng richtig ist. Es stößt mir aber ein Bedenken auf, das ich nicht loswerden kann. Da nämlich Kopernikus doch außer der täglichen Bewegung der Erde ihr noch eine weitere zuschreibt, so müßte uns diese nach dem eben erörterten Grundsatze zwar an der Erde anscheinend unmerkbar sein, aber an dem ganzen übrigen Weltall sichtbar werden. Ich gelange daher zu dem Schlusse: entweder er hat offenbar geirrt, wenn er der Erde eine Bewegung zuerteilt, zu der kein Gegenstück am gesamten Himmelsgewölbe zum Vorschein kommt, oder ein solches Gegenstück ist vorhanden, dann läßt Ptolemäus sich einen zweiten Fehler zuschulden kommen, weil er diese Bewegung nicht ebenso mit Gründen widerlegt, wie er jene widerlegt hat.

Salviati: Euer Bedenken ist sehr gerechtfertigt. Wenn wir von der anderen Bewegungsart handeln werden, sollt Ihr sehen, wie hoch Kopernikus an durchdringendem Scharfsinn über Ptolemäus steht, indem er gesehen hat, was dieser nicht sah, nämlich wie wunderbar sich jene zweite Bewegung in der Gesamtheit der übrigen Himmelskörper widerspiegelt. Einstweilen aber wollen wir diesen Teil aufschieben und zu unserer ersten Betrachtung zurückkehren. Ich will, vom Allgemeinsten ausgehend, die Gründe vortragen, welche zugunsten der Bewegung der Erde zu sprechen scheinen, um sodann von Signore Simplicio die Gegengründe zu vernehmen. Erstlich also: wenn wir bloß den ungeheuren Umfang der Sternensphäre betrachten im Vergleich zu der Kleinheit des Erdballs, welcher in jener viele millionenmal enthalten ist, und sodann an die Geschwindigkeit der Bewegung denken, infolge deren in einem Tage und einer Nacht eine ganze Umdrehung vollzogen wird, so kann ich mir nicht einreden, wie es jemand für vernünftiger und glaublicher halten kann, daß die Himmelssphäre es sei, die sich dreht, der Erdball hingegen fest bleibt ... (S. 212–215)

Salviati: Die Argumente, welche man bei dieser Frage vorbringt, sind von zweierlei Art. Die einen beziehen sich auf irdische Vorgänge, ohne mit den Sternen irgend etwas zu tun zu haben, die anderen sind von den Erscheinungen und Beobachtungen am Himmel hergenommen. Die Gründe des Aristoteles sind meist den uns umgebenden Verhältnissen entnommen, er überläßt die anderen den Astronomen. Darum wird es zweckmäßig sein, wenn es Euch recht ist, die von irdischen Erfahrungen hergenommenen zunächst zu prüfen, später werden wir zu der anderen Klasse übergehen. Da aber von Ptolemäus, Tycho und anderen Astronomen und Philosophen außer den Gründen des Aristoteles, die sie übernommen, bestätigt und verstärkt haben, auch neue aufgestellt worden sind, so können wir diese sämtlich auf einmal in Erwägung ziehen, um nachher nicht zweimal Gleiches oder Ähnliches entgegnen zu müssen. Darum, Signore Simlicio, seid so gut und berichtet entweder selbst über diese, oder laßt mich Euch diese Mühe abnehmen, ich tue es gerne Euch zuliebe ...

Als der schlagendste Grund wird von allen der die schweren Körper betreffende betrachtet, insofern diese bei ihrem Falle von oben nach unten in einer geraden und lotrechten Linie auf der Erdoberfläche anlangen; ein scheinbar unwiderleglicher Beweis für die Unbeweglichkeit der Erde. Denn käme ihr die tägliche Umdrehung zu, so würde ein Turm, von dessen Spitze man einen Stein fallen läßt, durch die Erdrotation fortgeführt werden und demnach während der Zeit, die der Stein zum Fallen gebraucht, viele Hunderte von Ellen nach Osten sich entfernt haben; um diese Strecke also müßte der Stein von dem Fuße des Turmes entfernt niederfallen.

Als Bestätigung dessen führen sie einen weiteren Versuch an, nämlich das Fallen einer Bleikugel von der Spitze eines Schiffsmastes. Wenn das Schiff sich nicht bewegt, bringen sie ein Zeichen an der Stelle an, wo diese aufschlägt, und dies geschieht unmittelbar am Fuße des Mastes. Wenn man aber von derselben Stelle aus dieselbe Kugel während der Bewegung des Schiffes fallen läßt, so wird die Stelle des Aufschlags um so viel von der früheren entfernt sein, als das Schiff während des Falles der Bleikugel vorwärts gefahren ist, und zwar bloß aus dem Grunde, weil die natürliche Bewegung der sich selbst überlassenen Kugel in gerader Linie gegen den Mittelpunkt der Erde gerichtet ist. Dieses Argument gewinnt noch an Beweiskraft durch den Versuch mit einem sehr hoch nach oben geschleuderten Körper, etwa mit einer Kugel, die aus einem senkrecht auf den Horizont gerichteten Kanonenlaufe abgeschossen wird. Eine solche gebraucht zum Steigen und Fallen so viel Zeit, daß in unserer Breite das Geschütz samt dem Beobachter viele Miglien mit der Erde nach Osten getragen würde und die niederfallende Kugel nimmermehr nach Osten getragen würde und die niederfallende Kugel nimmermehr in der Nähe des Geschützes wieder anlangen könnte, sondern um so viel westlich, als die Erde sich inzwischen weiterbewegt hat.

Man fügt noch einen dritten und sehr schlagenden Versuch hinzu, der in folgendem besteht: man schießt mit einer Feldschlange eine Kugel ins Blaue nach Osten ab, darauf mit gleicher Ladung und unter gleichem Elevationswinkel nach Westen; die westliche Schußweite müßte dann außerordentlich viel größer als die andere östliche sein. Wenn nämlich die Kugel nach Westen sich bewegt, das Geschütz aber, von der Erde getragen, nach Osten, so müßte die Kugel in einer Entfernung vom Geschütz auf die Erde aufschlagen, die gleich der Summe der beiden Einzelbewegungen ist, nämlich der an und für sich nach Westen gerichteten Bewegung der Kugel und der nach Osten gerichteten des Geschützes, das von der Erde dahin getragen wird. Umgekehrt müßte von der Bahn der nach Osten geschossenen Kugel so viel in Abzug kommen, als das Geschütz in derselben Richtung zurückgelegt hat. Gesetzt z. B., die Schußweite betrüge an sich fünf Miglien und die Erde legte in der betreffenden Breite während der Flugzeit drei Miglien zurück, so würde die nach Westen abgeschossene Kugel acht Miglien weit von dem Geschütze zur Erde niederfallen, nämlich ihre fünf eigenen, nach Westen gerichteten Miglien, vermehrt um die drei nach Osten gerichteten des Geschützes. Der Schuß nach Osten hingegen würde nur eine Weite von zwei Miglien haben; denn so viel bleibt übrig, wenn man von den fünf Miglien des Schusses die drei abzieht, welche das Geschütz in derselben Richtung zurücklegt. Die Erfahrung lehrt aber, daß die Schüsse gleich ausfallen, also steht das Geschütz fest und somit auch die Erde ... (S. 219–221)

Aristoteles also behauptet, das sicherste Argument für die Unbeweglichkeit der Erde sei die Beobachtung, daß senkrecht in die Höhe geschleuderte Körper längs derselben Linie an den nämlichen Ort zurückkehren, von dem aus sie geworfen wurden; und zwar auch dann, wenn die Bewegung sich sehr weit in die Höhe erstreckte. Dies aber könnte nicht der Fall sein, wenn die Erde sich bewegte; denn während der Zeit, wo der geschleuderte Körper, getrennt von der Erde, sich auf- und abwärts bewegt, würde der Ausgangspunkt des geschleuderten Körpers sich infolge der Erdumdrehung ein bedeutendes Stück nach Osten verschoben haben, und beim Niederfallen müßte der Körper um diese Strecke von genannter Stelle entfernt auf die Erde stoßen. Dahin gehört deswegen auch das Argument betreffs der mit einer Kanone in die Höhe geschossenen Kugel, ebenso die von Aristoteles und Ptolemäus verwertete Beobachtung, daß die aus bedeutender Höhe fallenden schweren Körper in gerader und lotrechter Linie auf die Erdoberfläche treffen. – Um nun mit der Entwirrung dieser Knoten zu beginnen, frage ich Signore Simplicio: Wenn jemand dem Ptolemäus und Aristoteles in Abrede stellte, daß die frei fallenden schweren Körper in gerader und lotrechter, d. h. in nach dem Mittelpunkte gerichteter Linie herabkämen, mit welchen Hilfsmitteln würden sie es beweisen?

Simplicio: Mittels der sinnlichen Wahrnehmung, die uns belehrt, daß jener Turm gerade und lotrecht ist, und die uns zeigt, daß jener Stein beim Fall dicht an ihm hinstreift, ohne auch nur um Haaresbreite nach der einen oder anderen Richtung auszubiegen, und am Fuße des Turmes anlangt, genau unterhalb der Stelle, von welcher er abgelassen wurde.

Salviati: Wenn aber von ungefähr die Erdkugel sich im Kreise bewegte und demzufolge auch den Turm mit sich trüge, gleichwohl aber die Beobachtung lehrte, daß der fallende Stein dicht an der Linie des Turmes hinstreift, wie müßte dann seine Bewegung beschaffen sein?

Simplicio: Man müßte in diesem Falle eher sagen »seine Bewegungen«. Die eine nämlich wäre diejenige, vermöge deren er von oben nach unten gelangt, eine andere müßte ihm eigen sein, um der Bewegung des Turmes zu folgen ... (S. 228f.)

Salviati: Die Verteidigung des Aristoteles besteht also darin, daß der Stein unmöglich, oder wenigstens seiner Ansicht nach unmöglich, eine aus Geradem und Kreisförmigem gemischte Bewegung ausführen kann. Denn hätte Aristoteles es nicht für unmöglich gehalten, daß der Stein sich gleichzeitig nach dem Mittelpunkte und um ihn bewegte, so würde er eingesehen haben, daß möglicherweise der fallende

Stein an dem Turm entlangstreifen könnte, ebensowohl wenn letzterer sich bewegt, als wenn er fest steht; er würde folglich bemerkt haben, daß aus dem Entlangfallen nichts über die Bewegung oder Ruhe der Erde sich schließen lassen könnte. Dies entschuldigt indessen den Aristoteles keineswegs, nicht nur, weil er bei einem so wesentlichen Punkte seiner Beweisführung es ausdrücklich hätte sagen müssen, wenn dies seine Ansicht war, sondern auch deswegen, weil man weder eine solche Tatsache für unmöglich halten darf noch glauben, daß Aristoteles sie für unmöglich gehalten hat. Man darf ersteres nicht, weil, wie ich gleich zeigen werde, sie möglich, ja sogar notwendig ist; man kann aber auch letzteres nicht behaupten, weil Aristoteles selbst einräumt, daß das Feuer von Natur aus sich in gerader Linie aufwärts bewegt und gleichzeitig jener täglichen Kreisbewegung folgt, welche vom Himmel aus sich auf das gesamte Element des Feuers und auf den größeren Teil der Luft überträgt. Wenn er es also nicht für unmöglich hält, daß die geradlinige Bewegung nach oben mit der kreisförmigen sich mischt, welche von der Mondsphäre auf Feuer und Luft übertragen wird, so wird er um so weniger bei dem Steine die Mischung von geradliniger Bewegung nach unten mit kreisförmiger in Abrede stellen dürfen; denn letztere wäre dem ganzen Erdball eigentümlich, von dem der Stein ein Teil ist.

Simplicio: Ich glaube das nicht. Denn wenn das Element des Feuers ebenso wie die Luft sich an der Kreisbewegung beteiligt, so ist es sehr leicht möglich, ja notwendig, daß ein von der Erde aufsteigendes Feuerteilchen beim Passieren der bewegten Atmosphäre dieselbe Bewegung empfängt, es handelt sich ja um einen so dünnen und leichtbeweglichen Körper. Daß aber ein sehr schwerer Stein oder eine aus der Höhe herabfallende Kanonenkugel, die doch einen selbständigen Willen hat, durch die Luft oder etwas anderes sich fortreißen lassen sollte, grenzt an das völlig Unglaubliche. Abgesehen davon haben wir ja auch den eigens hierfür ersonnenen Versuch mit dem Steine, den man von der Spitze eines Schiffsmastes herabfallen läßt und der, wenn das Schiff fest steht, am Fuße des Mastes anlangt, der aber, wenn das Schiff sich weiterbewegt, um ebensoviel von diesem Punkte entfernt niederfällt, als das Schiff während des Falles vorwärts gekommen ist; dies beträgt aber mehrere Ellen, wenn das Schiff schnell fährt.

Salviati: Das Beispiel des Schiffes und das der Erde, wenn man letzterer die tägliche Umdrehung zuerkennt, sind voneinander sehr verschieden. Denn es liegt klar auf der Hand, daß die Bewegung des Schiffes, die doch für es keine natürliche ist, auch bezüglich aller darin befindlichen Gegenstände nur als zufällige Bewegung zu betrachten ist. Daher ist es kein Wunder, daß der Stein, den man auf der Mastspitze festgehalten hat und nachher losläßt, sich abwärts bewegt ohne Verpflichtung, der Bewegung des Schiffes zu folgen. Die tägliche Bewegung aber wird dem Erdball und demnach allen seinen Teilen als etwas ihnen Eigentümliches und Natürliches beigelegt. Von der Natur ihnen eingepflanzt, haftet sie unvertilgbar an ihnen. Daher hat der Stein auf der Spitze des Turmes in erster Linie den Trieb, sich in 24 Stunden um den Mittelpunkt seines Ganzen zu bewegen, und dieser natürlichen Neigung gibt er stets nach, in welche Lage er auch versetzt werden mag. Um Euch davon zu überzeugen, müßt Ihr nur aus Euerem Geiste eine eingewurzelte Vorstellung ausrotten und Euch sagen: ich habe bis jetzt gemeint, es sei eine Eigenschaft der Erde, ohne Drehung um ihren Mittelpunkt fest zu stehen; darum habe ich niemals eine Schwierigkeit oder einen Widerspruch in der Vorstellung gefunden, daß auch jedes ihrer

Teilchen von Natur in derselben Ruhe verharrt. Wenn aber der natürliche Trieb des Erdballs darauf gerichtet sein sollte, in 24 Stunden eine Drehung auszuführen, so muß ebenso andererseits jeder seiner Teile die unwandelbare, von Natur eingepflanzte Neigung haben, nicht fest zu stehen, sondern die gleiche Bewegung mitzumachen ... Dazu kommt noch, daß notwendig wenigstens der Teil der Atmosphäre, der unterhalb der höchsten Gebirgserhebung liegt, durch die Unebenheit der Erdoberfläche mitgerissen und in drehende Bewegung versetzt wird oder wegen seiner Vermischung mit reichlichen Dämpfen und irdischen Ausdünstungen schon von Natur die tägliche Bewegung mitmacht, während etwas Entsprechendes von der Luft in der Nähe des Schiffes nicht gilt. Daher ist der Schluß von dem Schiffe auf den Turm nicht beweiskräftig. Der von der Mastspitze ausgehende Stein tritt nämlich in ein Medium ein, welches die Bewegung des Schiffes nicht mitmacht; der Stein aber, der von der Turmspitze aus sich in Bewegung setzt, befindet sich in einem Medium, das dieselbe Bewegung wie der ganze Erdball besitzt, so daß er, ohne von der Luft behindert zu sein, im Gegenteile von deren Bewegung gefördert wird und um so mehr dem allgemeinen Laufe der Erde folgen kann. (S. 230–232)

Galilei, Galileo: Schriften. Briefe. Dokumente. Hrsg. von Anna Mudry, 1. Bd. Berlin 1987; dass.: München 1987. – Ders.: Dialogo ... sopra i due massima sistemi del mondo. Florenz 1632. – Ders.: Dialog über die beiden hauptsächlichsten Weltsysteme. Aus dem Ital. übers. von Emil Strauss. Leipzig 1891 [reprografischer Nachdruck Stuttgart 1982]
vgl. Einleitung S. 54

PETER CRÜGER
Wissenschaftliche Kritik am copernicanischen System, 1631

Ob nicht ... die hypothesis Copernici das nemlich nicht die Sonn innerhalb Jahres frist umb die Erde, sondern die Erde umb die Sonn herumb lauffe, zu scheitern gehe?

Denn weil es Copernicus nach der Pythagorischen Philosophia dafür helt, das die Sonn, als der Brunn alles Lichts und aller Bewegung, das Mittel der Welt einhabe, und wir sambt dem Erdboden viel tausend meilen von dannen herumb fahren. Damit nun nicht die in commoda oder absurda draus folgten, welche in den libris sphaericis angezeigt werden (wenn die Erde nicht solte im Mittel der Welt sein) hat er zugleich gesetzt, das die gantze abgelegenheit der Sonnen von der Erden gegen der abgelegenheit des Firmaments (da die Stellae fixae) gar nichts zu bedeuten habe, das ist, wie wir reden, das der gantze Sonnenhimmel mit allem was drinnen ist, (drinnen begriffen der Erdboden, die Lufft des Monds Himmel, wie auch ein theil des Refiers Mercurii unnd Veneris) nichts zu rechnen sey gegen dem Firmament.

Solches nun zu erhalten hat man ferner ein fast unsägliches spacium zwischen Saturno (als dem obersten Planeten) und den Stellis fixis oder dem Firmament setzen müssen, also nach Keppleri rechnung das gantze Systema Planetarium (dessen diameter 11. mal so groß als der diameter des Sonnen Himmels) außm Firmament kaum 3. minuten groß scheinen solte, das ist kaum das zehende theil so groß als von hinnen der Sonnen Cörper scheinet: unnd das die Sonne von dort außm Firmament kaum 6 tertia groß scheint, das ist kaum das sechshunderste part eines minuten, oder das 18 000ste theil dessen sie jtzo von hinnen scheint. Der Sonnen breite wenn sie in die höhe kömpt, scheint nach Geometrischer rechnung (da ein gantzer Himmelszirckel, und also auch der Sonnen vmblauff in 360 grad abgetheilt wird) eines halben grads groß, oder nach gemeiner Landtmasse etwan einer halben elen groß. Eine halbe ele hat 12 Zoll. Wenn man nun gleich jeglichen Zoll in 1000 theil kündte abtheilen, würde doch der Sonnen Breite nach gesagter rechnung, noch nicht so groß außm Firmament scheinen, als derselben 1000 parthen Eins. Und were es wol so groß als die eusserste spitz der allerscherffsten Nadel? Oder were es wol zu sehen müglich? Und gleichwol sagt Copernicus lib. 1. c. 10. das die Sonne darumb mitten in die Welt gesetzt sey, ut inde Totum illuminet.

Aber ich lasse diß bleiben, und wil besehen, wie groß doch wol ein stern deß Firmaments nach den gesagten hypothesibus sein möge. Kepplerus pag. 498. Epitom. Astron. [Epitome astronomiae copernicanae, 1618–1621] schreibet, das die sternen des Firmaments durch ein perfectes Ferngesicht angesehen nur wie blosse puncta scheinen, die keine breite oder grösse haben. Das ist aber den observationibus Galilaei zu wieder, als der da ausdrücklich in Nuncio Sidereo bezeuget, das zwar das Ferngesicht den sternen die ausgebreiteten stralen beneme, aber dennoch jhre globulos oder Cörper an sich selbst vmb etwas vergrößert: also das ein Stern der fünfften oder sechsten grösse durchs Ferngesicht scheine, wie sonsten durchs natürliche Gesicht ein Stern der ersten Grösse. Und weil durchs natürliche Gesicht sechs oder siebenerley unterscheidt der Sternen grösse erscheinen, Wie solten sie durchs Ferngesicht alle durch einander nur wie puncta scheinen? Hat doch Galilaeus unnd andere durchs Ferngesicht noch anderer Sternen 6 unterscheidt oder Grössen ersehen, die man sonsten mit natürlichem gesicht nicht erkennen kan? Derwegen man freylich den Sternen einen apparentem diametrum auch durchs Ferngesicht zulassen muß.

Ich wil aber nur ein kleines Sternlein annemen, nemlich dessen diameter nur das vierde part eines minuten, das ist 120ste part der sonnen (oder ohngefehr ein zehndpart eines Zolls) innhelt: und weil nach Keppleri rechnung (pag. 492. Astr. Epit.) von hinnen biß ans Firmament Sexcenties centena millia (60 000 000) semidiametrorum Terrae seind, gibt die Rechnung das eines solchen Sternleins warer diameter 2181 diametros des Erdbodens halte (den bruch laß ich fahren). Nun helt auch nach Hn. Keppleri rechnung der Sonnen diameter 15 diametros der Erden: Woraus dann folgt, das obgemeldten Sternleins diameter über 145 mal grösser sein müste, als der diameter der Sonnen, und also were (vermöge der 18. prop. des XII. buchs Euclidis) der Cörper desselben Stern 3 048 625 mal so groß als die Sonne. Ja was mehr ist, wenn gleich eines Sternlein sichtbare breite nur ein eintzig minuten secundum groß were, so würde doch aus obigen hypothesibus seine ware dicke mehr denn 9 mal so groß als der Sonnen dicke, und sein Cörper wol 730 mal so groß als der Sonnen Cörper sein. Darumb versteh ich nicht, wie das Pythagorische oder Copernische Systema Mundi bestehen und zugleich die Sonne mit jhrer grösse alle andere Sternen übertreffen sol: Ich kans nicht begreiffen: versteh es jemand, der sey gebeten michs zu lehren.

Ich kan auch nicht verstehen, zu was ende Gott der Schöpffer zwischen den Systemate Planetario oder Saturni Himmel, und zwischen dem Firmament so ein unglaubliches lediges (stillis vacuum) spacium, welchs über tausendmal grösser als das gantze Planeten Refier, solte gelassen haben? Solte es darumb geschehen sein, das es gleich viel were, ob der Astronomus motum diurnum auff der Sonnen oder auff der Erden observirete &c? das ist petitio principii. (Bl. Hh 4–Ii 1)

Crüger, Peter: Cuspediae Astrosophicae Crügerianae, Das ist, Frag und Antwort, Darinnen die allerkunstreichesten und tieffesten Geheimnüsse, der Astronomiae, deß Calender=Schreibens, der Astrologiae, und der Geographiae ... begriffen werden. Breslau o.J. [nach 1631]; Auszug aus dem Schreibkalender Peter Crügers auf das Jahr 1631
   vgl. Einleitung S. 45

RENÉ DESCARTES
Die Prinzipien der Philosophie, 1644

3. Denn wenn es auch im Sittlichen fromm ist, zu sagen, daß alles von Gott unsertwegen geschehen sei, um dadurch zu größerem Dank und Liebe zu ihm veranlaßt zu werden, und obgleich dies in gewissem Sinne auch richtig ist, da wir von allen Dingen für uns irgend einen Gebrauch machen können, wäre es auch nur, um unseren Verstand in ihrer Betrachtung zu üben und Gott aus seinen wundervollen Werken zu ahnen: so ist es doch unwahrscheinlich, daß Alles nur für uns und zu keinem anderen Zweck gemacht worden, und in der Naturwissenschaft würde diese Voraussetzung lächerlich und verkehrt sein, weil unzweifelhaft Vieles besteht oder früher bestanden hat und schon vergangen ist, was kein Mensch je gesehen oder erkannt hat, und was ihm niemals einen Nutzen gewährt hat. (S. 86)
   16.–18. Die erste [Hypothese der Astronomie] ist die von Ptolemäus ... Die zweite ist die von Kopernikus; die dritte die von Tycho Brahe. Beide entsprechen als Hypothesen in gleicher Weise den Erscheinungen und sind wenig unterschieden; nur ist die des Kopernikus etwas einfacher und klarer, so daß Tycho keinen Grund gehabt hätte, sie zu ändern, wenn er nicht über die Hypothese hinaus den wahren Sachverhalt hätte erklären wollen. Da nämlich Kopernikus kein Bedenken getragen hatte, der Erde eine Bewegung zuzuschreiben, so wollte Tycho dies, als in der Physik widersinnig und der allgemeinen Annahme widersprechend, verbessern; allein indem er die wahre Natur aller Bewegung nicht beachtete, so behauptete er den Stillstand der Erde nur den Worten nach, gab ihr aber der Sache nach mehr Bewegung als Jener.
   19. Ich selbst weiche von Beiden nur darin ab, daß ich der Erde wahrhafter wie Tycho und scharfsinniger wie Kopernikus alle Bewegung abspreche, und ich will deshalb hier eine Hypothese aufstellen, die, einfacher wie alle anderen, doch zum Verständnis der Erscheinungen und zur Erforschung ihrer natürlichen Ursachen am besten geeignet ist. Ich möchte sie aber nur als Hypothese und nicht als die wirkliche Wahrheit angesehen wissen.

24. Drittens ist anzunehmen, daß nicht bloß der Stoff der Sonne und der Fixsterne, sondern des ganzen Himmels flüssig ist. Schon alle Astronomen nehmen dies an, da sie sehen, daß die Planetenerscheinungen ohne dies kaum erklärt werden können.

25. Darin aber scheinen mir Viele zu irren, daß sie zwar in dem Himmel eine Flüssigkeit annehmen, aber ihn wie einen leeren Raum vorstellen, der den Bewegungen anderer Körper keinen Widerstand leistet, aber auch keine Kraft hat, sie mit sich zu nehmen. Denn ein solches Leere kann es in der Natur nicht geben, und allen Flüssigkeiten ist es gemeinsam, daß sie nur deshalb den Bewegungen anderer Körper nicht widerstehen, weil sie selbst eine Bewegung in sich haben, und weil diese Bewegungen leicht nach allen Richtungen hin mit einer Kraft geschehen, welche bei einer bestimmten Richtung notwendig alle in ihnen enthaltenen Körper mit sich nehmen, soweit keine andere Ursache sie zurückhält, und sie fest, ruhend und hart sind, wie aus dem früheren erhellt.

26. Viertens sehen wir die Erde auf keine Säulen gestützt und von keinem Strange gehalten, sondern ringsum von dem flüssigen Himmel umgeben. Wir halten sie deshalb für stillstehend und ohne Neigung zu einer Bewegung, da wir keine bemerken; aber dies hindert nicht, daß sie von dem Himmel fortgeführt wird und seinen Bewegungen ohne eigene Bewegung folgt. So steht ein Schiff, wenn kein Wind oder Ruder es fortstößt und kein Anker es festhält, mitten im Meere still, obgleich vielleicht die ungeheure Wassermasse in einem unsichtbaren Strome abfließt und das Schiff mit sich führt.

27. Und so wie die übrigen Planeten darin unter sich übereinstimmen, daß sie dunkel sind und die Strahlen der Sonne zurückwerfen, so werden sie mit Recht ihr auch darin gleichen, daß jeder in der Himmelsgegend, wo er sich aufhält, ruht, und daß jede an ihm beobachtete Veränderung seiner Lage nur daher kommt, daß der ganze Himmelsstoff, der ihn enthält, sich bewegt. (S. 89–93)

30. Indem so alle Vermutungen für die Bewegung der Erde beseitigt sind, müssen wir annehmen, daß die ganze Himmelsstoff, in dem die Planeten sich befinden, nach Art eines Wirbels, in dessen Mitte die Sonne ist, stetig sich dreht, und zwar die der Sonne näheren Teile schneller, die entfernteren langsamer, und daß alle Planeten (einschließlich der Erde) immer zwischen denselben Teilen des Himmelsstoffes bleiben. Dies genügt, um ohne alle Künsteleien die sämtlichen Erscheinungen derselben leicht zu verstehen. Denn so wie man in Flüssen, an Stellen, wo das Wasser in sich zurückkehrend Wirbel bildet, einzelne darauf schwimmende Grashalme sich mit dem Wasser zugleich fortbewegen sieht, andere aber sich um die eigenen Mittelpunkte drehen und ihre Kreisbewegung um so schneller beenden, je näher sie dem Mittelpunkte des Wirbels sind und obgleich sie immer nach Kreisbewegungen streben, doch niemals vollkommene Kreise beschreiben, sondern in die Länge oder Breite etwas davon abweichen, ebenso kann man sich dasselbe bei den Planeten leicht vorstellen, und damit allein sind alle Erscheinungen erklärt. (S. 95)

33. Außerdem sind, wie ich dies auch oft an den Wasserwirbeln bemerkt habe, in jenem großen Wirbel des Himmelsstoffes noch andere kleinere Wirbel enthalten; so einer, in dessen Mittelpunkt sich Jupiter, ein anderer, in dessen Mittelpunkt die Erde sich befindet; auch diese werden in derselben Richtung mit dem großen Wirbel fortgeführt. Davon dreht der mit dem Jupiter in der Mitte dessen 4 Begleiter mit einer

solchen Geschwindigkeit um ihn herum, daß der entfernteste in 16 Tagen, der folgende in 7 Tagen, der dritte in 85 Stunden und der nächste in 42 Stunden einen Umlauf vollenden. Indem sie so einmal in dem großen Kreise um die Sonne geführt werden, durchlaufen sie ihre kleineren Kreise um den Jupiter mehrmals. Ebenso bewirkt der Wirbel, welcher die Erde zum Mittelpunkt hat, daß der Mond in einem Monat um sie herumläuft, und die Erde selbst jeden Tag sich einmal um ihre eigene Axe dreht, und in derselben Zeit, in der Erde und Mond ihren gemeinsamen Umlauf einmal vollenden, die Erde sich 365mal um sich selbst und der Mond 12mal um die Erde sich drehen. (S. 97)

Descartes, René: Die Prinzipien der Philosophie. Übers. von J. H. v. Kirchmann. Heidelberg 1887. Dass.: Berlin 1965 (Philosophische Studientexte)
vgl. Einleitung S. 45

CHRISTIAAN HUYGENS
Beobachtungen des Mondes des Saturn und seines Ringsystems, 1656 und 1659

[1] Als ich am 25. März 1655 den Saturn durch ein Fernrohr anschaute, bemerkte ich außer den Henkeln oder Armen auf jeder Seite einen kleinen Stern, etwa 3′ westlich auf der Geraden liegend, die durch die Arme gezogen werden kann. Und da ich einigen Zweifel hegte, ob es sich nicht um einen Planeten derselben Art wie die handele, die den Jupiter umkreisen, bestimmte ich den Ort Saturns und des Sternchens in bezug auf einen anderen Stern, der ebenso weit, aber nach Osten zu von Saturn entfernt war; ich nahm an, daß er eher zu den Fixsternen gehöre als jener, da er nicht auf der erwähnten Gerade lag. Diese Vermutung täuschte mich nicht; denn tags darauf sah ich bei wiederholter Beobachtung den westlichen Stern in derselben Lage zu Saturn; aber der andere Stern hatte sich auf fast den doppelten Abstand entfernt. Daraus folgerte ich, daß er ein Fixstern sei und von Saturn zurückgelassen sei, der damals rückläufig war, während der andere Stern, der mit Saturn wanderte, sein Begleiter sei.

Durch die Beobachtungen der folgende Tage wurde jeder Zweifel zerstört; denn seitdem habe ich den neuen Planeten durch 3 Monate hindurch, soweit es das heitere Wetter erlaubte, beobachtet und ihn meinen Freunden gezeigt, bald rechts, bald links vom Saturn; aus meinem Beobachtungstagebuch ersah ich, daß seine Periode 16 Tage betrage. Sein größter Abstand scheint etwas weniger als 3′ zu betragen; wenn er diesen erreicht, so leuchtet er am meisten ... Wirklich entspricht die Zeit von 16 Tagen so genau der Umkreisung des Planeten, daß jetzt nach mehr als Jahresfrist nichts daran zu fehlen oder zuviel zu sein scheint.

[2] Nur der veränderliche Anblick Saturns ließ ein neues und verborgenes Kunststück der Natur vermuten, dessen Ursache weder Galilei selbst noch seitdem irgendeinem der Astronomen – mögen sie mir verzeihen – sicher zu erraten gelang. Er hatte zuerst den Saturn nicht als einfache leuchtende Scheibe, sondern gleichsam dreifach

beobachtet, indem 2 kleinere Sterne zu beiden Seiten des größeren in der Mitte angereiht waren. Da diese Erscheinung fast 3 Jahre unverändert blieb, war er überzeugt, daß Saturn, wie Jupiter 4 Monde, so 2 Monde habe, unbeweglich und immer in der gleichen Lage zu seinen Seiten. Allerdings fühlte er sich gezwungen, seine Ansicht zu ändern, als Saturn sich einfach zeigte, seiner Anhängsel ledig. Als er dies mit Erstaunen gesehen hatte und versuchte, die Ursachen des Vorganges durch eine Vermutung festzustellen, machte er einige Vorhersagen über die Wiederkehr des 1. Zustandes. Jedoch stellte man fest, daß die Ereignisse seine Vorhersagen nicht bestätigten, wie er es gehofft hatte, und daß Saturn sich nicht begnügte, nur in 2 verschiedenen Zuständen zu erscheinen. Später zeigten sich andere erstaunliche und sonderbare Formen ... Formen so ungewöhnlich, daß viele sie für optische Täuschungen und für Spiegelungen der Linsen eher als für himmlische Erscheinungen hielten, bis festgestellt wurde, daß, da mehrere dasselbe sahen, die Nachrichten nicht auf einer voreiligen Anzeige beruhten.

Ich selbst fühlte ein großes Verlangen, diese Wunder des Himmels zu betrachten; da ich zu meiner Verfügung nur die gewöhnlichen fünf- oder sechsfüßigen Fernrohre hatte, begann ich mich in der Kunst des Linsenschliffes mit jeder möglichen Sorgfalt und Eifer zu üben, und es reut mich nicht, selbst Hand angelegt zu haben. Nachdem ich viele Schwierigkeiten überwunden hatte – denn diese Kunst bietet mehr Schwierigkeiten, als der Anschein besagt -, stellte ich schließlich Linsen her, mit denen ich das sah, was mir der Anlaß wurde, das Folgende zu schreiben; denn als ich ständig meine Fernrohre auf Saturn richtete, fand ich einen anderen Anblick, als die meisten meiner Vorgänger früher zu sehen geglaubt hatten. Denn seine sehr nahen Anhängsel erschienen mir nicht als 2 Planeten ... Er ist umgeben von einem dünnen Ringe, nirgends zusammenhängend, zur Ekliptik geneigt. Daß aber die Größe des Zwischenraumes zwischen dem Ring und der Kugel Saturns der Breite des Ringes gleicht oder sie übertrifft, haben mich die Beobachtungen Saturns durch andere Astronomen und meine späteren und genaueren Beobachtungen gelehrt, und daß der größte Durchmesser des Ringes sich zum Durchmesser Saturns wie etwa 9 zu 4 verhält. (S. 279–282)

Huygens, Chr.: [1] De Saturni luna observatio nova. Haag 1656; [2] Systema Saturnium. Haag 1659. – Ders.: Oeuvres complètes, Vol. 15. La Haye 1925. – Zit. nach: Ernst Zinner, Astronomie. Geschichte ihrer Probleme. Freiburg; München 1951 (Orbis Academicus; II.1)
   vgl. Einleitung S. 45

ROGER COTES
Vorrede zur zweiten Ausgabe für Newtons Mathematische Prinzipien der Naturlehre, 1713

Aus dem Bisherigen folgt, daß die Planeten durch irgend eine beständig auf sie einwirkende Kraft in ihren Bahnen erhalten werden; ferner steht fest, daß diese Kraft immer gegen das Zentrum der Bahnen gerichtet ist; es steht fest, daß ihre Intensität mit der Annäherung zum Zentrum zu, hingegen mit der Entfernung von demselben abnimmt, und zwar zu- und abnimmt in demselben Verhältnis, in welchem das Quadrat des Abstandes ab- und zunimmt. Wir wollen nun eine Vergleichung zwischen den Zentripetalkräften der Planeten und der Schwerkraft anstellen, und sehen, ob sie vielleicht von derselben Art sind. Sie werden aber von derselben Art sein, wenn von dort und von hier dieselben Gesetze und dieselben Beziehungen bemerkt werden. Untersuchen wir zuerst die Zentripetalkraft des uns am nächsten liegenden Mondes!

Die geradlinigen Wege, welche die aus dem Zustande der Ruhe in Bewegung übergehenden Körper, im Anfange der letztern und in gegebener Zeit beschreiben, sind, wenn sie durch beliebige Kräfte angetrieben werden, diesen proportional. Dies ergibt sich durch mathematische Rechnung. Es wird daher die Zentripetalkraft, welche auf den in seiner Bahn sich bewegenden Mond wirkt, sich zur Schwerkraft an der Oberfläche der Erde verhalten, wie der Weg, welchen der Mond in einem sehr kleinen Zeitraume zurücklegen würde, wenn er vermöge der Zentripetalkraft sich der Erde näherte und seiner Kreisbewegung ganz beraubt wäre, zu dem Wege, welchen ein schwerer Körper in demselben kleinen Zeitraume nahe bei der Erde beschreiben würde, wenn nur die Schwerkraft ihn zum Fallen antriebe. Der erste dieser beiden Wege ist gleich dem Sinus versus des Bogens, welchen der Mond in derselben Zeit beschrieben hat. Dieser Sinus versus mißt nämlich die Entfernung, welche der Mond von der Tangente, vermöge der Zentripetalkraft in derselben Zeit erlangt hat, und kann daher aus der gegebenen Umlaufzeit des Mondes und seinem Abstande vom Mittelpunkte der Erde berechnet werden. Den zweiten Weg findet man, wie Huygens gelehrt hat, durch Pendelversuche. Stellt man daher die Rechnung an, so wird der erste Weg sich zum zweiten, oder die Zentripetalkraft des in seiner Bahn sich bewegenden Mondes zur Schwerkraft an der Oberfläche der Erde verhalten, wie das Quadrat des Erdhalbmessers zum Quadrat des Halbmessers der Mondbahn.

Dasselbe Verhältnis hat nach dem Obigen die Zentripetalkraft des in seiner Bahn sich bewegenden Mondes zu derselben Kraft in der Nähe der Erdoberfläche. Die letzte Zentripetalkraft ist daher gleich der Kraft der Schwere. Beide Kräfte sind nicht voneinander verschieden, sondern eine und dieselbe. Wären sie nämlich voneinander verschieden, so müßten die, durch die vereinigten Kräfte angetriebenen Körper doppelt so schnell gegen die Erde fallen, als bloß vermöge der Schwerkraft. Es ist demnach ausgemacht, daß jene Zentripetalkraft, durch welche der Mond beständig von der Tangente abgezogen, oder fortgestoßen und in seiner Bahn erhalten wird, die Schwerkraft der Erde sei, welche sich bis zum Monde erstreckt ...

Gehen wir nun zu andern Planeten über. Da die Umläufe der Planeten um die Sonne, und der Trabanten um den Jupiter und Saturn Erscheinungen von derselben Art, wie der Umlauf des Mondes um die Erde sind, weil erwiesen ist, daß die Zentripetalkräfte der Planeten gegen den Mittelpunkt der Sonne, die der Trabanten gegen die Mittelpunkte von Jupiter und Saturn gerichtet sind; da ferner alle diese Kräfte sich umgekehrt wie die Quadrate der Abstände von den Mittelpunkten verhalten, wie die Zentripetalkraft des Mondes sich umgekehrt wie das Quadrat seines Abstandes von der Erde verhält: so muß man schließen, daß sie alle von derselben natürlichen Beschaffenheit seien. Wie der Mond gegen die Erde, und umgekehrt die Erde gegen den Mond schwer ist, so sind auch alle Trabanten gegen ihren Zentralplaneten und dieser gegen sie, so wie endlich alle Planeten gegen die Sonne und diese gegen jene schwer.

Die Sonne ist daher gegen alle Planeten und Trabanten, und diese gegen jene schwer ... Daß die anziehende Kraft der Sonne sich nach allen beliebigen Richtungen bis in sehr große Entfernungen fortpflanze und sich auf die einzelnen Teile des umliegenden Raumes ergieße, kann man offenbar aus der Bewegung der Kometen schließen. Diese kommen aus ungeheuern Entfernungen in die Nähe der Sonne, und kommen dieser bisweilen so nahe, daß sie dieselbe in der Gegend des Perihels nur eben nicht zu berühren scheinen. Die Theorie derselben, welche vor diesem die Astronomen vergebens gesucht hatten, ist in unserm Jahrhundert endlich glücklich aufgefunden und aufs Bestimmteste durch Beobachtungen bewiesen worden; wir verdanken es unserm Autor. Es ist demnach klar, daß die Kometen sich in Kegelschnitten bewegen, deren Brennpunkt im Mittelpunkt der Sonne liegt, und daß ihre nach der Sonne gezogenen Radienvektoren der Zeit proportionale Flächen beschreiben. Aus diesen Erscheinungen aber erhellt und wird mathematisch bewiesen, daß jene Kräfte, durch welche die Kometen in ihren Bahnen erhalten werden, nach der Sonne gerichtet und den Quadraten ihrer Abstände von deren Zentrum umgekehrt proportional sind. Daher gravitieren die Kometen gegen die Sonne, und die anziehende Kraft der letztern erstreckt sich nicht allein auf die Planeten und Trabanten, welche sich in gegebenen Abständen und fast in derselben Ebene befinden, sondern auch auf die Kometen, welche sich in den verschiedensten Gegenden des Himmels und in den mannigfaltigsten Entfernungen aufhalten. Hierin besteht also die Natur der gravitierenden Körper, daß sie ihre Kräfte in alle Entfernungen und auf alle gravitierenden Körper ausdehnen. Daraus folgt aber, daß alle Planeten und Kometen einander wechselseitig anziehen und gegeneinander schwer sein müssen. Dies wird auch durch die den Astronomen nicht unbekannte Störung des Jupiters und des Saturns bestätigt, welche aus der gegenseitigen Wirkung dieser Planeten aufeinander entspringt, wie auch durch jene oben erwähnte langsame Bewegung der Apsiden, welche aus einer ähnlichen Ursache hervorgeht.

So gelangen wir endlich dahin, aussprechen zu müssen, daß die Erde, die Sonne und alle die letztere begleitenden Himmelskörper sich wechselseitig anziehen. Ferner werden auch die kleinsten Teilchen der anziehenden Körper ihre anziehenden Kräfte haben, welche im Verhältnis der Menge der Materie zu wirken vermögen ...

Da nun alle Körper, welche sich auf der Erde oder am Himmel befinden, und an denen man Beobachtungen oder Versuche anstellen kann, schwer sind; so wird man allgemein behaupten müssen, daß die Schwere allen Körpern zukomme. So wie man sich keine Körper denken kann, welche nicht ausgedehnt, beweglich und undurchdringlich wären; kann man sich auch keine vorstellen, welche nicht schwer wären. Die Ausdehnung, Beweglichkeit und Undurchdringlichkeit sind nur durch Versuche bekannt, und ganz auf dieselbe Weise hat man auch die Schwere kennen gelernt. Alle Körper, welche wir beobachtet haben, sind ausgedehnt, beweglich und undurchdringlich; und hieraus schließen wir, daß alle Körper, auch die nicht beobachteten, ausgedehnt, beweglich und undurchdringlich sind. Ebenso sind alle beobachteten Körper schwer, und hieraus schließen wir auf die Schwere aller Körper, auch derjenigen, welche wir nicht beobachtet haben. Wollte jemand behaupten, die Fixsterne seien nicht schwer, weil man ihre Schwere noch nicht wahrgenommen hat; so könnte man aus demselben Grunde die Behauptung aufstellen, daß sie weder ausgedehnt, noch beweglich, noch undurchdringlich seien, weil man diese Eigenschaften derselben noch nicht beobachtet hat. Wozu bedarf man der Kräfte? Unter den ursprünglichen Eigenschaften aller Kräfte findet entweder die Schwere statt, oder es finden ebensowenig die Ausdehnung, Beweglichkeit und Undurchdringlichkeit statt. Die Natur der Dinge wird entweder richtig durch die erstere, oder nicht richtig durch die drei letztern erklärt.

Ich höre, daß manche diese Schlüsse nicht billigen und, ich weiß nicht was, von verborgenen Eigenschaften murmeln. Sie pflegen nicht immer die Schwere als etwas Verborgenes anzunehmen, und sind der Meinung, daß die verborgenen Ursachen weit von der Forschung abliegen. Diesen erwidert man leicht, daß diejenigen Ursachen keine verborgenen sind, deren Dasein durch Beobachtungen aufs deutlichste erwiesen wird, sondern nur diejenigen, deren Existenz, verborgen oder erdichtet, aber noch nicht erwiesen ist. Die Schwere wird daher keine verborgene Ursache der Erscheinungen am Himmel sein, indem aus den Erscheinungen selbst dargetan worden ist, daß sie wirklich existiere. Diejenigen nahmen vielmehr zu verborgenen Ursachen Zuflucht, welche, ich weiß nicht was für Wirbel einer gänzlich ersonnenen und den Sinnen ganz unbekannten Materie annehmen, durch welche jene Bewegungen hervorgebracht werden sollen.

Wird man aber deshalb die Schwere eine verborgene Ursache nennen, und sie unter diesem Namen aus der Naturlehre verbannen, weil ihre Ursache verborgen und noch nicht gefunden ist? Diejenigen, welche dies behaupten, mögen sehen, daß sie keine absurde Behauptung aufstellen, wodurch sie endlich die ganze Grundlage der Physik umreißen würden. Obgleich man durch beständige Verknüpfung der Ursachen vom Zusammengesetzten zum Einfachen fortzuschreiten pflegt, kann man doch nicht weiter kommen, sobald man zur einfachsten Ursache gelangt ist. Von der letztern kann keine mechanische Erklärung gegeben werden; würde diese gegeben, so wäre die Ursache noch nicht die einfachste. Wird man daher diese einfachste Ursache verborgen nennen und dieselben verbannen wollen? Zugleich würden dann auch die unmittelbar von ihnen abhängenden und eben so die weiter abhängenden Ursachen verbannt werden, bis die Naturlehre von allen Ursachen frei und gereinigt wäre.

Manche halten die Schwere für unnatürlich und nennen sie beständig ein Wunder. Sie wollen sie daher verwerfen, da in der Physik außernatürliche Ursachen nicht stattfinden. Bei der Widerlegung dieses durchaus törichten Einwurfes, welcher die ganze Naturforschung umstößt, zu verweilen ist wohl kaum der Mühe wert. Entweder leugnen sie, daß die Schwere allen Körpern innewohne, was jedoch nicht behauptet werden kann, oder sie halten sie deshalb für außernatürlich, weil sie aus anderen Beziehungen der Körper und daher nicht aus mechanischen Ursachen entspringt. Sicher finden ursprüngliche Beziehungen der Körper statt, welche von andern nicht abhängen, weil sie eben ursprünglich sind. Man mag daher zusehen, ob nicht alle diese außernatürlich und deshalb zu verwerfen seien, und zusehen, wie künftig die Naturlehre beschaffen sein würde.

Einigen gefällt diese ganze Physik des Himmels deshalb weniger, weil sie den Meinungen von Cartesius zu widerstreiten und kaum damit vereinigt werden zu können scheint. Diese mögen an ihrer Ansicht Freude finden, jedoch müssen sie auch billig handeln, und andern die Freiheit nicht versagen, welche sie für sich selbst in Anspruch nehmen. Es wird daher erlaubt sein, Newtons System, welches uns wahrer erscheint, beizubehalten und zu umfassen, wie auch den durch Erscheinungen dargetanen Ursachen lieber zu folgen, als gänzlich erdichteten und noch nicht erwiesenen. Zur wahren Forschung gehört, die Natur der Dinge aus wirklich existierenden Ursachen abzuleiten und die Gesetze aufzusuchen, nach denen der hohe Weltschöpfer die schönste Ordnung herstellen wollte, nicht aber die, nach denen er es konnte, wenn es ihm beliebt hätte. (S. 7–12)

In: Sir Isaac Newton's mathematische Principien der Naturlehre. Hrsg. von J. Ph. Wolfers. Berlin 1872, S. 4–19 [fotomech. Nachdruck Darmstadt 1963]. – Newton, Isaac: Philosophiae naturalis principia mathematica. Amsterdam 1714. – Ders.: Mathematische Grundlagen der Naturphilosophie. Hrsg. von Ed Dellian. Hamburg 1988 (Philosophische Bibliothek; 394)
vgl. Einleitung S. 56

ISAAC NEWTON
Mathematische Prinzipien der Naturlehre, 1687

Grundsätze oder Gesetze der Bewegung

1. Gesetz. Jeder Körper beharrt in seinem Zustande der Ruhe oder der gleichförmigen geradlinigen Bewegung, wenn er nicht durch einwirkende Kräfte gezwungen wird, seinen Zustand zu ändern.

Geschosse verharren in ihrer Bewegung, insofern sie nicht durch den Widerstand der Luft verzögert und durch die Kraft der Schwere von ihrer Richtung abgelenkt werden. Ein Kreisel, dessen Teile vermöge der Kohäsion sich beständig aus der geradlinigen Bewegung entfernen, hört nur insofern auf, sich zu drehen, als der Widerstand der Luft (und die Reibung) ihn verzögert. Die großen Körper der Planeten und Kometen aber behalten ihre fortschreitende und kreisförmige Bewegung in weniger widerstehenden Mitteln längere Zeit bei.

2. Gesetz. Die Änderung der Bewegung ist der Einwirkung der bewegenden Kraft proportional und geschieht nach der Richtung derjenigen geraden Linie, nach welcher jene Kraft wirkt.

Wenn irgend eine Kraft eine gewisse Bewegung hervorbringt, so wird die doppelte eine doppelte, die dreifache eine dreifache erzeugen; mögen diese Kräfte zugleich und auf einmal, oder stufenweise aufeinander folgend einwirken. Da diese Bewegung immer nach demselben Ziele, als die erzeugende Kraft gerichtet ist, so wird sie, im Fall daß der Körper vorher in Bewegung war, entweder, wenn die Richtung übereinstimmt, hinzugefügt oder, wenn sie unter einem schiefen Winkel einwirkt, mit ihr nach den Richtungen beider zusammengesetzt.

3. Gesetz. Die Wirkung ist stets der Gegenwirkung gleich, oder die Wirkung zweier Körper aufeinander sind stets gleich und von entgegengesetzter Richtung.

Jeder Gegenstand, welcher einen andern drückt oder zieht, wird eben so stark durch diesen gedrückt oder gezogen. Drückt jemand einen Stein mit dem Finger, so wird dieser vom Steine gedrückt ... (S. 32f.)

Regeln zur Erforschung der Natur

1. Regel. An Ursachen zur Erklärung natürlicher Dinge nicht mehr zuzulassen, als wahr sind und zur Erklärung jener Erscheinungen ausreichen.

Die Physiker sagen: Die Natur tut nichts vergebens, und vergeblich ist dasjenige, was durch vieles geschieht und durch weniger ausgeführt werden kann. Die Natur ist nämlich einfach und schwelgt nicht in überflüssigen Ursachen der Dinge.

2. Regel. Man muß daher, so weit es angeht, gleichartigen Wirkungen dieselben Ursachen zuschreiben ...

3. Regel. Diejenigen Eigenschaften der Körper, welche weder verstärkt noch vermindert werden können und welche allen Körpern zukommen, an denen man Versuche anstellen kann, muß man für Eigenschaften aller Körper halten.

... Sind endlich alle Körper in der Umgebung der Erde gegen diese schwer, und zwar im Verhältnis der Menge der Materie in jedem; ist der Mond gegen die Erde nach Verhältnis seiner Masse, und umgekehrt unser Meer gegen den Mond schwer; hat man ferner durch Versuche und astronomische Beobachtungen erkannt, daß alle Planeten wechselseitig gegeneinander und die Kometen gegen die Sonne schwer sind; so muß man nach dieser Regel behaupten, daß alle Körper gegeneinander schwer seien. Stärker ist der Beweis in Bezug auf die allgemeine Schwere, als auf die Undurchdringlichkeit der Körper, über welche letztere wir keinen Versuch und keine Beobachtung der Himmelskörper haben. Ich behaupte aber doch nicht, daß die Schwere den Körpern wesentlich zukomme. Unter eigentümlicher Kraft begreife ich die Kraft der Trägheit, welche unveränderlich ist, wogegen die Schwere mit der Entfernung von der Erde abnimmt.

4. Regel: In der Experimentalphysik muß man die aus den Erscheinungen durch Induktion geschlossenen Sätze, wenn nicht entgegengesetzte Voraussetzungen vorhanden sind, entweder genau oder sehr nahe für wahr halten, bis andere Erscheinungen eintreten, durch welche sie entweder größere Genauigkeit erlangen oder Ausnahmen unterworfen werden. (S. 380f.)

Von den Ursachen des Weltsystems [Lehrsätze]

Die Kräfte, durch welche die Trabanten des Jupiters beständig von der geradlinigen Bewegung abgezogen, und in ihren Bahnen erhalten werden, sind nach dem Mittelpunkte des Jupiters gerichtet und den Quadraten ihrer Abstände von demselben Punkte umgekehrt proportional.

Die Kräfte, durch welche die Planeten beständig von der geradlinigen Bewegung abgezogen, und in ihren Bahnen erhalten werden, sind nach der Sonne gerichtet und den Quadraten ihrer Abstände von derselben umgekehrt proportional.

Die Kraft, welche den Mond in seiner Bahn erhält, ist nach der Erde gerichtet und dem Quadrat des Abstandes seiner Örter vom Zentrum der Erde umgekehrt proportional.

Der Mond ist gegen die Erde schwer, er wird durch die Schwere von der geradlinigen Bewegung abgezogen und in seiner Bahn erhalten.

Die Jupitertrabanten gravitieren gegen den Jupiter, die Saturntrabanten gegen den Saturn, die Planeten gegen die Sonne und werden durch die Kraft ihrer Schwere stets von der geradlinigen Bewegung abgezogen und in krummlinigen Bahnen erhalten.

Bis jetzt haben wir jene Kraft, welche die Himmelskörper in ihren Bahnen erhält, Zentripetalkraft genannt. Daß sie mit der Schwere identisch sei, ist ausgemacht und wir wollen sie daher künftig Schwere nennen.

Alle Körper sind gegen die einzelnen Planeten schwer, und die Gewichte der ersteren gegen jeden Planeten sind in gleichen Abständen vom Mittelpunkt des letzteren der Menge der in den einzelnen Körpern befindlichen Materie proportional.

Die Schwere kommt allen Körpern zu, und ist der in jedem enthaltenen Menge der Materie proportional.

Wenn die Materie zweier Kugeln, welche gegeneinander schwer sind, überall in gleichen Abständen von ihrem Mittelpunkte homogen ist; so verhält sich das Gewicht der einen Kugel gegen die andere umgekehrt wie das Quadrat des Abstandes des einen Mittelpunktes vom anderen.

Die Schwere nimmt im Innern der Planeten sehr nahe im Verhältnis des Abstandes vom Mittelpunkte ab.

Der gemeinschaftliche Schwerpunkt der Sonne und aller Planeten befindet sich in Ruhe.

Die Sonne ist immer in Bewegung, sie entfernt sich aber nur sehr wenig von dem gemeinschaftlichen Schwerpunkt aller Planeten.

Die Planeten bewegen sich in Ellipsen, deren einer Brennpunkt sich im Mittelpunkt der Sonne befindet, und die um denselben beschriebenen Flächenräume sind den Zeiten proportional.

(S. 385–397, unter Fortlassung der zugehörigen Erläuterungen)

Die sechs Hauptplaneten bewegen sich um die Sonne in Kreisen, welche um die letztere konzentrisch sind, sie befinden sich sehr nahe in derselben Ebene und ihre Bewegungen haben dieselbe Richtung. Die zehn Monde, welche sich um die Erde, den Jupiter und den Saturn in Kreisen drehen, die um diese Planeten konzentrisch sind, bewegen sich in derselben Richtung und sehr nahe in den Ebenen dieser Planetenbahnen. Alle diese so regelmäßigen Bewegungen entspringen nicht aus mechanischen Ursachen; da die Kometen sich in sehr exzentrischen Bahnen und nach allen Gegenden des Himmels frei bewegen. Vermöge dieser Art von Bewegung gehen die letzteren sehr schnell und leicht durch die Planetenbahnen und sind in ihrem Aphel, wo ihre Bewegung sehr langsam ist und sie längere Zeit verweilen, so weit voneinander entfernt, daß ihre gegenseitige Anziehung fast unmerklich ist. Diese bewundernswürdige Einrichtung der Sonne, der Planeten und Kometen hat nur aus dem Ratschlusse und der Herrschaft eines alles einsehenden und allmächtigen Wesens hervorgehen können. Wenn jeder Fixstern das Zentrum eines, dem unserigen ähnlichen Systems ist, so muß das Ganze, da es das Gepräge eines und desselben Zweckes trägt, bestimmt einem und demselben Herrscher unterworfen sein. Das Licht der Fixsterne ist von derselben Natur, wie das der Sonne, und alle Systeme senden einander ihr Licht zu. Ferner sieht man, daß derjenige, welcher diese Welt eingerichtet hat, die Fixsterne in ungeheure Entfernungen voneinander gestellt hat, damit diese Kugeln nicht, vermöge ihrer Schwerkraft, aufeinander fallen. (S. 508)

Ich habe bisher die Erscheinungen der Himmelskörper und die Bewegungen des Meeres durch die Kraft der Schwere erklärt, aber ich habe nirgends die Ursache der letzteren angegeben. Diese Kraft rührt von irgend einer Ursache her, welche bis zum Mittelpunkte der Sonne und der Planeten dringt, ohne irgendetwas von ihrer Wirksamkeit zu verlieren. Sie wirkt nicht nach Verhältnis der Oberfläche derjenigen Teilchen, worauf sie einwirkt (wie die mechanischen Ursachen), sondern nach Verhältnis der Menge fester Materie, und ihre Wirkung erstreckt sich nach allen Seiten hin, bis in ungeheure Entfernungen, indem sie stets im doppelten Verhältnis der letzteren abnimmt. Die Schwere gegen die Sonne ist aus der Schwere gegen jedes ihrer Teilchen zusammengesetzt, und sie nimmt mit der Entfernung von der Sonne genau im doppelten Verhältnis der Abstände ab, und dies geschieht bis zur Bahn des Saturns, wie die Ruhe der Aphelien der Planeten beweist; sie erstreckt sich ferner bis zu den äußeren Aphelien der Kometen, wenn diese Aphelien in Ruhe sind.

Ich habe noch nicht dahin gelangen können, aus den Erscheinungen den Grund dieser Eigenschaften der Schwere abzuleiten, und Hypothesen erdenke ich nicht. Alles nämlich, was nicht aus den Erscheinungen folgt, ist eine Hypothese, und Hypothesen, seien sie nun metaphysische oder physische, mechanische oder diejenigen der verborgenen Eigenschaften, dürfen nicht in die Experimentalphysik aufgenommen werden. In dieser leitet man die Sätze aus den Erscheinungen ab und verallgemeinert sie durch Induktion. Auf diese Weise haben wir die Undurchdringlichkeit, die Beweglichkeit, den Stoß der Körper, die Gesetze der Bewegung und der Schwere kennengelernt. Es genügt, daß die Schwere existiere, daß sie nach den von uns dargelegten Gesetzen wirke, und daß sie alle Bewegungen der Himmelskörper und des Meeres zu erklären im Stande sei. (S. 511)

Sir Isaac Newton's mathematische Principien der Naturlehre. Hrsg. von J. Ph. Wolfers. Berlin 1872 [fotomech. Nachdruck Darmstadt 1963]. – Newton, Isaac: Philosophiae naturalis principia mathematica. London 1687 [Reprint London o.J.]. – Ders.: Mathematische Grundlagen der Naturphilosophie. Hrsg. von Ed Dellian. Hamburg 1988 (Philosophische Bibliothek; 394)
vgl. Einleitung S. 56

EDMOND HALLEY
Über die elliptische Bahnform der Kometen, 1705

Bisher habe ich die Bahnen der Kometen für genau parabolisch gehalten. Aus dieser Annahme würde folgen, daß Kometen – durch eine anziehende Kraft – zur Sonne hin getrieben, aus unendlich entfernten Räumen niedersteigen und durch ihren Fall eine solche Geschwindigkeit erreichen, daß sie wieder in die entferntesten Teile der Welt würden fliegen können. Dabei würden sie sich in dauerndem Flug aufwärts bewegen, um niemals zur Sonne zurückzukehren. Da sie jedoch häufig genug erscheinen und da keiner von ihnen eine hyperbolische Bewegung gezeigt hat oder eine Bewegung, die rascher ist, als sie ein Komet beim Fall auf die Sonne erreichen könnte, so ist es höchst wahrscheinlich, daß sie sich eher in sehr exzentrischen Bahnen um die Sonne bewegen und nach sehr langen Umläufen zurückkehren. Dadurch wird ihre Anzahl begrenzt und vielleicht nicht allzu groß. Überdies ist der Raum zwischen der Sonne und den Sternen so groß, daß Raum genug ist für die Umläufe von Kometen, wie groß auch ihre Umlaufszeit sei.

Nun verhält sich das Latus Rectum einer Ellipse zum Latus Rectum einer Parabel, welche die gleiche Entfernung im Perihel hat, wie die Entfernung in der Sonnenferne der Ellipse zur ganzen Achse der Ellipse. Und die Geschwindigkeiten stehen im Verhältnis 1:2. Deshalb kommt in sehr exzentrischen Bahnen das Verhältnis dem Verhältnis der Gleichheit sehr nahe. Aber der Unterschied, der infolge der größeren Geschwindigkeit in der Parabel entsteht, wird leicht in der Bahnbestimmung ausgeglichen. Dies ist daher der hauptsächliche Zweck dieser Tafel der Elemente der Bewegung und der Grund, der mich veranlaßte, sie zu berechnen, daß wir beim Erscheinen eines neuen Kometen durch Vergleichung der Elemente feststellen können, ob er zu den alten gehört oder nicht und folglich seine Umlaufszeit und die Achse seiner Bahn bestimmen und seine Wiederkehr voraussagen können.

Immerhin veranlassen mich verschiedene Umstände, zu glauben, daß der Komet, den Apian im Jahre 1531 beobachtete, derselbe war, den Kepler und Longomontanus im Jahre 1607 beschrieben und den ich selbst im Jahre 1682 wiederkehren sah und beobachtete. Alle Elemente stimmen überein, und nur die Ungleichheit der Umlaufszeiten scheint zu widersprechen. Diese ist nicht so groß, als daß sie nicht physikalisch erklärt werden könnte. Saturns Bewegung wird nämlich durch die übrigen Planeten, besonders durch Jupiter, so gestört, daß seine Umlaufszeit sogar um einige Tage unsicher ist. Um wieviel mehr wird ein Komet von solchen Einflüssen abhängig sein – ein Komet, der beinahe viermal so weit sich von der Sonne entfernt als Saturn und dessen Geschwindigkeit – zumal nur wenig vergrößert – genügen würde, um seine Bahn aus einer elliptischen in eine parabolische zu ändern. Ich sehe diese Vermutung dadurch bestätigt, daß im Sommer 1456 ein Komet beobachtet wurde, der sich beinahe auf die gleiche Weise zwischen Erde und Mond rückwärts bewegte. Obgleich dies von niemand beobachtet wurde, vermute ich derartiges aus seiner Umlaufszeit und der Art seines Vorüberganges. Und wenn ich mich in die Geschichte der Kometen vertiefe, so finde ich mit gleicher Umlaufszeit einen Kometen, der im Jahre 1305 um Ostern herum gesehen worden war, was um die doppelte Umlaufszeit – nämlich 151 Jahre – vor 1456 geschah. Deshalb denke ich, daß ich es wagen darf, vorauszusagen, daß er im Jahre 1758 wiederkehren wird. Und wenn er demgemäß wiederkehrt, haben wir keinen Grund, daran zu zweifeln, daß die übrigen ebenfalls zurückkehren. Deshalb haben die Astronomen ein weites Feld vor sich, wo sie sich viele Jahre lang üben können, bis sie einmal imstande sein werden, die Zahl der vielen und großen Himmelskörper, die um den gemeinsamen Mittelpunkt – die Sonne – kreisen, zu kennen und aus ihren Bewegungen gewisse Regeln abzuleiten. (S. 295f.)

Halley, Edmond: A Synopsis of the Astronomy of Comets. London 1705. – Zit. nach: Ernst Zinner, Astronomie. Geschichte ihrer Probleme. Freiburg; München 1951 (Orbis Academicus; II.1)
vgl. Einleitung S. 58

IMMANUEL KANT
Allgemeine Naturgeschichte und Theorie des Himmels, 1755

Vorrede

Ich habe einen Vorwurf gewählet, welcher sowol von seiten seiner innern Schwierigkeit, als auch in Ansehung der Religion einen grossen Theil der Leser gleich anfänglich mit einem nachtheiligen Vorurtheile einzunehmen vermögend ist. Das systematische, welches die grossen Glieder der Schöpfung in dem ganzen Umfange der Unendlichkeit verbindet, zu entdecken, die Bildung der Weltkörper selber und den Ursprung ihrer Bewegungen aus dem ersten Zustande der Natur durch mechanische Gesetze herzuleiten: solche Einsichten scheinen sehr weit die Kräfte der menschlichen Vernunft zu überschreiten. Von der andern Seite drohet die Religion mit einer feyerlichen Anklage über die Verwegenheit, da man der sich selbst überlassenen Natur solche Folgen beyzumessen sich erkühnen darf, darin man mit Recht die unmittelbare Hand des höchsten Wesens gewahr wird, und besorget, in dem Vorwitz solcher Betrachtungen eine Schutzrede des Gottesleugners anzutreffen. Ich sehe alle diese Schwierigkeiten wohl und werde doch nicht kleinmüthig. Ich empfinde die ganze Stärke der Hindernisse die sich entgegensetzen, und verzage doch nicht. Ich habe auf eine geringe Vermuthung eine gefährliche Reise gewagt, und erblicke schon die Vorgebürge neuer Länder. Diejenigen, welche die Herzhaftigkeit haben die Untersuchung fortzusetzen, werden sie betreten und das Vergnügen haben, selbige mit ihrem Namen zu bezeichnen.

Ich habe nicht eher den Anschlag auf diese Unternehmung gefasset, als bis ich mich in Ansehung der Pflichten der Religion in Sicherheit gesehen habe. Mein Eifer ist verdoppelt worden, als ich bey jedem Schritte die Nebel sich zerstreuen sahe, welche hinter ihrer Dunkelheit Ungeheuer zu verbergen schienen und nach deren Zertheilung die Herrlichkeit des höchsten Wesens mit dem lebhaftesten Glanze hervorbrach. Da ich diese Bemühungen von aller Sträflichkeit frey weiss, so will ich getreulich anführen was wohlgesinnete oder auch schwache Gemüther in meinem Plane anstößig finden können und bin bereit, es der Strenge des rechtgläubigen Areopagus mit einer Freymüthigkeit zu unterwerfen, die das Merkmaal einer redlichen Gesinnung ist. Der Sachwalter des Glaubens mag demnach zuerst seine Gründe hören lassen.

Wenn der Weltbau mit aller Ordnung und Schönheit nur eine Wirkung der ihren allgemeinen Bewegungsgesetzen überlassenen Materie ist, wenn die blinde Mechanik der Naturkräfte sich aus dem Chaos so herrlich zu entwickeln weiss und zu solcher Vollkommenheit von selber gelanget; so ist der Beweis des göttlichen Urhebers, den man aus dem Anblicke der Schönheit des Weltgebäudes ziehet, völlig entkräftet, die Natur ist sich selbst genugsam, die göttliche Regierung ist unnöthig, Epikur lebt mitten im Christenthume wieder auf, und eine unheilige Weltweisheit tritt den Glauben unter die Füsse, welcher ihr ein helles Licht darreichet, sie zu erleuchten ...

Man ist gewohnt die Uebereinstimmung, die Schönheit, die Zwecke, und eine vollkommene Beziehung der Mittel auf dieselbe in der Natur zu bemerken und herauszustreichen. Allein indem man die Natur von dieser Seite erhebet, so sucht man sie anderer Seits wiederum zu verringern. Diese Wohlgereimtheit, sagt man, ist ihr fremd, sie würde ihren allgemeinen Gesetzen überlassen, nichts als Unordnung zuwege bringen. Die Uebereinstimmungen zeigen eine fremde Hand, die eine von aller Regelmäßigkeit verlassene Materie in einen weisen Plan zu zwingen gewusst hat. Allein ich antworte: wenn die allgemeinen Wirkungsgesetze der Materie gleichfals eine Folge aus dem höchsten Entwurfe seyn, so können sie vermuthlich keine andere Bestimmungen haben, als die den Plan von selber zu erfüllen trachten, den die höchste Weisheit sich vorgesetzet hat; oder wenn dieses nicht ist, solte man nicht in Versuchung gerathen zu glauben, daß wenigstens die Materie und ihre allgemeine Gesetze unabhängig wären, und dass die höchstweise Gewalt, die sich ihrer so rühmlichst zu bedienen gewust hat, zwar gross, aber doch nicht unendlich, zwar mächtig, aber doch nicht allgenugsam sei? ...

Nunmehro mache ich getrost die Anwendung auf mein gegenwärtiges Unterfangen. Ich nehme die Materie aller Welt in einer allgemeinen Zerstreuung an und mache aus derselben ein vollkommenes Chaos. Ich sehe nach den ausgemachten Gesetzen der Attraktion den Stoff sich bilden und durch die Zurückstossung ihre Bewegung modificiren. Ich geniesse das Vergnügen ohne Beyhülfe willkührlicher Erdichtungen, unter der Veranlassung ausgemachter Bewegungsgesetze sich ein wohlgeordnetes Ganze erzeugen zu sehen, welches demjenigen Weltsystem so ähnlich siehet das wir vor Augen haben, dass ich mich nicht entbrechen kan es vor dasselbe zu halten. Diese unerwartete Auswickelung der Ordnung der Natur im Grossen wird mir anfänglich verdächtig, da sie auf so schlechten und einfachen Grunde eine so zusammengesetzte Richtigkeit gründet. Ich belehre mich endlich aus der vorher angezeigten Betrachtung: dass eine solche Auswickelung der Natur nicht etwas unerhörtes an ihr ist, sondern dass ihre wesentliche Bestrebung solche nothwendig mit sich bringet, und dass dieses das herrlichste Zeugniss ihrer Abhängigkeit von demjenigen Urwesen ist, welches so gar die Quelle der Wesen selber und ihrer ersten Wirkungsgesetze in sich hat. Diese Einsicht verdoppelt mein Zutrauen auf den Entwurf den ich gemacht habe. Die Zuversicht vermehret sich bey jeden Schritte den ich mit Fortgang weiter setze und meine Kleinmüthigkeit hört völlig auf ...

Die Materie die der Urstoff aller Dinge ist, ist also an gewisse Gesetze gebunden, welchen sie frey überlassen nothwendig schöne Verbindungen hervorbringen muss. Sie hat keine Freyheit von diesem Plane der Vollkommenheit abzuweichen. Da sie also sich einer höchst weisen Absicht unterworfen befindet, so muss sie nothwendig in solche übereinstimmende Verhältnisse durch eine über sie herrschende erste Ursache versetzt worden seyn, *und es ist ein GOtt eben deswegen, weil die Natur auch selbst im Chaos nicht anders als regelmäßig und ordentlich verfahren kan.* (S. 4–11)

Kurzer Abriß der nöthigsten Grundbegriffe der Newtonischen Weltwissenschaft

... Sechs Planeten, davon drey Begleiter haben, Merkur, Venus, die Erde mit ihrem Monde, Mars, Jupiter mit vier und Saturn mit fünf Trabanten, die um die Sonne als den Mittelpunkt Kreise beschreiben, nebst den Cometen, die es von allen Seiten her und in sehr langen Kreisen thun, machen ein System aus, welches man das System der Sonnen oder auch den planetischen Weltbau nennt. Die Bewegung aller dieser Körper, weil sie kreisförmig und in sich selbst zurückkehrend ist, setzet zwey Kräfte voraus, welche bey einer jeglichen Art des Lehrbegriffs gleich nothwendig sind, nemlich eine schiessende Kraft, dadurch sie in jedem Punkte ihres krumlienigten Laufes die gerade Richtung fortsetzen, und sich ins Unendliche entfernen würden, wenn nicht eine andere Kraft, welche es auch immer seyn mag, sie beständig nöthigte diese zu verlassen und in einem krummen Gleise zu laufen, der die Sonne als den Mittelpunkt umfasset. Diese zweyte Kraft, wie die Geometrie selber es ungezweifelt ausmacht, zielt allenthalben zu der Sonne hin und wird daher die sinkende, die Centripetalkraft, oder auch die Gravität genennet. (S. 24)

Von dem Ursprunge des planetischen Weltbaues überhaupt, und den Ursachen ihrer Bewegungen

Die Betrachtung des Weltbaues zeigt in Ansehung der gewechselten Beziehungen, die seine Theile untereinander haben, und wodurch sie die Ursache bezeichnen, von der sie herstammen, zwo Seiten, welche beide gleich wahrscheinlich und annehmungswürdig seyn. Wenn man eines Theils erweget: dass 6 Planeten mit 9 Begleitern, die um die Sonne, als ihren Mittelpunkt, Kreise beschreiben, alle nach einer Seite sich bewegen, und zwar nach derjenigen, nach welcher sich die Sonne selber drehet, welche ihrer alle Umläufe durch die Kraft der Anziehung regieret, dass ihre Kreise nicht weit von einer gemeinen Fläche abweichen, nemlich von der verlängerten Aequatorsfläche der Sonnen, dass bey den entferntesten der zur Sonnenwelt gehörigen Himmelskörper, wo die gemeine Ursache der Bewegung dem Vermuthen nach nicht so kräftig gewesen, als in der Naheit zum Mittelpuncte Abweichungen von der Genauigkeit dieser Bestimmungen Statt gefunden, die mit dem Mangel der eingedruckten Bewegung ein genugsames Verhältniss haben, wenn man, sage ich, allen diesen Zusammenhang erweget: so wird man bewogen, zu glauben, dass eine Ursache, welche es auch sey, einen durchgängigen Einfluss in dem ganzen Raume des Systems gehabt hat, und dass die Einträchtigkeit in der Richtung und Stellung der planetischen Kreise eine Folge der Uebereinstimmung sey, die sie alle mit derjenigen materialischen Ursache gehabt haben müssen, dadurch sie in Bewegung gesetzt worden.

Wenn wir andern Theils den Raum erwegen, in dem die Planeten unsers Systems herum laufen, so ist er vollkommen leer und aller Materie beraubt, die eine Gemeinschaft des Einflusses auf diese Himmelskörper verursachen, und die Uebereinstimmung unter ihren Bewegungen nach sich ziehen könnte. Dieser Umstand ist mit vollkommener Gewissheit ausgemacht und übertrifft noch, wo möglich, die vorige

Wahrscheinlichkeit. Newton, durch diesen Grund bewogen, konnte keine materialische Ursache verstatten, die durch ihre Erstreckung in dem Raume des Planetengebäudes die Gemeinschaft der Bewegungen unterhalten sollte. Er behauptete, die unmittelbare Hand GOttes habe diese Anordnung ohne die Anwendung der Kräfte der Natur ausgerichtet. (S. 40f.)

Ich nehme an: dass alle Materien, daraus die Kugeln, die zu unserer Sonnenwelt gehören, alle Planeten und Cometen bestehen, im Anfange aller Dinge in ihren elementarischen Grundstoff aufgelöset, den ganzen Raum des Weltgebäudes erfüllet haben, darinn jetzo diese gebildete Körper herumlaufen. Dieser Zustand der Natur, wenn man ihn, auch ohne Absicht auf ein System, an und vor sich selbst betrachtet, scheinet nur der einfachste zu seyn, der auf das Nichts folgen kann. Damals hatte sich noch nichts gebildet. Die Zusammensetzung von einander abstehender Himmelskörper, ihre nach den Anziehungen gemäßigte Entfernung; ihre Gestalt, die aus dem Gleichgewichte der versammleten Materie entspringet, sind ein späterer Zustand. Die Natur, die unmittelbar mit der Schöpfung gränzte, war so roh, so ungebildet als möglich. Allein auch in den wesentlichen Eigenschaften der Elemente, die das Chaos ausmachen, ist das Merkmal derjenigen Vollkommenheit zu spüren, die sie von ihrem Ursprunge her haben, indem ihr Wesen aus der ewigen Idee des göttlichen Verstandes eine Folge ist. (S. 42)

Bey einem auf solche Weise erfüllten Raume dauert die allgemeine Ruhe nur einen Augenblick. Die Elemente haben wesentliche Kräfte, einander in Bewegung zu setzen, und sind sich selber eine Quelle des Lebens. Die Materie ist sofort in Bestrebung, sich zu bilden. Die zerstreuten Elemente dichterer Art sammeln, vermittelst der Anziehung, aus einer Sphäre rund um sich alle Materie von minder specifischer Schwere; sie selber aber, zusamt der Materie, die sie mit sich vereinigt haben, sammlen sich in den Puncten, da die Theilchen von noch dichterer Gattung befindlich seyn, diese gleichergestalt zu noch dichteren und so fortan. Indem man also dieser sich bildenden Natur in Gedanken durch den ganzen Raum des Chaos nachgehet, so wird man leichtlich inne: dass alle Folgen dieser Wirkung zuletzt in der Zusammensetzung verschiedener Klumpen bestehen würde, die nach Verrichtung ihrer Bildungen durch die Gleichheit der Anziehung ruhig und auf immer unbewegt seyn würden.

Allein die Natur hat noch andere Kräfte im Vorrath, welche sich vornemlich äussern, wenn die Materie in feine Theilchen aufgelöset ist, als wodurch selbige einander zurück stossen und durch ihren Streit mit der Anziehung diejenige Bewegung hervor bringen, die gleichsam ein dauerhaftes Leben der Natur ist. Durch diese Zurückstossungskraft, die sich in der Elasticität der Dünste, dem Ausflusse starkriechender Körper und der Ausbreitung aller geistigen Materien offenbaret, und die ein unstreitiges Phänomen der Natur ist, werden die zu ihren Anziehungspunkten sinkenden Elemente durcheinander von der geradlinichten Bewegung seitwärts gelenket, und der senkrechte Fall schlägt in Kreisbewegungen aus, die den Mittelpunkt der Senkung umfassen. Wir wollen, um die Bildung des Weltbaues deutlich zu begreifen, unsere Betrachtung von dem unendlichen Inbegriffe der Natur auf ein besonderes System einschränken, so wie dieses zu unserer Sonne gehörige ist. Nachdem wir die Erzeugung desselben erwogen haben, so werden wir auf eine ähnliche Weise zu dem Ursprunge der höhern Weltordnungen fortschreiten, und die Unendlichkeit der ganzen Schöpfung in einem Lehrbegriffe zusammen fassen können.

Wenn demnach ein Punkt in einem sehr grossen Raume befindlich ist, wo die Anziehung der daselbst befindlichen Elemente stärker als allenthalben um sich wirket; so wird der in dem ganzen Umfange ausgebreitete Grundstoff elementarischer Partikeln sich zu diesem hinsenken. Die erste Wirkung dieser allgemeinen Senkung ist die Bildung eines Körpers in diesem Mittelpunkte der Attraction, welcher so zu sagen von einem unendlich kleinen Keime, in schnellen Graden fortwächset, aber in eben der Maasse, als diese Masse sich vermehrt, auch mit stärkerer Kraft die umgebenden Theile zu seiner Vereinigung beweget. Wenn die Masse dieses Centralkörpers so weit angewachsen ist, dass die Geschwindigkeit, womit er die Theilchen von grossen Entfernungen zu sich zieht, durch die schwachen Grade der Zurückstossung, womit selbige einander hindern, seitwärts gebeuget in Seitenbewegungen ausschläget, die den Centralkörper, vermittelst der Centerfliehkraft, in einem Kreise zu umfassen im Stande seyn: so erzeugen sie grosse Wirbel von Theilchen, deren jedes vor sich krumme Linien durch die Zusammensetzung der anziehenden und der seitwärts gelenkten Umwendungskraft beschreibet; welche Arten von Kreisen alle einander durchschneiden, wozu ihnen ihre grosse Zerstreuung in diesem Raume Platz lässt. Indessen sind diese auf mancherley Art unter einander streitende Bewegungen natürlicher Weise bestrebt, einander zur Gleichheit zu bringen, das ist, in einen Zustand, da eine Bewegung der andern so wenig als möglich hinderlich ist. Dieses geschiehet erstlich, indem die Theilchen, eines des andern Bewegung so lange einschränken, bis alle nach einer Richtung fortgehen; zweytens, dass die Partikeln ihre Vertikalbewegung, vermittelst der sie sich dem Centro der Attraction nähern, so lange einschränken, bis sie alle horizontal, d. i. in parallel laufenden Zirkeln um die Sonne als ihren Mittelpunkt beweget, einander nicht mehr durchkreutzen, und durch die Gleichheit der Schwungskraft mit der senkenden sich in freyen Zirkelläufen in der Höhe, da sie schweben, immer erhalten; so dass endlich nur diejenige Theilchen in dem Umfange des Raumes schweben bleiben, die durch ihr Fallen eine Geschwindigkeit, und durch die Widerstehung der andern eine Richtung bekommen haben, dadurch sie eine freye Zirkelbewegung fortsetzen können ... Dieser Körper in dem Mittelpunkte der Attraction, der diesem zufolge das Hauptstück des planetarischen Gebäudes durch die Menge seiner versammleten Materie geworden ist, ist die Sonne, ob sie gleich diejenige flammende Gluth alsdenn noch nicht hat, die nach völlig vollendeter Bildung auf ihrer Oberfläche hervor bricht. (S. 43–45)

Die Planeten bilden sich aus den Theilchen, welche in der Höhe, da sie schweben, genaue Bewegungen zu Zirkelkreisen haben: *also werden die aus ihnen zusammengesetzte Massen eben dieselbe Bewegungen, in eben dem Grade, nach eben derselben Richtung fortsetzen.* Dieses ist genug, um einzusehen, woher die Bewegung der Planeten ohngefähr cirkelförmig, und ihre Kreise auf einer Fläche seyn. Sie würden auch ganz genaue Zirkel seyn, wenn die Weite, daraus sie die Elemente zu ihrer Bildung versammlen, sehr klein, und also der Unterschied ihrer Bewegungen sehr gering wäre. Da aber dazu ein weiter Umfang gehöret, aus dem feinen Grundstoffe, der in dem Himmelsraum so sehr zerstreuet ist, einen dichten Klumpen eines Planeten zu bilden; so ist der Unterschied der Entfernungen, die diese Elemente von der Sonne haben, und mithin auch der Unterschied ihrer Geschwindigkeiten nicht mehr geringschätzig, folglich würde nöthig seyn, dass, um bey diesem Unterschiede der Bewegungen dem Planeten die Gleichheit der Centralkräfte und die Zirkelgeschwindigkeit zu erhalten, die Theilchen, die aus verschiedenen Höhen mit verschiedenen Bewegungen auf ihm zusammen kommen, eine den Mangel der andern genau ersetzen, welches, ob es gleich in der That ziemlich genau geschieht, dennoch, da an dieser vollkommenen Ersetzung etwas fehlt, den Abgang an der Zirkelbewegung und die Eccentricität nach sich ziehet. Ebenso leicht erhellet, dass, obgleich die Kreise aller Planeten billig auf einer Fläche seyn sollten, dennoch auch in diesem Stücke eine kleine Abweichung anzutreffen ist, weil, wie schon erwehnet, die elementarischen Theilchen, da sie sich dem allgemeinen Bestehungsplane ihrer Bewegungen so nahe als möglich befinden, dennoch einigen Raum von beyden Seiten desselben einschliessen. (S. 47f.)

Von der Schöpfung im ganzen Umfange ihrer Unendlichkeit, sowohl dem Raume, als der Zeit nach

Das Weltgebäude setzet durch seine unermessliche Grösse, und durch die unendliche Mannigfaltigkeit und Schönheit, welche aus ihr von allen Seiten hervorleuchtet, in ein stilles Erstaunen. Wenn die Vorstellung aller dieser Vollkommenheit nun die Einbildungskraft rühret; so nimmt den Verstand anderer Seits eine andere Art der Entzückung ein, wenn er betrachtet, wie so viel Pracht, so viel Grösse, aus einer einzigen allgemeinen Regel, mit einer ewigen und richtigen Ordnung, abfliesset. Der planetische Weltbau, indem die Sonne aus dem Mittelpunkte aller Kreise, mit ihrer mächtigen Anziehung, die bewohnte Kugeln ihres Systems in ewigen Kreisen umlaufend macht, ist gänzlich, wie wir gesehen haben, aus dem ursprünglich ausgebreiteten Grundstoff aller Weltmaterie gebildet worden. Alle Fixsterne, die das Auge an der holen Tiefe des Himmels entdecket, und die eine Art von Verschwendung anzuzeigen scheinen, sind Sonnen und Mittelpunkte von ähnlichen Systemen. Die Analogie erlaubt es also hier nicht, zu zweifeln, dass diese auf die gleiche Art, wie das, darinn wir uns befinden, aus denen kleinsten Theilen der elementarischen Materie, die den leeren Raum, diesen unendlichen Umfang der göttlichen Gegenwart, erfüllete, gebildet und erzeuget worden.

Wenn nun alle Welten und Weltordnungen dieselbe Art ihres Ursprungs erkennen: wenn die Anziehung unbeschränkt und allgemein, die Zurückstossung der Elemente aber ebenfalls durchgehends wirksam, wenn bey dem unendlichen das grosse und kleine beyderseits klein ist; solten nicht alle die Weltgebäude gleichermassen eine beziehende Verfassung und systematische Verbindung unter einander angenommen haben, als die Himmelskörper unserer Sonnenwelt im kleinen, wie Saturn, Jupiter und die Erde, die vor sich insonderheit Systeme seyn, und dennoch unter einander als Glieder in einem noch grössern zusammen hängen? Wenn man in dem unermeßlichen Raume, darinn alle Sonnen der Milchstrasse sich gebildet haben, einen Punkt annimmt, um welchen durch, ich weiß nicht was vor eine Ursache, die erste Bildung der Natur aus dem Chaos angefangen hat; so wird daselbst die grösste Masse, und ein Körper von der ungemeinsten Attraction, entstanden seyn, der dadurch fähig geworden, in einer ungeheuren Sphäre um sich alle in der Bildung begriffene Systeme zu nöthigen, sich gegen ihn, als ihren Mittelpunkt, zu senken, und um ihn ein gleiches System im Ganzen zu errichten, als derselbe elementarische Grundstoff, der die Planeten bildete, um die Sonne im Kleinen gemacht hat.

Die Beobachtung macht diese Muthmassung beynahe ungezweifelt. Das Heer der Gestirne macht, durch seine beziehende Stellung gegen einen gemeinschaftlichen Plan, eben sowohl ein System aus, als die Planeten unseres Sonnenbaues um die Sonne. Die Milchstrasse ist der Zodiakus dieser höheren Weltordnungen, die von seiner Zone so wenig als möglich, abweichen, und deren Streif immer von ihrem Lichte erleuchtet ist, so wie der Thierkreis der Planeten von dem Scheine dieser Kugeln, obzwar nur in sehr wenigen Punkten, hin und wieder schimmert. Eine jede dieser Sonnen macht mit ihren umlaufenden Planeten vor sich ein besonderes System aus; allein dieses hindert nicht, Theile eines noch grösseren Systems zu seyn, so wie Jupiter oder Saturn, ungeachtet ihrer eigenen Begleitung, in der systematischen Verfassung eines noch grösseren Weltbaues beschränkt seyn. Kan man, an einer so genauen Uebereinstimmung in der Verfassung nicht die gleiche Ursache und Art der Erzeugung erkennen?

Wenn nun die Fixsterne ein System ausmachen, dessen Umfang durch die Anziehungssphäre desjenigen Körpers, der im Mittelpunkte befindlich ist, bestimmet wird, werden nicht mehr Sonnensystemata und, so zu reden, mehr Milchstrassen entstanden seyn, die in dem grenzenlosen Felde des Weltraums erzeuget worden? Wir haben mit Erstaunen Figuren am Himmel erblickt, welche nichts anders, als solche auf einen gemeinschaftlichen Plan beschränkte Fixsternensystemata, solche Milchstrassen, wenn ich mich so ausdrücken darf, seyn, die in verschiedenen Stellungen gegen das Auge, mit einem, ihrem unendlichen Abstande gemäss geschwächten Schimmer, elliptische Gestalten darstellen; es sind Systemata von, so zu sagen, unendliche mal unendlich größerm Durchmesser, als der Diameter unseres Sonnenbaues, ist; aber ohne Zweifel auf gleiche Art entstanden, aus gleichen Ursachen geordnet und eingerichtet und erhalten sich durch ein gleiches Triebwerk, als dieses, in ihrer Verfassung.

Wenn man diese Sternensystemata wiederum als Glieder an der grossen Kette der gesammten Natur ansiehet; so hat man eben so viel Ursache, wie vorher, sie in einer gegenseitigen Beziehung zu gedenken, und in Verbindungen, welche Kraft des durch die ganze Natur herrschenden Gesetzes der ersten Bildung, ein neues noch grösseres System ausmachen, das durch die Anziehung eines Körpers von ungleich mächtigerer Attraction, als alle die vorige, waren, aus dem Mittelpunkte ihrer regelmässigen Stellungen regieret wird. Die Anziehung, welche die Ursache der systematischen Verfassung unter den Fixsternen der Milchstrasse ist, wirket auch noch in der Entfernung eben dieser Weltordnungen, um sie aus ihren Stellungen zu bringen, und die Welt in einem unvermeidlich bevorstehenden Chaos zu begraben, wenn nicht regelmässig ausgetheilte Schwungkräfte der Attraction das Gegengewicht leisten, und beyderseits in Verbindung diejenige Beziehung hervorbringen, die der Grund der systematischen Verfassung ist. Die Anziehung ist ohne Zweifel eine eben so weit ausgedehnte Eigenschaft der Materie, als die Coexistenz, welche den Raum macht, indem sie die Substanzen durch gegenseitige Abhängigkeiten verbindet, oder, eigentlicher zu reden, die Anziehung ist eben diese allgemeine Beziehung, welche die Theile der Natur in einem Raume vereinigt: sie erstreckt sich also auf die ganze Ausdehnung desselben, bis in alle Weiten ihrer Unendlichkeit. (S. 86–88)

Wenn nun also die Schöpfung, dem Raume nach, unendlich ist oder es wenigstens, der Materie nach, wirklich von Anbeginn her schon gewesen ist, der Form, oder der Ausbildung nach, aber es bereit ist, zu werden; so wird der Weltraum mit Welten ohne Zahl und ohne Ende belebet werden. Wird denn nun jene systematische Verbindung, die wir vorher bey allen Theilen insonderheit erwogen haben, auch aufs Ganze gehen, und das gesammte Universum, das All der Natur, in einem einzigen System, durch die Verbindung der Anziehung und der fliehenden Kraft, zusammen fassen? Ich sage ja; wenn nur lauter abgesonderte Weltgebäude, die unter einander keine vereinte Beziehung zu einem Ganzen hätten, vorhanden wären, so könte man wohl, wenn man diese Kette von Gliedern als wirklich unendlich annähme, gedenken, dass eine genaue Gleichheit der Anziehung ihrer Theile von allen Seiten diese Systemata von dem Verfall, den ihnen die innere Wechselanziehung drohet, sicher halten könne. Allein hiezu gehöret eine so genaue abgemessene Bestimmung in denen, nach der Attraction abgewogenen Entfernungen, dass auch die geringste Verrückung dem Universo den Untergang zuziehen, und sie in langen Perioden, die aber doch endlich zu Ende lauffen müssen, dem Umsturze überliefern würde. Eine Weltverfassung, die sich ohne ein Wunder nicht erhielt, hat nicht den Charakter der Beständigkeit, die das Merkmal der Wahl GOttes ist; man trifft es also dieser weit anständiger, wenn man aus der gesammten Schöpfung ein einziges System machet, welches alle Welten und Weltordnungen, die den ganzen unendlichen Raum ausfüllen, auf einen einigen Mittelpunkt beziehend macht. Ein zerstreutes Gewimmel von Weltgebäuden, sie möchten auch durch noch so weite Entfernungen von einander getrennet seyn, würde mit einem unverhinderten Hang zum Verderben und zur Zerstörung eilen, wenn nicht eine gewisse beziehende Einrichtung gegen einen allgemeinen Mittelpunkt, das Centrum der Attraction des Universi, und den Unterstützungspunkt der gesammten Natur durch systematische Bewegungen getroffen wäre. (S. 90f.)

Ein jeder endlicher Periodus, dessen Länge zu der Grösse des zu vollbringenden Werks ein Verhältnis hat, wird immer nur eine endliche Sphäre, von diesem Mittelpunkte an, zur Ausbildung bringen; der übrige unendliche Teil wird indessen noch mit der Verwirrung und dem Chaos streiten, und um so viel weiter von dem Zustande der vollendeten Bildung entfernet seyn, je weiter dessen Abstand, von der Sphäre der schon ausgebildeten Natur, entfernet ist. Diesem zu Folge, ob wir gleich von dem Orte unseres Aufenthalts in dem Universo eine Aussicht in eine, wie es scheinet, völlig vollendete Welt, und, so zu reden, in ein unendliches Heer von Weltordnungen, die systematisch verbunden sind, haben; so befinden wir uns doch eigentlich nur in der Naheit zum Mittelpunkte der ganzen Natur, wo diese sich schon aus dem Chaos ausgewickelt, und ihre gehörige Vollkommenheit erlanget hat. Wenn wir eine gewisse Sphäre überschreiten könten; würden wir daselbst das Chaos und die Zerstreuung der Elemente erblicken, die nach dem Maasse, als sie sich diesem Mittelpunkte näher befinden, den rohen Zustand zum Theil verlassen, und der Vollkommenheit der Ausbildung näher sind, mit den Graden der Entfernung aber sich nach und nach in einer völligen Zerstörung verlieren. Wir würden sehen, wie der unendliche Raum der göttlichen Gegenwart, darinn der Vorrath zu allen möglichen Naturbildungen anzutreffen ist, in einer stillen Nacht begraben, voll von Materie, den künftig zu erzeugenden Welten zum Stoffe zu dienen, und von Triebfedern sie in Bewegung zu bringen, die, mit einer schwachen Regung, diejenige Bewegungen anfangen, womit die Unermesslichkeit dieser öden Räume dereinst noch soll belebet werden. Es ist vielleicht eine Reihe von Millionen Jahren und Jahrhunderten verflossen, ehe die Sphäre der gebildeten Natur, darinn wir uns befinden, zu der Vollkommenheit gediehen ist, die ihr jetzt beywohnet; und es wird vielleicht ein ebenso langer Periodus vergehen, bis die Natur einen eben so weiten Schritt in dem Chaos tut: allein die Sphäre der ausgebildeten Natur ist unaufhörlich beschäftiget, sich auszubreiten. Die Schöpfung ist nicht das Werk von einem Augenblicke. Nachdem sie mit der Hervorbringung einer Unendlichkeit von Substanzen und Materie den Anfang gemacht hat; so ist sie mit immer zunehmenden Graden der Fruchtbarkeit, die ganze Folge der Ewigkeit hindurch, wirksam. (S. 92f.)

Von den Bewohnern der Gestirne

Ich bin der Meinung, dass es eben nicht nothwendig sey, zu behaupten, alle Planeten müssten bewohnt seyn, ob es gleich eine Ungereimtheit wäre, dieses, in Ansehung aller, oder auch nur der meisten, zu leugnen. Bey dem Reichthume der Natur, da Welten und Systeme, in Ansehung des Ganzen der Schöpfung, nur Sonnenstäubchen seyn, könnte es auch wohl öde und unbewohnte Gegenden geben, die nicht auf das genaueste zu dem Zwecke der Natur, nemlich der Betrachtung vernünftiger Wesen, genutzt würden. Es wäre, als wenn man sich aus dem Grunde der Weisheit GOttes ein Bedenken machen wolte, zuzugeben, dass sandigte und unbewohnte Wüsteneyen grosse Strecken des Erdbodens einnehmen, und dass es verlassene Inseln im Weltmeere gebe, darauf kein Mensch befindlich ist. Indessen ist ein Planet, viel weniger in Ansehung des Ganzen der Schöpfung, als eine Wüste, oder Insel, in Ansehung des Erdbodens.

Vielleicht, dass sich noch nicht alle Himmelskörper völlig ausgebildet haben; es gehören Jahrhunderte, und vielleicht tausende von Jahren dazu, bis ein grosser Himmelskörper einen festen Stand seiner Materien erlanget hat. Jupiter scheinet noch in diesem Streite zu seyn. Die merkliche Abwechselung seiner Gestalt, zu verschiedenen Zeiten, hat die Astronomen schon vorlängst muthmassen lassen, dass er grosse Umstürzungen erleiden müsse, und bey weitem so ruhig auf seiner Oberfläche nicht sey, als es ein bewohnbarer Planet seyn muss. Wenn er keine Bewohner hat, und auch keine jemals haben solte, was vor ein unendlich kleiner Aufwand der Natur wäre dieses, in Ansehung der Unermeßlichkeit der ganzen Schöpfung? Und wäre es nicht vielmehr ein Zeichen der Armuth, als des Ueberflusses derselben, wenn sie in jedem Punkte des Raumes so sorgfältig seyn solte, alle ihre Reichthümer aufzuzeigen?

Allein, man kann noch mit mehr Befriedigung vermuthen, dass, wenn er gleich jetzt unbewohnt ist, er dennoch es dereinst werden wird, wenn die Periode seiner Bildung wird vollendet seyn. Vielleicht ist unsere Erde tausend oder mehr Jahre vorhanden gewesen, ehe sie sich in Verfassung befunden hat, Menschen, Thiere und Gewächse unterhalten zu können. Dass ein Planet nun einige tausend Jahre später zu dieser Vollkommenheit kommt, das thut dem Zwecke seines Daseyns keinen Abbruch. Er wird eben um deswillen auch ins zukünftige länger in der Vollkommenheit seiner Verfassung, wenn er sie einmal erreichet hat, verbleiben; denn es ist einmal ein gewisses Naturgesetz: alles, was einen Anfang hat, nähert sich beständig seinem Untergange, und ist demselben um so viel näher, je mehr es sich von dem Punkte seines Anfanges entfernet hat. (S. 130f.)

Indessen sind doch die meisten unter den Planeten gewiss bewohnt, und die es nicht sind, werden es dereinst werden. Was vor Verhältnisse werden nun, unter den verschiedenen Arten dieser Einwohner, durch die Beziehung ihres Ortes in dem Weltgebäude zu dem Mittelpunkte, daraus sich die Wärme verbreitet, die alles belebt, verursachet werden. Denn es ist gewiss, dass diese, unter den Materien dieser Himmelskörper, nach Proportion ihres Abstandes, gewisse Verhältnisse in ihren Bestimmungen mit sich führet. (S. 133)

Die Einwohner der Erde und der Venus können ohne ihr beyderseitiges Verderben ihre Wohnplätze gegeneinander nicht vertauschen. Der erstere, dessen Bildungsstoff vor den Grad der Wärme seines Abstandes proportionirt, und daher vor einen noch grössern zu leicht und flüchtig ist, würde in einer erhitzteren Sphäre gewaltsame Bewegungen und eine Zerrüttung seiner Natur erleiden, die von der Zerstreuung und Austrocknung der Säfte und einer gewaltsamen Spannung seiner elastischen Fasern entstehen würde; der letztere, dessen gröberer Bau und Trägheit der Elemente seiner Bildung, eines grossen Einflusses der Sonne bedarf, würde in einer kühleren Himmelsgegend erstarren und in einer Leblosigkeit verderben. Eben so müssen es weit leichtere und flüchtigere Materien seyn, daraus der Körper des Jupiters Bewohners bestehet, damit die geringe Regung, womit die Sonne in diesem Abstande würken kan, diese Maschinen eben so kräftig bewegen könne, als sie es in den unteren Gegenden verrichtet, und damit alles in einem allgemeinen Begriffe zusammenfasse. *Der Stoff woraus die Einwohner verschiedener Planeten, ja so gar die Thiere und Gewächse auf denselben, gebildet seyn, muss überhaupt um desto leichterer und feinerer Art, und die Elasticität der Fasern sammt der vortheilhaften Anlage ihres Baues, um desto vollkommener seyn, nach dem Masse, als sie weiter von der Sonne abstehen.* (S. 136f.)

Die Sehröhre lehren uns, dass die Abwechselung des Tages und der Nacht im Jupiter in 10 Stunden geschehe. Was würde der Bewohner der Erde, wenn er in diesen Planeten gesetzt würde, bey dieser Eintheilung wohl anfangen? Die 10 Stunden würden kaum zu derjenigen Ruhe zureichen, die diese grobe Maschine zu ihrer Erholung durch den Schlaf gebrauchet. Was würde die Vorbereitung zu den Verrichtungen des Wachens, das Kleiden, die Zeit die zum Essen angewandt wird, nicht vor einen Antheil an der folgenden Zeit abfordern, und wie würde eine Creatur, deren Handlungen mit solcher Langsamkeit geschehen, nicht zerstreuet, und zu etwas tüchtigen unvermögend gemacht werden, deren 5 Stunden Geschäfte plötzlich durch die Dazwischenkunft einer eben so langen Finsterniss unterbrochen würden? Dagegen wenn Jupiter von vollkommneren Creaturen bewohnt ist, die mit einer feinern Bildung mehr elastische Kräfte, und eine grössere Behendigkeit in der Ausübung verbinden; so kan man glauben, dass diese 5 Stunden ihnen eben dasselbe und mehr sind, als was die 12 Stunden des Tages vor die niedrige Classe der Menschen betragen. Wir wissen, dass das Bedürfniß der Zeit etwas Relatives ist, welches nicht anders, als aus der Grösse desjenigen was verrichtet werden soll, mit der Geschwindigkeit der Ausübung verglichen, kan erkannt und verstanden werden. (S. 139)

Kant, Immanuel: Allgemeine Naturgeschichte und Theorie des Himmels. Hrsg. von Jürgen Hamel. Frankfurt a. M. 2004 (Ostwalds Klassiker der exakten Wissenschaften; 12). – Ders.: Königsberg; Leipzig 1755. – Ders.: Kants Werke, Bd. 1. Berlin 1910, S. 215–368. – Dass.: Berlin 1955 (Philosophische Bücherei; 3)

vgl. Einleitung S. 59

JOHANN HEINRICH LAMBERT
Cosmologische Briefe über die Einrichtung des Weltbaues, 1761

Eilfter Brief

Nun sehe ich einmal in allem Umfange ein, warum Sie, mein Herr, immer sagten, daß wir noch lange nicht genug Copernicanisch denken. Es ware nicht genug, die Erde aus ihrer Ruhe zu stören, sondern am ganzen Firmamente solle kein Körper in Ruhe bleiben. Die Sonne mag immerhin im Mittelpuncte ihres Systems seyn, und die Planeten und Cometen um sich her wandeln lassen. Sie ist es nicht mehr als Jupiter und Saturn in Absicht auf ihre Trabanten. Daß sie aber im Mittelpunct des ganzen Weltgebäudes seye, das ist noch lange nicht ausgemacht; und wenn sie es auch einmal wäre, so würde sie bald wieder daraus weggerückt werden. Kurz: die Ruhe ist aus der Welt verbannt, weil sie zu einförmig wäre. Die Mannigfaltigkeit fordert Abwechslungen, und diese können ohne Bewegung nicht vorgehen. Die Bewegung wird demnach wesentlich, und das allgemeine Gesetz der Schwere würde genug seyn, um zu zeigen, das wirklich alles in Leben und Bewegung ist. Kein Punct des ganzen Weltgebäudes bleibt, auch nicht einen Augenblick, in einer absoluten Ruhe. Die vollständigste Symmetrie muß Zeit und Raum mit einander verbinden, und jede tode Masse wird schlechterdings aus der Welt ausgeschlossen, und ohne eine durchgängige Bewegung wäre die Welt eine Maschine, die nicht gebraucht würde, eine abgelaufene Uhr.

So weit räume ich Ihnen, mein Herr, gerne alles ein. Es ist also nur die Frage, die Art dieser Bewegung genauer zu bestimmen. Für unser Sonnen=System haben Sie bereits zureichend gesorgt, und aus dem allgemeinen Begriffe seiner Einrichtung gleichsam zum voraus gesagt, was die Erfahrung je länger je mehr bekräftigen wird. Eben so kann ich Ihnen zugeben, daß Sie aus dem Gesetze der Schwere, welches sich unstreitig durch die ganze Welt ausbreitet, und sie zu einem zusammenhängenden Ganzen macht, richtig auf meine Central-Bewegung der Fixsterne schliessen, so wenig sie uns noch merkbar ist. Diese sind so weit entfernt, daß sie unermeßlich große Räume durchlaufen können, ehe wir ihren scheinbarn Ort um etliche Minuten verrückt sehen, und zur Bestimmung dieser so kleinen Verrückung scheinen die Observationen der ältesten Sternseher zu vielen andern Fehlern unterworfen, als daß man sie mit den neuern verglichen, so genau sollte erkennen können. Indessen lohnte es sich doch der Mühe, die Untersuchung anzustellen.

Was Sie, mein Herr, in Ihrem Schreiben noch selbsten als willkürlich ansehen, betrift die Eintheilung der Fixsterne in besondere Systeme, und dazu haben Sie mir einige Gründe angegeben, die ich gesucht habe, mir so deutlich vorzustellen, als es mir möglich ware. Der erste dieser Gründe ist die Analogie, welche man überhaupt betrachtet in der Naturlehre sehr weit ausdehnen kann. Denn alles in der Natur ist nach allgemeinen Gesetzen eingerichtet. Sie machen demnach aus dem ganzen Weltbaue ein ganzes System. Dieses theilen Sie in einzelne, und jedes derselben wieder in kleinere, bis Sie endlich auf unser Sonnen=System, und auch noch von diesem auf die Systemen der Planeten kommen, welche nur wenige Trabanten um sich haben. Hiebey räume ich Ihnen ein, daß die Erde mit dem Monde, Jupiter und Saturn mit ihren Trabanten die einfachsten Systemen ausmachen, daß die Sonne mit allen ihren Weltkugeln ein merklich grösseres System ist, daß dergleichen grössere Systemen um jede Fixsterne herum sind, daß endlich die ganze Welt zusammen genommen ein Ganzes oder das vollständigste System ist. Der Begriff, den wir uns von einem System machen, und die Kenntnis, so wir von der uns sichtbaren Welt haben, fordert, daß jedermann dieses zugeben wird. Die Frage ist demnach nur, ob wir nicht einen erstaunlich grossen Sprung machen, wenn wir von dem Sonnen=System sogleich zu dem System des ganzen Weltbaues fortschreiten, und ob nicht die Fixsterne selbsten noch müssen in Classen, und diese Classen stuffenweise noch in allgemeinere Classen gebracht werden? Denn so hätten wir nur noch drey Stuffen: Das System jeder Planeten, das System jeder Sonnen, und das Welt=System. Wie, wenn statt dieser drey Stuffen unzählige wären, wenn diese drey die Subordination der Systemen nicht vollständig genug machten, wenn zwischen der Anzahl der Planeten und Cometen um eine Sonne und der Anzahl aller Sonnen keine Proportion wäre, so müßten wir unstreitig noch mehrere Stuffen zugeben. Ich wenigstens trüge kein Bedenken, weil mir eine Kette von drey Gliedern viel zu kurz scheint, und aller Orten, wo wir Stuffen in der Natur antreffen, da sind mehrere ... (S. 134–137)

Die Hauptfrage scheint mir darauf anzukommen, ob die Sterne, so wir durch Fernröhren in der Milchstrasse sehen, wenigstens so weit von einander entfernt sind, als die nächsten Fixsterne von unserer Sonne? Denn wenn dieses ist, so wird bald ausgemacht seyn, daß sie in unbeschreiblich langen Reihen hinter einander liegen müssen. Ich nehme z. E. zween dergleichen Sterne aus der Milchstrasse, die nur eine Secunde von einander entfernt scheinen. Setze ich, sie seyen von uns gleich weit weg, so hätte ich einen gleichschenklichten Triangel, dessen zwo längern Seiten einen Winkel von einer Secunde machen, die kürzere aber der Abstand dieser beyden Sterne wäre. Die Trigonometrie giebt, daß jede der längern 206 265mal grösser seyn müßte als diese. Diese ist aber wenigstens 500 000mal grösser, als der Abstand der Erde von der Sonne. Daher mußten solche Sterne 200 000mal 500 000 oder 100 000 000 000 das ist hundert tausend Millionenmal weiter von uns entfernt seyn als die Sonne. Da ich mir nicht vorstellen kann, daß wir sie noch sollten sehen können, so schliesse ich lieber, daß die Sterne der Milchstrasse entweder näher bey einander, oder in langen Reihen hinter einander liegen müssen. Das erstere leuchtet mir nicht so wohl ein. Einmal würde ich gar keinen Grund finden, alle Sterne der Milchstrasse in eine gleiche Entfernung zu setzen, und wenn ich es auch thun wollte, so müßte ich annehmen, daß sie sehr klein wären, und so würden wir sie wegen ihres grossen Abstandes allem Vermuthen nach nicht mehr sehen können. Im Gegentheile sehe ich jede Fixsterne als so viele Sonnen an, deren Licht und Wärme vielen Millionen dunkler Weltkörper dienen solle. Dieses aber fordert einen grossen Wirkungskreyß, darinn solche Planeten und Cometen sich bewegen können, und daher auch einen grossen Abstand der Fixsterne von einander.

Sehen Sie, mein Herr, so gebrauche ich Ihren Grundsatz von der Bewohnbarkeit der Welt, um den Abstand der Fixsterne zu bestimmen, und sie durch den unermeßlichen Raum aus einander zu setzen. Ich wollte keinen Fixstern bloß zum Anschauen stehen lassen, sondern das Licht, die Wärme, und seine Schwere solle dienen, ein ganzes System von Weltkugeln um denselben einher wandeln zu machen, die Nutzen davon hätten. Mittel ohne Absichten scheinen mit nichts zu taugen, und ich schliesse sie von der Welt aus. Jeder Fixstern muß zu ähnlichen Absichten dienen, zu welchen wir unsere wolthätige Sonne gewiedmet sehen. Diese hat ein ihrer Majestät angemessenes Gebiet, und jeder Fixstern verdient, nicht ärmer oder gar ungebraucht zu seyn. Sein Licht und seine Wärme sind Mittel, und diese sollen gebraucht werden, wie wir das Licht und die Wärme unserer Sonne gebrauchen. Jedem Fixstern räume ich demnach ein ansehnlich Gebiet ein, so weit sich sein Wirkungskreyß erstreckt. Dadurch aber muß ich allerdings den Abstand zwischen jeden ungefehr so groß als den vom Sirius von unserer Sonne setzen, und die Fixsterne müssen Reihenweise hinter einander liegen.

Bis dahin glaube ich, daß ich Ihnen, mein Herr, ordentlich gefolgt bin, und die Sache nur nach meinen Begriffen eingerichtet habe. Allein Sie sind noch viel weiter gegangen, und ich muß Ihnen sagen, daß ich etwas Mühe hatte, von da an noch neue Schritte zu thun. So weit begriffe ich noch wohl, daß ich diese Reihen von Fixsternen durch die Milchstrasse unzählige mal weiter hinaus erstrecken mußte, als ausserhalb derselben, weil ich mir nicht vorstellen konnte, daß ausserhalb, wo wir den Himmel ziemlich leer sehen, an statt leuchtender Sonnen lauter dunkle und unsichtbare Weltkugeln seyn sollten; oder daß solche leere Räume mit eitel hyperbolischen Laufbahnen von Cometen angefüllt wären. Setze ich demnach ausser der Milchstrasse vielfach kürzere Reihen von Fixsternen, so folgt allerdings Ihr Schluß daraus, das gesamte System von Sternen, die wir sehen können, müsse nicht sphaerisch, sondern flach seyn, und die Milchstrasse seye so zu reden die Eccliptic derselben. Ich sahe sie daher als einen sehr flachen Cylinder, oder als eine Sphaerois an, und wenn ich der Dicke nach eine Reihe von 100. Fixsternen setzte, so müßte ich der Länge nach eine Reihe von Millionen annehmen, damit die Milchstrasse, welche diese Sphaerois vorstellt, dichte genug mit Sternen besetzt scheinen möchte ... (S. 138–140)

Neunzehnter Brief

So ausserordentlich auch alle Weltkörper durch einander laufen, so bin ich nun wegen ihres Ausweichens vollends ausser Sorgen. Ich sehe genaue ein, wie bey der Schöpfung jedem derselben eine Masse von bestimmter Grösse, ein ihm und allen denen Körpern, denen er subordinirt ist, vollkommen angemessener Grad von Geschwindigkeit, und die behörige Richtung hat gegeben werden müssen, damit bey dieser fast unendlich zusammengesetzten Ordnung jeder Planet ein vollkommen richtiges Uhrwerk haben könnte, welches ihm Zeiträume von jeder Dauer anzeigte, und mit zunehmendem Zeitraume sich neue Triebräder zur Ausmessung äusserten. Denn ich verwunderte mich nochmals darüber, daß bey diesem allem die einfachste

Ordnung nur scheinbar, die wahre aber so sehr zusammengesetzt ist, als es nur immer seyn kann. Die wahre werden wir nie ganz übersehen können, und in so ferne würde sie uns nie dienen, wenn sie auch unter allen die einfachste wäre. Aber so bequem sie sich nach unserm Gebrauche, und so weit wir sie nöthig haben, stellt sie sich uns unter der einfachen Gestalt vor. Vielleicht ist dieser Schein so wesentlich, daß bloß um denselben zu erhalten, die wahre Ordnung so sehr hat verwickelt werden müssen. Eben die Sonnen, um welche Planeten und Cometen laufen müßten, sollten schwer seyn, oder Kürze halber mit Newton zu reden, eine anziehende Kraft haben. Sogleich hebt dieses ihre Ruhe auf, so wenig es auch anfangs betragen mochte. Um die Bewegung in einfachere Ordnung zu bringen, und das Ganze dauerhaft zu machen, mußten die Sonnen in Classen gebracht, oder in Systemen eingetheilt, und jedem System ein Regent gegeben werden. Allein da mehrere Systemen waren, so fiel eben diese Schwierigkeit vor, und die Regenten mußten selbst wieder einen Oberherrn haben, der sie mit ihrem Gefolge herum lenke. Dieses alles war noch zu wenig, und diese Subordination mußte mehrere Stuffen haben. Je mehr Stuffen hinzu kamen, desto zusammengesetzter wurde der Lauf der erstern Weltkugeln, allein das Scheinbare darinn bliebe einfach, wie es seyn sollte, wenn das Firmament einem jeden Planeten das vollkommenste Uhrwerk vorstellen sollte.

Sie haben mich, mein Herr, nun in die Hauptstadt geführt, und die Anlage des Ganzen sehen lassen. Allein wissen Sie, was mir noch dabey fehlt? Erinnern Sie sich, daß Sie mir vorwarfen, als wenn ich ohne sehen nicht glauben wollte? In der That, was getrauen Sie sich aus dem schwachen Lichte im Orion zu machen? Sie häufen mir so viele Betrachtungen auf einander, daß ich es bald als den hellern Theil von dem Regenten unseres Fixsternensystems ansehen würde. Denn ich glaube fast, daß es Ihnen damit Ernst ist und Sie suchen nur andere Gründe auf, um die Autopsie als nothwendig vorzustellen. [William] Derham wollte es nicht für ein eigenes Licht ansehen, sondern nur für einen Wiederglanz? Es schiene ihme zu gleichförmig helle, und so genau abgeschnitten, als wenn es eine Oefnung wäre, durch welche man in einen erleuchteten Ort sehen könnte? Was kann genauer auf eine erleuchtete Fläche passen, deren reflectirtes Licht noch durch die Himmelsluft geschwächt, und dadurch noch viel blasser und einförmiger wird? Ferner, man hat seine Gestalt verändert gefunden? Sollte man dieses von der Undurchsichtigkeit unserer Erdluft herleiten, daß der Rand dieses Lichtes sich nicht allmählich ins Dunkle verleurt, sondern deutlicher abgesetzt ist? Ich bedaure wirklich, daß es mehrere Observationen gebraucht, um aus diesen Veränderungen etwas zu schliessen. Ich würde mir bald suchen aus der Sache zu helfen.

Doch ich will mich dabey noch gedulten. Aber den Grund, den Sie, mein Herr, von der scheinbaren Grösse dieses Lichtes hernehmen, um es nicht als einen von ihren dunkeln Körpern anzusehen, haben Sie vielleicht nur angeführt, weil ich mich bey dieser Grösse in meinem vorhergehenden Schreiben aufgehalten hatte. Ich hatte ja nur den Schluß daraus gezogen, daß man wenigstens den nächsten von diesen Körpern mit den Fernröhren sollte aufspühren können. Nehmen Sie nur selbsten, welche Masse zu einem Körper gehört, der ein ganzes Fixsternensystem in Ordnung halten solle. Sie sagen mir ja dabey, daß wir noch nicht wissen, was groß oder klein ist, und daß wir uns immer mehr an grössere Dinge gewöhnen müssen. Was ist die Erde gegen der Sonne, und was mag die Sonne gegen einen solchen Körper seyn?

Der Diameter der Sonne ist gut zweymal grösser als der Diameter der Mondbahn um die Erde. Könnte nicht der Durchschnitt eines solchen Körpers noch grösser seyn als die Bahn des Saturns um die Sonne? Ich sollte wohl gedenken, daß er sichtbar wäre. Wir sind allem Ansehen nach kaum um den Abstand etlicher Fixsterne davon entfernt, und die Fixsterne, die man in diesem Lichte des Orions sieht, müssen nothwendig in ungleichen Entfernungen hinter einander liegen, weil sie zu nahe beysammen zu seyn scheinen ... (S. 284–287)

Unsere Erde gehört zu stuffenweis grössern Systemen. Sie ist demnach in dem Wirkungskreyse jeder Körper, so dieselbe regieren, daher in dem von der Sonne, in dem von dem Regenten unseres Fixsternensystems, in dem von dem Regenten unserer Milchstrasse, und so fort. Jeder dieser Körper sollte demnach einen noch kennbaren Raum an unserm Himmel einnehmen, und daher wenigstens durch Fernröhren sichtbar seyn, wenn keine andere Hindernisse dabey wären. Allein ich glaube nicht, daß wir mehr als einen davon werden sehen können, weil die Schwächung des Lichtes durch die Himmelsluft und die nächtliche Klarheit unserer Erdluft, ein Licht, das nur reflectirt ist, und einen so ungeheuren Weg zurücke legen muß, nothwendig unsern Augen entziehen, so gute Dienste auch die Fernröhren uns hiebey thun können ... (S. 288f.)

Lambert, Johann Heinrich: Cosmologische Briefe über die Einrichtung des Weltbaues. Augsburg 1761. – Jackisch, Gerhard: J.H. Lamberts »Cosmologische Briefe« mit Beiträgen zur Frühgeschichte der Kosmologie. Berlin 1979 (Wissenschaftliche Taschenbücher; 212)
vgl. Einleitung S. 60

FRIEDRICH WILHELM HERSCHEL
Bericht über einen Kometen – die Entdeckung des Uranus, 1781

Am Dienstag, den 13. März [1781], zwischen 10 und 11 Uhr abends, als ich die kleinen Sterne in der Nachbarschaft von H Geminorum [Zwillinge] untersuchte, bemerkte ich einen, der deutlich größer als die übrigen erschien. Beeindruckt von seiner ungewöhnlichen Größe verglich ich ihn mit H Geminorum und dem kleinen Stern im Viereck zwischen dem Fuhrmann und den Zwillingen und da er umso vieles größer als diese war, vermutete ich, daß er ein Komet sei.

Ich war zu dieser Zeit mit einer Reihe von Beobachtungen zur Fixsternparallaxe beschäftigt, welche ich hoffe, bald die Ehre zu haben, sie der Royal Society vorzulegen. Weil diese Beobachtungen sehr hohe Stärken erfordern, hatte ich verschiedene Vergrößerungen von 227, 460, 932, 1536, 2110 usw. zur Hand, welche ich alle bei dieser Gelegenheit mit Erfolg verwendete. Die Stärke, die ich gerade gebrauchte, als ich den Kometen erstmals sah, war 227fach.

Aus Erfahrung wußte ich, daß die Durchmesser der Fixsterne bei größerer Stärke nicht proportional zunehmen, wie dies bei den Planeten der Fall ist, weshalb ich darauf die Stärken von 460 und 932 nahm und den Durchmesser des Kometen im Verhältnis zur Stärke gewachsen fand, wie dies unter der Voraussetzung, daß er kein

Stern ist, sein müßte, wohingegen die Durchmesser der Sterne, mit denen ich ihn verglich, nicht im selben Maße zugenommen hatten. Zudem erschien der Komet, der schon weit stärker vergrößert war, als sein Licht eigentlich erlaubte, bei dieser großen Kraft verschwommen und undeutlich, wohingegen die Sterne ihren Glanz und ihre Schärfe behielten, die sie, wie ich aus vielen tausend Beobachtungen wußte, bewahren würden. Im folgenden hat sich gezeigt, daß meine Vermutung wohl gegründet war, es erwies sich, daß das, was wir kürzlich beobachtet hatten, ein Komet ist. (S. 492f.)

Mr. Herschel: Account of a Comet, communicated by Dr. Watson. In: Philosophical Transactions of the Royal Society of London 71 (1781), S. 492–501. – Hoskin, Michael A.: William Herschel and the Construction of the Heavens. London 1963, S. 13f. [Auszug]
vgl. Einleitung S. 61

JOHANN ELERT BODE
Über einen im gegenwärtigen 1781sten Jahre entdeckten beweglichen Stern [Uranus]

Diese merkwürdige Entdeckung am Himmel, wodurch sich wohl dereinstens das gegenwärtige Jahr in einer astronomischen Entdeckungs-Geschichte unter allen seinen Vorgängern auszeichnen möchte, haben wir folgendem glücklichen Zufall zu danken. Ein sehr aufmerksamer Liebhaber der Astronomie zu Bath in England* durchsuchte in diesem Jahre, am Abend des 13ten März, den gestirnten Himmel mit ein 7schuhiges Spiegelteleskop, das er selbst verfertigt hatte, und traf gerade diejenige Stelle im Thierkreise, wo dieser neue Stern damals seinen Stand hatte, nemlich in der Milchstrasse, zwischen den Stiershörnern und den Füssen der Zwillinge, Südostwärts nahe bey dem 132sten Stern des Stiers. Dies war um so mehr ein Glück, da er mit diesem Teleskop nur 4 1/2 Min. auf einmal übersahe.

Er erkannte diesen Fremdling sogleich daran, dass er im scheinbaren Durchmesser weit grösser war, als die benachbarten Fixsterne, und von diesen letztern unterschied er sich nach einigen Tagen noch mehr durch seine eigene Bewegung, welche Anfangs täglich nur 3/4 Min. austrug, nachher aber bis auf 3 1/2 Min. zunahm. Dem äussern Ansehen nach kam er einem Stern sechster Grösse noch nicht völlig am Lichte gleich, und war eben deswegen mit blossen Augen schwer zu finden. Er zeigte nichts neblichtes um sich, woran man ihn für einen Kometen halten könnte. Um ihn von andern Sternen in seiner scheinbaren Grösse unterscheiden zu können, war ein Fernrohr nöthig, das wenigstens 100mal vergrösserte …

Der Königl. Astronom zu Greenwich, Herr Maskelyne, hat hierauf nach erhaltener Nachricht diesen sonderbaren Stern beobachtet. Seine erste Beobachtung, die ich

---

* In der Gazette litteraire vom Jun. 1781. heisst dieser wackere Mann: Merstel; im Journal Encycloped. vom Julius, Hertschel; in einem Schreiben des Herrn Maskelyne an Herrn Messier, Herthel; in einem andern Schreiben desselben an Herrn Mayer in Mannheim, Herrschell; Herr Darquier nennt ihn Hermstel. Wie ist nun eigentlich sein Name? – Er soll von Geburt ein Deutscher seyn.

habe, ist vom 17ten März. Herr Maskelyne berichtete diese Entdeckung nach Paris, und nun wurde der neue Stern auch von Herrn Messier, Astronom der Königlichen Marine daselbst, am 16ten April zuerst durch Fernröhre gesehen ... Ich erfuhr die Erscheinung dieses Sterns aus öffentlichen Nachrichten in den ersten Tagen des Maymonats; habe aber einige Abende am Nordwestlichen Himmel vergeblich darnach gesucht; ohne Zweifel weil ihn damals die Abenddämmerung hier zu Lande schon unkenntlich machte. In Frankreich wurde er für einen ganz ausserordentlichen Kometen gehalten, da er weder Schweif noch Nebel um sich zeigte; in England für einen planeten-ähnlichen Stern ...

Alle bisherigen Wahrnehmungen stimmen noch immer recht gut mit der Voraussetzung überein, dass dieser neue Stern ein uns noch nicht bekannt gewordener Hauptplanet unsers Sonnensystems sey, der etwa 19mal weiter wie die Erde, also fast noch einmal so weit wie Saturn von der Sonne stehe und 82 Jahr zu seinem Umlauf brauche ...

Nun ist aber die Frage, warum die Astronomen diesen Stern, der doch beynahe mit blossen Augen sichtbar ist, nicht schon längstens entdeckt haben? Ist er vielleicht etwa erst jetzt entstanden und zum Vorschein gekommen, oder gehört er zu den wunderbaren Sternen und ist er wie der fünfte Mond des Saturns nicht allemal sichtbar? Ich kann diese Fragen zum Theil folgendermassen beantworten. Fürs erste ist es gar nicht ungewöhnlich, dass diejenigen Astronomen, die uns mehr oder minder vollständige Beobachtungen der Sterne des Thierkreises geliefert, manchen Stern 6. und 7ter Grösse übersehen haben, welches ich bey angestellter Vergleichung der Sternverzeichnisse mit dem Himmel oftmals gefunden, wovon die Ursache vielleicht zufälligen Umständen zuzuschreiben ist. Dann kann es aber auch ganz wol seyn, daß dieser neue Stern schon wirklich von diesem oder jenem beobachtet und ins Verzeichniss als ein Fixstern eingetragen worden, zumal da der Ort der kleinern Sterne gewöhnlich nur nach einzeln Beobachtungen bestimmt wird, und daher die eigene Bewegung desselben nicht so gleich kenntlich werden konnte. (S. 210–218)

Ueber einen im gegenwärtigen 1781sten Jahre entdeckten beweglichen Stern, den man für einen jenseits der Saturnsbahn laufenden und bisher noch unbekannt gebliebenen Planeten halten kann. In: Astronomisches Jahrbuch für das Jahr 1784. Nebst einer Sammlung der neuesten in die astronomischen Wissenschaften einschlagenden Abhandlungen, Beobachtungen und Nachrichten. Hrsg. von Johann Elert Bode. Berlin 1781, S. 210–220

vgl. Einleitung S. 61

JOHANN ELERT BODE
Gedanken über die Natur der Sonne, 1776

Ueber die Natur und Beschaffenheit der Sonnenflekken sind verschiedene Meynungen entstanden. Einige alte Naturforscher sahen solche für planetische Körper an, die sich nahe um die Sonne bewegten, und waren schon im Begriff, diesen neuen Gestirnen eigene Namen beyzulegen, als die Unerklärbarkeit, warum diese Körper sich alle gemeinschaftlich und in gleicher Zeit um die Sonne bewegen, auch oft in vielen Monaten nicht erscheinen, ja sogar ihre Gestalt und Größe zusehens verändern, und nicht selten mitten in der Sonne verschwinden, dieses Hirngespinnst vernichtete. Galliläus und Hevel erklärten schon die Sonnenflekken für Rauch= und Dampfwolken, welche das Sonnenfeuer von sich stößt, zu welcher Meynung sie vornämlich die so sehr veränderliche Gestalt und Dauer derselben veranlaßte. Diese Meynung hat sich lange unter den Naturforschern erhalten, und findet noch jetzt ihre Vertheidiger. Einige glauben, diese Sonnenwolken mögten wohl Ausdünstungen der Planeten und Kometen seyn, welche auf den Sonnenkörper zurük fallen, und von dessen Feuer verzehrt würden. Die Erfahrung, daß die Sonnenflekken beynahe so lange vor der Sonne sichtbar, als hinter derselben unsichtbar sind, veranlaßete zuerst die Muthmaßung, daß sie vielleicht auf der Oberfläche der Sonne selbst sich befinden mögten; de la Hire erklärte daher die Sonnenflekken für den Zusammenfluß großer und vester Massen von unförmlicher Gestalt, welche auf dem flüßigen Feuerelemente der Sonne schwimmen, und zuweilen einige Theile ihrer unebenen Oberflächen über dies Sonnenmeer hervorragen lassen, und zu anderer Zeit sich wieder völlig unter dasselbe eintauchen, wodurch er das Entstehen und Verschwinden, imgleichen die veränderliche Gestalt der Sonnenflekke begreiflich machen wollte; welcher Meynung auch Herr de la Lande beypflichtet. Es fehlt auch sonst nicht an andern Erklärungen über die Entstehung der Sonnenflekken; unterdessen haben die bisher gewöhnlichen und mir bekannt gewordenen meiner Ueberzeugung kein Genüge geleistet.

Sieht man die Sonnenflekken als Rauch= und Dampfwolken an, so muß man sich zugleich die Sonne als in einem beständigen Brand, und alle Materien, die das Feuer unterhalten, darauf vereinbaret vorstellen. Unabsehlige Feuermeere und Schlünde, Feuerspeyende Berge ec. würden also die Oberfläche der Sonne bedekken, und ungeheure Rauchwolken, die oft die Größe des ganzen Erdbodens vielmal übertreffen himmelan wirbeln, bis sie sich endlich in Pech= und Schwefelgüssen wieder herabstürzen, und dem Sonnenfeuer zur neuen Nahrung dienen. Dieses Feuer der Sonne würde außerdem ohne den Zug der Luft unmöglich seinen Brand unterhalten können. Was für entsetzliche Orkane, die eine von neuen Feuerausbrüchen heftig verdünnte Luft zur nothwendigen Folge haben, müßte man sich nicht zugleich auf der Sonne vorstellen? Sollt es aber auf dem Sonnenkörper wirklich so unruhig zugehen? Sollte die Natur daselbst, durch die Gewalt des Feuers, das immer traurige Ideen von Zerstörungen mit sich führet, gleichsam noch mit dem Chaos streiten? Nein! Auf dieser wohlthätigen Quelle des Lichts und der Wärme kann ich mir keinen so allgemein Grausenvollen Zustand gedenken; gesetzt auch, daß Materien aller Arten vorräthig wären, das Sonnenfeuer viele Jahrtausende hindurch in gleicher Glut zu erhalten. Ihr majestätischer Glanz ist gewiß nicht der Widerschein trüber Flammen, welche aus dem unglücklichen Sonnenlande Schrekkenvoll auflodern.

Die neuere Naturforscher wollen freylich kein solches grobes und materialisches Feuer in der Sonne zugeben, weil sich nicht absehen läßt, wo die Sonne, zur Unterhaltung ihres Brandes, Nahrung hernehmen sollte, um durch lange Zeitepochen in unvermindertem Glanze leuchten. Das Sonnenfeuer soll ein sehr reines und elementarisches Feuer seyn, das in sich selbst seine Nahrung findet. Gesetzt aber, dies hätte seine Richtigkeit, so kann ich mir um so weniger vorstellen, wie dies geläuterte Sonnenfeuer solche fürchterliche schwarze Wolken, als wir in den Sonnenflekken zu sehen glauben, die so dikke sind, daß sie selbst das blendende Sonnenlicht bedekken, von sich könne aufsteigen laßen? Die Vermuthung, daß die Sonnenflekke Ausdünstungen der Planeten und Kometen sind, hat auch etwas Widersprechendes. Denn, da die Ausdünstungen der Erde, und also auch vermuthlich der übrigen Planeten, nur bis zu einer solchen Höhe sich erheben, wo sie, nach Beschaffenheit ihrer Schwere, mit der sie umgebenden Luft ins Gleichgewicht kommen, und dann wieder auf dieselbe zurückfallen; so können diese Dünste ohnmöglich außer unserer Atmosphäre hinaus, und in den vielmal subtilern Aether, durch ungeheure Räume, bis zur Sonne hinan steigen. Und was würden doch die Ausdünstungen aller Planeten und Kometen der Sonne für eine Nahrung verschaffen können? da es, wegen der erstaunlichen Größe der Sonne, begreiflich ist, daß, wenn selbst die Allmacht alle Körper des Sonnensystems in einen Klumpen vereinbaret (gesetzt, die Sonnenkugel stehe wirklich im vollen Brande), in ihre Glut stürzte, derselbe in kurzer Zeit vom Sonnenfeuer würde verzehret werden.

Nimmt man die Meynung des Herrn de la Hire an, so setzt man freylich mit mehr Wahrscheinlichkeit die Sonnenflekken auf die Oberfläche der Sonne selbst; allein, wie die erdachten dunklen Massen auf dem flüßigen Sonnenfeuer schwimmen, und sich welchselsweise in dasselbe eintauchen, und dann wieder zum Vorschein kommen, wobey eine jedesmalige Veränderung der eigenthümlichen Schwere des flüßigen Feuerelements vorausgesetzt werden muß, auch wie diese vesten Massen zuweilen auseinander gehen, welches dieser Astronom annehmen mußte, und endlich, warum sie nicht, weil sie schwimmen, öfters ihren Ort gegen einander sehr merklich ändern, ist völlig unerklärbar. Ein flüßiges Feuermeer der Sonne hat überdem für mich etwas sehr Befremdendes. Soll ich mir darunter eine von dem heftigsten Feuer der Sonne geschmolzene Materie, wie etwa die Lava des Vesuvs oder des Aetna vorstellen, welche unaufhörlich glühend den Sonnenball umströmet? Dieser Gedanke würde beym jedesmaligen Anblick der Sonne mich erschrekken. Eine brennende, oder eine mit einer fließenden und glühenden Materie bedekte Sonne, sind für mich gleich fürchterliche Bilder.

Ich glaube nunmehro aus vielen Gründen überzeugt zu seyn, daß wir uns von der Entstehung der Sonnenflekken eine zu große Vorstellung machen, und daß wohl einfachere Erklärungen sich darüber geben laßen. Der Hauptfehler ist wohl darinn zu suchen, weil die mehresten Naturkundige bisher über die Natur der Sonne unrichtige Gedanken geheget haben. Ich will daher einen kleinen Versuch wagen, eine wahrscheinlich richtigere, oder doch wenigstens für mich überzeugendere Erklärung über diesen Gegenstand zu geben, wozu mir bereits einige den Weg zum Theil gebahnet haben.

Die Sonne ist, nach meiner Meynung, so wenig eine brennende, als glühende Kugel, sondern, ihrer wesentlichen Beschaffenheit nach, ein dunkler planetischer Körper, wie unsere Erde, der aus Land und Wasser besteht, und alle Unebenheiten von Bergen und Thälern auf seiner Oberfläche zeigt, um den auch zunächst, bis auf eine gewisse Höhe, eine Dunstatmosphäre sich verbreitet. Auf diesen planetischen Körper hat die allmächtige Hand des Schöpfers die Lichtmaterie, welche im Anfange der Schöpfung noch durch das ganze Sonnengebiet zerstreuet war, zusammen gebracht (Einen Theil dieses ursprünglichen Lichtes ließ der Urheber der Natur noch auf allen Planeten übrig, welches sich bey uns in den Erscheinungen der Elektrizität, des Phosphorus ec. sichtbar zeiget.), welches um selbigen, wie die Luft um unsern Erdball strömet. Dieses konzentrirte Licht stralt nun mit so viel grösserer Stärke von der Sonne aus. Es schikt aber so wenig, nach der Hypothese des großen Newton, wirklich Lichttheile zu uns ... Das Licht ist vielmehr, nach der wahrscheinlichern Erklärung des Herrn Euler, auf der Sonne in seinen kleinsten Theilen in einer unaufhörlich zitternden Bewegung, dergestalt, daß es seine Schwingungen den zunächst angrenzenden Theilen der feinen Himmelsluft, oder dem Aether, mittheilt, und sich mit einer unbegreiflichen Schnelligkeit durch denselben, wie der Schall durch unsere Luft, fortpflanzet. Eine Schwingung in der Sonne ist nach 8 Minuten auf der Erde wirksam, als so viel Zeit das Licht gebraucht, sich von der Sonne bis zu uns, durch den Aether fortzupflanzen. Auf solche Art kann die Sonne bis an die äußersten Grenzen ihres Gebiets alles mit ihrem Glanz erleuchten, ohne daß derselbe durch wirkliche Lichtausflüsse nach vielen Jahrhunderten geschwächt, und endlich erschöpft werde. Daß die Sonnenstralen nach den verschiedenen Winkeln, unter welchen sie auf uns herabfallen, mehr oder weniger wärmen, davon ist, meiner Meynung nach, die Ursache bloß in der Beschaffenheit der nahe an der Erde liegenden dichtern Lufttheile unserer Atmosphäre, wie auch in den aus der Erde zugleich aufsteigenden Dünsten, und nicht in der Sonne selbst zu suchen, denn sonst würde sich nicht die Wärme vermindern, so bald man, von der Erde erhaben, sich in einer leichtern und feinern Luft befindet. Auf den Gipfeln hoher Berge würde auch nicht ein beständiger Winter herrschen, und die auf den Peruanischen Gebirgen senkrecht herabstralende Sonne, in einer höhern Luftregion jenseits der Wolken, wo ihr reiner Glanz durch Nebel und Dünste nicht geschwächt wird, keine öde, mit ewigem Schnee und Eise bedekte Felsenspitze erleuchten.

Verursacht nun schon die von der Oberfläche der Erde bis zu den Spitzen der höchsten Berge veränderliche Dichtigkeit unserer Atmosphäre diesen erstaunlichen Unterschied in den Wirkungen der Sonnenstralen, was muß man denn in höhern Luftgegenden, und noch mehr jenseit der Atmosphäre in den weiten Räumen des viele tausendmal feinern Aethers erwarten? So kann also die Sonne eine kalte und Feuerlose Kugel seyn, und doch, so weit ihre Stralen reichen, wohlthätig alles mit ihrem Licht erleuchten, auch wenn, wie es sehr glaublich ist, die übrigen Planeten unserer Erde ähnliche Atmosphären haben, nach der Analogie zu schlüßen, sich auf ihren Oberflächen, wie bey uns, durch Wärme wirksam zeigen. Auch auf der Oberfläche der Sonne selbst, müßen die Stralen der Lichtmaterie nur in so weit wärmen, als die Dunstatmosphäre der Sonne, welche meinem Vermuthen nach viel feiner, als die unsrige ist, fähig seyn wird, diese Wärme hervorzubringen.

Die Lichtmaterie umgiebt also den dunklen planetischen Sonnenball, und folgt der 25tägigen Axendrehung der Sonne ... Nun glaube ich die Entstehung der Sonnenflekken auf ein ungezwungene Art dadurch zu erklären, wenn ich annehme, daß diese Lichtmaterie sich auf der Sonne zuweilen hie oder da zurük zieht, und uns alsdann durch die dadurch entstehende Oefnungen, Theile von der wirklichen dunkeln, und nur von der Lichtmaterie erleuchteten Oberfläche der Sonne sehen läßt. Sind nun diese entblößte Stellen in der Sonne so beschaffen, daß sie das von der Lichtmaterie empfangene Sonnenlicht gröstentheils verschlukken, oder doch nur wenige Stralen zu uns zurük werfen, welches geschehen muß, wenn sie etwan auf ein Meer, oder in ein schattiges Thal, oder in eine tiefe Grube, oder endlich auf ein dunkles

Erdreich treffen: so wird uns in allen diesen Fällen ein mehr oder minder schwärzlicher Sonnenflek erscheinen müssen, dessen dunkles Ansehen noch durch die denselben umgebende Lichtmaterie vermehret wird. (S. 228–238)

Der weiseste Urheber der Welt wies dem Sandkorn ein Insekt zur Behausung an, und wird, wider den vornehmsten Endzweck der Schöpfung, die große Sonnenkugel gewiß nicht leer von Geschöpfen, und noch weniger von vernünftigen Bewohnern, gelassen haben, die fähig sind den Urheber ihres Lebens dankbar zu preisen. Ihre glükliche Bewohner, sage ich, umleuchtet ein unaufhörliches Licht, dessen blendenden Glanz sie unbeschädigt anschauen, und das ihnen, nach der weisesten Einrichtung des Allgütigen, vermittelst ihres Dunstkreises, die nöthige Wärme mittheilt. Die 25tägige Axendrehung ihrer Kugel muß andere Absichten, als bey den übrigen Planeten haben, da keine Abwechselung von Tag und Nacht darauf statt findet, und wird allem Vermuthen nach zur Beförderung des Kreisförmigen Umlaufs der Planeten, und auch um auf der Sonne die Lichttheilchen in der gehörigen Bewegung und Wirksamkeit zu erhalten, dienen. (S. 264f.)

Bode, Johann Elert: Gedanken über die Natur der Sonne und Entstehung ihrer Flekken. In: Beschäftigungen der Berlinischen Gesellschaft Naturforschender Freunde 2 (1776), S. 225–252. – Nachdruck in: Johann Hieronymus Schroeter. Beobachtungen über die Sonnenfackeln und Sonnenflecken. Heimatverein Lilienthal, [Hrsg. von] Dieter Gerdes. [Lilienthal 1995], S. 143–154

vgl. Einleitung S. 61

JOHANN ELERT BODE
Teleologische Naturbetrachtung in der Astronomie, 1778

Allgemeine Betrachtungen über das Weltgebäude

Wenn nun in dem weiten Reiche der Sonne solche große Weltkörper vorhanden sind, davon einige unserer Erde an Größe wenig nachgeben, andere aber derselben weit übertreffen; wenn sie mit der Erde gemeinschaftlich in ordentlichen Kreisen nach Verhältniß ihres Abstandes von der Sonne in kürzerer oder längerer Zeit um die Sonne gehen und sich inzwischen in einigen Stunden um ihre Axen wälzen, wodurch bey ihnen, so wie bey uns, Jahreszeiten und Tag und Nacht abwechseln; wenn, aus den Erscheinungen ihrer Flecken zu schliessen, auf ihren Oberflächen Berge und Thäler, Meere ec. seyn müssen; wenn sie einen Dunstkreis haben und noch dazu von einem oder gar mehrern Monden begleitet werden; so wird kein Vernünftiger mehr zweifeln, daß sie nicht unserer Erde ganz ähnliche Weltkörper seyn sollten. Nun aber frage ich: Wenn diese grossen Kugeln keine Bewohner hätten, was sollte wohl ihr Endzweck und ihre Bestimmung seyn, und was könnte man sich sonsten etwa bey allen diese großen Anstalten für Absichten des Schöpfers denken? Vielleicht, damit die Nächte der Erdbewohners ausser dem Mond auch noch von den Planeten erleuchtet werden, oder dieselben den gestirnten Himmel hie und da als glänzende

Puncte zieren möchten? Gewiß nicht ... Und hiemit sollte nun der ganze Zweck Gottes mit diesen Weltkörpern erreicht seyn? Nimmermehr! Wie würde dies mit der Weisheit des Schöpfers übereinstimmen, bey dem die Mittel nach ihren Absichten aufs genaueste abgemessen sind, welches der forschende Naturkündiger auf der Erde so oft mit Bewunderung bemerkt.

Wir sehen deutlich, daß, je weiter die Planeten von der Sonne abstehen, je mehr ist für ihre Bedürfnisse gesorgt. Die Erde hat einen Mond, welcher ihre Nächte erleuchtet. Der Jupiter hat deren vier, und der noch entferntere Saturn fünf, nebst einem leuchtenden Ring. Wie weislich ist diese Einrichtung! Diese entferntern Planeten bedürfen die Erleuchtung der Monde um desto eher, da ihnen die Sonne ein weit schwächeres Licht als uns zuwirft. Sind dies aber nicht unwidersprechliche Anstalten, die auf das Wohl der Lebendigen abzielen? Sollten diese Monde nur traurige völkerlose Wüsteneyen erleuchten und keine empfindende und vernünftige Geschöpfe von ihrem Scheine Vortheile ziehen; Geschöpfe, die fähig sind, die Größe der Macht und Güte ihres ewigen Urhebers zu bewundern und dankbar zu preisen? Unsere Erde, die noch lange nicht der vornehmste Planet im Sonnenreich ist, hat der Schöpfer so reichlich mit vernünftigen Bewohnern besetzt, und jene große Kugeln kann man sich nach allen Betrachtungen unmöglich als dieser edelsten Geschöpfe beraubt, vorstellen.

Wem dies noch befremdet, der hat untern andern noch nie überlegt, wie unser Erdball, welcher nach dem Wahn seiner mehresten Bewohner der einzige Endzweck der ganzen Schöpfung seyn soll, aus den andern Planeten unsers Sonnenreichs von uns betrachtet in die Augen fallen würde. In dem uns am nächsten stehenden Mond, diesem Nebenplaneten der Erde, sieht die Erde noch ziemlich ansehnlich aus. Sie erscheint daselbst als ein Weltkörper ohngefehr viermal so groß im Durchmesser, als uns der Mond. Betrachteten wir aber die Erde aus der Sonne, so würde sie nur als ein kleiner Stern, wie uns der Merkur, erscheinen. Im Merkur wird sie zuweilen etwas größer gesehen. Von der Venus aus scheint die Erde etwa so groß, als uns die Venus, ob sie gleich ohne Zweifel nicht mit einem so lebhaften Lichte daselbst, als dieser Planet bey uns glänzt. Unsern Mond, wird man in der Sonne und den Merkur gar nicht, in der Venus aber nur durch Ferngläser finden. Wären wir im Mars, so würden wir die Erde zuweilen noch als einen ansehnlichen Stern glänzen sehen. Allein vom Jupiter aus könnten wir, (wie demüthigend für den Stolz des Menschen!) von unserm Planeten nichts wissen. Zum wenigsten werden die unbewaffneten Augen des Erdbewohners daselbst keine Spur davon entdecken. Dies ist daraus leicht abzunehmen, weil uns der 1500mal grössere Jupiter selbst nur als ein Stern erscheint.

Gesetzt nun: Es würde ein Caßini [Giovanni Domenico Cassini] auf diesen Planeten versetzt, und er fände, welches möglich wäre, durch Ferngläser, endlich unsere Erde als einen sehr kleinen Stern, etwa doppelt so groß im Durchmesser, als uns die Jupiterstrabanten erscheinen; sollte er alsdann wol, wenn die Jupitersbewohner auch so stolz auf ihr Daseyn wären, (und hiezu hätten sie noch weit mehr Ursache) als die Erdbürger sie überreden können, daß dieser kleine mühsam entdeckte Stern, dieser leuchtende Punct bewohnt sey? Da sich auch allda nichts von unserm Mond zeigt, so könnte sie dies in ihrem Wahn noch mehr bestärken. Und was wird endlich aus der Aufsuchung der Erde vom Saturn aus werden, dieses: In diesem noch einmal so weit entfernten Planeten, würde es dem Erdbürger völlig unmöglich seyn, auch mit den vollkommensten Fernröhren seinen Wohnort zu finden. Meine Leser werden hieraus die Anwendung leicht machen können.

Was übrigens wegen den veränderlichen Graden der Hitze und Kälte auf den Planeten nach ihrem verschiedenen Abstand von der Sonne, für und wider die Möglichkeit ihrer Bewohner, gemeiniglich vorausgesetzt wird, fällt dadurch größtentheils weg, wenn man den wahrscheinlich richtigen Satz annimmt, daß zwar das Licht der Sonne mit der Entfernung abnimmt; die Wärme aber sich blos nach Beschaffenheit der Atmosphäre eines jeden Planeten auf seiner Oberfläche wirksam zeige; daher es, wenn es ihre Bewohner erfordern, im Saturn und Merkur eben so temperirt seyn kann, als bey uns.

Auch die Nebenplaneten sind geschickt, Bewohner zu ernähren ... Allein, was soll man aus den Kometen machen, die im Reiche der Sonne zwischen den Planeten herum zu irren scheinen; bald die Wirkung der Sonne in der Nähe empfinden, und dann wieder über alle Planetenkreise hinaus sich so weit von der Sonne wegbegeben, daß, nach unsern Begriffen, das Licht und die wohlthätigen Einflüsse derselben auf ihnen sehr unwirksam werden müssen. Sollte auch dieses große Heer planetischer Kugeln von empfindenden und vernünftigen Geschöpfen bewohnt seyn? Warum nicht? ... Selbst die Sonne kann bevölkert seyn. Gesetzt, sie sey ein wirkliches Feuer, oder eine leuchtende und nicht brennende electrische Kugel, so ist sie, nach den Entwürfen der ewigen Weisheit fähig, vernünftige Bewohner zu beherbergen. Sie, diese glücklichen Geschöpfe, bedürfen keiner Abwechselung von Tag und Nacht, und unaufhörlich vom Lichte umleuchtet, werden sie mitten im Sonnenglanze unter dem Schatten des Allmächtigen sicher wohnen. Ist es glaublich, daß die Allmacht beym Bau der ungeheuer großen Sonnenkugel keine andere Absichten gehabt habe, als daß sich um derselben eine gewisse Anzahl bewohnter und gegen ihre Größe ganz unbeträchtliche Kugeln im Kreise herumschwingen sollten, die ihre anziehende Kraft mit gleicher Leichtigkeit, wie bey uns der Staub dem Zuge der Luft folgen, bloß um ihnen Licht und Wärme mitzutheilen? Nein! Denn hiebey scheint die Weisheit des Schöpfers beym Mittel und Endzweck nicht genug gerechtfertigt zu seyn. (S. 642–647)

Bode, Johann Elert: Anleitung zur Kenntniß des gestirnten Himmels. Berlin; Leipzig 1778 vgl. Einleitung S. 61

FRIEDRICH WILHELM HERSCHEL
Nachricht von einigen Beobachtungen zum Behuf der Erforschung des Baues des Himmels, 1784

Bisher hat man sich den Sternhimmel, nicht unpassend zum vorhabenden Zwecke, als eine hohle Kugelfläche vorgestellt, in deren Mittelpunkt man sich das Auge eines Beobachters hingestellt dachte. Freylich selbst dann gaben die mancherley Größen der Fixsterne klärlich die Idee von einem nach drey Abmessungen ausgedehnten Firmament an die Hand und würden dieser Idee angemessener gewesen seyn; aber die Beobachtungen über die ich mich jetzt weiter auslassen will, zeigen noch klärer und stärker die Nothwendigkeit, den Himmel aus diesem Gesichtspunkt zu betrachten. In Zukunft also, wollen wir jene Regionen, in welche wir durch Hülfe großer Teleskope eindringen mögen, so ansehn, wie ein Naturforscher eine weite Strecke Landes oder eine Kette von Bergen betrachtet, welche in mannigfaltigen Neigungen und Richtungen hinlaufende und aus sehr verschiedenen Materialien bestehende Schichten enthalten. Die Fläche eines Globus oder einer Charte wird nur sehr schlecht die innere Theile des Himmels abbilden.

Man kann es wohl erwarten, daß der große Vortheil einer weiten Oeffnung, sich am auffallendsten bey allen solchen Gegenständen zeigen müsse, die viel Licht erfordern, dergleichen die sehr kleinen und unermeßlich weit entfernten Fixsterne, die sehr schwachen Nebelflecke, die zusammengedrängten Sternhäuflein und die entfernten Planeten sind.

Da ich das Teleskop auf einen Theil der Milchstraße richtete, fand ich, daß es den gesammten weißlichen Schein völlig in lauter kleine Sterne auflösete, welches zu bewirken mein voriges Teleskop aus Mangel an gnugsamem Lichte nicht vermochte. Das Stück von diesem weitausgedehnten Streife, dessen Beobachtung mir bisher am gelegensten fiel, ist das unmittelbar um die Hand und Keule des Orions herum. Die herrliche Menge Sterne von allen möglichen Größen, die sich hier vor meinen Blick darstellten, war in der That zum Erstaunen; aber da der blendende Glanz von funkelnden Sternen leicht verleiten kann, ihre Zahl größer zu schätzen, als sie wirklich ist: so bemühte ich mich, diesen Punkt dadurch auszumachen, daß ich mehrere Felder überzählte, und nach einem Durchschnitt berechnete, was ein gewisses gegebenes Stück von der Milchstraße an Sternen enthalten möchte. Nach vielen Versuchen von dieser Art fand ich den vergangenen 18ten Januar, daß sechs Felder ohne Wahl genommen eins nach dem andern 110, 60, 70, 90, 70 und 74 Sterne enthielten. Ich versuchte darauf die ledigste Stelle, die in der Nachbarschaft zu finden wäre, auszulesen, und zählte 63 Sterne. Ein Durchschnitt von den sechs ersten giebt 79 für jedes Feld. Angenommen also 15 Minuten eines größten Kreises für den Durchschnitt meines Gesichtsfeldes, so folgt, daß ein Streif 15 Grade lang und 2 breit, oder die Menge, die ich durch das Feld meines Teleskops oftmahls in einer Stunde Zeit habe durchgehen sehen, wohl nicht weniger als 50 000 Sterne enthalten konnte, die noch groß genug waren, daß man sie deutlich zählen konnte. Aber außer diesen vermuthete ich wenigstens noch zweymahl so viel, die aus Mangel an Licht nur dann und wann mittelst matter und unterbrochener Aufschimmerungen gesehen werden konnten ... (S. 2–5)

Es ist sehr wahrscheinlich, daß die große Sternschichte, Milchstraße genannt, diejenige sey, in welcher die Sonne sich befindet, obwohl vielleicht nicht in dem eigentlichen Mittelpunkt ihrer Dicke. Es läßt sich dieses aus der Gestalt der Milchstraße abnehmen, die den gesammten Himmel in dem größten Kreise zu umringen scheint, wie sie es allerdings thun muß, wenn die Sonne sich innerhalb derselben befindet. Denn angenommen, eine Anzahl von Sternen sey zwischen zwey in einem gegebenen beträchtlichen Abstande von einander parallel gestellten und nach allen Seiten hin unbestimmt weit ausgedehnten Ebenen geordnet; welche Anordnung man eine Sternschichte heißen mag; so wird ein Auge, das irgendwo innerhalb derselben gestellt ist, sämmtlich längs den Ebenen der Schichte geordnete Sterne in einem großen Kreise perspectivisch entworfen sehen, welcher nach Maßgabe der Anhäufung der Sterne heller sich zeigen wird; mittlerweile die übrigen Gegenden des Himmels an den Seiten nur mit Sternbildern bestreuet zu seyn scheinen werden, die mehr oder weniger zusammengedrängt aussehen, je nachdem sie mehr oder weniger von den Ebenen abstehen, oder je nachdem die Anzahl der in der Dicke oder den Seiten der Schichte enthaltenen Sterne mehr oder weniger groß ist.

So würde ein Auge bey S die innerhalb der Schichte ab nach der Richtung ihrer Länge ab oder Höhe hintereinanderstehenden sammt allen zwischengeordneten Sternen in einen hellen Kreis *ACBD,* entworfen sehen; mittlerweile die Sterne an den Seiten mv, nw, über den übrigen Theil des Himmels bey *MVNW,* zerstreuet erscheinen würden.

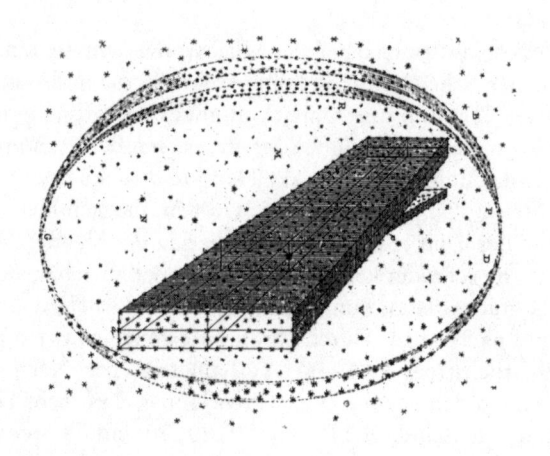

Stände ein Auge irgendwo ausserhalb der Schichte, in einem nicht zu großen Abstande davon, so würden die Sterne innerhalb derselben, die Gestalt eines von den kleinern Kreisen der Kugel annehmen, welcher Kreis nach Maßgabe oder Entfernung des Auges, sich mehr oder weniger verengern würde; und nähme dieser Abstand über alle Maße zu, so müßte die ganze Schichte sich zuletzt in einen lichten Fleck zusammenziehen, von einer Gestalt, die sich nach der Stellung, Länge und Höhe der Schichte richten möchte ...

Aus solchen Erscheinungen also, läßt sich nach den vorhergehenden Bemerkungen folgern, daß die Sonne sehr wahrscheinlich in einer von den großen Schichten der Fixsterne sich befinde, und allem Vermuthen nach nicht fern von der Stelle, wo irgend eine kleinere Schichte als ein Zweig davon ausläuft. Eine solche Annahme kann auf eine befriedigende Weise und mit aller Einfalt die sämmtlichen Erscheinungen der Milchstraße erklären, als welche, dieser Hypothese zu Folge, nichts anders denn eine perspectivische Erscheinung der in dieser Schichte und in ihrem Nebenzweige enthaltenen Sterne ist. Was uns noch ferner bewegen muß, die Milchstraße aus diesem Gesichtspunkt anzusehen, ist der Umstand, daß wir nicht länger zweifeln können, ihr weißlichtes Aussehen entspringe aus dem vereinigten Glanze der zahllosen Sterne, die selbige ausmachen. Wollten wir uns nun die Milchstraße als einen unregelmäßigen Ring von Sternen denken, da wir dann nahe bey dessen Mittelpunkt die Sonne hingestellt annehmen müßten; so wird es etwas ganz außerordentliches seyn, daß die Sonne, die eben ein solcher Fixstern ist als jene, die den eingebildeten Ring ausmachen, sich gerade in dem Mittelpunkte einer solchen Menge von Himmelskörpern befinden sollte, ohne daß sich irgend ein Grund zu diesem sonderbaren Vorzuge absehen ließe; dagegen nach unserer Annahme, jeder Stern in dieser Schichte, wenn er nicht sehr nahe am Ende ihrer Länge oder ihrer Höhe stehet, so gestellt seyn wird, daß er gleichfalls seine eigene Milchstraße habe, nur mit solchen Abwechselungen in der Gestalt und dem Glanze derselben, als von der besondern Lage eines jeden Sterns entstehen würden.

Es lassen sich mancherley Methoden einschlagen, um über den Ort der Sonne in der Sternschichte zur völligen Gewißheit zu kommen; ich will nur eine davon erwähnen, als die allgemeinste und zur Bestimmung dieses wichtigen Punkts schicklichste, und von der ich bereits angefangen habe Gebrauch zu machen. Ich nenne sie das Aichen des Himmels oder die Stern=Aiche. Sie besteht darin: ich nehme wiederhohlentlich die Anzahl von Sternen in zehn Gesichtsfeldern meines Teleskops, eins dicht am andern; und indem ich ihre Summen addire und eine Decimalstelle rechter Hand abschneide, so erhalte ich einen Durchschnitt vom Gehalt des Himmels, in allen den Theilen, die auf solche Weise geaicht worden. (S. 11–15)

Herschel, Friedrich W.: Nachricht von einigen Beobachtungen zum Behuf der Erforschung des Baues des Himmels. In: Ders.: Über den Bau des Himmels. Abhandlungen über die Struktur des Universums und die Entwicklung der Himmelskörper. Hrsg. von Jürgen Hamel, S. 53–70. – Ders.: Account of some observations tending to investigate the construction of the heavens. In: Philosophical Transactions of the Royal Society of London 74 (1784), S. 437–451. – Dass. in: Michael A. Hoskin, William Herschel and the construction of the heavens. London 1963, S. 71–82

vgl. Einleitung S. 60

FRIEDRICH WILHELM HERSCHEL
Über den Bau des Himmels, 1785

Durch die fortgesetzte Beobachtungen des Himmels mit meinem neulich verfertigten und seit der Zeit sehr verbesserten Instrument, bin ich nun im Stande, für verschiedene Stücke, die noch schwach unterstützt waren, mehr Bestätigung beyzubringen, wie auch einige weiter hinausweisende Winke zu geben, so wie sie sich selbst meiner gegenwärtigen Betrachtung darbieten.

Zuerst aber sey es mir erlaubt zu erinnern, daß, wenn wir irgend einigen Fortschritt in einer Nachforschung von dieser so delicaten Art zu machen hoffen wollen, wir zwey entgegengesetzte Abwege zu vermeiden haben, von denen sich kaum sagen läßt, welcher der gefährlichste sey. Hängen wir unserer phantastischen Einbildungskraft nach, und bauen Welten nach Belieben; so ist es kein Wunder, wenn wir vom Pfade der Wahrheit und der Natur weit abkommen; doch diese werden verschwinden, gleich den Cartesianischen Wirbeln, die bald besseren Theorien Platz machten. Auf der andern Seite, wenn wir Beobachtungen auf Beobachtungen häufen, ohne allen Versuch, aus denselben nicht bloß gewisse Schlüsse, sondern auch muthmaßliche Vorstellungsarten zu ziehen; so verstoßen wir gegen den eigentlichen Endzweck, um dessentwillen allein Beobachtungen angestellt werden sollten. Ich will mich bemühen eine gehörige Mittelstraße zu halten; sollte ich aber von derselben abkommen; so wünschte ich wohl nicht in den letzten Fehler zu fallen.

Daß die Milchstraße eine sehr ausgedehnte Schichte von Sternen verschiedener Größen sey, läßt nicht länger den geringsten Zweifel übrig; und daß unsere Sonne wirklich einer von den Himmelskörpern sey, die zu derselben gehören, ist eben so augenscheinlich. Nun habe ich diese schimmernde Zone nach fast allen Richtungen besichtigt und geaicht, und finde sie aus Sternen zusammengesetzt, deren Anzahl, nach Maßgabe dieser Aichungen, beständig ab= oder zunimmt, im Verhältniß wie sie dem bloßen Auge mehr oder minder glänzend erscheint. Um aber die Gedanken über das Weltall, die mir bey meinen neuerlichen Beobachtungen eingefallen sind, zu entwickeln; wird es am besten seyn, den Gesichtspunct zur Betrachtung dieser Sache, in einem beträchtlichen Abstande in Absicht auf Raum so wohl als Zeit, zu nehmen.

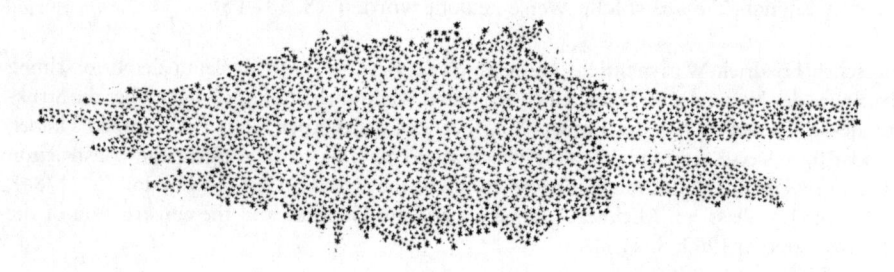

Theoretische Vorstellung

Lassen Sie uns also annehmen, unzählbare Sterne von mannigfaltigen Größen seyn über einen unbestimmten Theil des Raums zerstreut, dergestalt, daß sie durchgängig beynahe gleichmäßig vertheilt seyn. Die Gesetze der Anziehung, die ohne Zweifel zu den entferntesten Regionen der Fixsterne sich erstrecken, werden auf solche Weise wirken, daß allem Vermuthen nach folgende merkwürdige Wirkungen entstehen werden.

Bildung der Nebelflecken

Iste Form. Fürs erste, da wir angenommen haben, die Sterne seyn von mancherley Größe; so wird es sich häufig ereignen, daß ein Stern, wenn er beträchtlich größer, als seine benachbarten ist, selbige stärker anziehen wird, als ihrerseits von andern, die unmittelbar um sie herum stehen, werden angezogen werden; hiedurch werden sie mit der Zeit sich gleichsam um einen Mittelpunkt zusammendrängen, oder mit andern Worten, sich zu einem Sternhaufen bilden, dessen Gestalt, nach Verschiedenheit der Größe und des ursprünglichen Abstandes der ringsumher befindlichen Sterne, mehr oder minder, vollkommen kugelförmig seyn wird. Die Perturbationen dieser wechselseitigen Anziehung müssen ohne Zweifel sehr verwickelt ausfallen, wie man leicht begreifen wird, wenn man dasjenige erwägt, was Herr Isaac Newton im ersten Buch seiner Principien, in der 38sten und den folgenden Aufgaben sagt; um aber das Räsonnement dieses großen Schriftstellers von Körpern, die sich in Ellipsen bewegen, auf solche anzuwenden, dergleichen, wie wir hier vor der Hand annehmen, keine andere Bewegung haben, außer derjenigen, welche ihre wechselseitige Schwere ihnen mitgetheilt hat; so müssen wir die conjugirten Axen dieser Ellipsen uns unendlich verkleinert denken, wodurch die Ellipsen zu geraden Linien werden würden.

IIte Form. Der nächste Fall, der eben so oft als der vorige sich ereignen kann, ist, wenn es sich trift, daß einige wenige Sterne, obgleich an Größe den übrigen nicht überlegen, einander etwa näher stehen, als die rundumher befindlichen; denn hier wird ebenfals eine überwiegende Anziehung in ihrer aller gemeinschaftlichem Schwerpunkte entstehen, welche verursachen wird daß die benachbarten Sterne sich zusammenziehen; freylich nicht so, daß sie eine regelmäßige oder kugelförmige Gestalt annehmen, aber doch auf eine solche Art, daß sie gegen den gemeinschaftlichen Schwerpunkt des gesammten unregelmäßigen Sternhaufens sich verdichten. Und diese Bildung verstattet die äußerste Mannigfaltigkeit von Gestalten, nach Maaßgabe der Zahl und Stellung derjenigen Sterne, welche den ersten Anlaß zur Verdichtung der übrigen gaben.

IIIte Form. Aus der Zusammensetzung und wiederholten Verbindung der vorigen Formen läßt sich eine dritte herleiten, wenn einige große Sterne oder verbundene kleine, in lang gestreckten, regelmäßigen oder gekrümmten Reihen, Haken oder Zweigen stehen; denn diese werden ebenfalls die rund umherbefindlichen anziehen; wodurch Figuren von verdichteten Sternen entstehen werden, ähnlich den ersteren, die zu diesen Verdichtungen Anlaß gaben.

IVte Form. Wir können auf gleiche Weise noch ausgebreitetere Verbindungen annehmen; wenn zu ebenderselben Zeit, da sich ein Sternhaufen in einem Theil des Raumes bildet, ein anderer in einem ganz verschiedenen, aber vielleicht nicht weit abstehenden Revier sich sammelt; wodurch eine wechselseitige Annäherung gegen ihren gemeinschaftlichen Schwerpunkt verursacht werden kann.

Vte Form. Fürs letzte, wird es eine natürliche Folge von den ersteren Fällen seyn, daß große Höhlungen oder Lücken, durch das Zurücktreten der Sterne gegen die mancherley Mittelpunkte ihrer Anziehungen, entstehen werden; so daß hier offenbar im Ganzen ein weites Feld für die himmlischen Körper ist, durch die wechselseitigen und verbundenen Anziehungen die größte Mannigfaltigkeit hervorzubringen.

Ich will daher, ohne mich über diese Materie weiter auszubreiten, zu einigen wenigen Bemerkungen fortgehen, die von selbst einem jeden aufstoßen müssen, der diese Sache in dem Lichte ansieht, worin ich sie hier angesehen habe.

Einwendungen erwogen

Beym ersten Anblick wird es scheinen, als ob ein System, so wie es in den vorhergehenden Paragraphen entwickelt worden ist, augenscheinlich auf eine allgemeine Zerstöhrung durch den Stoß eines über einen andern fallenden Sterns, hinauslaufen werde. Es würde eine hinreichende Antwort seyn, wenn man sagte: daß, wofern eine Beobachtung nur bewiese, dies sey wirklich das System des Weltalls, es nicht zu zweifeln sey, der große Urheber desselben werde reichlich für die Erhaltung des Ganzen gesorgt haben; ob es gleich uns nicht einleuchtet, auf was für Art dieses bewirket werde. Allein ich will überdies noch verschiedene Umstände anzeigen, die offenbar auf eine allgemeine Erhaltung abzwecken; als, fürs erste, den unermeßlichen Umfang des Sternhimmels, der ein Gegengewicht hervorbringen muß, welches alle großen Theile des Ganzen, auf eine wirksame Weise vor der wechselseitigen Annäherung zu einander bewahren wird. Es bleibt demnach nur noch übrig zu sehen, wie die einzelnen Sterne, die zu abgetrennten Sternhaufen gehören, vor das Hinstürzen nach dem Mittelpunkt der Anziehung, werden bewahret werden.

Und hier muß ich bemerken, daß, ob wohl ich vorher, um den Fall einfacher zu machen, die Sterne als ursprünglich in Ruhe betrachtet habe, ich darum gleichwohl die Wurfskräfte nicht auszuschließen Willens war; und nimmt man diese an, so werden sie sich als eine solche Schutzwehr wider die anscheinende Zerstöhrungskraft der Anziehung beweisen, daß sie alle zu einem Sternhaufen gehörigen Sterne, wenn nicht auf immer, wenigstens für Millionen von Menschenaltern sichern werden. Ueberdem haben wir vielleicht dergleichen Sternhaufen, und die dann und wann eintretende Zerstöhrung eines Sterns in etlichen Tausenden von Zeitaltern, als die eigentlichen Mittel anzusehen, durch welche das Ganze erhalten und erneuert wird. Diese Sternhaufen mögen, wenn ich mich so ausdrücken darf, die Laboratorien des Weltalls seyn, worin die kräftigsten Gegenmittel wider den Verfall des Ganzen bereitet werden.

Optische Erscheinungen

Von dieser theoretischen Vorstellung des Himmels, die, wie wir bereits bemerkt haben, aus einem nicht minder der Zeit als dem Raum nach entfernten Gesichtspunkt gefaßt ist, wollen wir jetzt auf unsern eigenen abgelegenen Standpunkt zurücktreten in einen von den Planeten, die einen Stern in seiner größten Verbindung mit zahllosen andern, begleiten; und um auszuforschen, wie die Erscheinungen für diese zusammengezogene Stellung geschaffen seyn werden, wollen wir mit unbewaffneten Auge anfangen. Die Sterne der ersten Größe, die, aller Wahrscheinlichkeit nach, die nächsten sind, werden uns eine Staffel für unsere Stufenleiter darbieten; indem wir also zum Beyspiel mit der Entfernung des Sirius oder Arctur's als einer Einheit, ausgehen, wollen wir vorjetzt annehmen, daß die von der zweyten Größe einen doppelten, und die von der dritten einen dreyfachen Abstand haben u.s.w. Es ist nicht nöthig pünktlich auszumachen, was für eine Stärke von Licht, und was für eine Größe eines Sterns ihn berechtige, für einen von solcher verhältnismäßigen Entfernung geschätzt zu werden, da die gemeine ungefähre Schätzung eben so gut unserer gegenwärtigen Absicht ein Gnüge thun wird; nimmt man es also für ausgemacht an, daß ein Stern von der siebenten Größe ungefähr siebenmahl so weit, als einer von der ersten Größe ist; so folgt, daß ein Beobachter, der in einem kugelförmigen Sternhaufen, und zwar nicht weit vom Mittelpunkt eingeschlossen ist, niemahls im Stande seyn wird, mit dem nackten Auge das Ende desselben abzusehen; denn da er, den obigen Schätzungen gemäß, seinen Blick nur ungefähr 7mahl die Syrius=Weite genommen, ausdehnen kann, so ist nicht zu erwarten, daß seine Augen die Ränder eines Sternhaufens erreichen sollten, welches vielleicht nicht weniger als 50 Sterne in der Tiefe nach allen Seiten rings um sich hat.

Das gesammte Universum sonach, wird in einen Satz von Sternbildern, reichlich mit zerstreuten Sternen aller Größen geschmückt sich für ihn zusammen thun. Oder sollte der vereinigte Glanz eines benachbarten Sternhaufens, in einer besonders klaren Nacht, sein Gesicht erreichen; so würde dasselbe die Gestalt einer kleinen matten, weißlichen, nebligen Wolke annehmen, die sich ohne die größte Anstrengung nicht wahrnehmen ließe. Um andere Standpunkte zu übergehen, so lasse man ihn in eine sehr weit ausgedehnte Schichte, oder in einen astigen Sternhaufen von Millionen Sternen hingestellt seyn, dergleichen zu der dritten Form der in einen vorigen Paragraph betrachteten Nebelflecken gehören würde. Hier wird ebenfals der Himmel reich bestreut mit funkelnden Sternbildern, aber zugleich wird auch eine lichte Zone oder Milchstraße um die ganze Sphäre des Himmels wahrgenommen werden, als eine Wirkung von dem vereinigten Lichte jener Sterne, welche zu klein, das ist, entfernt sind um gesehen zu werden. Das Gesicht unseres Beobachters wird so begrenzt sein, daß es ihm vorkommen wird, als befasse diese einzelne Sammlung von Sternen, wovon er selbst nicht den tausendsten Theil gewahr wird, alles was der gesammte Himmel in sich hat.

Verstatten wir ihm nun den Gebrauch eines gemeinen Fernrohrs, so fängt er an zu muthmaßen, daß die ganze Milchweiße des hellen Streifs, der die hohle Kugel umringt, wohl von Sternen herrühren möge. Er bemerkt einige Sternhaufen in mancherley Gegenden des Himmels, und findet, daß es auch dort eine Art von Nebelflecken giebt; sein Blick ist jedoch noch nicht so erweitert, um das Ende der Schichte abzusehen, in welcher er eine solche Stellung hat, daß es ihm vorkommt, als gehörten diese Zonen zu demjenigen System, welches, wie ihm deucht, alle und jede himmlischen Gegenstände in sich faßt. Nun verstärkt er seine Sehkraft, und indem er sich einer genauen Beobachtung befleißiget, findet er, daß die Milchstraße in der That nichts anders, als eine Sammlung von sehr kleinen Sternen sey. Er wird gewahr daß jene Gegenstände, welche Nebelflecke hießen, augenscheinlich nichts anders als Sternhaufen sind. Er sieht ihre Anzahl immer mehr und mehr anwachsen, und wenn er einen Nebelfleck in Sterne auflöset; so entdeckt er zehn neue, die er nicht auflösen kann. Dann bildet er sich den Begriff von einer unermeßlichen Fixsternenschichte, von Sternhaufen und von Nebelflecken; bis im Fortgange solcher anziehenden Beobachtungen er nun inne wird, daß alle diese Erscheinungen, ganz natürlich aus dieser beschränkten Lage, in welcher wir uns gestellt befinden, entstehen müssen.

Beschränkt kann sie mit Recht genannt werden, obgleich auf keinen geringern Raum, als denjenigen, der ihm vorher die ganze Region der Fixsterne zu seyn schien, welcher aber nunmehr die Gestalt eines Krummen in Zweige getheilten Nebelflecks angenommen hat; eines Nebelflecks, der freylich nicht einer der kleinsten, aber vielleicht auch bey weiten nicht der beträchtlichste von jenen unzählbaren Sternhaufen ist, die zum Gebäude des Himmels gehören. (S. 25–35)

Herschel, Friedrich W.: Ueber den Bau des Himmels. In: Ders.: Über den Bau des Himmels, a.a.O., S. 71–108. – Ders.: On the construction of the heavens. In: Philosophical Transactions 75 (1785), S. 213–266. – Dass. in: Michael A. Hoskin, William Herschel, a.a.O., S. 82–106
vgl. Einleitung S. 60

FRIEDRICH WILHELM HERSCHEL
Einige Bemerkungen über den Bau des Himmels, 1789

Lasset uns denn fortfahren, unseren Blick auf die Kraft zu werfen, welche die verschiedene Sortirungen von Sternen in sphärische Haufen modelt. Jede Kraft die ununterbrochen wirkt, muß Effecte hervorbringen, die der Zeit ihrer Wirkung proportional sind. Da nun, wie bewiesen worden ist, die sphärische Figur eines Sternhaufens, von Centralkräften herrührt, so folgt, daß jene Sternhaufen, welche ceteris paribus die größte Vollständigkeit in dieser Figur haben, am längsten der Wirkung dieser Ursachen müssen ausgesetzt gewesen seyn. Dieses wird uns verschiedene Gesichtspunkte verstatten. Nehmen wir zum Beyspiel an, daß 5000 Sterne einmahl in einer gewissen zerstreuten Lage gewesen wären, und daß 5000 andere gleiche Sterne in derselben Lage gewesen wären, so wird, glauben wir, derjenige von den zwey Sternhaufen, welcher der bildenden Kraft am längsten ausgesetzt gewesen ist, auch am meisten verdichtet, und der Vollendung seiner Gestalt näher gebracht seyn.

Eine leichte Folge, die aus dieser Betrachtung gezogen werden kann, ist, daß wir in den Stand gesetzt sind, über das Verhältniß des Alters, der Reife oder der Stuffenordnung eines Sternensystems, aus der Stellung seiner Bestandtheile zu urtheilen. Und machen wir die Grade der Helligkeit in den Nebelflecken zur Scale der verschiedenen Anhäufung der Sterne in den Sternhaufen, so werden dieselben Schlüsse sich auf sie alle gleichmäßig erstrecken. Aber aus dem bereits gesagten sind wir nicht berechtigt zu schließen, daß jedem sphärischen Sternhaufen, in Ansehung seiner absoluten Dauer ein gleiches Alter zukomme, sintemahl ein solcher der nur aus tausend Sternen zusammengesetzt ist, gewiß viel früher zu der Vollkommenheit seiner Form gelangen muß, als ein anderer, welcher eine Million derselben in sich faßet. Jugend und Alter sind verhältnißmäßige Ausdrücke; und eine Eiche von einem gewissen Alter kann noch sehr jung genannt werden, da ein gleichzeitiges Strauch, bereits an der Grenze seines Verfalls ist.

Die Methode, mit einiger Zuversicht über die Beschaffenheit irgend eines Sternsystems urtheilen zu können, kann vielleicht ganz bequem aus dem Maasstabe hergeleitet werden, welchen wir ... zum Grunde gelegt haben; so daß zum Beispiel ein Sternhaufe oder ein Nebelfleck, der stuffenweise mehr zusammengedrängt und heller gegen die Mitte ist, in der Vollkommenheit seines Wachsthums seyn kann, da ein anderer, der sich der durch eine gleichmässigere Zusammendrängung angedeuteten Beschaffenheit nähert, dergleichen die Nebelflecke sind, die ich die planetarischen genannt habe, als sehr alt, und auf eine Periode des Wechsels oder der Auflösung losgehend angesehen werden kann ...

Diese Methode den Himmel zu betrachten, scheint ihn in ein neues Licht zu setzen. Nun wird er angesehen, als gleiche er einem üppigen Garten, der eine große Mannigfaltigkeit von Produkte in verschiedenen blühenden Beeten enthält; und der eine Vortheil den wir zum wenigsten aus demselben einerndten können ist der, daß wir gleichsam den Schwung unserer Erfahrung auf eine unermeßliche Dauer ausdehnen können. Denn um das Gleichniß fortzusetzen, das ich aus dem Pflanzenreich geborgt habe, ist es nicht beynahe einerley, ob wir fortleben um nach und nach, das Aussprossen, Blühen, Belauben, Fruchttragen, Verwelken, Verdorren und Verwesen einer Pflanze anzusehen, oder ob eine große Zahl von Exemplaren, die aus jedem Zustande, den eine Pflanze durchgeht, erlesen, auf einmahl uns vor Augen gebracht werden. (S. 158–160)

Herschel, Friedrich W.: Einige Bemerkungen über den Bau des Himmels. In: Ders.: Über den Bau des Himmels, a.a.O., S. 109–124. – Ders.: Remarks on the construction of the heavens. In: Philosophical Transactions 79 (1789), S. 212–226. – Dass. in: Michael A. Hoskin, William Herschel, a.a.O., S. 106–118

vgl. Einleitung S. 60

JOHANN HIERONYMUS SCHROETER
Fragmente zur genauern Kenntniss der Mondfläche, 1791

Glücklich fühlet sich schon der Naturforscher, wenn er Gottes Naturwerke, welche auf dieser Erdfläche vor ihm liegen, durch Beobachtungen studieret; aber noch mehr wird sein forschender Geist entzückt, wenn ihm physische Blicke in das ganze Reich der Schöpfung gewähret werden. Dann erhebt er sich über alle irdische Gegenstände, waget sich kühn zu den planetischen Gefilden entfernter Regionen und durchforschet in stiller Einsamkeit die grossen Werke Gottes im Heiligthume der Schöpfung. Je mehr Kenntnisse er sich da von der verschiedenen Beschaffenheit der Oberflächen anderer Planeten durch sorgfältige und genaue Beobachtungen sammelt, desto fruchtbarer wird seine analogische Einsicht in das Ganze der Schöpfung, und der physischen Sternkunde wird ein neues, reichhaltiges Feld zu weiterer Cultur und Speculation eröffnet.

Wie mancher glücklicher Fortschritt jetzt, da uns der verdienstvolle, sinnreiche Herr D. Herschel zu dergleichen Beobachtungen so vortreffliche Telescope geschenkt hat, darin möglich sey, zeigen, wie mich dünkt, ausser dessen wichtigen Entdeckungen auch schon die merkwürdigen Resultate, welche aus meinen über die Flächen der Sonne und des Jupiters bewerkstelligten Beobachtungen folgen. Vor allen andern Weltkörpern aber bietet die Mondfläche dem forschenden Geiste des Menschen den reichhaltigen Stoff zu den merkwürdigsten Untersuchungen dar, und in der That hat auch eine genauere Kenntniss derselben für uns das meiste Interesse. Der Mond ist uns unter allen Weltkörpern am nächsten; er ist ein getreuer, unsere Erde in der weiten Laufbahn um die Sonne immerfort begleitender Gefährte, welcher uns schon zu mancher, und selbst dem scharfsinnigen, unsterblichen Newton zu der grossen Entdeckung des allgemeinen Gesetzes der Schwere Gelegenheit gegeben hat. Auch haben seine Wirkungen besonders auf die flüssigen Theile und die Atmosphäre unserer Erdfläche den bewunderungswürdigsten Einfluss, und vielleicht kann seine von so grossen gewaltsamen Revolutionen allenthalben zeugende Oberfläche unserer Erdfläche zu einem Vorbilde dienen. (S. 1f.)

Gleichwohl zeigt der Mond schon dem blossen unbewaffneten Auge die Schattirungen seiner Landschaften. Wie vielen merkwürdigen und grossen Veränderungen seine Oberfläche unterworfen gewesen seyn müsse, zeigt sich schon dem denkenden Naturforscher bey dem ersten Anblicke mit einem mittelmässig guten Fernrohre, und dieser hat durch eben gedachte Erfahrungen unterstützet, die erheblichsten Gründe, auch für die Zukunft mancherley zufällige Veränderungen auf der Mondfläche zu vermuthen, welche seinem forschenden Geiste neue Kenntnisse gewähren können.

Um aber den Weg zu einer gründlichen physischen Kenntniss der Mondfläche und zur Naturgeschichte des Mondes zu bahnen, ist eine bloss allgemeine Mondbeschreibung, wenn wir auch gleich alle und jede Mondflecken nach ihrer wahren selenographischen Lage, Größe, Gestalt und Farbe im Allgemeinen kennen, bey weitem nicht hinreichend. Unsere Erdkunde enthält dafür die treffendsten Beispiele. Ganze Provinzen unserer Erdfläche z. B. die Schweiz, Böhmen, Mähren, Tyrol u.s.w. würden, wenn wir sie aus dem Monde sehen könnten, bloß als verschiedene Flecken erscheinen, dergleichen im Monde Grimaldi, Schickard, Cleomedes, Plato und viele andere Flecken sind. Wüssten wir z. B. von der Landschaft Terra di Lavoro des Königreichs Neapel weiter nichts als dass sie ohngefähr zwischen dem 40 und 42sten Grade nördlicher Breite, und dem 32 und 33sten Grade der Länge belegen, wie gross, und wie sie sonst im Allgemeinen beschaffen ist; so wurden wir nach einer solchen bloss allgemeinen Kenntniss unmöglich beurtheilen können, ob der Monte di Somma vor dem Vesuv und der Monte nuovo in den Phlegräischen Feldern später als der Monte Barbaro entstanden sey. Nothwendig setzen dergleichen Beurtheilungen eine sehr umständliche topographische Kenntniss dieser Landschaft und ihrer einzelnen Flächentheile voraus. Eben das ist auch bey der Beurtheilung der Mondfläche der Fall.

Bis jetzt ist unsere selenographische Kenntniss der Mondfläche und ihrer Flecken grösstentheils weiter nichts als eine Hevelische und Ricciolische Nomenclatur. Wollen wir die Mondfläche gründlich, und die Veränderungen, welche mit derselben vor sich gegangen sind und vielleicht auch noch künftighin an verschiedenen Stellen sich zeigen können, aus einem physischen Gesichtspuncte beurtheilen, so müssen wir nothwendig erst die ganze Mondfläche nicht bloss ihren Flecken nach, sondern so weit nur immer unsere durch sehr vollkommene Telescope gestärkte Gesichtskraft ins Kleinere zu dringen fähig ist, nach allen ihren kleinern Theilen sorgfältig durchforschen, einen jeden Flecken insbesondere als eine kleine Mondlandschaft betrachten, sie nach allen ihren verschiedenen einzelnen Theilen, nach ihren Gebirgen, Anhöhen und abhängigen Flächen, Bergadern, kleinen Thälern, Rillen, Schichten, ringförmigen und craterähnlichen Einsenkungen, nach der Senkrechten Höhe und Tiefe ihrer Gebirge und Einsenkungen, nach der verschiedenen eigenthümlichen Farbe solcher einzelnen Theile und so weiter nicht nur sorgfältig untersuchen und durchforschen, sondern auch gehörig vermessen, davon topographische Specialcharten entwerfen, und bey diesen kleinen topographischen Zeichnungen alle, selbst die kleinsten Umstände bemerken. Kurz wir müssen vor allen Dingen eine gewisser Maassen ganz neue Wissenschaft nach und nach bearbeiten, für welche ich um sie von der bisherigen allgemeinen Selenographie zu unterscheiden, keinen schicklichern Nahmen als Selenotopographie oder Selenographia specialis weiss, so dass die sämmtlichen, auf solche Art von der Mondfläche aufgenommenen Specialcharten einen selenotopographischen Atlas ausmachen werden.

Ohne mein weiteres Erinnern wird man einsehen, dass der Nutzen eines solchen selenotopographischen Werkes für die physische Sternkunde beträchtlich seyn, und daneben dem Naturforscher, dessen Geist sich durch Betrachtung der göttlichen Naturwerke aufzuheitern gewohnt ist, ein erhabenes Vergnügen gewähren werde. Wie höchstangenehm würde es nicht schon an sich selbst für jeden Naturliebhaber und selbst denjenigen, der nicht Astronom ist, seyn, wenn er in einem solchen Werke auf seiner Studierstube die Länder einer benachbarten Welt im Allgemeinen, ohngefähr eben so bereisen, und die vielen besondern, grossentheils bisher noch überall nicht bekannt gewesenen Naturmerkwürdigkeiten im Stillen eben so bewundern könnte, als der Geograph, wenn dieser in seinem Cabinet mit einem Cook die Welt umsegelt; wenn er darin die Beschaffenheit der Mondgebirge, ihre Lagen, Schichten, Rillen, senkrechten Höhen, wie sie durch Bergketten und Bergadern mit andern Gebirgen und ringförmigen, tiefen, craterähnlichen Einsenkungen in Verbindung stehen, wie tief ohngefähr diese unterhalb der übrigen allgemeinen Fläche eingesenkt sind, und so mancherley andere Merkwürdigkeiten studiren könnte? Aber noch mehr. Wie manche äusserst merkwürdige Veränderungen mögen sich nicht manchesmal bey den kleinern Gegenständen der Mondfläche äussern, welche wir mit unsern besten Fernröhren mit völliger Gewissheit erkennen würden, wenn wir die Mondfläche nach allen ihren kleinen erkennbaren Gegenständen umständlich genug kennten, und sie nach einem solchen topographischen Atlas von Zeit zu Zeit sorgfältig durchmusterten, und zu wie mancher nützlichen weitern Speculation würde solches nicht Anlass geben?

Zweck und Nutzen einer Selenotopographie rechtfertigen sich also hinlänglich, und es kommt nur darauf an, ob überhaupt, und auf welche Art dergleichen feine topographische Untersuchungen bey einem im Mittel doch immer 51 353. geographische Meilen von uns entfernten Weltkörper zweckmässig bewerkstelliget werden können. (S. 8–10)

In der Charte Tab. XVI ist die Lage und Richtung des Apenninischen Gebirges wieder angezeigt. Der augenfälligste Gegenstand dieser Charte ist Archimedes oder der Hevelische Mons Argentarius, welcher nach den Mayerischen Beobachtungen unter 29°17′ nördlicher Breite und 1°45′ östlicher Länge belegen ist. Es ist eine Wallebene, oder ein ebenes, von einem beträchtlichen ringförmigen Wallgebirge eingeschlossenes Thal, welches mit Einschliessung des Ringgebirges 46″ im grössten Durchmesser von Westen nach Osten, von Süden gegen Norden hingegen nur 38 Sec. im Durchmesser hatte, und von ohngefähr eben derselben Beschaffenheit als

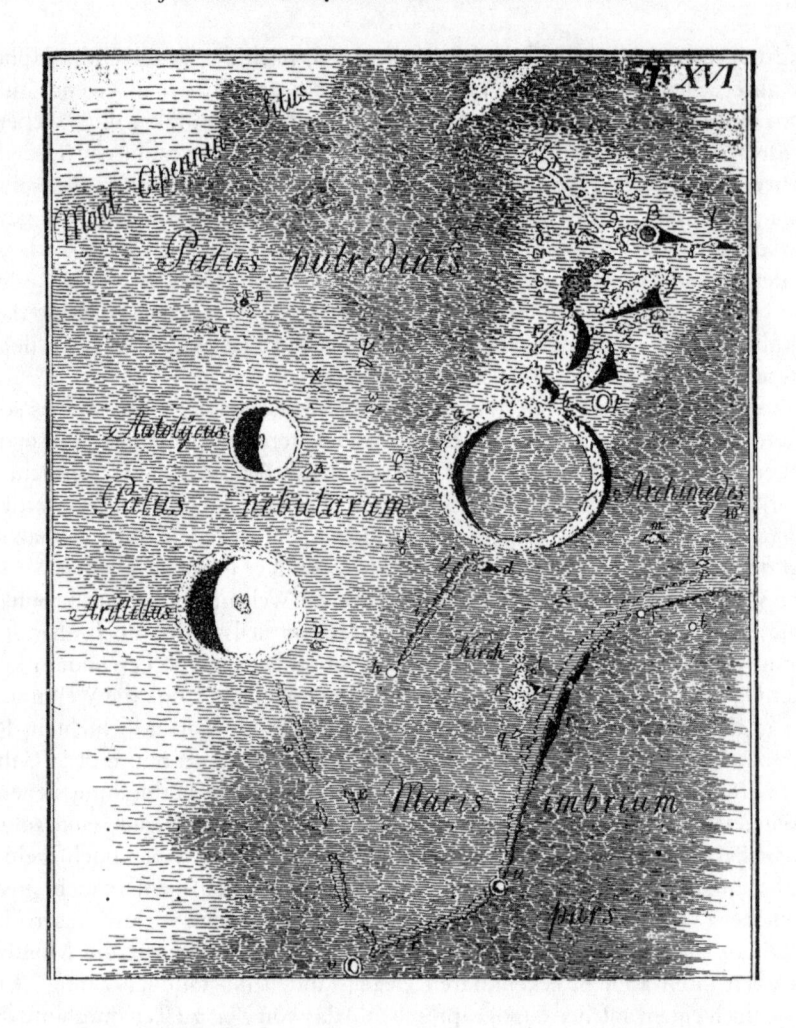

Plato ist. Die innere eingeschlossene Fläche erschien grau von höchstens 2° Licht, das Wallgebirge hingegen merklich heller. Erstere erschien, wie ich sie auch in der Folge mehrmahls gefunden habe, von einerley grauer Farbe völlig eben, und ich konnte so wenig an diesem als dem folgenden Abend, noch in der Folge irgend eine Ungleichheit, weder einen Berg noch eine Einsenkung entdecken. Merkwürdig ist es also, dass der verdienstvolle Tobias Mayer, dessen Genauigkeit im Beobachten und Zeichnen gewiss niemand verkennen wird, mitten im Archimedes einen sehr deutlichen hellerer Punct mit etwas Schatten als einen Centralberg angezeiget, dagegen aber im Autolycus, wo wirklich ein kleiner Bergkopf befindlich ist, einen solchen nicht verzeichnet hat. Letzterer konnte und musste ihm zwar in einem mittelmässigen Fernrohre entgehen; desto augenfälliger aber muss mir in meinem 7füssigen Herschelschen Reflector das werden, was Mayer gefunden hat.

Meine Absicht ist keineswegs zu voreilig daraus zu folgern, dass die Mondfläche seit 1749 an dieser Stelle eine merkwürdige Veränderung erlitten habe, so sehr es auch meine folgenden Charten und Bemerkungen fast ausser allen Zweiffel zu setzen scheinen, dass sie schon mancher Revolution unterworffen gewesen seyn müsse, und so sehr wir auch über dergleichen Veränderungen vielleicht staunen würden, wenn schon Hipparchus und Ptolemaeus mit guten Fernröhren die Mondfläche eben so genau, als Mayer, beobachtet und verzeichnet hätten; aber Pflicht ist es auf alle dergleichen Kleinigkeiten in Hinsicht auf meine in der dritten Abtheilung folgenden Bemerkungen aufmerksam zu machen. Hier bemerke ich also nur, dass Cassini in seiner grossen Charte überall keinen Gegenstand in dieser Wallebene bemerkt, dass ich den Archimedes über ein Jahr lang unter allen vorgekommenen Erleuchtungswinkeln und zuletzt mit 270mahliger Vergrösserung in solcher Rücksicht beobachtet, aber nie den geringsten Gegenstand darin gefunden habe, und dass also nach dringender Wahrscheinlichkeit das, was Mayer gesehen, eine zufällige vergängliche Erscheinung gewesen seyn dürfte. (S. 247f.)

Schroeter, Johann Hieronymus: Selenotopographische Fragmente zur genauern Kenntniss der Mondfläche. Göttingen 1791
  vgl. Einleitung S. 60

HEINRICH WILHELM MATTHIAS OLBERS
Abhandlung über die leichteste und bequemste Methode, die Bahn eines Cometen zu berechnen, 1797

Erster Abschnitt.
Allgemeine Betrachtungen über die Bestimmbarkeit einer Cometenbahn und über die zur Bestimmung derselben vorgeschlagenen Methoden

§ 1. Die Bahn eines Cometen um die Sonne aus einigen geocentrischen Beobachtungen zu bestimmen, schien selbst dem grossen Newton nicht wenig schwierig. Er nennt dies Problem longe difficillimum, dessen Auflösung er auf verschiedene Art versucht habe, ehe er auf die schöne Construction kam, die er in seinen Principia philosophiae naturalis vorträgt. Newton's Construction ist vollkommen des Genies ihres Urhebers würdig: nur ist sie freilich mühsam und führt erst durch viele Versuche zum Ziele. Nach Newton's Zeiten haben sich mehrere der grössten Geometer mit dieser Aufgabe beschäftigt, die Unmöglichkeit einer directen völlig genauen Auflösung gezeigt oder gefühlt, und eine große Menge von Methoden angegeben, wodurch man zur Kenntniss der Elemente einer Cometenbahn gelangen kann.

Einige dieser Methoden sind kürzer, andere länger, einige mehr, andere weniger genau; ja verschiedene, die ihre Erfinder oder andere Gelehrte als bequem und brauchbar angerühmt hatten, werden wieder von andern Messkünstlern als völlig unnütz verworfen. Es scheint also allerdings interessant zu sein, das Cometen-Problem nochmals nach seinen Schwierigkeiten darzulegen, und alle jene Methoden unter eine allgemeine Uebersicht zu bringen, die ihren verschiedenen Werth im Ganzen schätzen lehrt, um sodann mit einiger Zuversicht den kürzesten und bequemsten Weg zur Bestimmung einer Cometenbahn wählen zu können.

§ 2. Jede geocentrische Beobachtung eines Cometen giebt die Lage einer Gesichtslinie an, in der sich der Comet irgendwo zur Zeit dieser Beobachtung befand. Man kann sich bei jeder Beobachtung vorzüglich zwei Triangel denken. Einen zwischen den Mittelpuncten der Sonne, des Cometen und der Erde; einen andern zwischen den Mittelpuncten der Sonne, der Erde und der Projection des Cometen auf die Ebene der Ecliptik. Vermöge der Beobachtung ist in beiden Triangeln nur eine Seite, die Distanz der Erde von der Sonne, und ein Winkel, der Winkel an der Erde gegeben. Um diese Dreiecke auflösen, um den Ort des Cometen angeben zu können, muss in einem von beiden noch eine Seite, oder ein Winkel gegeben werden, und dann werden beide, da sie von einander abhängen, sogleich bestimmt. Dies ist also die unbekannte Grösse für jede Beobachtung, und dafür kann man nach Belieben den Winkel am Cometen, oder an der Sonne, oder den wahren, oder den curtirten Abstand des Cometen von der Erde, oder von der Sonne annehmen.

§ 3. Wenn die Cometen gleich nie Parabeln um die Sonne beschreiben, so weiss man doch, dass man das kleine Stück ihrer elliptischen Bahn, das in der Nähe der Sonne liegt, und worin sie uns sichtbar sind, ohne Bedenken mit einer Parabel verwechseln kann. Ich nehme also die Cometenbahn als eine Parabel an, in deren Brennpunct der Mittelpunct der Sonne ist; und so liegen auch alle Puncte der Cometenbahn in einer durch den Mittelpunct der Sonne liegenden Ebene. Denke ich mir nun eine solche Ebene durch den Mittelpunct der Sonne gelegt, so wird durch jede Beobachtung die Lage einer Gesichtslinie und also ein Punct auf dieser Ebene bestimmt. Durch zwei Puncte und den Brennpunct ist die Parabel schon gegeben: sollen drei durch die Beobachtungen auf der Ebene angegebene Puncte in eine Parabel fallen, so giebt es für jede angenommene Durchschnittslinie mit der Ecliptik nur eine bestimmte Inclination, und für eine angenommene Inclination nur eine bestimmte Lage der Knotenlinie dieser Ebene, in der dies geschieht. Vier Beobachtungen endlich lassen weder die Inclination noch die Knotenlinie mehr willkürlich, sondern bestimmen beide: und so ist die Cometenbahn, in so fern sie eine Parabel ist, durch vier Beobachtungen, ohne alle Rücksicht auf die Zwischenzeiten, völlig bestimmt.

§ 4. Drei Beobachtungen würden hinreichend sein, sobald man die Zwischenzeiten in Betrachtung zieht, und annimmt, dass die um die Sonne beschriebenen Räume sich wie die Zeiten verhalten. Aber da nicht blos die Räume im Verhältniss der Zwischenzeiten, sondern da diese Zwischenzeiten selbst bekannten Functionen aus den radiis vectoribus und der Chorde gleich sind, so ist die parabolische Cometenbahn durch drei Beobachtungen mehr als bestimmt: oder man wird in diesem Fall vier Gleichungen und nur drei unbekannte Grössen haben.

§ 5. Man kann sich von diesen vier Gleichungen leicht einen allgemeinen Begriff machen. Die drei unbekannten Grössen mögen die drei Abstände des Cometen von der Erde sein. Durch drei nicht in einer geraden Linie liegende Puncte ist die Lage einer Ebene gegeben: folglich bestimmen zwei Abstände und der Mittelpunct der Sonne die Lage dieser Ebene und den dritten Abstand. Dies giebt die erste Gleichung. Die Bedingung, dass die drei Oerter des Cometen in einer Parabel liegen sollen, in deren Brennpunct sich der Mittelpunct der Sonne befindet, giebt die zweite Gleichung. Und endlich die Vergleichung der Zwischenzeit mit den radiis vectoribus und den Chorden, die beiden übrigen. Ueberhaupt wird man, wenn man n Beobachtungen nimmt, n unbekannte Grössen, und zu ihrer Bestimmung $3n-5$ Gleichungen haben: nämlich n-2 Gleichungen, die von der Bedingung abhängen, dass alle Oerter des Cometen in einer durch den Mittelpunct der Sonne liegenden Ebene sein müssen: n-2 Gleichungen, weil die Oerter des Cometen in einer Parabel sind, wovon die Sonne den Brennpunct einnimmt: und n-1 Gleichungen, weil die Zwischenzeiten bekannter Functionen der Chorden und Vectoren gleich sind.

§ 6. Bei diesem grossen Ueberfluss von Gleichungen sollte es vielleicht nicht schwer scheinen, eine Cometenbahn aus einigen geocentrischen Beobachtungen auf eine directe Art mit geometrischer Genauigkeit zu bestimmen. Allein betrachtet man die Gleichungen selbst, so sind sie so verwickelt, dass die Kräfte der Algebra und die Geduld des unverdrossensten Rechners dabei zu kurz kommen. Ich will die vier Gleichungen für den Fall, da man drei Beobachtungen braucht, hersetzen, und dabei, was mir am bequemsten scheint, die curtirten Distanzen des Cometen von der Erde als die unbekannten Grössen ansehen. (S. 1–4)

Olbers, Wilhelm: Abhandlung über die leichteste und bequemste Methode die Bahn eines Cometen zu berechnen. Hrsg. von J.F. Encke. Weimar 1847. [2. Aufl.]. – Dass.: Weimar 1797 vgl. Einleitung S. 65

PIERRE SIMON DE LAPLACE
Mechanik des Himmels, 1799

Gegen das Ende des vorigen Jahrhunderts machte Newton seine Entdeckung der allgemeinen Schwere öffentlich bekannt. Seit dieser Epoche ist es den Geometern gelungen, alle bekannten Erscheinungen des Weltsystems auf dieses große Gesetz der Natur zurückzuführen, und so den astronomischen Theorien und Tafeln eine unverhoffte Genauigkeit zu verschaffen. Mein Zweck ist, diese in einer grossen Anzahl von Werken zerstreute Theorien unter einem Gesichtspunkt darzustellen. Vereinigt umfassen sie alle Resultate der allgemeinen Schwere über das Gleichgewicht und über die Bewegungen der festen und flüssigen Körper, die unser Sonnensystem und ähnliche in dem unermesslichen Raum des Himmels verbreitete Systeme ausmachen, und bilden die Mechanik des Himmels.

Betrachtet man die Astronomie auf die allgemeinste Art, so ist sie eine große Aufgabe der Mechanik, wovon die Bestimmungsstücke der himmlischen Bewegungen die willkührlichen Grössen sind; die Auflösung derselben hängt also zu gleicher Zeit von der Genauigkeit der Beobachtungen und von der Vollkommenheit der Analysis ab, und es ist von der höchsten Wichtigkeit, alle bloss aus der Erfahrung geschöpfte Sätze zu verbannen und sie darauf zurückzuführen, dass man von der Beobachtung nichts als die unerläßlich nothwendigen Data nimmt.

So weit es mir möglich gewesen ist, habe ich diesen so interessanten Gegenstand in diesem Werke zu erreichen gesucht. Ich wünsche, dass es die Geometer und Astronomen in Rücksicht auf die Wichtigkeit und die Schwierigkeiten dieses Gegenstandes mit Nachsicht aufnehmen, und die Resultate hinreichend einfach finden mögen, um sich derselben in ihren Untersuchungen zu bedienen.

Das Werk wird in zwey Theile abgetheilt werden. Im ersten werde ich die Methoden und Formeln geben, um die Bewegungen der Mittelpunkte der Schwere der himmlischen Körper, die Gestalt dieser Körper, die Oscillationen der Flüssigkeiten, die sie bedecken, und ihre Bewegungen um ihre eigenen Mittelpunkte der Schwere zu bestimmen. Im zweyten Theile werde ich die im ersten gefundenen Formeln auf die Planeten, Satelliten und Kometen anwenden; ich werde ihn mit der Untersuchung verschiedener Fragen, die Bezug aufs Weltsystem haben, und mit einer historischen Nachricht von den Arbeiten der Geometer beschliessen. Ich werde die Decimaleintheilung des rechten Winkels und des Tages annehmen, und die linearischen Messungen auf die Länge des Meters, die durch den Bogen des Erdmittagskreises zwischen Dünkirchen und Barcelona bestimmt worden, zurückführen.

[Anmerkung] Der Uebersetzer hält es nöthig, die Data und Resultate der Rechnungen auch nach der gewöhnlichen Eintheilung des rechten Winkels und des Tages, und die Längen in französischen Fussen oder Toisen und deren Theilen zu geben. (S. VIIf.)

Laplace, P.S.: Mechanik des Himmels. Aus dem Franz. übers. und mit erl. Anm. versehen von J. C. Burckhardt, 1. Theil. Berlin 1800. – Oevres complètes de Laplace, publièes sous les auspices de l'Academie des Sciences, t. 1. Paris 1878, S. 1f.

vgl. Einleitung S. 65

PIERRE SIMON DE LAPLACE
Philosophischer Versuch über die Wahrscheinlichkeit, 1814

Alle Ereignisse, selbst jene, welche wegen ihrer Geringfügigkeit scheinbar nichts mit den großen Naturgesetzen zu tun haben, folgen aus diesen mit derselben Notwendigkeit wie die Umläufe der Sonne. In Unkenntnis ihres Zusammenhangs mit dem Weltganzen ließ man sie, je nachdem sie mit Regelmäßigkeit oder ohne sichtbare Ordnung eintraten und aufeinanderfolgten, entweder von Endzwecken oder vom Zufall abhängen; aber diese vermeintlichen Ursachen wurden in dem Maße zurückgedrängt, wie die Schranken unserer Kenntnis sich erweiterten, und sie verschwinden völlig vor der gesunden Philosophie, welche in ihnen nichts als den Ausdruck unserer Unkenntnis der wahren Ursachen sieht.

Die gegenwärtigen Ereignisse sind mit den vorangehenden durch das evidente Prinzip verknüpft, daß kein Ding ohne erzeugende Ursache entstehen kann. Dieses Axiom, bekannt unter dem Namen des »Prinzips vom zureichenden Grunde«, erstreckt sich auch auf die Handlungen, die man für gleichgültig hält. Der freieste Wille kann sie nicht ohne ein bestimmendes Motiv hervorbringen; denn wenn er unter vollkommen ähnlichen Umständen das eine Mal handelte und das andere Mal sich der Handlung enthielte, dann wäre seine Wahl eine Wirkung ohne Ursache: sie wäre dann, wie Leibniz sagt, der blinde Zufall der Epikuräer. Die gegenteilige Meinung ist eine Täuschung des Geistes, der die flüchtigen Gründe, welche die Wahl des Willens bei gleichgültigen Dingen bestimmen, aus dem Auge verliert und sich einredet, daß der Wille sich durch sich selbst und ohne Motive bestimmt hat.

Wir müssen also den gegenwärtigen Zustand des Weltalls als die Wirkung seines früheren und als die Ursache des folgenden Zustands betrachten. Eine Intelligenz, welche für einen gegebenen Augenblick alle in der Natur wirkenden Kräfte sowie die gegenseitige Lage der sie zusammensetzenden Elemente kennete, und überdies umfassend genug wäre, um diese gegebenen Größen der Analysis zu unterwerfen, würde in derselben Formel die Bewegungen der größten Weltkörper wie des leichtesten Atoms umschließen; nichts würde ihr ungewiß sein und Zukunft wie Vergangenheit würden ihr offen vor Augen liegen.

Der menschliche Geist bietet in der Vollendung, die er der Astronomie zu geben verstand, ein schwaches Abbild dieser Intelligenz dar. Seine Entdeckungen auf dem Gebiete der Mechanik und Geometrie, verbunden mit der Entdeckung der allgemeinen Gravitation, haben ihn in Stand gesetzt, in demselben analytischen Ausdruck die vergangenen und zukünftigen Zustände des Weltsystems zu umfassen. Durch Anwendung derselben Methode auf einige andere Gegenstände seines Wissens ist er dahin gelangt, die beobachteten Erscheinungen auf allgemeine Gesetze zurückzuführen und Erscheinungen vorauszusehen, die gegebene Umstände herbeiführen müssen. Alle diese Bemühungen beim Aufsuchen der Wahrheit wirken dahin, ihn unablässig jener Intelligenz näher zu bringen, von der wir uns eben einen Begriff gemacht haben, der er aber immer unendlich ferne bleiben wird. Dieses dem Menschen eigentümliche Streben erhebt ihn über das Tier, und seine Fortschritte auf diesem Gebiete unterscheiden die Nationen und Jahrhunderte und machen ihren wahren Ruhm aus. (S. 1f.)

Laplace, Pierre Simon de: Philosophischer Versuch über die Wahrscheinlichkeit (1814). Hrsg. von R. v. Mises. Leipzig 1932 (Ostwalds Klassiker der exakten Wissenschaften; 233)
   vgl. Einleitung S. 65

CARL FRIEDRICH GAUSS
Theorie der Bewegung der Himmelskörper, 1809

Nach Entdeckung der planetarischen Bewegungsgesetze fehlten dem Geiste Kepler's die Mittel nicht, um die Elemente der einzelnen Planeten aus den Beobachtungen abzuleiten. Tycho Brahe, von dem die praktische Astronomie zu einer bis dahin ungekannten Höhe erhoben war, hatte alle Planeten eine lange Reihe von Jahren hindurch mit grösster Sorgfalt und einer solchen Ausdauer beobachtet, dass für Kepler, als eines solchen Schatzes würdigsten Erben, nur die Sorge der Auswahl dessen verblieb, was zur Schaffung einer Vorlage behuf Erreichung jeden Zieles geeignet war. Diese Arbeit wurde gar sehr dadurch erleichtert, dass die mittleren Bewegungen der Planeten schon lange mit grösster Schärfe durch die ältesten Beobachtungen bestimmt waren.

Die Astronomen, welche später als Kepler es unternahmen, die Planetenbahnen auf Grund neuerer und vollkommnerer Beobachtungen noch genauer auszumessen, wurden dabei durch die nämlichen, oder durch noch bessere Hülfsmittel unterstützt.

Denn es handelte sich nicht mehr darum, noch gänzlich unbekannte Elemente zu ermitteln, sondern es brauchten nur die bekannten um Kleinigkeiten verbessert und in engere Grenzen eingeschlossen zu werden.

Das von dem grossen Newton entdeckte Princip der allgemeinen Schwere eröffnete ein ganz neues Feld und lehrte, dass denselben Gesetzen, welche nach Kepler's Erfahrung die fünf Planeten regieren, nur mit einer kleinen Aenderung alle Himmelskörper nothwendig gehorchen müssen, wenigstens die, deren Bewegungen nur von der Kraft der Sonne gelenkt werden. Es hatte nämlich, auf das Zeugniss der Beobachtung sich verlassend, Kepler ausgesprochen, dass die Bahn eines jeden Planeten eine Ellipse sei, in der die Flächenräume um die, den einen Brennpunkt der Ellipse einnehmende Sonne gleichförmig und zwar so beschrieben werden, dass die Quadrate der Umlaufszeiten in verschiedenen Ellipsen sich verhalten wie die Cubikzahlen der grossen Halbaxen. Dagegen zeigte Newton, durch Aufstellung des Princips der allgemeinen Schwere, a priori, dass alle, von der anziehenden Kraft der Sonne regierten Körper in Kegelschnitten sich bewegen müssen, von denen uns die Planeten zwar nur eine Art, nämlich die Ellipsen zeigen, während die übrigen Arten, Parabeln und Hyperbeln, für gleich möglich gehalten werden müssen, falls Körper da sind, die der Kraft der Sonne mit der erforderlichen Geschwindigkeit entgegentreten; dass die Sonne stets den einen Brennpunkt des Kegelschnitts einnimmt; dass die Flächen, welche derselbe Körper in verschiedenen Zeiten um die Sonne beschreibt, diese Zeiten proportional sind, und dass endlich die von verschiedenen Körpern in gleichen Zeiten um die Sonne beschriebenen Flächen sich wie die Quadratwurzeln der Halbparameter der Bahnen verhalten. Dies letztere Gesetz, welches bei der elliptischen Bewegung identisch mit dem letzten Kepler'schen Gesetze ist, erstreckt sich auch auf die parabolische und hyperbolische Bewegung, auf welche das Kepler'sche in Ermangelung der Umlaufszeiten sich nicht anwenden lässt.

Jetzt war der Faden gefunden, unter dessen Leitung es möglich wurde, in das vorher unzugängliche Labyrinth der Cometenbewegungen einzudringen. Dies gelang so glücklich, dass zur Erklärung aller genau beobachteten Cometenbewegungen die einzige Hypothese, dass ihre Bahnen parabolisch seien, genügt. So hatte das System der allgemeinen Schwere der Analysis neue und glänzende Triumphe bereitet, und die Cometen, die bis dahin ungebändigt waren, oder die, wenn sie besiegt schienen, bald aufständisch und rebellisch wurden, liessen sich den Zügel anlegen, wurden Freunde aus Feinden und verfolgten ihren Weg in den von der Rechnung vorgezeichneten Bahnen, denselben ewigen Gesetzen wie die Planeten gläubig gehorchend.

Nun entstanden bei der Bestimmung der parabolischen Cometenbahnen aus den Beobachtungen weit grössere Schwierigkeiten, als bei Berechnung der elliptischen Planetenbahnen, hauptsächlich deshalb, weil die Cometen vermöge des kürzeren Zeitraumes ihrer Sichtbarkeit eine Auswahl von zu diesem oder jenem bequemen Beobachtungen nicht gestatteten, sondern die Geometer zwangen, diejenigen Beobachtungen zu benutzen, die der Zufall dargeboten hatte, so dass man die besondern, bei den Planetenrechnungen angewandten Methoden kaum jemals gebrauchen konnte. Selbst der große Newton, der erste Geometer seines Jahrhunderts, verkannte die Schwierigkeit des Problems nicht, ging aber doch, wie sich das erwarten liess, auch aus diesem Kampfe siegreich hervor. Viele Geometer nach Newton wendeten ihre Bestrebungen diesem Probleme, wenn gleich mit verschiedenem Glücke, doch so zu, dass unseren Zeiten wenig zu wünschen übrig geblieben ist.

Man darf vor allen Dingen nicht ausser Acht lassen, dass auch bei diesem Probleme die Schwierigkeit glücklicher Weise durch die Kenntniss eines Elementes des Kegelschnittes vermindert wird, indem eben durch Voraussetzung einer parabolischen Bahn die große Axe als unendlich gross gesetzt wird. Denn alle Parabeln, wenn man von ihrer Lage absieht, unterscheiden sich von einander lediglich durch den grösseren oder kleineren Abstand ihres Scheitels vom Brennpunkte, während die Kegelschnitte, allgemein betrachtet, eine unendlich grössere Verschiedenheit zulassen. Zwar war kein genügender Grund zu der Annahme vorhanden, weshalb die Lauflinien der Cometen mit absoluter Genauigkeit parabolisch sein sollten; ja es war vielmehr unendlich wenig wahrscheinlich, dass die Natur jemals in eine solche Voraussetzung eingewilligt habe. Dennoch aber stand es fest, dass die Erscheinung eines Himmelskörpers, der sich in einer Ellipse oder Hyperbel bewegt, deren große Axe im Verhältniss zum Parameter ausserordentlich lang ist, in der Nähe des Perihels sehr wenig von der Bewegung in einer Parabel abweicht, die einen gleichen Abstand des Scheitels vom Brennpunkte hat, und dass dieser Unterschied um so kleiner herauskommt, je grösser jenes Verhältniss der Axe zum Parameter ist. Da ferner die Erfahrung gelehrt hatte, dass zwischen der beobachteten Bewegung und der für die parabolische Bahn berechneten Bewegung kaum jemals grössere Unterschiede übrig bleiben, als mit Sicherheit auf die Beobachtungsfehler (die hier gemeiniglich merklich genug sind) geschoben werden können, so hielten es die Astronomen für angemessen, bei der Parabel stehen zu bleiben. Und zwar mit Recht, da es an Hülfsmitteln fehlte, aus denen sich mit hinreichender Sicherheit schliessen liess, ob überhaupt und wie gross der Unterschied von der Parabel war. Ausnehmen muss man dabei den bekannten Halley'schen Cometen, der, als eine sehr gestreckte Ellipse beschreibend und in seiner Rückkehr zum Perihele mehrfach beobachtet, uns eine periodische Umlaufszeit offenbarte. Dann aber ist, wenn solchergestalt die große Axe bekannt wird, die Berechnung der übrigen Elemente kaum für schwieriger zu halten, als eine parabolische Bahnbestimmung.

Ich kann zwar nicht mit Stillschweigen übergehen, dass die Astronomen auch bei einigen anderen, etwas längere Zeit hindurch beobachteten Cometen die Bestimmung der Abweichung von der Parabel versucht haben. Aber alle zu dem Ende vorgeschlagenen oder angewandten Methoden stützen sich auf die Voraussetzung, dass die Abweichung von der Parabel nicht beträchtlich ist, wodurch dann in jenen Versuchen die vorher schon berechnete Parabel selbst eine genäherte Kenntniss der einzelnen Elemente (mit Ausnahme der grossen Axe oder der hiervon abhängenden Umlaufszeit) liefert, die dann nur durch kleine Aenderungen verbessert wird. Ausserdem muss man gestehen, dass alle die fraglichen Versuche – wenn man vielleicht den Cometen des Jahres 1770 ausnimmt – kaum je etwas Sicheres zu entscheiden vermogt haben.

Sobald man erkannte, wie die Bewegung des neuen, im Jahre 1781 entdeckten Planeten sich mit der parabolischen Hypothese nicht vereinigen lasse, begannen die Astronomen, ihr eine Kreisbahn anzupassen: eine Arbeit, die sich durch eine sehr leichte und einfache Rechnung erledigen lässt. Durch ein glückliches Geschick besass die Bahn dieses Planeten nur eine mässige Excentricität, und so gaben die unter jener

Voraussetzung herausgebrachten Elemente wenigstens irgend welche Annäherung, auf welche nachher die Bestimmung der elliptischen Elemente sich stützen liess. Es traten noch mehre andere Glücksfälle hinzu. Denn die langsame Bewegung des Planeten und die geringe Neigung seiner Bahn gegen die Ebene der Ecliptik vereinfachten nicht nur die Rechnungen ausserordentlich und gestatteten die Benutzung besonderer Methoden, die auf andere Fälle nicht anwendbar sind, sondern zerstreuten zugleich die Besorgniss, dass der, in die Sonnenstrahlen eingetauchte Planet nachher die Bemühungen der Aufsucher vereiteln würde (eine Besorgniss, die sonst allerdings, besonders wenn überdies sein Licht weniger lebhaft gewesen wäre, hätte beunruhigen können). So konnte man denn mit Sicherheit eine genauere Bahnbestimmung bis dahin aufschieben, dass aus häufigeren und entfernteren Beobachtungen diejenigen sich auswählen liessen, welche zu diesem Zwecke besonders geeignet erschienen.

In allen Fällen daher, wo man die Bahn eines Himmelskörpers aus den Beobachtungen herleiten musste, existirten gewisse, nicht zu verachtende Vortheile, welche die Anwendung besonderer Methoden anriethen oder doch wenigstens erlaubten, und unter diesen Vortheilen war der vorzüglichste der, dass durch hypothetische Annahmen sich bereits eine genäherte Kenntniss gewisser Elemente erlangen liess, bevor man die Berechnung der elliptischen Elemente unternahm.

Nichtsdesoweniger erscheint es wunderbar genug, dass das allgemeine Problem »Die Bahn eines Himmelskörpers ohne jede hypothetische Voraussetzung aus Beobachtungen zu bestimmen, die keinen grossen Zeitraum umfassen und daher eine Wahl für die Anwendung besonderer Methoden nicht gestatten«, bis zum Beginn dieses Jahrhunderts fast ganz vernachlässigt oder wenigstens von Niemandem mit Strenge und Würde behandelt ist, da es sich mindestens den Theoretikern wegen seiner Schwierigkeit und Eleganz hätte empfehlen können, wenn auch den Praktikern seine höchste Nützlichkeit noch nicht bekannt gewesen wäre. Es hatte sich aber bei Allen die sicher schlecht begründete Meinung eingebürgert, dass eine solche vollständige Bestimmung aus einen kürzeren Zeitraum umfassenden Beobachtungen unmöglich sei, während es gegenwärtig bereits völlig sicher ist, dass sich die Bahn eines Himmelskörpers aus guten, nur wenige Tage umfassenden Beobachtungen ohne jede hypothetische Voraussetzung schon hinreichend genähert bestimmen lässt.

Ich war auf gewisse Ideen verfallen, die zur Auflösung dieses grossen eben besprochenen Problems beitragen konnten, als ich im Monate September 1801, mit einer ganz verschiedenartigen Arbeit beschäftigt war. Nicht selten lässt man es in einem solchen Falle, um nicht zu sehr von einer angenehmen Untersuchung abgezogen zu werden, dahin kommen, dass Ideen-Verbindungen, die bei einer aufmerksamen Prüfung die reichsten Früchte hätten tragen können, durch Vernachlässigung untergehen. Vielleicht hätte auch diesen Ideen das nämliche Schicksal bevorgestanden, wenn sie nicht glücklicher Weise in eine Zeit gefallen wären, die nicht besser zu ihrer Bewahrung und Begünstigung hätte gewählt werden können. Um jene Zeit nämlich ungefähr flog das Gerücht von der am 1. Januar jenes Jahres auf der Sternwarte zu Palermo geschehenen Entdeckung eines neuen Planeten durch Aller Mund, und bald gelangten die seit jener Epoche bis zum 11. Februar von dem ausgezeichneten Astronomen Piazzi angestellten Beobachtungen zur öffentlichen Kunde.

Nirgends findet man sicher in den Annalen der Astronomie eine so wichtige Gelegenheit, und sie hätte kaum wichtiger ausgedacht werden können, um die hohe Bedeutung des fraglichen Problems auf das deutlichste zu zeigen, als bei einer so grossen Probe und der drängenden Nothwendigkeit, wo alle Hoffnung, ein planetarisches Atom nach Verlauf ungefähr eines Jahres unter den unzähligen kleinen Sternen des Himmels wieder zu finden, einzig und allein von der Erkenntniss einer hinreichend genäherten Bahn abhing, die lediglich auf jene sehr wenigen Beobachtungen gestützt werden musste. Hätte ich je in gelegener Weise eine Probe anstellen können, was meine Ideen für den praktischen Gebrauch werth waren, als wenn ich sie damals zur Bahnbestimmung für die Ceres anwandte, für einen Planeten, der innerhalb jener 41 Tage einen geozentrischen Bogen von nur drei Graden beschrieben hatte, und der nach Ablauf eines Jahres an einer, weit von dort abgelegenen Region des Himmels aufgesucht werden musste?

Die erste Anwendung dieser Methode ist im Monate October 1801 gemacht, und die erste heitere Nacht, in welcher der Planet nach Anleitung der daraus abgeleiteten Zahlen gesucht wurde (December 7. 1801 von Herrn von Zach) gab den Flüchtling den Beobachtungen wieder. Drei andere neue Planeten sind seit der Zeit entdeckt, und haben neue Gelegenheiten geboten, die Wirksamkeit und die Allgemeinheit der Methode zu prüfen und zu bestätigen.

Gleich nach Wiederauffindung der Ceres wünschten mehre Astronomen, dass ich die bei jenen Rechnungen angewandten Methoden öffentlich bekannt machen möge. Mehre Hindernisse standen aber entgegen, als dass ich schon damals diesen freundschaftlichen Aufforderungen hätte willfahren können: andere Geschäfte, der Wunsch, die Sache noch etwas ausführlicher durchzuarbeiten und vorzüglich die Erwartung, dass sich bei fortgesetzter Beschäftigung mit dieser Untersuchung verschiedene Theile der Auflösung zur Höhe grösserer Allgemeinheit, Einfachheit und Eleganz würden erheben lassen. Da mich diese Hoffnung nicht getäuscht hat, so glaube ich nicht, dass ich diesen Verzug zu bereuen habe. Denn die Anfangs angewandten Methoden haben zu wiederholten Malen so häufige und so große Aenderungen erlitten, dass zwischen der Art, wie damals die Ceres-Bahn gerechnet ist, und der in diesem Werke behandelten Einrichtung kaum die Spur einer Aehnlichkeit geblieben ist. Obgleich es nun nicht meine Absicht ist, über alle diese allmählich mehr und mehr vollendeten Untersuchungen eine vollständige Schilderung zu schreiben, so habe ich doch bei mehren Gelegenheiten, namentlich wo es sich um eine schwierige Aufgabe handelte, geglaubt, die früheren Methoden nicht allenthalben unterdrücken zu sollen. Ich habe vielmehr, abgesehen von den Lösungen der Hauptaufgaben, sehr Vieles, was während einer hinreichend langen Beschäftigung mit der Bewegung der Himmelskörper in Kegelschnitten, entweder der analytischen Eleganz halber, oder vorzugsweise des praktischen Gebrauchs wegen, als Bemerkenswerthes sich mir darbot, in diesem Werke ausgeführt. Stets jedoch habe ich den mir eigenen Sachen oder Methoden eine grössere Sorgfalt gewidmet, das Bekannte aber nur leichthin berührt, wo es der Zusammenhang der Sache zu erfordern schien.

Das ganze Werk ist in zwei Theile zerlegt. Im ersten Buche werden die Relationen unter den Grössen entwickelt, von welchen die Bewegung der Himmelskörper um die Sonne nach den Kepler'schen Gesetzen abhängig ist, und zwar in den zwei ersten Abschnitten diejenigen Relationen, wo nur ein einziger Ort an und für sich betrachtet wird, im dritten und vierten Abschnitte aber diejenigen, wo mehre Orte unter sich in Verbindung gebracht werden. Letztere beiden Abschnitte enthalten die Auseinandersetzung von Methoden, sowohl der gewöhnlich gebräuchlichen, als auch vorzüglich einiger anderen, die, wenn ich nicht irre, zum praktischen Gebrauche weit vorzuziehen sind, durch welche man von den bekannten Elementen zu den Erscheinungen übergeht. Diese Aufgaben enthalten vieles sehr Schwierige, was den Weg zu den umgekehrten Operationen anbahnt. Da inzwischen die Erscheinungen aus der künstlichen und intricaten Verwickelung der Elemente zusammengesetzt sind, so muss man dies Gewebe von Grund aus durchblickt haben, ehe man mit Hoffnung auf Erfolg die Entwirrung der Fäden und die Auflösung des Werks in seine Bestandtheile unternehmen kann. (S. IX–XVI)

Gauß, Carl Friedrich: Theorie der Bewegung der Himmelskörper welche in Kegelschnitten die Sonne umlaufen. Ins Deutsche übertr. von Carl Haase. Hannover 1865. – Ders.: Theoria motus corporum coelestium. Hamburg 1809
vgl. Einleitung S. 65

JOSEPH VON FRAUNHOFER
Bestimmung des Brechungs- und Farbenzerstreuungs-Vermögens verschiedener Glasarten, 1817

Bey Berechnung achromatischer Fernröhre setzt man die genaue Kenntniss des Brechungs- und Farbenzerstreuungs-Vermögens der Glasarten, die gebraucht werden, voraus. Die Mittel, welche man bisher zur Bestimmung desselben angewendet hat, geben Resultate, die unter sich oft sehr bedeutend abweichen; daher bey aller Genauigkeit, in Berechnung achromatischer Objektive, die Vollkommenheit derselben zweifelhaft ist, und zum Theile auch desswegen selten den Erwartungen ganz entspricht. Mehrjährige Erfahrungen in diesem Fache führten mich auf neue Methoden, das Brechungs- und Zerstreuungs-Vermögen zu finden, die ich hier, weil mehrere Gelehrte es wünschen, bekannt mache. (S. 3)

In einem verfinsterten Zimmer liess ich durch eine schmale Oeffnung im Fensterladen, die ungefähr 15 Sekunden breit und 36 Minuten hoch war, auf ein Prisma von Flintglas, das auf dem oben beschriebenen Theodolith stand, Sonnenlicht fallen. Das Theodolith war 24 Fuss vom Fensterladen entfernt, und der Winkel des Prisma mass ungefähr 60°. Das Prisma stand so vor dem Objektive des Theodolith-Fernrohres, dass der Winkel des einfallenden Strahles dem Winkel des gebrochenen Strahles gleich war.

Ich wollte suchen, ob im Farbbilde von Sonnenlichte ein ähnlicher heller Streif zu sehen sey, wie im Farbenbilde vom Lampenlichte, und fand anstatt desselben mit dem Fernrohre fast unzählig viele starke und schwache vertikale Linien, die aber dunkler sind als der übrige Theil des Farbenbildes; einige scheinen fast ganz schwarz zu seyn. Wurde das Prisma so gedreht, dass der Einfallswinkel grösser wurde, so verschwanden diese Linien; sie wurden auch unsichtbar, wenn der Einfallswinkel kleiner wurde. Bey einem grössern Einfallswinkel wurden diese Linien wieder sichtbar, wenn das Fernrohr sehr bedeutend kürzer gemacht wurde. Bey einem kleinern Einfallswinkel musste das Okular sehr viel herausgezogen werden, um die Linien wieder zu sehen. Wenn das Okular so gestellt war, das man die Linien im rothen Theile des Farbenbildes deutlich sah, so musste es etwas hineingeschoben werden, um die im violeten Theile deutlich zu sehen. Wurde die Oeffnung, durch welche das Licht einfiel, breiter gemacht, so wurden die feinern Linien undeutlich, und verschwanden ganz, wenn diese Oeffnung ungefähr über 40 Sekunden breit war. Wurde die Oeffnung über eine Minute breit gemacht, so waren auch die breiten Linien nur undeutlich zu erkennen. Die Entfernung der Linien von einander, und überhaupt ihr Verhältniss unter sich, blieb bey Veränderung der Oeffnung am Fensterladen gleich, so wie auch die Entfernung des Theodoliths von der Oeffnung am Fensterladen sie nicht änderte. Das Prisma mochte aus was immer für einem brechenden Mittel bestehen, und der Winkel desselben gross oder klein seyn, so waren diese Linien immer sichtbar, und nur im Verhältniss der Grösse des Farbenbildes stärker oder schwächer, und daher leichter oder schwerer zu erkennen.

Selbst das Verhältniss dieser Linien und Streifen unter sich schien bey allen brechenden Mitteln genau dasselbe zu seyn, so dass z. B. dieser Streif bey allen nur in der blauen Farbe, der andere bey allen nur in rothen sich findet; daher man leicht erkennt, mit welchen Streifen oder Linien man zu thun habe. Auch in dem auf gewöhnliche und ungewöhnliche Art gebrochenen Strahle im Isländischen Krystalle sind diese Linien zu erkennen. Die stärkern Linien machen keineswegs die Grenzen der verschiedenen Farben; es ist fast immer zu beyden Seiten einer Linie dieselbe Farbe, und der Uebergang von einer Farbe in die andere unmerklich.

In Bezug auf diese Linien wird das Farbenbild, wie in Fig. 5 [vergl. Abb. S. 288], gesehen; es ist jedoch fast nicht möglich, in diesem Maasstabe alle Linien und ihr Licht auszudrücken. Ungefähr bey A ist das rothe, bey I das violete Ende des Farbenbildes; eine bestimmte Grenze ist aber auf keiner Seite mit Sicherheit anzugeben, leichter noch bey Roth, als bey Violet. Ohne unmittelbares oder durch einen Spiegel reflektirtes Sonnenlicht scheint auf der einen Seite die Grenze ungefähr zwischen G und H zu fallen, auf der andern Seite in B zu seyn; doch mit Sonnenlichte von sehr grosser Dichtigkeit wird das Farbenbild fast noch um die Hälfte länger. Um aber diese grössere Ausdehnung des Farbenbildes sehen zu können, muss das Licht von dem Raume zwischen C und G verhindert werden in das Auge zu kommen, weil der Eindruck, den das Licht von den Grenzen des Farbenbildes auf das Auge macht, sehr schwach ist und von dem übrigen verdrängt wird.

In A ist eine scharf begrenzte Linie gut zu erkennen; doch ist hier nicht die Grenze der rothen Farbe, sondern sie geht noch merklich darüber weg. Bey a sind mehrere Linien angehäuft, die gleichsam einen Streifen bilden. B ist scharf begrenzt und von merklicher Dicke. Im Raume von B nach C können 9 sehr feine, scharf begrenzte Linien gezählt werden. Die Linie C ist von beträchtlicher Stärke und so wie B sehr schwarz. Im Raume zwischen C und D zählt man ungefähr 30 sehr feine Linien; doch können diese, zwey ausgenommen, wie auch die zwischen B und C, nur mit starken Vergrösserungen oder stark zerstreuenden Prismen deutlich gesehen werden; sie sind übrigens sehr scharf begrenzt ... Im Raume zwischen b und F zählt man ungefähr 52 Linien. F ist ziemlich stark. Zwischen F und G sind ungefähr 185 Linien von verschiedener Stärke. Bey G sind viele Linien angehäuft, worunter sich mehrere durch ihre Stärke auszeichnen. Im Raume von G nach H zählt man ungefähr 190 Li-

JOSEPH VON FRAUNHOFER

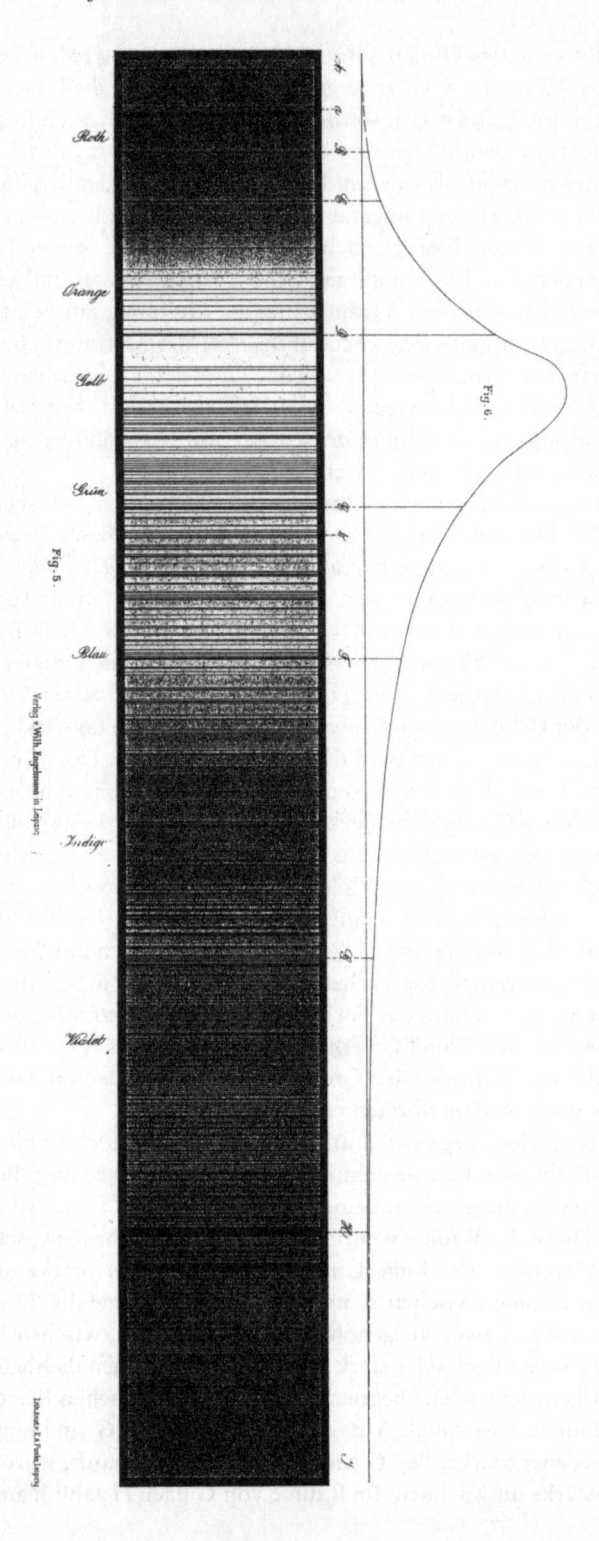

nien von sehr verschiedener Stärke. Die zwey Streifen bey *H* sind am sonderbarsten; sie sind beyde fast ganz gleich, und bestehen aus vielen Linien; in ihrer Mitte ist eine starke Linie, die sehr schwarz ist. Von *H* nach *I* sind die Linien gleich zahlreich. Es können demnach bloss im Raume zwischen *B* und *H* ungefähr 574 Linien gezählt werden, wovon jedoch nur die stärkern in der Zeichnung angedeutet sind ...

Ich habe mich durch viele Versuche und Abänderungen überzeugt, dass diese Linien und Streifen in der Natur des Sonnenlichtes liegen, und dass sie nicht durch Beugung, Täuchung u.s.w. entstehen. (S. 10–12)

Dieselbe Vorrichtung habe ich dazu angewendet, zur Nachtzeit unmittelbar nach der Venus zu sehen, ohne das Licht durch eine kleine Oeffnung einfallen zu lassen, und ich fand auch im Farbenbilde von diesem Lichte die Linien, wie sie im Sonnenlichte gesehen werden ... Ich habe auch mit derselben Vorrichtung Versuche mit dem Lichte einiger Fixsterne erster Grösse gemacht. Da aber das Licht dieser Sterne noch vielmal schwächer ist, als das der Venus, so ist natürlich auch die Helligkeit des Farbenbildes vielmal geringer. Demohngeachtet habe ich, ohne Täuschung, im Farbenbilde vom Lichte des Sirius drey breite Streifen gesehen, die mit jenen vom Sonnenlichte keine Aehnlichkeit zu haben scheinen; einer dieser Streifen ist im Grünen, und zwey im Blauen. (S. 25f.)

Fraunhofer, Joseph: Bestimmung des Brechungs- und Farbenzerstreuungs-Vermögens verschiedener Glasarten, in Bezug auf die Vervollkommnung achromatischer Fernröhre. In: Joseph von Fraunhofer's Gesammelte Schriften. Hrsg. von E. Lommel. München 1888. – Dass., hrsg. von Arthur v. Oettingen. Leipzig 1905 (Ostwalds Klassiker der exakten Wissenschaften; 150)
vgl. Einleitung S. 67

FRIEDRICH WILHELM BESSEL
Über die Aufgabenstellung der Astronomie, 1832

Was die Astronomie leisten muss, ist zu allen Zeiten gleich klar gewesen: sie muss Vorschriften ertheilen, nach welchen die Bewegungen der Himmelskörper, so wie sie uns, von der Erde aus, erscheinen, berechnet werden können. Alles was man sonst noch von den Himmelskörpern erfahren kann, z.B. ihr Aussehen und die Beschaffenheit ihrer Oberflächen, ist zwar der Aufmerksamkeit nicht unwerth, allein das eigentlich astronomische Interesse berührt es nicht. Ob die Gebirge des Mondes so oder anders gestaltet sind, ist für den Astronomen nicht interessanter, als die Kenntnis der Gebirge der Erde für den Nicht-Astronom ist; ob Jupiter dunkele Streifen auf seiner Oberfläche zeigt oder gleichmäßig erleuchtet erscheint, reizt eben so wenig die Wissbegierde des Astronomen, und selbst die vier Monde desselben interessieren ihn nur durch die Bewegungen, welche sie haben.

Die Bewegungen aller Himmelskörper so vollständig kennen zu lernen, dass für jede Zeit genügende Rechenschaft davon gegeben werden kann, dieses war und ist die Aufgabe, welche die Astronomie aufzulösen hat. (S. 6)

Bessel, Friedrich Wilhelm: Populäre Vorlesungen über wissenschaftliche Gegenstände. Hrsg. von H. C. Schumacher. Hamburg 1848
vgl. Einleitung S. 67

FRIEDRICH WILHELM BESSEL
Beobachtungen über die physische Beschaffenheit des Halley'schen Kometen, 1836

Während der ersten Periode der Sichtbarkeit des Halley'schen Kometen entwickelte derselbe so auffallende Erscheinungen, dass es mir unmöglich war, ihnen meine Aufmerksamkeit zu versagen. Mit der Reihe der Beobachtungen über seine scheinbare Bewegung an der Himmelskugel wurde daher eine zweite verbunden, welche seine Beschaffenheit zum Gegenstande hatte. Die letztere erzeugte das Bedürfniss, die Wahrnehmungen in einen Zusammenhang zu bringen und sie in soweit zu erklären, dass ihre Möglichkeit übersehen werden konnte. Dieses war früher nicht geschehen, und konnte nicht geschehen, weil die Kenntniss der Erscheinungen fehlte. Zur Zeit der Erscheinung des Kometen von 1811 hat uns Olbers nicht nur eine Beschreibung des auffallend gestalteten Schweifes desselben, sondern auch eine Erklärung der Ursachen, welche verschiedene Formen der Kometenschweife erzeugen können, gegeben. Was ich jetzt hinzusetze, beruht theils auf neuen Beobachtungen, theils auf einer theoretischen Untersuchung der Bewegung der Theilchen, welche die Schweife der Kometen bilden. Einiges davon halte ich für hinreichend erwiesen, Anderes für Ansichten, welche weiterer Prüfung, durch sorgfältige Beobachtungen anderer Kometen, bedürfen.

Dadurch dass ich auch das Letztere mittheile, beabsichtige ich nicht, meine Ansichten als begründete Wahrheit geltend zu machen. Vielmehr beabsichtige ich, durch eine durchgeführte Erklärung fühlbar zu machen, auf welche Gegenstände die Aufmerksamkeit, bei ferneren Kometenerscheinungen zu richten ist. Ich glaube nämlich, dass wir weit brauchbarere Beobachtungen über die Beschaffenheit der Kometen besitzen würden, als wir wirklich besitzen, wenn eine Erklärung der Beobachtungen vorhanden gewesen wäre, an welche sich der Widerspruch oder die Bestätigung hätten halten können. Was mich selbst betrifft, so muss ich gestehen, dass meine Wahrnehmungen über die Beschaffenheit des Halley'schen Kometen grössere Vollständigkeit erhalten haben würden, wenn ich einen Versuch, wie den gegenwärtigen, zur Prüfung vor mir gehabt hätte.

Untersuchungen über die Beschaffenheit der Kometen gehören mehr für die Physiker als für die Astronomen. Sie fallen aber den letzteren zu, weil diese sich vorzugsweise in dem Besitze stärkerer Fernröhre befinden. Es ist indessen bekannt geworden, dass Herr Arago, der den Besitz und die Eigenschaften des Astronomen mit denen des Physikers vereinigt, dem Kometen seine Aufmerksamkeit geschenkt hat. Dass ihm auch meine Beobachtungen bei seinen Erklärungen von Nutzen sein mögen, ist ein Wunsch, welcher die Beeilung ihrer Mittheilung vorzüglich veranlasst.

Der Komet zeigte, von seiner ersten Wahrnehmung an, immer eine so starke Verdichtung seines Nebels an einer Stelle, welche ich im Folgenden den Kern nennen werde, dass sie zwar nicht das Ansehen eines festen Körpers hatte, aber doch, ohne Schwierigkeit, von dem sie umgebenden Nebel unterschieden werden konnte. So sah ich den Kometen bis zu den letzten Tagen des September und auch noch am 1ten October. (Sp. 185f.)

Das Merkwürdigste, was der Komet gezeigt hat, ist ohne Zweifel die drehende oder schwingende Bewegung des ausströmenden Lichtkegels, welche sich sowohl zwischen den zusammenhängenden Beobachtungen in der Nacht des 12ten Octobers, als auch zwischen den vereinzelten der übrigen Tage findet. Aehnliches hat man früher nie wahrgenommen; was aber weniger beweiste, dass es bei anderen Kometen nicht sichtbar gewesen sei, als dass man es nicht beachtet hat. (Sp. 192)

Die gewöhnliche Anziehungskraft der Sonne auf schwere Körper reicht aber zur Erklärung einer Schwingung des Körpers des Kometen, von so kurzer Periode als die beobachtete, durchaus nicht hin, und es wird nöthig, eine andere Ursache zu suchen. Es ist zwar gewiss, dass die der Sonne näheren Theile des Kometen stärker von ihr angezogen werden, als die entfernteren; und dass daraus, verbunden mit seiner Bewegung in einer krummlinigten Bahn, eine der wahren Libration des Mondes ähnliche, schwingende Bewegung entstehen kann, wenn er einen verlängerten Durchmesser der Sonne zuwendet. Aber wenn auch die Integration der bekannten Differentialgleichung der Libration, in dem Falle einer so excentrischen Bewegung, wie die des Kometen ist, noch nicht überstiegene Schwierigkeiten darbietet und wenn man auch, wegen der Unbekanntschaft mit den Momenten der Trägheit desselben, noch viel weniger zu einem Zahlenresultate für die Periode der Schwingung gelangen kann, so kann man doch leicht zeigen, dass die Schnelligkeit der Aenderung des Arguments dieser Bewegung, eine Grösse von der Ordnung der Quadratwurzel aus dem, durch den Cubus der Entfernung des Kometen von der Sonne dividirten Producte der Sonnenmasse in seinen Durchmesser ist. Diese Grösse ist also äusserst klein, oder die Periode der aus der anziehenden Kraft der Sonne entstehenden Bewegung ist äusserst lang. Die beobachtete Bewegung von kurzer Periode kann daher nicht auf diese Art erklärt werden.

Ich sehe weder, wie man sich der Annahme einer Polarkraft wird entziehen können, welche einen Halbmesser des Kometen zu der Sonne zu wenden, den entgegengesetzten von ihr ab zu wenden strebt, noch welcher Grund vorhanden sein könnte, die Annahme einer solchen Kraft a priori zurückzuweisen. Es fehlt sogar nicht an einer Analogie, indem die Erde selbst eine Polarität, die magnetische, besitzt, von welcher jedoch nicht bekannt ist, dass ihre Gegensätze sich auf die Sonne beziehen ...

Ich füge noch hinzu, dass, wenn die Sonne auf einen Theil der Masse des Kometen, mit einer anderen als der gewöhnlichen anziehenden Kraft wirkt, diesen Theil also stärker oder schwächer anzieht, oder ihn abstößt, diese besondere Wirkung nothwendig eine polarische, d. h. die entgegengesetzte Wirkung auf einen anderen Theil der Masse bedingende sein muss. Wäre dieses nicht der Fall, so würde die Summe aller Kräfte, welche die Sonne auf die ganze Masse äussert, nicht dieser Masse proportional sein, und folglich die Bewegung des Kometen nach den Kepler'schen Gesetzen, nicht derselben Sonnenmasse entsprechen, welche wir aus den Bewegungen der Planeten erkennen. Dieses ist ganz gegen die Beobachtungen, welche selbst einen kleinen Unterschied schon verrathen haben würden. Wenn wir daher die Ueberzeugung erlangen können, dass nicht die ganze Masse des Kometen, von der Sonne, auf gewöhnliche Art, angezogen wird, so haben wir dadurch einen neuen Beweis für die Wirkung einer Polarkraft in demselben. (Sp. 200–202)

Herr Arago hat nämlich untersucht, ob der Komet polarisirtes Licht enthalte, und gefunden, dass er wirklich solches Licht besass. Da dieses nur der Fall sein kann, wenn der Komet Licht zurückwirft, so kann nicht weiter bezweifelt werden, dass er das Licht der Sterne, bei dem Durchgange desselben, schwächet; denn das Zurückwerfen des Lichts beweiset, dass es nicht ohne Hinderniss hindurchgeht.

Die eben angeführte Beobachtung von Arago ist ein wichtiger Beitrag zur Kenntniss des Kometen, weil sie keinen Zweifel darüber lässt, dass er Sonnenlicht reflectirt. Indessen wird, wenn auch der Komet alles Licht, welches er zeigt, von der Sonne empfängt, nur ein kleiner Theil desselben polarisirt; und daraus, dass er polarisirtes Licht enthält, folgt nicht, dass der weit grössere, nicht polarisirte Theil seines Lichts, ganz aus Sonnenlicht bestehe. Ich würde diese Bemerkung für unnütz halten, wenn nicht meine Beobachtungen anzudeuten schienen, dass der Komet eigenthümliches Licht entwickelt habe. (Sp. 207)

Glücklicherweise verhindert die Unsicherheit, in welcher wir uns nothwendigerweise befinden, wenn von den Bestandtheilen der Kometen die Rede ist, nicht die Anstellung von Untersuchungen über die Bewegung der Theilchen, welche sich von ihnen trennen. Diese ist den allgemeinen Gesetzen der Bewegung der Punkte unterworfen, welche ich demnach darauf anzuwenden suchen werde.

Vorher muss ich jedoch der Ansicht gedenken, welche Newton von der Entstehungsart der Kometenschweife hatte; denn nach dieser Ansicht würde die Bewegung der Theilchen eines angenommenen, den Weltraum füllenden Aethers, nicht der Theilchen der Kometen, zu untersuchen sein. Newton verglich das Aufsteigen des Kometennebels mit dem Aufsteigen des Rauches in der Luft; er nahm an, dass Brechungen und Zurückwerfungen des Lichts, durch die Atmosphäre der Kometen veranlasst, die umgebenden Aethertheile erwärmen und leichter machen, so dass sie in dem höheren, schwereren Aether aufsteigen und Theile der Atmosphäre mit sich fortreissen. Indem diese Ansicht von Newton ist, muss sie den ihm bekannten Eigenschaften der Kometenschweife angemessen sein; es ist aber unmöglich, sie mit Erscheinungen zu vereinigen, welche man später wahrgenommen hat ...

Wenn man nicht allein die Wirkung der Sonne, sondern auch die Wirkung des Kometen auf ein sich frei bewegendes Theilchen berücksichtigen will, so ist die aufzulösende Aufgabe offenbar die der drei Körper, welche, wenn man ihre Allgemeinheit nicht beschränkt, bekanntlich auf nicht überstiegene Schwierigkeiten führt. Aber wenn man die Wirkung des Kometen nur in kleinen Entfernungen als merklich ansehen und sich begnügen will, die Bewegung eines Theilchens, nach seinem Ausgange aus der Wirkungssphäre der Kometen zu untersuchen, so verliert die Aufgabe ihre Schwierigkeit. Wirklich hat man allen Grund, die Massen der Kometen, vergleichungsweise mit denen der Planeten, noch mehr also der Sonne, als beinahe verschwindend anzunehmen, und demzufolge vorauszusetzen, dass ihre Wirkung nur in ganz kleinen Entfernungen merklich, oder mit der der Sonne vergleichbar ist. (Sp. 208–210)

Dass das Vorhandensein der Schweife der Kometen im Allgemeinen ... über die Wirkung einer Kraft, welche von der der gewöhnlichen anziehenden Kraft der Sonne bedeutend verschieden ist, keinen Zweifel übrig lässt; und da der Halley'sche Komet, für welchen ich ihre Grösse habe bestimmen können, sie als eine Abstossung von fast doppelter Grösse der gewöhnlichen Anziehung, zu erkennen gegeben hat, so ist kein Zweifel mehr vorhanden, dass diejenigen Theile der Kometen, welche die Schweife bilden, die Einwirkung einer abstossenden Kraft der Sonne erfahren. Ob aber diese abstossende Kraft, in ihrer Grundeigenschaft, von der gewöhnlichen Kraft der Sonne verschieden, oder nur eine Folge des Aufsteigens der Schweiftheilchen in einem weit dichteren, dennoch aber nicht merklich widerstehenden Aether ist, ist hieraus nicht zu entscheiden. Wenn man die letztere Erklärung derselben annimmt, so zeigt der eben angeführte Komet von 1807, dass Schweifteilchen von zwei verschiedenen specifischen Gewichten vorhanden sein können; wenn man eine wirklich abstossende Kraft annimmt, so ist ihre Stärke für verschiedene Schweiftheilchen verschieden. (Sp. 229)

Meine Vorstellung von der Möglichkeit einer Verbindung aller, an den Kometen beobachteten Erscheinungen ist indessen die folgende. Jede Wirkung eines Körpers auf einen anderen kann in zwei Theile zerlegt werden, deren einer für alle Theile des letzteren gleich ist, während der andere aus den Unterschieden der Wirkungen auf verschiedene Theile entsteht. Wenn die Wirkung in sehr grossen Entfernungen der Körper voneinander, sehr klein ist, so ist der erste Theil derselben derjenige, welcher, bei einem Uebergange von diesen Entfernungen zu kleineren, zuerst merklich wird; der andere kann erst später eine merkliche Grösse erlangen. Im Falle eines Kometen, welcher in sehr grosser Entfernung zu der Sonne herabkömmt, zeigt sich also zuerst in allen seinen Theilen gemeinschaftliche Wirkung: ich nehme an, dass sie in einer Verflüchtigung von Theilchen bestehe, welche der Sonne feindlich polarisirt werden. Der andere, später merklich werdende Theil der Wirkung allein, kann die Polarisirung des Kometen selbst, so wie eine vorzugsweise Ausströmung nach der Sonne zu, zur Folge haben. Zeigen die Beobachtungen wirklich diese Erscheinungen, wie bei dem Kometen von 1744 und dem Halley'schen der Fall war, so kann nicht geläugnet werden, dass die Ausströmung, indem sie aus einem der Sonne zugewandten, also ihr freundlich polarisirten Theile der Oberfläche hervorgeht, auch dieselbe Polarisirung besitzt, welche die ausströmenden Theilchen der Sonne zu nähern sucht. Dass die ausgeströmten Theilchen dennoch von der Sonne zurückgestossen werden, wie die Beobachtungen zeigen, kann vielleicht dadurch erklärt werden, dass die Ausströmung in einem Raume stattfindet, welcher schon mit ihr feindlich polarisirter Materie gefüllt ist und fortdauernd damit gefüllt wird, wodurch die entgegengesetzten Polaritäten sich ausgleichen und die ausströmenden Theilchen desto mehr von ihrer ursprünglichen Eigenschaft verlieren und desto mehr die entgegengesetzte annehmen, je weiter sie sich von dem Kerne des Kometen entfernen. (Sp. 230f.)

Ich mache noch darauf aufmerksam, dass sorgfältige Beobachtungen über die Schweife der Kometen (welche sich freilich nicht an allen Kometen anstellen lassen), der Grund eines Urtheils über das Dasein eines widerstehenden Aethers im Weltraume werden können. (Sp. 232)

Bessel, Friedrich Wilhelm: Beobachtungen über die physische Beschaffenheit des Halley'schen Kometen und dadurch veranlasste Bemerkungen. In: Astronomische Nachrichten 13 (1836), Sp. 185–232. – Ders.: Abhandlungen von Friedrich Wilhelm Bessel. Hrsg. von Rudolf Engelmann, Bd. 1. Leipzig 1875, S. 54–79

vgl. Einleitung S. 67

FRIEDRICH WILHELM BESSEL
Messung der Entfernung des 61. Sterns im Sternbilde des Schwans, um 1840

Als ich die Genauigkeit kennen lernte, welche das am Ende von 1829 aufgestellte, große Heliometer der Königsberger Sternwarte den Beobachtungen geben kann, nährte sie die Hoffnung, dass es durch dieses Instrument endlich gelingen werde, die den bisherigen Versuchen, trotz ihrer mit der Zeit wachsenden Genauigkeit, sich hartnäckig entziehende jährliche Parallaxe der Fixsterne, in günstigen Fällen, zu erreichen. Mein verehrter Freund Olbers forderte mich wiederholt zu dem Versuche auf. Allein in den ersten Jahren nach der Aufstellung des Instruments waren dringende Anwendungen desselben vorhanden, und es schien mir nicht angemessen, eine auf die Entdeckung der jährlichen Parallaxe eines Fixsterns gerichtete Beobachtungsreihe anzufangen, wenn sie nicht wenigstens ein Jahr lang ununterbrochen fortgesetzt und während dieser Zeit allen anderen Beobachtungen, insofern eine gegenseitige Störung eintrat, vorgezogen werden konnte ...

Zum Zwecke dieser Beobachtungen habe ich die jährliche Parallaxe des 61. Sterns des Schwans gemacht, eines kleinen, dem blossen Auge kaum sichtbaren Sterns, der aber nichtsdestoweniger für den nächsten, oder einen der nächsten von allen Fixsternen gehalten werden kann und dadurch Anspruch auf vorzugsweise Wahl erhält. Es ist seit der Mitte des vorigen Jahrhunderts bekannt, dass mehrere Fixsterne eigenthümliche, stetig fortschreitende Bewegungen an der Himmelskugel zeigen, welche ihre Stellungen gegen benachbarte Sterne verändern und endlich die Gruppen, in welchen sie erscheinen, gänzlich umgestalten werden ... Kleine Sterne zeigten sie ebensowohl wie große, und unter 71 Sternen, deren jährliche eigene Bewegungen ich eine halbe Secunde überschreitend fand, sind nur vier, welche die erste Grösse besitzen. Unter den häufigen Sternen, deren eigene Bewegungen merklich sind, sind vier, bei welchen sie eine ungewöhnliche Grösse erreichen, nämlich der helle Stern Arcturus und die Sterne der 5. bis 6. Grösse μ der Cassiopeja, d des Eridanus und 61 des Schwans. Der letztere besitzt die grösste von allen eigenen Bewegungen, welche sich unter den Fixsternen gezeigt haben; sie beträgt jährlich mehr als 5 Secunden ... (S. 247–249)

Wegen seiner grossen eigenen Bewegung also, habe ich den 61. Stern des Schwans zum Gegenstand meiner gegenwärtigen Beobachtungen gewählt. Er erscheint aber noch aus anderen Gründen besonders geeignet dazu: er steht an einem Orte der Himmelskugel, welcher in Königsberg immer über dem Horizonte bleibt und zu allen Jahreszeiten, einen Monat ausgenommen, bei Nacht in eine Höhe gelangt, in welcher der nachtheilige Einfluss nicht mehr störend ist, den die Nähe des Horizonts auf das Sehen, und folglich auch auf die Genauigkeit der Beobachtungen, äussert; er ist ferner ein Doppelstern, den ich mit grösserer Genauigkeit als einen einzelnen Stern beobachten zu können glaubte; er ist endlich von vielen kleinen Sternen umgeben, unter denen man Vergleichspunkte nach Belieben auswählen konnte ... (S. 250f.)

Um verständlich zu machen, wie die Entfernungen der Sterne a und b von der Mitte des Doppelsterns [61 Cyg, vgl. Abb. 19] gemessen werden konnten, muss ich an das Prinzip des Heliometers erinnern. Das Wesentliche eines Instruments dieser

Art ist, dass das Objektivglas seines Fernrohrs in zwei Hälften zerschnitten ist, deren jede, in der Richtung des Durchschnittes, verschoben werden kann, während beide zusammen um die Axe des Fernrohrs gedreht werden können, so dass man die Durchschnittslinie dadurch in jede beliebige Richtung bringen kann. Jede Hälfte des Objektivs zeigt eben sowohl ein Bild des Gegenstandes, auf welches man das Fernrohr richtet, als das nicht zerschnittene Objektiv es gezeigt haben würde, allein ein nur halb so helles. Beide Bilder fallen offenbar zusammen, wenn die beiden Hälften so gestellt werden, dass ihre Mittelpunkte zusammenfallen, so dass sie ein ganzes Objektiv bilden; aber sie entfernen sich eben so weit voneinander, als man die Mittelpunkte der beiden Hälften auseinander verschiebt. Die Messung der Grösse der Verschiebung giebt also das Mass der Grösse der Entfernung der beiden Bilder; und wenn das Instrument so eingerichtet ist, dass es die erstere mit grosser Genauigkeit angiebt, so folgt die letztere daraus mit derselben Genauigkeit. Man misst also mit dem Heliometer auch die Entfernung zweier Punkte von einander, indem man die Durchschnittslinie der beiden Objektivhälften in die durch beide Punkte gehende Richtung bringt, und dann eine dieser Hälften so weit verschiebt, dass das von ihr gemachte Bild des einen Punkts, mit dem von der anderen Hälfte gemachten des anderen zusammenfällt. Bei meinen Messungen der Entfernung entweder des einen oder des anderen der Sterne a und b, von dem Punkte in der Mitte zwischen beiden Sternen des Doppelsterns, wurde also das Bild, welches die eine Objektivhälfte von jenem gab, in diese Mitte des von der anderen gegebenen Bildes dieser beiden Sterne gebracht, so dass man noch einen kleineren Stern, in der Mitte der beiden helleren des Doppelsterns sah. Die Empfindlichkeit des Auges ist am grössten, wenn sie zur Beurtheilung der Gleichheit der Entfernungen eines mittleren Punktes von zwei äusseren, einander sehr nahen Punkten angewandt wird ... (S. 252f.)

Ich habe diese Beobachtungen am 16. Aug. 1837 angefangen, und aus ihrer Fortsetzung bis zum 2. October 1838 die Resultate gezogen, welche ich jetzt mittheilen werde. In dieser Zwischenzeit sind 85 Vergleichungen des Sterns 61 mit dem Sterne a, und 98 mit dem Sterne b gelungen. Jede derselben ist das mittlere Resultat mehrerer, gewöhnlich 16, in jeder Nacht gemachten Wiederholungen der Messung ... (S. 255)

Es ist also nicht mehr zu bezweifeln, dass die Beobachtungen endlich über die Grenze hinausgeführt haben, welche sie überschreiten mussten, damit die Entfernung eines Fixsterns von dem Unermesslichen in das Messbare übergehen konnte. Nimmt man die gefundene Grösse der jährlichen Parallaxe des 61. Sterns des Schwans (genauer $0'',3136$) als den wahren Werth derselben an, so folgt daraus seine Entfernung von der Sonne = 657700 Halbmessern der Erdbahn. Das Licht gebraucht etwas über 10 Jahre, um diese große Entfernung zu durchlaufen. Sie ist so gross, dass sie nur begriffen, nicht aber versinnlicht werden kann. (S. 261)

Bessel, Friedrich Wilhelm: Populäre Vorlesungen, a.a.O. – Bestimmung der Entfernung des 61sten Sterns des Schwans. In: Astronomische Nachrichten 16 (1838), Sp. 65–96. – Ders.: Abhandlungen, Bd. 2. Leipzig 1876, S. 217–231
   vgl. Einleitung S. 64

SAMUEL HEINRICH SCHWABE
Über die Periodizität der Sonnenflecke, 1843

Sonnen-Beobachtungen im Jahre 1843, von Herrn Hofrath Schwabe in Dessau, 31sten December 1843

Schon aus meinen früheren Beobachtungen, die ich jährlich in dieser Zeitschrift mittheilte, scheint sich eine gewisse Periodicität der Sonnenflecken zu ergeben und diese Wahrscheinlichkeit gewinnt durch die diesjährigen noch an Sicherheit. Obgleich ich schon in Band 15 der Astr. Nachrichten die Menge der Gruppen in den Jahren 1826 bis 1837 angab, so füge ich doch hier noch ein vollständiges Verzeichniss aller meiner bisher beobachteten Sonnenflecken bei, worin ich neben der Zahl der Gruppen auch die Zahl der Beobachtungstage und der fleckenfreien Tage angemerkt habe. Die Zahl der Gruppen allein giebt nämlich keine hinreichende Genauigkeit zur Beurtheilung einer Periode, weil ich mich überzeugt habe, dass bei sehr starken Anhäufungen der Sonnenflecken eine etwas zu geringe, bei dem sparsamen Erscheinen derselben eine etwas zu große Anzahl der Gruppen gerechnet wird. Im ersten Falle fliessen oft mehrere Gruppen zu einer einzigen zusammen und im zweiten trennt sich leicht eine Gruppe, durch Auflösung einiger Flecken, in zwei einzelne. Hiermit wird wohl die Wiederholung des frühern Verzeichnisses entschuldigt sein.

Jahr	Gruppen	fleckenfreie Tage	Beobachtungs-Tage
1826	118	22	277
1827	161	2	273
1828	225	0	282
1829	199	0	244
1830	190	1	217
1831	149	3	239
1832	84	9	270
1833	33	139	267
1834	51	120	273
1835	173	18	244
1836	272	0	200
1837	333	0	168
1838	282	0	202
1839	162	0	205
1840	152	3	263
1841	102	15	283
1842	68	64	307
1843	34	149	324

Vergleicht man nun die Zahl der Gruppen und der fleckenfreien Tage mit einander, so findet man, dass die Sonnenflecken eine Periode von ungefähr 10 Jahren hatten und dass dieselben 5 Jahre hindurch so häufig erschienen, dass in dieser Zeit wenig oder keine fleckenfreien Tage statt fanden.

Die Zukunft muss lehren, ob diese Periode einige Beständigkeit zeigt, ob die geringste Thätigkeit der Sonne in Hervorbringung der Flecken, ein oder zwei Jahre dauert und ob diese Thätigkeit schneller zu- als abnimmt. (Sp. 233–236)

Aus: Astronomische Nachrichten 21 (1844), S. 233–236
vgl. Einleitung S. 67

ALEXANDER VON HUMBOLDT
Kosmos.
Entwurf einer physischen Weltbeschreibung, 1845

Die Natur aber ist das Reich der Freiheit; und um lebendig die Anschauungen und Gefühle zu schildern, welche ein reiner Natursinn gewährt, sollte auch die Rede stets sich mit der Würde und Freiheit bewegen, welche nur hohe Meisterschaft ihr zu geben vermag.

Wer die Resultate der Naturforschung nicht in ihrem Verhältniß zu einzelnen Stufen der Bildung oder zu den individuellen Bedürfnissen des geselligen Lebens, sondern in ihrer großen Beziehung auf die gesammte Menschheit betrachtet, dem bietet sich, als die erfreulichste Frucht dieser Forschung, der Gewinn dar, durch Einsicht in den Zusammenhang der Erscheinungen den Genuß der Natur vermehrt und veredelt zu sehen. Eine solche Veredelung ist aber das Werk der Beobachtung, der Intelligenz und der Zeit, in welcher alle Richtungen der Geisteskräfte sich reflectiren. Wie seit Jahrtausenden das Menschengeschlecht dahin gearbeitet hat, in dem ewig wiederkehrenden Wechsel der Weltgestaltung das Beharrliche des Gesetzes aufzufinden und so allmälig durch die Macht der Intelligenz den weiten Erdkreis zu erobern, lehrt die Geschichte den, welcher den uralten Stamm unseres Wissens durch die tiefen Schichten der Vorzeit bis zu seinen Wurzeln zu verfolgen weiß. Diese Vorzeit befragen, heißt dem geheimnißvollen Gange der Ideen nachzuspüren, auf welchem dasselbe Bild, das früh dem inneren Sinne als ein harmonisch geordnetes Ganze, Kosmos, vorschwebte, sich zuletzt wie das Ergebniß langer, mühevoll gesammelter Erfahrungen darstellt.

In diesen beiden Epochen der Weltansicht, dem ersten Erwachen des Bewußtseins der Völker und dem endlichen, gleichzeitigen Anbau aller Zweige der Cultur, spiegeln sich zwei Arten des Genusses ab. Den einen erregt, in dem offenen kindlichen Sinne des Menschen, der Eintritt in die freie Natur und das dunkle Gefühl des Einklangs, welcher in dem ewigen Wechsel ihres stillen Treibens herrscht. Der andere Genuß gehört der vollendeteren Bildung des Geschlechts und dem Reflex dieser Bildung auf das Individuum an: er entspringt aus der Einsicht in die Ordnung des Weltalls und in das Zusammenwirken der physischen Kräfte. So wie der Mensch sich nun

Organe schafft, um die Natur zu befragen und den engen Raum seines flüchtigen Daseins zu überschreiten, wie er nicht mehr bloß beobachtet, sondern Erscheinungen unter bestimmten Bedingungen hervorzurufen weiß, wie endlich die Philosophie der Natur, ihrem alten dichterischen Gewande entzogen, den ernsten Charakter einer denkenden Betrachtung des Beobachteten annimmt; treten klare Erkenntniß und Begrenzung an die Stelle dumpfer Ahndungen und unvollständiger Inductionen. Die dogmatischen Ansichten der vorigen Jahrhunderte leben dann nur fort in den Vorurtheilen des Volks und in gewissen Disciplinen, die, in dem Bewußtsein ihrer Schwäche, sich gern in Dunkelheit hüllen. Sie erhalten sich auch als ein lästiges Erbtheil in den Sprachen, die sich durch symbolisirende Kunstwörter und geistlose Formen verunstalten. Nur eine kleine Zahl sinniger Bilder der Phantasie, welche, wie vom Dufte der Urzeit umflossen, auf uns gekommen sind, gewinnen bestimmtere Umrisse und eine erneute Gestalt.

Die Natur ist für die denkende Betrachtung Einheit in der Vielheit, Verbindung des Mannigfaltigen in Form und Mischung, Inbegriff der Naturdinge und Naturkräfte, als ein lebendiges Ganze. Das wichtigste Resultat des sinnigen physischen Forschens ist daher dieses: in der Mannigfaltigkeit die Einheit zu erkennen, von dem Individuellen alles zu umfassen, was die Entdeckungen der letzteren Zeitalter uns darbieten, die Einzelheiten prüfend zu sondern und doch nicht ihrer Masse zu unterliegen, der erhabenen Bestimmung des Menschen eingedenk, den Geist der Natur zu ergreifen, welcher unter der Decke der Erscheinungen verhüllt liegt. Auf diesem Wege reicht unser Bestreben über die enge Grenze der Sinnenwelt hinaus, und es kann uns gelingen, die Natur begreifend, den rohen Stoff empirischer Anschauung gleichsam durch Ideen zu beherrschen. (S. 4–6)

Der Erdbewohner tritt in Verkehr mit der geballten und ungeballt zerstreuten Materie des fernen Weltraumes nur durch die Phänomene des Lichts und den Einfluß der allgemeinen Gravitation. Die Einwirkungen der Sonne oder des Mondes auf die periodischen Veränderungen des tellurischen Magnetismus sind noch in Dunkel gehüllt. Ueber die qualitative Natur der Stoffe, die in dem Weltall kreisen oder vielleicht denselben erfüllen, haben wir keine unmittelbare Erfahrung, es sei denn durch den Fall der Aerolithen, wenn man nämlich (wie es ihre Richtung und ungeheure Wurfgeschwindigkeit mehr als wahrscheinlich macht) diese erhitzten, sich in Dämpfe einhüllenden Massen für kleine Weltkörper hält, die, auf ihrem Wege durch die himmlischen Räume, in die Anziehungs-Sphäre unseres Planeten kommen. Das heimische Ansehen ihrer Bestandtheile, ihre mit unseren tellurischen Stoffen ganz gleichartige Natur sind sehr auffallend. Sie können durch Analogie zu Vermuthungen über die Beschaffenheit solcher Planeten führen, die zu Einer Gruppe gehören, unter der Herrschaft Eines Central=Körpers sich durch Niederschläge aus kreisenden Ringen dunstförmiger Materie gebildet haben. Bessel's Pendelversuche, die von einer noch unerreichten Genauigkeit zeugen, haben dem Newtonischen Axiom, daß Körper von der verschiedenartigsten Beschaffenheit (Wasser, Gold, Quarz, körniger Kalkstein, Aerolithen=Massen) durch die Anziehung der Erde eine völlig gleiche Beschleunigung der Bewegung erfahren, eine neue Sicherheit verliehen; ja mannigfaltige rein astronomische Resultate, z. B. die fast gleiche Jupitersmasse aus der Einwirkung des Jupiter auf seine Trabanten, auf Encke's Cometen, auf die kleinen Planeten (Vesta, Juno, Ceres und

Pallas), lehren, daß überall nur die Quantität der Materie die Ziehkraft derselben bestimmt.

Diese Ausschließung von allem Wahrnehmbaren der Stoff=Verschiedenheit vereinfacht auf eine merkwürdige Weise die Mechanik des Himmels: sie unterwirft das ungemessene Gebiet des Weltraums der alleinigen Herrschaft der Bewegungslehre, und der astrognostische Theil der physischen Weltbeschreibung schöpft aus der fest begründeten theoretischen Astronomie, wie der tellurische Theil aus der Physik, der Chemie und der organischen Morphologie. Das Gebiet der letztgenannten Disciplinen umfaßt so verwickelte und theilweise den mathematischen Ansichten widerstrebende Erscheinungen, daß der tellurische Theil der Lehre vom Kosmos sich noch nicht derselben Sicherheit und Einfachheit der Behandlung zu erfreuen hat, welche der astronomische möglich macht.

In den hier angedeuteten Unterschieden liegt gewissermaßen der Grund, warum in der früheren Zeit griechischer Cultur die pythagoreische Naturphilosophie dem Weltraume mehr, als den Erdräumen zugewandt war, warum sie durch Philolaus, und in spätern Nachklängen durch Aristarch von Samos und Seleucus den Erythräer für die wahre Kenntniß unsers Sonnensystems in einem weit höheren Grade fruchtbringend geworden ist, als die ionische Naturphilosophie es der Physik der Erde sein konnte. Gleichgültiger gegen die specifische Natur des Raum=Erfüllenden, gegen die qualitative Verschiedenheit der Stoffe, war der Sinn der italischen Schule mit dorischem Ernste allein auf geregelter Gestaltung, auf Form und Maaß gerichtet, während die ionischen Physiologen bei dem Stoffartigen, seinen geahneten Umwandlungen und genetischen Verhältnissen vorzugsweise verweilten. Es war dem mächtigen, ächt philosophischen und dabei so praktischen Geiste des Aristoteles vorbehalten, mit gleicher Liebe sich in die Welt der Abstractionen und in die unermeßlich reiche Fülle des Stoffartig=Verschiedenen der organischen Gebilde zu versenken.

Mehrere und sehr vorzügliche Werke über physische Geographie enthalten in der Einleitung einen astronomischen Theil, in dem sie die Erde zuerst in ihrer planetarischen Abhängigkeit, in ihrem Verhältniß zum Sonnensystem betrachten. Dieser Weg ist ganz dem entgegengesetzt, den ich mir vorgezeichnet habe. In einer Weltbeschreibung muß der astronomische Theil, den Kant die Naturgeschichte des Himmels nannte, nicht dem tellurischen untergeordnet erscheinen. Im Kosmos ist, wie schon der alte Kopernicaner, Aristarch der Samier, sich ausdrückte, die Sonne ein Stern unter den zahllosen Sternen. Eine allgemeine Weltansicht muß also mit den, den Weltraum füllenden himmlischen Körpern beginnen, gleichsam mit dem Entwurf einer graphischen Darstellung des Universums, einer eigentlichen Weltkarte, wie zuerst mit kühner Hand sie Herschel der Vater gezeichnet hat. (S. 57–60)

Humboldt, Alexander von: Kosmos. Entwurf einer physischen Weltbeschreibung, 1. Bd. Stuttgart 1845
vgl. Einleitung S. 59

JOHANN FRANZ ENCKE
UND JOHANN GOTTFRIED GALLE
Die Entdeckung des Neptun durch Johann Gottfried Galle und Heinrich Ludwig d'Arrest, 1846

Johann Franz Encke, Pressemitteilung zur Entdeckung des neuen Planeten

Schon mehrfach waren durch die Unterschiede, welche im Laufe des Uranus im Widerspruche mit der Theorie sich zeigten, Vermuthungen angeregt, es möchte ein noch unentdeckter Planet jenseits des Uranus diese Störungen bewirken. Der ausgezeichnete Astronom, Hr. le Verrier in Paris, hatte im Laufe dieses Jahres diese Untersuchungen strenge durchgeführt, und aus der Größe und dem Gange der unerklärten Störungen auf den Ort geschlossen, den ein unbekannter Planet einnehmen mußte. Er hatte Elemente dieses Planeten und einen genäherten Ort angegeben, wo er zu suchen sey.

Brieflich forderte Hr. le Verrier den Hrn. Dr. Galle am 23. Sept. auf, sich darnach umzusehen, und noch denselben Abend gelang es Hrn. Dr. Galle, durch eine genaue Vergleichung der vortrefflichen Sternkarte (hora XXI. der akademischen Sternkarten), welche Hr. Dr. Bremiker hieselbst gezeichnet hat, einen Stern 8. Gr. aufzufinden, sehr nahe an dem von Hrn. le Verrier bezeichneten Orte, der auf der Karte fehlte. Bei der schwachen Bewegung war es nöthig, noch einen Abend abzuwarten. Am 24. Sept. war der Stern eine Minute rückläufig von seiner Stelle verrückt, eine Bewegung, welche völlig den le Verrier'schen Elementen entspricht.

Der Stern ist 8. Gr. und man kann selbst eine kleine Scheibe vermuthen, doch wurde die Auffindung nur durch die Genauigkeit der verglichenen Sternkarte herbeigeführt. Die beobachteten Oerter sind Spt. 23. 12h 0′15″ M[ittlere] Berl[iner] Z[eit] Ger[ade] Aufst[eigung] 328°19′16″ südl. Abweichung 13°24′8″. Spt. 24. 8h 54′41″ M. Berl. Zt. Ger. Aufst. 328°18′14″ südl. Abweichung 13°24′30″. Er wird noch längere Zeit im Meridian beobachtet werden können. Die Herbeiführung dieser Auffindung durch rein theoretische Untersuchungen sichert dieser theoretischen Entdeckung des Hrn. le Verrier, den glänzendsten Rang unter allen bisherigen Planeten=Entdeckungen. Der Planet steht wahrscheinlich etwa doppelt so weit von der Sonne entfernt als der Uranus.

Berlin, den 25. Sept. 1846

Encke, Johann Franz: Neuer Planet. In: Berlinische Nachrichten von Staats- und gelehrten Sachen, 26. Sept. 1846
vgl. Einleitung S. 65

JOHANN GOTTFRIED GALLE
Über die erste Auffindung des Planeten Neptun

Ich erhielt dieses Brief [von Urbain Jean Joseph Leverrier aus Paris vom 18. Sept. 1846] am Morgen des 23. September und theilte ihn Encke mit, der nunmehr, wodurch Herrn Le Verrier's Brief mir eine gewisse moralische Verpflichtung zum Nachsehen an der betreffenden Stelle oblag, der Aufsuchung zustimmte, während er vorher sich sehr zweifelnd und ablehnend über die auch sonst bereits bekannt gewordene Angelegenheit ausgesprochen hatte. Es fiel dies in Berlin in jene Zeit, wo daselbst seit einigen Jahren auch d'Arrest seine Studien begonnen hatte und in seine astronomische Laufbahn eingetreten war, ohne jedoch bei der Sternwarte, bei der ich alleiniger Gehülfe war, angestellt zu sein. Um an den practischen Arbeiten leichter und öfter theilnehmen zu können, hatte d'Arrest in einem Dachzimmer des für den Aufwärter dienenden Nebengebäudes Wohnung genommen. Als ich von der Ankunft des Le Verrier'schen Briefes Mittheilung machte, äusserte derselbe den Wunsch, am Abend der Nachsuchung nach dem Planeten mit beiwohnen zu dürfen, welchem Wunsche, wie sich von selbst verstand, gern entsprochen wurde.

Das Wetter war an dem Abende des 23. Sept. vollkommen günstig, besondere Vorbereitungen für die Beobachtung wurden nicht getroffen, da zunächst der Durchmesser zur Erkennung eines etwaigen Planeten geeignet schien. Da indess bei der in Wirklichkeit 2″ wenig überschreitenden Grösse desselben auf diesem Wege keine Sicherheit zu erreichen war, so musste an die Beschaffung einer Sternkarte gedacht werden, wofür es damals neben dem Harding'schen Atlas nur die noch sehr lückenhaften und seit lange ihrer Vollendung harrenden Berliner akademischen Sternkarten gab. Obgleich diese mir nichts weniger als fremd waren und auch schon im Jahre vorher dieselben sich nützlich erwiesen hatten bei der gleichfalls in Berlin zuerst constatirten Entdeckung der Asträa, so dachte ich doch meinerseits nicht sofort an eine Herbeiholung derselben, und es war zuerst d'Arrest, welcher die Frage aufwarf, ob nicht doch einmal unter den akademischen Sternkarten nachgesehen werden möchte, ob vielleicht die betreffende Stelle schon unter denselben enthalten sei. Wir gingen deshalb in das Vorzimmer Encke's, wo in einer mir wohlbekannten Schublade diese Sternkarten in einem sehr wenig geordneten Zustande über einander lagen, und in der That fand sich ein Abdruck der Sternkarte von Bremiker h. XXI., der, wie in den damaligen Berichten bemerkt ist, vor nicht langer Zeit erst in Berlin fertig geworden und durch den Buchhandel noch nicht verbreitet war. Mit dieser Karte zu dem Refractor zurückkehrend fand ich, zwar nicht sofort beim Hineinblicken, aber bald nach einigen Vergleichungen den betreffenden Stern 8. Größe, dessen Fehlen auf der Karte zu bemerkenswerth erschien, um nicht wenigstens mit einer Beobachtung desselben einen Versuch zu machen, woran demnächst auch Encke, dem gleichfalls davon und von allen Details Kenntnis gegeben wurde, noch in derselben Nacht theilnahm.

Die Beobachtungen wurden bis gegen Morgen fortgesetzt, allein ungeachtet der grossen Vervielfältigungen derselben wollte es nicht gelingen, die Bewegung sicher zu constatiren, wenn auch eine schwache Spur einer Veränderung in dem erforderlichen Sinne daraus hervorzugehen schien. Mit vieler Spannung musste daher noch der Abend des 24. Sept. abgewartet werden, wo die weitere Nachforschung gleichfalls von dem Wetter begünstigt war und wo nun die Existenz des Planeten sich zweifellos herausstellte. – Alles übrige ist aus den Berichten Encke's über diesen Gegenstand bekannt, der indess in seiner kürzer gehaltenen Beschreibung die Theilnahme d'Arrest's nicht besonders mit erwähnt und ihr, wie es scheint, nicht ganz denjenigen Werth beigelegt hat, den sie je nach der verschiedenen Auffassung der Sachlage haben kann. (Sp. 350–352)

Galle, Johann Gottfried: Ein Nachtrag zu den in Band 25 und dem Ergänzungshefte von 1849 der Astr. Nachrichten enthaltenen Berichten über die erste Auffindung des Planeten Neptun. In: Astronomische Nachrichten 89 (1877), Sp. 349–352
vgl. Einleitung S. 65

GUSTAV ROBERT KIRCHHOFF
Untersuchungen über das Sonnenspektrum und die Natur der Sonne, 1861

Das Sonnenspectrum

Entwirft man durch ein Prisma ein Sonnenspectrum, das so rein als möglich ist, und betrachtet dasselbe durch ein Fernrohr von geringer Vergrösserung, so erblickt man zwischen den Linien, die Fraunhofer durch Buchstaben bezeichnet hat, ein Gewirre von feinen Linien und nebeligen Streifen, das dem Auge nur wenigen Anhalt darbietet. Wendet man mehr Prismen und eine stärkere Vergrösserung an, so treten, wenn die Apparate die nöthige Vollkommenheit besitzen, aus demselben mehr und mehr Liniengruppen hervor, die so characteristisch sind, dass sie leicht aufgefasst und leicht wieder erkannt werden, Liniengruppen, die füglich verglichen werden können mit den Sterngruppen, die einzelne Sternbilder so leicht auffinden lassen ...

Der ausgezeichnete Apparat, den ich zur Beobachtung des Spectrums benutzt habe, ist aus der optischen und astronomischen Werkstätte von C. A. Steinheil in München hervorgegangen. Auf einer kreisförmigen, eisernen Platte, deren obere Fläche eben gedreht ist, ist das Fernrohr A angeschraubt, dessen Ocular ersetzt ist durch ein Metallstück, das einen durch zwei Schneiden gebildeten Spalt enthält. Die Breite des Spalts lässt sich durch eine Mikrometerschraube verändern, er selbst durch einen Trieb in den Brennpunkt des achromatischen Objectivs bringen, das eine Brennweite von 18 Par[iser] Zoll und eine freie Öffnung von 18 Par. Linien hat. Das Fernrohr B, das ein eben solches Objectiv besitzt, ist an einem Messingarm befestigt, der um den Mittelpunct der eisernen Platte drehbar ist und um diesen entweder aus freier Hand oder mit Hülfe einer Mikrometerschraube bewegt werden kann. Zwischen den beiden Objectiven sind 4 Flinglasprismen aufgestellt, deren brechende Flächen Kreise von 18 Par. Linien Durchmesser sind, und von denen drei brechende Winkel von 45° haben, das vierte einen von 60° hat. Jedes von diesen Prismen ist auf einen kleinen Messingtisch gekittet, der 3 Schrauben zu Füs-

Fig. 1

sen hat. Das Fernrohr B ist gegen den Messingarm, der es trägt, auf doppelte Weise beweglich; es ist drehbar um eine horizontale Axe und in der Richtung dieser Axe verschiebbar, wie aus der Abbildung gesehn werden kann. Die Vergrösserung dieses Fernrohrs, die ich bei meinen Beobachtungen benutzt habe, ist eine ungefähr 40 malige. (S. 63f.)

Brewster hat die wichtige Entdeckung gemacht, dass in dem Sonnenspectrum neue dunkle Linien auftreten, wenn die Sonne sich dem Horizonte nähert; Linien, die unzweifelhaft ihren Ursprung in unserer Atmosphäre haben. Bei meinem Apparate habe ich Gruppen solcher Linien, namentlich in der Nähe der Linien D, in ausgezeichneter Schönheit oft sich entwickeln gesehn ...« (S. 67)

Chemische Beschaffenheit der Sonnenatmosphäre

Fraunhofer hat beobachtet, dass die beiden dunkeln Linien des Sonnenspectrums, welche von ihm mit D bezeichnet sind, mit den beiden hellen Linien coincidiren, welche jetzt als die Linien des Natriums erkannt sind ... Bei der Feinheit der von mir in Anwendung gebrachten Beobachtungsmittel glaube ich, dass jede der von mir gefundenen Coincidenzen zwischen Eisenlinien und Linien des Sonnenspectrums als mit einer Sicherheit festgestellt werden kann, die derjenigen mindestens gleich ist, mit der bisher die Coincidenz der Natriumlinien mit den Linien D bewiesen war. Bei denselben Beobachtungsmitteln hängt die Sicherheit mit der die Coincidenz einer hellen Linie mit einer dunkeln des Sonnenspectrums sich beurtheilen lässt, von der Deutlichkeit beider ab ...

Nun haben mir etwa 60 Eisenlinien in dem ... dargestellten Theile des Spectums mit dunkeln zu coincidiren geschienen; die Wahrscheinlichkeit, dass dieses ein Werk des Zufalls sei, ist hiernach erheblich kleiner als $(1/2)^{60}$, d. h. als 1/1 000 000 000 000 000 000. Diese Wahrscheinlichkeit wird noch weiter dadurch herabgedrückt, dass je heller eine Eisenlinie, desto dunkler der Regel nach die ihr entsprechende Linie des Sonnenspectrums ist. Es muss also eine Ursache vorhanden sein, welche diese Coincidenzen bewirkt. Es lässt sich eine Ursache angeben, welche hierzu vollkommen geeignet ist; die beobachtete Thatsache erklärt sich, wenn die Lichtstrahlen, welche das Sonnenspectrum geben, durch Eisendämpfe gegangen sind und hier die Absorption erlitten haben, die Eisendämpfe ausüben müssen ... Die Beobachtungen des Sonnenspectrums scheinen mir hiernach die Gegenwart von Eisendämpfen in der Sonnenatmosphäre mit einer so grossen Sicherheit zu beweisen, als sie bei den Naturwissenschaften überhaupt erreichbar ist.

Nachdem so die Gegenwart eines irdischen Stoffes in der Sonnenatmosphäre festgestellt, und durch dieselbe eine große Zahl der Fraunhoferschen Linien erklärt ist, liegt die Vermuthung nahe, dass auch andere irdische Stoffe dort sich befinden und durch die Absorption, die sie ausüben, andere von den Fraunhoferschen Linien hervorbringen. Es ist namentlich wahrscheinlich, dass Stoffe, welche hier an der Erdoberfläche in grossen Massen vorhanden sind und welche zugleich durch besonders helle Linien in ihren Spectren sich auszeichnen, auf ähnliche Weise, wie das Eisen, sich in der Sonnenatmosphäre bemerklich machen werden. Es ist das in der That bei Calcium, Magnesium und Natrium. (S. 78–80)

Physische Beschaffenheit der Sonne

Um die dunkeln Linien des Sonnenspectrums zu erklären, muss man annehmen, dass die Sonnenatmosphäre einen leuchtenden Körper umhüllt, der für sich allein ein continuirliches Spectrum von einer Lichtstärke giebt, die eine gewisse Grenze übersteigt. Die wahrscheinlichste Annahme, die man machen kann, ist die, dass die Sonne aus einem festen oder tropfbar flüssigen, in der höchsten Glühhitze befindlichen Kern besteht, der umgeben ist von einer Atmosphäre von etwas niedrigerer Temperatur ...

In der Atmosphäre der Sonne müssen ähnliche Vorgänge als in der unsrigen stattfinden; lokale Temperaturerniedrigungen müssen dort, wie hier, die Veranlassung zur Bildung von Wolken geben; nur werden die Sonnenwolken ihrer chemischen Beschaffenheit nach von den unsrigen verschieden sein. Wenn eine Wolke dort sich gebildet hat, so werden alle über derselben liegenden Theile der Atmosphäre abgekühlt werden, weil ihnen ein Theil der Wärmestrahlen, welche der glühende Körper der Sonne ihnen vorher zusendete, durch die Wolke entzogen wird. Diese Abkühlung wird um so bedeutender sein, je dichter und grösser die Wolke ist, und dabei erheblicher für diejenigen Punkte, die nahe über der Wolke liegen, als für die höheren. Eine Folge davon muss sein, dass die Wolke mit beschleunigter Geschwindigkeit von oben her anwächst und kälter wird. Ihre Temperatur sinkt unter die Glühhitze, sie wird undurchsichtig und bildet den Kern eines Sonnenfleckens. (S. 83–87)

Kirchhoff, G.: Untersuchungen über das Sonnenspectrum und die Spectren der chemischen Elemente. In: Königliche Akademie der Wissenschaften zu Berlin / Abhandlungen aus dem Jahre 1861. Berlin 1862, S. 63–95
vgl. Einleitung S. 68

FRIEDRICH ZÖLLNER
Über die physische Beschaffenheit der Himmelskörper, 1865

Während in dem vorhergehenden Theile dieser Untersuchungen mit Hülfe der beschriebenen Methoden im Wesentlichen nur gewisse Thatsachen der Beobachtung festgestellt worden sind, soll nun in dem hier folgenden und letzten Theile der Versuch gemacht werden, sowohl die gewonnenen Resultate als auch die übrigen, ausser der Ortsveränderung, an den Himmelskörpern beobachteten Erscheinungen aus einer allgemeinen Hypothese über die physische Beschaffenheit der Weltkörper zu erklären.

Bevor dies geschieht, sehe ich mich jedoch genöthigt, noch einige Bemerkungen vorauszuschicken, theils um die Berechtigung derartiger Betrachtungen einer wissenschaftlichen Richtung gegenüber zu vertheidigen, welche im Studium der »Specialitäten« den Sinn für allgemeinere Gesichtspuncte verloren zu haben scheint, theils um die Grenzen, innerhalb welcher die Lösung der hier sich darbietenden Probleme möglich ist, näher zu bezeichnen und festzustellen.

Bekanntlich heisst in den exacten Wissenschaften, eine Erscheinung erklären einfach nur, dieselbe auf bereits bekannte Erscheinungen zurückzuführen, oder mit andern Worten, eine bisher unerklärte Erscheinung aus solchen Ursachen begreiflich machen, welche uns bereits zur Erklärung anderer Erscheinungen gedient haben. So sagt man, die Bewegungen der Planeten seien erklärt, insofern es gelungen ist, als Ursache ihrer Bewegung eine Kraft nachzuweisen, welche einer grossen Anzahl uns sehr bekannter Erscheinungen auf der Erde zu Grunde liegt, z. B. dem Falle der Körper, den Oscillationen eines Pendels u. dgl. m. Freilich bleibt uns hierbei die Natur und das innere Wesen jener Ursache oder Kraft, welche alle diese mannichfaltigen Erscheinungen bewirkt, noch ebenso unverständlich und dunkel wie vorher. Indessen fallen die hierauf bezüglichen Betrachtungen nicht mehr in das Bereich der Naturforschung, sondern in das der Metaphysik, von deren Erklärungen, der Natur des Gegenstandes gemäss, hier gänzlich abgesehen werden soll.

Die Naturwissenschaft hat es demnach lediglich nur mit der Zurückführung der Mannichfaligkeit von Erscheinungen auf solche Ursachen oder Kräfte zu thun, welche nach einem unveränderlichen Gesetz wirken und daher zu jeder Zeit unter denselben Verhältnissen dieselben Wirkungen hervorbringen. – Will man also eine Erscheinung erklären, resp. begreifen, so muss man offenbar von der Voraussetzung ihrer Begreiflichkeit ausgehen, d. h. man muss zunächst die Annahme machen, dass jene Erscheinung nur durch solche Ursachen bewirkt werde, welche man als den gesetzmässigen Ausdruck bereits bekannter Erscheinungen festgestellt hat. – Wenden wir nun diesen Satz auf die im Folgenden zur Sprache kommende Klasse von Erscheinungen an, so lautet derselbe folgendermassen:

Bei den Untersuchungen über die physische Beschaffenheit der Himmelskörper dürfen zur Erklärung der beobachteten Phänomene nur solche Kräfte und Erscheinungen vorausgesetzt werden, deren Analogien man auch auf der Erde zu beobachten und zu erforschen Gelegenheit hat. Wie wenig dieser einfache und hier sich gleichsam von selbst ergebende Satz bisher beachtet worden ist, zeigt am deutlichsten die zur Erklärung der Sonnenflecken mit ihren Penumbren ersonnene Photosphären-Hypothese, nach welcher die Sonne aus einem dunklen Kern bestehen soll, der von einer selbständig Licht und Wärme spendenden Hülle (Photosphäre) umgeben ist.

Wir kennen nun aber auf der Erde nicht einen einzigen Körper, welcher die hier von der Photosphäre vorausgesetzten Eigenschaften besässe, sondern sind vielmehr im Stande, nach den uns bis jetzt bekannten Eigenschaften der Materie die physikalische Unmöglichkeit eines solchen Körpers zu beweisen. Man hätte daher auch ohne die spectralanalytischen Untersuchungen Kirchhoff's und Bunsen's, durch welche unsere Kenntniss von der physischen Beschaffenheit der Sonne vor Kurzem in so unerwarteter Weise bereichert worden ist, für die Licht- und Wärmestrahlung der Sonne nur solche Ursachen voraussetzen dürfen, welche analogen Erscheinungen bei irdischen Körpern zu Grunde liegen. Selbst wenn man alsdann nicht im Stande gewesen wäre, die wenigen an den Sonnenflecken gesetzmässig beobachteten Erscheinungen zu erklären, so hätte man hierauf weit eher aus Unkenntniss der sonstigen physikalischen Verhältnisse auf der Sonnenoberfläche verzichten müssen, als sich zu einer Hypothese verleiten lassen, die von vorn herein jedes physikalische Verständniss gerade der wesentlichsten Erscheinungen, der Licht- und Wärmeentwickelung, auf der Sonne ausschliesst ...

Indem Newton der Licht- und Wärmeentwickelung der Sonne dieselbe Ursache wie dem trivialen Küchenfeuer auf dem Herde vindicirt, beabsichtigte er offenbar gerade durch das Drastische dieses Vergleiches die Allgemeinheit und Ausnahmslosigkeit deutlich machen, in welcher er seine regula philosophandi auf alle Erscheinungen der sichtbaren Welt angewandt wissen will. Denn Newton hätte ebenso treffend an die Licht- und Wärmeausstrahlung irgend einer glühenden Masse erinnern können. Indessen ist dies eine verhältnismässig viel seltener zu beobachtende Erscheinung und hätte auch bei Weitem nicht in so nachdrücklicher Weise wie der gebrauchte Vergleich den Sinn und die Bedeutung jenes Princips erläutern können.

Wir haben also durch die vorhergehenden Betrachtungen eine bestimmte und feste Basis gewonnen, welche allen Speculationen über die physische Beschaffenheit der Weltkörper zu Grunde liegen muss, wofern sie Anspruch auf wissenschaftliche Bedeutung machen sollen. Gleichzeitig wird durch jenes ebenso einfache als natürliche Princip der hypothesenbildenden Phantasie eine Fessel auferlegt, welche sie für immer an den Boden irdischer Erscheinungen kettet und sie verhindert, die nüchterne Betrachtung naturwissenschaftlicher Untersuchungen durch ihre Bilder zu verwirren und zu beeinträchtigen. Es ist demnach die Möglichkeit wissenschaftlicher Untersuchungen gegeben, welche sich auf die physische Beschaffenheit von Körpern beziehen, deren Dasein uns, im Gegensatze zu den Körpern unserer Erde, lediglich durch gewisse Wirkungen aus der Ferne bekannt ist.

Es wird sich bei diesen Untersuchungen im Wesentlichen darum handeln, diese Fernewirkungen mit Hülfe bestimmter Methoden näher zu analysieren und die Resultate dieser Analyse mit denjenigen analoger Fernewirkungen bei irdischen Körpern zu vergleichen, deren Beschaffenheit uns auch noch in anderer Weise durch Berührungswirkungen bekannt ist. Gerade das ist es, was der spectralanalytischen Methode eine so große Zukunft verspricht, dass sie eine Methode ist, welche sich zur Ermittelung der chemischen Beschaffenheit der Körper des von ihnen ausgestrahlten Lichtes als einer Fernewirkung bedient, während die ganze bisherige Chemie für denselben Zweck fast ausschliesslich auf die Molecularwirkungen bei Berührung und Mischung der Körper angewiesen war. – Bei allen diesen Untersuchungen muss es jedoch, dem oben aufgestellten Satze gemäss, gestattet sein, von der Gleichheit der Ursachen auf die Gleichheit der Wirkungen zu schliessen und daher gewisse Eigenschaften der Materie, die wir ohne Ausnahme an allen irdischen Körpern beobachten, auch bei den entferntesten Himmelskörpern vorauszusetzen.

Newton spricht die Nothwendigkeit dieser Voraussetzung in seiner dritten regula philosophandi mit folgenden Worten aus:

»Diejenigen Eigenschaften der Körper, welche weder verstärkt noch vermindert werden können und welche allen Körpern zukommen, an denen man Versuche anstellen kann, muß man für Eigenschaften aller Körper halten.«

Mit Hülfe dieses Satzes, welcher noch durch Beispiele erläutert wird, weist Newton die Berechtigung nach, als Ursache der kosmischen Bewegungen dieselbe Kraft anzunehmen, deren Wirkungen man als Schwere auf der Erde bei einer grossen Anzahl von Erscheinungen zu beobachten Gelegenheit hat.

Indessen besitzen ausser der Bewegung die uns bekannten Weltkörper auch noch die Eigenschaft Licht auszustrahlen, sei es eigenes oder erborgtes. Sollten sich nun bei näherer Untersuchung dieses Lichtes gewisse Modificationen desselben ergeben, welche bei Beobachtung irdischer Lichtquellen jedesmal unter dem Einflusse bestimmter Eigenschaften des lichtausstrahlenden Körpers auftreten, so verlangt die dritte Newton'sche Regel, dass man diese lichtmodificirende Eigenschaft irdischer Körper in derselben Weise auch bei himmlischen Körpern voraussetze und demgemäss den letzteren eine analoge physische Beschaffenheit wie den ersteren zuschreibe. Allgemeiner ausgedrückt, heisst dies, man muss bei allen Untersuchungen über die physische Beschaffenheit der Himmelskörper von der Annahme ausgehen, dass die allgemeinen und wesentlichen Eigenschaften der Materie im unendlichen Raume überall dieselben seien. (S. 205–209)

Unter Voraussetzung einer ursprünglich glühenden und rotirenden Dunstmasse, welche die wesentlichen der uns bekannten Stoffe im gasförmigen Aggregatzustande enthält, lassen sich bei fortdauernd stattfindender Wärmeausstrahlung fünf Perioden oder Entwickelungsphasen eines Weltkörpers unterscheiden:

Erstens, die Periode des glühend-gasförmigen Zustandes.
Zweitens, die Periode des glühend-flüssigen Zustandes.
Drittens, die Periode der Schlackenbildung oder der allmäligen Entwickelung einer kalten, nicht leuchtenden Oberfläche.
Viertens, die Periode der Eruptionen oder gewaltsamen Zersprengung der bereits kalt und dunkel gewordenen Oberfläche durch die innere Gluthmasse.
Fünftens, die Periode der vollendeten Erkaltung.

In diesen verschiedenen Entwickelungsphasen muss ein Weltkörper einem entfernten Beobachter verschiedene Erscheinungen darbieten.

Die *erste Periode* liefert uns die bereits oben besprochene Erscheinung planetarischer Nebel, welche im Spectroskop helle Linien zeigen. Beim Uebergangsstadium zur zweiten Entwickelungsphase werden in jenen Nebelmassen bereits die Anfänge der stattgefundenen Condensation als ein oder mehrere schwache Sternchen wahrnehmbar sein, wie dies bei mehreren der von Huggins und Miller beobachteten und oben angeführten planetarischen Nebel der Fall war. Es ist bemerkenswerth, dass sich alsdann jedesmal, ausser der hellen Linie, welche von der glühenden Gasmasse ausging, auch noch ein feines Absorptionsspectrum mit dunklen Linien zeigte, welches, je nach der Intensität des im Nebel vorhandenen Sternes, mehr oder weniger deutlich war ...

Die *zweite Periode* wird repräsentirt durch alle Fixsterne, welche keine wahrnehmbaren Helligkeitsveränderungen zeigen. Dass hierbei der Begriff der Unveränderlichkeit nur ein relativer, und lediglich auf die kurze Spanne Zeit unserer Beobachtungen und die Unvollkommenheit der bisherigen photometrischen Hülfsmittel beschränkter ist, bedarf nach der aufgestellten Entwickelungstheorie nicht einer besonderen Erwähnung.

Der Uebergang zur dritten Entwickelungsperiode muss, nach der Analogie aller uns bekannten Abkühlungsprozesse, von bestimmten Aenderungen in der Intensität und Farbe des ausgesandten Lichtes begleitet sein. Wir wissen, dass alle uns bekannten Körper vom glühenden in den nicht glühenden Zustand durch das Stadium der Rothgluth übergehen, und dass sie demgemäss ausser der allmäligen Abnahme des Lichtes auch eine Farbenänderung in dem angedeuteten Sinne erleiden müssen. Die gleichzeitig mit diesen Erscheinungen fortschreitende Schlackenbildung muss bei der vorausgesetzten Rotation sämmtlicher Fixsterne nothwendig das Phänomen periodisch veränderlicher Sterne erzeugen. Als eine Stütze für die Richtigkeit dieser Ansicht kann hervorgehoben werden, dass sich hierdurch in der ungezwungensten Weise die merkwürdige Thatsache erklärt, dass die überwiegende Mehrzahl aller veränderlichen Sterne eine rothe Farbe zeigt.

Rothgluth und Schlackenbildung sind gleichzeitige Erscheinungen derselben Entwickelungsphase und simultane Wirkungen ein und derselben Ursache, nämlich eines bestimmten Temperaturzustandes der sich abkühlenden Weltkörper.

Die *dritte Periode,* deren wesentlichste Erscheinungen so eben in kurzen und allgemeinen Umrissen characterisirt wurden, umfasst bei Weitem die Mehrzahl derjenigen Erscheinungen, welche wir ausser der Ortsveränderung an verschiedenen Himmelskörpern wahrnehmen, und erheischt daher an dieser Stelle eine ausführlichere und eingehendere Betrachtung, als dies bei Behandlung der übrigen Entwickelungsphasen erforderlich ist. Zunächst muss hervorgehoben werden, dass die Farbe eines Fixsternes, ausser von dem Grade des Glühens seines feurig-flüssigen Kernes auch noch von der Absorptionsfähigkeit seiner Atmosphäre für Strahlen verschiedener Brechbarkeit abhängig ist ... Im Uebrigen ist klar, dass durch diese Erklärung der Veränderlichkeit der Sterne nicht die Möglichkeit einer in einzelnen Fällen durch andre Umstände bewirkten Veränderung ausgeschlossen wird, wie z. B. beim Algol, der kein rother Stern ist, durch den Umlauf eines weniger stark leuchtenden oder dunklen Körpers ...

Der Uebergang der dritten zur vierten Periode kann sich bei einem Fixsterne unsern Blicken durch das allmälige Verschwinden desselben bemerkbar machen ... Anders dagegen verhält es sich mit den Erscheinungen der vierten oder Eruptionsperiode. Durch das plötzliche und gewaltsame Zerreissen einer bereits bis zum Nichtglühen erkalteten Schlackendecke, muss nothwendig die von dieser Decke eingeschlossene Gluthmasse hervordringen, und auf diese Weise, je nach der Grösse ihrer Ausbreitung, mehr oder weniger große Stellen des bereits dunklen Körpers, wieder leuchtend machen. Einem entfernten Beobachter kann sich eine solche Begebenheit nicht anders als durch das plötzliche Aufleuchten eines neuen Sternes ankündigen ... (S. 241–247)

Mit der in Obigem ihren allgemeinen Zügen nach geschilderten Eruptionsperiode ist die Entwickelung eines Fixsterns für unsere Sinne beschlossen. Die Abkühlung schreitet allmälig weiter fort und die hierdurch an Dicke und Festigkeit immer mehr zunehmende dunkle Rinde wird endlich im Stande sein, den inneren Spannkräften das Gleichgewicht zu halten, so dass weitere Eruptionen nicht mehr stattfinden können. Unter diesen Umständen und bei Abwesenheit einer äusseren Licht- und Wärmequelle erfolgt an der Oberfläche eine sehr schnelle Temperaturerniedrigung, die es auch den Wasserdämpfen gestattet, sich niederzuschlagen, so dass sich schliesslich, bei immer weiter fortgeschrittener Abkühlung, der ganze Körper des ehemaligen Fixsterns mit einer ungeheuren Schnee- und Eiskruste bedeckt. Dieser Zustand der Erstarrung kann nur durch äussere Einflüsse, wie z. B. durch die beim Zusammenstoss mit einem anderen Körper entwickelte Wärme, wieder aufgehoben werden, wo alsdann, bei hinreichender Temperaturerhöhung, der geschilderte Entwickelungsprozess von Neuem beginnt.

Durch die hier dargelegte Entwickelungstheorie glaube ich die mir oben gestellte Aufgabe in so weit gelöst zu haben, als hierdurch alle uns an Himmelskörpern ausser ihrer Ortsveränderung bekannten Erscheinungen im Allgemeinen erklärt, und lediglich als verschiedene Stadien ein und desselben Entwickelungsprozesses dargestellt werden. Eine wesentliche Stütze scheint mir diese Theorie, abgesehen von ihrer Einfachheit, noch dadurch zu erhalten, dass man in jenen fünf Entwickelungsphasen ungezwungen die verschiedenen Perioden wiedererkennt, welche nach den Ergebnissen der Geologie der von uns bewohnte Planet bereits durchlaufen hat. Sieht man daher bei der Erde von ihrer Erleuchtung durch die Sonne ab, so würde sie in den verschiedenen Stadien ihrer geologischen Entwickelung einem entfernten Beobachter analoge Erscheinungen dargeboten haben, wie man sie gegenwärtig bei der Sonne als Sonnenflecken, bei andern Fixsternen als periodischen Licht- und Farbenwechsel, allmäliges Verschwinden und als plötzliches Aufleuchten neuer Sterne beobachtet. (S. 252f.)

Die Astronomie hat sich zur Erlangung empirischer Data bisher fast ausschliesslich nur einer Eigenschaft des Lichtes, nämlich der geradlinigen Fortpflanzung desselben bedient. Durch diese Qualität des Lichtes einerseits und durch die besondere Beschaffenheit des Auges und der optischen Instrumente andrerseits, sind wir in den Stand gesetzt, die Richtungen, in welchen uns die Himmelskörper erscheinen, näher zu bestimmen. Die Aufgabe der practischen Astronomie bestand daher im Wesentlichen darin, jene Richtungen als Functionen der Zeit mit möglichst grosser Genauigkeit festzustellen. Die hierdurch bestimmten Ortsveränderungen der Gestirne war man genöthigt, zunächst rein phoronomisch als Wirkungen einer doppelten Ursache zu betrachten. Die eine liegt in der Bewegung unseres Standpunctes und erzeugt die scheinbaren Ortsveränderungen, die andere in der Bewegung der beobachteten Gestirne unter sich und erzeugt die wahren Ortsveränderungen derselben. An der Vollständigkeit, mit welcher sich die Trennung dieser beiden Ursachen in den verschiedenen Zeitaltern astronomischer Cultur vollzogen hat, lässt sich die Entwickelungsphase der Astronomie bemessen, und noch heut muss es als eins der wesentlichsten Ziele der gesammten Astronomie betrachtet werden, jene Trennung der virtuellen und reellen Bewegungserscheinungen am Himmel bis in die feinsten Details herab zu vervollständigen ...

Gäbe es nun keine anderen Unterschiede und Veränderungen im Lichte der Gestirne als die Richtung, in welcher sie uns erscheinen, d. h. wäre das von ihnen ausgesandte Licht stets von gleicher Intensität, gleicher Farbe und gleicher physikalischer Zusammensetzung, so wäre die Methode der Positionsbestimmungen der einzig mögliche Weg, auf dem die practische Astronomie in Zukunft fortzuschreiten hätte. Indessen so verhält es sich keineswegs. Die Gestirne zeigen uns bezüglich der genannten Eigenschaften mannigfache Unterschiede, welche ebenso, wie diejenigen des Ortes, Functionen der Zeit sind.

Fasst man den Begriff der Farbe in dem früher von mir definirten allgemeinen Sinne, so hat man für jeden Himmelskörper drei Grössen als Functionen der Zeit zu bestimmen: die Intensität der chemischen, optischen und thermischen Strahlen. Wenn auch die Möglichkeit einer astronomischen Verwerthung der letzten Grösse bis jetzt nur auf Sonne und Mond beschränkt bleiben muss, so berechtigen doch die neuerdings im Gebiete der Thermoelektricität gemachten Entdeckungen zu der Hoffnung, vielleicht auch diese Schranke zu Gunsten einer allgemeineren Anwendung jener Kraft durchbrechen zu können ...

Ein mächtiges Hülfsmittel, auch im Bereiche der intensiven Veränderungen am Himmel dieselbe Trennung der virtuellen von den reellen Grössen zu bewerkstelligen, welche die bisherige Astronomie auf dem Gebiete der extensiven Grössen vollzogen hat, wird ohne Zweifel die Spectralanalyse darbieten, indem sie uns auf ganz directem Wege jene Qualitäten der Gestirne kennen lehrt, aus welchen wir den objectiven oder reellen Theil ihrer Unterschiede und Veränderungen zu erklären und abzuleiten haben. Es fragt sich nun, ob es nicht auch irgend eine Eigenschaft des Lichtes gebe, welche eine Function des Bewegungszustandes des lichtausstrahlenden Körpers selber sei, um auch diesen Zustand, nicht wie bisher indirect aus Positionsveränderungen, sondern direct und lediglich aus der Natur und Beschaffenheit des ausgesandten Lichtes zu bestimmen ...

Mit Eröffnung dieser Perspective tritt uns nun aber auch die Photometrie in ihrer ganzen und vollen Bedeutung für die Fortentwickelung der Astronomie entgegen, und es war meine Absicht, durch die hier nur aphoristisch gegebenen Andeutungen das Interesse für jene ursprünglich rein physikalische Disciplin auch bei den Astronomen immer allgemeiner und lebendiger zu machen. Erwägt man nun ferner hierbei die unabsehbare Fülle des Materials zu neuen Beobachtungen einerseits, und die gegenwärtig in ihrer ersten Entwickelung begriffenen Methoden andrerseits, so erscheint es fast unzweifelhaft, dass sich sehr bald das Bedürfnis nach einer besonderen Disciplin fühlbar machen wird, welche sich der ausschliesslichen Behandlung der hier angedeuteten Probleme in systematischer Weise zu unterziehen hat.

Sowohl die heutige Entwickelungsphase der Astronomie als auch das täglich sich steigernde Interesse für die Anwendung rein physikalischer Methoden auf astronomische Objecte, scheinen anzudeuten, dass bereits gegenwärtig alle Elemente zur Bildung jenes neuen Theils der Astronomie vorhanden sind. Derselbe dürfte vielleicht nicht unpassend mit dem Namen »Astrophysik« belegt werden zum Unterschiede von dem bisher in Deutschland allgemein als »physische Astronomie« bezeichneten Theile. War es die Aufgabe der letzteren, unter Voraussetzung der Allgemeinheit einer Eigenschaft der Materie (der Gravitation), alle Ortsveränderungen der Gestirne zu erklären, so wird es die Aufgabe der Astrophysik sein, unter Voraussetzung der Allgemeinheit mehrerer Eigenschaften der Materie, alle übrigen Unterschiede und Veränderungen der Himmelskörper zu erklären.

Mit Rücksicht auf die Natur der hierbei anzuwendenden Methoden lässt sich die Astrophysik auch als eine Vereinigung der Physik und Chemie mit der Astronomie betrachten, und sie erscheint von diesem Gesichtspuncte aus als das nothwendige Resultat einer allgemeineren Entwickelung, welche beim stetigen Fortschritt der Wissenschaften bereits auch auf andern Gebieten ähnliche Verschmelzungen ursprünglich getrennter Disciplinen zu einer höheren und allgemeineren Einheit herbeigeführt hat. (S. 310–316)

Zöllner, Johann Carl Friedrich: Photometrische Untersuchungen mit besonderer Rücksicht auf die physische Beschaffenheit der Himmelskörper. Leipzig 1865
  vgl. Einleitung S. 68

HERMANN VON HELMHOLTZ
Der Ursprung der Sonnenenergie, 1871

Aber woher kommt der Sonne diese Kraft? Sie strahlt intensiveres Licht aus, als mit irgend welchen irdischen Mitteln zu erzeugen ist. Sie liefert so viel Wärme, als wenn in jeder Stunde 1500 Pfund Kohle auf jedem Quadratfuss ihrer Oberfläche verbrannt würden. Von dieser Wärme, die ihr entströmt, leistet der kleine Bruchtheil, der in unsere Atmosphäre eintritt, eine grosse mechanische Arbeit. Dass Wärme im Stande sei, eine solche zu leisten, lehrt uns jede Dampfmaschine. In der That treibt die Sonne hier auf Erden eine Art von Dampfmaschine, deren Leistungen denen der künstlich construirten Maschinen bei weitem überlegen sind. Die Wassercirculation in der Atmosphäre nämlich schafft, wie schon erwähnt, das aus den warmen tropischen Meeren verdampfende Wasser auf die Höhen der Berge; sie stellt gleichsam eine Wasserhebungsmaschine grösster Art dar, mit deren Leistungsgrösse keine künstliche Maschine sich auch nur im entferntesten messen kann. Ich habe vorher schon das mechanische Aequivalent der Wärme angegeben. Danach berechnet, ist die Arbeit, welche die Sonne durch ihre Wärmeausstrahlung leistet, gleichwertig der fortdauernden Arbeit von 7000 Pferdekräften für jeden Quadratfuss der Sonnenoberfläche. (S. 124)

Wenden wir uns also zurück zu der besonderen Frage, die uns hier beschäftigte, woher hat die Sonne diesen ungeheuren Kraftvorrath, den sie ausströmt?

Auf Erden sind die Verbrennungsprocesse die reichlichste Quelle von Wärme. Kann vielleicht die Sonnenwärme durch einen Verbrennungsprocess entstehen? Diese Frage kann vollständig und sicher mit Nein beantwortet werden; denn wir wissen jetzt, dass die Sonne die uns bekannten irdischen Elemente enthält. Wählen wir aus diesen die beiden, welche bei kleinster Masse durch ihre Vereinigung die grösste Menge Wärme erzeugen können, nehmen wir an, dass die Sonne aus Wasserstoff und Sauerstoff bestände, in dem Verhältnisse gemischt, wie diese bei der Verbrennung sich zu Wasser vereinigen. Die Masse der Sonne ist bekannt, die Wärmemenge ebenfalls, welche durch Verbindung bekannter Gewichte von Wasserstoff und Sauerstoff entsteht. Die Rechnung ergibt, dass unter der gemachten Voraussetzung, die durch deren Verbrennung entstehende Wärme hinreichen würde, die Wärmeausstrahlung der Sonne auf 3021 Jahre zu unterhalten. Das ist freilich eine lange Zeit; aber schon die Menschengeschichte lehrt, dass die Sonne viel länger als 3000 Jahre geleuchtet und gewärmt hat, und die Geologie lässt keinen Zweifel darüber, dass diese Frist auf Millionen von Jahren auszudehnen ist.

Die uns bekannten chemischen Kräfte sind also in so hohem Grade unzureichend, auch bei den günstigsten Annahmen, eine solche Wärmeerzeugung zu erklären, wie sie in der Sonne stattfindet, dass wir diese Hypothese gänzlich fallen lassen müssen. Wir müssen nach Kräften von viel mächtigeren Dimensionen suchen; und da finden wir nur noch die kosmischen Anziehungskräfte. Wir haben schon gesehen, dass die beziehlich kleinen Massen der Sternschnuppen und Meteore, wenn ihre kosmischen Geschwindigkeiten durch unsere Atmosphäre gehemmt werden, ganz ausserordentlich große Wärmemengen erzeugen können. Die Kraft aber, welche diese grossen Geschwindigkeiten erzeugt hat, ist die Gravitation. Wir kennen diese Kraft schon als eine wirksame Triebkraft an der Oberfläche unseres Planeten, wo sie als irdische Schwere erscheint. Wir wissen, dass ein von der Erde abgehobenes Gewicht unsere Uhren treiben kann, dass ebenso die Schwere des von den Bergen herabkommenden Wassers unsere Mühlen treibt.

Wenn ein Gewicht von der Höhe herabstürzt und auf den Boden schlägt, so verliert die Masse desselben allerdings die sichtbare Bewegung, welche sie als Ganzes hatte; aber in Wahrheit ist diese Bewegung nicht verloren, sondern sie geht nur auf die kleinsten elementaren Theilchen der Masse über, und diese unsichtbare Vibration der Molekeln ist Wärmebewegung. Die sichtbare Bewegung wird beim Stoss in Wärmebewegung verwandelt.

Was in dieser Beziehung für die Schwere gilt, gilt ebenso für die Gravitation. Eine schwere Masse, welcher Art sie auch sein möge, die von einer anderen schweren Masse getrennt im Raume schwebt, stellt eine arbeitsfähige Kraft dar. Denn beide Massen ziehen sich an, und wenn sie ungehemmt durch eine Centrifugalkraft unter Einfluss dieser Anziehung sich einander nähern, so geschieht dies mit immer wachsender Geschwindigkeit; und wenn diese Geschwindigkeit schliesslich, sei es plötzlich durch den Zusammenstoss, sei es allmählig durch Reibung beweglicher Theile, vernichtet wird, so giebt sie entsprechende Mengen von Wärmebewegung, deren Betrag nach dem vorher angegebenen Aequivalentverhältniss zwischen Wärme und mechanischer Arbeit zu berechnen ist.

Wir dürfen nun wohl mit grosser Wahrscheinlichkeit annehmen, dass auf die Sonne sehr viel mehr Meteore fallen, als auf die Erde und mit grösserer Geschwindigkeit fallen, also auch Wärme geben. Die Hypothese indessen, dass der ganze Betrag der Sonnenwärme fortdauernd der Ausstrahlung entsprechend durch Meteorfälle erzeugt werde, eine Hypothese, welche von Robert Mayer aufgestellt und von mehreren anderen Physikern günstig aufgenommen wurde, stösst nach Sir W. Thomson's Untersuchungen auf Schwierigkeiten, indem die Masse der Sonne in diesem Falle so schnell zunehmen müsste, dass die Folge davon sich schon in der beschleunigten Bewegung der Planeten verrathen haben würde. Wenigstens kann nicht die ganze Wärmeausgabe der Sonne auf diese Weise erzeugt werden, höchstens ein Theil, der aber vielleicht nicht unbedeutend sein mag.

Wenn nun keine gegenwärtige uns bekannte Kraftleistung ausreicht, die Ausgabe der Sonnenwärme zu decken, so muss die Sonne von alter Zeit her einen Vorrath von Wärme haben, den sie allmählich ausgiebt. Aber woher dieser Vorrat? Wir wissen schon, nur kosmische Kräfte können ihn erzeugt haben. Da kommt uns die vorher besprochene Hypothese über den Ursprung der Sonne zu Hilfe. Wenn die Stoffmasse der Sonne einst in den kosmischen Räumen zerstreut war, sich dann verdichtet hat, das heisst unter dem Einfluss der himmlischen Schwere auf einander gefallen ist, wenn dann die entstandene Bewegung durch Reibung und Stoss vernichtet wurde, indem sie Wärme erzeugte, so mussten die durch solche Verdichtung entstandenen jungen Weltkörper einen Vorrat von Wärme mitbekommen von nicht bloss bedeutender, sondern zum Theil von colossaler Grösse.

Die Rechnung ergiebt, dass bei Annahme der Wärmecapacität des Wassers für die Sonne die Temperatur auf 28 Millionen Grade hätte gesteigert werden können, wenn diese ganze Wärmemenge jemals ohne Verlust in der Sonne zusammengewesen wäre. Das dürfen wir nicht annehmen; denn eine solche Temperatursteigerung wäre das stärkste Hinderniss der Verdichtung gewesen. Es ist vielmehr wahrscheinlich, dass ein guter Theil dieser Wärme, der durch die Verdichtung erzeugt wurde, noch ehe diese vollendet war, anfing hinauszustrahlen in den Raum. Aber die Wärme, welche die Sonne bisher durch ihre Verdichtung hat entwickeln können, würde zugereicht haben, um ihre gegenwärtige Wärmeausgabe auf nicht weniger denn 22 Millionen Jahre der Vergangenheit zu decken.

Und die Sonne ist offenbar noch nicht so dicht, wie sie werden kann. Die Spectralanalyse zeigt uns die Anwesenheit grosser Eisenmassen und anderer bekannter irdischer Gebirgsbestandtheile in ihr an. Der Druck, der ihr Inneres zu verdichten strebt, ist etwa 800 Mal so gross, als der im Kern der Erde, und doch beträgt die Dichtigkeit der Sonne, wahrscheinlich infolge ihrer ungeheuer hohen Temperatur, weniger als ein Viertel von der mittleren Dichtigkeit der Erde.

Wir dürfen es deshalb wohl für sehr wahrscheinlich halten, dass die Sonne noch fortschreiten wird in ihrer Verdichtung, und wenn sie auch nur bis zur Dichtigkeit der Erde gelangt – wahrscheinlich aber wird sie wegen des ungeheuren Druckes in ihrem Inneren viel dichter werden, – so würde diese neue Wärmemengen entwickeln, welche genügen würden für noch weitere 17 Millionen Jahre dieselbe Intensität des Sonnenscheins zu unterhalten, welche jetzt die Quelle alles irdischen Lebens ist. (S. 126)

Helmholtz, Hermann v.: Über die Entstehung des Planetensystems. In: Ders.: Populäre wissenschaftliche Vorträge, 3. Heft. Braunschweig 1876
  vgl. Einleitung S. 69

ALBERT EINSTEIN
Über die spezielle und die allgemeine Relativitätstheorie, 1916

§ 6. Das Additionstheorem der Geschwindigkeiten gemäß der klassischen Mechanik

Der schon oft betrachtete Eisenbahnwagen fahre mit der konstanten Geschwindigkeit v auf dem Geleise. Im Eisenbahnwagen durchschreite ein Mann den Wagen in dessen Längsrichtung, und zwar in Richtung der Fahrt mit der Geschwindigkeit w. Wie rasch bzw. mit welcher Geschwindigkeit W kommt der Mann relativ zum Bahndamm während des Gehens vorwärts? Die einzig mögliche Antwort scheint aus folgender Überlegung zu entspringen: Würde der Mann eine Sekunde lang still stehen, so käme er relativ zum Bahndamm um eine der Fahrgeschwindigkeit des Wagens gleiche Strecke v vorwärts. Im Wirklichkeit durchmißt er aber außerdem relativ zum Wagen, also auch relativ zum Bahndamm in dieser Sekunde durch sein Gehen die Strecke w, welche der Geschwindheit seines Ganges gleich ist. Er legt also in der betrachteten Sekunde relativ zum Bahndamm die ganze Strecke $W = v + w$ zurück. Später werden wir sehen, daß diese Überlegung, welche das Additionstheorem der Geschwindigkeiten gemäß der klassischen Mechanik ausdrückt, nicht aufrecht erhalten werden kann, daß also das soeben hingeschriebene Gesetz in Wahrheit nicht zutrifft. Einstweilen aber werden wir auf dessen Richtigkeit bauen.

§ 7. Die scheinbare Unvereinbarkeit des Ausbreitungsgesetzes des Lichtes mit dem Relativitätsprinzip

Es gibt kaum ein einfacheres Gesetz in der Physik als dasjenige, gemäß welchem sich das Licht im leeren Raume fortpflanzt. Jedes Schulkind weiß oder glaubt zu wissen, daß diese Fortpflanzung geradlinig mit einer Geschwindigkeit $c = 300\,000$ km/Sek. geschieht ... Kurz, nehmen wir einmal an, das einfache Gesetz von der konstanten Lichtgeschwindigkeit c (im Vakuum) werde von dem Schulkinde mit Recht geglaubt! Wer möchte denken, daß dieses simple Gesetz den gewissenhaft überlegenden Physiker in die größten gedanklichen Schwierigkeiten gestürzt hat? Diese Schwierigkeiten ergeben sich wie folgt.

Natürlich müssen wir den Vorgang der Lichtausbreitung wie jeden anderen auf einen starren Bezugskörper (Koordinatensystem) beziehen. Als solchen wählen wir wieder unseren Bahndamm. Die Luft über demselben wollen wir uns weggepumpt denken. Längs des Bahndamms werde ein Lichtstrahl gesandt, dessen Scheitel sich nach dem vorigen mit der Geschwindigkeit c relativ zum Bahndamme fortpflanzt. Auf dem Geleise fahre wieder unser Eisenbahnwagen mit der Geschwindigkeit v, und zwar in derselben Richtung, in der sich der Lichtstrahl fortpflanzt, aber natürlich viel langsamer. Wir fragen nach der Fortpflanzungsgeschwindigkeit des Lichtstrahles relativ zum Wagen. Es ist leicht ersichtlich, daß hier die Betrachtung des vorigen Paragraphen Anwendung finden kann; denn der relativ zum Eisenbahnwagen laufende Mann spielt die Rolle des Lichtstrahles. Statt dessen Geschwindigkeit W

gegen den Bahndamm tritt hier die Lichtgeschwindigkeit gegen diesen; w ist die gesuchte Geschwindigkeit des Lichtes gegen den Wagen, für welche also gilt: $w = c - v$.

Die Fortpflanzungsgeschwindigkeit des Lichtstrahles relativ zum Wagen ergibt sich also als kleiner als c. Dies Ergebnis verstößt aber gegen das im § 5 dargelegte Relativitätsprinzip. Das Gesetz der Lichtausbreitung im Vakuum müßte nämlich nach dem Relativitätsprinzip wie jedes andere allgemeine Naturgesetz für den Eisenbahnwagen als Bezugskörper gleich lauten wie für das Geleise als Bezugskörper. Das erscheint aber nach unserer Betrachtung unmöglich. Wenn sich jeder Lichtstrahl in bezug auf den Damm mit der Geschwindigkeit c fortpflanzt, so scheint eben deshalb das Lichtausbreitungsgesetz in bezug auf den Wagen ein anderes sein zu müssen – im Widerspruch mit dem Relativitätsprinzip.

Im Hinblick auf dieses Dilemma erscheint es unerläßlich, entweder das Relativitätsprinzip oder das einfache Gesetz der Fortpflanzung des Lichtes im Vakuum aufzugeben. Gewiß wird der Leser, der den bisherigen Ausführungen aufmerksam gefolgt ist, erwarten, daß das Prinzip der Relativität, das sich durch seine Natürlichkeit und Einfachheit dem Geiste als fast unabweisbar empfiehlt, aufrecht zu erhalten sei, daß aber das Gesetz der Lichtausbreitung im Vakuum durch ein komplizierteres, mit dem Relativitätsprinzip vereinbares Gesetz zu ersetzen sei. Die Entwickelung der theoretischen Physik zeigte aber, daß dieser Weg nicht gangbar ist. Die bahnbrechenden theoretischen Forschungen von H. A. Lorentz über die elektrodynamischen und optischen Vorgänge in bewegten Körpern zeigten nämlich, daß die Erfahrungen in diesen Gebieten mit zwingender Notwendigkeit zu einer Theorie der elektromagnetischen Vorgänge führen, welche das Gesetz der Konstanz der Lichtgeschwindigkeit im Vakuum zur unabweislichen Konsequenz hat. Deshalb waren die führenden Theoretiker eher geneigt, das Relativitätsprinzip fallen zu lassen, trotzdem sich keine einzige Erfahrungstatsache auffinden ließ, welche diesem Prinzip widersprochen hätte.

Hier setzte die Relativitätstheorie ein. Durch eine Analyse der physikalischen Begriffe von Zeit und Raum zeigte sich, daß in Wahrheit eine Unvereinbarkeit des Relativitätsprinzips mit dem Ausbreitungsgesetz des Lichtes gar nicht vorhanden sei, daß man vielmehr durch systematisches Festhalten an diesen beiden Gesetzen zu einer logisch einwandfreien Theorie gelange. Diese Theorie, welche wir zum Unterschiede von ihrer später zu besprechenden Erweiterung als »spezielle Relativitätstheorie« bezeichnen, soll im folgenden in ihren Grundgedanken dargestellt werden.

§ 8. Über den Zeitbegriff in der Physik

An zwei weit voneinander entfernten Stellen A und B unseres Bahndammes hat der Blitz ins Geleise eingeschlagen. Ich füge die Behauptung hinzu, diese beiden Schläge seien gleichzeitig erfolgt. Wenn ich dich nun frage, lieber Leser, ob diese Aussage einen Sinn habe, so wirst du mir mit einem überzeugten »Ja« antworten. Wenn ich aber jetzt in dich dringe mit der Bitte, mir den Sinn der Aussage genauer zu erklären, merkst du nach einiger Überlegung, daß die Antwort auf diese Frage nicht so einfach ist, wie es auf den ersten Blick scheint.

Nach einiger Zeit wird dir vielleicht folgende Antwort in den Sinn kommen: »Die

Bedeutung der Aussage ist an und für sich klar und bedarf keiner weiteren Erläuterung; einiges Nachdenken müßte ich allerdings aufwenden, wenn ich den Auftrag erhielte, durch Beobachtungen zu ermitteln, ob im konkreten Falle die beiden Ereignisse gleichzeitig stattfanden oder nicht.« Mit dieser Antwort kann ich mich aber aus folgendem Grunde nicht zufrieden geben. Gesetzt, ein geschickter Meteorologe hätte durch scharfsinnige Überlegungen herausgefunden, daß es an den Orten A und B immer gleichzeitig einschlagen müsse, dann entsteht die Aufgabe, nachzuprüfen, ob dieses theoretische Resultat der Wirklichkeit entspricht oder nicht. Analog ist es bei allen physikalischen Aussagen, bei denen der Begriff »gleichzeitig« eine Rolle spielt. Der Begriff existiert für den Physiker erst dann, wenn die Möglichkeit gegeben ist, im konkreten Falle herauszufinden, ob der Begriff zutrifft oder nicht. Es bedarf also einer solchen Definition der Gleichzeitigkeit, daß diese Definition die Methode an die Hand gibt, nach welcher im vorliegenden Falle aus Experimenten entschieden werden kann, ob beide Blitzschläge gleichzeitig erfolgt sind oder nicht. Solange diese Forderung nicht erfüllt ist, gebe ich mich als Physiker (allerdings auch als Nichtphysiker!) einer Täuschung hin, wenn ich glaube, mit der Aussage der Gleichzeitigkeit einen Sinn verbinden zu können.

Nach einiger Zeit des Nachdenkens machst du nun folgenden Vorschlag für das Konstatieren der Gleichzeitigkeit. Die Verbindungsstrecke $A\,B$ werde dem Geleise nach ausgemessen und in die Mitte M der Strecke ein Beobachter gestellt, der mit einer Einrichtung versehen ist (etwa zwei um 90° gegeneinander geneigte Spiegel), die ihm eine gleichzeitige optische Fixierung beider Orte A und B erlaubt. Nimmt dieser die beiden Blitzschläge gleichzeitig wahr, so sind sie gleichzeitig.

Ich bin mit diesem Vorschlag sehr zufrieden und halte die Sache dennoch nicht für ganz geklärt, weil ich mich zu folgendem Einwand gedrängt fühle: »Deine Definition wäre unbedingt richtig, wenn ich schon wüßte, daß das Licht, welches dem Beobachter in M die Wahrnehmung der Blitzschläge vermittelt, sich mit der gleichen Geschwindigkeit auf der Strecke $A - M$ wie auf der Strecke $B - M$ fortpflanze. Eine Prüfung dieser Voraussetzung wäre aber nur dann möglich, wenn man über die Mittel der Zeitmessung bereits verfügte. Man scheint sich also hier in einem logischen Zirkel zu bewegen.«

Nach einiger weiterer Überlegung wirfst du mir aber mit Recht einen etwas verächtlichen Blick zu und erklärst mir: »Ich halte meine Definition von vorhin trotzdem aufrecht, da sie in Wahrheit gar nichts über das Licht voraussetzt. An die Definition der Gleichzeitigkeit ist nur die eine Forderung zu stellen, daß sie in jedem realen Falle eine empirische Entscheidung an die Hand gibt über das Zutreffen oder Nichtzutreffen des zu definierenden Begriffs. Daß meine Definition dies leistet, ist unbestreitbar. Daß das Licht zum Durchlaufen des Weges $A - M$ und zum Durchlaufen der Strecke $B - M$ dieselbe Zeit brauche, ist in Wahrheit keine Voraussetzung oder Hypothese über die physikalische Natur des Lichtes, sondern eine Festsetzung, die ich nach freiem Ermessen treffen kann, um zu einer Definition der Gleichzeitigkeit zu gelangen.«

Es ist klar, daß diese Definition benutzt werden kann, um der Aussage der Gleichzeitigkeit nicht nur zweier Ereignisse, sondern beliebig vieler Ereignisse einen exakten Sinn zu geben, wie die Ereignisorte relativ zum Bezugskörper (hier dem Bahndamm) gelagert sein mögen. Damit gelangt man auch zu einer Definition der »Zeit«

in der Physik. Man denke sich nämlich in den Punkten *A, B, C* des Geleises (Koordinatensystems) Uhren von gleicher Beschaffenheit aufgestellt und derart gerichtet, daß deren Zeigerstellungen gleichzeitig (im obigen Sinne) dieselben sind. Dann versteht man unter der »Zeit« eines Ereignisses die Zeitangabe (Zeigerstellung) derjenigen dieser Uhren, welche dem Ereignis (räumlich) unmittelbar benachbart ist. Auf diese Weise wird jedem Ereignis ein Zeitwert zugeordnet, der sich prinzipiell beobachten läßt.

Diese Festsetzung enthält noch eine physikalische Hypothese, an deren Zutreffen man ohne empirische Gegengründe kaum zweifeln wird. Es ist nämlich angenommen, daß alle diese Uhren »gleich rasch« gehen, wenn sie von gleicher Beschaffenheit sind. Exakt formuliert: Wenn zwei an verschiedenen Stellen des Bezugskörpers ruhend angeordnete Uhren so eingestellt werden, daß eine Zeigerstellung der einen mit derselben Zeigerstellung der anderen gleichzeitig (im obigen Sinne) ist, so sind gleiche Zeigerstellungen überhaupt gleichzeitig (im Sinne obiger Definition).

§ 9. Die Relativität der Gleichzeitigkeit

Bisher haben wir unsere Betrachtung auf einen bestimmten Bezugskörper bezogen, den wir als »Bahndamm« bezeichnet haben. Es fahre nun auf dem Geleise ein sehr langer Zug mit der konstanten Geschwindigkeit v in der in Fig. 1 angegebenen Richtung. Menschen, die in diesem Zuge fahren, werden mit Vorteil den Zug als starren Bezugskörper (Koordinatensystem) verwenden; sie beziehen alle Ereignisse auf den Zug. Jedes Ereignis, welches längs des Geleises stattfindet, findet dann auch an einem bestimmten Punkte des Zuges statt. Auch die Definition der Gleichzeitigkeit läßt sich in Bezug auf den Zug in genau derselben Weise geben, wie in bezug auf den Bahndamm. Es entsteht aber nun naturgemäß folgende Frage:

Sind zwei Ereignisse (z. B. die beiden Blitzschläge *A* und *B*), welche in bezug auf den Bahndamm gleichzeitig sind, auch in bezug auf den Zug gleichzeitig? Wir werden sogleich zeigen, daß die Antwort verneinend lauten muß.

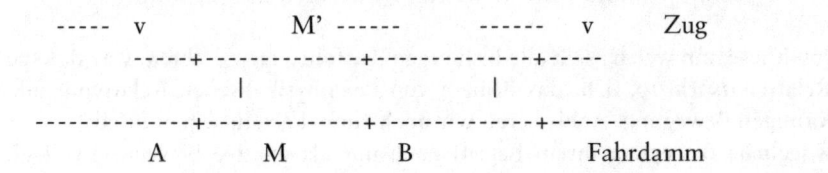

```
-----   v        M' ------    ------  v    Zug
     -----+---------------+---------------+-----
          |               |
--------------+---------------+---------------+---------------
         A        M         B              Fahrdamm
```

Wenn wir sagen, daß die Blitzschläge *A* und *B* in bezug auf den Bahndamm gleichzeitig sind, so bedeutet dies: die von den Blitzorten *A* und *B* ausgehenden Lichtstrahlen begegnen sich in dem Mittelpunkte *M* der Fahrdammstrecke *A — B*. Den Ereignissen *A* und *B* entsprechen aber auch Stellen *A* und *B* auf dem Zuge. Es sei *M'* der Mittelpunkt der Strecke *A — B* des fahrenden Zuges. Dieser Punkt *M'* fällt zwar im Augenblick der Blitzschläge (vom Fahrdamm aus beurteilt!) mit dem Punkte *M* zusammen, bewegt sich aber in der Zeichnung mit der Geschwindigkeit v des Zuges nach rechts. Würde ein bei *M'* im Zuge sitzender Beobachter diese Geschwindigkeit nicht besitzen, so würde er dauernd in *M* bleiben, und es würden ihn dann die von den Blitzschlägen A und B ausgehenden Lichtstrahlen gleichzeitig erreichen, d. h., diese beiden Strahlen würden sich gerade bei ihm begegnen. In Wahrheit aber eilt er (vom Bahndamm aus beurteilt) dem von B herkommenden Lichtstrahl entgegen, während er dem von A herkommenden Lichtstrahl vorauseilt. Der Beobachter wird also den von B ausgehenden Lichtstrahl früher sehen, als den von A ausgehenden. Die Beobachter, welche den Eisenbahnzug als Bezugskörper benutzen, müssen also zu dem Ereignis kommen, der Blitzschlag B habe früher stattgefunden als der Blitzschlag A. Wir kommen also zu dem wichtigen Ergebnis:

Ereignisse, welche in bezug auf den Bahndamm gleichzeitig sind, sind in bezug auf den Zug nicht gleichzeitig und umgekehrt (Relativität der Gleichzeitigkeit). Jeder Bezugskörper (Koordinatensystem) hat seine besondere Zeit; eine Zeitangabe hat nur dann einen Sinn, wenn der Bezugskörper angegeben ist, auf den sich die Zeitangabe bezieht.

Die Physik hat nun vor der Relativitätstheorie stets stillschweigend angenommen, daß die Bedeutung der Zeitangaben eine absolute, d. h. vom Bewegungszustande des Bezugskörpers unabhängige, sei. Daß diese Annahme aber mit der nächstliegenden Definition der Gleichzeitigkeit unvereinbar ist, haben wir soeben gesehen; läßt man sie fallen, so verschwindet der in § 7 entwickelte Konflikt des Gesetzes der Vakuum-Lichtausbreitung mit dem Relativitätsprinzip.

Zu jenem Konflikt führt nämlich die Überlegung des § 6, die nun nicht mehr aufrecht zu erhalten ist. Wir schlossen dort, daß der Mann im Wagen, der relativ zu diesem die Strecke w in einer Sekunde durchläuft, diese Strecke auch relativ zum Bahndamm in einer Sekunde durchläuft. Da nun aber die Zeit, welche ein bestimmter Vorgang mit Bezug auf den Wagen braucht, nach den soeben angestellten Überlegungen nicht gleich gesetzt werden darf der vom Bahndamm als Bezugskörper aus beurteilten Dauer desselben Vorgangs, so kann nicht behauptet werden, daß der Mann durch sein Gehen relativ zum Geleise die Strecke w in einer Zeit zurücklegt, welche – vom Bahndamm aus beurteilt – gleich einer Sekunde ist. (S. 10–19)

§ 18. Spezielles und allgemeines Relativitätsprinzip

Die Grundthese, um welche sich alle bisherigen Ausführungen drehten, war das spezielle Relativitätsprinzip, d. h. das Prinzip von der physikalischen Relativität aller gleichförmigen Bewegung. Analysieren wir noch einmal genau seinen Inhalt!

Daß jegliche Bewegung ihrem Begriff nach nur als relative Bewegung gedacht werden muß, war zu allen Zeiten einleuchtend. Bei unserem viel benutzen Beispiel vom Bahndamm und vom Eisenbahnwagen kann die Tatsache der hier stattfindenden Bewegung mit gleichem Rechte in den beiden Formen ausgesprochen werden:

  a) Der Wagen bewegt sich relativ zum Bahndamm,
  b) Der Bahndamm bewegt sich relativ zum Wagen.

Im Falle a) dient bei dieser Aussage der Bahndamm, im Falle b) der Wagen als Bezugskörper. Bei der bloßen Feststellung bzw. Beschreibung der Bewegung ist es prinzipiell gleichgültig, auf was für einen Bezugskörper man die Bewegung bezieht. Dies ist, wie gesagt, selbstverständlich und darf nicht mit der viel weitergehenden Aussage verwechselt werden, welche wir »Relativitätsprinzip« genannt und unseren Untersuchungen zugrunde gelegt haben.

Das von uns benutzte Prinzip behauptet nicht nur, daß man für die Beschreibung jeglichen Geschehens ebensowohl den Wagen wie den Bahndamm als Bezugskörper wählen könne (denn auch dies ist selbstverständlich). Unser Prinzip behauptet vielmehr: Formuliert man die allgemeinen Naturgesetze, wie sie sich aus der Erfahrung ergeben, indem man sich a) des Bahndamms als Bezugskörper bedient, b) des Wagens als Bezugskörper bedient, so lauten diese allgemeinen Naturgesetze (z. B. die Gesetze der Mechanik oder das Gesetz der Lichtausbreitung im Vakuum) genau gleich in beiden Fällen. Man kann das auch so ausdrücken: Für die physikalische Beschreibung der Naturvorgänge ist keiner der Bezugskörper K, K' vor dem anderen ausgezeichnet. Diese letztere Aussage muß nicht a priori notwendig zutreffen wie die erste; sie ist nicht in den Begriffen »Bewegung« und »Bezugskörper« enthalten und aus ihnen ableitbar, sondern über ihre Richtigkeit oder Unrichtigkeit kann nur die Erfahrung entscheiden.

Wir haben nun aber bisher keineswegs die Gleichwertigkeit aller Bezugskörper K mit Bezug auf die Formulierung der Naturgesetze behauptet. Unser Weg war vielmehr folgender. Wir gingen zunächst von der Annahme aus, daß es einen Bezugskörper K von solchem Bewegungszustande gebe, daß relativ zu ihm der Galileische Grundsatz gilt: Ein sich selbst überlassener, von allen übrigen hinlänglich entfernter Massenpunkt bewegt sich gleichförmig und geradlinig. Auf K (Galileischer Bezugskörper) bezogen sollten die Naturgesetze möglichst einfache sein. Außer K sollten sich aber diejenigen Bezugskörper K' in diesem Sinne bevorzugt und mit K für die Formulierung der Naturgesetze genau gleichwertig sein, welche relativ zu K eine geradlinig gleichförmige, rotationsfreie Bewegung ausführen; alle diese Bezugskörper werden als Galileische Bezugskörper angesehen. Nur für diese Bezugskörper wurde die Gültigkeit des Relativitätsprinzips angenommen, für andere (anders bewegte) nicht. In diesem Sinne sprechen wir vom speziellen Relativitätsprinzip bzw. spezieller Relativitätstheorie.

Im Gegensatz hierzu wollen wir unter »allgemeinem Relativitätsprinzip« die Behauptung verstehen: Alle Bezugskörper K, K' usw. sind für die Naturbeschreibung (Formulierung der allgemeinen Naturgesetze) gleichwertig, welches auch deren Bewegungszustand sein mag. Es sei aber gleich bemerkt, daß diese Formulierung später durch eine abstraktere ersetzt werden muß aus Gründen, die erst später zutage treten werden.

Nachdem sich die Einführung des speziellen Relativitätsprinzips bewährt hat, muß es jedem nach Verallgemeinerung strebenden Geiste verlockend erscheinen, den Schritt zum allgemeinen Relativitätsprinzip zu wagen. Aber eine einfache, scheinbar ganz zuverlässige Betrachtung läßt einen solchen Versuch zunächst aussichtslos erscheinen. Der Leser denke sich in den schon oft betrachteten, gleichförmig fahrenden Eisenbahnwagen versetzt. Solange der Wagen gleichförmig fährt, ist für den Insassen nichts vom Fahren des Wagens zu merken. Daher kommt es auch, daß der Insasse den Tatbestand ohne inneres Widerstreben dahin deuten kann, daß der Wagen ruhe, der Bahndamm aber bewegt sei. Diese Interpretation ist übrigens nach dem speziellen Relativitätsprinzip auch physikalisch ganz berechtigt.

Wird nun aber die Bewegung des Wagens etwa dadurch in eine ungleichförmige verwandelt, daß der Wagen kräftig gebremst wird, so erhält der Insasse einen entsprechend kräftigen Ruck nach vorne. Die beschleunigte Bewegung des Wagens äußert sich in dem menschlichen Verhalten der Körper relativ zu ihm; das mechanische Verhalten ist ein anderes als im vorhin betrachteten Falle, und es erscheint deshalb ausgeschlossen zu sein, daß relativ zum ungleichförmig bewegten Wagen die gleichen mechanischen Gesetze gelten, wie relativ zum ruhenden bzw. gleichförmig bewegten Wagen. Jedenfalls ist klar, daß relativ zum ungleichförmig bewegten Wagen der Galileische Grundsatz nicht gilt. Wir fühlen uns daher zunächst genötigt, entgegen dem allgemeinen Relativitätsprinzip der ungleichförmigen Bewegung eine Art absolute physikalische Realität zuzusprechen. Im folgenden werden wir aber bald sehen, daß dieser Schluß nicht stichhaltig ist.

§ 22. Einige Schlüsse aus dem allgemeinen Relativitätsprinzip

Es sei nämlich der raumzeitliche Verlauf irgendeines Naturvorganges bekannt, so wie er sich im Galileischen Gebiete relativ zu einem Galileischen Bezugskörper K abspielt. Dann kann man durch rein theoretische Operationen, d. h. durch bloße Rechnung, finden, wie sich dieser bekannte Naturvorgang von einem relativ zu K beschleunigten Bezugskörper K' aus ausnimmt. Da aber relativ zu diesem neuen Bezugskörper K' ein Gravitationsfeld existiert, so erfährt man bei der Betrachtung, wie das Gravitationsfeld den studierten Vorgang beeinflußt.

So erfahren wir beispielsweise, daß ein Körper, der gegenüber K eine geradlinig gleichförmige Bewegung ausführt (entsprechend dem Galileischen Satze), gegenüber dem beschleunigten Bezugskörper K' eine beschleunigte, im allgemeinen krummlinige Bewegung ausführt. Diese Beschleunigung bzw. Krümmung entspricht dem Einfluß des relativ zu K' herrschenden Gravitationsfeldes auf den bewegten Körper. Daß das Gravitationsfeld in dieser Weise die Bewegung der Körper beeinflußt, ist bekannt, so daß die Überlegung nichts prinzipiell Neues liefert.

Ein neues Ergebnis von fundamentaler Wichtigkeit erhält man aber, wenn man die entsprechende Überlegung für einen Lichtstrahl durchführt. Gegenüber dem Galileischen Bezugskörper K pflanzt sich dieser in gerader Linie mit der Geschwindigkeit c fort. In bezug auf den beschleunigten Kasten (Bezugskörper K') ist, wie leicht abzuleiten ist, die Bahn desselben Lichtstrahles keine Gerade mehr. Hieraus ist zu schließen, daß sich Lichtstrahlen in Gravitationsfeldern im allgemeinen krummlinig fortpflanzen. Dies Ergebnis ist in zweifacher Hinsicht von großer Wichtigkeit.

Erstens nämlich kann dasselbe mit der Wirklichkeit verglichen werden. Wenn eine eingehende Überlegung auch ergibt, daß die Krümmung der Lichtstrahlen, welche die allgemeine Relativitätstheorie liefert, für die uns in der Erfahrung zur Verfügung stehenden Gravitationsfelder nur äußerst gering ist, so soll sie für Lichtstrahlen, die in der Nähe der Sonne vorbeigehen, doch 1,7 Bogensekunden betragen. Dies müßte sich dadurch äußern, daß die in der Nähe der Sonne erscheinenden Fixsterne, welche bei totalen Sonnenfinsternissen der Beobachtung zugänglich sind, um diesen Betrag von der Sonne weggerückt erscheinen müssen gegenüber der Lage, die sie für uns am Himmel annehmen, wenn die Sonne an einer anderen Stelle am Himmel steht. Die Prüfung des Zutreffens oder Nichtzutreffens dieser Konsequenz ist eine Aufgabe von höchster Wichtigkeit, deren baldige Lösung wir von den Astronomen erhoffen dürfen ... (S. 50f.)

§ 31. Die Möglichkeit einer endlichen und doch nicht begrenzten Welt

Wir denken uns zunächst ein zweidimensionales Geschehen. Flache Geschöpfe mit flachen Werkzeugen, insbesondere flachen starren Meßstäbchen seien in einer Ebene frei beweglich. Außerhalb dieser Ebene existiere für sie nichts, sondern es sei das Geschehen in ihrer Ebene, welches sie an sich selbst und ihren flachen Dingen beobachten, ein kausal geschlossenes. Insbesondere sind die Konstruktionen der ebenen euklidischen Geometrie mit den Stäbchen realisierbar. Die Welt dieser Wesen ist im Gegensatz zu der unserigen räumlich zweidimensional, aber wie unsere Welt unendlich ausgedehnt. Unendlich viele gleiche Stäbchenquadrate haben auf ihr Platz, d. h. ihr Volumen (Fläche) ist unendlich. Es hat einen Sinn, wenn diese Wesen sagen, ihre Welt sei »eben«, nämlich den Sinn, daß sich mit ihren Stäbchen die Konstruktionen der euklidischen Geometrie der Ebene ausführen lassen, wobei das einzelne Stäbchen unabhängig von seiner Lage stets dieselbe Strecke repräsentiert.

Wir denken uns nun abermals ein zweidimensionales Geschehen, aber nicht auf einer Ebene, sondern auf einer Kugelfläche. Die flachen Geschöpfe mit ihren Maßstäben und sonstigen Gegenständen liegen genau in dieser Fläche und können dieselbe nicht verlassen; ihre ganze Wahrnehmungswelt erstrecke sich vielmehr ausschließlich auf die Kugeloberfläche. Können diese Geschöpfe die Geometrie ihrer Welt als zweidimensional euklidische Geometrie und dabei ihre Stäbchen als die Realisierung der »Strecke« betrachten? Das können sie nicht. Denn bei dem Versuch, eine Gerade zu realisieren, werden sie eine Kurve erhalten, welche wir »Dreidimensionale« als größten Kreis bezeichnen, also eine in sich geschlossene Linie von bestimmter endlicher Länge, die sich mit einem Stäbchen ausmessen läßt. Ebenso hat diese Welt eine endliche Fläche, die sich mit der eines Stäbchenquadrates vergleichen läßt. Der große Reiz, den die Versenkung in diese Überlegung bereitet, liegt in der Erkenntnis: Die Welt dieser Wesen ist endlich und hat doch keine Grenzen ...

Aus dem Gesagten ergibt sich, daß geschlossene Räume ohne Grenzen denkbar sind. Unter diesen zeichnen sich der sphärische (bzw. der elliptische) Raum durch Einfachheit aus, indem alle seine Punkte gleichwertig sind. Nach dem Gesagten erhebt sich für die Astronomen und Physiker die höchst interessante Frage, ob die Welt, in der wir leben, unendlich oder nach Art der sphärischen Welt endlich ist. (S. 73–76)

Einstein, Albert: Über die spezielle und die allgemeine Relativitätstheorie (Gemeinverständlich). Braunschweig 1922. – Dass.: Braunschweig 1917
vgl. Einleitung S. 69

ARTHUR S. EDDINGTON
Der innere Aufbau der Sterne, 1928

1. Auf den ersten Blick könnte es erscheinen, daß das tiefe Innere der Sonne und der Sterne der wissenschaftlichen Forschung schwerer zugänglich sein muß, als irgendein anderes Gebiet des Weltalls. Unsere Fernrohre vermögen wohl immer weiter und weiter in die Tiefen des Weltraumes einzudringen; aber wie sollten wir jemals sichere Kunde von dem erhalten können, was hinter materiellen Hindernissen verborgen liegt? Welche Vorrichtungen sind imstande, durch die äußeren Schichten eines Sterns zu dringen, und die in seinem Inneren herrschenden Verhältnisse zu erforschen?

Das Problem erscheint weniger hoffnungslos, wenn wir solche irreführende Metaphern von vornherein beseitigen. Unsere Aufgabe besteht nicht in einer aktiven »Erforschung«; was wir überhaupt erfahren, erfahren wir in der Weise, daß wir die Nachrichten abwarten und deuten, welche uns von den Gegenständen der Natur gesandt werden. Und das Innere eines Sternes ist von einer solchen Verbindung mit der Außenwelt nicht völlig abgeschlossen. Von ihm breitet sich ein Gravitationsfeld aus, welches durch materielle Hindernisse nicht wesentlich verändert werden kann; ferner gelingt es auch der aus dem heißen Inneren stammenden Strahlungsenergie, nach mannigfachen Ablenkungen und Verwandlungen, sich bis zur Oberfläche durchzuschlagen und die Reise durch den Weltraum anzutreten. Allein von diesen beiden Anhaltspunkten ausgehend, kann eine Kette von Schlüssen gebildet werden, welche vielleicht um so zuverlässiger ist, als wir bei ihrer Bildung nur die allerallgemeinsten Regeln der Natur anwenden können, wie die Erhaltung der Energie und des Impulses, die Gesetze des Zufalls und des Mittelwertes, den zweiten Hauptsatz der Thermodynamik, die Grundeigenschaften des Atoms, und so weiter. Die Unsicherheit der auf diesem Wege erreichten Erkenntnis ist nicht wesentlich größer, als die, welche den meisten wissenschaftlichen Induktionen anhaftet.

Es wäre unklug von uns, einer wissenschaftlichen Induktion, zu deren Prüfung durch die Beobachtung sich keine Gelegenheit bietet, ein zu großes Vertrauen entgegenzubringen. Wir studieren aber das Innere eines Sternes nicht bloß aus Neugier, um die ungewöhnlichen Verhältnisse, die in ihm vorherrschen, kennen zu lernen. Es zeigt sich, daß ein Verständnis des inneren Mechanismus auch auf die äußeren Erscheinungen auf dem Sterne ein Licht wirft, und die ganze Theorie wird auf diese Weise mit der Beobachtung in Berührung gebracht. Wenigstens ist dies das Ziel, das wir immer im Auge behalten wollen.

2. Das Gravitationsfeld, das vom Inneren des Sternes ausgeht, und die Strahlungsenergie, die aus dem Inneren herausströmt, bestimmen den Zustand der dünnen Schicht oder Atmosphäre, die mit dem Fernrohre und Spektroskopen untersucht wird. Wir glauben, daß diese beiden Faktoren bei weitem die wichtigsten sind. Die Spektralanalyse zeigt uns in den Sternatmosphären chemische Stoffe, die von Stern zu Stern verschieden sind; in einigen überwiegt Helium, in anderen Sauerstoff, Wasserstoff, Kalzium, Eisen, Titanoxyd und so weiter. Es darf aber nicht angenommen werden, daß hieraus etwa ein Schluß auf die wirklich vorhandenen relativen Mengen der chemischen Elemente gezogen werden kann, daß z. B. ein Stern, welcher

ein starkes Eisenspektrum zeigt, reicher an diesem Element ist, als andere Sterne; es ist vielmehr lediglich ein Zeichen dafür, daß die physikalischen Bedingungen der Temperatur und Dichte günstig sind für die Erregung des entsprechenden Spektrums. Ohne die Möglichkeit tatsächlicher Unterschiede in der chemischen Zusammensetzung, die vielleicht zur Erklärung einiger ungewöhnlicher Typen von Spektren notwendig sein könnten, von vornherein zu leugnen, nehmen wir an, daß die beobachteten Unterschiede in den Oberflächenphänomenen im allgemeinen mit der chemischen Zusammensetzung in keinem Zusammenhange stehen.

Wir haben demnach eine Atmosphäre zu betrachten, deren Material eine bei allen Sternen gleichartige Zusammensetzung zeigt, die eine freie Oberfläche besitzt und deren Dichte nach unten zunimmt. Ihr physikalischer Zustand – Dichteverteilung, Temperatur- und Druckverteilung – daher auch ihre Strahlungs- und optischen Verhältnisse – hängt dann ausschließlich von den äußeren Einflüssen ab, denen sie ausgesetzt ist; und diese äußeren Einflüsse sind, wie schon erwähnt, die Gravitationskraft, welche sie nach unten auf den Stern drückt, und der Strom von strahlender Wärme, der von unten in sie hineingegossen wird. Um in einem stationären Zustande zu bleiben, muß sich diese Atmosphäre den Verhältnissen so anpassen, daß sie den Strom von strahlender Wärme durch sich hindurchgehen lassen kann. Daher hängen die Oberflächenbedingungen von zwei Parametern ab: dem Wert von g an der Oberfläche und der »effektiven Temperatur« T_e. Die effektive Temperatur ist ein konventionelles Maß für die Intensität des durch die Oberflächeneinheit heraustretenden Stromes strahlender Wärme; sie darf nicht als die Temperatur irgendeiner ausgezeichneten Schicht im Stern aufgefaßt werden.

Durch Änderung der bestimmenden Faktoren g und T_e kann der Zustand der Sternatmosphäre in zwei verschiedene Richtungen verändert werden. Wir müssen daher erwarten, daß die möglichen Typen von Sternspektren eine zweifache Mannigfaltigkeit bilden, d. h. daß sie sich in einem zweidimensionalen Bilde anordnen lassen werden. Dies ist tatsächlich der Fall ...

3. ... die Hauptfrage ist: Wie wird T_e, oder was gleichbedeutend ist, die Intensität des Strahlungsstromes, durch die Masse und den Radius des Sternes bestimmt? Diese Frage bildet das Kernproblem dieses Buches. Von ihm werden sich verschiedene Forschungsrichtungen abzweigen; aber es wird uns immer den kontinuierlichen Faden der Untersuchung liefern, solange wir uns mit dem inneren Aufbaue der Sterne beschäftigen werden.

Dies ist nun wirklich im wesentlichen ein Problem des inneren Aufbaues der Sterne und nicht der Oberflächenbedingungen. Die Sonne strahlt nicht 6×10^{10} erg pro Quadratzentimeter und Sekunde aus, weil die Temperatur ihrer Photosphäre 6000°C beträgt, sondern ihre Photosphäre wird auf 6000°C gehalten, weil 6×10^{10} erg durch sie hindurchströmen. Der Temperaturgradient im Inneren erzeugt den Strahlungsstrom; die Oberflächenschichten können diesen Strom nicht eindämmen, weil ihre Fähigkeit, Energie aufzuspeichern, unbedeutend ist; sie können sich nur anpassen, um ihm einen Durchlaß zu gewähren. Qualitativ wird der Strahlungsstrom beim Durchgange durch die letzten paar tausend Kilometer des Sternes sehr stark verwandelt, und die wirklichen Wellen, die sich im Raume ausbreiten, werden in der Photosphärenschicht geboren; quantitativ aber haben wir es mit einem kontinuierlichen Strom zu tun, der aus dem Inneren in den äußeren Raum fließt.

Die Intensität dieses nach außen gerichteten Energiestromes, der durch das Innere des Sternes fließt, hängt von zwei Faktoren ab, einem fördernden und einem hemmenden. Wärme fließt von höherer zu tieferer Temperatur, und die Ursache des Stromes im Inneren des Sternes muß daher in einer allmählich von der Oberfläche bis zum Mittelpunkte wachsenden Temperatur gesucht werden. Der hemmende Faktor ist der von der Materie dem Durchgange des Stromes entgegengesetzte Widerstand. Wir werden sehen, daß in einem Sterne der Wärmetransport beinahe ausschließlich durch die Strahlung bewirkt wird, und der Widerstand gegen den Strahlungsstrom ist hier die Undurchsichtigkeit (Opazität) oder der Absorptionskoeffizient der Sternmaterie. Unser Problem besteht daher erstens in der Ermittelung der Temperaturverteilung innerhalb eines Sternes, um den Temperaturgradienten, der den Strom antreibt, zu bestimmen; zweitens, in der Bestimmung der Undurchlässigkeit (Opazität) der Materie, unter den im Inneren obwaltenden Bedingungen.

4. Hier müssen wir, gleich zu Anfang, auf einen kritischen Einwand antworten, der von Nernst, Jeans und anderen erhoben worden ist. Es ist gesagt worden, daß dieser Weg der Berechnung des nach außen gerichteten Energiestromes zu einem unvermeidlichen Mißerfolge verurteilt ist, weil die von einem Sterne erzeugte Menge von Wärmeenergie durch ganz andere Ursachen bestimmt wird. Die Wärmezufuhr, welche im Inneren des Sternes die von ihm in den Raum ausgestrahlte Wärme immer wieder ersetzt, kann nur aus der Verwandlung anderer Energieformen in Wärme herstammen; und da ein Stern augenscheinlich während einer sehr langen Zeit stabil bleibt, muß seine Ausstrahlung genau gleich der Menge der im Inneren verwandelten Energie sein. Es wird gegenwärtig angenommen, daß diese Verwandlung in einer Befreiung subatomarer Energie besteht. Der erwähnte Einwand besteht nun darin, daß, da die abfließende Energie die durch subatomare Prozesse befreite Energie vertritt, ihre Menge nur dann berechnet werden könnte, wenn uns die Gesetze, welche die Befreiung von subatomarer Energie regulieren, bekannt wären, und daß jedes Verfahren, das dieses schwierige Problem umgeht, eine Antwort auf die Hauptfrage schuldig bleibt.

Nun ist es ganz richtig, daß eine Theorie des Prozesses der Befreiung von subatomarer Energie einen denkbaren Weg zur Lösung des Problems der Sternstrahlung darstellt. Beim gegenwärtigen Stande unseres Wissens sind jedoch solche Theorien wenig mehr als grundlose Spekulationen und die Resultate, zu denen sie führen, äußerst rohe. Es ist aber unrichtig, zu behaupten, daß kein anderes Verfahren zulässig ist. Die Wassermenge, die einer Stadt geliefert wird, ist natürlich die Menge, welche vom Wasserwerk gepumpt wird; daraus folgt aber nicht, daß eine Berechnung, die sich auf den Niveauunterschied und den Durchmesser der Leitungsröhren gründet, notwendig falsch sein muß, weil sie die Probleme der Pumpstation umgeht. (S. 1–5)

Eddington, Arthur S.: Der innere Aufbau der Sterne. Berlin 1928
vgl. Einleitung S. 69

EDWIN HUBBLE
Das Reich der Nebel, 1938

Das Reich der Nebel

a) die Verteilung der Nebel

Die Erforschung des beobachtbaren Raumes als Ganzes hat zu zwei Ergebnissen von besonderer Bedeutung geführt, das eine ist die Homogenität des Raumes – die gleichförmige Verteilung der Nebel im großen –, das andere die Geschwindigkeit-Entfernungsbeziehung.

Die Verteilung der Nebel im kleinen ist sehr ungleichmäßig. Man findet einzelne Nebel, Nebelpaare, Nebelgruppen verschiedener Größe und auch Nebelhaufen. Das galaktische System ist der Hauptteil eines dreifachen Nebels, von welchem die Magellanwolken die anderen Bestandteile bilden. Das Dreiersystem bildet mit einigen anderen Nebeln eine typische kleine Gruppe, die im allgemeinen Nebelfeld in sich abgeschlossen daliegt. Die Mitglieder dieser »lokalen Gruppe« lieferten uns die ersten Entfernungen, und das Cepheidenentfernungskriterium ist bis heute nur auf diese Gruppe anwendbar.

Vergleicht man große Himmelsbereiche oder große Raumbereiche miteinander, so mitteln sich die kleinen Unregelmäßigkeiten heraus und es bleibt die sehr gleichmäßige Verteilung im großen. Die Verteilung über den Himmel erhält man, indem man die Nebelzahlen innerhalb einer ausgewählten, in gleichmäßigen Abständen über den ganzen Himmel verstreuten Bezirken, bis zu einer bestimmten Grenzgröße der Mittel miteinander vergleicht.

Die wahre Verteilung bleibt uns durch örtliche Verdunklung teilweise verborgen. Im Gebiete der Milchstraße beobachten wir keine Nebel, und nur wenige an ihrem Rande. Überdies scheint die scheinbare Dichte – wenig, aber systematisch – von den Polen bis an den Rand der Milchstraße abzunehmen. Die Erklärung liegt in dem Vorhandensein großer Staub- und Gaswolken, die über das ganze Sternsystem, besonders über die galaktische Ebene, verstreut sind. Diese Wolken verbergen uns die entfernteren Sterne und Nebel. Überdies ist die Sonne in einen sehr fein verteilten Stoff eingebettet, der in seiner Wirkung einer ziemlich genau in der galaktischen Ebene liegenden Schicht gleichkommt. Das Licht von Nebeln aus der Gegend des galaktischen Pols wird durch diese absorbierende Schicht etwa auf ein Viertel geschwächt. In niederen Breiten, wo der Lichtweg im Stoff länger ist, ist die Schwächung entsprechend größer. Erst wenn man diese verschiedenen Erscheinungen einer galaktischen Verdunklung berechnet und rechnerisch ausgemerzt hat, erkennt man die gleichmäßige oder isotrope Verteilung der Nebel über den Himmel in allen Richtungen.

Die Verteilung in der Tiefe, d.h. die Nebelzahlen zwischen zwei aufeinanderfolgenden Entfernungsstufen, findet man durch Vergleich der Nebelzahlen mit scheinbaren Helligkeiten zwischen zwei entsprechenden aufeinanderfolgenden Helligkeitsstufen. Es handelt sich dabei um den Vergleich zwischen den Nebelzahlen und dem Raumteil, den die Nebel erfüllen. Da diese Zahlen im gleichen Verhältnis wachsen wie die Raumgrößen (mit Sicherheit bis zu den Grenzen der Durchmusterungen, wahrscheinlich soweit überhaupt Teleskope je reichen werden), so müssen die Nebel gleichförmig verteilt sein. Bei diesem Problem müssen an den scheinbaren Helligkeiten bestimmte Korrekturen angebracht werden, um zur wahren Verteilung zu kommen. Diese Korrekturen folgen aus der Geschwindigkeit-Entfernungsbeziehung, deren Beobachtungswerte also zur Deutung dieser seltsamen Erscheinung beitragen.

So ist der beobachtete Raum nicht nur isotrop, sondern auch homogen, d. h. er ist überall und in allen Richtungen nahezu gleich beschaffen. Die Nebel haben untereinander einen mittleren Abstand von 2 Millionen Lichtjahren; das ist etwa das 200fache ihres mittleren Durchmessers. Das entspricht etwa Tennisbällen, die 15 m voneinander entfernt sind.

Die Größenordnung der mittleren Massendichte im Raume kann ebenfalls roh abgeschätzt werden, wenn man den zwischen den Nebeln befindlichen (unbekannten) Stoff vernachlässigt. Würde man den Nebelstoff über den ganzen beobachtbaren Raum verteilen, so würde die mittlere Dichte von der Größenordnung 10^{-29} bis 10^{-28} gramm/cm^3 sein oder etwa einem Sandkorn im Erdvolumen entsprechen.

Die Frage des beobachtbaren Raumes ist eine Frage der Definition. Die Zwergnebel können nur bis zu mittleren Entfernungen entdeckt werden, während die Riesen weit draußen im Raum beobachtet werden können. Es gibt keine Möglichkeit, die beiden Klassen scharf zu trennen. Die Reichweiten der Teleskope werden daher zweckmäßig durch Nebel mittlerer Größe definiert. Die schwächsten Nebel, die mit dem 100 inch-Reflektor erkannt werden konnten, befinden sich in einer mittleren Entfernung von etwa 500 Millionen Lichtjahren. Bis zu dieser Grenze dürfte man – abzüglich des galaktischen Verdunklungseffektes – etwa 100 Millionen Nebel beobachten können. Nahe den galaktischen Polen, wo die Verdunklung gering ist, zeigen lange belichtete Aufnahmen ebensoviel Nebel wie Sterne.

b) Die Geschwindigkeit-Entfernungsbeziehung

Die vorangehende Skizze des beobachtbaren Raumes beruht fast ausschließlich auf Ergebnissen, die auf unmittelbarem photographischem Wege gewonnen wurden. Der Raum ist homogen und die allgemeine Größenordnung der Dichte ist bekannt. Die nächste – und letzte – Eigenschaft, die zu besprechen bleibt, ist die Geschwindigkeit-Entfernungsbeziehung, die aus der Untersuchung von Spektrogrammen gewonnen wurde ...

Die Nebel zeigen im allgemeinen sonnenähnliche Absorptionsspektren, so daß man annehmen kann, daß der Sonnentypus unter den Nebelsternen vorherrscht. Die Spektren sind notwendigerweise kurz, da das Licht zu schwach ist, als daß man es zu einem langen Spektrum auseinanderziehen könnte. Die *H*- und *K*-Linie des Kalziums kann man aber noch trennen. Auch erkennt man die *G*-Bande des Eisens und einige Wasserstofflinien.

Nebelspektren fallen durch die seltsame Tatsache auf, daß ihre Linien nicht die Lage zeigen, wie man sie bei nahen Lichtquellen beobachtet. Wie man durch geeignete Vergleichsspektren festgestellt hat, sind sie ins Rote verschoben. Die Verschiebungen, die man als Rotverschiebung bezeichnet, nehmen im Durchschnitt mit abnehmender scheinbarer Helligkeit zu. Da die scheinbare Helligkeit die Entfernung mißt, so folgt, daß die Rotverschiebungen mit der Entfernung zunehmen. Eingehendere Untersuchungen zeigen, daß die Beziehung linear ist.

Kleine Verschiebungen – sowohl nach Rot als auch nach Violett – werden schon seit langem in den Spektren anderer Himmelskörper beobachtet. Diese Verschiebungen werden mit absoluter Sicherheit als die Folge von Bewegungen in der Sichtlinie gedeutet. Fluchtbewegung entspricht dabei einer Rotverschiebung. Die gleiche Deutung wird häufig auf die Rotverschiebung in Nebelspektren angewendet und hat zu dem Ausdruck »Geschwindigkeit-Entfernungsbeziehung« für die beobachtete Beziehung zwischen Rotverschiebung und scheinbarer Helligkeit geführt. Bei dieser Auffassung nimmt man also an, daß sich die Nebel von unserem Raumteil mit Geschwindigkeiten entfernen, die ihrer Entfernung proportional sind ...

Der beobachtbare Raum als ein allgemeines Muster des Universums

Eine vollkommen befriedigende Deutung der Rotverschiebung wäre von größter Wichtigkeit, denn die Geschwindigkeit-Entfernungsbeziehung ist eine Eigentümlichkeit der gesamten uns zugänglichen Welt. Die einzige andere Eigenschaft, die wir kennen, ist die homogene Verteilung der Nebel. Nun ist für uns die beobachtbare Welt ein Muster für das Universum als Ganzes. Wenn das Muster einwandfrei ist, so bestimmen die an diesem beobachteten Eigenschaften die physikalische Natur der gesamten Welt.

Und das Muster wird richtig sein. Solange sich die Untersuchungen auf unser Sternsystem beschränkten, gab es diese Möglichkeit nicht. Man wußte, daß dieses in sich abgeschlossen ist. Außerhalb lag ein unbekanntes Gebiet, das unbedingt anders als der sternenbesäte Raum innerhalb des Systems sein mußte. Heute beobachten wir dieses Gebiet, eine ungeheure Kugel, in der vergleichbare Sternsysteme gleichmäßig verteilt sind. Keine Verdünnung nach außen, keine Spur einer physikalischen Grenze ist zu beobachten. Nicht die geringste Andeutung für ein Übersystem von Nebeln in einer größeren Welt ist vorhanden. Es ist also wohl erlaubt, wenigstens vermutungsweise, das Prinzip der Einheitlichkeit anzuwenden und anzunehmen, daß jeder andere Teil des Weltalls dem uns zugänglichen Teil ähnlich ist. Das Reich der Nebel ist somit die Welt und der beobachtbare Teil ist ein einwandfreies, allgemeingültiges Muster.

Diese Schlußweise faßt im gewissen Sinne die Ergebnisse der empirischen Forschung zusammen und liefert einen vielversprechenden Ausgangspunkt für weiterreichende Annahmen, besonders für solche kosmologischer Art ... Beobachtung und Theorie sind stets auf das engste miteinander verbunden, und es wäre sinnlos, ihre vollkommene Trennung zu versuchen. Beobachtungen enthalten stets Theorie. Reiner Theorie begegnet man eigentlich nur in der Mathematik, selten im Gebiet der Naturwissenschaften. Die Mathematik beschäftigt sich, wie schon gesagt, mit möglichen Welten – mit logisch vernünftigen Systemen. Die Naturwissenschaft versucht, die tatsächliche Welt zu entdecken, in der wir leben. So liefert die Kosmologie zunächst eine unendliche Zahl von möglichen Welten, und die Beobachtung scheidet diese, eine nach der andern, aus. Heute sind wir so weit, die noch verbleibenden Typen, die unserm besonderen Weltall etwa noch entsprechen können, immer klarer herauszuheben.

Die Kenntnis des beobachtbaren Raumes hat bereits wesentlich zu diesem Ausscheidungsvorgang beigetragen. Sie beschreibt ein großes und wahrscheinlich zutreffendes, vor uns hingestelltes Muster des Weltalls. Insofern kann man also sagen, daß die Struktur der Welt in die Reichweite der empirischen Forschung gelangt ist. (S. 26–32)

Kosmologische Theorien

Die heutigen Theorien der Kosmologie verwenden ein Modell, das unter dem Namen expandierendes, d. h. sich ausdehnendes, Weltall der allgemeinen Relativitätstheorie oder kurz als expandierendes Weltall bekannt ist. Es ist aus der kosmologischen Gleichung abgeleitet, die eine der Grundlagen der allgemeinen Relativitätstheorie ausdrückt, nämlich daß die Geometrie des Raumes durch seinen Gehalt an Materie bestimmt ist. Die Gleichung greift über unser tatsächliches Wissen hinaus und läßt sich nur mit Hilfe von Annahmen über das Wesen des Weltalls deuten und lösen.

Die ersten Lösungen von Einstein und von de Sitter (1917) beruhten auf den Annahmen, daß das Weltall homogen und isotrop, und daß es obendrein statisch ist, d. h. sich nicht mit der Zeit systematisch verändert. Diese Lösungen waren Sonderfälle des allgemeinen Problems und sind heute aufgegeben; Einsteins Lösung, weil sie nicht die Rotverschiebung erklärte, de Sitters, weil sie das Vorhandensein von Materie vernachlässigte. Einsteins Welt enthielt, wie man sagte, Materie und keine Bewegung; de Sitters Welt aber Bewegung und keine Materie. Das allgemeine Problem wurde zuerst von Friedmann (1922) untersucht. Dann leitete Robertson (1929) die allgemeinste Formulierung (des Linienelementes) allein aus Symmetrieeigenschaften ab.

Die Lösung enthielt als unbekannte Größe die »kosmologische Konstante« und den »Krümmungsradius des Raumes«. Indem man den Parametern willkürlich verschiedene Werte zuerteilte, erhielt man Beschreibungen verschiedener Klassen möglicher Welten, und man nahm an, daß sich unter diesen auch das wirkliche Weltall befinden müsse. Für den Beobachter ergab sich die Aufgabe, die wirklichen Werte der Konstanten oder wenigstens den engeren Bereich, in dem sie liegen müssen, zu bestimmen.

Die allgemeine Lösung war nichtstatisch, und der Krümmungsradius des Raumes veränderte sich mit der Zeit. Die möglichen Welten mußten sich also zusammenziehen oder ausdehnen. Die Gleichungen enthielten keinen Hinweis darauf, ob das eine oder das andere zu erwarten sei. Doch sah man im allgemeinen in den beobachteten Rotverschiebungen den Beweis, daß das wirkliche Weltall sich gegenwärtig ausdehnt, und man baute diesen Befund in die Theorie ein. Man nannte dieses Modell dann das homogene, expandierende Modell der allgemeinen Relativitätstheorie.

Zu jeder Theorie des Aufbaus der Welt kann man – um Milnes Ausdruck zu gebrauchen – eine »Welt-Karte« herstellen, die die wirkliche Verteilung der Nebel zu einer bestimmten Zeit beschreibt. Die scheinbare Verteilung, die ein Beobachter auf seiner photographischen Platte zu erwarten hat (wenn die betreffende Theorie der wirklichen Verteilung entspricht), wird nach Milne »Bild der Welt« genannt. Die Bilder der Welt müssen von den Weltkarten abweichen, wenn die Rotverschiebungen auf dem Doppler-Effekt beruhen, da sich die Nebel weiter entfernen, während das Licht zum Beobachter reist. Die Theorien lassen sich also durch den Vergleich der beobachteten Verteilung mit den berechneten Bildern der Welt prüfen.

Tolman hat bestimmte Eigenschaften des Bildes der Welt im Modell der allgemeinen Relativitätstheorie berechnet. Unter diesen befindet sich eine Gleichung, die die relativen Anzahlen der Nebel angibt, die man in einem gegebenen Zeitpunkt innerhalb verschiedener Grenzen der scheinbaren Helligkeit beobachten müßte. Aus dieser Beziehung kann man leicht den Einfluß der (als Doppler-Verschiebung gedeuteten) Rotverschiebung auf die Nebelzahlen ableiten. Man erkennt dann, daß die Wirkungen der Rotverschiebungen im Bilde der Welt genau diejenigen sind, die wir im vorangehenden Abschnitt beschrieben haben; nur kommt noch ein Glied hinzu, das den Krümmungsradius R des Raumes enthält.

Die Raumkrümmung wurde in der vorangehenden Betrachtung vernachlässigt, und es ist denkbar, daß die Widersprüche, die sich bei der Deutung der Rotverschiebungen als Geschwindigkeitsverschiebungen ergeben, durch die Vernachlässigung dieses Umstandes anschaulich erklärt werden. Man wird sich erinnern, daß es eben möglich war, die Nebelzählungen auf Grund der Annahme zu verstehen, daß die Rotverschiebungen nicht auf dem Doppler-Effekt beruhen. Waren aber die Rotverschiebungen Geschwindigkeitsverschiebungen, so waren gewisse Korrektionen wegen der sogenannten Anzahleffekte anzubringen und diese ergaben Widersprüche. Es erhebt sich nun die Frage, ob man durch Einführung einer passenden Raumkrümmung die Ausleseeinflüsse genau aufheben und so die scheinbaren Widersprüche beseitigen kann.

Tolmans Beziehung zeigt, daß ein positiver Wert von R die Widersprüche verkleinern, ein negativer aber sie vergrößern würde. Die negative Krümmung, die ein offenes Weltall ergeben würde, ist damit ausgeschlossen, und die möglichen expandierenden Welten sind auf solche mit positiver Raumkrümmung beschränkt. Sind die Rotverschiebungen Geschwindigkeitswirkungen, so folgt, daß das Weltall geschlossen ist und einen endlichen Rauminhalt und eine endliche Materiemenge enthält.

Die Krümmung, die man braucht, um die Widersprüche zu beheben, ist sehr groß, der Krümmungsradius R also sehr klein. Er ist tatsächlich vergleichbar mit dem Radius der uns mit den heutigen Teleskopen zugänglichen Welt. Wenn wir also die Geschwindigkeitsverschiebung retten wollen, so müssen wir folgern, daß die Welt so klein ist, daß wir bereits einen großen Teil derselben beobachten.

Einige weitere Schlüsse kann man aus der Tatsache ziehen, daß der Radius R in einem geschlossenen Weltall in einer ganz bestimmten Beziehung zur räumlichen Dichte der Materie (und der Strahlung) im Raume steht. Ein Radius, wie er nötig wäre, um die Geschwindigkeitsverschiebung zu rechtfertigen, würde einer mittleren Dichte von erheblich mehr als 10^{-26} gramm/cm^3 entsprechen. Dieser Wert ist viel größer als selbst die höchsten Schätzungen der Dichte der über den ganzen Raum gleichmäßig verteilt gedachten Nebelmaterie. Ein ausreichender Betrag solcher Materie könnte vorhanden sein, wenn sie in einer nicht beobachtbaren Erscheinungsform vorkäme; doch auch für solche Materie kann eine obere Dichtegrenze angegeben werden. Die Dichte an den Grenzen des galaktischen Systems ist wahrscheinlich nicht größer als 10^{-25} gramm/cm³ und die Dichte im umgebenden Raum ist wahrscheinlich noch kleiner. Daran würde auch die Strahlung größenordnungsmäßig nichts ändern.

Wenn die Dichteschätzungen vollkommen zuverlässig wären, so wäre ein Krümmungsradius von der erforderlichen Kleinheit durch die Erfahrung gänzlich ausgeschlossen. Aber ein derart bestimmter Schluß ist wahrscheinlich nicht zu vertreten. Die entscheidenden Daten sind voller Unsicherheiten. Wenn wir die Daten bis an ihre Belastungsgrenze einseitig beanspruchen, so könnten wir die Rotverschiebungen vielleicht in das Rahmenwerk der Durchmusterungen pressen. Dann wäre das Weltall klein und die Dichte der in ihm enthaltenen Materie müßte an der äußersten verstehbaren und zulässigen Grenze liegen.

Gibt man aber andererseits die Deutung als Geschwindigkeitsverschiebungen auf, so müssen wir in den Rotverschiebungen eine bisher unbekannte Naturerscheinung erblicken, deren Gesetze und Auswirkungen man noch nicht kennt. Das expandierende Weltall der allgemeinen Relativitätstheorie würde zwar theoretisch noch bestehen bleiben, aber der Betrag der Expansion könnte aus den Beobachtungen nicht abgelesen werden.

So enden unsere Forschungsreisen im Raum mit einem Fragezeichen. Aber wie könnte das auch anders sein? Wir befinden uns naturnotwendig genau im Mittelpunkt des beobachtbaren Raumbereiches. Unsere unmittelbare Nachbarschaft kennen wir einigermaßen genau. Mit zunehmender Entfernung aber verblaßt unser Wissen – und es verblaßt sehr schnell. Schließlich stehen wir an der im letzten blassen Schein verschwimmenden Grenze – der äußersten Reichweite unserer Fernrohre. Was wir dort messen, sind nur noch Schatten, und inmitten gespenstischer Meßfehler sucht unser Auge nach Meilensteinen, die kaum wirklicher sind als jene. (S. 183–187)

Hubble, Edwin: Das Reich der Nebel. Braunschweig 1938 (Die Wissenschaft; 91)
  vgl. Einleitung S. 69

H. A. BETHE
Energieerzeugung in Sternen durch Kernfusion, 1968

Seit jeher müssen sich Menschen gefragt haben, was es ist, das die Leuchtkraft der Sonne aufrecht erhält. Der erste wissenschaftliche Versuch einer Erklärung wurde von Helmholtz vor ungefähr hundert Jahren unternommen. Er legte die Kraft zugrunde, die den Physikern jener Zeit am vertrautesten war: die Schwerkraft. Fällt ein Gramm Materie auf die Sonnenoberfläche, so erhält es eine potentielle Energie von $E_{pot} = GM/R = -1{,}91 \times 10^{15}$ erg/g, wobei $M = 1{,}99 \times 10^{33}$ g die Sonnenmasse, $R = 6{,}96 \times 10^{10}$ cm ihr Radius und $G = 6{,}67 \times 10^{-8}$ die Gravitationskonstante sind. Eine ähnliche Energie wurde freigesetzt, als sich die Sonne in grauer Vorzeit aus interstellarem Gas oder Staub zusammenballte. Tatsächlich wurde etwas mehr Energie frei, weil der Hauptteil der Sonnenmaterie nahe dem Sonnenzentrum konzentriert ist und daher zahlenmäßig eine größere potentielle Energie besitzt ... Wenn also Schwerkraft die Energie liefert, so ist genügend Energie vorhanden, um die Strahlung für ungefähr 10^{15} sec zu liefern, was etwa 30 Millionen Jahren entspricht ...

Gegen Ende des 19. Jahrhunderts wurde die Radioaktivität von Bequerel und den beiden Curies entdeckt, die für diese Entdeckung einen der ersten Nobelpreise erhielten. Die Radioaktivität erlaubte eine Bestimmung des Alters der Erde und in neuerer Zeit des Alters der Meteorite, die den Zeitpunkt bestimmen, an dem sich die Materie im Sonnensystem kondensierte. Aufgrund derartiger Messungen wird das Alter der Sonne auf 5 Milliarden Jahre geschätzt, mit einem Fehler von 10 %. Somit reicht die Schwerkraft nicht aus, um als Energiequelle über alle Zeiten hinweg wirksam zu sein ...

Seit Beginn der Dreißigerjahre wurde allgemein angenommen, daß die Energie der Sterne durch Kernreaktionen erzeugt wird. Bereits 1929 folgerten Atkinson und Houtermans, daß bei den hohen Temperaturen im Sterninneren die Kerne in andere Kerne eindringen und Kernreaktionen unter Energiefreisetzung verursachen können. (S. 405)

Angeregt durch die Tagung im April 1938 in Washington und der erwähnten Überlegung folgend untersuchte ich die Reaktionen zwischen Protonen und anderen Kernen, wobei ich im Periodischen System in ansteigender Folge vorging. Reaktionen zwischen H und ^{4}He führen nicht weiter, weil es keinen stabilen Kern der Masse 5 gibt. Reaktionen von Wasserstoff mit Lithium, Beryllium und Bor, wie auch mit Deuteronen, verlaufen bei der Temperatur der Sonnenmitte alle sehr schnell, aber gerade diese Reaktionsgeschwindigkeit schließt sie aus: Der Partner des Wasserstoffes wird in dem Prozeß sehr schnell verbraucht. Tatsächlich kommen die erwähnten Elemente, von Deuterium bis zum Bor, gerade aus diesem Grund äußerst selten auf der Erde und in den Sternen vor und können somit keine wichtigen Energiequellen sein.

Das nächste Element, der Kohlenstoff, verhält sich ganz anders. Erstens ist Kohlenstoff ein häufig vorkommendes Element, das vermutlich bis zu 1 % der Masse jedes neu gebildeten Sterns ausmacht, zweitens durchläuft Kohlenstoff in einem Gas stellarer Temperatur einen Reaktionszyklus, wie folgt (γ–γ-Strahlung; ν–Neutrino):

$$^{12}C + H = {}^{13}N + \gamma, \qquad \text{a)}$$
$$^{13}N = {}^{13}C + \varepsilon^+ + \nu, \qquad \text{b)}$$
$$^{13}C + H = {}^{14}N + \gamma, \qquad \text{c)}$$
$$^{14}N + H = {}^{15}O + \gamma \qquad \text{d)}$$
$$^{15}O = {}^{15}N + \varepsilon^+ + \nu, \qquad \text{e)}$$
$$^{15}N + H = {}^{12}C + {}^4He. \qquad \text{f)}$$

Die Reaktionen a, c und d bedeuten Strahlungseinfang; das Proton wird vom Kern eingefangen und die Energie in Form von Gammastrahlen ausgesandt. Letztere werden dann schnell in thermische Energie des Gases umgewandelt ... Die Reaktionen b und e sind nichts als spontane Betazerfälle mit einer Lebensdauer von 10 bzw. 2 min; im Vergleich mit stellaren Zeiten können sie vernachlässigt werden. Reaktion f ist der am meisten vorkommende Fall einer Kernreaktion, wobei beim Stoß zwei neue Kerne entstehen ... Reaktion f ist in gewisser Weise die interessanteste, da sie den

Reaktionszyklus abschließt: Wir erhalten das ^{12}C zurück, mit dem wir begonnen haben. Mit anderen Worten: Kohlenstoff wird nur als ein Katalysator benutzt. Das Ergebnis ist ein Zusammenschluß von 4 Protonen und 2 Elektronen zur Bildung eines ^{4}He-Kerns. Bei diesem Prozeß entstehen 2 Neutrinos, die zusammen etwa 2 MeV Energie abführen. Alle übrige Energie, etwa 25 MeV pro Reaktionszyklus, dient dazu, die Sonne warm zu halten.

Indem ich auf der Grundlage der allgemeinen Kernphysik vertretbare Annahmen für die Funktion S (E) machte, fand ich im Jahre 1938, daß der Kohlenstoff-Stickstoff-Zyklus fast genau die Energieerzeugung in der Sonne wiedergibt. (S. 408)

Ein Stern der Hauptreihe verbraucht seinen Wasserstoff vorzugsweise nahe seinem Zentrum, wo Kernreaktionen am raschesten ablaufen. Nach einer Weile ist im Zentrum fast der gesamte Wasserstoff verbraucht. Bei Sternen, die ungefähr die zweifache Leuchtkraft der Sonne haben, geschieht dies in weniger als 10^{10} Jahren, was etwa dem Alter des Universum entspricht und ebenso dem Alter von Sternen in den Kugelhaufen. Wir werden nun erörtern, was mit einem Stern geschieht, nachdem er seinen Wasserstoff in seinem Zentrum verbraucht hat. Natürlich ist in seinen äußeren Gebieten Wasserstoff noch im Überfluß vorhanden ... Sobald der Wasserstoff nahezu verbraucht ist, wird in der Nähe des Zentrums nicht mehr genügend Energie erzeugt, um dem Druck der äußeren Schichten des Sternes standzuhalten. Demzufolge wird die Schwerkraft bewirken, daß das Zentrum des Sterns in sich zusammenbricht. Dadurch werden höhere Temperaturen und Dichten erreicht. Die Temperatur steigt auch weiter außen an, dort, wo noch Wasserstoff übrig geblieben ist, und also beginnt nun dieser Bereich zu »brennen«. Nach einer relativ kurzen Zeit erzeugt eine Wasserstoff-Schale in einiger Entfernung vom Zentrum den größten Anteil der Energie. Diese Zone wandert allmählich nach außen und wird mit der Zeit immer dünner. (S. 410)

Bethe, H.A.: Energieerzeugung in Sternen. In: Die Naturwissenschaften 55 (1968), S. 405–413
   vgl. Einleitung S. 69

STICHWORTREGISTER

Andromedanebel: Marius
Antipoden: Augustinus, Copernicus,
  Kepler, Plinius
Astrologie: Agrippa, Augustinus, Brahe,
  Hyginus, Kepler, Ptolemäus
  Grundlagen: Ptolemäus
  moralische Wirkung: Ptolemäus
  Unsicherheit: Agrippa, Augustinus,
    Brahe, Joh. Philoponos, Luther,
    Ptolemäus
Astronomie
  hypothetische Natur: Agrippa,
    Osiander, Ptolemäus
  moralische Wirkung: Brahe, Platon,
    Ptolemäus
  Unsicherheit: Agrippa, Copernicus,
    Osiander, Rothmann
  Ursprung: Brahe
Astrophysik: Zöllner
Äther: Annalen Tang-Dynastie,
  Aristoteles, Joh. Philoponos, Kepler
Atome: Leukipp, Lukrez

Bahnbestimmung: Cotes, Gauß, Halley,
  Laplace, Newton, Olbers
Bewegung
  Arten: Aristoteles, Copernicus,
    Joh. Philoponos, Kepler,
    Ptolemäus, Thomas
  Ewigkeit: Anaximander
  Gesetze: Newton
  Quelle: Aristoteles
  Relativität: Einstein
Bibel und Astronomie: Copernicus,
  Galilei

Determiniertheit: Laplace
Dichte, kosmische Materie: Hubble

Dynastien, chinesische: Annalen Tang-
  Dynastie

Einfachheit: Ptolemäus
Einheit der Welt: Galilei, Joh. Philoponos
Elemente: Aristoteles, Galilei,
  Joh. Sacrobosco, Thomas
Entwicklung im Weltraum: Helmholtz,
  Herschel, Kant, Zöllner
Epizykel: Agrippa, Copernicus,
  Joh. Philoponos, Ptolemäus
Erde
  Bewegung: Bruno, Copernicus,
    Descartes, Ekphantos, Galilei,
    Hiketas, Leukipp, Luther,
    Ptolemäus
  Dimensionen: Plinius
  Größe und Gestalt: Anaxagoras,
    Anaximander, Anaximenes,
    Augustinus, Copernicus, Dante,
    Demokrit, Leukipp, Lukrez,
    Plinius
  Himmelskörper: Galilei
  Lage in Weltmitte: Aristoteles, Brahe,
    Copernicus, Empedokles,
    Joh. Sacrobosco, Leukipp, Plinius,
    Ptolemäus
  Natur: Anaximander
  Ruhe: Copernicus, Ptolemäus
Expansion: s. Nebelflucht
Exzenter: Agrippa, Copernicus,
  Joh. Philoponos, Ptolemäus

Fernrohr
  Beobachtungen: Crüger, Galilei,
    Huygens, Kant, Marius
  Erfindung: Galilei, Marius
  Heliometer: Bessel

Feuer: Heraklit, Xenophanes,
   s.a. Gestirne
   himmlisches: Aristoteles, Empedokles,
      Philolaos
   Weltmitte: Philolaos
Finsternisse: Bibel, Plinius
Fixsterne: s.a. Sonne
   Anzahl: Aristoteles, Joh. Philoponos
   Energieerzeugung: Eddington,
      Helmholtz
   Entfernung: Bessel, Crüger, Lambert
   Entwicklung: Zöllner
   fest am Himmel: Empedokles
   im Fernrohr: Crüger, Galilei
   innerer Aufbau: Eddington
   Licht: Newton
   Natur: Aristoteles
   Physik: Eddington
   sind Sonnen: Bruno
   Spektrum: Fraunhofer, Eddington
   Sphäre: Aristoteles, Copernicus,
      Joh. Philoponos, Joh. Sacrobosco
   Systeme: Herschel, Kant, Lambert
   Zählung in Milchstraße: Herschel
   Zentren von Systemen: Newton
Fixsternkatalog: Rothmann

Galaxien: Hubble, s.a. Milchstraße
Gegenerde: Aristoteles, Philolaos
Gestirne: Anaximenes
   Beseeltheit, Göttlichkeit: Alkmaion,
      Joh. Philoponos, Platon, Plinius,
      Thomas
   Bewegung: Alkmaion, Annalen
      Tang-Dynastie, Bruno, Copernicus,
      Joh. Philoponos, Thomas,
      Xenophanes
   Entstehung der Erde: Anaximenes
   Erhaltung: Heraklit
   Erschaffung: Joh. Philoponos, Platon
   Feuernatur: Anaximander
   Größe und Gestalt: Aristoteles,
      Copernicus
   Kräfte: Augustinus, Brahe,
      Ptolemäus
   Natur: Anaxagoras, Galilei
   Nutzen: Platon, Thomas
   Rangfolge: Thomas
   Unbeständigkeit: Joh. Philoponos
   unsichtbare: Anaxagoras

Unveränderlichkeit: Aristoteles,
   Platon, Thomas
Wirkung auf Erde: Aristoteles,
   Augustinus, Brahe, Hyginus,
   Konrad, Ptolemäus, Thomas,
   Xenophanes
Zeichen an ihnen: Bibel, Brahe,
   Konrad, Platon, Thomas
Gott, Götter: Augustinus, Lukrez,
   Ptolemäus
Gravitation: Newton

Harmonien: Annalen Tang-Dynastie,
   Aristoteles, Brahe, Bruno,
   Censorinus, Copernicus, Kepler,
   Platon, Plinius
   musikalische der Planeten: Kepler
Himmel
   Bewegung um Erde: Joh. Sacrobosco,
      Ptolemäus
   Gestalt: Aristoteles, Dante,
      Joh. Sacrobosco
   Göttlichkeit: Plinius
   Natur: Empedokles
Himmelskörper: s. Gestirne
Hypothesen: Osiander, Ptolemäus

Instrumente, astronomische: Apian

Jahr: Annalen Tang-Dynastie,
   Copernicus, Neun Kapitel
Jupitermonde: Galilei, Marius

Kalender: Brahe, Hesiod, Platon, Thomas
   chinesischer: Annalen Tang-Dynastie,
      Neun Kapitel
   gregorianischer: Plieninger
   julianischer: Censorinus
Kometen: Aristoteles, Konrad
   Bahnen: Gauß, Halley, Olbers
   Bewegung: Cotes, Halley
   Himmelskörper: Brahe, Röslin
   Natur: Bessel, Brahe
   Parallaxe: Brahe
   Schweife: Bessel
Körper, platonische: Kepler
Kosmos: Philolaos, Plinius
Kraft
   animalische der Planeten: Kepler
   ordnende der Natur: Kant

STICHWORTREGISTER

Kreise, himmlische: Copernicus,
  Joh. Sacrobosco, Plinius, Ptolemäus
Kreisbahn: Aristoteles
Kreisbewegung: s. Bewegung, Arten
Kugelgestalt: Aristoteles, Joh.
  Philoponos,
  Plinius

Leben auf anderen Himmelskörpern:
  Bode, Bruno, Kant
Lichtausbreitung: Einstein
Lichttheorie: Bode

Magnetismus: Kepler
Materie des Himmels: Descartes
Mathematik: Brahe, Copernicus,
  Ptolemäus
Mensch im Weltall: Bode, Bruno, Kant
  und kosmische Harmonien: Kepler
Methodik der Forschung: Bessel, Galilei,
  Herschel, Humboldt, Zöllner
Milchstraße: s.a. Galaxien
  im Fernrohr: Galilei
  Natur: Anaxagoras, Aristoteles,
    Herschel, Kant, Lambert
  Entstehung, Entwicklung: Herschel,
    Kant
  Größe und Struktur: Herschel
Mond
  Bewegung: Copernicus
  Bewohnbarkeit: Anaxagoras
  Finsternisse: Anaxagoras, Anaximander
  Größe und Gestalt: Empedokles
  im Fernrohr: Galilei
  Natur: Anaxagoras, Anaximander,
    Empedokles, Xenophanes
  Oberfläche: Schroeter
  Phasen: Anaxagoras

Nebel
  Fluchtbewegung: Hubble
  Spektren: Hubble
  Verteilung: Hubble
Neptun: Encke, Galle

Ort, natürlicher: Aristoteles, Lukrez
Osterfest: Plieninger

Physik: Ptolemäus
  der Gestirne: Fraunhofer, Kirchhoff,
    Zöllner

Planeten
  Bahnen: Cotes, Kepler
  Bewegung, Umläufe: Brahe, Bruno,
    Copernicus, Cotes, Empedokles,
    Joh. Philoponos, Kepler, Platon
  Bewegungsgesetze: Kepler
  Eigenschaften: Hyginus, Ptolemäus
  elliptische Bewegung: Kepler
  Entstehung: Kant
  im Fernrohr: Galilei
  Kräfte: Ptolemäus
  Spektrum: Fraunhofer
Planetensystem: s. Weltsystem
Planetoiden: Gauß

Raumkrümmung: Einstein, Hubble
Relativitätstheorie: Einstein, Hubble
Rotverschiebung: s. Nebelflucht

Saturnmonde und -ring: Huygens
Schwere: Galilei, Gauß, Kepler
Schwerkraft: Cotes, Kant, Newton
  Natur Cotes, Newton
Sonne
  Bewegung: Bibel, Empedokles,
    Leukipp
  Drehung: Kepler
  Energie: Eddington, Helmholtz
  Entfernung von Erde: Empedokles
  Finsternisse: Empedokles
  Größe und Gestalt: Alkmaion,
    Anaxagoras, Anaximander,
    Heraklit
  Magnetismus: Kepler
  Natur: Anaxagoras, Anaximander,
    Anaximenes, Empedokles, Heraklit
  Ort in Milchstraße: Herschel
  Physik: Bode, Kirchhoff, Zöllner
  Quelle der Bewegung: Kepler
  Spektrum: Fraunhofer, Helmholtz,
    Kirchhoff
  Stillstand: Copernicus
Sonnenflecke
  Entdeckung: Galilei
  Natur: Bode, Galilei, Zöllner
  Periodizität: Schwabe
Spektrallinien: Fraunhofer, Kirchhoff
Sphären: Bruno, Copernicus, Dante,
  Hyginus, Joh. Philoponos,
  Joh. Sacrobosco, Ptolemäus

Sphärenmusik: Aristoteles, Censorinus, Plinius
Sterne: s. Fixsterne

Tag und Nacht: Plinius
Teleologie: Bode, Kant, Lambert
Theogonie: s. Welt, Entstehung
Theologie und Wissenschaften: Copernicus, Galilei, Kant, Kepler
Tierkreis, Harmonien: Kepler
Tierkreiszeichen: Hyginus, Ptolemäus

Uranus: Bode, Herschel
Urknall: Hubble
Urstoff: Kant, Lukrez

Vakuum: Anaxagoras, Aristoteles, Joh. Sacrobosco, Leukipp, Lukrez

Welt
 Belebtheit: Bruno, Kant
 Bereiche: Aristoteles, Joh. Sacrobosco, Philolaos, Ptolemäus
 Einheitlichkeit: Bruno
 Entstehung: Anaximander, Augustinus, Bibel, Hesiod, Kant, Leukipp, Platon
 Entwicklung: Herschel, Kant
 Ewigkeit: Alkmaion, Demokrit, Plinius, Xenophanes
 Größe und Gestalt: Archimedes, Copernicus, Crüger, Empedokles, Lukrez, Plinius, Xenophanes
 Strukturiertheit: Herschel, Hubble, Kant, Lambert, Philolaos
 Unbeweglichkeit: Bruno
 Unendlichkeit: Anaximander, Bruno, Demokrit, Kant, Leukipp, Lukrez
 Vergehen: Anaximander, Bibel
 Vielzahl: Bruno, Demokrit, Leukipp, Petron, Plinius
Weltsystem: Descartes
 geozentrisches: Dante, Hyginus, Joh. Sacrobosco
 heliozentrisches: Archimedes, Brahe, Copernicus, Crüger, Kepler, Newton
 pyrozentrisches: Ekphantos, Hiketas, Philolaos
 Struktur: Kant, Lambert
 tychonisches: Descartes
Wirbel: Descartes, Cotes

Zeit: Einstein, Platon
Zentralkörper: Kant